鄂尔多斯叠合盆地天然气聚集与勘探

何发岐　王付斌　张　威　杨　艺　编著

中国石化出版社
·北京·

图书在版编目(CIP)数据

鄂尔多斯叠合盆地天然气聚集与勘探 / 何发岐等编著. -- 北京：中国石化出版社，2024. 8. -- ISBN 978-7-5114-7621-0

Ⅰ. P618.130.2

中国国家版本馆CIP数据核字第2024M1R558号

中国石化出版社出版发行

地址:北京市东城区安定门外大街58号

邮编:100011　电话:(010) 57512500

发行部电话:(010) 57512575

http://www.sinopec-press.com

E-mail : press@sinopec.com

天津嘉恒印务有限公司印刷

全国各地新华书店经销

*

787毫米×1092毫米16开本24印张532千字

2024年8月第1版　2024年8月第1次印刷

定价: 189.00元

《鄂尔多斯叠合盆地天然气聚集与勘探》编写组

组　　长：何发岐

副 组 长：王付斌　张　威　杨　艺

编写组成员：王建亮　王保战　王善明　邓　杰　刘四洪
齐　荣　安　川　杜伟维　李宇翔　李春堂
李彦华　杨　飞　张　茹　张　威　陆　骋
范玲玲　金东民　贾会冲　徐兵威　高　辉
郭利果　唐明远　焦红社　黎小伟

PREFACE

前言

我有幸参加过塔里木盆地、四川盆地和鄂尔多斯盆地的油气勘探开发工作，也参加了“八五”以来一些国家重点科技攻关、国家重大专项研究。随着研究工作的深入和勘探开发工作的突破，深感盆地基础地质研究对中国石油天然气工业的发展具有极端的重要性。油气勘探开发证明没有沉积盆地就没有油气，同时证明不同沉积盆地类型含油气丰度差别很大，高效勘探必须建立在对盆地细致理解的基础上并采取针对性的技术方针。因此，研究沉积盆地的分类方法、探索盆地类型与油气富集之间的关系已成为石油地质领域的重要研究课题。从中国大地构造特征及其地球动力学的演变历史研究来看，自显生宙以来，中国沉积盆地的形成和演化分为三个阶段，它们在空间上又常常叠合在一起。以区域性不整合面为界，不同阶段盆地是单一的原型盆地，沉积充填及其三维结构控制了生储盖组合，不整合上下的盆地叠加改造、继承变动过程控制了油气的生成、演化、运移、聚集、调整，导致我国含油气盆地在叠合的基础上具有多层结构，在长期演化过程中，经历过多次构造变革，烃源岩种类多，油气经历了多期运移、聚集乃至破坏，油气藏的分布状态复杂。这种复杂的叠合结构特征及其独特的油气聚集过程研究，指导了西部盆地油气勘探开发取得重要进展，促进了塔里木盆地、准噶尔盆地油气探明储量快速增长。1983年，在塔里木盆地第三次资源评价座谈会后不久，盆地北部沙雅隆起沙参二井油气从海相地层中喷涌而出，揭示了中新生代前陆盆地之下的海相克拉通领域的巨大潜力。这个里程碑式的突破，展示了塔里木叠合盆地的未来，引导国家石油工业“稳定东部、发展西部”战略的形成。叠合盆地的研究，指导了盆地克拉通台盆和南北两侧前陆区分头展开，油气双收，在克拉通超深层8000m找到了具有商业价值的油气田，在库车前陆盆地山前复杂构造带建起了万亿立方米的天然气供给地。

中部四川盆地、鄂尔多斯盆地在21世纪的天然气发展也得益于对原型盆地细分构造和沉积充填演化、叠合特征的认识。四川盆地是世界上最早开采利用天然气的地方，是中国天然气工业的摇篮，至2019年底油气总产量为$6569 \times 10^8 m^3$，总剩余可采资源量达$136404 \times 10^8 m^3$，成为超级油气盆地，其发展历程也十分曲折。四川盆地西北部的中坝气田的发现代表了川西前陆盆地须家河组致密砂岩气取得了重大突破。中坝气田由两个主力气藏组成：1972年12月，在中三叠统雷口坡组三段碳酸盐岩气藏发现并探明储量$86.3 \times 10^8 m^3$；1973年1月，在上三叠统须家河组二段砂岩气藏发现并探明储量$100 \times 10^8 m^3$。根据须二段5口取芯井1435个孔隙度样品统计结果，孔隙度为0.08%~16.63%，平均值为6.20%；根据1319个样品渗透率统计结果，最大值为$22.230 \times 10^{-3} \mu m^2$，最小值小于$0.001 \times 10^{-3} \mu m^2$，平均值为$0.080 \times 10^{-3} \mu m^2$，故储集层基质物性差，属于低孔低渗的致密砂岩储集层。1973年8月投入试采，至2005年底，累计产气$72.81 \times 10^8 m^3$，采出程度72.81%。中坝气田须二段气藏树立了四川盆地乃至全国最先开发高采出度的致密砂岩气藏的标杆，在致密砂岩气勘探开发上具有方向性的启蒙作用。但从中坝气田发现到孝泉—新场气田等众多大中型致密砂岩气田$2200 \times 10^8 m^3$规模探明储量形成过去了近40年。我国深层碳酸盐岩气藏的第一个突破是老关庙气田二叠系茅口组气藏。1978年6月上旬，在四川盆地元坝气田和龙岗气田投产近40年后，对关基井茅口组7053.57~7175.00m井段进行裸眼测试，获得$4.88 \times 10^4 m^3/d$的工业气流，回顾四川盆地近70年的油气勘探开发历程，有一条重要的启示，每一次新的重大发现，都有赖于地质认识飞跃和勘探技术突破。

21世纪初中国石油工业重组后，中国石化出于自身发展的需要加强资源基础，扩大资源范围，开展国内海相油气领域的探索，首先展开南方海相战略侦察。尽管从传统的理论观点来看矿权区块并不被大家看好，但中国石化从整个南方海相领域的广度出发，因地制宜，从更完整的时空分析四川盆地，立足扎实的地层基础，坚持科技创新，确立了川东北作为突破目标区，在把握四川叠合盆地这一大型超压多层系含油气盆地的特殊性后，从石油天然气地质学出发，深入研究原型盆地，创新海相碳酸盐岩天然气成藏理论，针对已有气藏一般低孔、低渗、高温、高压、含硫、有水的特点，持续开展甜点区优选，确定生物礁型储层，发现了普光气田，引领了盆地常规气快速增储上产，形成了复杂构造的地球物理勘探技术，以深层、超深层优快钻完井为核心，完善超深高温含硫气藏安全清洁高效开发、净化处理配套技术，支撑了长江流域清洁能源工业的发展。

在普光、元坝气田碳酸盐岩超大气田方向性重大突破基础上，研究原型盆地，进一步强化研究的整体性和系统性，发现现今盆地边界与地史阶段原型盆地差异很大，抓住海相克拉通盆地深水陆棚优质页岩关键参数耦合规律的研究，在四川盆地东南缘川东高陡褶皱带包鸾—焦石坝首先实现中国涪陵志留系龙马溪组页岩气方向性的重大突破。

四川盆地的致密砂岩气、页岩气、碳酸盐岩万亿立方米大气田和超深层气藏的勘探开发，均在全国首次取得方向性的重大突破，从而引领了中国天然气勘探开发，开辟了4个新领域。每个领域的快速大发展都是通过开展原始的构造沉积格局恢复，预测盆地边缘区油气成藏要素及其组合实现的，都离不开原型盆地及其叠合关系的研究。

再以鄂尔多斯盆地为例，它是我国最早发现并命名石油的地方，我国陆上的第一口石油钻井——延a井，位于盆地中南部延长县。到20世纪90年代初，我们把目标放在中生界三叠—侏罗系石油领域，其成果和认识是裹足不前的。尽管前期的勘探探索是积极的，但研究基础不充分，相关技术能力不匹配，导致油田“低产、低效”“井井有油，井井不流”，被称为“磨刀石”，给鄂尔多斯盆地致密天然气勘探戴上了紧箍咒。地质矿产部华北石油地质局（华北油气分公司的前身）在榆林北部的伊bd井下古生界奥陶系风化壳内部首次见到4层良好的气测异常，试气只获得低产天然气流，证实盆地北部下古生界奥陶系海相碳酸盐岩具有十分广阔的天然气勘探开发前景，但资金不足、技术不匹配，无法在盆地发展历史上建立里程碑。回顾鄂尔多斯盆地天然气勘探开发历史，盆地天然气首次发现是在西缘冲断带的刘家庄构造刘庆a井，于1969年5月在石炭—二叠系获得日产天然气$5.7864\times10^4m^3$，随后，地矿部第三石油普查勘探大队于1977年在北部伊盟隆起什股壕构造伊深a井，日产油0.84t，日产气$1\times10^4m^3$。鉴于资料基础，缺乏对盆地整体认识的条件，历经了一个较长的历史阶段没有新的大突破。再者盆地区域构造为西倾单斜，到20世纪90年代初尚未发现面积大于$50km^2$、幅度大于150m的构造圈闭，这种特点必然把寻找大气田的目标寄托在地层和岩性圈闭上，区域性不整合上下成为目标指向。1989年6月，陕参a井在下古生界碳酸盐岩天然气勘探获得高产工业气流，极大地挑起了我们对克拉通领域资源潜力的浓厚兴趣，推动了深层盆地类型的研究和勘探，使得鄂尔多斯盆地成为国内最大的油气产出地质单元，也在“初步认识了叠合克拉通盆地的石油地质特征及油气藏形成的特殊规律”的基础上，“为我国叠合克拉通盆地的油气勘探初步开拓了一条路子”。长庆油田在坚持“主探下古、兼探上古”过程中，90%以上的井在上古生界碎屑岩也见到好的含气显示，立即着手整体研究盆地中东部4条近南北向河流三角洲复合砂体富集高产规律，在此基础上，确立了“立足上古、兼探下古”的指导思想，随即甩开，确定了盆地范围内四大重点目标。创造性地提出“广覆式生烃、大面积充注、孔缝网状疏导、近距离运聚”的致密气成藏理论，并按照“整体研究、整体勘探、整体部署、分步实施”的思路，探明了中国陆上最大的苏里格气田，仅2000—2001年两年内就累计探明储量$6025 \times 10^8 m^3$。在鄂尔多斯盆地东部按照多层系叠合成藏模式“整体部署、立体勘探”的思路，进一步扩大资源阵地，而且在盆地南部、西部甩开，不断突破，展示出第二个超级盆地的态势。

华北油气分公司的前身是地质矿产部华北石油地质局，其在鄂尔多斯盆地勘探开发的历史上，特别是在20世纪代表国家队寻找油气的普查勘探过程中，形成了一系列的认识，完成了侦察兵的光荣使命。在后续企业化生产经营油气资源的过程中，由于拥有的矿权区块范围狭小，盆地整体性基础研究工作弱化，勘探开发工作的衔接不规范，各阶段基础研究由于专业技术结构不合理形成欠账，以致矿权区外成果呈连片状态，区内（特别是南部的）新领域甚至属于盆地范围内的重点层系的突破仍然是白纸一张。

“十二五”末，天然气勘探主要集中在盆地北部上古生界，建成了大牛地气田，其总体呈北东高、西南低的平缓单斜，上古生界含气层位自下而上为上石炭统太原组、下二叠统山西组和下石盒子组，是一套完整的海相潮坪—近海三角洲—陆相辫状河沉积层序，在局部范围内呈“箱型”，受上石盒子组区域盖层物性和异常压力的双重封盖作用，工业气藏的发育被严格限制在该箱体内。随后，在杭锦旗、定北等区块多井试获工业气流，发现了储量，但一直无法建产，大量的钻井导致资金沉淀，企业经营亏损严重。天然气接替压力巨大，在盆地西部、南部发现宁东、红河、泾河、洛河油田。宁东油田处于盆地西缘复杂构造带和天环坳陷结合部位，构造特征东部稳定西部断裂发育，河流相与河湖三角洲平原相沉积，油藏为边底水发育、低幅度背斜的岩性—构造油藏，具有“双向排烃、近源成藏、优储控富”的成藏模式。红河、泾河油田处于盆地南部，局部发育小型低幅度鼻状隆起，总体为北东高、西南低的平缓单斜，发育扇三角洲和辫状河三角洲沉积，以岩性油藏为主，沉积微相和断裂及伴生裂缝共同控制储层“甜点”与油气分布，断裂和微裂缝对改善储层具有极大的作用，油气富集主要受控于有利砂体、裂缝发育区和优质烃源岩，富集模式为“源、相、缝控”型，提交了规模储量，然而成藏模式不明确，油藏描述不准确，石油勘探开发陷入低谷。

加大勘探开发力度，走理论技术创新之路，支撑高质量的天然气快速增储上产既是新时代中国石化党组的要求，也是企业发展的需要，目标是让全体员工共享发展果实。“十三五”期间，在集团公司大力支持下设立的“鄂尔多斯盆地大中型天然气勘探目标与关键技术”等科技攻关项目群，加强致密碎屑岩、海相碳酸盐岩领域攻关探索，自大牛地区块向北分区分类战略展开杭锦旗探区，向南加大盆地南部区块接替战略目标探索力度，向下加强奥陶系不整合碳酸盐岩岩溶储层风险勘探，效果显著：2019年9月，中国石化对外宣布在鄂尔多斯盆地北缘杭锦旗区块发现千亿立方米级大气田——东胜气田，成为中国石化在鄂尔多斯盆地继大牛地气田之后第二个千亿立方米级大气田，“十三五”提交上古生界天然气探明储量$1311\times10^8m^3$，控制储量$6185\times10^8m^3$，三级天然气储量$9722\times10^8m^3$，累计建产$20.5\times10^8m^3$，2020年产气量超过$15\times10^8m^3$。以此为基础总结差异化成藏，“鄂尔多斯盆地盆缘过渡带成藏规律与勘探技术”获得中国石化科技进步一等奖。在下古生界复杂海相碳酸盐岩领域提出区域不整合风化壳岩溶与断层控制的断溶作用叠合控藏，实现商业发现，形成了大牛地和富县2个千亿立方米天然气规模储量接替阵地。彬县—长武区块风险井长探a井实现南部物源区成藏体系天然气的突破，创新中生界断缝体油藏理论，推动致密油勘探取得新进展，实现了古生界、中生界多层系油气勘探有效拓展。科研生产相结合发现一个普遍的现象，这些分布局限的区块中不同时代地层中油气藏呈纵向叠置特点，源—藏对比研究多是复式含油气系统的局部纵向叠合，叠合盆地中叠合成藏模式成为“整体部署、立体勘探”的基础。

“十三五”期间，股份公司油田勘探开发事业部强化区带评价，围绕勘探潜力论证组织编制不同盆地成藏区带评价标准，为鄂尔多斯盆地理顺勘探思路提供了技术指导。在大牛地上古生界碎屑岩领域进一步细分层系，开展单砂体、单期河道描述，利用大量开发井、测录井资料和开发动态数据重新建立油气藏剖面，进而进行复盘性质的模拟研究，对比气田周边优质开发工程示范相关指标，我们认识到不同类型油气田勘探圈闭描述技术与相应的工程技术方案的结合必须走地质工程一体化道路。特别是在鄂尔多斯盆地致密砂岩油气藏勘探过程中，对圈闭关键要素之一——储层内部构型的研究是决定开发效益的关键基础。提高井型、井网与圈闭内“甜点”的匹配度，根据控制含气性的单砂体的构型设计井眼轨迹，能够提高油气层钻遇率，提高井控储量。不仅如此，精细地质建模及其油气藏叠合关系的研究又是解决单层储量丰度不够，推进难动用储量提高动用程度的手段。同样，上古生界气藏与下古生界碳酸盐岩气藏的叠置关系研究可以提高层间接替部署质量，提高一次井网控制程度。总之，能通过提高开发指标提高勘探储量质量和价值。我们在有限的矿权区发展必须走这条地质研究的技术路线。本部著作的技术思路和架构就是这方面的经验梗概。

根据不同区块、不同层面的勘探认识程度，我们在盆地原型演化研究的基础上，按照复合含油气系统（或成藏系统）梳理，在深度解剖不同气藏叠合特点的基础上尝试通过由点到面的联系来反映我们的研究成果，以期能为盆地整体的油气藏勘探开发提供启示，能对不同领域的认识进行完善，能对西部大庆的培育做出我们些微的贡献。

本书是在华北油气分公司“十三五”的勘探开发及科研成果的基础上，按照主要领导培养科研团队能力的要求组织的成果总结，在各章节撰写基础上，何发岐、王付斌、张威、杨艺一起讨论统稿定稿。各章执笔人如下：绪论，何发岐、张威、李彦华；第一章，何发岐、杨艺；第二章，安川、张威、郭利果、邓杰、李春堂；第三章，张威、安川、王善明、范玲玲；第四章，贾会冲、刘四洪、李春堂、唐明远；第五章，齐荣、高辉、杨飞、杜伟维；第六章，李宇翔、邓杰、黎小伟；第七章，郭利果、焦红社；第八章，陆骋、郭利果、王保战。科技管理部王建亮、徐兵威，油气勘探管理部金东民、张茹等同志倾注了大量心血，参加了整个过程的管理、讨论，编写过程中华北油气分公司勘探开发研究院许多同志提供了基础图件，对此一并表示感谢。鉴于研究深度不够、专著的编写人员普遍年轻，加之时间仓促，挂一漏万在所难免，望读者不吝赐教。

在本书的撰写过程中，参阅了许多重要的区域性图件、资料，有些资料的出处无法查证，没能完全标注，在此一并表示谢意和歉意。

何发岐

CONTENTS

目录

绪 论

中国中西部叠合盆地的形成和演化具有多旋回、多成因、多阶段的特点，油气资源非常丰富，但分布规律复杂，多期次的构造演化控制了油气的复合聚集。鄂尔多斯盆地是晚元古代以来在华北地台上形成的多旋回叠合型内陆盆地，经历了多期构造演化，盆地天然气资源量$15.7 \times 10^{12} m^3$，勘探领域广阔，自2000年以来，始终保持中国新增油气探明储量主力地位。随着盆地天然气勘探程度逐年提高，勘探目标由盆内中深层低渗气藏转向盆内深层致密气藏及盆缘高含水低渗—致密气藏，盆地多期构造叠合演化与油气聚集关系的研究也逐步深入。

第一节　叠合盆地及相关概念

一、叠合盆地的定义

我国诸多规模较大的沉积盆地均经历过多期次的构造转换和古地理演化，发育多个区域性不整合面，显示出极其复杂的地质结构。我国学者很早就注意到这类盆地的叠合结构特征及油气聚集过程，称之为多旋回盆地、复合盆地或叠合盆地等（田在艺，1981，1996；朱夏，1983；胡见义等，1993；张恺等，1989）。国际上学者也曾将中国西部这类盆地称为“中国型盆地”（Conybeare，1979）。

中国广泛发育的含油气沉积盆地一般都具有复杂的内部结构，普遍表现为不同时代形成的沉积地层在同一地理位置上的“叠加”和“复合”。对于盆地特殊的内部结构和多旋回的沉积作用，地质学家们提出了很多具有代表性的理论和研究方法。刘光鼎（1997）提出“残留盆地”的概念，刘池洋等（1999）提出了“改造型盆地”的概念，王清晨和金之钧（2002）在分析了中国典型的盆地构造形成演化后提出了“复杂叠合盆地”的概念。庞雄奇等（2002）也给出了“叠合盆地”的概念，认为“叠合盆地”是指不同时间形成的不同类型的沉积盆地或沉积地层在同一地理位置上的叠加和复合，盆地之间在纵向上通过沉积间断或不整合面接触和关联。

在盆地发展的某一阶段（相当于一个构造层的形成时间），有相对稳定的大地构造环境（如构造背景和深部热体制），有某种占主导地位的沉降机制，有一套沉积充填组合，有一个确定的盆地边界，即“盆地原型”（prototype）或“原型盆地”。由于地域广大或地球动力学边界条件发生了变化，在“同一阶段”可能会发生原型盆地的“复合”。前一阶段的原型盆地是后一阶段盆地发展的基础，在新的构造动力体制下，它既有继承，又有新生；但更为明显的是，前一阶段的原型盆地（含原型盆地的复合体）被后一阶段新的原型盆地所替代，即既有沉积实体的上叠，又有运动的叠加（何登发等，2004；贾承造，2005）。

原型盆地是叠合盆地研究的基础，众多学者基于自己所研究的盆地特征和对“叠合”概念的理解给出了不同的“叠合盆地”（superimposed basin）定义（童晓光，1992；贾承造等，1992；张渝昌，1997，1999；黄怀曾等，1994；汤良杰等，2000，2001，2002，2003；庞雄奇等，2002；赵文智等，2003；金之钧等，2004；金之钧，2005；何登发等，2004，2005；韩保清等，2006），可以概括总结为：经历了多阶段运动体制（包括构造体制与热体制）的变革，不同阶段的原型盆地发生叠合而形成的具有复杂叠加地质结构的盆地。其含义是（何登发等，2004；贾承造，2005）：

①经历了若干不同的动力学性质阶段，不同阶段的构造—热体制发生了根本性变化。

②同一阶段的原型盆地可以是一个，也可以是多个具有相同性质或不同性质的原型盆地的复合体。

③不同阶段的原型盆地相叠加，既有前期原型盆地的继承性，又有新的原型盆地的形成，在盆地类型、地质结构、边界等方面存在较大差异。

④由于地壳的地球动力学演化具有旋回性，例如出现伸展—聚敛或开—合旋回，盆地的动力学发展也因此呈现旋回性，表现为螺旋式上升。在某一伸展时期形成断陷或被动大陆边缘盆地，而在随后的聚敛时期形成沟—弧—盆体系或前陆盆地体系；当演化进入新的伸展—聚敛旋回时，虽然可能再次形成相似的盆地类型，但盆地的基底、范围、沉积充填、沉降机制等已发生明显变化。

⑤因动力学条件的变更，原型盆地之间的叠合在叠加方位、范围、动力方式、几何学样式等方面都有多种变化。不同阶段之间、不同盆地之间并没有一致的叠合模式，既可能出现埋藏、继承等建设性事件，也可能出现褶皱、断裂、隆升剥蚀等破坏性事件。

⑥一个盆地若只经历了两个阶段的成盆演化，则其叠加地质结构通常较为清楚，可称为简单的“叠合盆地”，若经历了两个以上阶段的动力学叠加作用，其结构往往较复杂，可称为复杂的“叠合盆地”。但经历了多阶段演化的盆地也可能始终处于相对稳定的构造环境，地质结构仍较简单。如张福礼（2002）认为鄂尔多斯盆地是经历多次构造变动由多个原型盆地复合而成的叠合盆地，与长期以来认为该盆地是“克拉通边缘陆内复合盆地，具多旋回成油组合”的观点（孙国凡，1981）较为一致。

⑦叠合盆地并非原型盆地的简单累加，在新的运动体制下，不但出现新的原型盆地，也有对前期盆地的继承与改造（刘池洋等，2000），从而出现既不同于下伏盆地也不同于上覆盆地的崭新的地质结构。从油气地质条件来看，不但在叠合界面之上多形成了一套储盖组合，而且将出现单个“原型盆地”所不具备的多种成藏模式，如古生新储、新生古储、下生上储等。

二、叠合盆地的油气地质特征与分类

叠合盆地是我国含油气盆地的重要特色，演化历史复杂，在不同的地质发展阶段，由于不同的地球动力学背景和构造应力场特征导致了不同的盆地类型、沉积组合、边界条件和盆—山耦合形式，产生了复杂的构造变形，通常具有如下油气地质特征：具有多套烃源岩；发育多套生—储—盖组合；圈闭类型多样；油气运聚规律复杂，具有多个油气成藏关键时刻；含油气系统复合、叠合、混合现象普遍；目的层埋深大，油气成藏机理复杂（徐旺等，1993；汤良杰等，2001，2002；庞雄奇等，2002；金之钧等，2004；何登发等，2005）。此外，赵文智等（2003）认为叠合盆地一些层系的生、排烃机理和成藏、油气运聚及分布与经典石油地质理论相悖：超压条件使生烃过程滞后；油气在退火背景下超晚期成藏；部分深层储集层保持较好的物性条件；二级油气聚集区带含油性变化大；深层油气分布不完全遵从“源控论”；叠合盆地油气藏发现期长而多高峰。

就目前我国盆地勘探状况而言，东部的松辽、渤海湾盆地油气资源探明率在40%左右，已进入油气勘探的中晚期；中西部盆地油气资源探明率在15%~30%，刚进入勘探中期阶段。贾承造院士（2005）指出“盆地勘探进入中后期以后，叠合盆地中下部含油气组合将是主要的勘探接替领域”，“我国叠合盆地中下部组合拥有丰富的油气资源，其中石油地质资源量38×10^{8}t，天然气地质资源量$2.35\times10^{12}m^{3}$”；王清晨等（2002）认为我国陆上油气资源的80%赋存在叠合盆地中，而现有的油气地质理论已严重滞后于勘探现状。

鉴于我国叠合盆地发育的普遍性、丰富的油气资源、较低的勘探程度以及复杂的油气地质特征，开展叠合盆地的地球动力学、构造几何学、关键构造变革期以及油气成藏体系、成藏机理、油气分布规律等方面的研究对于丰富我国油气地质理论以及油气深层勘探挖潜都具有非常重要的理论和实际意义。

目前，叠合盆地的分类方法主要有三种：第一种是按照不同阶段原型盆地类型的简单叠加进行分类，如黄怀曾等（1994）认为叠合盆地类型主要有前陆盆地—克拉通盆地、陆缘裂谷盆地—弧后裂谷盆地、裂谷盆地—走滑盆地、前陆盆地—走滑盆地等。金之钧（2005）认为中国陆上沉积盆地的发生发展是从大陆克拉通化以后开始的，按照大地构造旋回序列可将盆地的叠合理想化为2种单型盆地叠加和3种单型盆地叠加形式。

第二种是根据不同阶段原型盆地之间是否存在改造关系进行分类，如侯贵廷等

（2000，2001）、吴智平等（2003）通过对渤海、济阳盆地中、新生代构造演化的研究，认为叠合盆地可大致分为继承型和相干型两种类型。

此外，还有学者将上述两种分类方法相结合，如赵文智等（2003）认为叠合盆地主要有继承型叠合、延变型叠合、改造型叠合三种类型，进而依据盆地性质、结构和叠合方式，将中国叠合盆地分为6种基本类型：①古生代海相—海陆过渡相克拉通盆地与中、新生代陆相前陆—陆内坳陷盆地的叠合，如塔里木盆地、鄂尔多斯盆地、四川盆地等；②古生代克拉通盆地与中、新生代裂谷盆地的改造型叠合盆地，如渤海湾盆地、江汉盆地、苏北—南黄海盆地等；③海西—印支期褶皱基底之上的前陆（陆内坳陷）继承型叠合盆地，如准噶尔盆地、土哈盆地等；④海西—印支期褶皱基底之上的早期拉分（断陷）与后期再生前陆盆地叠置形成的延变型叠合盆地，如柴达木盆地和酒泉盆地；⑤海西—印支期褶皱基底之上的裂谷与坳陷叠置形成的延变型叠合盆地，如松辽盆地；⑥大陆边缘的裂谷—被动陆缘延变型叠合盆地，如我国东南沿海大陆架诸盆地（珠江口盆地、莺—琼盆地、北部湾盆地）。

陆上叠合盆地中下部含油气组合主要指位于叠合盆地深层的、被现今原型盆地覆盖和后期构造叠加改造的，发育于早期沉积盆地中的油气勘探层系，拥有丰富的油气资源，近年来我国在陆上海相碳酸盐岩和东部火山岩、砂砾岩油气勘探方面取得了重要进展，陆续在塔里木盆地、鄂尔多斯盆地、四川盆地、松辽盆地、准噶尔盆地等发现了一系列大油气田。

总体而言，十余年的叠合盆地研究取得了大量的创新成果，极大地丰富了我国石油地质理论，对于我国深层油气勘探挖潜及战略选区具有十分重要的理论与实际意义。

三、叠合盆地含油气系统

1. 含油气系统的概念

含油气系统是指成熟的烃源岩及所有已形成的与该烃源岩有关的油气藏，并包含油气藏形成过程中必不可少的一切地质要素及作用。一个含油气系统的空间展布范围包括有效烃源岩的展布范围以及由该烃源岩提供的油气所涉及的最大范围。它是以“源”为核心，从“源”找“藏”的过程，是前十几年中油气成藏研究中的重要方法。

国内外许多学者在这方面做了大量研究，并取得了许多成果。早在1963年我国的石油地质学家胡朝元就提出了“成油体系”的概念，指某一地质时期由统一的油气运移、聚集过程联系在一起的油源、储集层、盖层、圈闭等4个成油要素所组成的整体，并在此基础上，将松辽盆地划分为6个成油体系。“成油体系”的概念与西方的含油气系统概念十分相似。而最早在公开出版刊物上论述含油气系统概念的学者是W. G. Dow，他在1972美国石油地质学家协会（AAPG）年会上使用了石油系统（oil system）的概念，其后得以发表。W. G. Dow认为石油的聚集因生烃灶的不同而呈“族群”性，由此可以有效地预测油气的分布规律。之后，“石油系统”的概念逐渐被石油地质学家和油气勘探家所接受，并在应用中得到了发展。

A. Perrodon（1980，1983）是最早使用“petroleum system”术语的学者，他将“含油气系统及含油气区概念”专列一章写进《石油地质动力学》一书中。1987年，美国石油学家L. B. Magoon提出的含油气系统（petroleum system）概念，首次使用了“基本要素”这一术语，包括烃源岩、运移通道、储集岩、盖层及圈闭，并解释“必须把基本要素与时间和空间结合起来才能有效地研究石油的演化过程”，主张以油—源对比为依据鉴别含油气系统；1988年，L. B. Magoon用表格的形式总结了W. G. Dow等的含油气系统研究成果及其演变情况。但这些研究并未引起石油地质学界的注意。直到1994年，L. B. Magoon和W. G. Dow合编的含油气系统文集《含油气系统：从烃源岩到圈闭》在AAPG出版，才引起了国际石油地质学界对油气系统的广泛关注。该书对含油气系统的概念、分类、研究内容、研究方法及其应用进行了阐述。认为含油气系统是由成熟和活跃的生烃灶与其形成的油气藏组成的天然流体系统，包括生烃灶和其形成的所有油气藏以及导致油气聚集发生的一切地质要素与作用过程。中国陆相盆地同一生油凹陷发育多套地化性质不同、生烃潜力不同、热演化史与生烃史不同的烃源岩，由于地质要素和地质过程都有差别而形成了不同的含油气系统，因此中国学者提出了“复合含油气系统”或“复式含油气系统”的概念。

2. 叠合盆地含油气系统

叠合盆地不同发展阶段的原型盆地横向上复合、纵向上叠加的特征导致众多生烃凹陷在平面上并置，多套烃源岩层系在垂向上相继出现。由于盆地热体制的转变，这些烃源岩进入生油窗的时间及其持续时间也参差不齐，从而出现了多个生排烃时刻。多期构造运动的作用，既伴随同一时期相关构造或圈闭的形成，又发生了对前期构造或油气藏的改造和破坏，导致多个油气成藏期的出现，进而表现出“多源多灶多期成藏”或“多源单灶多期成藏”的特征，很难用L. B. Magoon和W. G. Dow（1994）“单源一期成藏”的含油气系统概念和分析方法进行表征。为此，何登发等（2000）、赵文智等（2005）提出了“复合含油气系统”的概念，其定义是“两个或两个以上含油气系统共享某些成藏条件而形成的相对独立的烃类流动系统”，并建立了相应的划分和评价方法。何登发等（2000）认为中国复合含油气系统有叠置型、运聚变异型、相向汇聚型、断层贯通型、油气分异型、共盖型及改造型等7种常见类型，每一叠合盆地含有上述1种或多种类型。如中国中西部前陆克拉通叠合型盆地以冲断带断层贯通型与前陆斜坡不整合面运聚型为特色，东部断陷坳陷叠合型盆地以叠置型复合含油气系统为主，南方残留新生型叠合盆地则以改造型复合含油气系统占主导，因此每类盆地的复合含油气系统的特点与勘探手段并不一致。赵文智等（2005）基于叠合盆地演化特征和油气地质特点分析，将复合含油气系统分为继承型、延变型与改造型三种基本类型。由于各含油气系统共享要素的不同，构成了

“共盖复合”“贯通复合”“叠置复合”与“交叉复合”等多种复合方式；复合含油气系统的边界即多个油气系统复合后的最大外边界。对复合含油气系统研究与评价，倡导以过程重建为主导的“顺藤摸瓜”的研究思路，并相应提出了“六定”的评价流程，即烃源岩分布要准确定位、生排烃与油气成藏要准确定期、油气大规模运移要准确定向、油气运聚单元要准确定边界、对系统内部油气资源潜力要准确定量、有利勘探目标要准确定级。

由于经典的含油气系统概念无法适应中国叠合盆地的油气勘探（庞雄奇等，2002；金之钧等，2003），金之钧等（2003，2005）以物理学中的“系统论”为指导，使用“元素—结构—功能”的系统思想体系，提出了油气成藏体系的概念，指地表以下油气成藏的自然体系，它包括形成油气藏的一切必要元素，即烃源体、输导体和圈闭，以及这些元素之间的有效配置。它与含油气系统的最大区别是强调聚油气构造或圈闭的重要性。

第二节　鄂尔多斯盆地叠合演化与油气聚集

一、鄂尔多斯盆地多期构造演化

鄂尔多斯盆地是在早元古代结晶基底基础上发育起来的大型叠合盆地，其形成和演化受古亚洲洋、特提斯洋、滨太平洋三大构造域的影响和控制，具有扭动明显、坳陷迁移、稳定沉降的特点。从早元古代基底形成后，主要经历了吕梁、晋宁、加里东、海西、印支、燕山及喜马拉雅等多期构造运动旋回，相应地，盆地经历了新元古代、晚奥陶世、中—晚三叠世、晚侏罗世—早白垩世以及新生代 5 个关键构造变革期（何发岐，2019；何登发，2021）。

1. 新元古代构造变革期

中元古代早期，原始古中国大陆发生裂解，于华北古陆的南、北两侧分别形成秦—祁和兴—蒙 2 个大陆裂谷系。受其控制，鄂尔多斯盆地南、北边缘相继产生一系列坳拉槽，且影响到地块内部。该时期盆地的沉积充填主要受伸展格局控制，形成宽裂谷体系。盆地内部发育 3 排南西—北东的裂陷带，每一裂陷带又分为 3 ~ 5 个裂谷段，其中，长城系为断陷沉积，蓟县系为坳陷沉积。新元古代，宽坪洋盆闭合，北秦岭地块拼贴于华北地块南侧。鄂尔多斯地块受南侧造山作用影响，发生隆升和大规模剥蚀，导致盆地大范围缺失青白口系—下寒武统。

2. 晚奥陶世构造变革期

寒武纪—中奥陶世，鄂尔多斯地块整体处于南北拉张环境。盆地的南、北缘逐渐发育成为被动大陆边缘；盆地内部形成碳酸盐台地，构造沉降较为稳定。进入晚奥陶世，鄂尔多斯地块南侧的秦祁—洋发生向北俯冲，北侧的古亚洲洋则发生向南俯冲，南北挤压逐渐增强。随之，地块南、北两侧转换为活动大陆边缘，发育为沟—弧—盆体系，华北地块整体抬升，海水退出全区。奥陶纪末期，鄂尔多斯地块周缘洋盆俯冲消减，贺兰坳拉槽反转并转化成陆内造山带。受此影响，鄂尔多斯地块普遍抬升、剥蚀，地块内部缺失志留系、泥盆系和下石炭统，在下古生界与上古生界之间形成区域不整合面。

3. 中—晚三叠世构造变革期

在经历了晚奥陶世—早石炭世的隆升、剥蚀之后，鄂尔多斯地块开始大范围接受沉积。早三叠世晚期—中三叠世，勉略洋闭合，华北板块与扬子板块自东向西呈“剪刀式”碰撞。强烈的造山运动使得南华北地区大规模隆升，导致靠近郯庐断裂带的地区首先隆起并逐渐向西扩展，沉积中心不断向西迁移，地层整体呈西厚东薄；鄂尔多斯地块南部的构造应力场转变为以南北挤压为主。三叠纪末期的挤压构造背景可能来源于鄂尔多斯地块更南侧古特提斯洋盆闭合的远场效应。在这一时期，鄂尔多斯盆地整体隆升，延长组 1 ~ 3 段被剥蚀或缺失下侏罗统。

4. 晚侏罗世—早白垩世构造变革期

侏罗纪时期，古太平洋板块开始向新生的亚洲大陆之下斜向俯冲，华北板块中、东部地区总体处于北东左旋转挤压构造环境，鄂尔多斯地块东部显著向西掀斜，西南缘发生强烈陆内变形和多期逆冲推覆，形成“西部坳陷、东部掀斜抬升”的古构造格局。燕山运动期是晚侏罗世—早白垩世构造变革期，在此期间鄂尔多斯盆地活动强烈，在盆地的东、西缘和南、北缘都有强烈挤压，但活动时期存在差异，尤以晚侏罗世—早白垩世构造变形最强。燕山期的生长地层在伊盟隆起南界，沿三眼井—泊尔江海子断裂带发育，表示该断裂带在燕山期存在多期次活动。

5. 新生代构造变革期

新生代，新特提斯洋闭合，印度板块与欧亚板块发生碰撞，同时太平洋板块向西俯冲消减，导致鄂尔多斯盆地内部整体抬升，周缘发育一系列新生代断陷盆地。渭河地堑、银川地堑和河套地堑均形成于这一时期。裂谷肩部翘升隆起，致使渭北隆起和伊盟隆起定型。

在鄂尔多斯盆地形成的漫长地史中，多期构造运动造成不同时代、不同类型原型盆地相互叠合，形成了多旋回沉积叠加。鄂尔多斯盆地所在地区自古生代以来大范围接受沉积的累计时间长逾 300Ma；总体构成了中生代/石炭纪—二叠纪/寒武纪—奥陶纪 3 个时代大型克拉通盆地的复合叠加，其组合盆地类型属多重叠合型盆地。在空间上，中生代鄂尔多斯盆地西部的沉积范围，已超出早、晚古生代盆地的沉积西界。在寒武纪—奥陶纪大华北盆地之下，还有沉积厚度和地层分布变化较大的中、新元古代裂陷盆地。

鄂尔多斯多重叠合型盆地的突出特征有：①3 个完整的大型克拉通盆地叠加；②上覆

陆相盆地具有丰富的石油资源和良好的成藏条件；③发育大区域广泛分布的侏罗系、石炭系—二叠系两大套煤系；④3个时代盆地的叠加特点虽有别，但上、下盆地的组合接触关系总体以整合、假整合、微—小角度整合为主；⑤在今盆地内部，3个时代盆地的主体均未遭受较强的构造变形，且在短距离内没有较大的差异升降。

根据原型盆地间的叠合类型，可分为改造型叠合和易延型叠合两种类型（刘池阳，2021）。

早、晚古生代大型盆地的叠加为改造型叠合。在石炭纪华北克拉通接受区域沉积前，寒武系—奥陶系遭受了长期的风化剥蚀，形成了大区域展布的成熟古风化壳。虽然奥陶系顶部风化剥蚀的时间长逾100Ma，但由于克拉通盆地主体以整体隆升为主，内部分化和差异隆升相对较弱，大部分地区的奥陶系仍得以存留；仅在隆升较高的局部范围遭强烈剥蚀，地层缺失较多，甚或剥蚀殆尽，如今天的鄂尔多斯盆地西部庆阳古凸起。所以，上覆和下伏盆地之间的叠合关系主体为假整合接触，仅在盆地局部和边部有角度不整合接触。由于早、晚古生代大型克拉通盆地之间经历了长时期的沉积间断和较大规模的风化剥蚀，故称其为改造叠合型盆地。

中生代与晚古生代大型盆地的叠加为易延型叠合。与上述晚、早古生代两个大型克拉通盆地叠合的形式不同，中生代鄂尔多斯盆地与晚古生代大华北盆地的叠加，其间既没有经历较长时间的沉积间断和剥蚀改造，也没有发生如较强烈构造变形、岩浆活动等重大变革事件，而是渐变过渡、较平稳地完成了“改朝换代”，因而上、下盆地的叠合关系主体为整合或假整合接触，仅有短时沉积间断并与连续沉积在不同地区同存。由于上覆和下伏盆地的叠合是在断续继延中变革、在转变中叠加续延，故冠以“易延”来说明和突出其上、下盆地叠加的特性。

二、鄂尔多斯盆地油气聚集

现今的鄂尔多斯多重叠合盆地，主体处于中生代和古生代3大克拉通盆地西部，西跨早古生代贺兰裂陷槽。鄂尔多斯盆地貌似简单，但其构造运动及地质结构又相当复杂，导致了复杂多变的油气运移、聚集特征。多个时代、相对独立大型克拉通盆地的多重叠置，形成了多时代的含油气层系，叠加构成了巨大的含油气面积，从盆内到盆缘发育不同时代、不同类型的油气藏。因此，鄂尔多斯盆地独特的叠合特征，塑造了其鲜明的油气成藏特点，主要有以下7个方面（何自新，2003；何发岐，2020；刘池阳，2021；任战利，2021）。

1. 三套大面积分布有效烃源岩奠定了油气藏形成的基础

在鄂尔多斯盆地3个时代大型克拉通盆地演化阶段，分布形成了下古生界海相烃源岩、上古生界海陆过渡相煤系烃源岩和中生界湖相烃源岩，这三套烃源岩分布广、厚度大、生烃能力强。三套烃源岩在空间上的叠置，极大增加了盆地油气资源的规模和丰度，盆地蕴藏有巨量油气资源，常规与各类非常规油气资源丰富。

2. 广泛分布的储集体是大油气田形成的主体

鄂尔多斯盆地在构造演化各阶段不同构造、沉积环境下形成了不同类型储集体，包括长城—蓟县系致密石英砂岩—白云岩、寒武—奥陶系碳酸盐岩、石炭—二叠系碎屑岩、中生界河流相碎屑岩。这些储层发育在盆地不同的区域、不同的原型盆地、不同的构造—沉积环境中，且普遍经历了多期岩溶作用、断裂—裂缝改造或抬升剥蚀；三大套储层在空间上互相叠置，分布范围广、厚度大，为鄂尔多斯盆地油气成藏提供了良好的储集条件。

3. 燕山期构造—热力事件促进三套烃源岩均达到生烃高峰

中生代晚期为鄂尔多斯盆地构造—热动力环境变革的重要时期。鄂尔多斯盆地热演化史及热岩石圈厚度恢复（任战利，2021）表明，早白垩世存在构造热事件及深部热岩石圈减薄的动力学过程，盆地南部岩石圈厚度薄，热流值及地温梯度高。烃源岩热模拟实验以及盆地深部热动力演化史研究表明，早白垩世热事件及其形成的热异常造成不同层位烃源岩生烃量明显增加，是盆地油气富集的重要原因之一。自生伊利石K—Ar定年及包裹体分析法揭示，鄂尔多斯盆地中生界和上古生界油气成藏时间集中在100~160Ma。中生代和晚古生代两个时代盆地油、气的生成、聚散和成藏，是两个分别发生的独立系统和连续过程。

4. 盆地持续埋深叠加和后期持续抬升形成了广泛分布的致密低丰度油气藏

上覆盆地的叠加埋深，使下伏盆地的地层得以完好地保存，并使其长期经受更强的压实、成岩和成岩后生作用，致使大范围沉积的细粒砂岩、碳酸盐岩和混积岩储层致密化，低渗—特低渗致密储层广布。岩层和储层的普遍致密化，在一定程度上又抑制了油气逸散的规模和速度。在这种背景下，盆地主要发育近源致密地层岩性油气藏，普遍低丰度，局部存在高丰度富集点带。

鄂尔多斯盆地整体区域抬升始于早白垩世末。古近纪中晚期以来盆地周边裂陷沉降和诸多断陷盆地的形成，进一步增强了盆地本部的抬升和表浅层的剥蚀（刘池洋，2021）。同时，盆地深部油气藏的压力释放、能量和温度降低、油气发生逸散，致使鄂尔多斯盆地的油气藏压力系数普遍小于1。

5. 不同区带构造特征的差异性造成了圈闭类型的差异

由于叠加改造的差异，盆地不同构造单元油气聚集、圈闭条件明显。总体上盆地内部比较单一，边缘比较复杂。盆地内部主要是克拉通差异沉降和叠加，构造运动以稳定升降为主，最后的改造使盆地主体形成一个平缓的西倾大单斜，缺乏大型背斜等局部构造圈闭。因此，岩性圈闭占有重要地位。盆地边缘不仅原型盆地叠加复杂，而且后期的改造亦强烈，形成了围绕盆地的断褶隆起带，因而背斜、断块等类型的构造圈闭比较发育，构造是油气藏最重要的控制因素。

6. 后期改造对油气调整运移与差异富集有重要影响

以上多种形式的后期改造，强烈地改变了多重叠合盆地的原始沉积面貌，深刻地影响和控制着盆地油气的赋存条件、聚散过程和成藏特点。特别是区域差异抬升，使盆地的油气在成熟和成藏期或之后发生规模聚散，对油气藏的调整有两个方面影响。

一方面，随着构造抬升和断层活动，油气沿断—砂输导体系由盆内向盆缘散失。盆地中部丰富的成熟煤型气主要向盆地北、北东和东部地势较高的地区运移，并向伊盟隆起方向长距离运移和耗散。在伊盟隆起侏罗纪地层中，已发现分布较广的多种与天然气耗散有关的砂岩漂白、绿色和灰色蚀变、碳酸盐化、铀矿化和下白垩统凝析油苗等现象；其中蚀变漂白砂岩连绵分布逾100km。在临近河套盆地南缘出露的下白垩统凝析油苗，油源对比证明其来自盆地中部成熟煤型。这表明，整个盆地中北部逾$10\times10^4km^2$曾遍布成熟煤型天然气，足见天然气可能运聚和耗散的范围及规模之大，又显示在此低渗透致密储层分布区继续发现次生气藏地域之广。

另一方面，在油气向盆缘低地势区运移过程中，会在主运移路径上的有效圈闭中重新富集，形成新的富集区。在伊盟隆起杭锦旗地区，已发现的目前盆地最北边的东胜大气田，就位于天然气向北运移通道上。因此，天然气运移主通道上的有效圈闭是值得关注的勘探目标。

7. 断裂及相关裂缝是油气富集的关键因素

鄂尔多斯盆地地层成岩演化程度高、脆性大，岩石容易产生破裂并形成裂缝。断裂的多期活动造成了油气区裂缝发育，并直接影响着油气富集程度。对于上古生界致密砂岩油气藏来说，裂缝不仅可以增加储层的储集空间，而且是一种极为重要的输导通道。裂缝的发育与否，有时对储层能否富集油气起着决定性作用。从已发现的苏里格气田、大牛地气田的产量分析，构造的特殊部位，如鼻隆、背斜轴部等，亦是微裂缝发育带，往往成为高产井分布区。对于下古生界碳酸盐岩气藏来说，断裂促进了岩溶储层的形成，也是天然气运移与富集的关键要素。盆地中部靖边大气田平面形态，主要受北东和北西向共轭断裂控制；盆地北部大牛地气田下古生界“盐下”气藏的分布，也与断裂交汇带密切相关。

总之，鄂尔多斯盆地多旋回沉积叠加形成了多套生储盖组合，是盆地大面积油气藏叠合分布的基础。不同区带构造特征的差异性决定了油气藏类型及分布差异性。多期构造活动造成了油气的调整与重新富集，形成了不同区带、不同层位油气藏复杂叠置的格局。前期对盆地不同区带油气藏叠合特征、成因及差异性研究较少，制约了对盆地油气藏分布格局的整体认识与高效勘探。本书从盆地构造沉积演化出发，阐述元古界—上古生界成藏条件形成的盆地原型及叠合过程，并选取了盆内和盆缘典型的区带开展成藏条件分析与油气藏解剖，总结不同区带油气藏分布规律及差异性。

第三节 鄂尔多斯盆地天然气勘探历程

鄂尔多斯盆地天然气资源丰富，具有下古生界奥陶系和上古生界石炭—二叠系两大含气层系，资源量为$15.7\times10^{12}m^3$。盆地天然气勘探历经了四个阶段，先后发现了靖边气田、乌审旗气田、榆林气田、苏里格气田、大牛地气田、神木气田、柳杨堡气田、延安气田、东胜气田等14个气田。截至2020年底，盆地已探明储量$5.4\times10^{12}m^3$，年产天然气突破$550\times10^8m^3$，形成了全国最大的整装气区。

一、早期天然气探索阶段（1989年之前）

鄂尔多斯盆地天然气勘探始于20世纪50年代，早期伴随着石油勘探而发展。勘探方向主要围绕盆地周边，在构造圈闭等油气成藏理论指导下，以寻找构造油气藏和古潜山油气藏为主要目标。

盆地的天然气勘探首先是在西缘突破的。1969年，西缘逆冲带刘家庄背斜构造上的刘庆a井在上古生界二叠系的石盒子组、山西组发现了多套气层，试气获得$5.78\times10^4m^3/d$的工业气流，成为盆地在上古生界钻探的第一口工业气流井（邱中建，1999）。1977年，在伊盟隆起什股壕构造部署的伊深a井在二叠系石盒子组试获工业气流，证实了盆地北缘具有天然气勘探潜力。

随后，以盆缘构造带为主要目标，先后在西缘复杂构造带、北缘伊盟隆起、南缘渭北隆起和东缘晋西挠褶带分别开展了探索，找到刘家庄、什股壕、图东、胜利井、天池背斜等一系列含气构造，也获得一些工业气流井，但均具有构造控制面积小、含气规模小的特点。

20世纪80年代，随着煤成气成藏理论的引进（戴金星等，1981），开展了盆地煤成气资源评价，明确了上古生界具有丰富的煤成气资源，提升了盆地古生界的资源信心。1985年以后，随着技术和装备力量的改善和提升，进盆地腹部找气的愿望成为可能。在此背景下，加大了盆地天然气勘探力度，勘探思路也发生了“由盆地周边到腹部、由构造圈闭到地层—岩性圈闭”的转变，勘探部署目标为上、下古生界兼探。

1985年，盆地腹部不同部位多口井均钻遇上古生界致密砂岩气藏。在盆地北部榆林以北塔巴庙地区（今大牛地气田位置）的伊bd井，在上古生界下石盒子组、山西组、石炭系太原组和下古生界奥陶系马家沟组钻遇多层油气显示，随后采用常规方法测试，在奥陶系马家沟组、二叠系下石盒子组盒1段分别试获$280m^3/d$和$458m^3/d$的天然气产量，限于当时的技术工艺条件，未能对气层进行压裂改造；在盆地东部子洲县麒麟沟隆起上钻探了麒参a井，在下石盒子组和山西组钻遇气层，试获低产气流。

随后在盆地东部镇川堡地区钻探的镇川a井，在下石盒子组钻遇8.6m砂岩气层，试获天然气$2.58\times10^4m^3$。1987—1988年，以上古生界砂岩气藏为主要目标，在镇川堡地区部署了18口井，发现石盒子组、山西组和太原组多套气层。1988年，在镇川堡气田提交控制储量$35.2\times10^8m^3$，成为盆地上古生界发现的首个致密砂岩气藏。

通过这一阶段勘探实践，揭示了盆地不同区带上、下古生界的天然气成藏条件，拉开了盆地天然气勘探的序幕。由于勘探思路仍以寻找有利构造为目标，发现气藏规模仍然较小；同时，针对致密砂岩气藏的钻井和压裂工艺也处于探索阶段，单井产量较低，未能取得较大进展。

二、下古生界勘探重大突破阶段（1989—1995年）

20世纪80年代后期，随着煤成气理论不断完善发展以及对盆地古生界地层岩性油气藏认识的不断深化，逐渐突破了以构造勘探为主的传统思路束缚，勘探目标逐渐由盆地边缘向盆地腹部转移。同时形成了“古侵蚀面、古沟槽、古岩溶储层共同控制气藏形成与分布”的碳酸盐岩风化壳成藏认识。

1989年，在陕西省榆林境内完钻的科学探索井陕参a井，发现奥陶系顶部马家沟组马五段白云岩储层，经酸化压裂试获天然气$28.3\times10^4m^3/d$，成为靖边气田的发现井；与此同时，在距陕参a井东北40km处的榆c井同一层位发现白云岩气层，酸化后试获天然气$13.8\times10^4m^3/d$。以上两口井是鄂尔多斯盆地中部气田勘探取得重大突破的标志，拉开了盆地下古生界碳酸盐岩风化壳气藏天然气勘探的序幕。经过5年勘探评价，到1995年，靖边气田累计天然气探明储量$2300\times10^8m^3$，成为当时中国陆上第一个海相碳酸盐岩大气田（杨华等，2016）。

靖边气田的发现突破了构造圈闭找气的勘探思路，开拓了碳酸盐岩岩溶古地貌找气的新领域，丰富了我国海相碳酸盐岩天然气地质理论，开创了盆地“油气并举”勘探的新局面。

三、上古生界勘探突破与快速发展阶段（1996—2012年）

在探明靖边大气田的同时，随着上古生界大型岩性圈闭气藏勘探力度不断加大，按照“上、下古生界立体勘探”的思路，积极开展了盆地上古生界的勘探。通过综合评价，认识到盆地上古生界石盒子组、山西组致密砂岩中普遍含气。在盆地北部乌审旗、榆林地区上古生界三角洲平原分流河道砂体中发现了含气富集区，其中陕agc井下石盒子组试气获无阻流量11.07 × $10^4m^3/d$，显示了致密砂岩富集区的勘探潜力。随后，在该富集区部署了陕ade、陕adh等探井，压裂试气获工业气流，于1996年探明了盆地第一个致密砂岩气田——乌审旗气田，探明储量35.73 × 10^8m^3。

这一时期，随着对致密砂岩气藏认识的逐渐深入，地震储层预测技术以及钻井、压裂技术的不断进步，盆地致密砂岩气的勘探进入快速发展阶段，天然气勘探转入以上古生界为主，兼探下古生界的方向。继乌审旗气田之后，1999—2005年又探明了榆林、苏里格、大牛地、米脂、神木、子洲等储量上千亿立方米的大气田。

1999年11月，中石化华北油气分公司在榆林北部地区以“大型岩性圈闭”为目标部署的大探a井山1段经加砂压裂，获得无阻流量3.34 × $10^4m^3/d$，2000年4月，大探a井盒1段经加砂压裂，获得无阻流量2.04 × $10^4m^3/d$，发现了大牛地气田。

2000年，在盆地北部苏里格地区部署的苏f井在盒1段获得50.0 × $10^4m^3/d$的高产工业气流，后经压裂改造获无阻流量120.16 × $10^4m^3/d$的高产工业气流，发现了我国又一个世界级整装低渗透气田——苏里格大气田，成为我国陆上最大的天然气田，对盆地致密砂岩天然气勘探具有重大战略意义。

盆地上古生界苏里格、榆林、大牛地等致密砂岩气田的发现，极大地坚定了技术人员在盆地上古生界勘探的信心。与此同时，通过不断解放思想，创新地质认识，形成了大型三角洲致密砂岩气藏成藏理论，与之配套的岩性圈闭评价方法、叠前叠后致密砂岩储层地震预测技术、低渗储层测井评价方法及压裂工艺技术也取得了长足的进步，有力地支撑了盆地上古生界致密砂岩气的勘探部署，使盆地进入了规模整体勘探阶段，储量呈现出跨越式增长。2007年，盆地新增探明储量（含基本探明）攀升上5000 × 10^8m^3的新台阶，其中，苏里格气田在2007—2012年期间，连续六年新增探明储量超过5000 × 10^8m^3。中国石化大牛地气田于2012年上古生界取得整体探明储量4545 × 10^8m^3，同年盆地西部发现了柳杨堡气田，提交探明储量550 × 10^8m^3。延长石油2010年在盆地东南部加快了天然气勘探，提交探明储量超过1060 × 10^8m^3，2012年完成第一个开发方案的编制，正式建立了延安大气田（王香增，2022）。以上多个区带储量的探明为盆地天然气快速发展奠定了坚实的资源基础。

四、上下古生界勘探稳步发展阶段（2013—2016年）

经历了下古生界与上古生界的勘探突破与快速发展后，对古生界多层气藏叠合发育特征有了进一步的认识。鄂尔多斯盆地天然气勘探进入上古生界致密砂岩气和下古生界碳酸盐岩气藏整体部署与稳步发展阶段。

中国石油长庆油田在盆地腹部形成了苏里格气区、盆地中心碳酸盐岩气区和盆地东部致密砂岩气区整体勘探格局。其中苏里格气田在前期勘探开发实践经验基础上，通过不断拓展勘探思路和领域，实现了勘探目标由气田本部向气田周边的转移。截至2016年底，苏里格气田累计探明天然气地质储量$4.77 \times 10^{12}m^3$（含基本探明地质储量$3013 \times 10^8m^3$），成为中国陆上最大整装气田（付金华，2019）。同时，靖边气田下古生界海相碳酸盐岩勘探实现了东扩西增，探明储量累计达$6577 \times 10^8m^3$，并在靖边气田西侧落实了苏203、桃33、苏127等多个马五5含气富集区，形成千亿立方米储量规模。盆地东部上古生界多层气藏取得突破，探明储量超过$7000 \times 10^8m^3$，建成年产能$40 \times 10^8m^3$（付金华等，2021）。

延长石油集团加大了盆地东南部延安气田勘探开发力度，截至2016年底已探明天然气地质储量约$6650 \times 10^8m^3$，建成天然气产能$32 \times 10^8m^3$，扩展了盆地山西组、下石盒子组勘探区域（王香增，2018）。

中国石化华北油气分公司加大了盆地北缘勘探开发力度，截至2016年底在杭锦旗地区累计提交三级地质储量$8388 \times 10^8m^3$，其中探明$163.87 \times 10^8m^3$。

五、全盆立体勘探与新领域拓展阶段（2017年至今）

2017年以来，通过不断深化致密气和碳酸盐岩成藏理论认识，完善不同类型气藏评价技术，盆地天然气勘探进入“上古与下古立体部署、集中评价与甩开突破同时展开”的阶段。平面上，勘探阵地从盆地中心向全盆地拓展；纵向上，勘探层系从奥陶系风化壳及二叠系河道砂岩向奥陶系“盐下”及中元古界拓展；领域上，气藏类型从地层—岩性气藏向复合气藏、煤层气、页岩气拓展。

在盆地腹部，中国石油长庆油田天然气勘探突出古生界碳酸盐岩新领域，加强东部多层系和苏里格地区整体勘探，落实了古生界碳酸盐岩、苏里格和盆地东部致密砂岩3个万亿立方米大气区，开创了油气勘探开发的新局面。延长石油通过不断深化致密气及非常规油气理论研究与技术攻关，在鄂尔多斯盆地南部累计探明天然气地质储量$7635 \times 10^8m^3$，建成年产能$70 \times 10^8m^3$；落实页岩气地质储量$1600 \times 10^8m^3$，建成年产能$5 \times 10^8m^3$（王香增，2022）。

与此同时，天然气勘探阵地由盆地腹部向盆地边缘构造过渡带拓展，“满盆气”格局逐渐形成。

在盆地北缘，华北油气分公司通过创新克拉通盆地盆缘过渡带致密砂岩气成藏理论与富集规律认识，在伊陕斜坡与伊盟隆起结合部杭锦旗地区培育了万亿立方米三级储量气区，于2017—2019年提交探明储量$1076.45 \times 10^8m^3$。正式发现了东胜气田，成为盆缘第一个千亿立方米大气田，实现了鄂尔多斯盆地致密砂岩气藏勘探领域从盆内到盆缘的拓展，填补了该区油气勘探在盆—缘过渡部位的历史空白。

在盆地南缘，宜川—黄龙和陇东地区勘探取得重大突破，多口井在上古生界钻遇工业气层，落实有利含气面积约$5000km^2$，发现了宜川、黄龙和庆阳气田，新增探明储量超

过 $1000 \times 10^8 m^3$，成为上古生界规模储量接替区；在伊陕斜坡与渭北隆起构造带结合部位彬县—长武地区部署的风险探井长探a井在上石盒子组试获工业气流，成为盆地古生界天然气勘探最南部的一口突破井，拓展了该领域勘探前景。

在盆地东缘，中国海油加大自南向北的多层系立体勘探与源内层系局部勘探力度，逐渐揭示了烃源岩—构造—沉积成岩三者耦合“煤岩生烃、烃源控潜；相带控砂、微相控储；断砂输导、物性控藏；差异聚集、优储控产”的致密气成藏规律。2021年，临兴—神府区块探明超千亿立方米的致密气地质储量，展现了东部复杂构造条件下致密气勘探的广阔前景（米立军等，2021）。

在盆地西缘，通过深化奥陶系台缘带的地质研究，发现碳酸盐岩岩溶储层及有效海相烃源层，多口井在克里摩里组岩溶储层和乌拉力克组海相页岩中取得天然气突破。其中忠d井在乌拉力克组烃源层段试气获 $4.18 \times 10^4 m^3/d$ 工业气流，李hf井在乌拉力克组试气获 $15.22 \times 10^4 m^3/d$ 高产气流，刷新了盆地海相页岩气直井产量纪录，发现了马家滩南含气富集区。宁古a井在克里摩里、乌拉力克及上古生界多层系钻遇良好天然气显示，揭示了盆地西缘具有较大的勘探接替潜力。在盆地西缘致密砂岩气方面，2022年7月，长庆油田青石峁气田新增天然气探明储量通过自然资源部审查，标志着宁夏首个千亿立方米大气田——青石峁气田诞生。纵观鄂尔多斯盆地天然气勘探历史，从早期的构造找气到目前的多类型气藏立体勘探，过程虽然艰难而曲折，但成果瞩目。勘探过程的每一次重大突破都是对新领域坚持探索和不断创新认识的结果，同时也伴随着评价预测技术与工程工艺的不断进步。面对越来越复杂的勘探对象，勘探家不仅要保持思维的活跃性和敏感性，更要有在质疑中坚持实践的勇气和在实践中及时总结规律的素质。

目前，随着勘探向更复杂的区带拓展，勘探对象也向更复杂类型气藏转移，华北油气分公司在盆缘探索过程中及时总结多类型气藏勘探开发的认识和技术，对于重新认识克拉通盆地天然气整体分布规律，寻找下一步勘探开发目标有重要意义。

第一章

中新元古—古生界原型盆地叠合与中新生代演化与改造

鄂尔多斯盆地是发育在华北克拉通之上并位于其西部的一个多旋回叠合盆地，其结晶基底经过太古代微陆块拼接和古元古代的裂陷再造，于古元古代末期最终固结，之后进入统一、稳定的华北地台（克拉通）沉积盖层发育阶段，开始了沉积盆地的演化历史。其形成和演化明显受古亚洲洋、特提斯洋、滨太平洋三大构造域的影响和控制。现今的鄂尔多斯盆地实际上是喜马拉雅时期以来所形成的一个四周被断层所限的构造盆地，除了历时较短的早白垩世，之前从未成为一个独立的沉积盆地。因此，分析鄂尔多斯盆地的盆山耦合关系及其形成演化过程，不能局限于盆地内，应分析不同发展阶段盆地的原型，坚持整体、动态和综合的原则。

第一节　大地构造背景及其演化

鄂尔多斯盆地处于华北地台西部，属华北地块的次级构造单元，现今盆地构造格局主要由六个一级构造单元组成：伊盟隆起、渭北隆起、晋西挠褶带、伊陕斜坡、天环坳陷和西缘复杂构造带。鄂尔多斯盆地经历了多期构造运动，为典型的叠合盆地，多旋回构造是该盆地构造的基本特征。

一、基底特征

1. 重磁异常与基底特征

鄂尔多斯盆地变质基底主要由三个不同的块体组成，其中北部异常区以东西向条带状异常为主，微向南凸出，呈弧形展布，磁力异常幅度高达500nT，代表了早期东西向的太古界集宁群及乌拉山群组成的变质基底。中部为平缓的宽条带状，呈北东走向，代表下元古界五台群及滹沱群组成的基底，具有相对较高的重、磁异常，并且这种宽缓高磁异常和区域重力高正异常相对应，显示其刚性基底的特征。盆地边缘带则以密集的重力异常梯度带和高磁异常为特征，表明横向上以相对稳定的小型克拉通为核心（图1-1-1）。

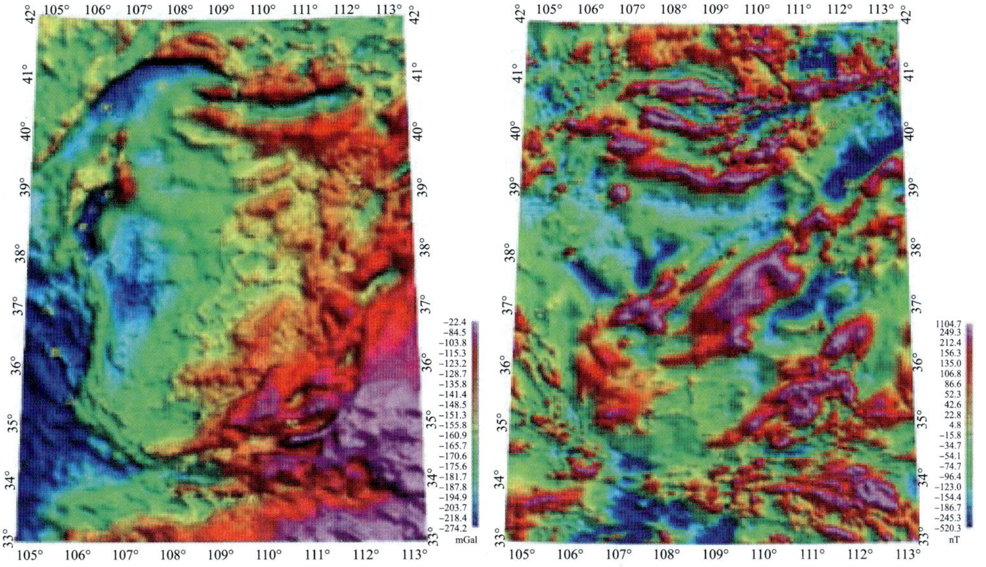

图1-1-1　鄂尔多斯盆地布格重力异常图（左）与磁力异常图（右）

2. 深部地质结构

1）地层厚度变化

与华北克拉通东部普遍减薄的岩石圈相比，中—西部岩石圈结构的横向非均匀性更加显著，岩石圈厚度在80~200km范围内变化。具体来说，稳定的鄂尔多斯盆地之下保留着约160km厚的“厚岩石圈”，而在环鄂尔多斯的新生代银川—河套和汾渭裂陷区则保留着约80km厚的“薄岩石圈”，横向变化大。这种鄂尔多斯盆地及周缘的差异说明西华北克拉通并没有被破坏，仅发生了局部岩石圈改造或减薄。该地区岩石圈显著减薄的两个新生代裂陷区都对应于早先存在于克拉通的古元古代构造带；相对于太古代克拉通核心部分，这些古老构造带强度相对较弱，更易于受到后期构造事件的影响（图1-1-2）。

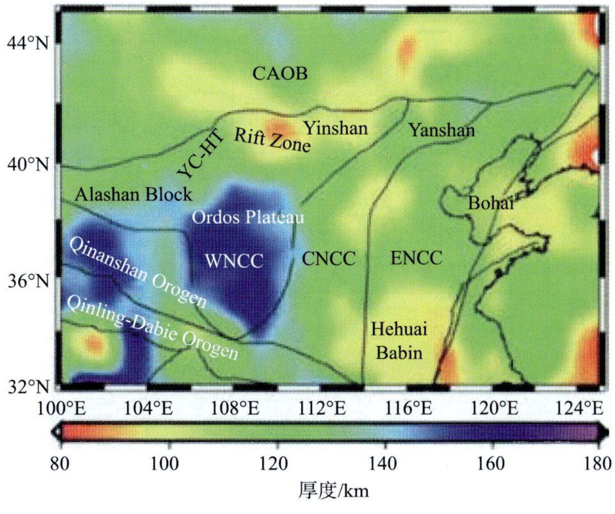

图1-1-2　华北板块岩石圈厚度图（杨嵩等，2013）

鄂尔多斯地块所在的华北克拉通西部汾渭裂陷和银川—河套裂陷区，

地幔过渡带也比较薄，厚度多在245km以下，尤其是岩石圈相对更薄的银川—河套裂陷之下，地幔过渡带甚至不足240km。相比之下，岩石圈被整体破坏的华北克拉通东部对应的是相对“厚的地幔过渡带”；克拉通东部岩石圈和地幔过渡带厚度的横向变化幅度大致相当（都为30~40km），而中—西部岩石圈厚薄差异非常显著（>100km）（图1-1-3），但地幔过渡带厚度变化相对平缓。这些差异表明华北克拉通中—西部与东部经历的地幔动力学过程具有明显的差异，即克拉通东部整体被破坏，而中—西部仅仅是岩石圈的局部改造或减薄。

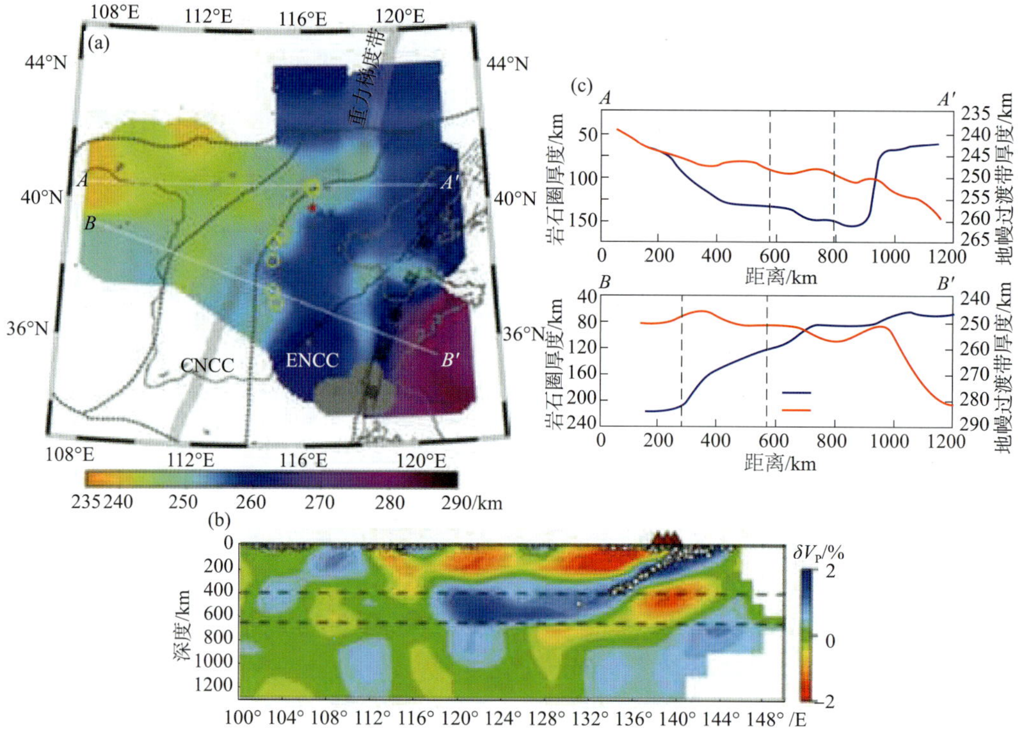

图1-1-3　华北克拉通地幔过渡带结构（朱日祥等，2011）

2）上地幔温度

从华北地区上地幔50~200km几个不同深度上的温度分布来看，在60~150km深度内，上地幔温度呈现东高西低的态势（图1-1-4）。位于上地幔170km深度以上的东部陆块，岩石圈遭受的破坏程度最为严重，温度也最高；仅发生了局部岩石圈减薄或改造，其主体鄂尔多斯高原依然保留较厚的岩石圈。克拉通整体稳定的西部陆块，温度则最低。环鄂尔多斯高原的周边区域，尤其是北边的银川—河套地堑和阴山地区，上地幔温度明显高于西部陆块的其他区域。

总体而言，稳定的鄂尔多斯盆地之下保留着约160km的厚岩石圈，而在环鄂尔多斯新生代银川—河套和汾渭裂陷区则为约80km厚的薄岩石圈；华北克拉通中—西部普遍具有偏薄的地幔过渡带（≤250km），而岩石圈被减薄的环鄂尔多斯裂陷区则相对更薄。华北克拉通上地幔温度在60~150km深度范围具有东高西低的特征，但在170~280km范围内，热状态发生了反转。

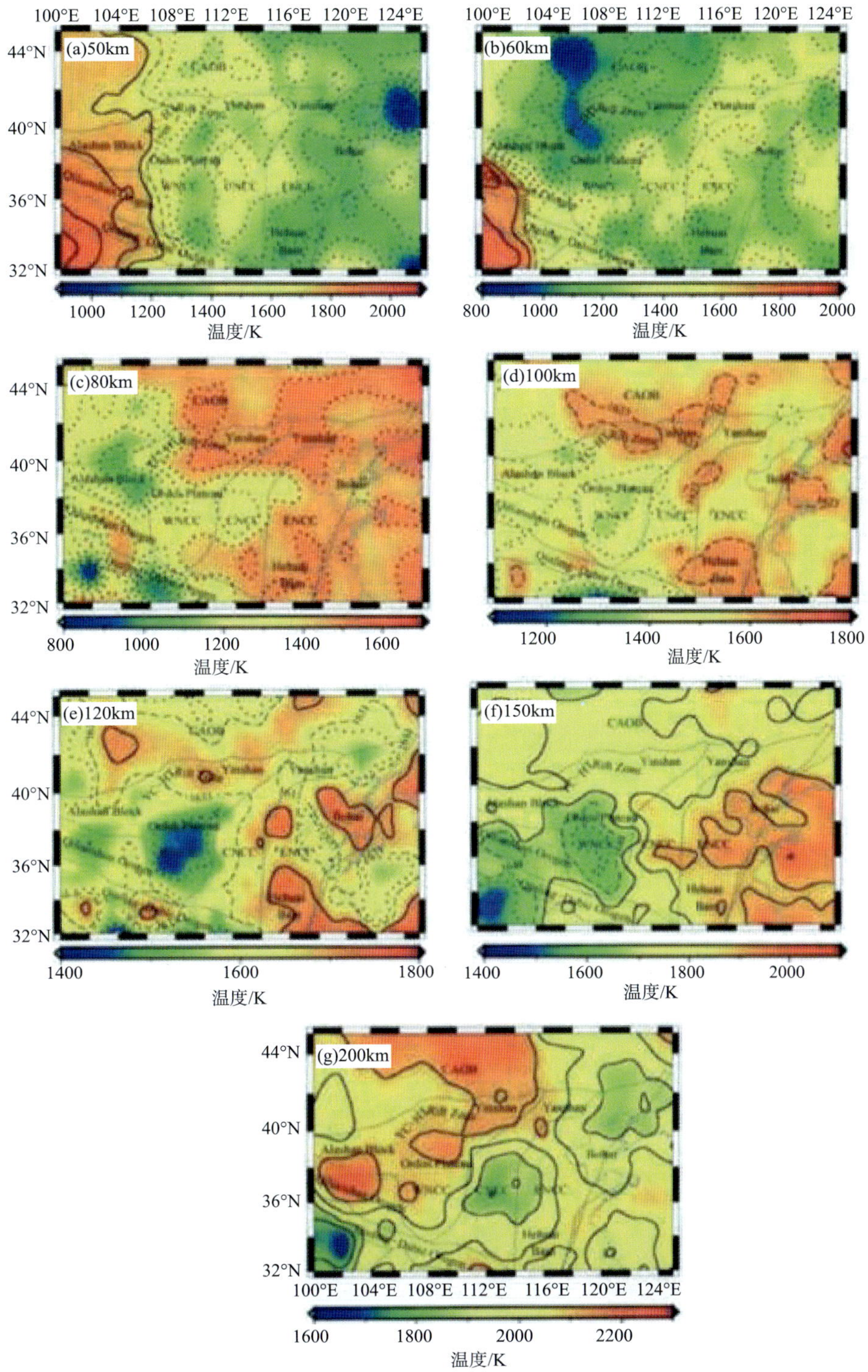

图1-1-4 华北地区上地幔50~200km不同深度剖面上的温度分布图（杨嵩等，2013）

二、盆地构造演化背景

鄂尔多斯盆地及其周缘中新元古代以来大地构造演化与古亚洲洋的开启关闭、秦岭洋盆演化密切相关。

1. 古亚洲构造以及古亚洲洋的演化

古亚洲洋形成于“罗迪尼亚”超大陆的裂解，由裂谷发展为大洋（850~542Ma）。古亚洲构造域形成于古生代，是在古亚洲洋动力体系作用和影响下形成的一个构造区，包括古亚洲造山区及南北两侧西伯利亚克拉通南部边缘和冈瓦纳北部边缘。古亚洲洋和古太平洋两大构造域对中国古生代的沉积起主导作用，海西构造运动使中国大陆南北拼合，开始特提斯演化（任纪舜等，1999）。

中元古代中—晚期，由于超大陆“罗迪尼亚”的裂解，受强烈隆升和大规模裂陷作用的影响，华北陆块和西伯利亚板块裂解，形成白云鄂博坳拉槽。此后，华北陆块北缘的演化主要受古亚洲洋形成演化的制约。前人研究表明，内蒙古造山带是华北板块与西伯利亚板块之间的古亚洲洋（兴蒙洋板块）在先期构造基础上，自早古生代末到晚古生代末俯冲、碰撞、逐渐封闭造山的地区，包括早古生代加里东造山带和晚古生代海西造山带。

寒武纪—中奥陶世，古亚洲洋扩张成大洋，并在鄂尔多斯地块北侧形成狭长的被动大陆边缘。晚奥陶世—志留纪，古亚洲洋双向俯冲，向北俯冲形成了阿尔泰—兴蒙多岛弧盆系（475~460Ma）；向南俯冲形成了白乃庙—温都尔庙沟—弧—盆体系（图1-1-5）。

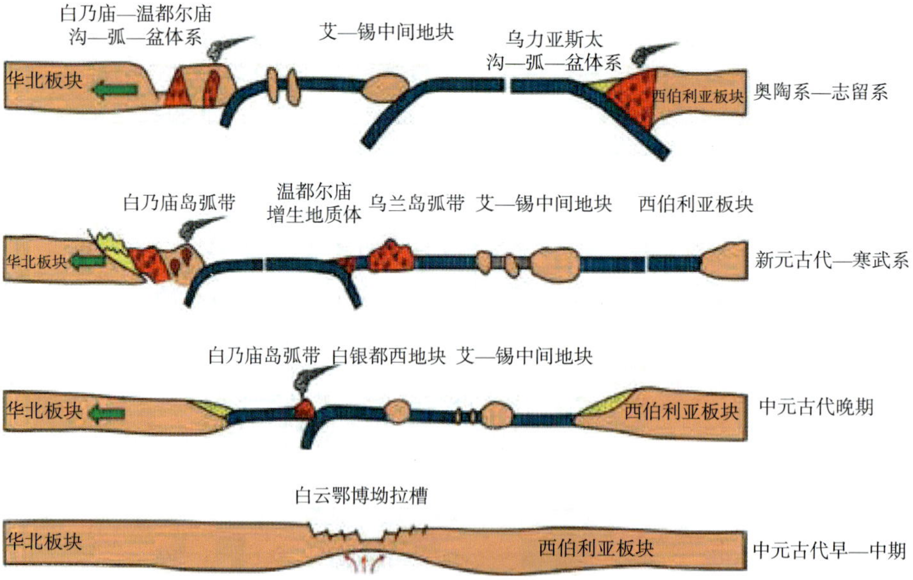

图1-1-5　古亚洲洋元古代—奥陶系构造演化略图

索伦—西拉木伦洋盆在晚石炭世—三叠纪初期自西向东呈剪刀状闭合，即西段在晚石炭世—中二叠世闭合，东段在晚二叠世—中三叠世闭合。鄂尔多斯地块北缘一带的古亚洲洋（索伦—西拉木伦洋盆）主要在晚二叠世闭合，导致锡林浩特地块与华北地块北缘碰撞，鄂尔多斯盆地北部发生海陆转换，并在晚二叠世全部转为陆相沉积（何登发等，2021）。

2. 特提斯构造域及秦—祁洋的构造演化

华北陆块南缘的构造演化史与北缘一样极其复杂。主要受原特提斯洋分支即古祁连—秦岭洋的制约。晚太古宙末，华北陆块基底已经构成了具相当规模的统一古老克拉通地块，并已逐步刚性化。早元古代，该克拉通地块开始裂解，并在陆块内部产生北东向裂陷带，南部则发育古秦岭初始裂谷系。晚元古代—早古生代是秦岭再生洋盆发生、发展、消亡的重要时期（图1-1-6）。中元古代长城期的沉积—火山岩建造和蓟县、青白口期的沉积建造，反映了中元古代鄂尔多斯地块西南缘由裂谷环境向被动陆缘海转化，秦岭洋具有洋—陆间复杂的基本特征，在晋宁期经历复杂的过程而闭合。

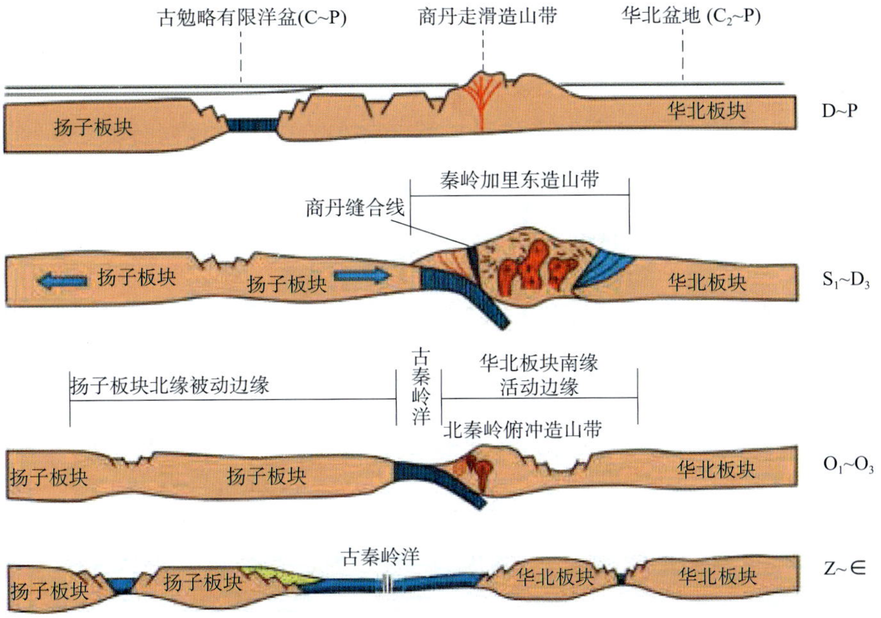

图1-1-6　华北陆块南缘构造演化略图（据张国伟，1997年修改）

新元古代以来，鄂尔多斯地块的南界在北秦岭地块南侧的商丹缝合带一线。在600~540Ma，商丹洋已经发展为成熟的大洋；540~420Ma（早寒武世—中志留世），商丹洋向北俯冲，在北秦岭一带形成二郎坪弧后洋盆；514~460Ma（中寒武世—中奥陶世），二郎坪弧后洋盆向南俯冲直至闭合，其间，鄂尔多斯地块南缘在寒武纪—早奥陶世伸展形成被动大陆边缘，并在中奥陶世开始发生构造转换（党犇，2003；吴素娟等，2017）；晚奥陶世—志留纪，鄂尔多斯地块南缘挤压形成弧后前陆盆地带，该冲断带的前锋已达现今鄂尔多斯盆地南部旬宜地区（何登发等，2021）。

南秦岭地区的勉略蛇绿混杂岩带代表了古特提斯洋的北支，勉略古洋盆于中—晚泥盆世（345~320Ma）自西向东逐渐打开，在石炭纪—二叠纪演化为成熟洋盆。在早二叠世晚期向北俯冲消减，在中—晚三叠世自东向西呈剪刀状闭合。这导致扬子板块与华北板块之间发生穿时碰撞，东秦岭地区的碰撞主要发生在中—晚三叠世（242~220Ma），而西秦岭地区的碰撞延至晚三叠世（220~200Ma）。秦岭的隆升造山主要发生在200~192Ma，即三叠纪晚期至侏罗纪早期。

三、含油气盆地沉积演化

1. 中元古代裂谷充填—坳陷沉降阶段

长城系是鄂尔多斯盆地基底固化后最早期的沉积层，与太古界的变质岩呈角度不整合接触，形成于区域拉张背景下（哥伦比亚超大陆裂解），秦—祁大陆裂谷应运而生，在一系列三联点的作用下，产生向鄂尔多斯古陆楔入的陆内裂谷，裂谷在发展中夭折，形成裂陷槽（陈思谦等，2020）。盆内主要发育4大裂陷槽，分别为宁陕裂陷槽、甘陕裂陷槽、晋陕裂陷槽和豫陕裂陷槽。各裂陷槽长城系厚度多在2~3km，纵向延伸250~300km，宽50~100km，裂陷槽之间的槽间凸起上长城系厚度则明显较薄，多在1km以内，形成凹凸相间的沉积格局（白海峰等，2020）。中元古代晚期，盆地西南部接受陆内坳陷沉积，发育蓟县系，地层主要分布在盆地陶乐—正宁—永济一线的西南部，平面展布较长城系明显萎缩。

长城系沉积自东向西水体逐渐加深，沉积环境依次发育冲积扇体系、扇三角洲体系、滨浅海体系。冲积沉积主要发育在北部的伊盟地区，由于物源供给充填，冲积扇、扇三角洲沉积发育，主要为一套紫红色砾岩、砂砾岩、含砾粗砂岩，中等—次圆状结构，成分以石英砂岩为主，次为岩屑石英砂岩。扇三角洲沉积中可见薄薄的灰黑色泥岩，形成了多个向上逐渐变粗的反旋回。滨浅海是长城系的主要沉积环境，以中—粗砾石英砂岩为主，局部含砾石及砾石层，砾石仍为石英，石英颗粒呈次圆状，分选好。

盆内钻遇长城系暗色泥岩，具有一定生烃潜力；且盆地北部和南部的暗色泥岩、板岩的烃源岩地球化学指标良好，具备生烃潜力（田刚、宋立军，2017；王铁冠、韩克猷，2011）。因此，长城系具备形成大气田的潜力。

2. 新元古代整体隆升阶段

新元古代的青白口纪—南华纪，鄂尔多斯地区整体构造抬升，缺失同期沉积地层；震旦纪仅在盆地西南缘发育冰川沉积，形成一套冰碛砾岩，地层厚度横向变化较大，表明震旦纪在盆内没有明显的构造沉降作用的发生。

3. 早古生代被动大陆—活动大陆阶段

在经历了蓟县纪—震旦纪长达9.5亿年的隆升、剥蚀作用后，从早寒武世晚期开始，鄂尔多斯地区又开始整体沉降、接受早古生代的海相沉积作用，这与华北陆块的整体构造—沉积作用基本同步（包洪平等，2020）。至中—晚奥陶世，由于秦岭洋板块的俯冲、碰撞作用，在鄂尔多斯南缘形成活动大陆边缘（王振涛等，2015；闫全人等，2009），发育厚度较大的中—上奥陶统海相碳酸盐岩及泥页岩沉积。晚奥陶世之后，鄂尔多斯地区与华北地块一起再次进入了整体构造抬升的演化阶段，又经历了长达1.4亿年的风化剥蚀，直至晚石炭世才开始接受晚古生代的沉积。

盆内寒武系自下而上经历了滨浅海—碳酸盐岩缓坡—碳酸盐岩开阔台地—碳酸盐岩局限台地的转变过程，构成一个完整的海进—海退过程（张春林等，2017）。伴随着海平面的上升，沉积物从混积沉积向纯的碳酸盐岩转变。盆内寒武系与奥陶系之间缺失冶里组和亮甲山组，存在15Ma的沉积间断。寒武系顶面形成不整合面，近期中石化首次在盆地北部三山子组钻遇良好显示段，证明寒武系具备良好的勘探潜力。奥陶纪随着古亚洲洋和秦岭洋的幕次俯冲，形成三个大的沉积旋回。马二段、马四段、马六段为开阔台地，以灰岩沉积为主，夹厚度不等的白云岩；马一段、马三段、马五段为局限台地—蒸发台地，以白云岩和蒸发岩沉积为主。

奥陶系顶面岩溶储层大面积发育，上古生界的煤系地层形成烃源岩，构成上生下储的下古生界风化壳气藏。奥陶系自生自储层的内幕气藏，以及寒武系风化壳气藏是今后的主要勘探对象。

4. 晚古生代整体沉降阶段

在经历了加里东末—海西早期1.4亿年的抬升剥蚀后，晚石炭世鄂尔多斯地区又开始构造沉降、接受晚古生代的沉积作用。早二叠世太原组沉积期，海水从东西两侧侵入，形成统一的广阔海域，沉积了太原组海相地层；山西组沉积期，海水基本退出鄂尔多斯地区，形成海陆交互相沉积；石盒子组—石千峰组沉积期，气候从温暖潮湿向干旱炎热转变，西伯利亚板块持续向南俯冲推挤，华北地台北缘进一步抬升，物源供给充足，地表径流活跃，形成了一条红色的河流相沉积。中央古凸起对本溪组和太原组沉积起明显控制作用，到山西组沉积期，控制作用变弱，但仍起一定作用，主要表现在中央古凸起两侧煤层较厚，古凸起上煤层偏薄；到石盒子沉积期，古凸起对沉积的控制作用基本消失。

晚古生代的煤层及炭质页岩构成了上古和下古气藏的主要气源，不同成因类型的致密砂岩构成储层，形成典型的大面积致密砂岩岩性气藏。

第二节　构造—地层层序及沉积充填特征

近些年来，沉积学的发展是快速的，人们对“沉积相”的认识趋于统一。国内外多数地质学家把沉积相看作沉积环境和在该环境下的物质表现。在一定的沉积环境中发生沉积作用形成一定的沉积组合，它们的组合特征是受地质构造的控制，这种控制是极为重要的。地质构造是通过改变自然地理条件对沉积作用和沉积过程施加影响。所以这些沉积组合中反映地貌、气候、动植物、水深、水温、水动力和水化学的各要素组合起来既是沉积环境的体现，也是构造地质作用的体现。

一、构造层序划分

通过野外露头、钻井资料和地震资料等，依据不整合面发育特征，可将整个盆地地层划分为基岩、中新元古界、下古生界、上古生界、中生界、新生界等六大构造层序（图1-2-1）。

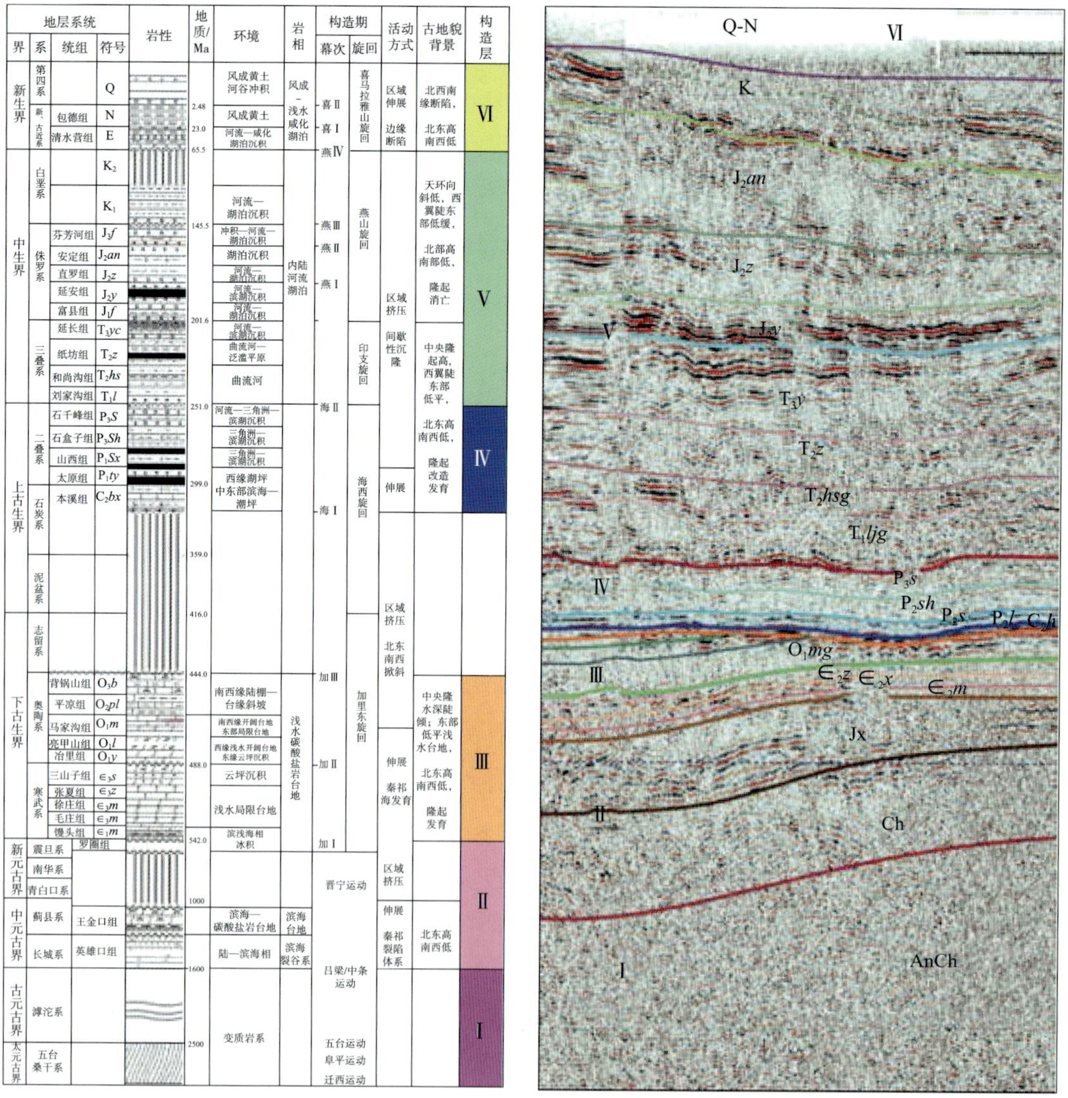

(a)基于钻井、地面地质资料综合构造层序划分　　(b)地震地质解释剖面构造层序划分

图1-2-1　鄂尔多斯盆地构造—地层层序划分

1. 基岩构造层序

吕梁（中条）运动导致主体构造线呈东北走向展布的泛华北古陆形成，这一演化过程经历了迁西、阜平、五台等多阶段古陆块间裂解与拼贴活动，最终形成由不同变质岩相拼合而成的泛华北结晶基底岩系。

2. 中新元古界构造—地层层序

长城系：泛指华北古陆，包括鄂尔多斯地块及周缘进入区域性伸展裂解环境。受此影响，在鄂尔多斯盆地南、西缘形成规模宏大的秦岭—祁连裂陷槽，裂解活动也延伸到盆地内部，形成宁蒙、甘陕、晋陕等一系列北东向展布陆内裂陷带，在此背景发育一套扇三角洲—滨浅海相陆源碎屑沉积建造，并以不同的角度超覆在基底岩系之上。岩性主要为中—厚层状石英砂（砾）岩夹灰绿色粉砂质泥岩，局部见灰黑色泥岩，厚度横向变化大，现今多保存在裂陷的主体部位。该时期的正断裂一般不断入上覆蓟县系或古生界，但对上覆地层的构造活动有一定的影响。

蓟县系：为一套台地边缘的浅水台地藻云坪相沉积，白云岩呈薄层状，西南部厚，向东向北逐渐减薄尖灭，为坳陷期沉积，西南部固原—平凉一带最厚可达2km以上。

震旦系：仅分布在贺兰山区及西缘山前逆冲带上，盆地内大部区域缺失。

3. 下古生界构造—地层层序

该构造层序发育蓟县（震旦）系顶界、寒武系顶界及奥陶系顶界三个区域性不整合面，整体显示一套阶段性海侵碳酸盐岩台地相沉积。

寒武系：是加里东早期伸展环境下碳酸盐岩台地相云灰岩沉积，盆地主体区域厚度一般小于500m，镇原、乌审旗、伊盟古陆等地区缺失，西南缘可达到1km。寒武纪末期受加里东中期构造活动（怀远运动）的影响，盆地区域性抬升，导致寒武系上部地层的缺失，中央隆起带开始出现雏形。

奥陶系：不规则的哑铃形中央隆起带基本形成，并影响奥陶系岩性岩相带的沉积与展布，西缘以陆棚—台缘—开阔台地相泥岩、灰岩沉积为主，隆起东部即盆地的主体区域为局限台地与开阔台地的交替沉积，靖西和米脂两个区域发育有蒸发岩沉积。奥陶纪末期，西南缘海盆趋于闭合，盆地区域性隆升剥蚀，缺失了志留—泥盆纪、早石炭世长达约1.4亿年的沉积。

4. 上古生界构造—地层层序

晚古生代中晚期，秦祁、贺兰及兴蒙海槽伸展—聚敛活动直接制约石炭—二叠系沉积与分布。

上石炭统：本溪期华北海由东西两侧向中央隆起带方向海侵，隆起西侧为滨海潮间—浅海相泥岩、砂岩夹煤层沉积，向西逐渐加厚；隆起东侧属于滨海—潮间砂泥坪沉积，厚度小。上石炭统本溪组障壁岛沉积砂体主要分布在盆地的中部平行海岸线，向伊盟、渭北隆起区减薄尖灭。其中隆起西侧残留最大厚度约为600m，东侧一般小于100m。

下二叠统：早二叠世太原期，该时期的伊盟、渭北仍具隆起的性质，但显露范围明显缩小，中央隆起带则发生差异沉降活动，在吴起、靖边一带形成以低鞍、秦祁海、华北海构成的相对统一的沉积体系，形成砂岩、泥岩含煤沉积。在伊盟、渭北隆起边缘形成滨海三角洲—潮坪相砂岩沉积。盆地西部主要发育滨浅海—海湾相沉积，东部主要发育滨浅海—潮坪相沉积，整体上隆起西侧太原—山西组的厚度远大于隆起东侧。下二叠统山西组沉积时，沉积格局完全改变，由前期的东西分异转化为南北分异，沉降中心迁移至吴起、富县、延川、延长一线，为滨浅海相三角洲沉积。

早二叠世晚期至中二叠世早期，西伯利亚板块持续向南俯冲挤压，兴蒙海槽关闭，盆地北部隆起抬升，造成坡度增大，北部强物源供给，使鄂尔多斯地区进入稳定的内陆河湖相沉积时期，中二叠统石盒子组沉积早期，温湿气候环境湖泊沼泽相沿北部古陆形成一套冲积扇、河流相、三角洲、滨湖—浅湖相石英、岩屑石英砂岩、岩屑砂岩、泥质粉砂岩、泥岩、粉砂质泥岩沉积，厚度横向变化相对稳定。晚期南北凸起基本消失，西缘湖盆逐渐向东扩展，沿浅湖相区周缘形成三角洲前缘沉积，其中细粒砂岩亦具有良好的油气储集性能。二叠纪晚期盆地气候变得干燥，中央隆起带已多数沉陷，在南北凸起控制下，石千峰组是一套“进积—退积”型旋回沉积，整体形成了一套滨浅湖相的泥砂岩沉积；晚期的海西末期，克拉通沉积盆地东缘的差异抬升相对强烈，湖泊向西萎缩，结构上呈填平补齐的楔状体，从而结束了晚古生代的演化历史。

二、关键层序界面构造特征

通过系统井震联合标定，结合区域二维地震剖面综合解释成果，系统编制完成了长城系底、蓟县系底、寒武系底、奥陶系底、石炭系底、二叠系底、三叠系底、侏罗系底、白垩系底等关键地质界面的等T0与构造图。

长城系构造线整体呈北西—北北西向展布，由东向西倾伏，凹陷带沿惠安堡—沙井子断裂的下盘展布，最大埋深在渭河坳陷区，大于10km，平凉—华亭一带可达8km，东部仅3~4km。西缘山前带上逆冲断裂发育，主干断裂整体呈NNW、NW走向，次级区带沿主干断裂的走向展布，并向造山带方向依次逐渐抬起，显示出叠瓦状逆冲断裂构造带的特征。南北方向上，因多条横向断裂的截切，具有明显的分区特征。在盆地主体区域则发育正断裂，这些正断裂的规模不一，活动强度也不尽相同，但整体以北东走向为主，呈“堑”型组合、少量呈“堑—垒”式组合，由南向北构成淳化—宜君—宜川、长武—正宁—甘泉、平凉—镇原—华池、环县—定边（甘陕）、马家滩—鄂托克旗—杭锦旗（宁蒙）等一系列北东走向带状展布断陷带［图1-2-2（a）］，并显示陆内裂陷的特征。

蓟县系主要分布在盆地的西南部，盆地腹区大部区域性缺失。西缘构造线整体呈NNW走向展布，富平—大荔一带呈NEE走向。整体呈由北东向南西倾伏单斜构造，最大埋深在渭河坳陷区，大于9km，陇县一带埋深约6km，北东部仅3~4km。断裂及断层相关构造集中发育在西缘山前带上，构成“东西成带、南北分块”的逆冲断裂系统[图1-2-2（b）]。

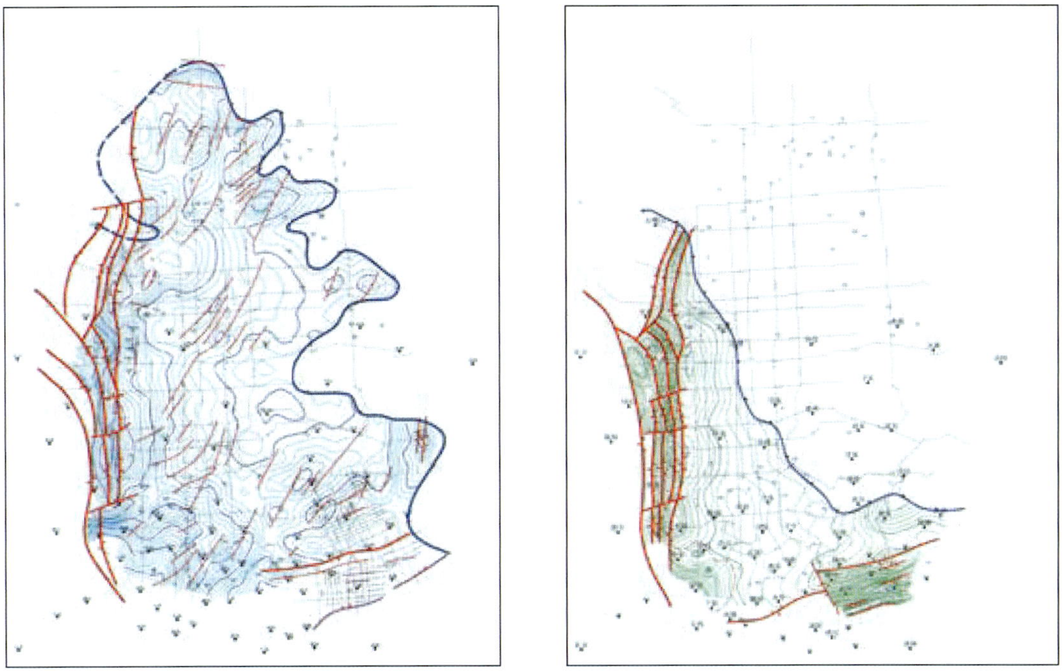

(a)长城系底界构造图　　(b)蓟县系底界构造图

图1-2-2　鄂尔多斯盆地长城系、蓟县系底界构造图

寒武系整体呈周缘构造变形强烈、内部简单且由东向西缓倾的区域构造特征。东缘晋西断褶带呈南北走向的西倾带状单斜构造。伊陕斜坡呈低平斜坡向西缓倾，内部断裂、褶皱等构造不发育，仅见零星分布的小型褶皱，在西南部泾川—宁县一带发育一个面积较大的低幅度背斜构造。渭河坳陷埋深约8500m，向北迅速抬升，西部凹陷带沿惠安堡—沙井子断裂带下盘展布，华亭—陇县带埋深约5000m，北部气探a井区达5800m。西缘逆冲带断裂与褶皱构造发育，因严家湾、磁窑堡等横向断裂的发育，自北而南可划分为桌子山—横山堡、马家滩—惠安堡、沙井子—平凉等三个较大的区段[图1-2-3（a）]。

奥陶系底界的区域构造格局与寒武系底界相近，显示两者间具有近乎一致的古构造背景与构造变形环境[图1-2-3（b）]。西缘逆冲带仍具有“东西呈带、南北分区”的构造特征，伊陕斜坡区域构造线的延展方向呈近北北西—北西走向展布。

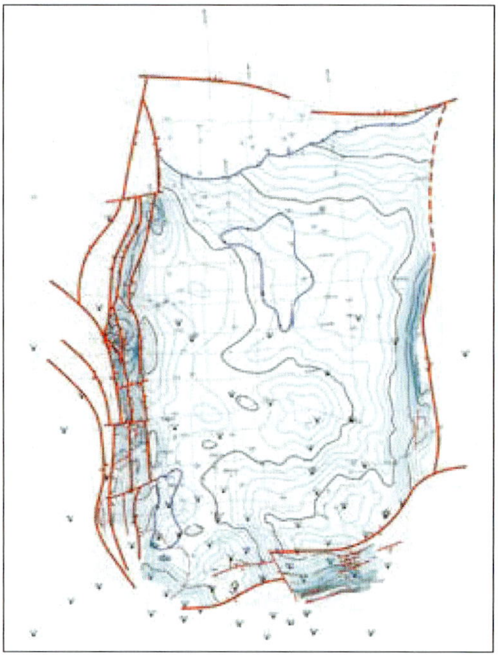

(a)寒武系底界构造图

(b)奥陶系底界构造图

图1-2-3　鄂尔多斯盆地寒武系、奥陶系底界构造图

石炭系主要分布在盆地的中部，盆地北部、西南部区域性缺失。整体上西缘构造线呈近北北西走向展布，由盐池—鄂托克前旗一线向西侧桌子山断裂方向呈陡倾状抬起，向东的米脂、吴堡一带呈低缓斜坡状抬起，显示不对称性凹陷的构造态势[图1-2-4（a）]。

在二叠系底界构造图上，盆地呈一个不同性质盆缘断裂围限的、整体向西缓倾的斜坡。西部凹陷带沿桌子山—惠安堡—沙井子断裂的延伸方向展布，以棋a井区、崇信—陇县等井区埋深最大。区域等值线整体呈北东—南北—北西走向，其中，在盆地中部依然呈近北北西或近南北走向；在盆地北部转向北西，在盆地南部则转向北东，这可能与盆缘断裂斜向扭动有关。西缘逆冲带的区域构造格架与寒武系底界构造相似[图1-2-4（b）]。

三叠系底界构造与二叠系底界整体相近，在局部区带有区别。其一，沿桌子山—惠安堡—沙井子断裂延伸方向展布的原西部凹陷带在盐池一带已显示出不对称性坳陷的特征，即天环坳陷的雏形已开始显现；其二，长期处于坳陷低洼区位的具有火山成因的崇信—灵台背斜带发育，相对完整的渭北凸起也趋于定型，现今“两隆、两带、一坳、一坡”的盆地区域构造格架基本显现清晰[图1-2-5（a）]。

侏罗系底界构造线延展方向由前期的北北西走向开始向北北东方向偏转，但整体西倾的低缓伊陕斜坡构造格架依然清晰显示；自南而北由多个串珠状凹陷构成的天环坳陷带基本形成，现今西翼陡、东翼缓的天环坳陷区域构造格架初步显现。

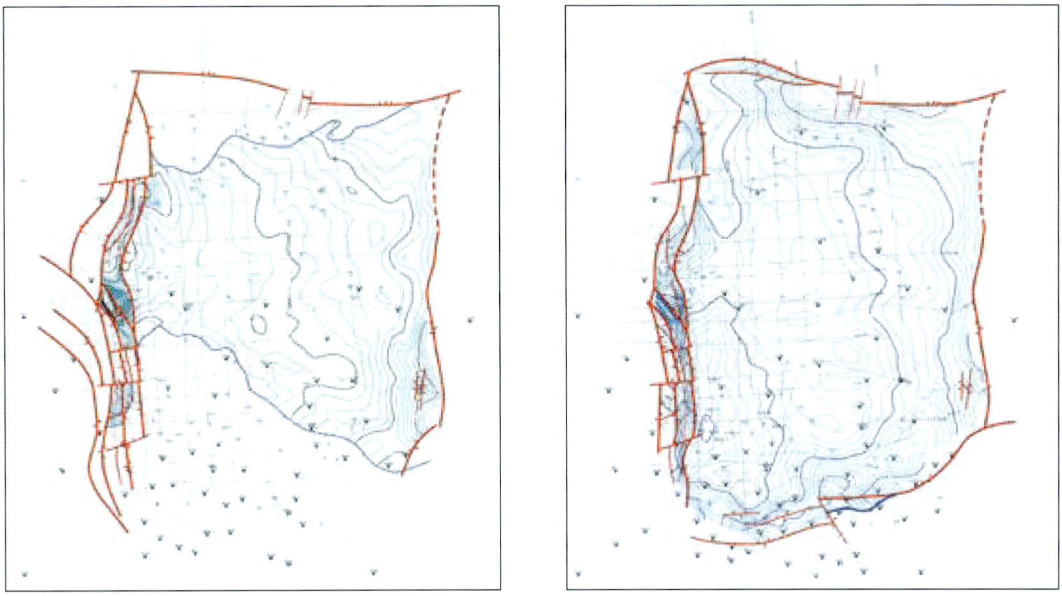

(a)石炭系底界构造图　　(b)二叠系底界构造图

图1-2-4　鄂尔多斯盆地石炭系、二叠系底界构造图

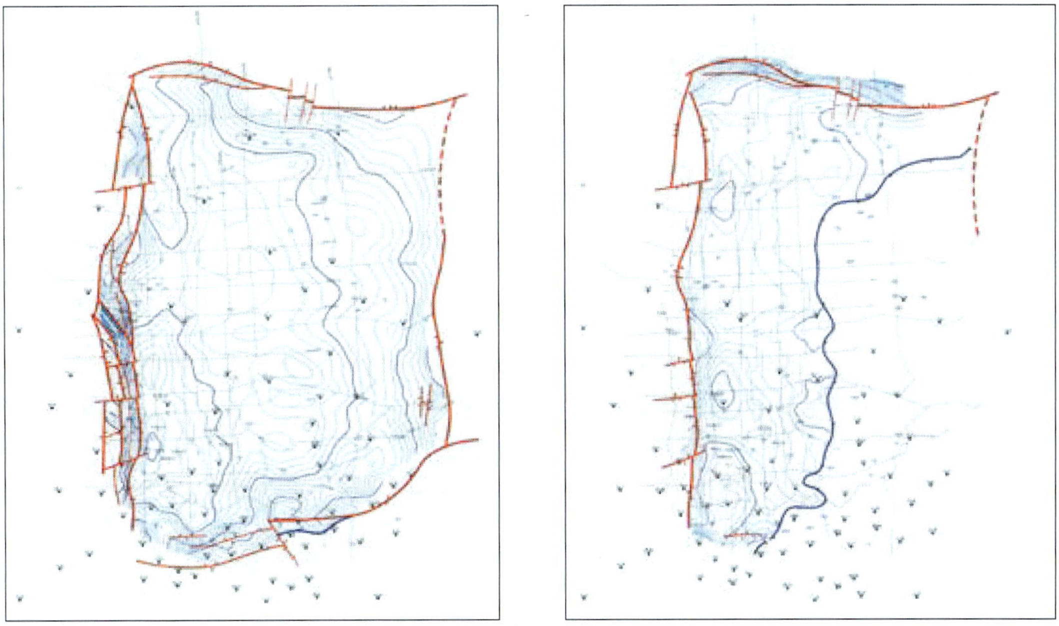

(a)三叠系底界构造图　　(b)白垩系底界构造图

图1-2-5　鄂尔多斯盆地三叠系、白垩系底界构造图

在白垩系底界构造图上，虽然全盆地的区域构造格架显示不完全，但可完整显示天环坳陷的区域构造特征，天环坳陷带近南北走向展布，由串珠状的镇原—环县—盐池—鄂托克前旗—克a井等次级凹陷或洼地构成的带状坳陷构造单元定型，因西缘山前逆冲带

持续向盆地的掩冲推覆作用，坳陷西翼变得较为陡倾，东翼依然向西缓倾，不对称性坳陷特征显现清晰［图1-2-5（b）］。

三、中新生代构造活动对前期叠合盆地的改造

本书重点讨论天然气聚集与勘探，从原型盆地和成藏体系入手，涉及的目的层主要限于前中生代盆地系统，但鄂尔多斯叠合盆地中成藏的关键时间在中生代，蔚为壮观，中生代盆地风格的转变及样式是叠合盆地中的决定性要素，因此在消化前人大量成果基础上，专列一节就动力学背景对盆地在中生代的演化进行深入阐述。

1. 华北克拉通破坏的背景

克拉通破坏是指克拉通稳定性整体丧失的地质现象（吴福元等，2008；朱日祥等，2011），或称去克拉通化（Yang等，2008）。华北克拉通破坏最重要的表现是岩石圈减薄之后的强烈岩浆活动（吴福元等，2008，2014）。多学科的综合分析与研究，可靠地限定了华北克拉通的破坏发生在太行山以东地区。早白垩世期间，华北克拉通东部地壳浅部以出现一系列伸展断层、伸展盆地及变质核杂岩为特征，表现为广泛的地壳伸展变形，同时东部岩浆作用的范围和强度达到顶峰，以出现大规模高钾钙碱性岩浆活动为特征，来源于富集岩石圈地幔。而西部呈现弱伸展背景下整体坳陷或断—坳结合的大型盆地格局，并且岩浆与断层活动微弱，反映了稳定的克拉通状态。根据华北克拉通岩石圈物理化学性质的转变过程，结合岩浆活动、地壳变形、伸展盆地等标志，通过大量高精度年代学研究，确定了华北克拉通破坏峰期为早白垩世（97.5~144Ma）（峰值为125Ma）。在此破坏峰期之后，华北克拉通东部完全丧失了典型的克拉通的稳定属性，而西部主要表现为克拉通的改造（朱日祥，2018）。华北克拉通东部的破坏不仅表现为岩石圈地幔的改造和破坏，而且表现为下地壳甚至整个地壳的改造和破坏，之后华北克拉通东部已不再具有典型的克拉通的属性（王瑜等，2018）。

鄂尔多斯盆地地处华北地西部，华北地的克拉通在古元古代晚期形成后，直到早中生代都保持其基本稳定的特征，沉积了浅海相碎屑岩与碳酸盐岩。尽管在此之前曾遭受了多期程度不同的改造作用，但这些并没有彻底改变其克拉通整体稳定的基本属性（赵越等，2010）。例如，在中元古代时期，华北陆块内部和边缘发育大量狭长的裂陷槽，形成巨厚的海相沉积组合（李怀坤等，2009；王坤等，2018）。

晚古生代华北克拉通北部古亚洲洋的俯冲以及早中生代华南大陆与华北克拉通的碰撞拼合，都对华北克拉通北缘、南缘甚至内部的演化产生了影响，但这些事件对华北克拉通的改造只是局部的，并不代表华北克拉通整体破坏的开始（朱日祥等，2011）。

晚中生代古太平洋板块俯冲作用以及蒙古—鄂霍茨克海的闭合导致华北克拉通动力学体制发生重大转折，即由早中生代的南北走向挤压转变为与古太平洋板块俯冲相

关的近东西走向（北西西—南东东走向）的板内变形与伸展（赵越等，2010）；正是这次重大动力学体制转折导致华北克拉通东部的破坏，并在早白垩世（97.5~144Ma）达到峰期。

1）古西太平洋的俯冲对去克拉通化的影响

晚中生代期间，古太平洋板块向东亚大陆下持续俯冲中发生后撤，在地幔过渡带滞留脱水，使得上覆岩石圈地幔（大地幔楔）发生部分熔融和非稳态流动等动力学过程。晚中生代，古太平洋板块俯冲过程对华北克拉通东部从地表到上地幔以及地幔过渡带的结构与物性都产生了强烈影响（Zhao L.等，2009，2013），造成过渡带间断面形态高度不均匀，导致华北克拉通下方产生不稳定的地幔流动体系，并引起上地幔减压熔融或地幔物质向上流动；另外，上述不稳定的地幔流动体系及古太平洋板块俯冲还引起弧后拉张作用（图1-2-6）。

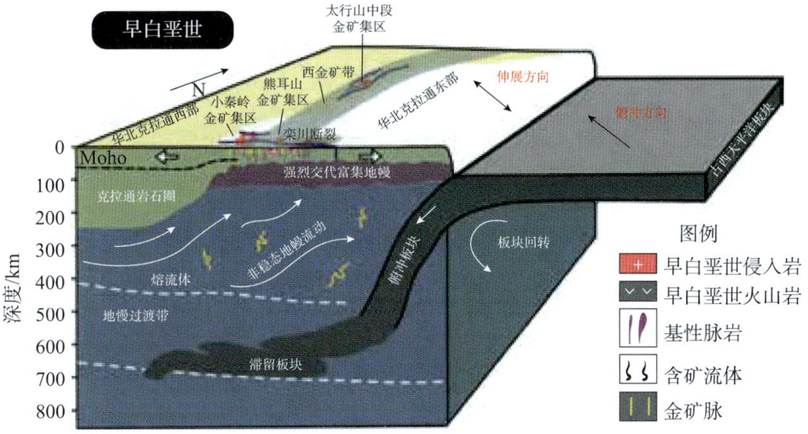

图1-2-6 早白垩世西太平洋板块俯冲作用导致华北克拉通破坏机制和过程示意图（朱日祥，2018）

太平洋板块俯冲作用于华北岩石圈演化的主要证据包括：①浅部构造地质方面的研究表明，华北克拉通东部在破坏期间的拉伸方向发生了有规律的顺时针转变。这一变化规律与太平洋区大洋板块运动方向的变化相吻合，从而指示华北克拉通东部的破坏发生在弧后拉张的动力学背景下，大洋板块的运动方向控制了大陆边缘的弧后拉伸方向。②深部地球物理探测表明，向西俯冲的太平洋板块下插在太行山以东的华北克拉通东部之下，使后者成为俯冲大洋板块之上的活动大陆边缘。660km间断面的起伏形态和地幔过渡带厚度变化及其对应的低温环境代表了太平洋俯冲板块在这一区域地幔底部的滞留特征。层析成像和横波分裂的综合结果，指示上涌的软流圈运动到达岩石圈底部后，由于受到阻挡而主体转变为水平向流动。③华北和东北90Ma以来的基性岩浆源区中发现大量俯冲洋壳组分，可能来源于洋壳上部的蚀变玄武岩及少量沉积物，以及俯冲洋壳下部的堆晶辉长岩和超镁铁质岩石，说明完整的俯冲洋壳部分参与了该时期的岩浆活动。④华北东部岩石圈地幔的水含量具有随着时代变迁而逐渐降低的特点，凸显了水在岩石圈破坏过程中的作用及大洋板块俯冲的存在。西太平洋板块俯冲过程中释放大量水至华北克拉通岩石圈地幔并导致强烈水化，使华北克拉通东部地幔对流系统失稳，上覆岩石圈被交代—熔融—弱化，继而导致岩石圈减薄和克拉通破坏。

2）古西太平洋俯冲对燕山运动的影响

燕山运动为侏罗、白垩纪期间广泛发育于中国全境的重要构造运动，主要表现为褶皱断裂变动、岩浆喷发侵入活动及部分地带的变质作用（地球科学大辞典编委会，2006）。燕山运动是（中国）地质发展史上一次十分重要的构造运动，对中国大地构造的发展和地貌轮廓的奠定具有重要意义。其实质是该时期东亚构造体制发生了重大转变，在这一过程中，构造格局由东西走向转为北东走向，强烈的挤压作用发生，随之形成早白垩世大规模岩浆侵入、火山作用。

燕山期盆地构造应力场大致具有由盆地东西两侧向盆内挤压的特点，盆地中东部广大地区最大主压应力场方向呈北西—南东走向，盆地西南缘最大主压应力场方向呈北东—南西走向，盆地西北缘最大主压应力场方向呈南东—北西走向。该期构造应力场形成的动力来源，主要与古太平洋大陆板块沿北西走向俯冲并与欧亚大陆板块碰撞远程构造效应有关。

华北克拉通丧失破坏地壳结构的稳定性作用发生于中晚侏罗世（180~155Ma），大规模的岩浆活动及岩石圈的部分减薄可能发生于早白垩世（130~120Ma），从燕山运动初始时间和持续过程的全球格局来看，中国东部燕山运动的形成与华北克拉通的破坏相关联，它是受制于古太平洋板块的俯冲作用，因此燕山运动是华北克拉通破坏的重要的且是必要的过程（王瑜等，2018）。

2. 三叠纪前陆盆地形成及对古生界的改造

三叠纪鄂尔多斯盆地内的碰撞过程具有波动式的特征，延长组早期，印支构造活动较弱，长8末期开始，印支构造旋回开始加剧，断裂活动及事件沉积频繁，受秦岭造山带强烈碰撞和快速隆升的影响，湖盆范围迅速扩大，水体变深，湖盆中心向西迁移、湖盆基底不均衡倾斜，盆地进入强烈坳陷阶段。长7末期后，盆地由南北走向对挤应力场转变为近南北走向的左行剪切应力作用，印支运动强度逐渐减弱，鄂尔多斯地块开始了大型内陆盆地充填发展阶段。整个延长组呈现为北缓南陡、湖盆向东南开口的不对称箕状坳陷（图1-2-7）。晚三叠世延长期湖盆呈北西—南东走向展布，具有西南陡、东北缓的古地形特征，在多水系注入的背景下，环绕发育冲积扇、河流、三角洲、湖泊、深湖浊积岩等沉积相类型。

三叠纪早中期，继承二叠纪近东西走向的构造格局和沉积特点（何自新，2003；李文厚，2020），沉积中心逐渐向西部的庆阳—环县—延安—志丹一带迁移，在华北大型坳陷背景上，湖泊范围进一步扩大，沼泽湖泊相的碎屑岩含煤地层、盆地仍保持西南低、东北高的古地貌格局。晚三叠世，湖泊相沉积规模达到了最大，晚三叠世末期，湖盆逐渐萎缩。三叠纪末的印支运动导致盆地区域性抬升与剥蚀，形成沟谷纵横的古地貌，水系下切产生低山丘陵地貌。从三维地震资料的精细解释看，这些沟谷地貌受控于基底断裂的复活和区域性走滑断裂（何自新，2003；何发岐等，2021）。走滑断裂控制的块断作用是印支运动在鄂尔多斯盆地的表现。

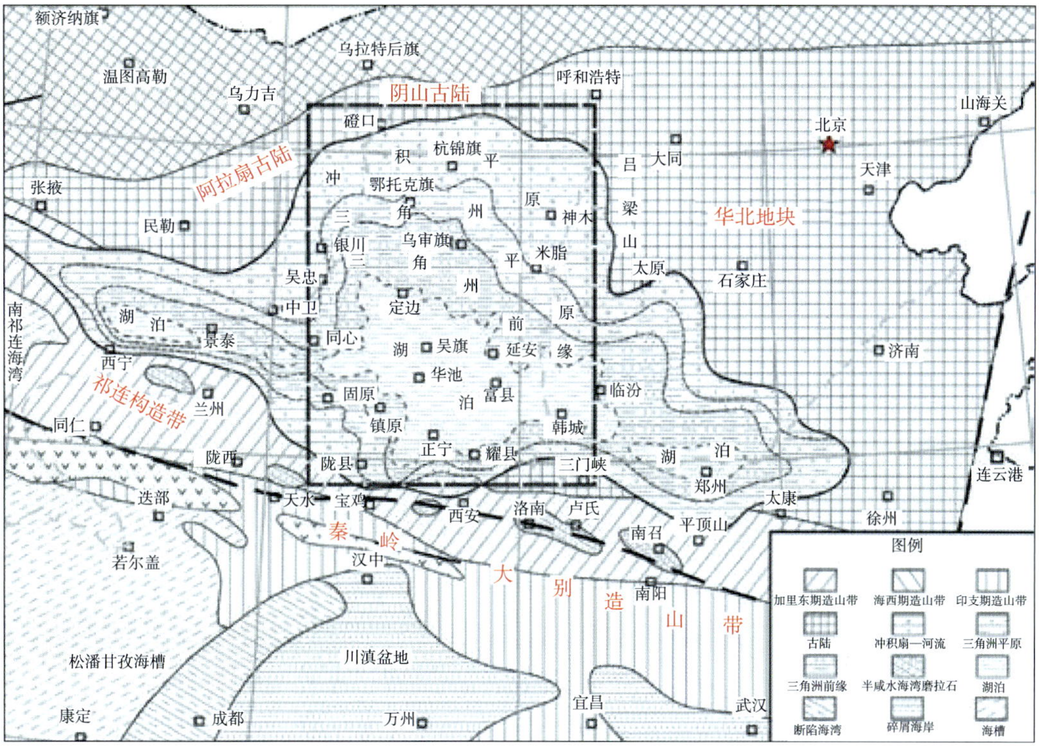

图1-2-7　鄂尔多斯盆地晚三叠世延长组原型盆地构造—沉积格局

三叠系总体表现为从北向南增厚；同时，越向南也就越显示出具有向西和向东增厚趋势，使该区的三叠系总厚度达到了2km以上。从古构造角度来看，它反映了古生代地块南部构造东西分异影响。但到侏罗纪和白垩纪则转变为地层产状向南北，从东向西逐渐变厚，这是由于燕山中期以后华北陆块向西翘倾，东部地层遭到了较多剥蚀。但在总体上西部地区仍是中生代地层保存最厚的地区。其中，侏罗系和白垩系分别可达700~1000m和700~1400m。正是由于这些地层的发育和保存，才为下伏古生代以及上三叠统和中—下侏罗统两个世代烃源岩的成烃演化创造了良好条件。

印支运动后，鄂尔多斯盆地进入了全新的构造演化时期，三叠纪末期的剥蚀作用在盆地内形成沟谷纵横的古地貌，侏罗纪早期填平补齐，形成富县组多沉积亚相的、厚度横向变化强烈的冲积扇—辫状河相—曲流河—滨湖三角洲相沉积。至中侏罗世，盆地再度进入湖盆发育的鼎盛期，其沉积范围包括整个鄂尔多斯盆地并向东可波及大同—济源诸含煤凹陷，吕梁山一带亦接受沉积，是晋陕甘地区的重要成煤期。富县组、延安组与延长组之间虽有侵蚀面存在，但受断块作用控制，形成了镶嵌不整合特点。侏罗纪晚期盆地古构造格局进入改造时期，表现为东西走向差异沉降活动相对明显，沉积中心逐渐向西迁移。燕山中期运动因受西太平洋古陆与古亚洲大陆碰撞，整个华北盆地从东向西掀起，在鄂尔多斯西部侏罗系上统芬芳河组砾岩与上、下地层间的角度不整合；末期东部抬升明显，西缘存在冲断活动，缺失部分侏罗系上部层序，现今侏罗系最大厚度只分布在天环向斜一带，说明天环向斜是在中央隆起“反转”的背景上演化形成的。

白垩系沉积时，沉积中心向西迁移，沉积范围也明显缩小，现今白垩系仅分布在盆地中西部，基本沿天环向斜的区域分布，盆地主体构造格局呈西翼陡、东翼缓近南北走向带状展布的向斜构造，其东翼显现一西倾的大型单斜构造，天环向斜的雏形已基本形成。早白垩世晚期的燕山中期运动，盆地东部持续抬升，导致盆地与华北大陆逐渐分隔，相对独立的鄂尔多斯盆地趋于形成。

鄂尔多斯盆地在中生代快速下沉，堆积了超过2km的中生代地层，强烈的压实作用和胶结作用致使古生界的碎屑岩和碳酸盐岩致密化，低渗—特低渗致密储层广布，降低了油气更大规模的耗散；油气藏主要为致密地层岩性油气藏、低丰度油气藏，局部存在高丰度富集点带。

3. 燕山期构造、热活动及对三套烃源岩的控制

燕山期，盆地大部分地区地温梯度远高于今地温梯度，并以晋西挠褶带、渭北隆起的古地温梯度为最高，西缘逆冲带、中央古凸起、陕北斜坡三地区次之，伊盟隆起和天环向斜最低。根据镜质体反射率与深度的关系、沉积地层有机质成熟度与沉积格局的关系以及岩浆岩同位素年龄的测试结果推测异常古地温场发生时间应在晚侏罗世至早白垩世（刘新社等，2000）。

燕山中晚期是华北盆地晚古生代以来最重要的岩浆热事件发生时期，地壳深部热流机制发生了明显变化，造成地史时期异常高古地温场。岩浆活动本身就是地壳内部热流活动的一种表现，鄂尔多斯盆地晚中生代异常高古地温场的产生可能与该期岩浆活动有关。据盆地及周边地区中生代岩体同位素年龄测定结果，紫金山岩体同位素年龄为125~158.4Ma，山西南部塔儿山—二峰山地区岩体同位素年龄为91.5~138Ma。以上各岩体的同位素年龄主要分布于91.5~130Ma，即晚侏罗世到早白垩世末，进一步揭示了燕山中晚期构造活动对盆地古地温场的影响（刘新社等，2000）。

晚侏罗世到早白垩世，受燕山热事件的影响，烃源岩有机质热演化已普遍进入成熟—高成熟阶段，处于生排烃高峰期。上古生界煤系地层的生气强度大于$20\times10^8m^3/km^2$的区域面积约$9.6\times10^4km^2$，故具有广覆式生排烃的特征（图1-2-8）；而下古生界马家沟组钙质泥岩的生气强度相对较小，大于$5\times10^8m^3/km^2$的区域面积约$1.8\times10^4km^2$（图1-2-9）。

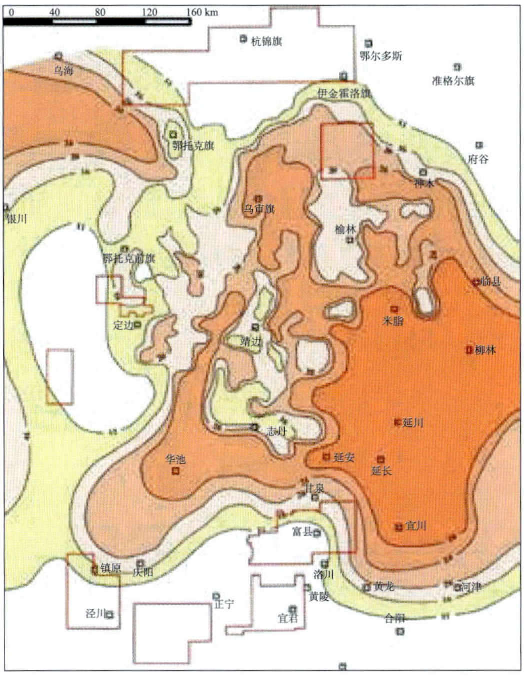

图1-2-8 鄂尔多斯盆地上古生界生烃强度图

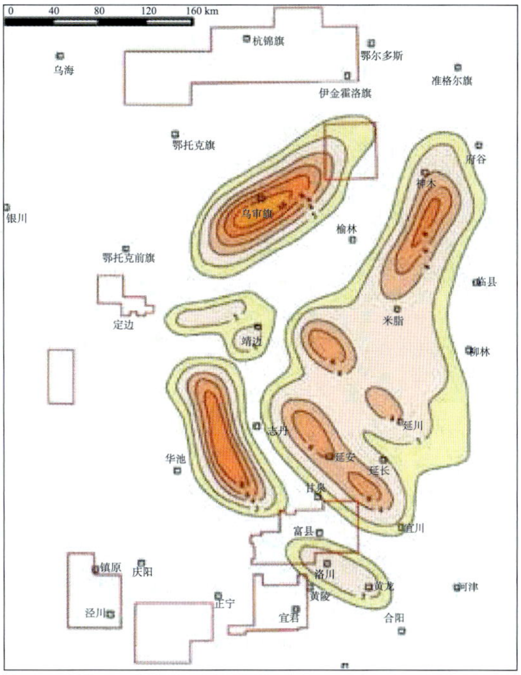

图1-2-9 鄂尔多斯盆地下古生界生烃强度图

四、沉积充填过程

1. 中—新元古界沉积与充填过程

鄂尔多斯盆地周缘中元古代长城纪时期发育一套完整的海侵—海退序列。中元古代早期主要发育河流—三角洲相沉积，随后由于海侵使得水体逐渐加深，在河流相砂岩之上依次叠加了滨岸相石英砂岩和半深海相泥页岩沉积；之后由于海退的发生，深水沉积物之上又发育了一套石英砂岩或砂泥岩互层沉积，沉积相由盆内的河流相向盆缘逐渐变为滨岸相。在蓟县纪，鄂尔多斯地区发生了海侵，沉积了一套以含硅质条带灰岩和含叠层石白云岩为主的潮坪相碳酸盐岩。蓟县纪结束后由于发生了区域隆升，导致盆地内部蓟县系被大量剥蚀，在地震剖面上可见蓟县系被寒武系削截，鄂尔多斯盆地周缘此时处于被动陆缘环境。

2. 寒武纪沉积与充填特征

寒武纪大部分时期华北地台地势平坦，构造稳定。盆地范围内具有“三隆四坳”构造格局（周进高等，2020）。“三隆”分别是盆地西南缘的镇原古隆（中央古凸起的一部分）、盆地中部的乌审旗古凸起和东部的柳林低隆，“四坳”分别是西部的贺兰坳陷、定边坳陷，东北部的临县坳陷，东南部的黄陵—铜川坳陷（图1-2-10、图1-2-11）。

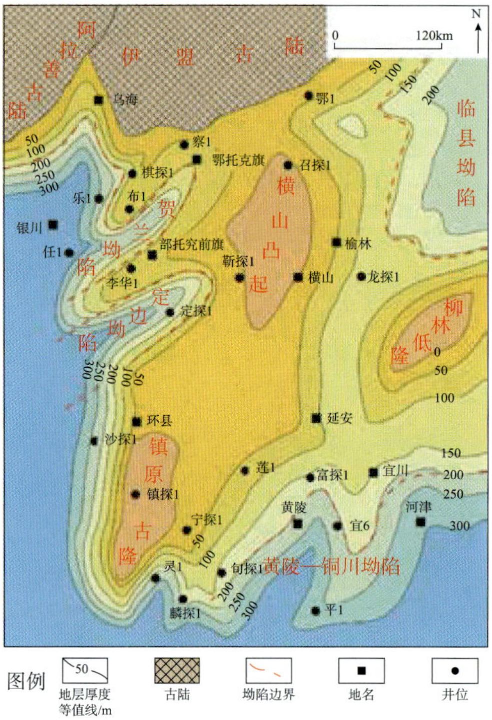

图1-2-10　张夏组沉积构造分区及地层厚度

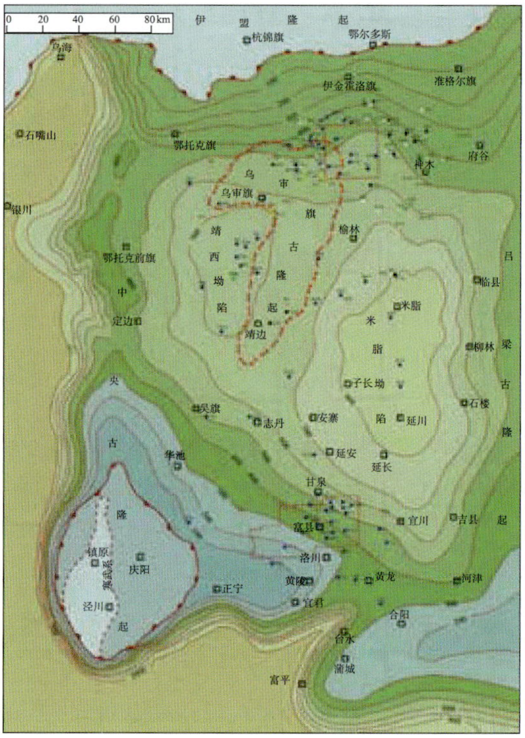

图1-2-11　马家沟组沉积构造分区及地层厚度

系	统	地层	符号	岩性	厚度	岩性描述
寒武系	上统	三山子组	$\in_3c$		170~270m	上部为含泥细晶白云岩夹竹叶状灰岩，下部为薄板状泥质白云岩，含：Wesionia. sp
						深灰色细晶白
						上部为细晶鲕粒白云岩，下部为白云质泥灰岩夹竹叶状灰岩，含：Cycloyenyella. sp
	中统	张夏组	$\in_2z$		35~118m	鲕粒灰岩夹白云岩，底部为竹叶状灰岩
		徐庄组	$\in_2x$		60~330m	上部为鲕粒灰岩夹泥灰岩，中部为泥岩层和鲕粒灰岩层，下部为粉砂质页岩层
		毛庄组	$\in_2m$		53~600m	上部为页岩和粉砂质页岩互层，下部为泥质灰岩层段和泥岩层
	下统	馒头组	$\in_1m$		38~144m	顶部为鲕粒灰岩，中部为泥岩层段，底部为细砂岩层
		朱砂洞组	$\in_1z$		50~200m	深灰色白云岩和泥质白云岩，沿着鄂尔多斯古陆南缘和西缘呈"L"型分布
		辛集组	$\in_1x$		30~200m	岩性主要为褐色白云岩和绿色泥岩，底部有一层含磷砾岩层

图1-2-12　鄂尔多斯盆地寒武系柱状图

通过对地层划分对比研究，将寒武系统由老至新划分为辛集组、朱砂洞组、馒头组、毛庄组、徐庄组、张夏组和三山子组七个地层单元（图1-2-12）。

鄂尔多斯盆地寒武纪沉积环境具有滨浅海—碳酸盐岩缓坡—碳酸盐岩开阔台地—碳酸盐岩局限台地的转变过程。辛集组、朱砂洞组为滨浅海环境；馒头组、毛庄组、徐庄组属碳酸盐岩缓坡环境；张夏组为开阔台地环境；三山子组为局限台地环境。

鄂尔多斯盆地寒武系为一套上超序列，沉积厚度由周缘向克拉通内逐渐减薄。随着由周缘向内陆的海侵，沉积范围逐渐扩大。沉积相在早寒武世主要为砂坪、泥坪相，中、晚寒武世主要发育碳酸盐岩台地相。寒武纪时期盆内存在构造分异，镇原古凸起和伊盟古凸起不发育寒武纪沉积物；

盆地西缘和南缘分别存在一个坳拉槽，西缘的坳拉槽主要位于天深a井处，南缘的坳拉槽主要位于耀参a井处，在坳拉槽部位寒武系急剧增厚，向边部减薄。

3. 奥陶纪沉积充填特征

在现今盆地边界所圈定的范围及相邻区域内，奥陶系地层厚度、岩相分布等综合编图分析表明，鄂尔多斯地区奥陶纪存在“三隆两坳一古陆”的古构造分布格局（周进高等，2020）。三隆即中央古凸起、乌审旗古凸起和吕梁古凸起；两坳即米脂坳陷和靖西坳陷；一古陆即北部的乌兰格尔古陆（伊盟古陆）（图1-2-10、图1-2-11）。中央古凸起、乌审旗古凸起和吕梁古凸起对于中东部坳陷局限海盐洼区蒸发岩的形成有重要的控制作用。

奥陶纪沉积充填表现为早期以内源沉积为主、晚期以陆源碎屑沉积为主的演化特征。从冶里—亮甲山期至马家沟期，均以内源沉积为主，但盆地内部以蒸发岩和碳酸盐岩共生体系为主，而西缘及南缘则以纯碳酸盐岩为主，均是以化学沉积作用为主的内源沉积建造。而晚奥陶世的平凉期及背锅山期，鄂尔多斯本部开始整体隆升，仅西部及南缘继续接受沉积充填作用。晚期构造作用加剧，差异隆升与沉降作用开始凸显，导致陆源碎屑物质供应不断得到加强。在这一构造背景下，形成了具有快速充填特征的混源及陆源碎屑沉积建造。垂向上地层海侵—海退旋回性是马家沟期古地理演化最明显的特征（图1-2-13）。这在鄂尔多斯中东部地区表现尤为突出，形成碳酸盐岩与蒸发膏盐岩交替发育的局限海台地相沉积建造。

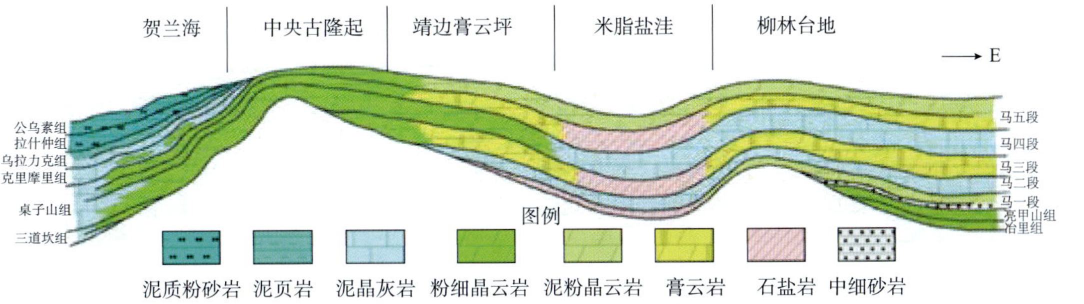

图1-2-13　鄂尔多斯地区奥陶纪演化剖面示意图（邵东波等，2019）

4. 石炭—二叠纪沉积与充填过程

晚石炭世，随着地台的持续沉降，海水从东西两侧侵入，形成受限陆表海。晚石炭世末期，在北方西伯利亚板块向南“推土机”机制的作用下，兴蒙海槽向南俯冲、消减，导致华北地台区域构造格局北升南降，造成北隆南倾的格局（尚冠雄，1995），在构造转型期残留海背景下，泥炭沼泽发育，形成了规模大、分布广、区域稳定的煤层。

从早二叠世山西期开始，受北部兴蒙海槽持续向南俯冲、消减影响，北部伊盟隆起及物源区显著隆升，海水逐步向南退出，鄂尔多斯地区进入以陆相沉积为主的沉积充填，仅在南部地区局部保留残留海。中二叠世下石盒子期，因北侧西伯利亚板块持续地向南俯冲推挤，华北地台北缘进一步抬升，物源供给充足，地表径流作用最为活跃。形成输送距离长达300km的河流三角洲体系。在南部，秦岭—伏牛古陆的抬升也形成物源供应，在鄂尔多斯地区出现南北包抄的沉积格局。海水持续南撤。中二叠世上石盒子组沉积期，气候进一步干燥，随基底沉降速率加快，沉积范围持续扩大。与下石盒子组沉积期相比，上石盒子组冲积期沉积体系萎缩、湖泊扩张。晚二叠世石千峰期，北缘兴蒙海槽因西伯利亚板块与华北板块对接而消亡，秦岭海槽向北的俯冲加剧，使华北地台整体抬升。鄂尔多斯地区由前期的近海湖盆演变为内陆湖盆，沉积环境完全转化为大陆体制，地形仍保持南陡北缓、南深北浅的不对称箕状湖盆面貌，三角洲一带湖泊沉积进一步萎缩。

五、岩浆与构造事件

鄂尔多斯盆地及周缘出露多期与构造活动相关的岩浆岩，集中分布在盆地南缘和北缘，而东缘和西缘则零星出露（图1–2–14）。西南部有中—晚三叠世凝灰岩广泛发育，呈北西—南东走向分布。盆地内还具有多个已证实的隐伏岩浆岩体，包括龙门岩体、乌海东岩体、吴忠岩体等。总体来看，岩浆岩年龄跨度大、持续时间长，较古老的岩浆岩在盆地北部的出露面积大于南部，南、北部岩浆活动期次整体相近，但略有不同，表现出南北构造活动的差异性与相似性。

统计盆地及周缘岩浆岩年龄显示出：南缘发育于新元古代、古生代、早中生代和晚中生代四期岩浆活动；北缘可划分为古元古代、古生代、早石炭世末—二叠纪、早—中侏罗世和早白垩世五期岩浆活动；东缘主要发育中生代以来的岩浆活动（图1–2–14、图1–2–15）。

1. 鄂尔多斯盆地北缘

鄂尔多斯盆地北缘主要包括阴山地块和孔兹岩带，阴山构造带可进一步细分为西段的狼山和东段的大青山两大褶皱—逆冲系统。鄂尔多斯北缘的岩浆活动共分为四个阶段。

1）古元古代碰撞造山与后造山阶段（2480~2400Ma、1950Ma）

该时期岩浆活动记录较多，古元古代岩浆作用涵盖了洋壳俯冲、陆陆碰撞、陆壳折返、造山带垮塌，甚至后造山等阶段，完整地记录了阴山地块与鄂尔多斯地块碰撞拼合的整个造山旋回过程。

2）早古生代大陆边缘演化阶段

该时期华北地块北侧以发育白乃庙岛弧岩浆岩为典型特征（刘敦一等，2003；张维、简平，2008）。

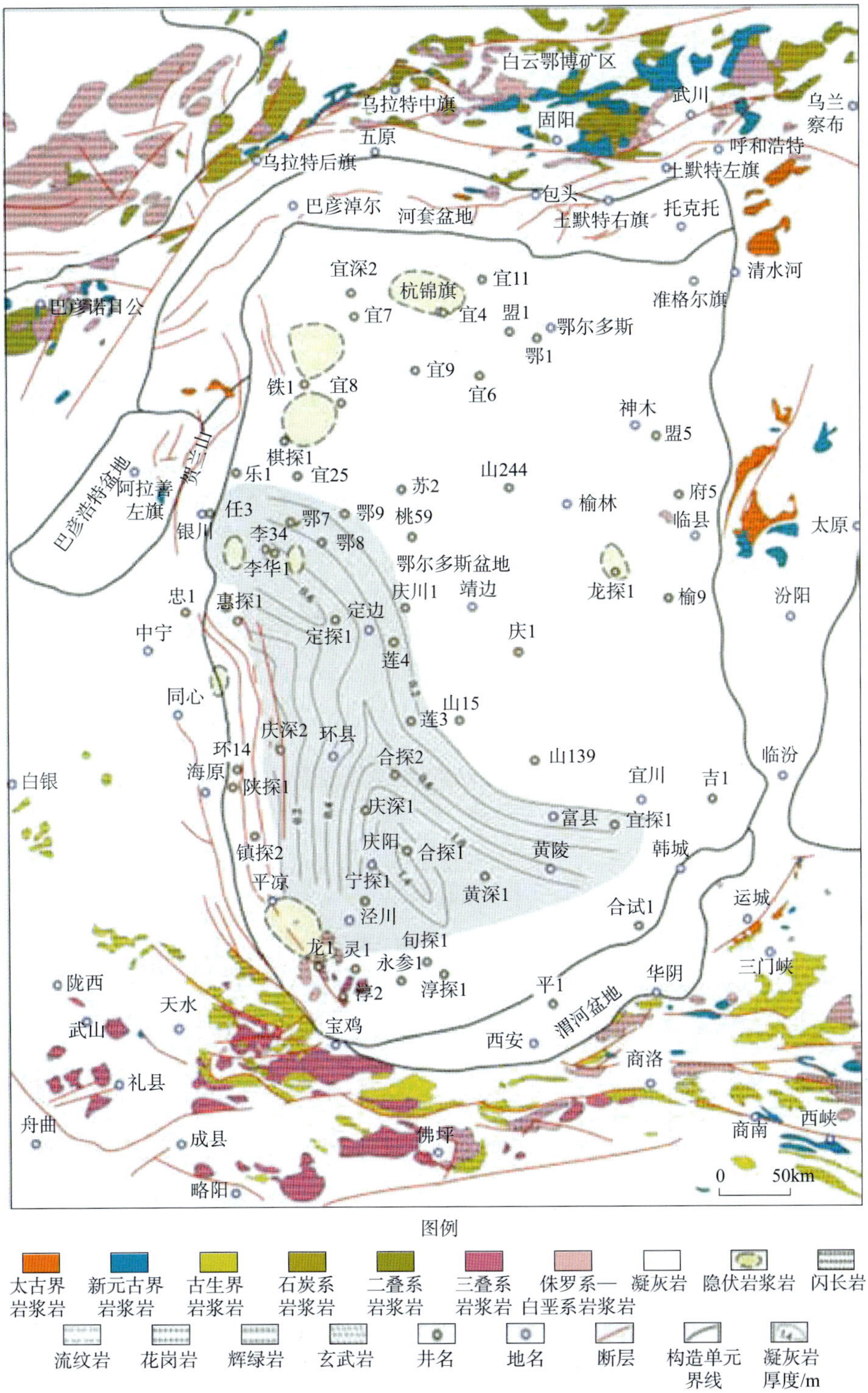

图1-2-14　鄂尔多斯盆地及其周缘岩浆岩分布（何登发等，2021）

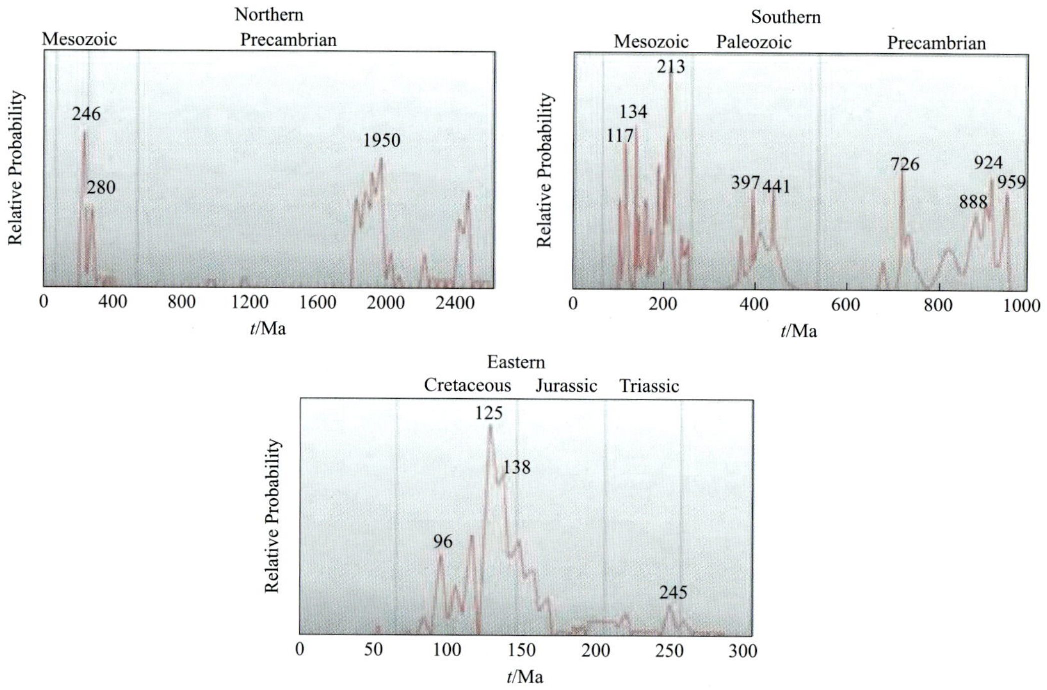

图1-2-15　鄂尔多斯盆地北缘、东缘、南缘岩浆年龄统计

3）二叠纪—早三叠世（280Ma）古亚洲洋关闭造山阶段

该时期岩浆热液作用广泛分布于华北克拉通北缘，即沿着东西向阴山—燕山构造带分布，侵入体以二长花岗岩、正长花岗岩和二长岩为主。中晚三叠世，岩浆岩分布范围有所增大，侵入岩类型主要有闪长岩、花岗闪长岩、二长花岗岩、正长花岗岩、二长岩和正长岩。

4）侏罗纪—白垩纪陆内挤压、火山活动阶段

伴随着蒙古—鄂霍茨克洋盆的关闭以及古太平洋板块指向北西的俯冲作用，华北地块北部发生了一系列特征鲜明的陆内构造事件，尤其是古太平洋板块的俯冲作用重塑了中国东部的构造格局。早—中侏罗纪侵入岩的岩石类型主要有花岗岩、二长闪长岩、二长岩和正长岩，而喷出岩主要有玄武岩、安山玄武岩、英安岩和少量粗面岩。白垩纪岩浆活动范围不再局限于华北克拉通边缘，而是广泛分布于华北克拉通东部和内部，并且岩浆活动具有由东部沿海向内陆逐渐减弱的趋势。

2. 鄂尔多斯盆地南缘

盆地南缘主要岩浆活动发生于秦岭造山带附近，共显示了新元古代（979~711Ma）、古生代（507~400Ma）、早中生代（250~185Ma）和晚中生代（160~100Ma）这四期重要的花岗质岩浆热事件。

1）新元古代阶段

花岗质岩浆作用分为979~911Ma、894~815Ma和759~711Ma三个阶段，分别对应强

变形S型（花岗质片麻岩）、弱变形Ⅰ型到无变形A型花岗岩，显示从碰撞（979~911Ma）到后碰撞（894~815Ma）和碰撞后（759~711Ma）伸展裂解的花岗岩岩浆演化特点，可能是扬子—塔里木克拉通等中国古老陆块新元古代构造岩浆事件在秦岭古老地块的反映，该地块卷入显生宙秦岭造山带中，故新元古代岩浆事件并非秦岭造山作用的产物。

2）古生代阶段

花岗质岩浆作用划分为507~470Ma、460~422Ma和415~400Ma三个演化阶段，早期阶段伴随超高压变质作用；三个阶段分别解释为商丹洋俯冲、同碰撞和后碰撞环境。

3）早中生代阶段

花岗质岩浆作用分为两个阶段，第一阶段花岗质岩石主要出露在西秦岭的西部以及中南部，为Ⅰ型花岗岩，岩石类型主要为石英闪长岩和斜长花岗岩。第二阶段是早中生代花岗质岩石的主体，集中发育于225~200Ma期间，广泛发育于西秦岭和南秦岭，在东秦岭零星出露，为Ⅰ型、Ⅰ—A过渡型，可见A型，岩石类型主要为石英二长岩、花岗闪长岩和二长花岗岩，同时伴随煌斑岩脉的侵入。

4）晚中生代阶段

秦岭晚中生代花岗质岩浆作用主要分布在东秦岭，广泛出露在华北克拉通南缘和北秦岭，形成大岩基和小岩株两类岩体，在南秦岭零星出露有小岩株。晚中生代花岗质岩浆作用也可分为160~130Ma和120~100Ma两个阶段，显示从Ⅰ型到Ⅰ—A过渡型再到A型的演变趋势，与中国东部侏罗纪与白垩纪之交的挤压向伸展转变的花岗质岩浆演化趋势一致，可能属于同一环太平洋岩浆带，与古太平洋俯冲的远程陆缘或陆内效应有关。

3. 鄂尔多斯盆地东缘

盆地东缘区域内岩浆活动发育有三期：前寒武纪、古生代、早白垩世，其中以早白垩世为主。前寒武纪侵入体为新太古代至古元古代变质杂岩的组成部分，主要为经受变质的花岗闪长质、花岗质侵入体（耿元生等，2006）。进入侏罗纪，华北克拉通内主要发育挤压环境下的壳源岩浆，至早白垩世则主要表现为伸展环境下的岩浆活动产物，包括碱性岩、基性岩墙群、斜长岩—环斑花岗岩、双峰式火山岩、火成碳酸岩、金伯利岩、钾镁煌斑岩、高原溢流玄武岩、裂谷玄武岩等。

古生代以后，岩浆侵入活动集中在中生代晚期，形成的主要岩体为位于临县西北的紫金山碱性杂岩体。形成于138~125Ma的紫金山岩体表明该时期华北克拉通中西部已处于拉张型构造背景，中生代华北克拉通构造格局的转变至少早于138Ma。

总体而言，鄂尔多斯周缘岩浆活动可分为前寒武纪、古生代、早中生代、晚中生代四期。其中前寒武纪岩浆活动北缘为碰撞造山环境，南缘为克拉通古老地块的岩浆活动。古生代南、北缘岩浆活动的构造背景具有差异，北缘经历了被动陆缘—主动陆缘—古亚洲洋关闭、碰撞阶段，而南缘与当时较长时期的商丹洋关闭、碰撞有关。早中生代具有类似的构造环境背景，均与挤压背景下的洋盆关闭有关，南部为勉略洋俯冲—关闭—碰撞，北部为蒙古—鄂霍茨克洋盆的关闭以及古太平洋板块指向北西的俯冲作用。到晚中生代，南北缘构造背景影响因素统一，均与古太平洋板块俯冲远程陆内响应有关。

第三节 原型盆地演化过程

一、中—新元古代原型盆地特征

1. 中元古代早—中期

该时期盆地主要沿袭了华北板块的演化特征，发育大陆边缘裂谷和陆内坳拉槽。长城纪时期，华北克拉通北缘发育兴蒙大洋裂谷及与之相伴生的白云鄂博裂陷槽，克拉通东部则发育燕辽裂陷槽，南部发育熊耳裂陷槽。盆地南缘主要发育祁秦大洋裂谷及与之相伴生的三大裂陷槽，分别为海源—银川裂陷槽（贺兰裂陷槽）、延安—兴县裂陷槽（晋陕裂陷槽）和永济—祁家河裂陷槽（晋豫陕裂陷槽），裂陷槽内沉积物分为裂陷期沉积物和坳陷期沉积物，裂陷内部主要沉积了河流相、扇三角洲相以及滨海相碎屑岩。蓟县纪时华北克拉通发生了隆升，仅在华北克拉通周缘沉积了一套碳酸盐岩建造。在盆地西缘和南缘沉积了含燧石条带藻纹层白云岩，为台缘相沉积，此时沉积环境较为稳定。

2. 中元古代晚期

在中元古代晚期，古亚洲洋向华北板块俯冲，盆地北缘转变为主动大陆边缘，发育岛弧型火山沉积建造，至1Ma左右，盆地北缘进入碰撞挤压造山阶段，构造变形强烈，褶皱断裂发育。同样，盆地南缘也经历了被动陆缘—主动陆缘—碰撞造山的发展演化，只是时间上与北缘稍有出入，表现为南部启动早而结束晚。在1.0~1.1Ma，盆地周缘洋盆与裂谷相继关闭，使华北陆块（包括鄂尔多斯地块）成为罗迪尼亚超大陆的一部分，即著名的格兰维尔造山事件，并一直持续到晚元古代早—中期（900~700Ma）。

3. 新元古代中—晚期

新元古代中—晚期大陆再次裂解阶段，随着罗迪尼亚超大陆的解体，华北古陆与西伯利亚、劳伦大陆裂开，形成了独立的华北板块。盆地北缘兴蒙洋南华纪（900Ma）开始张裂，青白口纪（750~700Ma）、震旦纪（700~600Ma）时期达到扩张高峰期（洪大卫等，2000）。盆地西南缘祁秦洋在青白口纪（740Ma）开始张裂，在震旦纪（550Ma ± 17Ma）发育成典型的大洋。在青白口纪和震旦纪时期，华北克拉通整体处于隆起状态。青白口纪在燕辽裂陷槽处发育开阔台地相的碳酸盐岩沉积物，在华北克拉通南缘和西缘沉积有砂岩和泥岩层。震旦纪时期，燕辽裂陷槽关闭，仅在华北克拉通南缘和西缘贺兰山地区沉积有砂岩层。众多零星的地层记录分析表明，鄂尔多斯古陆南北两侧在前寒武纪末期已经发育成为稳定的被动大陆边缘（王雪莲等，2005；张福礼，2002）。

二、寒武纪原型盆地特征

1. 早寒武世辛集期原型盆地

辛集组沉积时期，北祁连—北秦岭洋已经开始向北俯冲，在太白—商南一带产生北秦岭岛弧带。北祁连—北秦岭洋南部广大沉积区归属于扬子北部被动大陆边缘，北秦岭岛弧带以北，水体逐渐变浅，由斜坡相—台地相—潮坪相过渡到陆地区。以阿拉善—华北隆起南缘为界，向南至北秦岭岛弧带之间发育比较宽缓的华北南部被动大陆边缘。内部在河南嵩县—驻马店—安徽蚌埠—宿州一带发育多个小型隆起，隆起间局部水体较深，形成潮坪内的潟湖。阿拉善南部和华北西部之间夹持着北北东—南南东走向位于贺兰—中宁并向西南散开与祁连海相通的贺兰裂陷槽。裂陷槽的发育受控于边界主断裂，其中位于华北西部的阿色浪—车道深大断裂，青铜峡—固原深大断裂对华北西部的构造沉积格局具有主导作用。贺兰裂陷槽为早古生代秦祁海槽洋盆形成发展时衰萎在华北板块西部的三岔裂谷系的一支。阿拉善隆起南部到北祁连洋之间为走廊被动大陆边缘。阿拉善—华北隆起北缘为古亚洲洋的扩张时期，以西拉木伦—索伦缝合带为界，北部为古亚洲洋盆，向南到阿拉善—华北隆起间为华北北缘被动大陆边缘。

鄂尔多斯盆地周缘辛集组主要岩性为褐黄色，含粉砂细粉晶白云岩，底部为含磷砂砾岩，地层厚度大于25m的地区主要集中在银川—固原一线以西及岐山—宜君以南。辛集组下部滨岸沉积普遍含磷，表明当时是一个相对温暖的稳定环境。当时的岩相古地理特点是以陆为主，沿隆起形成较窄的含磷砂砾质滨岸碎屑岩及碳酸盐岩，向外侧迅速过渡为浅海陆棚相环境。受先期古坳拉谷的影响，海岸线呈不规则状展布。南侧岐山—富平一带由于存在坳拉谷，沉积范围受其影响而伸向隆起内部。

2. 早寒武世朱砂洞期原型盆地

朱砂洞组沉积范围与辛集组相差不大，最明显的区别是进一步的海侵使得阿拉善—华北隆起范围缩小，华北南部被动大陆边缘的小型隆起被淹没，沉积范围向北有明显的扩展。此外，朱砂洞组陆源物质明显减少，主要形成碳酸盐岩建造，其沉积厚度明显大于辛集组，银川—固原一线以西及岐山—宜君以南地层厚度大于50m。

在盆地东南部山西河津西硙口，主要形成霍山组海侵砂岩，具羽状及低角度交错层理，表明离剥蚀隆起很近，属于典型的碎屑海滩（滨岸）相，其底部直接覆于涞水杂岩之上。该处霍山组砂岩可能与朱砂洞组上部相当。在平a井，朱砂洞组厚度为180m，主要由白云岩及石膏组成，为潮坪—潟湖亚相。在陇县牛心山，朱砂洞组自下而上为灰白色中薄层状白云质石英粉砂岩—灰白色中薄层状砂质含藻屑粉晶白云岩—灰白色中薄层状粉细晶白云岩，显示海水逐渐变浅特征，厚度为50~83m，属潮坪相云坪亚相。在陇县周家渠及西缘北部苏峪口朱砂洞组发现生屑白云岩，为含有生屑滩的潮坪相云坪亚相。在岐山北崛山沟，朱砂洞组主要由3个灰色中—厚层状灰岩夹硅质板岩、硅质白云岩、厚层状砾屑白云岩旋回组成，含燧石条带，厚度约为690m，属水位较深的开阔台地相。

3. 早寒武世馒头期原型盆地

馒头组沉积时期，受北祁连—北秦岭洋向北持续俯冲的影响，岛弧裂离大陆或岛弧本身分裂，在洛南—栾川、红花铺—二郎坪一带开始发育裂陷盆地，沉积区包括陶湾群下部，二郎坪下部主要为浅海相碎屑岩和碳酸盐岩。沉降幅度和水体深度比北部稳定地块大得多。阿拉善—华北隆起范围明显缩小，华北中东部沿济南—郑州一带形成NE走向，向NW海侵的华北东部克拉通内坳陷，总体水体较浅，为台地相沉积。以陇县—宜君—运城—许昌—蚌埠为界，把南部受北秦岭洋影响的区域定为华北南缘被动大陆边缘。

鄂尔多斯盆地馒头组下段以出现红色砂岩、泥岩为特征，夹有较多的薄层灰岩，显示为混积潮坪相沉积特点。靠近隆起一侧含陆源物质较多并表现为水体流动较为局限的环境，局部出现滩相，向外则过渡为水体较为通畅的开阔环境。在盆地南部岐山崛山沟一带沉积以黑色粉砂质页岩、灰色薄层状含泥质灰质板岩为主，应属较深水位的开阔台地—斜坡相。

4. 中寒武世毛庄期原型盆地

毛庄组沉积时期，受北祁连—北秦岭洋向北持续俯冲的影响，岛弧进一步裂离，在洛南—栾川、红花铺—二郎坪一带发育的裂陷盆地进一步伸展，在二郎坪群下部的火神庙组（二进沟组）由细碧岩、中酸性熔岩、磷灰岩、角斑岩夹多层薄层含放射虫硅质岩组成，具有类似蛇绿岩套的特征。岩浆活动及沉积作用显示毛庄组沉积时期形成二郎坪弧后洋盆。阿拉善—华北隆起范围大面积缩小，华北中东部沿济南—郑州一带形成北东走向的向北西海侵的华北东部克拉通内坳陷，水体加深，为缓坡型的陆表海沉积，在内部发育若干滩体。华北隆起东部大面积淹没，隆起范围收缩到鄂尔多斯地区中北部杭锦旗—吕梁一带，称为杭锦隆起和吕梁隆起。阿拉善隆起进一步缩小，与杭锦隆起和吕梁隆起在隆起周缘接受沉积。鄂尔多斯地区隆起大部分发生海侵，广泛发育了内缓坡潮坪沉积体系，局部古地形高的地区未被海水侵没，在西南地区形成了镇原隆起，为原华北隆起的高地形区。盆地南侧千阳—麟游—淳化一带沉积厚度明显大于两侧并向南增厚，坳拉谷依然存在。

5. 中寒武世徐庄期原型盆地

徐庄组沉积时期，海侵作用进一步加强，华北东部克拉通内坳陷范围进一步扩展，以吕梁—运城一线为西部界线。坳陷内部发育规模较大的颗粒滩沉积。原杭锦—吕梁隆起在沿子洲神木海水入侵，形成了相对独立的杭锦隆起和吕梁隆起。包括阿拉善隆起、镇原隆起在内的隆起面积不断缩小。根据地层厚度等值线，从杭锦隆起沿定边—环县到镇原隆起，地层较薄，为水下隆起，以此作为分界将西北部定名为定边坳陷，东南部定名为富县坳陷，地层厚度向南逐渐加大。定边坳陷向西接贺兰裂陷槽，富县坳陷向南接华北南部被动大陆边缘。根据毛庄组古地理特征，杭锦隆起与吕梁隆起之间横山—米脂一带水体最浅，以此为界将北部神木—准格尔旗一带命名为神木坳陷，东接华北东部克拉通内坳陷，北接华北地台北缘被动大陆边缘。盆地南部耀县—礼泉显示出其中部沉积厚度大于两侧，为裂陷槽形态。古祁连洋、古秦岭洋及古亚洲洋的海水在此时期已完全相互沟通。

6. 中寒武世张夏期原型盆地

张夏组沉积时期，盆地南部二郎坪弧后洋盆性质开始转变，向南开始俯冲。整体的构造—沉积格局基本上继承徐庄组沉积时期，但此时为寒武纪最大海侵时期，隆起面积最小；陆源物质进一步减少，致使由前期的缓坡台地演变为本期较为典型的清水碳酸盐镶边台地。早先形成的子洲海峡已被广阔的海域取代。东北部海水的进一步加深显示了古亚洲洋海侵作用的加强。镇原隆起与杭锦隆起之间的环县—靖边地区沉积相对较薄，显示了水下古凸起的特征。西部为定边坳陷，东部为富县坳陷。至此盆地由前期近南北分异的构造格局变为该期近东西分异的构造格局。杭锦隆起—靖边—环县水下隆起—镇原隆起形成“鄂尔多斯盆地中央隆起”的雏形。其地球动力学本质是西南侧的祁连洋壳向鄂尔多斯陆壳之下俯冲的结果。古祁连海水和古秦岭海水此时与古亚洲洋已完全连通。

7. 晚寒武世三山子期原型盆地

三山子组沉积时期，构造岩相古地理发生了较大变化，南部二郎坪弧后洋盆向南俯冲与北秦岭洋向北俯冲相对应，产生了双排的岛弧带。北部古亚洲洋开始由被动转为主动，向南俯冲。鄂尔多斯地区主要表现在近南北走向分布的中央隆起的形成、吕梁隆起消失，以及环绕中央隆起形成大面积的潮坪及其外侧的窄带状台地相，可能该期台地镶边边缘相带很窄。在广泛海退背景下，隆起面积显著扩大，原来的杭锦隆起、镇原隆起之间的水下隆起全部抬升成陆，形成初具规模的中央隆起。中央隆起西侧鄂托克前旗一带仍发育定边坳陷，东部以米脂—吕梁为界，北边发育神木坳陷，南部发育富县坳陷。兴县—吕梁—运城以东为华北东部克拉通内坳陷，水体相对于张夏期变浅。

8. 寒武系原型盆地演化

晚震旦世后，沿华北南缘分布的冰川，在寒武纪初完全消失。至沧浪铺中期华北古陆西南缘及南缘开始接受海相沉积，从豫西至贺兰山、龙首山之南，形成一个狭长的含磷碎屑质及碳酸盐岩沉积区，说明当时气候温暖干燥。该时期北秦岭洋开始向北部俯冲，形成了北秦岭岛弧带。华北南部接受辛集组和朱砂洞组超覆沉积，华北南部被动大陆边缘平缓。华北仍为大面积隆起区。馒头至毛庄期为板块俯冲引起热地幔主动上涌，或引起次一级的地幔上升流，成为弧后扩张的动力，在北秦岭岛弧带北侧发育二郎坪弧后盆地。受海侵影响，沉积范围已经扩展到盆地内部。张夏期，二郎坪洋盆扩展受到南部北秦岭洋盆俯冲的阻碍，开始向南俯冲。海侵达到最大范围，盆地内仅镇原隆起、吕梁隆起、杭锦隆起未接受沉积。三山子期，二郎坪洋盆向南俯冲形成岛弧，与北秦岭岛弧组成双排岛弧带，同时北部古亚洲洋开始向南俯冲，南北向的俯冲作用使得华北地区区域性海退，三山子组在鄂尔多斯内部大面积缺失（图1-3-1、图1-3-2、图1-3-3、图1-3-4）。

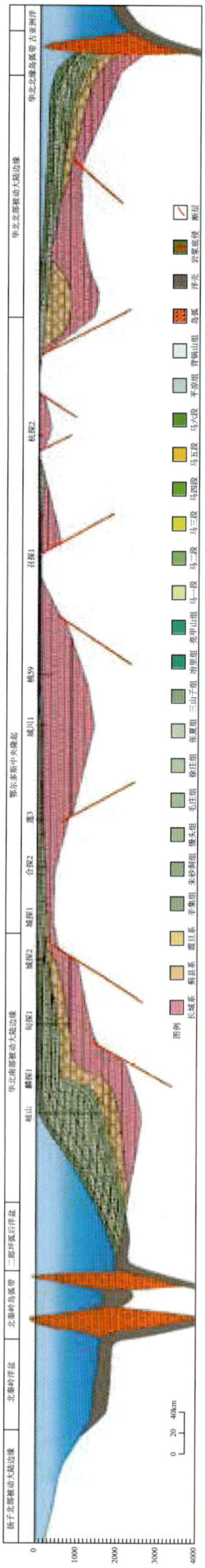

图1-3-1　鄂尔多斯及邻区寒武纪三山子期（晚寒武世）构造—沉积演化

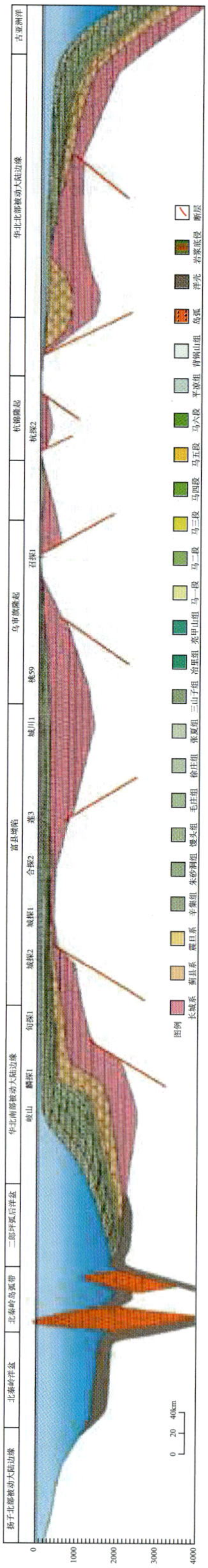

图1-3-2　鄂尔多斯及邻区寒武纪张夏期（中寒武世晚期）构造—沉积演化

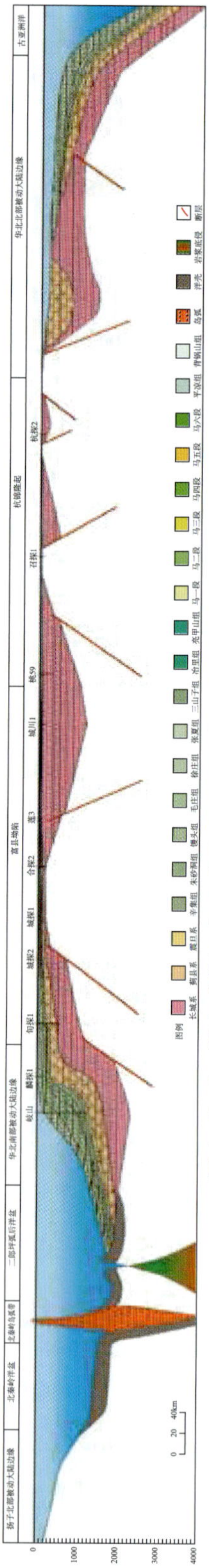

图1-3-3　鄂尔多斯及邻区寒武纪徐庄期（中寒武世早期）构造—沉积演化

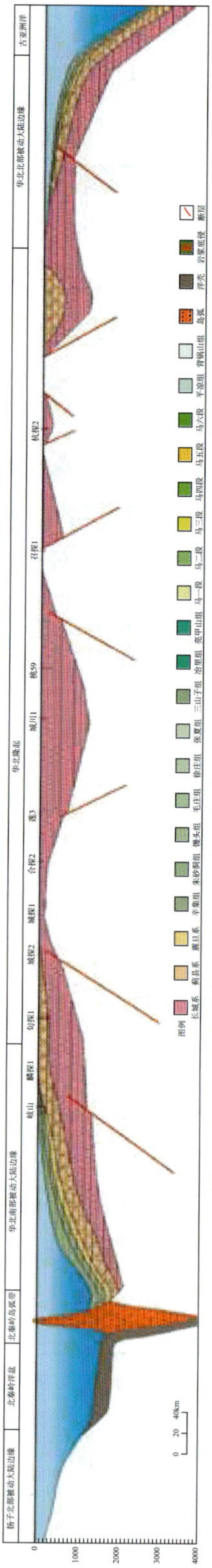

图1-3-4　鄂尔多斯及邻区寒武纪朱砂洞期（早寒武世晚期）构造—沉积演化

三、奥陶纪原型盆地特征

1. 早奥陶世原型盆地

冶里组沉积时期，北部古亚洲洋向南俯冲产生了华北北缘岛弧带，华北北缘的被动大陆边缘转变成为华北北缘坳陷带。阿拉善隆起和鄂尔多斯中央隆起连成一体，陆域面积扩大，定边坳陷消失。冶里组主要沉积于盆地周缘。盆地东缘兴县恶虎滩、柳林三川河、中阳柏洼坪、河津西磴口一带发育冶里组，盆地内东南部部分钻井也钻遇冶里组，地层具有向东向南加厚的趋势。盆地西部，在陇县白家滩、同心青龙山、阿拉善左旗下岭南沟发育冶里组，越向西地层越厚。

亮甲山组沉积时期构造—古地理格局与冶里组类似，阿拉善隆起、鄂尔多斯中央隆起和熊耳—伏牛隆起局部缩小，为轻微海侵造成，隆起周缘发育大面积的潮坪相，根据岩性又可以细分为云坪、灰坪和砂泥坪。亮甲山期潮坪主要发育具有脉状、波状和水平层理的含泥碳酸盐岩，以及因藻类繁盛而形成的球状、柱状叠层石。

马一段沉积时期是盆地早古生代第二次大的海侵开始，海水从东、南、西三个方向再次侵入盆地，海侵范围扩大，隆起面积缩小。北部依然为古亚洲洋向南俯冲，形成华北北缘岛弧带，岛弧带南部为华北北缘坳陷带。南部依次为扬子北部被动大陆边缘，北祁连—北秦岭洋盆，北秦岭岛弧带，二郎坪弧后洋盆和华北南部被动大陆边缘。西部向东为走廊被动大陆边缘、贺兰裂陷槽，早期的鄂尔多斯中央隆起受海侵影响已经形成南北走向的隆起。以中央隆起为界，其东、西侧的岩相古地理发生较大分化，沉积差异明显。根据地层厚度分布，发育以米脂—延安一带为沉积中心的鄂尔多斯东部坳陷，沉积中心地层厚度达200m。首次发育了大面积的蒸发台地相及其膏盐潟湖亚相。由于中央古凸起的阻隔和消能作用，坳陷区内大面积发育硬石膏岩及盐岩，形成了含白云岩的硬石膏岩、盐岩盆地。而在盆地外侧的柳林、神木一带，海水含盐度相对较低，发育了盆缘硬石膏岩、白云岩坪。环陆的北部和西部，发育了盆缘白云岩、硬石膏岩坪。盆地南缘紧临秦祁海槽，发育了含硬石膏岩的白云岩缓坡。兴县—吕梁—运城一带为水下古凸起区，成为分隔鄂尔多斯东部坳陷和华北东部克拉通内坳陷的分界线。华北东部克拉通内坳陷发育局限台地和开阔台地相。较浅的局限台地内部发育较多浅滩亚相。

马二段沉积时期，海侵更加扩大，鄂尔多斯中央隆起也进一步缩小。海水入侵方向与马家沟一期一致，沉积中心位于米脂、清涧一带，发育了含膏、盐的石灰岩、白云岩。东侧柳林一带海水含盐度较低，发育石灰岩及生物灰岩夹少量白云岩的石灰岩坪环境。而边侧盆地的南部为盆缘含硬石膏的局限云坪。环陆一侧的白云岩比例增大，硬石膏岩夹层增多，形成盆缘含硬石膏岩的白云岩坪。盆地西部，海水已侵漫到桌子山一线，沉积薄层砂岩及白云岩，表明该区在马家沟二期已存在砂、砾质滨岸环境，外侧则为开阔台地—斜坡环境。盆地南缘的渭北地区，与马家沟一期沉积环境基本一致，仍为含硬石膏岩的白云岩开阔台地—缓坡。

马三段沉积时期，进入振荡性海退阶段。隆起面积仍然缩小，杭锦隆起向北收缩，在鄂托克前旗—盐池—姬塬一带形成狭窄的南北向隆起带，局部地区可能已经发生了东西海水的沟通。随着贺兰裂谷的扩张增强，中央古凸起的屏障作用更为明显。海水主要来自东部和南部，其次为西部，古气候较马家沟二期更为干旱炎热，海水含盐度增高。特别是在鄂尔多斯东部坳陷，由于环境闭塞，发育大量的硬石膏岩、盐岩夹膏质白云岩沉积，沉积中心厚度可达150m。其东、南部因处于海水供给方向，含盐度较低，为盆缘硬石膏岩、白云岩坪，北、西部环陆一侧，因海水循环弱，形成盆缘白云岩、硬石膏岩坪。古凸起西侧紧临贺兰海槽，发育相对较窄的混积陆棚、白云岩台地环境，其外侧迅速过渡为深水斜坡环境。盆地南缘麟游—淳化一带地层厚度较大，为硬石膏岩、白云岩开阔台地—缓坡环境。

2. 中奥陶世原型盆地

马四段沉积时期是区内奥陶纪以来的最大海侵期，气候湿热，水体变深，除了阿拉善隆起、杭锦隆起和西南镇原隆起，其余地区均被海水淹没。海水由东、南、西3个方向侵入，其中东部是海水的重要入侵方向，南部和西部因L型古凸起带的半阻隔，为次要方向。中央古凸起两侧发育石灰岩滩坝环境。西侧发育较窄的台地边缘和台缘滩相，向外为斜坡环境。南部渭北地区仍然为继承性白云岩缓坡。

马五段沉积时期是一次振荡性海退，水体明显变浅，镇原隆起向北延伸到定边，向东接近宜君，L型形态更加明显。杭锦隆起和阿拉善隆起范围增大。由于华北地台海平面整体降低，沉积底质对海水的消耗，使鄂尔多斯盆地主体部位补给的海水相对较少，循环性差，含盐度增高。西部海槽区，祁连海海水虽已侵入，但因古凸起阻隔，向中东部边侧盆地的补给十分有限。南部白云岩缓坡的存在，导致向边侧盆地内补给海水量也不大，且含盐度也高，造成鄂尔多斯东部坳陷沉积了硬石膏岩、盐岩及少量白云岩，形成含白云岩的硬石膏岩、盐岩沉积中心，周边发育盆缘含硬石膏岩的白云岩坪。中央古凸起以西发育了石灰岩台地和石灰岩斜坡，在青龙山一线以西为贺兰裂陷槽区，与马家沟三期及马家沟四期基本一致。盆地南部渭北地区为硬石膏岩、白云岩斜坡。

马六段沉积时期是一次规模较大的海侵，沉积水体较马家沟五期深，气候也较为湿热。从目前残留地层厚度看，盆地南部可达500m以上，西部为50~300m，中东部在地区残存4~30m。据此判断，马家沟六期水体加深，除了阿拉善隆起和杭锦隆起，在盆地广大地区应均有沉积。根据盆地地形的继承性，中央隆起带仍为盆地内较高的地形，推测为水下隆起。其中鄂尔多斯东部坳陷内为开阔石灰岩台地环境。盆地的西缘和南缘受二郎坪弧后盆地逐渐关闭的影响，北向俯冲作用加强，发育台地边缘和外侧的深水斜坡环境。在西缘台缘带受基底正断层活动影响造成地形差异，发育了低洼处潟湖和浅水台内滩及台缘外侧生物礁。马六段后，由于受加里东运动影响，华北海退出鄂尔多斯地区，形成大面积隆起区。

3. 晚奥陶世原型盆地

平凉组沉积时期，阿拉善隆起和华北隆起范围迅速增大，华北东部克拉通内坳陷沉积范围明显向东部萎缩，被南、北和西侧的隆起所围限。北部古亚洲洋构造属性发生改变，南部二郎坪弧后洋盆基本关闭，与华北隆起之间形成华北南部前陆盆地带。与此同时，在南部略阳—宁陕一带发育勉略裂谷，其北部为南秦岭地体，南部为扬子北部被动大部边缘。鄂尔多斯地区西缘和南缘仍然接受沉积。西缘主要分布在桌子山与平凉一带，沉积厚度一般为256~800m。南缘地区沉积厚度相对较薄，淳探a井一带为400~500m。根据岩相特征，西缘地区为台地边缘、深水斜坡和海槽环境，发育钙屑重力流和陆源碎屑流水下扇沉积。南缘为继承性浅水碳酸盐岩台地边缘，早期以泥晶灰岩、颗粒灰岩沉积为主，晚期发育规模不大的生物滩、点礁和补丁礁。

背锅山组沉积时期，二郎坪弧后洋盆完全关闭，形成二郎坪弧后缝合线，向北到华北隆起之间发育华北南部前陆盆地带，鄂尔多斯南缘礼泉—富平一带沉积厚度较大，可达500m。沉积环境主要为斜坡相，发育较多的生物礁。陇县一带地层厚150~300m，也是斜坡相。南部仍为勉略裂谷的拉张阶段，到奥陶纪末或志留纪早期可能才发展成洋盆。原贺兰裂陷槽在该时期古地理发生较大变化，已经不具有狭窄的三角形槽型，以同心—海原为沉积中心形成贺兰坳陷，沉积厚度为100~200m。北祁连洋盆的性质可能与北秦岭相似，在阿拉善南部和北祁连洋盆间发育走廊前陆盆地，目前该区研究和认识程度较低。背锅山组末期，海水全部退出鄂尔多斯南缘，从而结束了奥陶纪的沉积。长期的风化剥蚀，使奥陶系不同层位与上覆石炭—二叠系呈假整合或不整合接触。

4. 奥陶纪原型盆地演化

早古生代克拉通边缘发展与毗邻的加里东期海槽的活动特点紧密相连（图1-3-5、图1-3-6、图1-3-7）。华北北缘坳陷带呈EW走向展布，下古生界的沉积厚度为400~600m，为华北型陆表海沉积，反映北缘虽属古活动大陆边缘，但边缘表现相当稳定。“内蒙古地轴”北缘断裂带是一俯冲带，在早古生代中晚期存在古亚洲洋向鄂尔多斯陆块的俯冲。

早奥陶世华北板块南缘为被动大陆边缘，中晚奥陶世华北板块南缘发育活动大陆边缘。奥陶纪初始，鄂尔多斯克拉通整体抬升为陆，海水退缩，冶里组—亮甲山组仅分布在隆起四周。中奥陶世马家沟期海侵—海退旋回中沉积了碳酸盐岩—膏盐岩组合，受水下隆起和洼地的控制，水下隆起处形成潮上泥云坪和萨布哈沉积，洼地为潟湖沉积。海进期以碳酸盐灰泥沉积为主，局部出现颗粒准滩。海退期以咸化潟湖和萨布哈膏盐及微晶白云岩沉积为特征。晚奥陶世，中东部大面积隆升为陆，仅西—南缘保留狭长的海槽，沉积平凉和背锅山组。

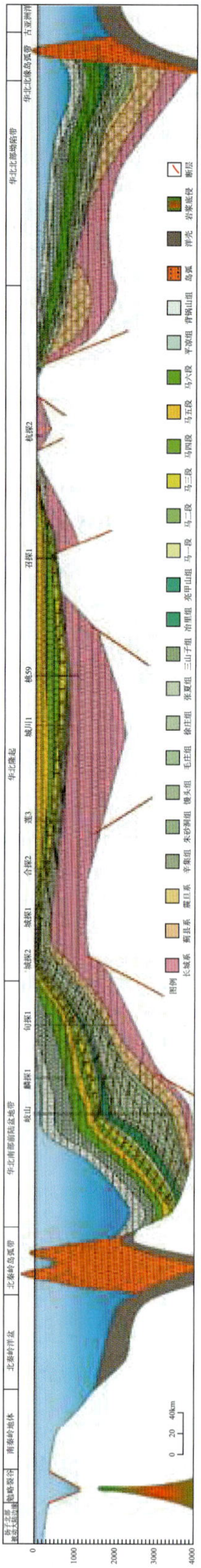

图 1-3-5　鄂尔多斯及邻区奥陶纪背锅山期（晚奥陶世）构造—沉积演化

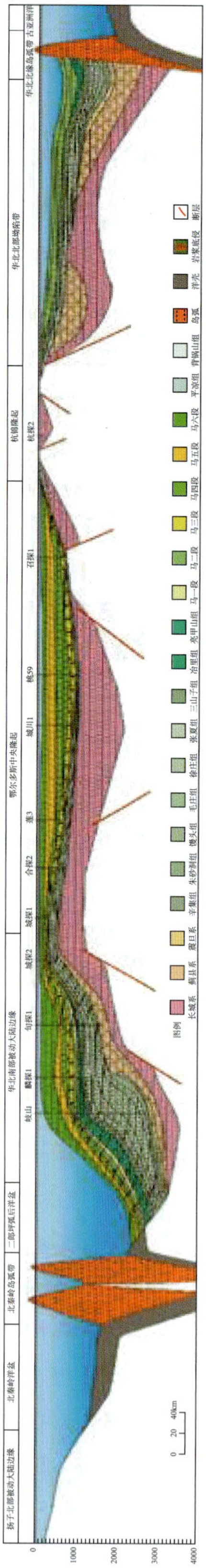

图 1-3-6　鄂尔多斯及邻区奥陶纪马六期（中奥陶世）构造—沉积演化

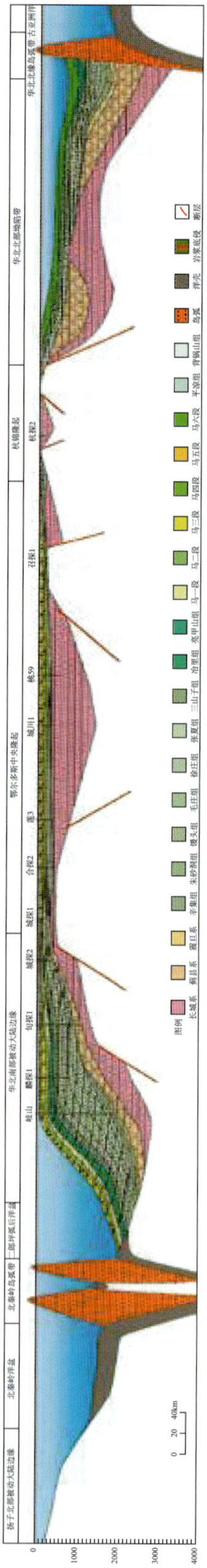

图 1-3-7　鄂尔多斯及邻区奥陶纪马三期（早奥陶世）构造—沉积演化

四、石炭—二叠纪原型盆地特征

1. 晚石炭世—早二叠世陆表海发育阶段

晚石炭世本溪时期，随着地台的持续沉降，华北海水沿NEE方向侵入，形成受限陆表海。研究区在长期风化夷平、南隆北倾的基底上，本溪组地层均呈现向南和向西（中央古凸起）方向超覆变薄（图1–3–8）。晚期，鄂尔多斯地区中东部地区的华北海域与西部海域连通，形成潟湖—潮坪充填，底部为潟湖铁铝质泥岩，由夹潮坪砂泥岩、煤层、薄层石灰岩透镜体、障壁砂坝、浅水三角洲、曲流河组成。

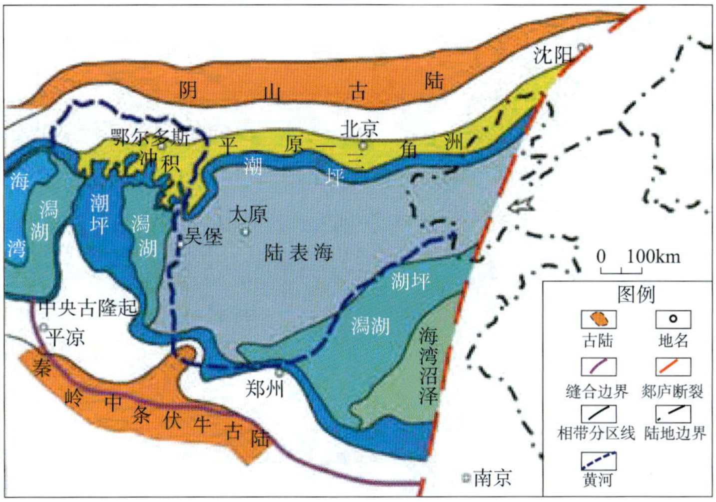

图1–3–8　华北盆地本溪期构造格局图

晚石炭世末期，在北方西伯利亚板块向南“推土机”机制的作用下，兴蒙海槽发生向南俯冲、消减，区域应力场受来自北侧的南北向的挤压应力控制，包括鄂尔多斯地区在内的华北地台区域构造格局北升南降，由南隆北倾转为北隆南倾（尚冠雄，1995），在构造转型期残留海背景下泥炭沼泽发育，形成了规模大、分布广、区域稳定的主煤层——8#、9#煤层。

早二叠世早期，华北海水改由SE方向侵入，经过了晚石炭世的填平补齐，陆表海进一步发展，并与西部祁连海连通，水动力条件以潮汐作用为主，海平面升降频繁，海侵表现为不连续的幕式海侵过程，造成大范围的碳酸盐潮坪连片分布，并在缓慢海退过程中逐渐过渡为障壁砂坝及浅水三角洲沉积，最终演变为潮坪或泥炭沼泽而发生泥炭堆积。北隆南倾的古地形决定了研究区太原组沉积相为南北向相分异的格局开始显现，并在区域海平面下降期在研究区形成了以桥头砂岩为代表的河道下切充填沉积。伴随海平面频繁升降，碳酸盐潮坪与障壁砂坝、浅水三角洲及曲流河在时空上共生，形成海相石灰岩、粗碎屑岩混合含煤沉积组合（图1–3–9）。

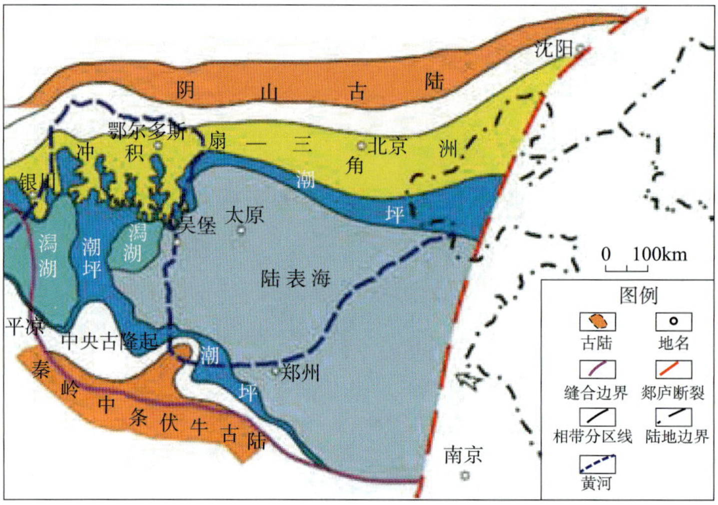

图1-3-9　华北盆地太原期构造格局图

2. 早二叠世晚期近海湖盆—残余陆表海发育阶段

从早二叠世山西期开始，受北部兴蒙海槽持续向南俯冲、消减影响，北部伊盟隆起及物源区显著隆升，海水逐步向南退出，鄂尔多斯地区进入以陆相沉积为主的沉积充填，仅在鄂尔多斯南部地区及山西组底部局部保留残留海的演化阶段（图1-3-10）。

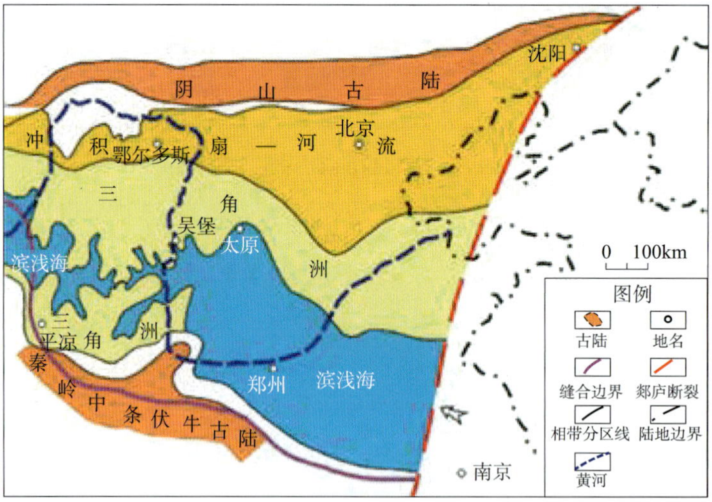

图1-3-10　华北盆地山西早期构造格局图

3. 中晚二叠世近海内陆湖盆发育阶段

中二叠世下石盒子期，随区域上北侧西伯利亚板块持续地向南俯冲推挤，华北地台北缘进一步抬升，物源供给充足，地表径流作用最为活跃；海水持续南撤，以海相石灰岩为代表的陆表海沉积不再有，仅在两淮、徐州、豫东和鲁西南地区下石盒子组出现数层Lingulasp及瓣鳃类碎片的泥质岩，陆表海消亡，转化为近海内陆坳陷

（图1-3-11）。中二叠世上石盒子组沉积期，气候进一步干燥，随着基底沉降速率加快，沉积范围持续扩大，上石盒子组以细粒碎屑岩为主的杂色沉积为主。

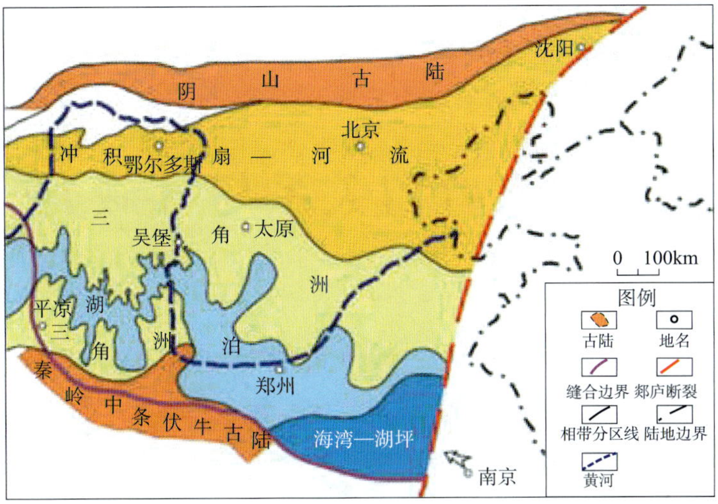

图1-3-11 华北盆地下石盒子期构造格局图

石千峰期，北缘兴蒙海槽因西伯利亚板块与华北板块对接而消亡，秦岭海槽向北的俯冲加剧，使华北地台整体抬升，海水撤出大华北盆地，地层分布呈西薄东厚的趋势，在中部地区大部分地层厚280~320m，向北至物源区厚度明显变薄。盆地由前期的近海湖盆演变为内陆湖盆，沉积环境完全转化为大陆体制，盆地的地形仍保持着南陡北缓、南深北浅的不对称箕状湖盆面貌，三角洲—湖泊沉积进一步萎缩。

综上所述，晚古生代鄂尔多斯内陆盆地的发生和发展，同样也是区域构造演化的产物，北缘天山—内蒙古窄洋盆—石炭裂谷—早二叠世的频繁拉张和挤压，造成北缘隆起带（阿拉善、阴山、大青山）的持续隆升，形成盆地北部和西北部的主要的物源区，有序展布的盆地沉积相在湖平面的频繁升降和幕式构造作用下，不断向南推进。二叠纪末期，盆地整体上升，晚古生代鄂尔多斯盆地的演化告一段落。

第二章

古生界成藏要素叠置关系与气藏类型

叠合盆地是指经历了多期构造变革并由多个单型盆地经多方位叠加复合而形成的、具有复杂结构的盆地。在长期的发展演化过程中，叠合盆地具有多期成盆、多期成烃和多期成藏的特征，这决定了这类盆地具有复杂的油气运聚模式。鄂尔多斯盆地经历了多期构造运动，是典型的叠合盆地，多旋回构造是该盆地构造的基本特征。盆地具有太古代及早元古代变质结晶基底，其上为中上元古界、古生界、中生界、新生界沉积盖层，不同时期原型盆地及成藏要素相互叠置形成了多套成藏组合。

第一节　烃源岩叠置分布特征及生烃潜力

鄂尔多斯盆地发育上古生界煤系、下古生界奥陶系暗色泥页岩—泥灰岩两套有效烃源岩；可能发育长城系顶部、寒武系底部和徐庄组顶部暗色泥岩三套潜在烃源岩。五套烃源岩发育在盆地不同的区域、不同的原型盆地、不同的构造—沉积环境中，在空间上互相叠置，为本区中元古界—古生界天然气成藏提供了良好的生烃条件。

一、上古生界煤系烃源岩

鄂尔多斯盆地上古生界烃源岩主要为上石炭统太原组—下二叠统山西组的煤、碳质泥岩及暗色泥岩。其中，有机碳含量以煤为最高，碳质泥岩次之，暗色泥岩相对较低。根据有机碳含量将煤大致分为两类，一类是有机碳含量高于60%、灰分较少的优质煤，形成明显的有机碳含量峰值；另一类是有机碳含量小于55%、灰分较多的样品，推测其可能属于煤层间所夹的劣质煤。暗色泥岩、碳质泥岩有机碳含量主要分布在0.5%~4%。暗色泥岩有机碳在纵向上的变化，太原组较高，山西组略低，但绝大多数达到了优质烃源岩标准（>2%，图2-1-1）。

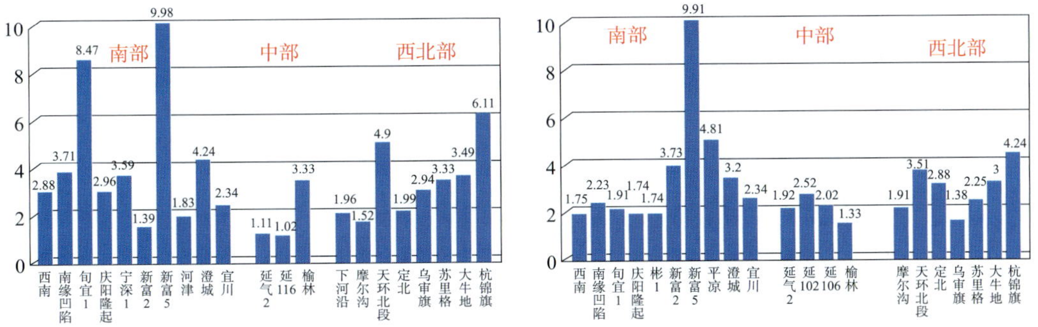

(a)鄂尔多斯盆地太原组泥岩TOC(均值)分布图　　(b)鄂尔多斯盆地山西组泥岩TOC(均值)分布图

图2-1-1　鄂尔多斯盆地不同区域太原组、山西组泥岩TOC（均值）分布图

*T*max与氢指数交绘图分析鄂尔多斯盆地煤及暗色泥岩成熟度普遍较高（*Ro*>1.3%），对母质类型的区分不好，主体显示以Ⅱ$_2$–Ⅲ型为主；少部分低成熟度暗色泥岩具有Ⅱ$_1$型特点；暗色泥岩干酪根δ^{13}C分布范围为–27.1‰~–21.8‰；碳质泥岩δ^{13}C分布范围为–28.3‰~–22.5‰；煤δ^{13}C分布范围为–24.9‰~–22.5‰，表现出明显的Ⅱ$_2$–Ⅲ偏腐殖或腐殖型干酪根特点（图2–1–2）。

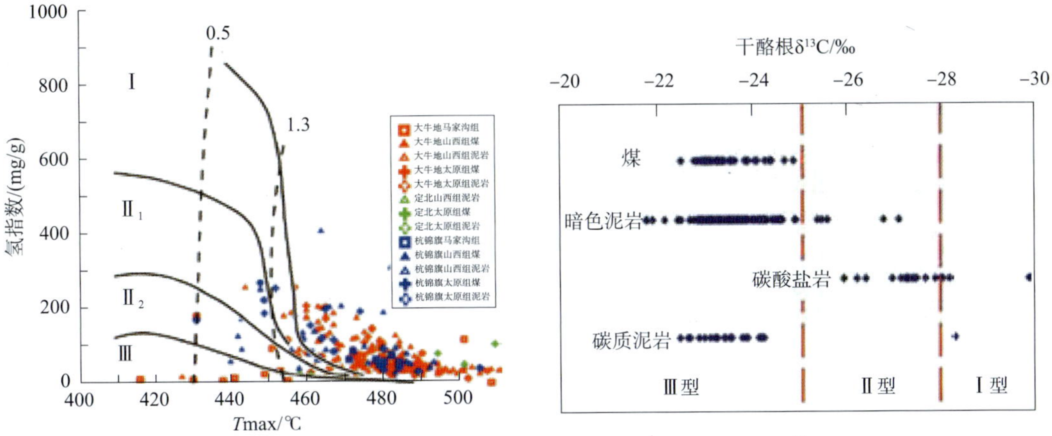

(a)　　(b)

图2–1–2　鄂尔多斯盆地氢指数—*T*max有机质类型判别与干酪根碳同位素图

上古煤系烃源岩成熟度差异较大，其中盆地南部—东南部烃源岩以富县—延长—黄陵为中心，成熟度最高，*Ro*值普遍大于2.6%，最高处大于3%，平均为2.8%；盆地西南部*Ro*以庆阳（2.8%）为中心向四周降低至盆地边缘的1.8%左右；盆地中部*Ro*为1.6%~1.8%；盆地西北缘鄂托克旗—乌审旗相对偏高，为1.8%~2.0%；盆地西缘冲断带两侧成熟度差异较大，冲断带以西上古生界中生代以来被冲断抬升，成熟度普遍<1.0%；冲断带以东上古生界埋深北浅南深，北部在1.6%左右，南部逐步变大，过渡到庆阳西侧的2.8%（图2–1–3）。

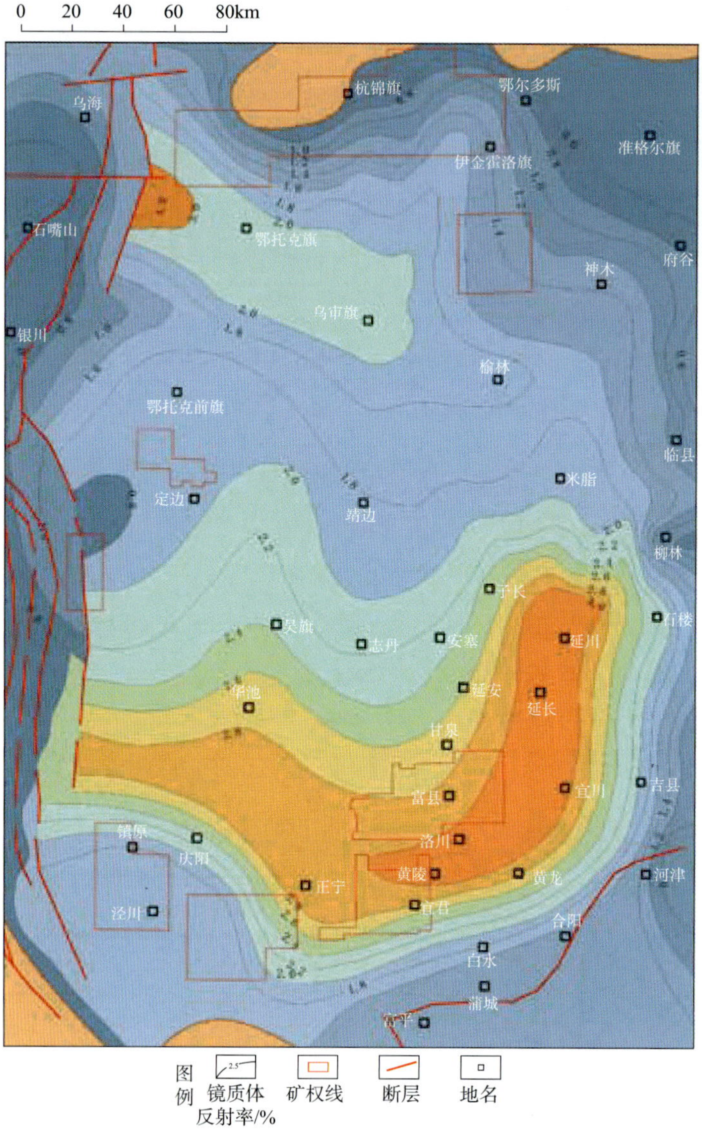

图2-1-3 鄂尔多斯盆地上古生界底界成熟度平面图

煤层在盆地内分布较广泛，但厚度分布不均匀，煤层总厚度为10~25m，局部可达40m以上，主力煤层单层厚度为5~10m。在古生界中央古凸起两侧，即盆地西部和东部煤层相对较厚，盆地南部煤层较盆地北部煤层薄。盆地东北部佳县—榆林—乌审旗—杭锦旗一带以北煤层厚度为14~30m，乌海—永宁以南为20~40m，固原一带为20~25m，在志丹—吴起—靖边一带煤层厚度多为6m左右，合阳—黄龙—洛川—甘泉—合水—庆阳—华亭一带以南煤层厚度一般小于4m，吴起—志丹—华池一带煤层厚度小于4m，延安—盐池一带煤层厚度从3m增加到12m，中央古凸起上，即延安—吴起—靖边—鄂托克旗一带煤层厚度为3~6m，整个区域由南向东北煤层厚度呈逐渐增加趋势，从中央古凸起向北煤层厚度呈逐渐增加趋势。盆地上古生界暗色泥页岩分布具有与煤层分布相似的特征，东西两侧暗色泥页岩沉积厚度大、中部薄。其中，盆地西北部乌海地区、灵武—吴忠地区厚度可达200m以上，向盆地内部乌审旗、靖边、志丹一带厚度逐渐变薄。盆地东部榆林—延川—宜州一带以东厚度一般为100~130m，向盆地内部厚度递减梯度小。盆地中部鄂托克旗—乌审旗—横山—子长—延长—华池一带厚度稳定，一般为60~100m，盆地南北两侧暗色泥页岩厚度较小，一般为30m（图2-1-4）。

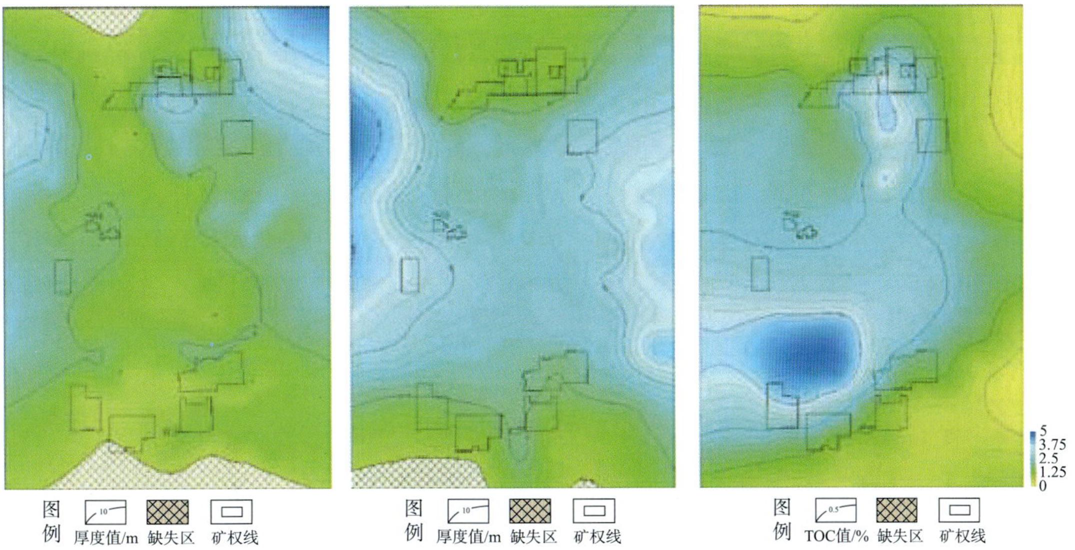

图2-1-4 上古生界山西—太原组煤层累计厚度（左）和暗色泥岩厚度（中）、TOC图（右）

总体而言，上古生界煤层与暗色泥岩厚度分布特征与本溪—山西早期盆地中部水下古凸起及两侧坳陷潟湖的分布密切相关。在中央古凸起中心区，煤层—暗色泥岩相对较薄。西部坳陷潟湖呈南北走向分布，面积较大，具有再生坳拉槽性质，煤层及暗色泥岩分布较广，厚度也较大。东部坳陷潟湖主要分布在北部，发育了较厚的煤层及暗色泥岩；南部以陆表海为主，煤层及暗色泥岩相对较薄。

二、奥陶系烃源岩

鄂尔多斯盆地奥陶系有效烃源岩主要为马家沟组暗色泥灰岩、泥云岩，平凉组下段（对应西缘乌拉力克+拉什仲组，南缘赵老峪组下段）暗色泥页岩—含灰泥岩；克里摩里组、背锅山组为局部有效烃源岩。

1. 盆地内部马家沟组泥质碳酸盐岩、泥岩

早期关于马家沟组碳酸盐岩大量的热解分析表明其具有较低的TOC含量，其中属于局限台地相的样品TOC最高（平均为0.33%），蒸发台地相次之（平均为0.25%），开阔台地相（平均为0.17%）和滩相（0.08%）较低，由于几乎所有的样品均小于0.5%，因此没有将马家沟组含泥灰岩作为有效烃源岩。

近年来一些学者如涂建琪等（2016）在米脂凹陷周缘发育马家沟组膏岩相沉积体系中，发现马五上段、马三段和马一段富纹层黑色、灰黑色含云泥岩、云质泥岩和泥云岩TOC高（0.17%~8.45%，平均为0.83%），生烃母质为浮游藻类和疑源类，有机质类型为腐泥型或偏腐泥混合型，可以作为有效烃源岩。刘文汇等（2022）对大牛地气田马家沟组马二段、马三段和马五段泥岩、泥质碳酸盐岩的干酪根碳同位素组成进行了测定，结果显示 $\delta^{13}C$干酪根分布在-26%~29%，指示马家沟组烃源岩成烃生物以浮游藻类为主。对马家沟组各层位进行了有机质的制备和碳同位素分析，结果显示，马家沟组干酪根有机质类型为Ⅰ-$Ⅱ_1$型，以Ⅰ型为主，其中马三段和马四段以Ⅰ型为主，马五段Ⅰ型和$Ⅱ_1$型均有。有机显微分析表明，新富e井马五段发现大量椭圆形—圆形钙球藻；大aac井样品在扫描电镜下可见到零星分布的浮游藻类化石和沥青（图2-1-5），指示膏盐岩层系具有优质的生烃生物组合，以浮游生物和细菌为主的生烃母质具有很高的生烃转化率。中石油相关单位对环盐洼区靳探a井的薄层—互层暗色含膏泥质云岩进行系统TOC测试后发现，其TOC>1%的样品可占40%以上，最高可达2.97%；高TOC段主要分布于马五8~10段，为次级海侵期沉积；后续的一些探井如榆i井、盟f井、陕ae井、龙探a井、龙探b井的进一步分析也证实了盐间暗色泥云岩、泥灰岩作为海相烃源岩的有效性。

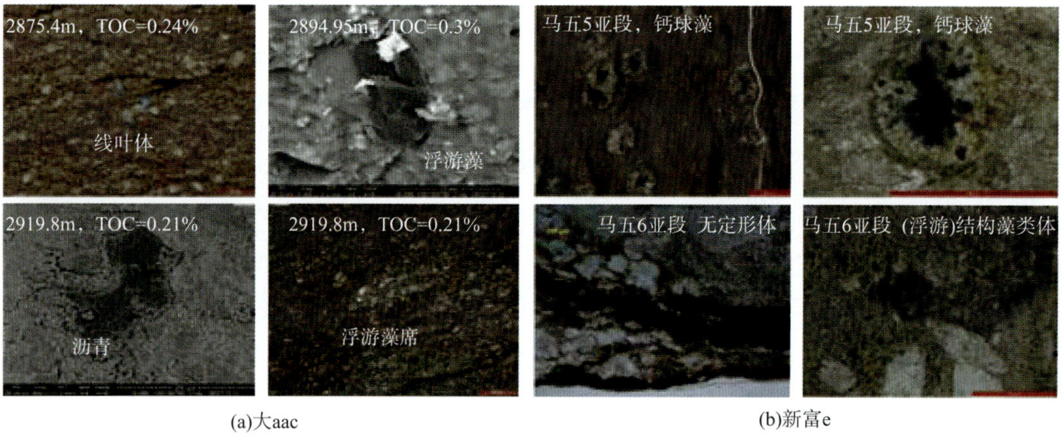

图2-1-5　鄂尔多斯盆地马家沟组有机显微组分分析图版

马家沟组碳酸盐烃源岩TOC偏低，可能受母质类型好坏、成烃演化过程和评价方法影响。目前高演化阶段的低TOC膏岩层系并不能掩盖其在地质历史中曾经高TOC的可能性，也许有机质已经在地质历史中生烃排出，研究表明以浮游藻类为主形成的有机质成烃转化率高，会导致残余TOC偏低（胡广等，2014）；海相膏盐—碳酸盐岩层系有机质成烃演化过程中伴随的有机—无机相互作用可以促进有机质向烃类的转化，也会导致残余有机质减少（罗厚勇，2014）；除了受母质类型及其成烃演化过程影响，传统的TOC测定过程中流失了大量的酸溶有机质（含有机酸盐），这对于膏岩层系这样的低丰度烃源岩的TOC测定可能造成巨大偏差（刘鹏等，2016）。高的成烃转化率和测定方法的局限性，可能严重低估了马家沟组烃源岩的生烃潜力。

在传统TOC测试流程中，样品粉碎后先经盐酸解除去无机碳后用蒸馏水反复淋洗至中性，其中固相用碳—硫分析仪进行测试，酸解液则被丢弃，而酸解液中有机碳含量被证实在整体有机碳中占较大比重。碳酸盐岩形成于碱性—还原环境，尚未进入成岩阶段或成岩阶段早期的有机质水解产生的有机酸以及进入生烃阶段产生的有机酸理论上会与$CaCO_3$等发生反应生成酸溶有机质。酸溶有机质分子结构中的金属阳离子与有机酸根之间为离子键结合，相较于氢离子与有机酸根的共价键结合方式，具有更大的键能，所以其较为稳定不易分解。

孙敏卓（2009）对碳酸盐岩样品常规TOC测试中的酸解液进行分析，发现其中含有脂肪酸、烷烃、长链中位酮、酯、甾醇等有机物。酮类物质被认为是酸溶有机质分解反应的产物，而最主要的流失物为有机酸。孙敏卓等（2013）利用红外光谱对除去有机酸（游离酸、干酪根酸、晶胞有机酸）的碳酸盐岩样品“酸化前”及“酸化后”红外特征进行对比研究，发现在样品“酸化前”的红外光谱中出现酸溶有机质吸收峰，而“酸化后”酸溶有机质吸收峰消失，有机酸吸收峰出现，说明了源岩中存在酸溶有机质。

近期，Wang等（2020）选用硬脂酸钙作为反应物，通过热模拟实验，对酸溶有机质的生烃潜力进行评估，研究发现：实验温度为538℃时生成了$CaCO_3$，对其碳同位素组成进行测定，发现$\delta^{13}C$平均值为−24.9‰，显示有机成因。上述实验说明有机酸盐向烃类转化的过程中确实存在有机碳向无机碳的转化，结果导致碳酸盐岩$\delta^{13}C$值明显向负值偏移。因此，我们认为有机酸盐的高温脱羧反应是引起研究层段碳酸盐岩碳同位素负漂的重要原因。

实验结果显示，大深a井（图2-1-6）奥陶系马家沟组马三段海相碳酸盐岩碳同位素组成分布在−7.9‰~0.2‰，平均值为−4.1‰，氧同位素组成分布在−6.7‰~−5.4‰，平均值为−6.3‰。马四段碳酸盐岩碳同位素组成分布在−0.5‰~1.3‰，平均值为0.2‰，氧同位素组成分布在−8.0‰~−5.8‰，平均值为−6.8‰，几乎全部样品碳氧同位素数值处于中奥陶统达瑞威尔阶碳氧同位素组成标准变化区间内。马五6~10亚段海相碳酸盐岩碳同位素组成分布在−10.9‰~1.1‰，平均值为−2.2‰，氧同位素组成分布在−11.5‰~−6.5‰，平均值为−8.6‰。马三段和马五段碳同位素与同期海水碳同位素组成相比，显示负偏趋势。

盆地中东部大cg井的碳氧同位素特征也显示相同的趋势，即马三段的碳同位素组成出现了明显的负漂现象（图2-1-7）。

总体上鄂尔多斯盆地奥陶系马家沟组碳酸盐岩碳同位素组成负漂是成岩演化阶段有机碳向无机碳转化的结果，也有多种证据及地质背景因素指示热化学硫酸盐还原反应和有机酸盐降解作用是导致马三段和马五段碳酸盐岩碳同位素负偏的重要原因。

刘全有等（2013）通过氢氧化钠和甲醇皂化—稀盐酸酸化—氢氧化钠和甲醇再皂化的前处理方法获得了鄂尔多斯盆地奥陶系高成熟度低TOC泥灰岩中的有机酸和有机酸盐转

化酸，质谱分析可直接鉴别出有机酸甲酯，相关结果表明无论有机酸还是有机酸盐转化酸均以C_{16}或C_{18}为主峰碳数（图2-1-8），因此本文选择了18个碳数的硬脂酸钙类模型化合物作为长链脂肪酸钙的代表，开展成烃演化研究。Rock-eval岩石热解分析表明：硬脂酸钙生烃潜力极高，氢指数高达1171mgHCs/gTOC，氢指数大于1000是因为烃类产物中碳氢质量总和超过了总有机碳的质量，这一数值暗示了硬脂酸钙高的成烃转化率，岩石热解测得TOC约为59.4%，低于硬脂酸钙中碳元素百分含量理论值。开放体系下快速热解中的可裂解碳与总有机碳比值可指示硬脂酸钙中可转化为烃类的碳比例，分析结果显示这一比例高达99.4%，意味着几乎全部的硬脂酸钙均可转化为烃类。

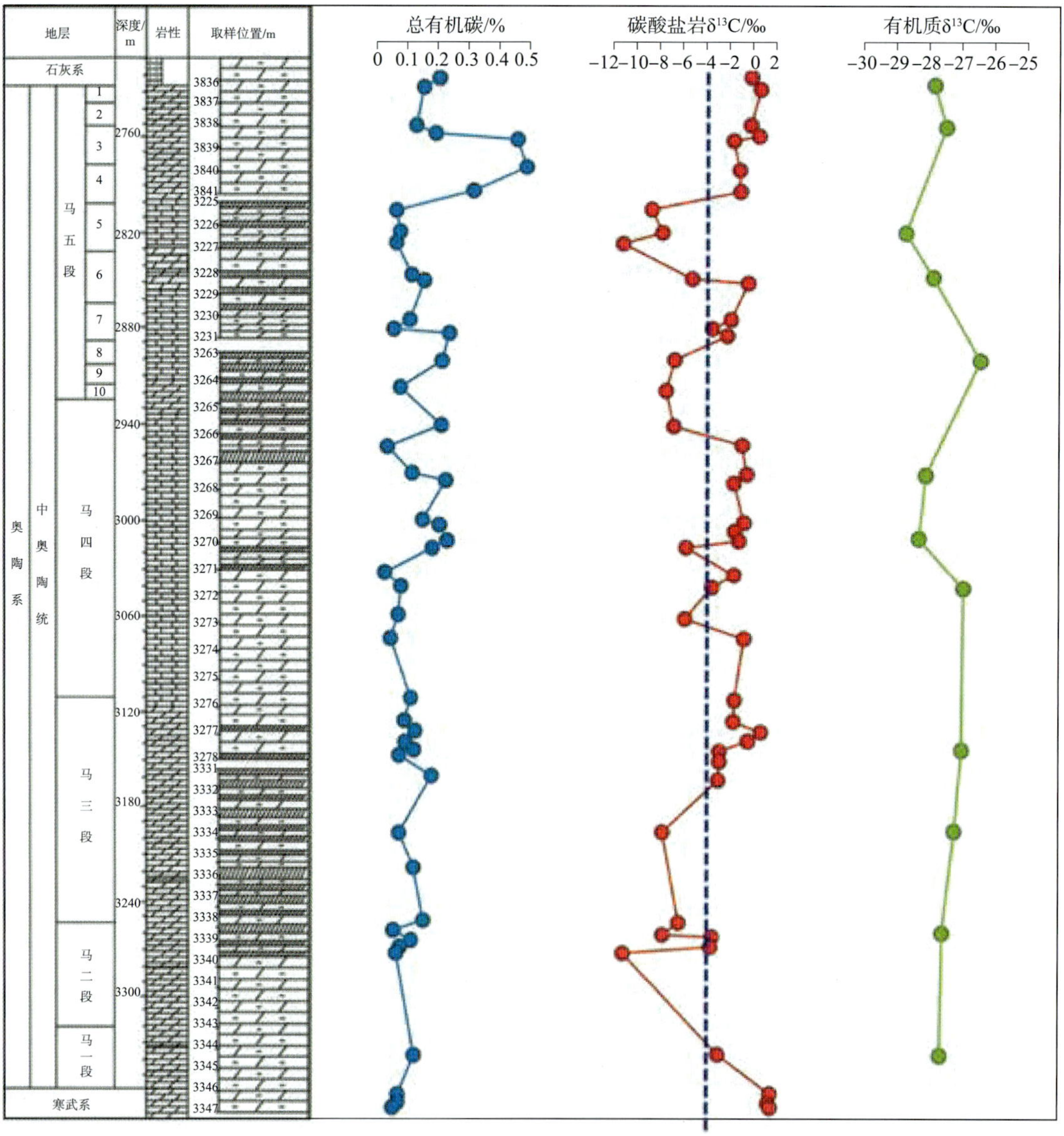

图2-1-6　大深a井马家沟组碳酸盐岩碳氧同位素组成变化曲线

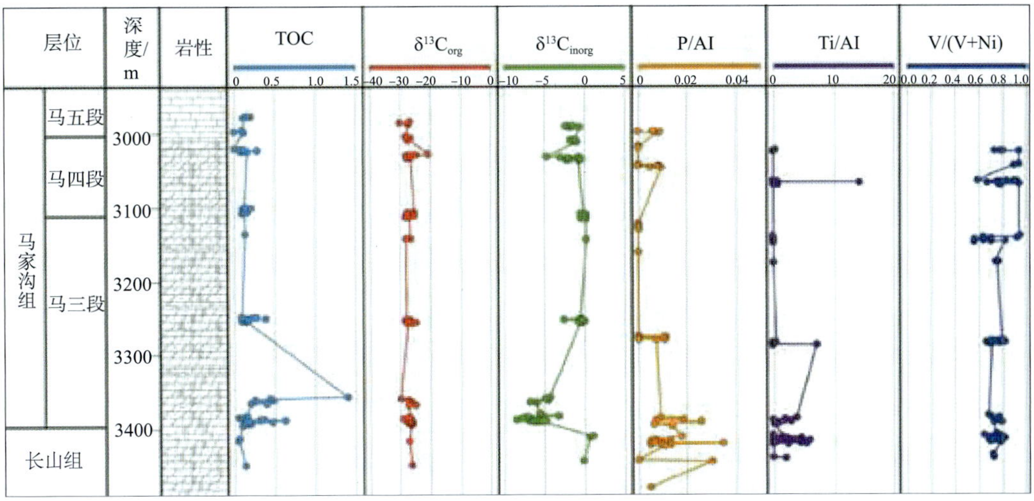

图2-1-7　大cg井马家沟组碳酸盐岩碳氧同位素组成变化曲线

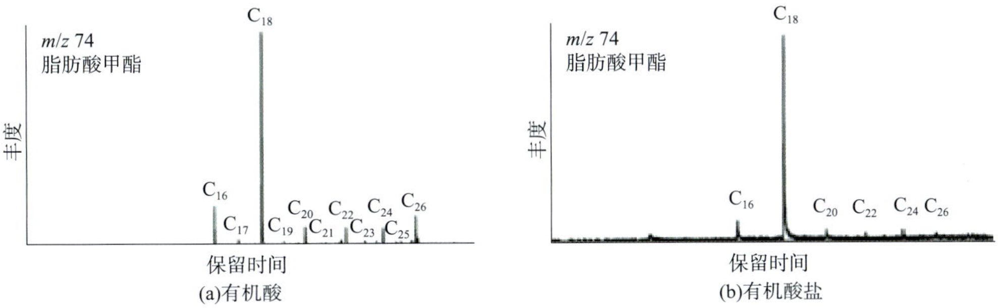

图2-1-8　奥陶系泥岩有机酸及有机酸盐转化酸分布特征（刘全有等，2013）

通过成烃生物鉴定、有机质碳同位素组成、全岩碳氧同位素组成等分析，发现马家沟组潜在烃源岩主要发育于碳同位素“负漂”的层段，以马家沟组一段、三段、五段为主，烃源岩成烃生物以浮游藻类为主，有机质类型良好，成烃转化率很高，导致经历过生烃演化后残余有机质丰度很低。烃源岩成烃演化过程中伴随的TSR和有机酸盐生烃演化过程，会生成大量具有较轻碳同位素组成的二氧化碳，部分二氧化碳会随着次生碳酸盐岩矿物的沉淀而进入无机矿物，导致次生碳酸盐岩矿物具有较轻的碳同位素组成，进而使全岩碳同位素出现“负漂”现象。经过系统梳理，发现“负漂”层段与膏岩和盐岩密切相关，沉积时期高盐度的水体中会发育大量的浮游藻类，因高盐度形成的水体分层可以为有机物提供良好的保存条件，而泥质对有机质的吸附有利于浮游藻类死亡后得以随泥质快速沉降；因此，盐层间的含膏白云岩、含盐白云岩、泥质白云岩等含泥质较多的岩石是主要的烃源岩。

从沉积相的角度来看，马家沟组烃源岩主要发育在蒸发台地相和局限台地相，其中马一段和马三段主要发育在盐湖微相和膏湖微相，马二段海平面略有上升，随之沉积了覆盖全区的泥云坪微相和膏云坪微相，也是潜在烃源岩发育层位，马四段形成于最大海泛期，主体沉积开阔台地相，自下而上依次形成覆盖全区、稳定分布的灰坪微相和云灰坪微相，总体环境不利于烃源岩发育，但在米脂盐洼区可能发育局限台地相，可能发育泥云坪微相和膏云坪微相烃源岩，马五段形成于海退—海侵—海退过程，主体沉积局限台地相，马五7~10亚段的云坪微相覆盖全区，不利于烃源岩发育，马五6亚段自西北往东南发育大面积的泥云坪微相，是主要的烃源岩发育层段，马五5亚段中部以灰坪微相为主，云坪微相围绕灰坪分散分布。

实验测试还发现，盆地主体区域马五段~马四段泥（含泥）灰岩、含泥云岩等泥质碳酸盐岩中酸溶有机质丰度相对较高，针对这两类岩性的常规TOC测试方法需要进行全烃碳校正，校正系数在1.04~3.8和0.68~5.8，平均值分别为2.4和2.8左右；经酸溶有机碳校正和成熟度恢复，发现马五段、马三段、马一段等泥灰岩、含泥云岩集中的层段多数可以达到有效烃源岩标准（*Ro*>0.5%）。

盆地中东部米脂凹陷区，泥质碳酸盐岩厚度达到了20~50m；主要发育在盐湖相周边的潮坪相带，主要烃源岩层为钙质泥岩和泥质碳酸盐岩，烃源岩的TOC含量和泥质含量具有较好的相关性。盆地西缘和南缘发育台缘斜坡—陆棚相区烃源岩，泥质碳酸盐岩厚度达到了30~60m。盆地中东部台内洼陷区TOC值较高，达到了1%~2%，对应了沉积相图中的蒸发台地潟湖相—膏盐坪相；盆地西缘和南缘对应了斜坡—盆地相，TOC值较高，达到了0.35%~0.55%；而在庆阳古隆、杭锦旗北部周缘为潮坪环境，水体浅、处于氧化环境，TOC值最低，小于0.1%，开阔台地区沉积水体有所加深，TOC值主要分布在0.15%~0.25%（图2-1-6）。马家沟组泥岩主要分布在盆地的中东部和南部，中部米脂地区和南部富县地区泥岩厚度为30~70m，主要发育蒸发台地潟湖相和膏盐坪相；南部盆地边缘泥岩厚度加大，代表了南部斜坡—盆地相发育；盆地中西部定北地区具有一定厚度，在10~20m；盆地西缘开阔台地沉积相带基本不发育泥岩（图2-1-9）。

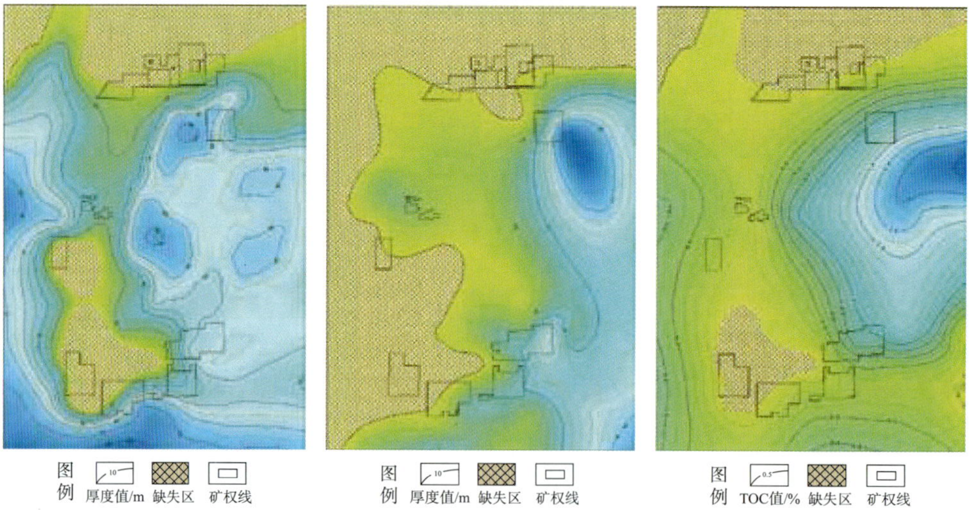

图2-1-9　马家沟组泥质碳酸盐岩厚度、泥岩厚度、泥质碳酸盐岩TOC平面图

2. 盆地西缘—南缘平凉组下段泥页岩、含灰泥岩

盆地西缘桌子山剖面乌拉力克组（对应平凉组下段）剖面岩性主要为黑色泥页岩，富含笔石，多家研究单位热解分析均表明其残余TOC含量较高（0.36%~1.09%，厚度也较大，可达75~90m，达到海相有效烃源岩的标准）（图2-1-10）。乌海桌子山剖面成烃生物丰富，其中下段以无定形体和浮游藻为主，发育笔石；中上部以无定形体和底栖藻为主；腐泥组主要来源于浮游藻，干酪根碳同位素在富有机质层段$\delta^{13}C_{org}$平均值为−29.5‰，整个剖面$\delta^{13}C_{org}$分布于−30.5‰~−27.9‰，显示有机质类型为Ⅰ－$Ⅱ_1$型（图2-1-11）。桌子山剖面和余d井GC-MS分析表明，乌拉力克组泥页岩烃类有机质碳数分布为nC_{14}~nC_{29}，主峰nC_{16}/nC_{17}，前峰型，OEP<1.2，Pr/Ph<1，Ts/Tm及C_{29}甾烷显示成熟度较高，C_{27}甾烷优势显示海相特征。剖面乌拉力克组V/Cr、V/（V+Ni）指示其处在还原环境；故Cu、Zn、Ni等生产力指标也较高（图2-1-12）。西缘中北段的钻井如忠d井、梁探a井、忠探a井、余探a井等乌拉力克组取芯岩性主要为暗色泥岩、泥灰岩，为深水斜坡相，横向分布广泛、厚度连续，残余TOC含量也较高，以梁探a井为例，井段TOC为0.35%~1.3%，平均为0.51%；热成熟度在1.36%~1.96%，进入生气高峰阶段，评价为一套相对优质有效的海相烃源岩。

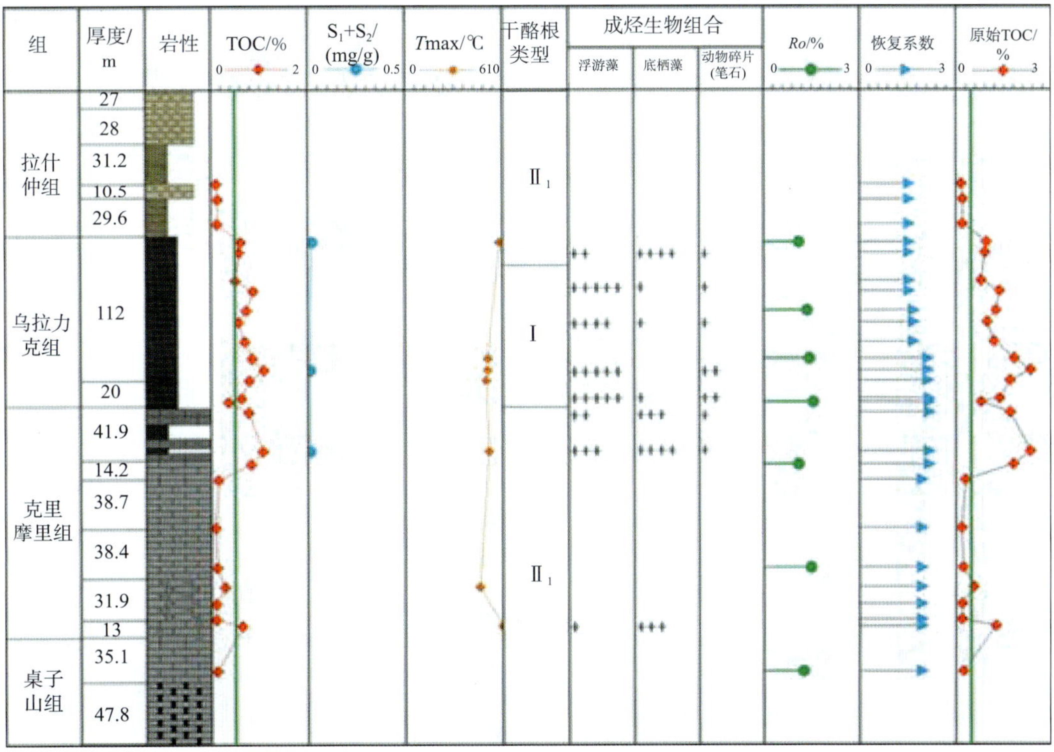

图2-1-10　乌海桌子山剖面综合柱状图

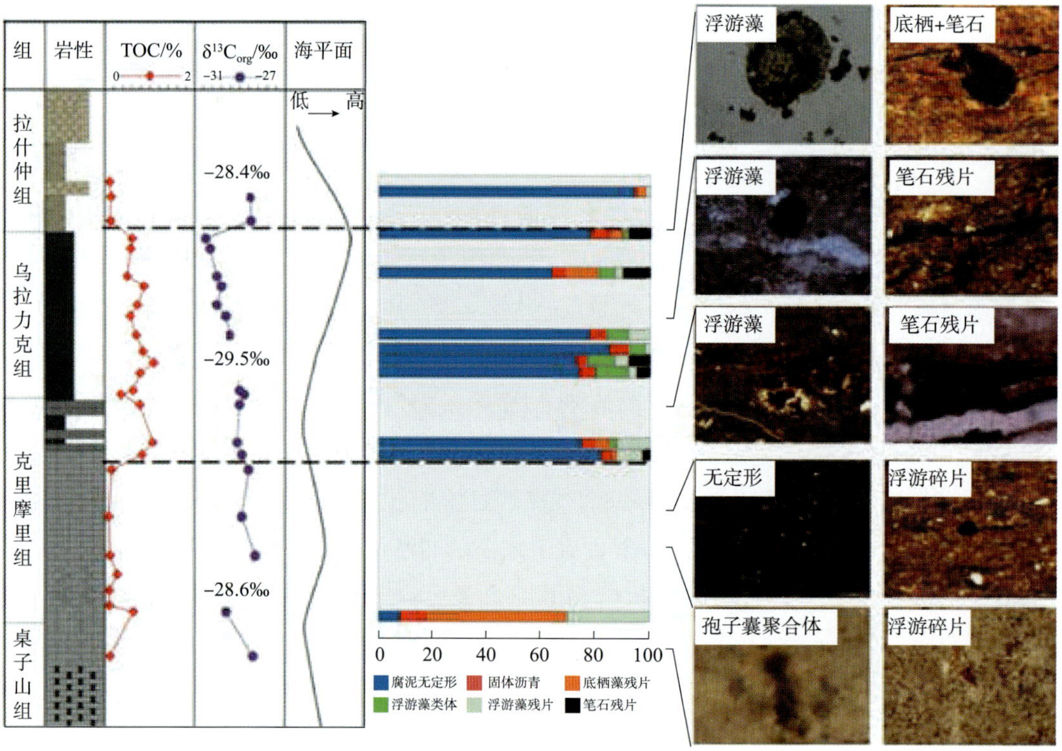

图2-1-11　西缘北段桌子山剖面成烃生物组合变化

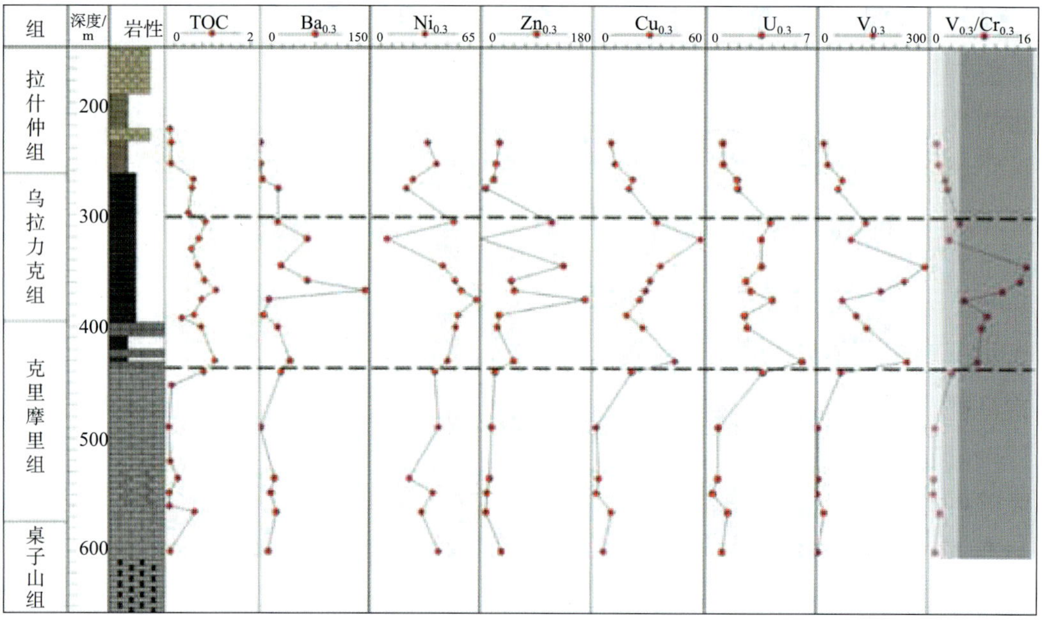

图2-1-12　桌子山剖面微量元素地化指标综合柱状图

西南缘银洞—官庄剖面平凉组下段黑色页岩、钙质页岩、泥灰岩发育，残余TOC分布在0.13%~0.81%，平均值为0.6%。存在大量藻类体（光面球藻），并可见一定量的笔石；泥岩顶部除藻类体外，还可见底栖藻残片以及孢子；统计上来看，银洞—官庄剖面底部水体深，生烃母质以腐泥无定形体为主（74%~88%），其次为浮游藻（10%~18%），仅含少量笔石和固体沥青。页岩最顶部开始出现底栖藻，成烃生物组合为浮游+笔石+底栖；在剖面上部样品中成烃组合含量较少，以小型浮游藻+笔石为主，腐泥组含量降低至10%左右，底栖藻残片和浮游藻残片含量增加，分别为35%和20%左右，笔石体约占25%。剖面下部浮游藻含量多，$\delta^{13}C_{org}$为-30.7‰，上部浮游藻含量减少，$\delta^{13}C_{org}$平均为-28.8‰，有机质类型为Ⅰ-$Ⅱ_1$型。剖面沥青反射率（Rb）为0.46%~0.72%（平均值为0.54%），换算成等效镜质体反射率（Re）为0.68%~0.84%（平均值为0.73%），显示出具有较低的热成熟度，该结果与其热解*T*max（445℃）结果相一致。剖面平凉组下段V/Cr、V/（V+Ni）指示其处在次氧化—还原环境；Ba、Cu、Zn、Ni等生产力指标也较高；整体评价达到海相中等烃源岩标准。

南缘龙门洞剖面底部为黑色泥岩、黑灰色粉砂质泥岩夹灰色灰岩，中部为灰色灰岩，顶部为黄色粉砂质泥岩。剖面仅底部个别样品残余TOC超过0.5%。剖面底部成烃生物组合主要为底栖藻—浮游藻残片以及腐泥无定形有机质，可见弱荧光，剖面中部和顶部成烃生物不发育，仅个别样品中可以见到少量藻类残片和线叶体；龙门洞剖面沥青反射率（Rb）为0.79%~1.21%（平均值为1.02%），换算成等效镜质体反射率（Re）为0.89%~1.15%（平均值为1.03%）。综合认为陇县龙门洞剖面整体为$Ⅱ_1$型，仅平凉组底部为Ⅰ型，达到烃源岩标准。

综合认为平凉组下段台缘斜坡—盆地相暗色泥页岩、泥灰岩为优质的海相Ⅰ-$Ⅱ_1$型烃源岩，且具有西缘好于南缘、北部好于南部的特点。除了西缘中南段冲断露头区，平凉组下段烃源岩成熟度总体也达到成熟生气阶段（*Ro*为1.36%~1.94%，平均值为1.8%）；具有较好的生烃潜力。

以残余TOC大于0.5%为约束条件，编制了平凉组有效烃源岩厚度图，从中发现盆地西缘桌子山地区烃源岩厚度较大，达到40~80m；在西南缘石板沟—银洞—官庄—曹家沟西南地区，烃源岩厚度大于80m，并向西侧盆地方向快速增大，说明盆地边缘海槽相控制了优质烃源岩的发育（图2-1-13）。

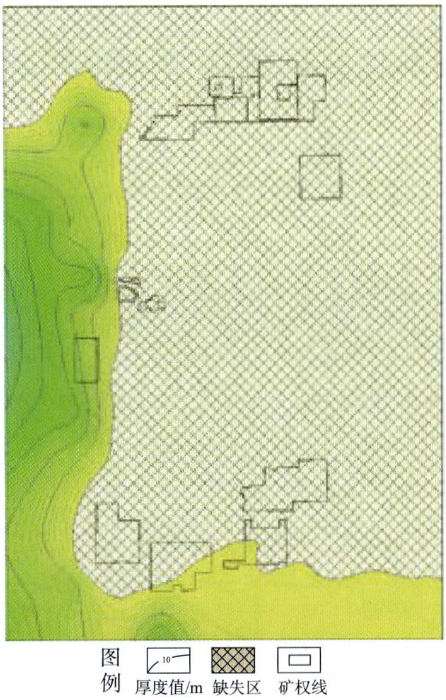

图2-1-13　平凉组泥岩有效烃源岩厚度图

3. 西缘克里摩里组、南缘背锅山组暗色泥灰岩

研究发现，乌海桌子山剖面中克里摩里组（相对于马六段）为黑色薄板状瘤状灰岩，

向上变为黑色薄层灰岩夹黑色页岩、黑色薄层灰岩与黑色页岩互层，其顶部黑色灰岩和黑色页岩样品具有较高的TOC含量（泥岩TOC平均值为0.89%，最高达到1.07%），达到中等烃源岩标准。显微镜下观察发现克里摩里组顶部成烃生物与乌拉力克组底部成烃生物组合十分相似，有机质主要为浮游藻、疑源类及碎片，还有较多的条带状或弥散状无定形体，疑源类为棕褐色，直径约80μm；而克里摩里组灰岩样品TOC低，生物少，可见少量孢子及藻类碎片。西缘中北部的一些钻井如余探b井、梁探a井、古探a井钻井解释克里摩里组部分层段发育深灰色泥灰岩、灰质泥岩，其TOC含量较高，达到有效烃源岩标准。连井分析进一步证明，西缘探井中克里摩里组部分暗色泥灰岩、灰泥岩作为烃源岩具有普遍性，但相比于上部的乌拉力克组，其岩性主体为灰岩，暗色高TOC段泥灰岩、灰泥岩连续厚度小，分布离散，供烃潜力相对有限，可作为局部有效烃源岩。克里摩里组烃源岩主要分布在盆地西缘马六期中央古凸起西侧开阔台地沉积相带，厚度在20~50m不等（图2-1-9）。

野外剖面及钻井显示，西南缘背锅山组具有一定的生烃潜力，可作为局部有效烃源岩。背锅山组沉积相带为台地边缘、台缘斜坡相，岩性为海相灰岩和泥灰岩互层，局部发育含灰泥岩，TOC含量较高，以麟探a井为例，其岩芯TOC相对较低，但岩屑TOC大于0.5%的比例约为1/3，类型以$Ⅱ_1$型干酪根为主，达到海相有效烃源岩标准；经过进一步的钻井统计发现，南缘单井石灰岩整体伽马测井值和岩芯泥质含量均普遍偏低，仅个别井如麟探a井、淳b井相对较高，这种特点表明背锅山组生烃潜力相对有限，仅可作为局部烃源岩。南部的彭阳石节子沟、陇县新集川、岐山交界、礼泉东庄、耀县桃曲坡、乾县磨子沟等剖面背锅山组主要为深灰色、灰黑色泥灰岩和灰岩（斜坡相），显微镜下未见浮游藻，可见少量底栖藻和笔石，笔石和底栖藻分别分布于上段、下段。通过对耀县桃曲坡、乾县磨子沟两条剖面的系统研究，结合成烃生物和碳同位素分析，认为背锅山组有机质类型主要为$Ⅱ_1$型，等效Ro为2.0%~2.4%，残余TOC为0.09%~0.52%，平均值为0.28%，校正恢复后仅桃曲坡背锅山组上段部分泥灰岩可作为烃源岩。背锅山组为局部区域分布的烃源岩，其主要分布在盆地西南缘，钻井及露头分析编图后认为，背锅山组暗色泥页岩厚度为0~80m，厚度中心分布在盆地南部麟游—千阳—陇县一带，厚度为60~80m，并向北、向东迅速减薄尖灭，其分布主要受奥陶纪晚期主动大陆边缘背景海侵斜坡带分布控制（图2-1-14）。

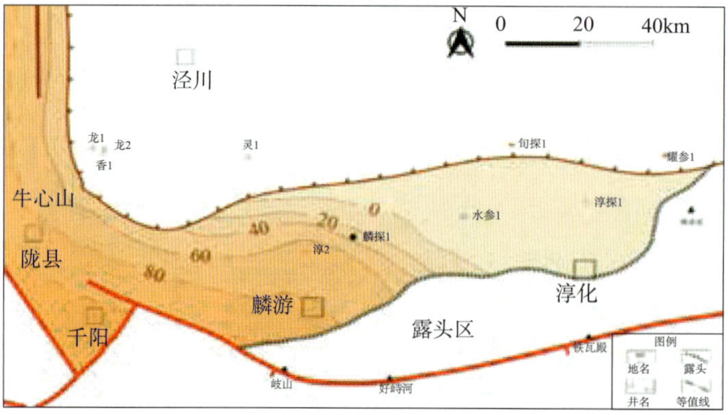

图2-1-14　盆地南缘背锅山组暗色泥岩厚度图

三、寒武系潜在烃源岩

前人研究表明，潜在的寒武系烃源岩包括徐庄组暗色泥页岩和寒武系底部暗色泥岩。

1. 徐庄组暗色泥页岩

徐庄组暗色泥页岩在野外剖面和钻井中相对少见，剖面和钻井中常以灰绿色—紫红色为主，显示其相对氧化的沉积环境。近年来在盆地西缘、南缘寒武系徐庄组沉积较厚的陆缘海槽—槽湾—台内洼地内的一些钻井中发现，虽然徐庄组沉积仍以偏氧化环境为主，但在上段的海水上升期高位体系域内夹杂着一定的暗色泥岩、泥灰岩、泥质云岩，这些暗色泥质岩类TOC相对较高，部分钻井如城川a井、桃ei井、宜探a井部分层段高于0.5%，达到海相烃源岩标准。以桃ei井为例，该井徐庄组暗色泥岩厚度为30.5m，现场热解分析TOC含量为0.3%~0.4%，岩芯分析TOC含量局部可达0.67%；耀参a井徐庄组暗色泥岩厚度为33m，有机质为0.3%~0.9%，平均值为0.53%；通过对盆地内探井徐庄组207个暗色泥岩样品的TOC进行分析统计后发现，其TOC大于0.5%的样品约占样品总数的25%。

通过对桃ei井等重点井徐庄组有机显微组分的精细研究发现，其有机质类型以腐泥质占绝对多数（70%~93%），壳质组占6%~20%，镜质组—惰质组含量较少，并且镜下可见到较大量的沥青和无定形体，指示其生烃母质为Ⅰ－$Ⅱ_1$型；通过对古探a井徐庄组泥页岩饱和烃GC-MS进一步分析表明，寒武系徐庄组饱和烃主碳峰nC_{20}，前峰型，OEP<1.2指示有机质成熟，Pr/Ph<1指示还原环境，Σ三环/Σ藿烷及孕甾烷指示咸水环境，C_{27}甾烷指示母质来源为海相菌藻，甾烷/17α藿烷为0.39，母质以原核细菌为主，母质类型以Ⅰ型为主，腐泥组分。

对桃ei井徐庄组泥页岩中沥青质体反射率测定的结果为3.121%，转换为成熟度是2.32%，显示徐庄组目前已进入生气高峰期；利用芳烃参数计算的成熟度结果为1.99%~2.12%，同样表明徐庄组泥页岩已具有较高的成熟度。对盆地已有徐庄组少量成熟度测量结果与埋深的统计结果表明，徐庄组埋深2500m以上的样品成熟度均达到1.8%以上，并且与埋深关系不大。

综合分析认为，鄂尔多斯盆地相对广泛分布的徐庄组暗色泥岩部分母质类型较好，有机质含量达到有效烃源岩标准，虽然总体厚度可能较小，生烃能力有限，但在局部区域具备成为有效烃源岩的基础。徐庄组暗色泥岩主要分布在徐庄组上部的海水上升期高位体系域，空间上除剥蚀隆起区外全区均有发育，盆地西缘、南缘海槽—槽湾厚度可达10~15m；盆地内部局部如台内洼地厚度也可达10m以上；相比之下靠近寒武系古凸起部位，暗色泥岩厚度较小（0~4m）（图2-1-15）。

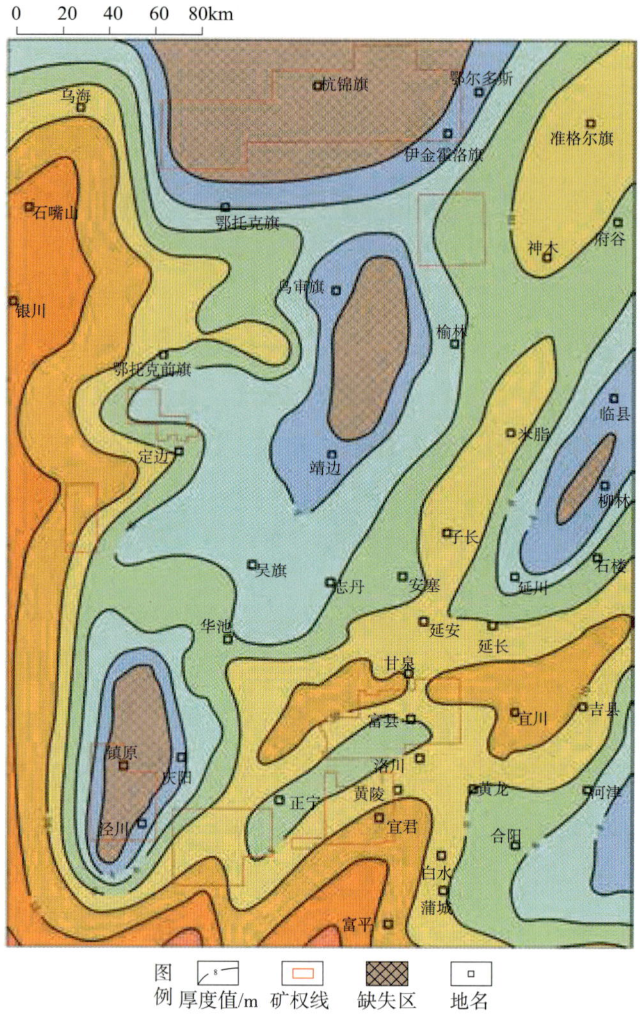

图2-1-15 鄂尔多斯盆地寒武系徐庄组暗色泥岩厚度图

2. 寒武系底部暗色泥岩

盆地南缘洛南地区陈家沟、张家坪、古坡、葫芦沟剖面中寒武系底部地层发现高有机质含量的暗色泥页岩，对于这套黑色高有机质含量的泥板岩、页岩，早期称为三道撞组，后来又陆续将这套岩层部分层段称为大庄组、东坡组、罗圈组等，并将其地层定义为下寒武统或更老的震旦系等。系统的露头观测和测试分析表明，该套暗色高有机质岩层总厚度为50m以上，多数样品测定TOC大于5%；随着工作的推进和地质认识的深入，以中国石油勘探开发院一众学者为主的研究组相继在盆地南缘灵宝、盆地西缘苏峪口沿秦祁海槽范围的众多区域发现类似的高有机质暗色泥板岩。通过对寒武系底部三道撞组、大庄组、罗圈组、东坡组暗色泥页岩、泥板岩系统TOC进行分析，发现其均已达到有效—优质烃源岩标准，其中尤以三道撞组最高，其TOC可达3.6%~4.1%。三道撞组在暗色泥页岩空间上与盆地南缘的含磷砂砾岩密切伴生且向海槽方向，盆地南缘彬长探区新施工的长探a井在寒武系底部钻遇一套二十多米厚的含磷较高的砂质白云岩地层（辛集组），推测在彬长以南地区海槽方向应该发育下寒武统暗色泥岩。

通过对寒武系底部暗色页岩、泥板岩有机显微组分分析发现，其生烃母质主要为浮游藻类和古菌类微生物等，母质类型以Ⅰ型为主，镜质体反射率为3.2%，处于过成熟干气阶段；GC-MS分析表明，该套暗色岩系主碳峰为nC_{16}~nC_{23}，海相还原环境，萜烷系列显示年代古老，生烃母质以细菌和古老藻类为主，甾烷显示成熟度也较高。

寒武系底部暗色泥页岩、泥板岩主要分布在盆地西缘和南缘祁连—北秦岭海槽内，主体发育在盆缘裂谷环境中，沿海槽延伸方向分布较广，垂直海槽方向则分布局限。通过进一步分析表明，该套烃源岩与区域范围内寒武系下统的含磷砂质白云岩和磷块岩（辛集组）关系密切，分布位置与含磷砂砾岩相邻且向深海侧。海槽—湾槽内厚度较大，可达50m以上；远离海槽—湾槽，厚度迅速减小至不发育（图2-1-16）。

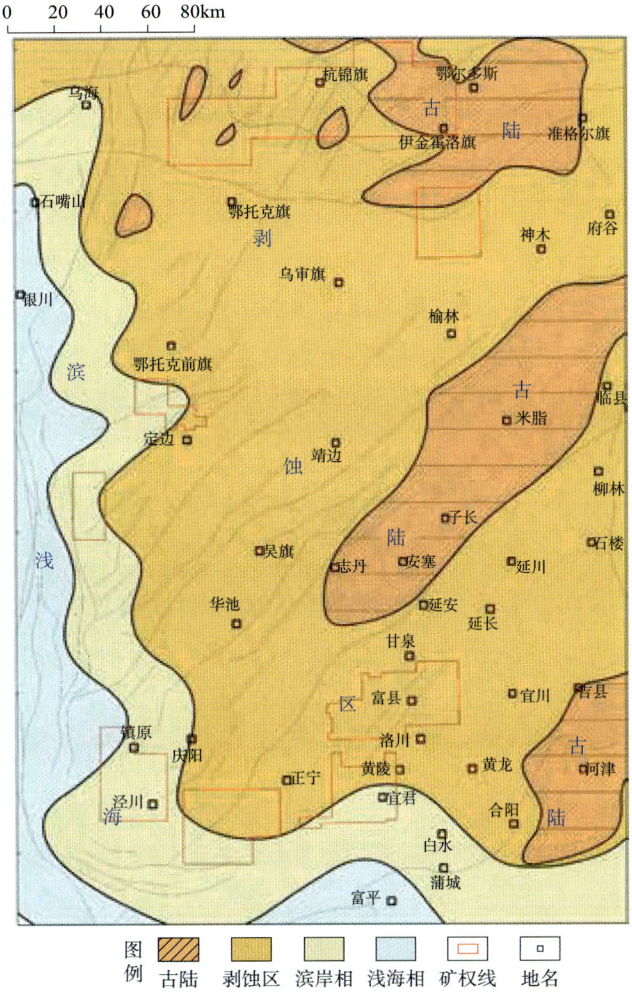

图2-1-16　鄂尔多斯盆地下寒武统沉积相带分布

四、长城系烃源岩

盆地周缘露头长城系顶部广泛发育黑色板岩、碳质板岩，有机碳含量和成熟度均较高，展现出良好的生烃潜力。其中北缘崔庄组烃源岩TOC平均为3.8%，烃源岩厚100~400m，*Ro*为2.0%~3.0%（长庆油田研究院，2015）；盆地南缘永济中条山剖面崔庄组暗色泥岩TOC平均约为0.39%，部分层段较高，可达0.5%以上，达到有效烃源岩标准。盆地内部部分深井也钻遇品质较好的长城系烃源岩，岩性以暗色泥质板岩为主。例如，盆地内部桃ei井在4630~4632m、4656~4657m钻遇灰黑色碳质泥岩，厚3m，现场热解分析TOC为3%~5%；*T*max为460~500℃，等效*Ro*为1.8%~2.0%；盆地西部古探a井长城系钻井岩屑TOC平均为0.8%~1%；盆地南部济探a井长城系崔庄组下部灰黑色含粉砂质泥岩，厚22m，有机碳含量为0.22%~0.95%，平均为0.62%，成熟度*Ro*为2.4%左右，均达到有效烃源岩标准。

有机岩石学分析表明崔庄组烃源岩母质为古老海相菌藻，母质类型好，目前已进入高—过成熟度阶段；GC-MS分析表明，长城系SQ_6饱和烃主碳峰nC_{21}，前峰型，OEP<1.2指示有机质成熟，Pr/Ph<1指示还原环境，∑三环/∑藿烷及孕甾烷指示咸水环境，C_{27}甾烷指示母质来源为海相菌藻，甾烷/17α藿烷为0.29，母质以原核细菌为主，甲基菲指数换算反射率为2.19%。野外剖面和钻井岩芯测试分析已发现该套烃源岩自生自储的生烃—运移证据。

长城系崔庄组烃源岩在鄂尔多斯盆地分布广泛，这种分布主要与中新元古代长城纪陆间、陆缘、陆内裂谷极为发育密切相关。在裂谷主体发育区，暗色泥岩厚度较大；在裂谷间过渡区，暗色泥岩厚度相对较小。通过进一步细致分析发现，在规模较大的陆间裂谷和陆缘裂谷近端主体区内，崔庄组暗色泥岩厚度可达60m以上；而在规模相对较小的陆内裂谷和陆缘裂谷远端区，崔庄组暗色泥岩厚度略小，为30~50m；其他区域崔庄组暗色泥岩厚度较小，一般均在30m以下（图2-1-17）。鄂尔多斯盆地长城系崔庄组烃源岩与华北地区其他古老烃源岩如下马岭组、洪水庄组、铁岭组、雾迷山组泥质岩一样，均形成于中新元古界裂谷环境，其TOC含量亦可以相互对比（赵文智等，2020），表明中新元古界裂谷发育古老烃源岩在整个华北地区具有普遍性，值得进一步关注。

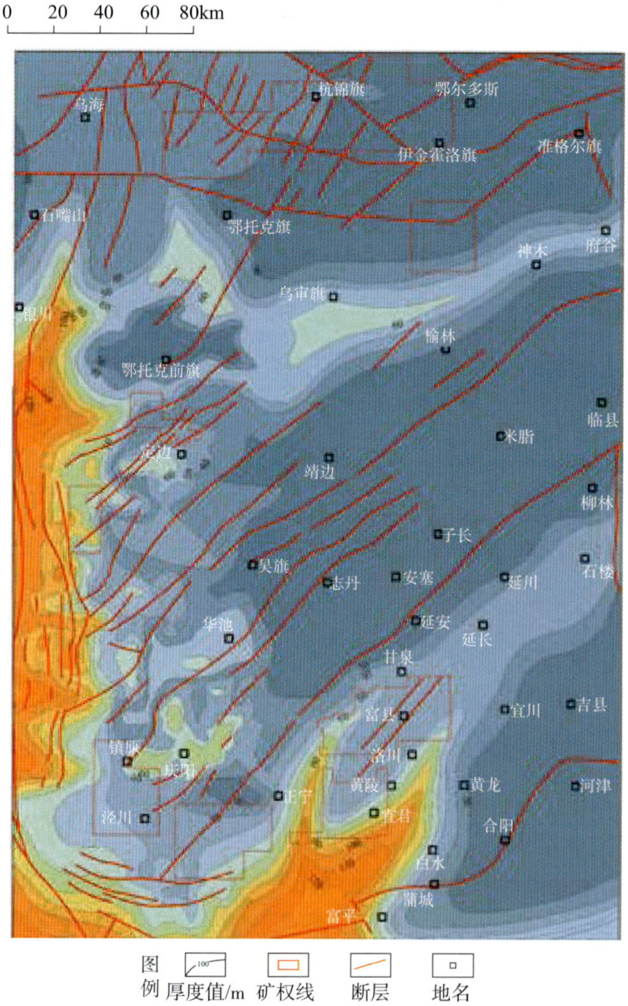

图2-1-17　鄂尔多斯盆地长城系暗色泥岩厚度分布图

总体而言，中元古代长城纪裂谷发育晚期，裂谷中心区域发育了一套有机质相对高的暗色泥岩，可作为有限烃源岩。晚震旦世东坡期至早寒武世辛集（苏峪口）期，贺兰裂陷槽和南部被动陆缘靠近洋盆陆斜坡区域发育了一套高有机质

（TOC为3%~5%）黑色页岩、暗色泥板岩优质烃源岩；该套烃源岩与伸展早期海相含磷碎屑质—碳酸盐岩沉积密切相关。海侵高位的徐庄期，华北地区相对分散独立的坳陷—洼陷中心区域发育一定厚度、颜色较深泥岩—泥质灰岩—泥质白云岩，部分TOC相对较高（0.5%~1%），母质类型为Ⅰ-$Ⅱ_1$型，基本可达到有效烃源岩标准。马家沟期，盆地中东部地区潜在烃源岩发育受NE走向基底断裂再活动宏观控制，在马三段、马五段期气候相对干旱期远离中央古凸起的环局限台地膏盐湖内斜坡和盐岩盆地发育了暗色泥岩、泥质碳酸盐岩，具有厚度大（20~50m）、原始TOC含量较高（>1%）的特点。平凉期前陆盆地主体斜坡—陆棚区域发育了一套厚度较大，有机质丰度较高的海相泥页岩、泥灰岩，为区域有效烃源岩；该套烃源岩为优质的海相Ⅰ-$Ⅱ_1$型烃源岩；其在深水斜坡—陆棚主体区域具有较大的厚度（50~125m）和较高的有机质丰度（TOC为0.5%~1.6%）。石炭—二叠早期，盆地广泛沉积了一套煤系烃源岩，中央古凸起核部区域煤系烃源岩厚度相对偏小，两侧远离古凸起的坳陷煤层厚度较大。

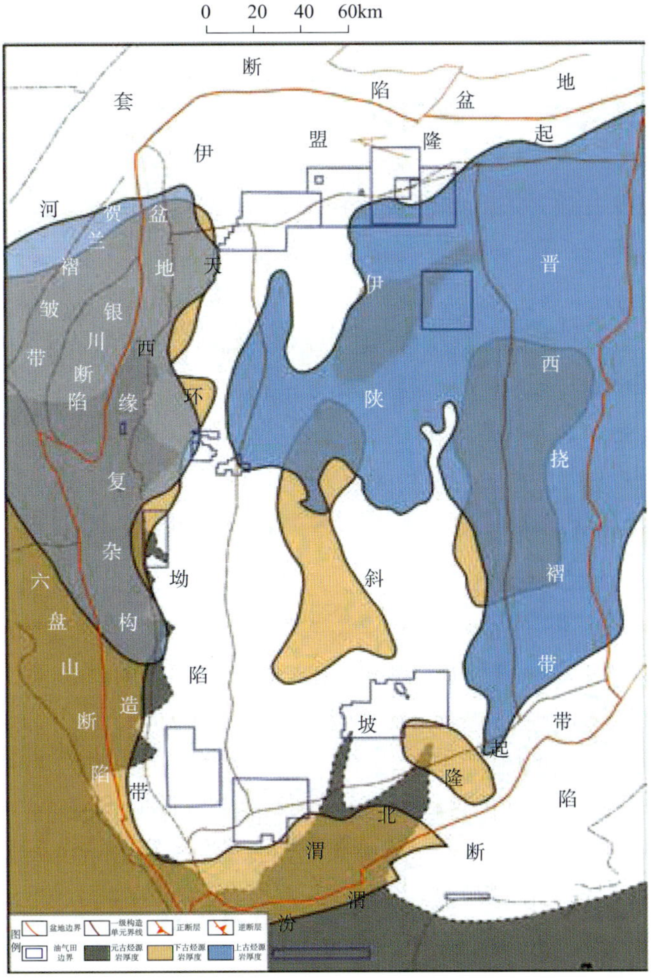

图2-1-18　鄂尔多斯盆地中新元古—古生界烃源岩空间分布叠置图

从中新元古—古生界烃源岩叠置分布和生烃潜力来看（图2-1-18），盆地西缘烃源岩垂向叠置性好，上古煤系、奥陶系平凉组下段泥页岩、寒武系徐庄组暗色页岩、寒武系底部暗色泥岩、长城系顶部暗色泥岩均有发育，且厚度均较大，现今环坳陷范围内烃源岩成熟度均已进入高成熟生气阶段，生烃潜力巨大；现今西缘冲断带范围内烃源岩普遍自晚古生代以来沉积相对较薄且后期遭受抬升或剥蚀，目前实测成熟度相对偏低，生烃潜力相对有限。

盆地南缘烃源岩以侧向叠置为主，上古煤系、长城系暗色泥岩在南缘主体区均有发育，其中上古煤系烃源岩厚度较小，长城系顶部烃源岩厚度较大；奥陶系平凉组下段、寒武系徐庄组暗色泥页岩、寒武系底部暗色泥岩主要分布在盆地南缘外侧，其中现今伊陕斜坡区厚度较薄、品质较差，但保存条件较好；渭北隆起区域厚度较大、品质较好，但由于遭受燕山期以来抬升剥蚀，保存条件较差。盆地南缘中元古—古生界烃源岩成熟度普遍较高，目前已达到成熟生气—干气阶段，综合认为盆地南缘北侧伊陕斜坡区域生烃潜力较好，渭北隆起区域生烃潜力相对有限。

盆地内部主体区域烃源岩以上古煤系和奥陶系马家沟组泥页岩、泥质碳酸盐岩为主，部分中元古盆内裂陷槽、寒武系小洼陷可能发育一定厚度的长城系顶部暗色页岩、徐庄组暗色泥页岩烃源岩。其中盆内北部主体区煤系、马家沟组烃源岩厚度较大，成熟度处在生烃高峰期，生烃潜力大；盆内南部主体区煤系、马家沟组烃源岩厚度略薄，但成熟度较大，目前已达到生气高峰—干气阶段，生烃潜力也较大。

第二节　储层空间叠置与分布特征

鄂尔多斯盆地发育石炭—二叠系碎屑岩、寒武—奥陶系碳酸盐岩、长城—蓟县系致密石英砂岩—白云岩等三大套储层。这些储层发育在盆地不同的区域、不同的原型盆地、不同的构造—沉积环境中，且普遍经历了多期岩溶作用、断裂—裂缝改造或抬升剥蚀；三大套储层在空间上互相叠置，为鄂尔多斯盆地中元古界—古生界天然气成藏提供了良好的储集条件。

一、石炭—二叠系储层

鄂尔多斯盆地上古生界的各期三角洲—河流沉积体系在区域分布上具有继承性，从石炭系本溪组—太原组到二叠系山西组、下石盒子组、上石盒子组、石千峰组，主河道发育区在纵向上往往叠置，形成多套储集层。鄂尔多斯盆地上古生界储层类型复杂多变，各层段、各类型储层空间分布主要与同沉积期构造—沉积格局密切相关。

鄂尔多斯盆地中北部西段储层砂岩以石英砂岩为主，东段以岩屑砂岩为主，中段则以岩屑石英砂岩为主，主要受北部三大物源体系控制（图2-2-1）。鄂尔多斯盆地南部西段储层砂岩以含长石岩屑石英砂岩为主，东段以长石岩屑砂岩为主，中段以岩屑长石石英砂岩为主，主要受南部三大物源体系控制（图2-2-2）。

1. 本溪组—太原组

晚石炭世本溪组—太原组主要发育底部滨海潮间带铝土岩、陆表海潮坪生屑滩—生物丘灰岩、海相三角洲分流河道—障壁砂坝砂岩三种储层类型（图2-2-3）。

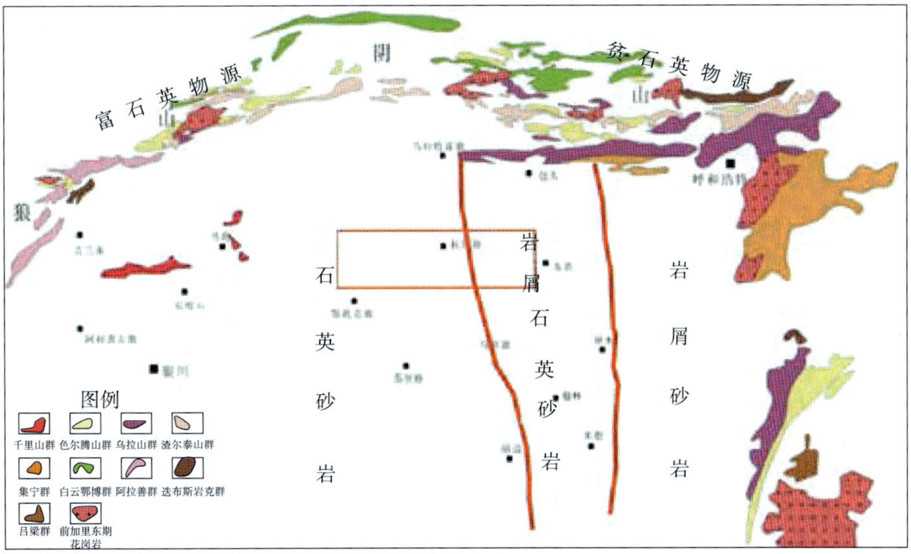

图2-2-1　鄂尔多斯盆地北部物源区母源特征与下二叠统山西组—石盒子组砂岩岩性分布图

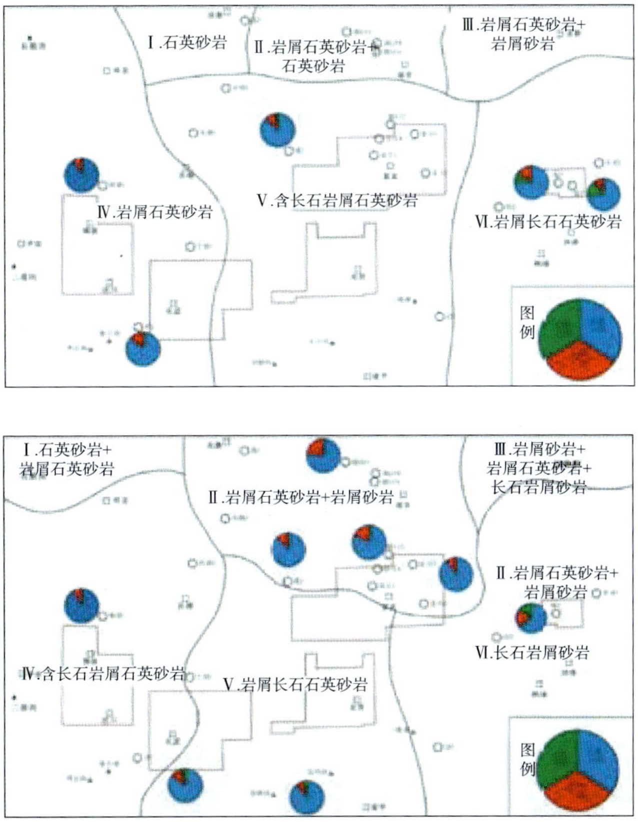

图2-2-2　鄂尔多斯盆地南部下二叠统山西组—下石盒子组砂岩类型分区图

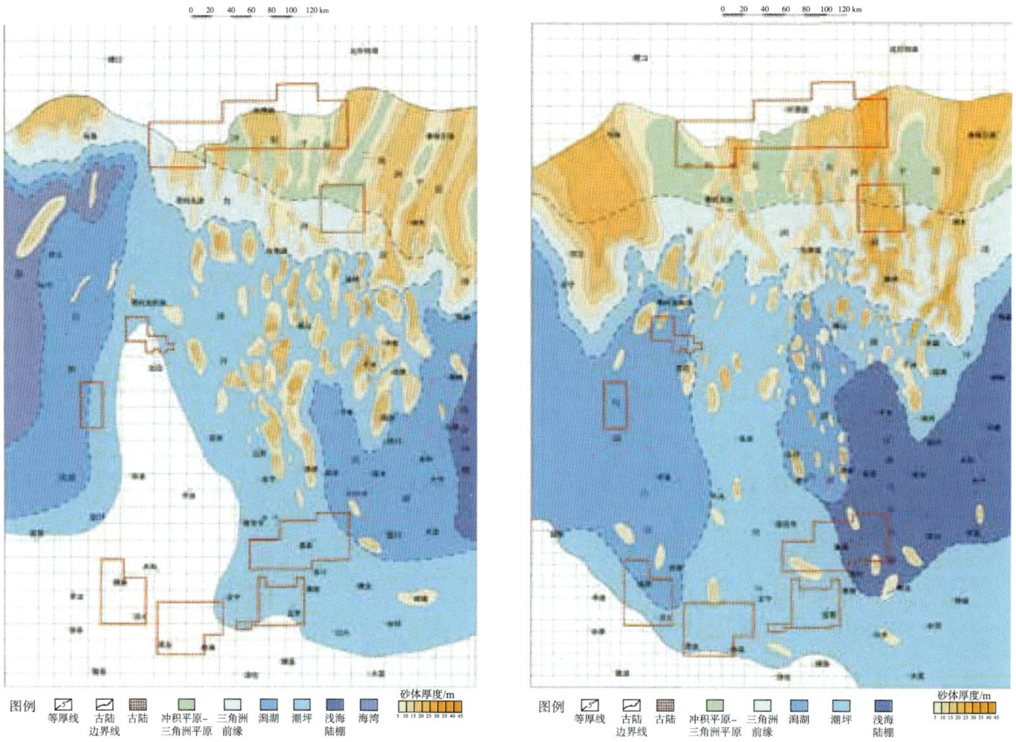

图2-2-3　鄂尔多斯盆地晚石炭世本溪期、太原期岩相古地理图

铝土岩储层主要分布在鄂尔多斯盆地陇东地区，厚度为2~12m，平均为6~8m；储层孔隙类型主要为粒内溶孔、基质溶孔、残余格架孔；平均孔隙度为10.65%，平均渗透率为$4.04\times10^{-3}\mu m^2$；空间分布上主要受本溪期—太原期水下中央古凸起区域滨海潮间带控制。

灰岩储层主要分布在太原组陆表海潮坪环境，自下而上庙沟段、毛儿沟段、斜道段、东大窑段等4套累计厚度为5~30m；太原组灰岩与三角洲分流河道砂体属同期异相沉积，平面上形成了“北砂南灰”格局；生屑滩、生物丘中的生屑粉晶灰岩、藻黏结灰岩经后期溶蚀可形成良好的储层，平均孔隙度可达3.2%以上、渗透率可达$0.49\times10^{-3}\mu m^2$以上；生屑滩主要分布在横山、靖边一带，生物丘主要分布在佳县—米脂—绥德一带。

海相三角洲分流河道—障壁砂坝砂岩受北物源体系控制，相对集中地分布在盆地北部本溪组—太原组，岩性以石英砂岩或岩屑石英砂岩为主，孔隙类型主要为粒间溶孔、岩屑溶孔、晶间孔；本溪组平均孔隙度为7.5%、渗透率为$1.41\times10^{-3}\mu m^2$；太原组平均孔隙度为8.3%、渗透率为$0.63\times10^{-3}\mu m^2$。

2. 山西组—下石盒子组

下二叠统山西组、下石盒子组碎屑岩储层是鄂尔多斯盆地最主要的含气储层，碎屑储层主要为冲积平原—三角洲平原—前缘相砂体，北部物源体系范围、面积约占现今盆地范围的2/3以上，南部物源体系影响范围、面积约占盆地的1/3且主要集中在盆地南缘（图2-2-4）。

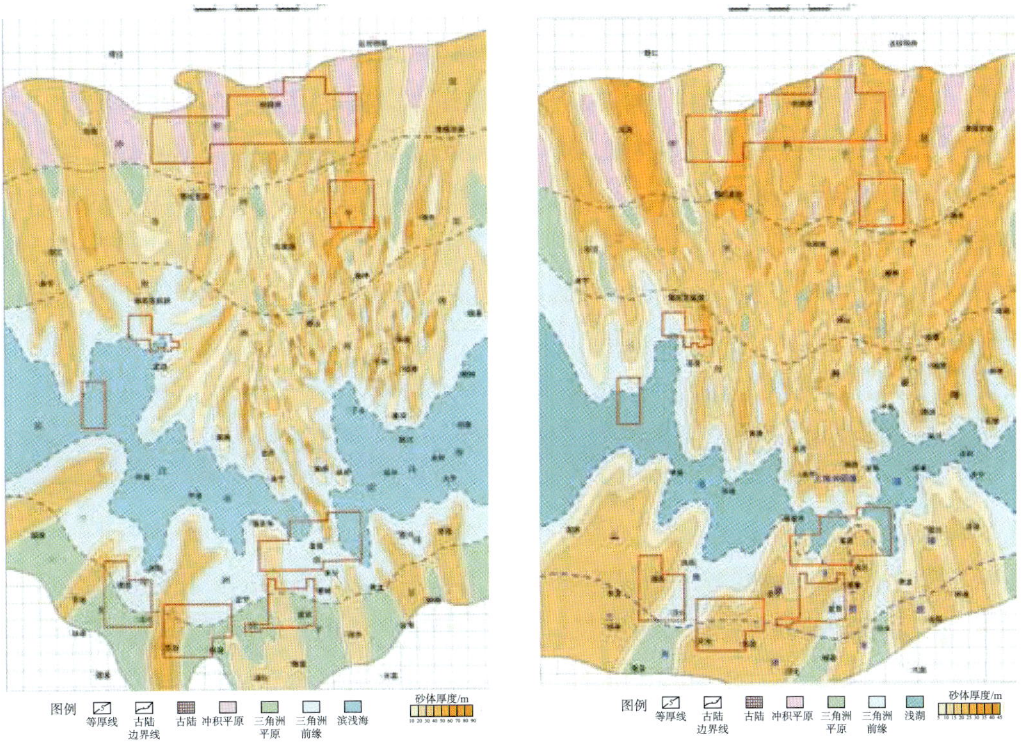

图2-2-4　鄂尔多斯盆地早二叠世山西期、下石盒子期岩相古地理图

以盆地北部的杭锦旗地区为例，西段新召处在或靠近天环坳陷区域，现今埋深相对较大，下石盒子盒1段、山西组储层孔隙类型以粒间溶孔为主；平均孔隙度分别为9.04%、7.65%，平均渗透率分别为$0.81\times10^{-3}\mu m^2$、$1.22\times10^{-3}\mu m^2$。中段十里加汗盒1段、山西组储层孔隙类型以粒间余孔、粒间溶孔、粒内溶孔为主；平均孔隙度分别为8.7%、10.3%，平均渗透率分别为$0.60\times10^{-3}\mu m^2$、$1.39\times10^{-3}\mu m^2$。东部阿镇现今埋深较小，盒1储层孔隙类型以粒间孔、粒间溶孔为主；平均孔隙度、渗透率分别为11.9%、$0.68\times10^{-3}\mu m^2$。伊盟隆起东北部的什股壕在沉积相上更靠近物源，埋深也较浅，储层孔隙类型与阿镇类似，盒1段、山西组平均孔隙度分别为11.3%、11.5%，平均渗透率分别为$1.36\times10^{-3}\mu m^2$、$2.30\times10^{-3}\mu m^2$，表现出常规储层的特点。

盆地中北部西段麻黄山—青石峁地区受北西物源影响，盒1段、山西组储层孔隙类型以粒间溶孔、粒间余孔为主，平均孔隙度分别为6.75%、6.8%，平均渗透率分别为$0.43\times10^{-3}\mu m^2$、$0.44\times10^{-3}\mu m^2$。盆地中北部中段苏里格地区受北西、北物源联合控制，盒1段、山西组储层孔隙类型以次生溶蚀孔、粒间孔为主，平均孔隙度分别为8.6%、7.8%，平均渗透率分别为$0.74\times10^{-3}\mu m^2$、$0.44\times10^{-3}\mu m^2$。盆地中北部中东段大牛地地区受北东物源控制，盒1段、山西组储层孔隙类型以粒间溶孔、粒内溶孔为主，平均孔隙度分别为

9.0%、8.5%，平均渗透率分别为$0.62\times10^{-3}\mu m^2$、$0.83\times10^{-3}\mu m^2$。盆地中北部东段临兴地区主要受北东物源控制，盒1段、山西组储层孔隙类型以粒间溶孔、粒间孔、粒内溶孔为主，平均孔隙度分别为7.6%~8.1%、7.1%~8.2%，平均渗透率分别为（0.2~0.5）$\times10^{-3}\mu m^2$、（0.12~0.55）$\times10^{-3}\mu m^2$。盆地中北部南端延安地区主要受北东物源体系控制，盒1段、山西组储层孔隙类型以岩屑溶孔、晶间孔、粒间孔为主，平均孔隙度分别为7.53%、6.43%，平均渗透率分别为$0.32\times10^{-3}\mu m^2$、$0.19\times10^{-3}\mu m^2$。

盆地西南缘镇泾、彬长地区受南西物源、南物源联合控制，盒1段、山西组储层孔隙类型以岩屑溶孔、晶间孔为主，平均孔隙度分别为7.4%、7.2%，平均渗透率分别为$0.32\times10^{-3}\mu m^2$、$0.48\times10^{-3}\mu m^2$。盆地南部富县地区受南物源、南东物源和北部物源体系远端联合控制，盒1段、山西组储层孔隙类型以岩屑溶孔、晶间孔为主，平均孔隙度分别为7.5%、5.9%，平均渗透率分别为$0.45\times10^{-3}\mu m^2$、$0.73\times10^{-3}\mu m^2$。盆地东南源宜川—黄龙地区盒1段、山西组储层孔隙类型以岩屑溶孔、长石溶孔、晶间孔为主，平均孔隙度为7.4%，平均渗透率为$0.14\times10^{-3}\mu m^2$，物性相对较差。

总体而言，相对富石英的储层在沉积相、埋深基本一致时往往具有较好的孔渗条件。同一源汇体系碎屑岩储层，在埋深基本一致的情况下，靠近物源的沉积相带储层往往孔隙度较高，远离物源的沉积相带储层往往孔隙度较低；渗透率变化则相对复杂，在分选较好的三角洲前缘相带，相同孔隙度条件往往对应较好的渗透率。同一源汇体系、同一沉积相带的碎屑岩储层，随埋深增大，孔渗条件逐渐变差。

3. 上石盒子组—石千峰组

上二叠统上石盒子组砂岩主要为曲流河三角洲平原—前缘相，石千峰组砂岩主要为辫状河三角洲平原—前缘相，在空间上分布广泛（图2-2-5）；但含气储层主要分布在盆地中东部、盆地南缘等现今埋藏相对较浅的区域。盆地中东部临兴地区上石盒子组—石千峰组储层砂岩主要为岩屑长石砂岩或长石岩屑砂岩，受北部物源体系控制，孔隙类型主要为粒间胶结物溶孔、粒间孔，储层孔隙度为8.2%~9.9%、渗透率为（0.5~0.96）$\times10^{-3}\mu m^2$。盆地南部彬长地区上石盒子组储层砂岩主要为岩屑石英砂岩或长石石英砂岩，受南部物源体系东南物源控制，孔隙类型主要为残余粒间孔、粒内溶孔、杂基溶孔，储层平均孔隙度为6%，平均渗透率为$0.3\times10^{-3}\mu m^2$左右。

总体而言，晚石炭世本溪期—太原期砂体沿中央古凸起轴部延伸，具有东部坳陷输入规模大，西部坳陷输入规模小的特点；早二叠世山西期—石千峰期砂体广泛发育，东西方向由于古凸起逐渐衰亡分异减弱，南北方向由于北部伊盟隆起持续隆升，砂体输入北强南弱。盆地中北部多类型储层垂向—侧向叠合程度高，连片性好；南部储层垂向—侧向叠合程度低，连片性差。西部深埋区含气储层集中在太原—山西—盒1段；中部—中东部随埋深变浅，含气储层层段增多，盒2~3段、上石盒子组、石千峰组局部含气性也较好。

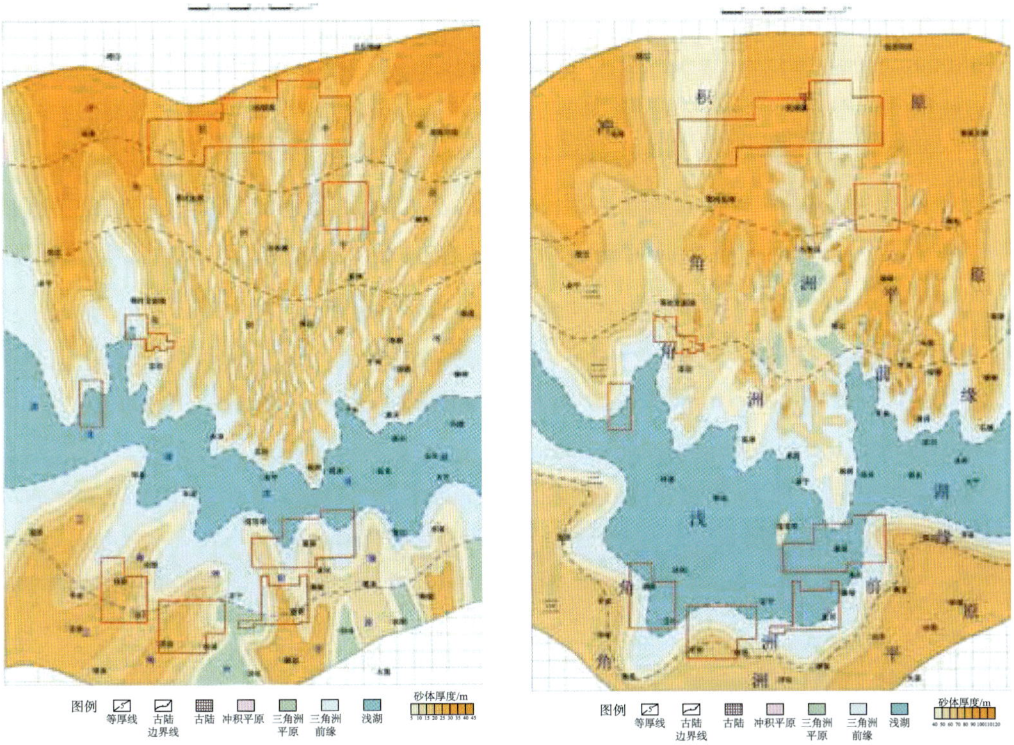

图2-2-5 鄂尔多斯盆地晚二叠世上石盒子期、石千峰期岩相古地理图

二、寒武—奥陶系储层

1. 寒武系储层

鄂尔多斯盆地寒武系储层主要发育在中寒武统张夏组和上寒武统三山子组。张夏组储层岩性主要为鲕粒白云岩、粉—细晶白云岩、细—微晶云灰岩等，储集空间主要为晶间孔、溶孔。以储层样品相对较多的盆地南缘为例，张夏组储层实测孔隙度峰值在2.5%~5%，渗透率峰值在（0.1~1）$\times 10^{-3}\mu m^2$，属于特低孔低渗储层（图2-2-6，图2-2-7）。三山子组储层岩性主要为晶粒白云岩、砂屑白云岩、鲕粒白云岩等，储集空间主要为晶间孔、溶孔和溶洞。从对盆地东南部少数三山子样品的物性测试分析来看，三山子组储层孔隙度分布范围在2.12%~7.85%，平均值为3.5%；储层渗透率为（0.005~43.4）$\times 10^{-3}\mu m^2$，平均为1.21 $\times 10^{-3}\mu m^2$；孔渗性较好的储层岩性主要为鲕粒灰（云）岩、残余颗粒云岩、晶粒云岩等。

张夏组储层分布主要受台缘颗粒滩和台内颗粒滩分布控制，在被动大陆边缘—陆缘坳陷过渡区、环中央古凸起开阔—局限台地相高—中能鲕粒滩微相具有较好的物性条件，为寒武系有效储层。其中高能鲕粒滩主要为台缘颗粒滩，鲕粒含量高（70%~90%），鲕粒较大（0.2~0.8mm，平均0.5mm），分选中等—好，连续厚度大，储集性能好；中能鲕粒滩主要为张夏期环中央古凸起周边的台内颗粒滩，鲕粒含量中等（50%~70%），鲕粒较大（0.2~0.6mm，平均0.35mm），分选中等，连续厚度较大，储集性能较好；远离中央古凸起的低能鲕粒滩一般不作为有效储层（图2-2-8）。三山子组储层分布与张夏组类似，主要分布在被动大陆边缘与陆缘坳陷过渡区域，但由于三山子期整体海退，发育范围明显偏小。

后期多期岩溶作用对张夏组、三山子组储层具有不同程度的改造作用。寒武纪三山子期中央古凸起东部张夏组—三山子组晶粒白云岩储层受怀远运动影响，岩溶作用相对强烈，储层孔隙度变大，连通性变好。镇原古凸起西南—东南缘前石炭系不整合面张夏组—三山子组开壳区受怀远运动、加里东运动、海西运动等多期岩溶作用影响，张夏组—三山子组储层岩溶作用强烈，在野外露头和钻井岩芯中可发育较大规模的溶蚀洞穴或孔洞（图2-2-9）；需要指出的是，盆地南缘自中生代以来遭受抬升剥蚀和多期断裂改造，流体活动强烈，张夏组鲕粒滩原生粒间孔充填作用强烈，抬升剥蚀区及断裂活动强烈区物性普遍变差（图2-2-6）。

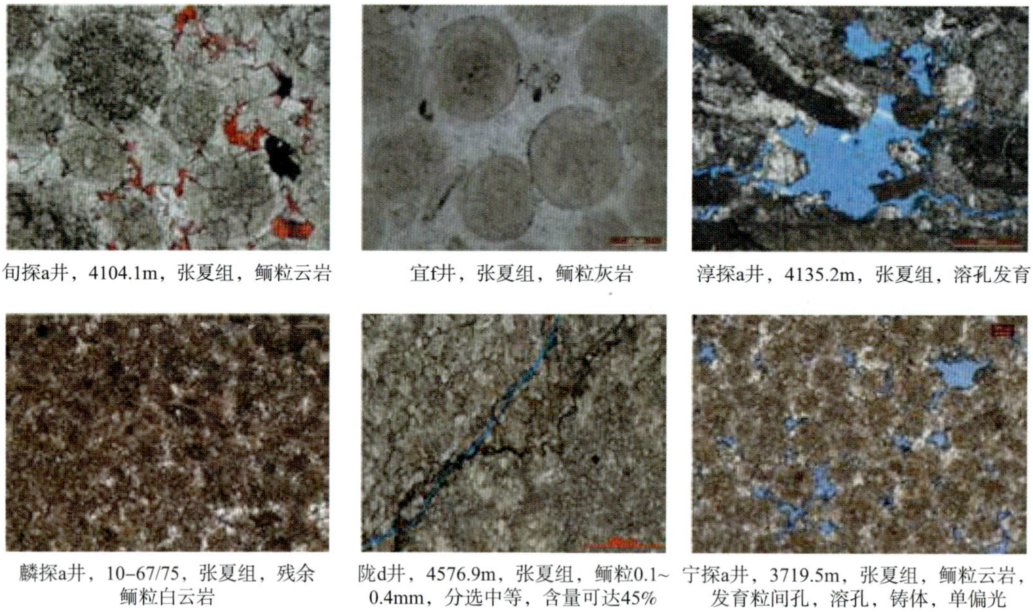

图2-2-6　盆地南缘中寒武统张夏组鲕粒灰岩、云岩储层图版

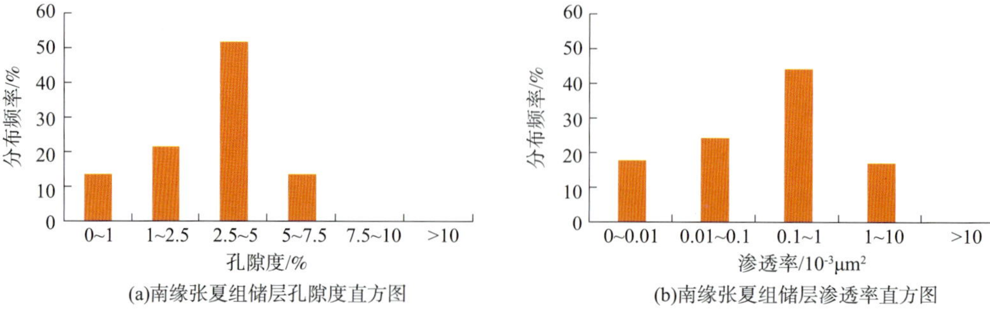

图2-2-7　盆地南缘中寒武统张夏组鲕粒灰岩、云岩储层孔渗直方图

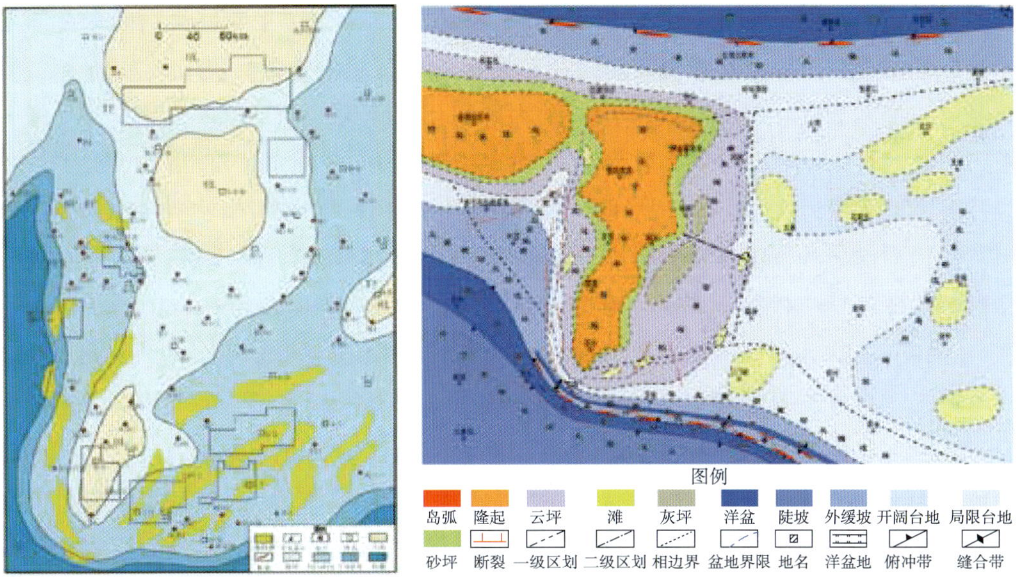

图2-2-8 鄂尔多斯盆地中寒武世张夏期岩相古地理与华北地区晚寒武世三山子区构造沉积环境图

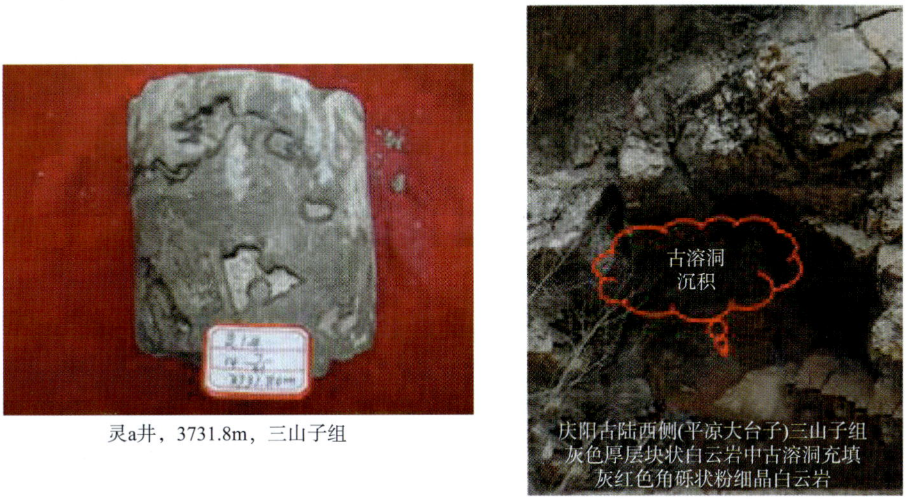

灵a井，3731.8m，三山子组

图2-2-9 鄂尔多斯盆地南部三山子组岩芯（左）及平凉大台子露头上发育的溶洞（右）图版

2. 奥陶系储层

1）储层特征及其分布特征

鄂尔多斯盆地奥陶系储层发育大致可以划分为盆地西缘—南缘秦祁海体系和盆地内部华北海体系，前者储层发育层段主要分布在桌子山组（相当于盆地内部马四段~马五段）、克里摩里组（相当于盆地内部和南缘马六段）和平凉组（相当于盆地西缘乌拉力克组），后者主要在马家沟组马二段~马五段。

盆地西缘奥陶系发育台缘礁滩型、岩溶缝洞型、颗粒滩型三种储集体类型。台缘礁滩型储层岩石类型主要为生物礁滩灰岩、云质灰岩、白云岩，主要储集空间为造礁生物骨架孔、晶间孔，主要发育在克里摩里组；岩溶缝洞型储层岩石类型主要为角砾状灰岩、砂屑灰岩、藻灰岩等，储集空间类型主要为砾间孔、缝洞，主要发育在克里摩里组—桌子山组（图2-2-11，图2-2-12）。颗粒滩型储层岩性以粉—细晶或细晶以上白云岩为主，储层孔隙类型主要为溶蚀孔洞、晶间孔、晶间溶孔及裂缝，主要发育在克里摩里组—桌子山组。从目前储层物性实测样品数据来看，桌子山组储层实测孔隙度峰值在1%~3%，渗透率峰值小于$0.1\times10^{-3}\mu m^2$；克里摩里组储层实测孔隙度峰值在2.5%~3.5%，渗透率峰值在（1~10）$\times10^{-3}\mu m^2$；桌子山组白云岩储层孔渗条件较克里摩里组略差（图2-2-11，图2-2-12）。除了上述碳酸盐岩常规储层，乌拉力克组（相当于平凉组下段）还发育泥页岩—泥灰岩型海相页岩气储层，岩性主要为灰黑色、深灰色含灰泥岩、含云泥岩，深灰色、褐灰色砂屑灰岩、泥晶灰岩，生物碎屑灰岩；孔隙类型以微米级孔隙、微缝为主，具有一定储集及吸附天然气的能力，局部见层间缝，是有利的渗流通道，样品分析孔隙度为1.6%~4.4%，平均为2.3%（图2-2-10）。盆地南缘奥陶系马六段储层岩性主要为礁滩相中细晶白云岩，储层孔隙类型主要为晶间孔，实测孔隙度峰值在1%~2.5%和5%~7.5%，渗透率峰值在（0.1~1）$\times10^{-3}\mu m^2$，特低孔低渗储层（图2-2-13）。

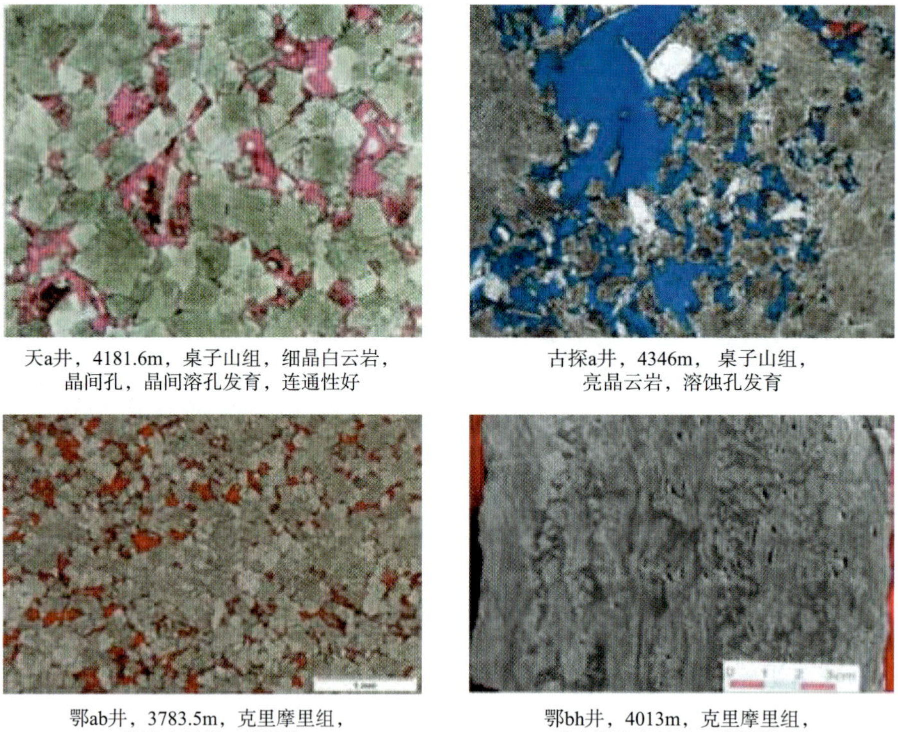

天a井，4181.6m，桌子山组，细晶白云岩，晶间孔，晶间溶孔发育，连通性好

古探a井，4346m，桌子山组，亮晶云岩，溶蚀孔发育

鄂ab井，3783.5m，克里摩里组，粉晶白云岩，晶间孔

鄂bh井，4013m，克里摩里组，残余颗粒白云岩，发育溶蚀孔

图2-2-10　鄂尔多斯盆地西缘奥陶系储层孔隙类型图版

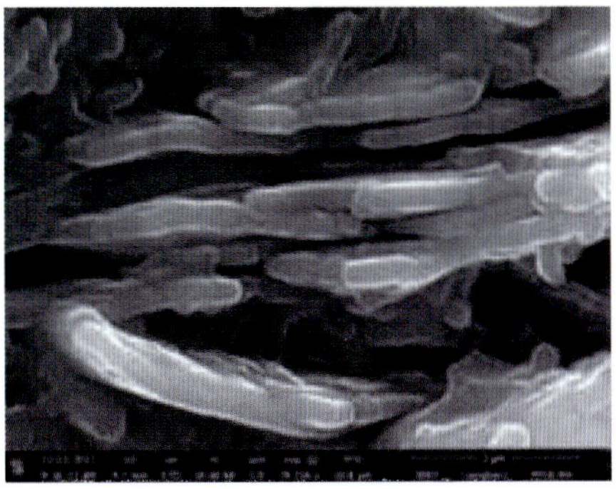

梁探a井，4918m，乌拉力克组，
云母片层间缝隙

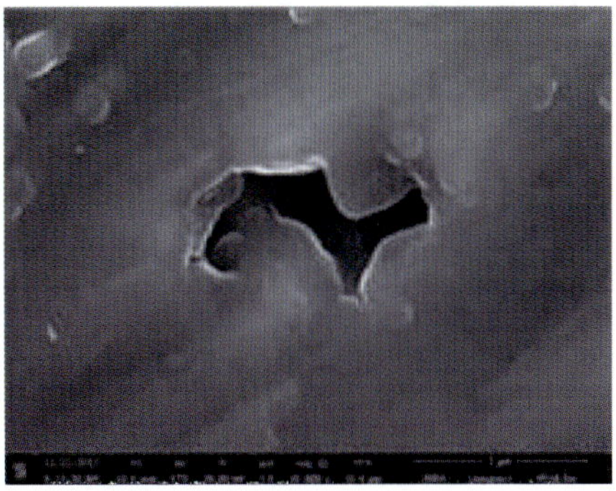

梁探a井，4918m，乌拉力克组，
白云石粒内溶孔

西桌子山水泥厂剖面，乌拉力克组，
残余溶蚀微孔缝

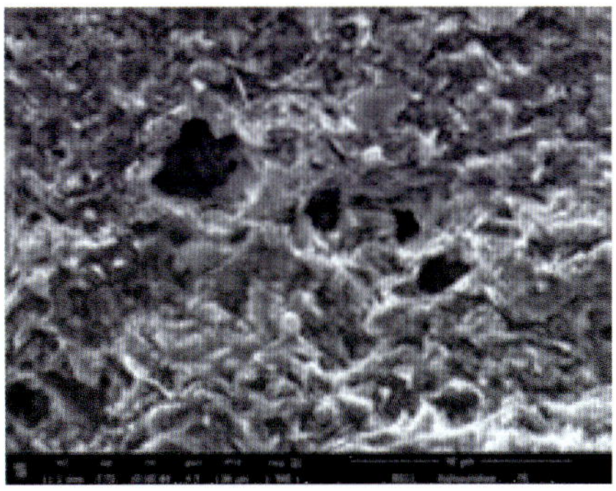

西桌子山水泥厂剖面，乌拉力克组，
残余溶蚀孔隙

图2-2-10 鄂尔多斯盆地西缘奥陶系储层孔隙类型图版（续）

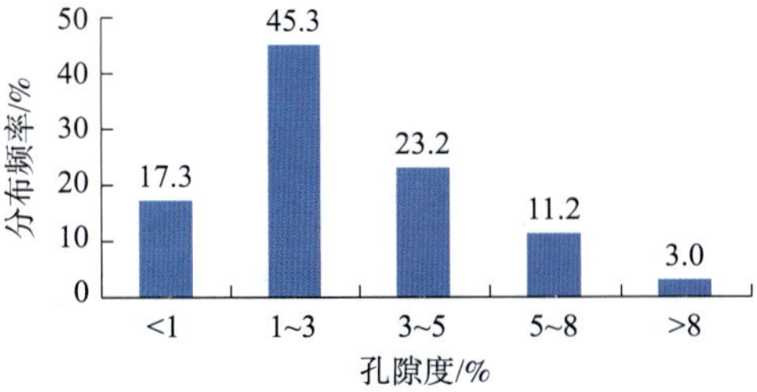

(a)桌子山组白云岩储层孔隙度直方图

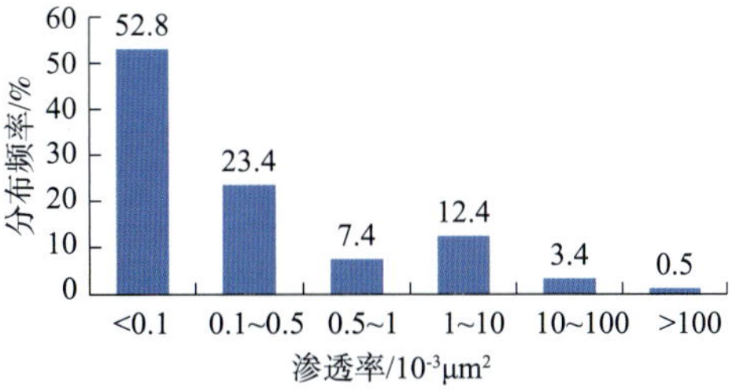

(b)桌子山组白云岩储层渗透率直方图

图2-2-11 鄂尔多斯盆地西缘中奥陶统桌子山组储层孔渗直方图

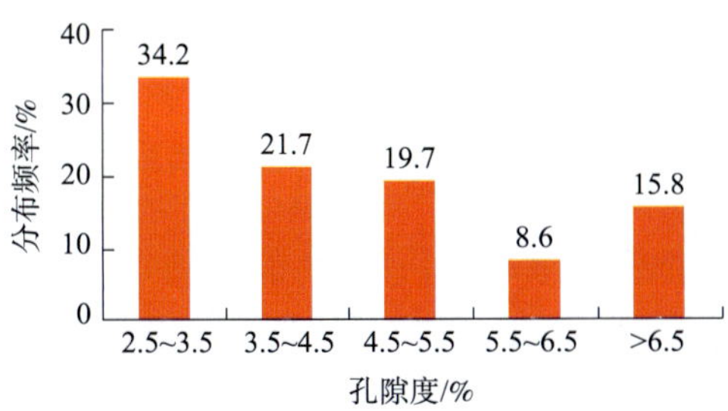

(a)克里摩里组白云岩储层孔隙度直方图

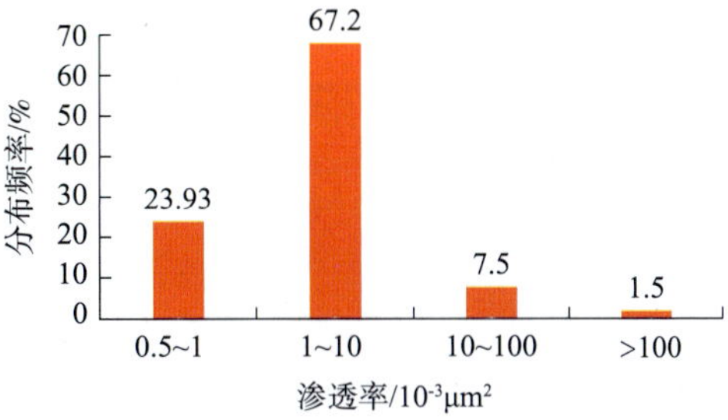

(b)克里摩里组白云岩储层渗透率直方图

图2-2-12 鄂尔多斯盆地西缘中奥陶统克里摩里组储层孔渗直方图

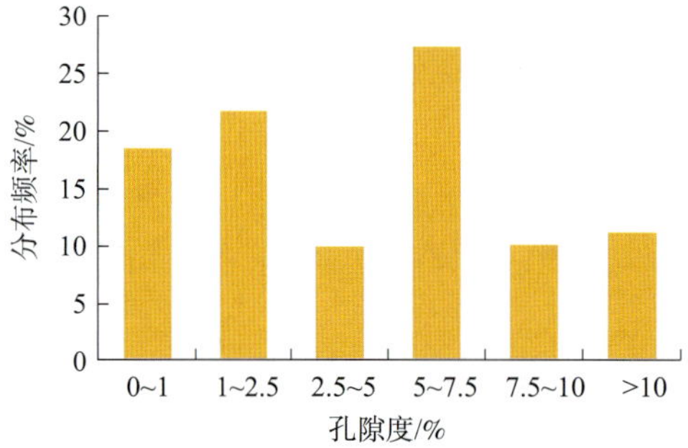

(a)马六段储层孔隙度直方图

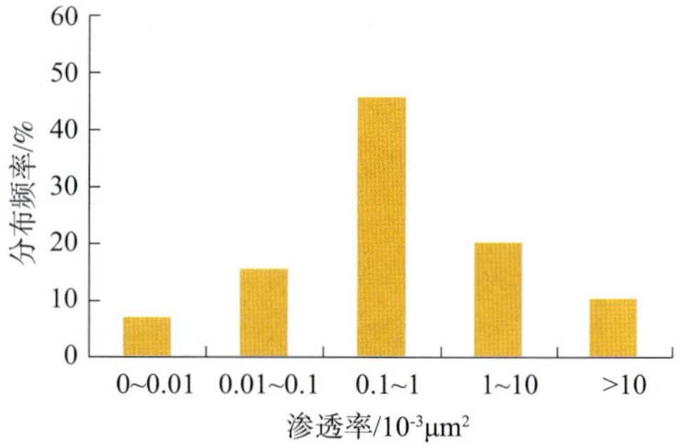

(b)马六段储层渗透率直方图

图2-2-13　鄂尔多斯盆地南缘下奥陶统马六段储层孔渗直方图

盆地内部奥陶系储层主要发育在马家沟组，按照类型可划分为不整合岩溶储层、白云岩储层和岩溶缝洞型储层。不整合岩溶储层主要分布在前石炭系不整合面马五段出露区，储层岩性以泥—微—粉晶云岩和原岩含有较多石膏结核的白云岩为主，储集空间主要为膏溶孔和晶间溶孔；白云岩储层主要分布在奥陶系马家沟组马四段、马二段，岩性主要为粉—细晶白云岩，以发育晶间孔为主要特征。岩溶缝洞型储层主要分布在马四段，岩性主要为灰岩、云质灰岩，储集空间主要为裂缝、溶蚀孔隙（洞）、晶间溶孔等（图2-2-14）。马五段粉—微晶云岩膏模—膏溶孔储层孔隙度主峰分布在2%~5%，渗透率主峰分布在（0.1~1）$\times 10^{-3}\mu m^2$（图2-2-15）。马四段台缘滩细晶白云岩储层平均孔隙度约为4.8%，平均渗透率为$0.92\times 10^{-3}\mu m^2$；台内滩细晶—粗粉晶白云岩平均孔隙度约为3.6%，平均渗透率为$0.089\times 10^{-3}\mu m^2$；台内丘粗—细粉晶白云岩平均孔隙度约为4%，平均渗透率为$0.043\times 10^{-3}\mu m^2$。

溶蚀孔洞，大ac井，2849.00m，马五1

膏模孔，大ih井，28.00m，马五1

膏模孔及晶间溶孔，大abd井，3153. 94m，马五7

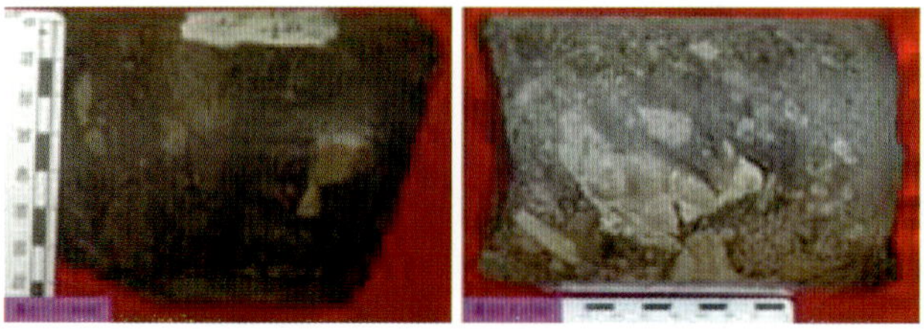

富县地区马五段大型岩溶洞穴及其充填物

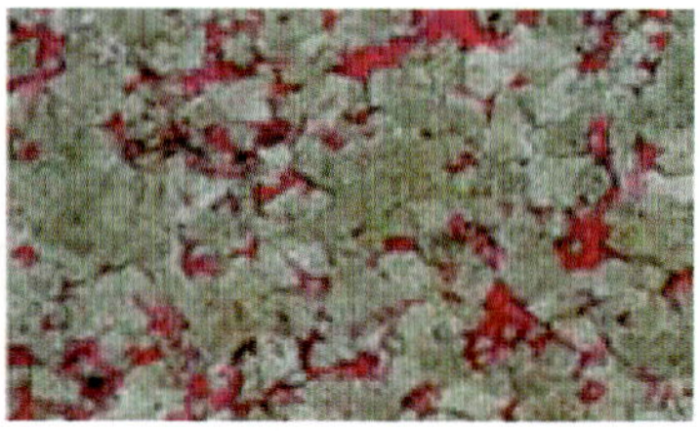

定探a井，3929.97m，马四，细晶云岩，发育晶间孔

图2-2-14　鄂尔多斯盆地内部下奥陶统马家沟组储层孔隙类型图版

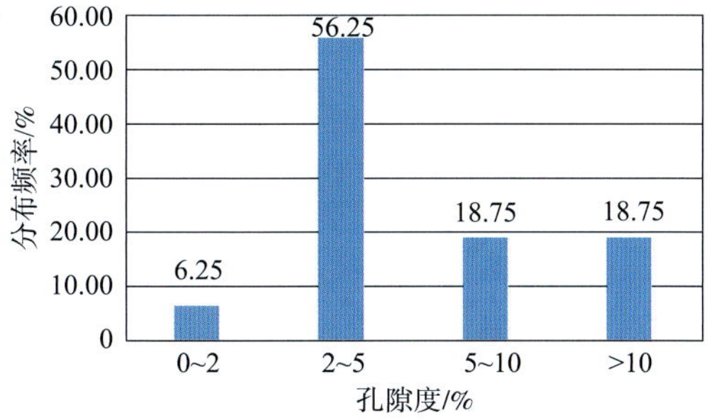

(a)马家沟组马五段粉—微晶云岩膏模—膏溶孔储层孔隙度直方图

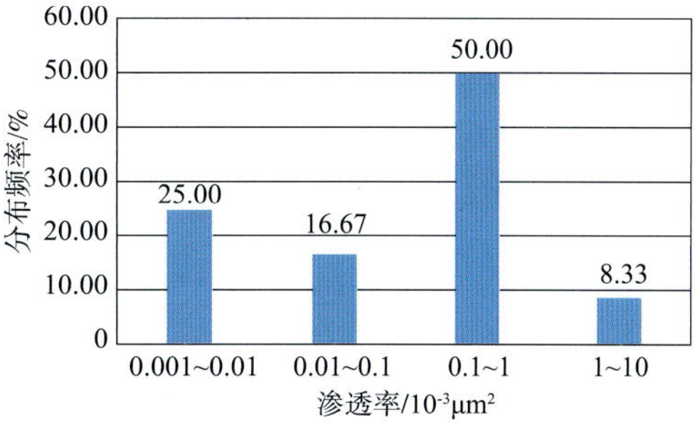

(b)马家沟组马五段粉—微晶云岩膏模—膏溶孔储层渗透率直方图

图2-2-15　鄂尔多斯盆地富县地区下奥陶统马家沟组马五段粉—微晶云岩膏模—膏溶孔储层孔渗直方图

盆地西缘、南缘储层分布主要受奥陶纪中央古凸起与秦祁海槽斜坡联合控制。古凸起西侧向秦祁海过渡区域近南北向走向正断层发育，斜坡较陡，东西方向开阔台地—台缘隆起—台缘斜坡宽度较窄，在过渡区与内台缘隆起带普遍发育礁滩白云岩储层，断裂下盘开阔台地发育台内颗粒滩白云岩储层（图2-2-16，图2-2-18）；古凸起南侧向秦祁海过渡的陡坡—坳陷带，在中奥陶世晚期，构造环境由被动大陆边缘转向活动大陆边缘，由平缓的陆棚区转变为弧后盆地拉张断陷环境，海底地形变化迅速，有利于形成适合礁滩相发育的陡变带，同沉积断裂上盘沉积生物礁体，发育弱镶边的台缘隆起礁滩白云岩储层和高能浅滩相白云岩储层。在古凸起东侧向台地过渡的缓坡带或台地主体区次级洼陷之间的低隆起位置，沉积相主体为膏云坪颗粒滩或含膏云坪，储层为颗粒灰岩—细晶白云岩、含膏白云岩；远离中央古凸起的坳陷位置，沉积相为灰岩洼地或膏盐潟湖，储层岩性为膏云岩（图2-2-17，图2-2-18）。

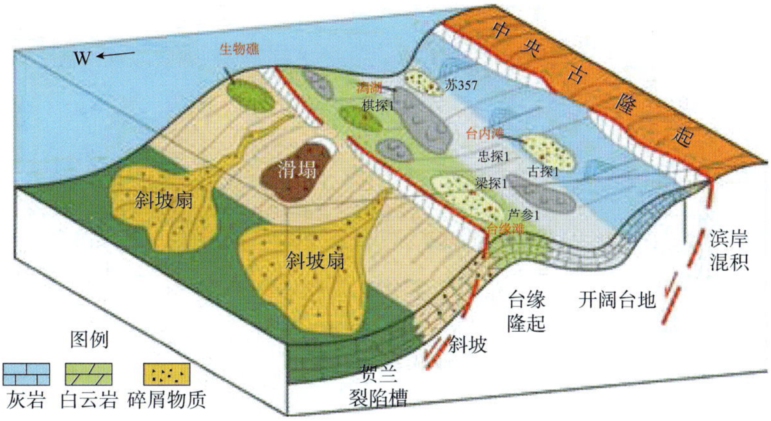

图2-2-16　鄂尔多斯盆地西缘中奥陶世克里摩里期构造—沉积模式图

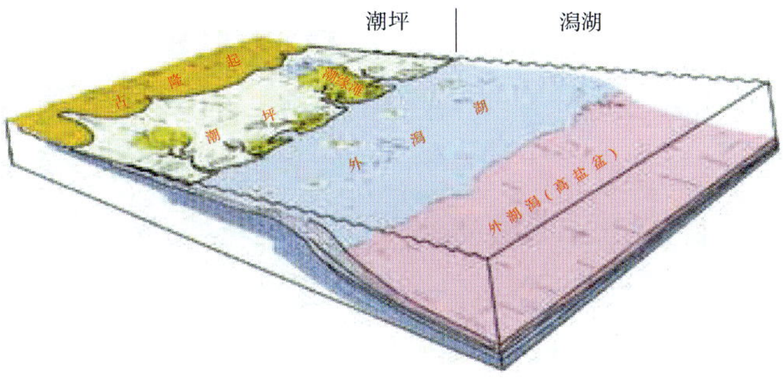

图2-2-17　鄂尔多斯盆地古凸起东侧早奥陶世马家沟期华北陆表海沉积模式

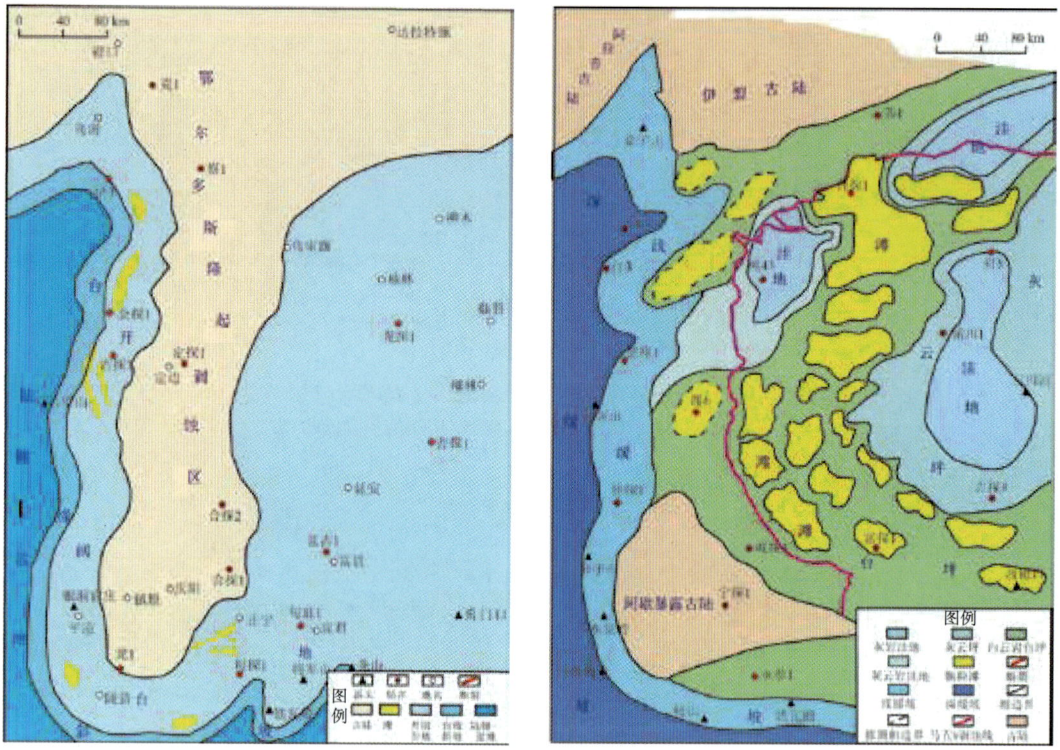

图2-2-18　鄂尔多斯盆地早奥陶世马家沟组马六、马五8期岩相古地理图

2）奥陶系岩溶储层发育及其控制因素

与盆地其他地区不同的是，奥陶系碳酸盐岩储层普遍受与不整合面和断裂相关的岩溶改造。鄂尔多斯盆地不同区域加里东—海西期古构造、古地貌差异较大，古岩溶高地主体区对应寒武系、奥陶系均为隆起带的地区，古岩溶斜坡主体区往往对应中央古凸起两侧的鞍部区，古岩溶盆地对应台内坳陷区，鄂尔多斯盆地前石炭纪古地貌具有东部斜坡“坡缓带宽”、西部岩溶斜坡“坡陡带窄”的特点，这种沉积期与岩溶期古构造—古地貌的叠加控制了盆地岩溶作用平面分区（图2-2-19）。鄂尔多斯盆地前石炭纪岩溶高地—台地区，下古生界残余地层薄，剥蚀作用强，岩溶作用弱，且是整个岩溶盆地的供水区，岩溶以垂向沿断裂为主，溶蚀作用以地下水沿断裂裂隙下渗形成垂向为主；岩溶斜坡或岩溶阶地区具有暴露—沉积间互特征，下古残余地层后，受地下水垂直渗流和地表—地下径流双重影响，岩溶作用强烈，灰岩—颗粒灰岩白云岩化和溶质较为彻底，是奥陶系马五段岩溶储层最为发育的地区；岩溶盆地或低地区是岩溶作用的汇水—排泄区，发源于岩溶坡地的沟槽向此地区不断汇集，汇聚过程中形成侵蚀深度（可达到20~70m）和规模相对较大的沟槽系统，沿这些沟槽两侧岩溶斜坡—残丘白云岩岩溶储层较为发育。

前石炭系不整合面的沉积间断超过1.5亿年，其与上部石炭—二叠系地层和下部寒武—奥陶—中新元古界地层接触关系差别较大（图2-2-20）。盆地中东部稳定区域前石炭系不整合面与上部石炭—二叠系Ⅱ级不整合面、下部马五段~马六段地层之间的Ⅲ－Ⅳ级

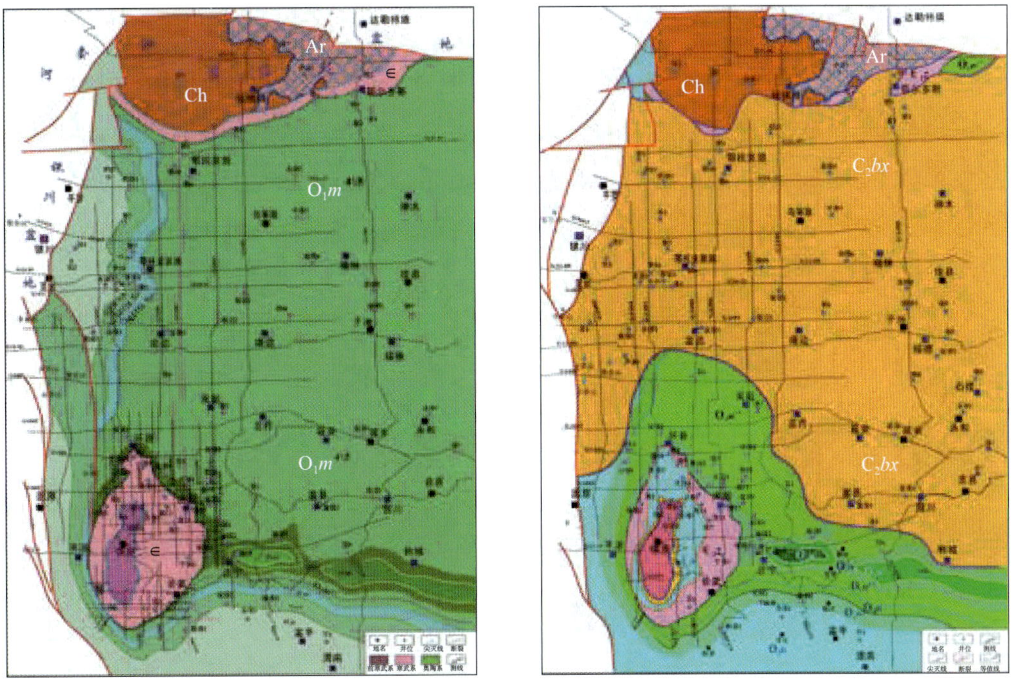

(a)前石炭系　　(b)前二叠系

图2-2-19 鄂尔多斯盆地古地质图

不整合主体表现为平行—亚平行关系，仅在下古溶蚀沟槽发育主体区与马五段~马六段地层之间Ⅲ-Ⅳ级不整合高角度相交。中央古凸起主体—斜坡区与前石炭系不整合面与下部地层存在消截关系，前石炭系不整合面与石炭—二叠Ⅱ级不整合、寒武—奥陶之间的Ⅱ-Ⅳ级不整合主体表现为斜交关系。相比之下，前石炭系不整合面与古生界其他Ⅱ-Ⅳ级不整合斜交区下古地层在加里东—海西岩溶期坡度更大，有利于在水平径流作用下顺层发生溶蚀；前石炭系不整合面与古生界其他Ⅱ-Ⅳ级不整合平行—亚平行的区域加里东—海西岩溶期坡度与地表基本一致，岩溶作用主要依赖于岩溶沟槽的横向展布。勘探实践也证明，盆地中东部马五1+2底不整合与前石炭系不整合基本平行区域，深层（马五5及以下地层）岩溶作用较弱；盆地中部靖边—靖西地区南部、镇原古凸起及其东侧富县等寒武—奥陶系Ⅱ-Ⅳ级不整合与加里东不整合斜交区域，下古地层受加里东—海西多期岩溶影响，深层岩溶作用较强（图2-2-20）。

除了岩溶期古地貌、不整合组合样式对岩溶储层发育的宏观控制作用，下古地层不同区域沉积微相及相关岩性组合对岩溶储层发育也具有明显的控制作用。统计结果表明，盆地北部和南部岩溶高地区域的云灰坪、灰坪沉积有利于岩溶缝洞型储层的规模发育；盆地西部岩溶陡斜坡部位的克里摩里组台地边缘—斜坡相灰岩沉积有利于灰岩缝洞和顺层溶蚀储层规模发育；盆地中东部缓斜坡部位的膏云坪、含膏云坪有利于白云岩岩溶储层的大规模发育。

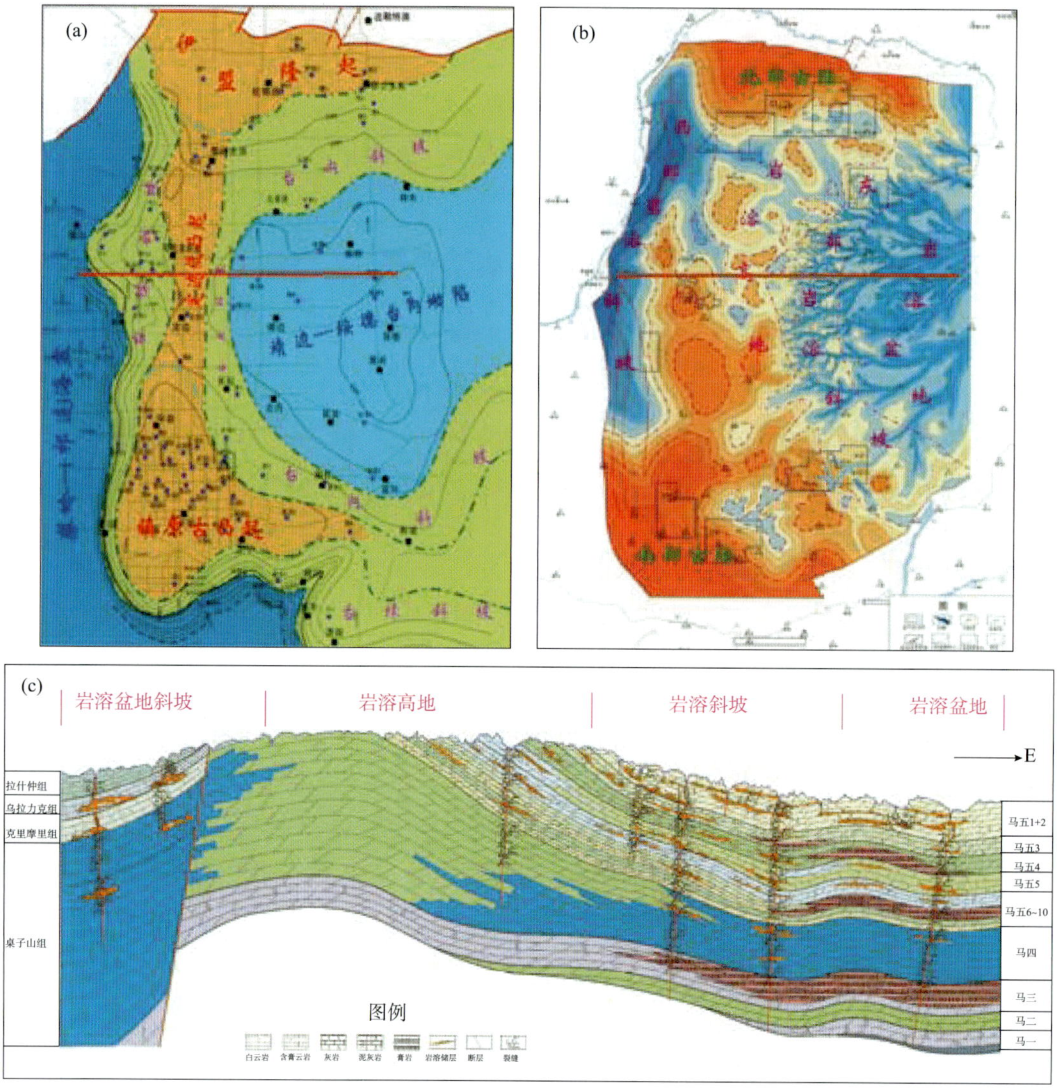

图2-2-20　鄂尔多斯盆地下古奥陶系构造沉积格局（a）、岩溶地貌单元平面（b）及剖面（c）

鄂尔多斯盆地西缘—南缘和盆内—盆缘构造转换带下古层系断裂规模较大、期次多、切割深、垂向贯通性强；这些切穿基底断裂在后期构造运动中一定程度上活化，在下古生界内部形成一系列断距不大但贯穿性较强的中—小型断裂（图2-2-21）。在现今鄂尔多斯盆地西缘冲断带和天环坳陷西部区域，下古生界近南北向断裂极为发育，这些断裂以正断层为主，且具有同沉积的特点。以西缘中段的麻黄山西探区为例，这些垂向高角度正断层切割深，主要发育在下古—中新元古界地层，较少贯穿至上古地层；由于岩溶期该区处在西部陡斜坡，主要岩溶发育层克里摩里组坡度较陡，沿构造脊线和断裂走向可见明显的顺层溶蚀痕迹，沿断裂面垂向上可见岩溶缝洞体发育。在现今鄂尔多斯盆地南部天环坳陷—伊陕斜坡与渭北隆起过渡的镇泾探区，下古—中新元古界北东—东、北西—西、近南北向等多组断裂发育，这些断裂向下、向上贯穿性均较强，T9构造面下这些断裂密集发育区岩溶缝洞地震反射特征也较为明显。即使以往被认为是构造相对稳定、断裂不发育的伊陕斜坡主体区，随着二维—三维地震资料的逐步覆盖，一方面证实中部岩溶沟槽的分布与基底断裂分布高度一致，另一方面也解释出了一定数量、一定规模中小型断裂，如伊陕斜坡南部的富县探区、北部的大牛地探区、中部的乌审旗—靖边—榆林地区等，钻井证实在这些已断裂附近岩溶作用垂向深度普遍较大，岩溶储层发育也往往具有多旋回、多期次的特点（图2-2-22）。

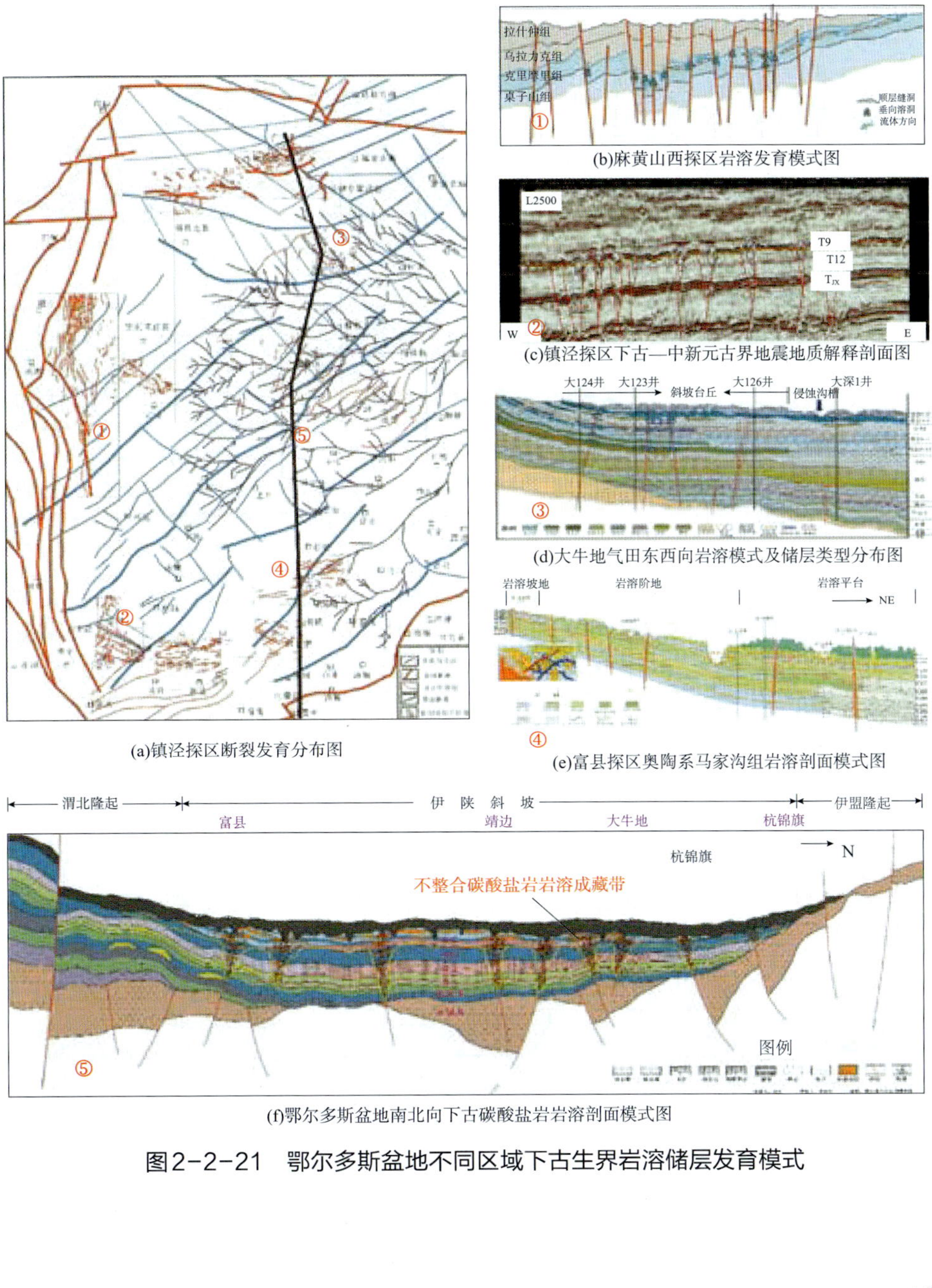

图2-2-21 鄂尔多斯盆地不同区域下古生界岩溶储层发育模式

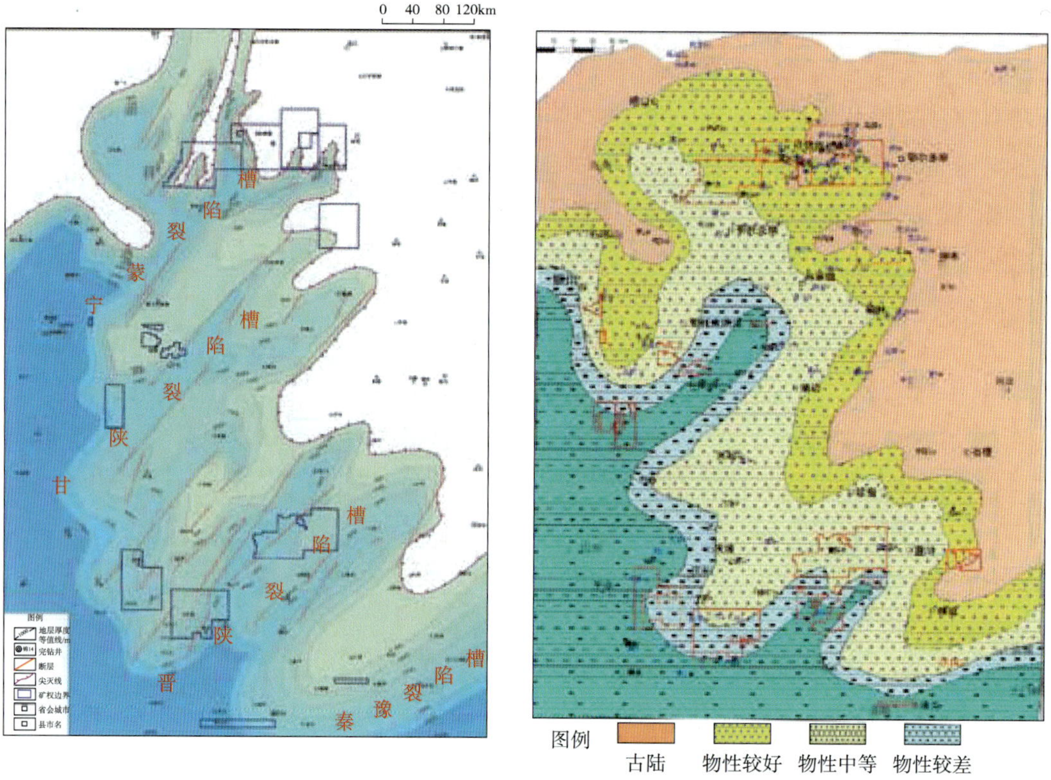

图2-2-22　鄂尔多斯盆地中元古界四大裂陷槽及物性评价平面图

三、长城—蓟县系致密石英砂岩—白云岩储层

1. 长城系致密石英砂岩储层

盆地内部中元古界长城系也普遍发育砂岩储集层，主要为紫红色、灰白色等厚层块状石英砂岩。尽管时代老，埋藏较深，成岩作用强烈，胶结程度较高，次生显著加大；但储集空间依然存在，以残余粒间孔和次生溶孔为主。整体而言，长城系储层属于特低孔、特低渗储层。但不同地区储集性有所差异，南部永济—汝阳、洛南地区长城系百草坪组砂岩中的石英颗粒普遍发育次生加大，粒间孔被硅质胶结所充填；中—薄层石英砂岩中石英次生加大现象减弱但粒间多被钙质、白云质所胶结，强烈的胶结成岩作用导致砂岩孔隙度降低，露头实测孔隙度普遍小于2.5%。鄂尔多斯盆地东南部宜探a井长城系肉红色石英砂岩，石英颗粒同样发生了明显的次生加大而导致孔隙度很低，测井解释孔隙度一般在2%~5%，物性较差。盆地东南部富探a井、盆地西部桃ei井长城系部分层段石英砂岩岩性较纯，测井解释或实测孔隙度在5%~8%，物性中等。盆地北部察a井、克a井、锦aad井等，盆地中部靖探a井长城系石英砂岩岩性较纯，部分层段孔隙度可达10%以上，物性相对较好；渗透率也相对较大，相当部分样品渗透率在$0.2\times10^{-3}\mu m^2$以上，

部分可以大于$1 \times 10^{-3} \mu m^2$。

长城系石英砂岩储层主要分布在三角洲、滨浅海砂坝、潮道等沉积环境下，其沉积分布与鄂尔多斯盆地中元古界NE向展布的四大裂陷槽密切相关（图2-2-22）。其中三角洲相沉积储层以盆地南缘秦豫裂陷槽白草坪河流三角洲河口坝和分流河道砂体、盆地北缘宁蒙裂陷槽杭锦旗地区扇三角洲扇根—扇中砂砾岩最为典型，以发育粒间、粒内溶孔，构造裂缝和微裂缝为特点。滨浅海砂坝储层在盆地范围分布最为广泛，主体以中、细粒石英砂岩为主，发育粒间、粒内溶孔，石英次生加大现象普遍。潮道—分流河道储层主要分布在盆地南缘北大尖组，以不等粒、中粒、细粒石英砂岩为主，发育粒间、粒内溶孔。

在鄂尔多斯盆地长城系四大裂陷槽中，北部宁蒙裂陷槽遭受长时间的剥蚀（缺失蓟县系、下古生界、志留—泥盆系及石炭系），二叠系直接覆盖于长城系与前长城系之上，储层遭受了长期的次生改造并且埋藏较浅，整体物性优于南部裂陷槽内的长城系碎屑岩储层。甘陕裂陷槽东部蓟县系不发育，寒武系相对较薄，中元古—早寒武系受到了较强的剥蚀作用，且现今埋藏较浅，也具有较好的物性条件；甘陕裂陷槽，晋陕裂陷槽，秦豫裂陷槽中西部蓟县系、寒武系厚度较大，地层相对完整，从已有探井和西缘—西南缘的露头来看，物性普遍较差；甘陕裂陷槽，晋陕裂陷槽，秦豫裂陷槽东部蓟县系、寒武系厚度相对较薄，且埋深相对较浅，物性也相对较好（表2-2-1，图2-2-22）。

表2-2-1　鄂尔多斯盆地中元古界四大裂陷槽长城系储层孔隙度统计表

裂陷槽	井号	层位	岩性	声波时差/（μs/m）	孔隙度/%
宁蒙裂陷槽	锦aad	长城系	石英砂岩	232	10.3
	锦ac	长城系	石英砂岩	221	5.9
	锦ca	长城系	石英砂岩	202	4.8
	锦aah	长城系	石英砂岩	220	7.6
	锦ca	长城系	石英砂岩	205	5.7
	锦adb	长城系	石英砂岩	235	12.0
	克a	长城系	石英砂岩	200	4.0~10.0
	察a	长城系	石英砂岩	200	4.3~10.0
甘陕裂陷槽	桃ei	长城系	石英砂岩	200	6.0
	古探a	长城系	石英砂岩	180	3.0
	靖探a	长城系	石英砂岩	220	11.25
晋陕裂陷槽	宜探a	长城系	石英砂岩	200	3.3
	富探a	长城系	石英砂岩	185	5.0
	宜fc	长城系	石英砂岩	—	2.5
秦豫裂陷槽	济探a	长城系	石英砂岩	200	5.6

2. 蓟县系白云岩储层

蓟县系储层岩性以微生物丘滩白云岩、硅质白云岩、晶粒白云岩为主；具有基质相对致密，非均质性强的特点；残余晶间孔、溶蚀孔洞和微裂缝为最主要的储集空间。微生物丘滩白云岩可发育微生物格架孔、微生物席层状孔和微生物固化颗粒云岩基质孔等3种孔隙类型。微生物格架孔多呈直立状发育在层状发育的丛状微生物礁的垂直层面上，孔径最大可达0.7cm；微生物席层状孔隙—空洞一般沿微生物纹层发育，且具有组沟选择性；微生物固化颗粒云岩基质孔一般以沉积过程中的砂屑—鲕粒颗粒为核心，包绕黏附固定形成（图2-2-23）。中粗—细粉晶白云岩中可见明显的晶间溶孔、晶内溶孔、裂缝等有效孔隙（图2-2-24）。溶蚀孔洞在鄂尔多斯盆地蓟县系白云岩中也广泛可见，如同心县青龙山、乌海卡布、其沟剖面王全口组，镇泾地区代参a井冯家湾组。盆地范围内蓟县系白云岩储层平均孔隙度在1.5%~5.2%，部分样品受裂缝改造，具有较好的渗透性，渗透率可达$10\times10^{-3}\mu m^2$以上。盆地实测样品孔隙度、渗透率基本与华北地区雾迷山组、四川盆地灯影组相当（表2-2-2，图2-2-25）。

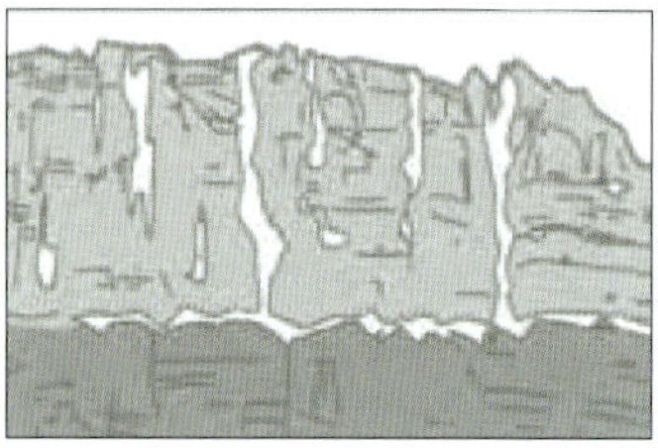
微生物格架孔模式

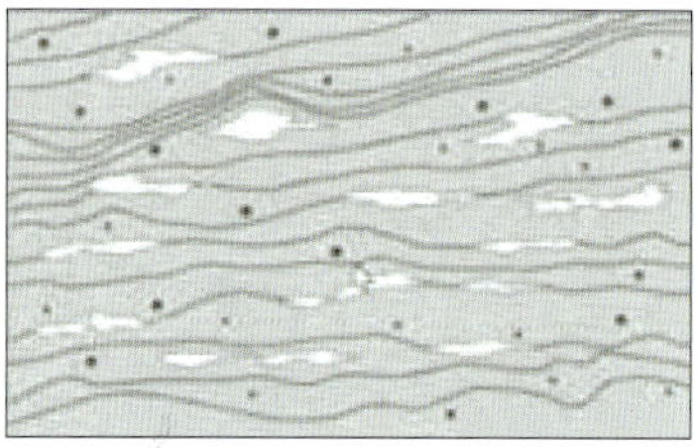
微生物席层状孔洞模式

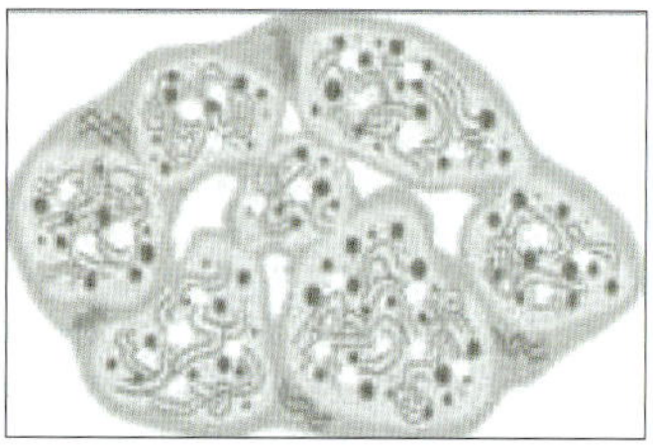
微生物固化颗粒云岩基质孔洞模式

冯家湾组微生物格架孔

冯家湾组微生物席层状孔洞

冯家湾组微生物固化颗粒云岩基质孔隙

图2-2-23　盆地西缘蓟县系冯家湾组露头中发育的微生物丘滩储层孔隙类型

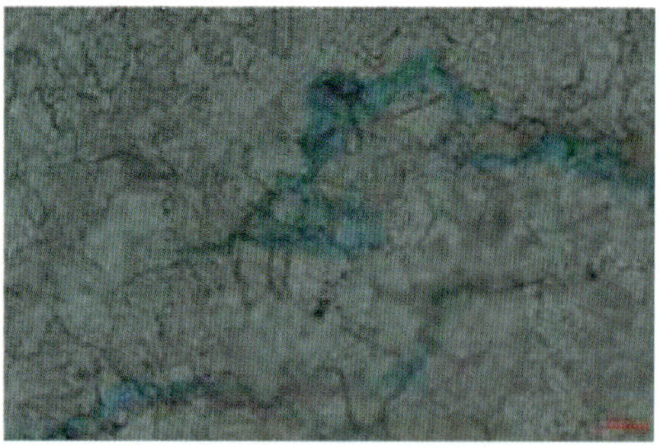
晶间溶孔　洛南—龙家园组

裂缝　洛南—龙家园组

图2-2-24　盆地蓟县系中粗—细粉晶白云岩中的储层孔隙类型

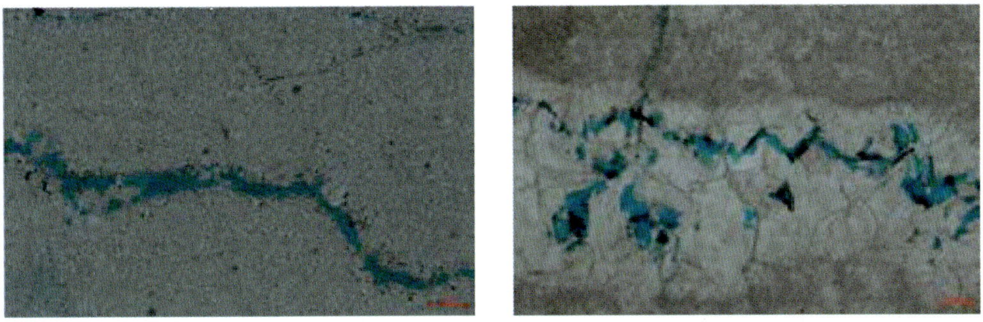

裂缝 洛南—冯家湾组　　残余内碎屑中的晶内溶孔 洛南—巡检司组

图2-2-24 盆地蓟县系中粗—细粉晶白云岩中的储层孔隙类型（续）

表2-2-2 河北雄安新区蓟县系雾迷山组主要岩石类型物性特征

岩石类型	孔隙度/%	渗透率/$10^{-3}\mu m^2$
硅质白云岩	2.69	16.39
晶粒白云岩	2.83	41.84
微生物白云岩	3.17	17.97
颗粒白云岩	3.26	24.67

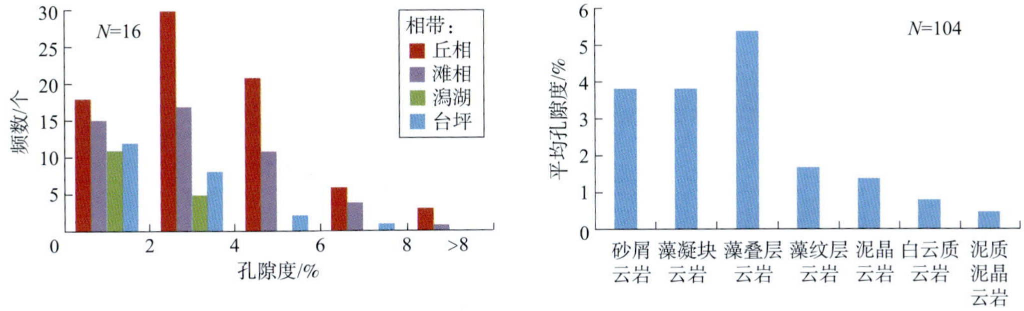

图2-2-25 川东北、高石梯—磨溪地区灯四段不同相带、岩性储集体平均孔隙度分布图

蓟县系储层主要分布在盆地西南缘碳酸盐岩台地潮坪相带中相对高能的潮道、潮下—潮间微生物丘滩相带。鄂尔多斯盆地蓟县系地层表现出自西南向东北减薄的楔形，为边缘海碳酸盐岩台地沉积，其中西南为向海方向，自东向西依次发育混积潮坪、潮间、潮下带和局限浅海沉积环境，相带展布格局受到长城系构造—沉积格局影响（图2-2-26）。在蓟县纪早期龙家园期，盆地西南缘镇泾地区内三维地震振幅切片中可见一系列近东西走向疑似潮道的地震地质异常体；北部镇探a井揭示蓟县系底部发育潮道环境下鱼骨状交错层理的灰岩；在巡检司组三维地震剖面中可见一系列的微生物丘滩异常体，这种丘滩异常体呈底平顶凸杂乱反射，相位地震剖面上可以识别丘状轮廓，与元坝地区灯四段丘滩地震反射模式具有可比性（图2-2-27）。

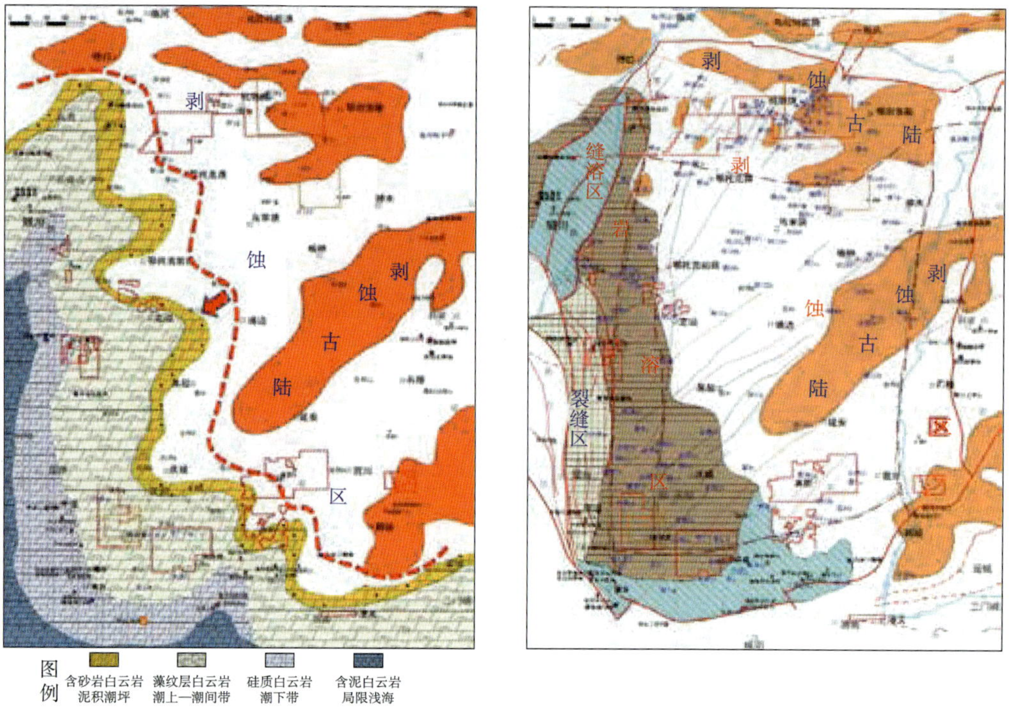

图2-2-26　鄂尔多斯盆地蓟县系岩相古地理与物性评价综合图

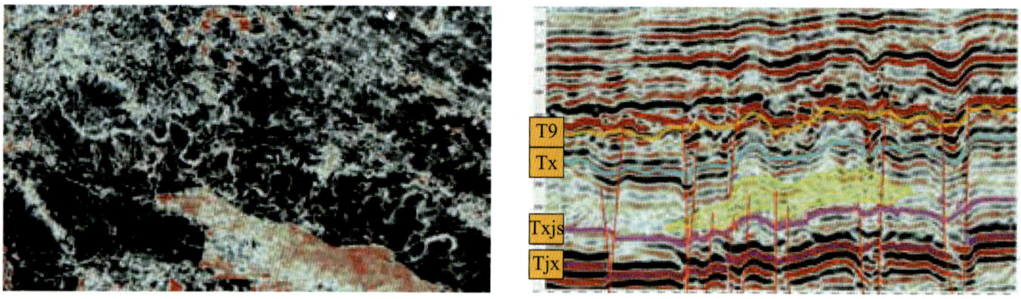

图2-2-27　鄂尔多斯盆地西南缘镇泾地区蓟县系龙家园、巡检司组中的潮道、丘滩地震异常体

蓟县系沉积后，鄂尔多斯盆地长期处于隆起剥蚀的条件下，先前形成的各类储层普遍遭受了较强的岩溶改造作用，其中蓟县系沉积区东侧由于其余古生界中央古凸起位置基本重叠，在岩溶古地貌上处在岩溶高地—台地区域，岩溶作用相对强烈，其中在镇泾前石炭系不整合蓟县系开壳或浅埋区可见大量溶洞—溶坑沿NNE向断裂分布（图2-2-21）。蓟县系沉积区西侧、南侧在岩溶古地貌上处于岩溶陡斜坡区，且加里东期断裂—裂缝极其发育，岩溶作用以缝洞、裂缝为主（图2-2-26）；盆地西缘冲断带范围内蓟县系地层还遭受自中生代以来冲断抬升，部分地区甚至出露地表，如盆地西南缘桐城蓟县系剖面中，可见油藏遭受破坏后的沥青分布在蓟县系含燧石条带白云岩裂隙、断裂或断层角砾岩中。

总之，鄂尔多斯盆地西缘—南缘中元古界长城—蓟县系、下古生界寒武—奥陶系、上古生界储层均较发育，具有发育层段多、类型多、分布面积小、空间叠合性不强的特点；盆地内部以发育下古奥陶系、上古生界储层为主，具有储层分布面积广、叠合连片性强的特点。

第三节　天然气输导及聚集

一、天然气成因及气源对比

1. 天然气地化特征

1）烃类组分特征

鄂尔多斯古生界天然气以烃类气体为主，烃类组分含量在86.6%~98.8%，平均达到93.5%。天然气中烃类组分以甲烷为主，重烃含量一般小于10%。根据鄂尔多斯盆地东胜气田、大牛地气田、富县地区、彬县—长武地区等气田约530个天然气样品的分析资料统计，天然气烃类组分甲烷含量在82.98%~94.90%，平均值为90.2%，重烃含量在0.4%~9.8%，平均值为4.1%（表2-3-1）。

表2-3-1　鄂尔多斯盆地古生界典型的气田天然气组分特征

气田	层位	天然气组分/%							相对密度
		CH_4	C_2H_6	C_3H_8	iC_4	nC_4	CO_2	N_2	
东胜气田	上古	91.45	4.11	0.75	0.11	0.15	0.59	2.52	0.60
	下古	82.98	6.95	1.77	0.36	0.39	2.18	5.02	0.61
大牛地气田	上古	88.56	5.75	1.50	0.26	0.31	1.34	2.19	0
	下古	88.11	4.76	1.08	3.70	4.32	2.75	2.54	0.62
苏里格气田	上古	94.35	3.37	0.74	0.29	0.00	0.19	0.98	0.60
靖边气田	下古	94.90	0.35	0.07	0.02	0.00	2.98	1.67	0.58
柳杨堡气田	上古	92.20	1.20	0.20	0.02	0.02	4.18	2.19	0.61
富县	上古	93.23	0.69	0.13	0.00	0.00	2.62	3.33	0.60
	下古	86.24	0.31	0.03	0.02	0.03	9.14	3.99	0.66
彬长	上古	84.89	1.17	0.16	0.04	0.01	2.72	8.68	0.64

2）非烃类组分特征

非烃类组分以二氧化碳和氮气为主，杭锦旗地区天然气中含有少量氦气（0.045%~0.487%），下古生界天然气中含硫化氢（0.001%~0.400%）。

大牛地气田下古生界天然气中非烃气体主要为CO_2和N_2，尤其是CO_2含量较高，分别为0.50%~14.39%和0~0.79%，平均值分别为6.7%和0.40%；大牛地气田上古生界天然气中CO_2含量（0.09%~16.4%，平均值为2.06%）略低于下古生界天然气的值，且基本不含N_2；富县下古生界天然气中CO_2和N_2含量分别为9.3%~11.35%、0.76%~1.27%，平均值明显高于大牛地下古生界天然气。与下古生界天然气相比，杭锦旗、定北、富县等上古生界天然气中N_2和CO_2含量不高。

随着鄂尔多斯盆地北缘杭锦旗地区东胜气田勘探开发进程的逐步推进，发现在该地区天然气中普遍伴生具有工业价值的氦气。通过对东胜气田166口井天然气样品分析发现，氦气含量处于0.045%~0.487%（均值0.118%），达到含氦—富氦气田标准（表2-3-2）。根据氦气同位素组成发现，东胜气田氦气为典型的壳源成因，主要由基底的太古界—元古界变质岩—花岗岩系衰变产生。氦气分布受基底岩相和深大断裂双重控制。

表2-3-2　东胜气田不同层位氦气含量情况统计表

层位	井数/口	He气含量>0.1%井数/口	He气含量>0.1%占比/%	He气含量均值/%
盒3段	23	11	47.83	0.098
盒2段	29	22	75.86	0.123
盒1段	85	39	45.88	0.129
山西组	4	0	0	0.082

2. 天然气同位素特征及成因

鄂尔多斯盆地上古生界天然气$\delta^{13}C_1$分布在-41.0‰~-27.0‰，主体分布在-38.0‰~-29.0‰；下古生界天然气$\delta^{13}C_1$分布在-41.0‰~-31.0‰，主体分布在-39.0‰~-32‰。$\delta^{13}C_2$和$\delta^{13}C_3$值是区别油型气和煤型气的重要标志之一。国内研究者多以$\delta^{13}C_2$=-29‰和$\delta^{13}C_3$=-25.5‰作为划分油型气和煤型气的标志。大牛地、定北、杭锦旗上古生界天然气甲烷和乙烷含量分别为79.6%~97.5%、1.2%~10.3%，甲烷碳同位素组成分布在-41.4‰~-28.6‰，乙烷碳同位素组成分布在-28.6‰~-23.9‰，基本上都大于-29‰，都为煤型气，具有来自上古生界煤系烃源岩的典型的特征。下古生界具有典型的混源特征。另外，富县上古、下古天然气乙烷碳同位素组成分别为-36.1‰~-32.1‰和-37‰~-36.4‰，都小于-29‰；丙烷碳同位素组成分别为-31.6‰~-29.8‰和-32.9‰~-30.4‰，都小于-25.5‰。依此标准判断，属于典型的油型气（图2-3-1，图2-3-2）。

富县上、下古生界天然气甲烷与乙烷、乙烷与丙烷碳同位素组成存在明显的倒转现象（图2-3-3）。戴金星等（2003）研究认为造成碳同位素序列倒转的原因主要有：①有机烷烃气和无机烷烃气相混合；②煤型气和油型气的混合；③“同型不同源”气或“同源不同期”气的混合；④某一或某些组分被细菌氧化。根据本区烷烃气的碳同位素组成特征及天然气氦、氩同位素组成特征，排除了大量无机烷烃气存在的可能，结合稀有气体^{40}Ar定年分析，研究认为本区古生界天然气碳同位素组成倒转现象可能是由油型气与煤型气的混合造成的，以油型气为主，以煤型气为辅，天然气可能主要源于下古生界烃源岩。

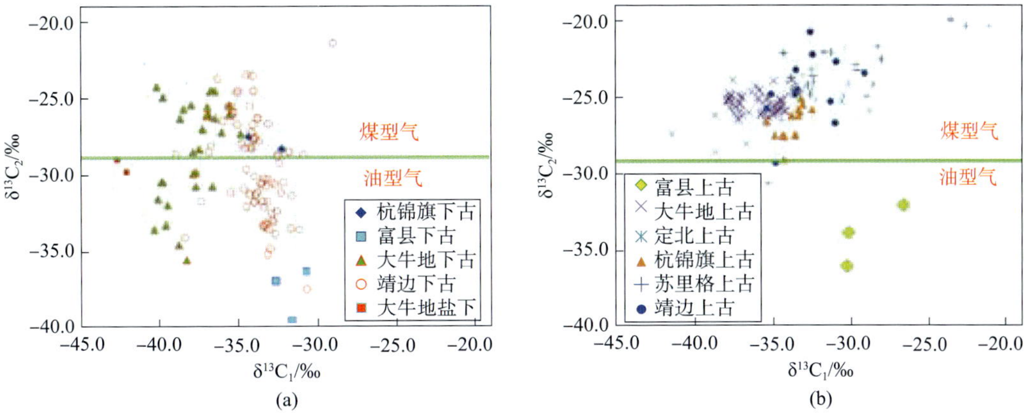

图2-3-1　鄂尔多斯盆地典型的气田古生界天然气甲烷与乙烷碳同位素组成特征

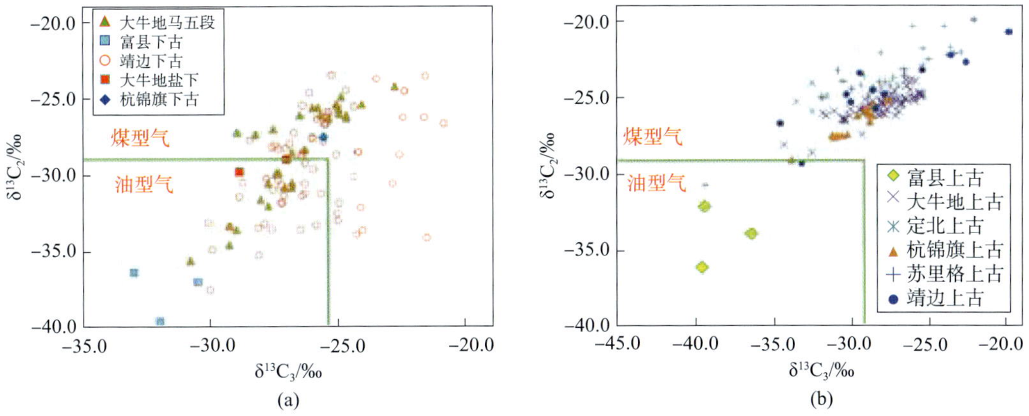

图2-3-2　鄂尔多斯盆地典型的气田古生界天然气乙烷和丙烷碳同位素组成特征

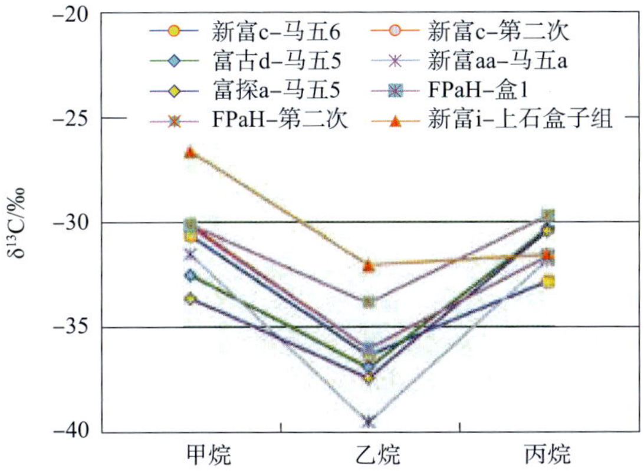

图2-3-3　富县区块古生界天然气烷烃碳同位素组成特征

3. 天然气气源对比

1）甲烷氢同位素特征及气源判识

天然气中的氢同位素组成受母质特征和热演化程度的影响，但主要受源岩沉积环境和水介质条件的影响，因此系统研究天然气的氢同位素组成与有机母质生成时的水介质环境及与油气热演化程度的关系，是利用氢同位素进行油气源对比、鉴别母质生成环境的先决条件，其主要标志是咸水环境沉积源岩形成的天然气的氢同位素偏重，而淡水环境偏轻。

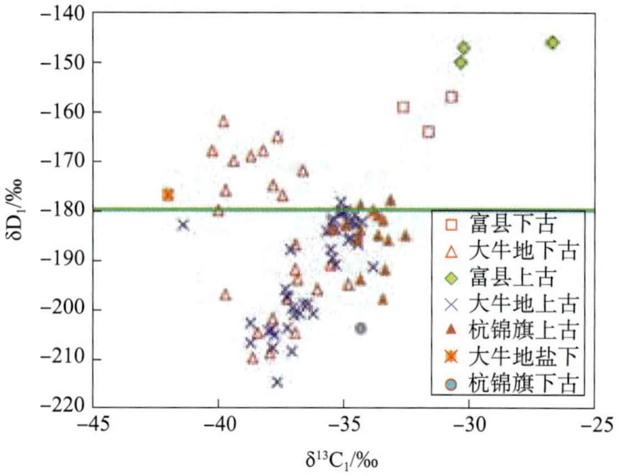

图2-3-4 鄂尔多斯盆地古生界天然气甲烷氢同位素组成特征

通过对鄂尔多斯盆地古生界天然气进行系统的地球化学分析，可知：富县上、下古生界天然气为高成熟油型气；大牛地下古生界天然气既有油型气，也有煤型气，都为干酪根裂解形成，处于成熟阶段—高成熟阶段；杭锦旗下古生界天然气为典型的成熟阶段煤型气；大牛地、杭锦旗、定北上古生界天然气为成熟—高成熟煤型气，与大牛地下古生界的煤型气具有相同的来源（图2-3-4）。

2）马家沟组烃源岩脱附气与天然气对比及气源判识

通过对富县古生界、大牛地下古生界油型气和杭锦旗下古生界天然气乙烷和丙烷碳同位素组成特征与马家沟组烃源岩脱附气碳同位素组成对比研究，发现大牛地下古生界油型气、富县上古生界及下古生界天然气与马家沟组泥灰岩、泥质白云岩烃源岩脱附气的乙烷、丙烷碳同位素组成范围一致（图2-3-5），说明其具有相同的来源，这说明了大牛地下古生界油型气、富县上古生界及下古生界天然气主要来源于下古生界马家沟组烃源岩的贡献。而杭锦旗下古生界天然气乙烷和丙烷碳同位素组成分布范围则不在这个区域内，说明其并非源于马家沟组烃源岩。

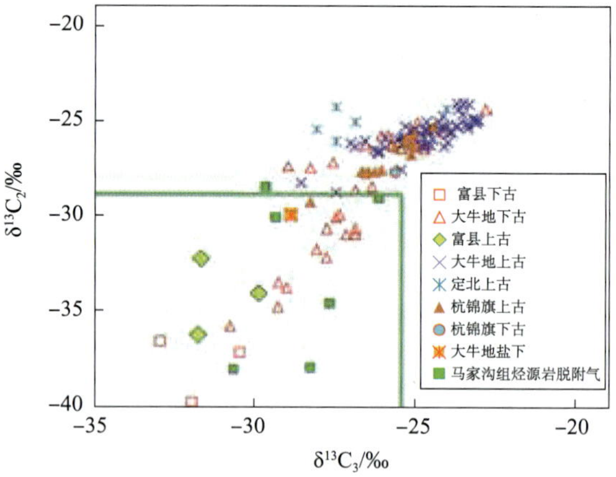

图2-3-5 典型的钻井马家沟组烃源岩脱附气碳同位素组成与天然气碳同位素对比分析

而大牛地下古生界煤型气乙烷碳同位素组成分布在-28.5‰~-24.2‰，丙烷碳同位素组成分布在-28.9‰~-22.8‰；大牛地上古生界、杭锦旗上古生界、定北上古生界天然气乙烷碳同位素组成分布在-28.6‰~-23.9‰，丙烷碳同位素组成分布在-28.5‰~-23‰，三个地区上古生界天然气乙烷和丙烷的碳同位素组成分布范围基本一致，但不在马家沟组烃源岩脱附气的乙烷和丙烷碳同位素组成分布范围内，说明其与马家沟组烃源岩没有来源关系，从其乙烷的碳同位素的分布特征来看，上述天然气为典型的成熟—高成熟的煤型气。

3）干酪根碳同位素与天然气乙烷碳同位素对比及气源判识

不同形式的烃源在成烃过程中含碳物质的碳同位素组成通常具有一定的母质继承性和热力学分馏效应，为运用稳定碳同位素进行油气形成与成藏过程的示踪提供了重要手段。一般来说，甲烷碳同位素组成主要受热成熟作用的影响，相对而言，乙烷碳同位素组成则主要受母质类型的影响，故选择天然气乙烷碳同位素与潜在烃源岩的干酪根碳同位素开展气源对比研究。一般来讲，同源的情况下由成熟作用引起的原油碳同位素比相应源岩干酪根轻1‰~3‰，原油裂解气乙烷碳同位素组成比相应原油碳同位素组成轻2‰~4‰，故天然气乙烷碳同位素组成比相应源岩干酪根轻3‰~7‰，因此可以利用天然气乙烷碳同位素组成特征与潜在烃源岩干酪根碳同位素组成特征的对比分析来开展富县古生界天然气气源判识。由图2-3-6可见，富县古生界天然气乙烷碳同位素组成介于-39.6‰~-32.1‰，而马家沟组烃源岩干酪根碳同位素组成处于-33.4‰~-26.2‰，太原组烃源岩干酪根碳同位素组成处于-25.6‰~-22.2‰，由此可见富县古生界天然气主要源于马家沟组烃源岩。

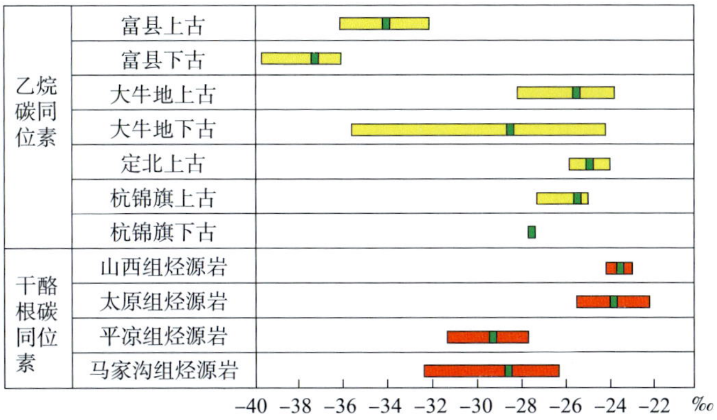

图2-3-6 鄂南富县古生界天然气乙烷碳同位素与潜在烃源岩干酪根碳同位素组成特征对比

4）天然气稀有气体同位素定年及气源判识

油气中稀有气体的丰度和同位素组成主要受岩石中放射性衰变（时间效应）和吸附、溶解等物理过程的影响，氦、氩同位素具有明显的年代累积效应，因此是对复杂油气成藏过程进行定年的最有效手段。在以壳源气为主的天然气中，随着气源岩时代越老，源岩中放射性成因^{40}Ar和^{4}He累积越多，相应地进入油气藏中的^{40}Ar和^{4}He也就越多，因此时代越老，天然气中$^{3}He/^{4}He$比值越小、$^{40}Ar/^{36}Ar$比值越大。厘清天然气中Ar的源岩年代累积效应，确定了合理的模型假设条件，建立了油气藏中氩年代积累效应的数学模型和数学公式。

通过对鄂尔多斯古生界天然气稀有气体组成和同位素的系统分析，富县、大牛地、杭锦旗古生界天然气稀有气体$^{3}He/^{4}He$值为1.83×10^{-8}~8.72×10^{-8}，变化范围较小，都为10^{-8}量级，表明为典型的壳源成因，排除了该区幔源和深部无机气贡献的可能。富县下古生界天然气$^{40}Ar/^{36}Ar$值为1168，富县上古生界天然气$^{40}Ar/^{36}Ar$值为1103，大牛地下古生界天然气$^{40}Ar/^{36}Ar$值为505~1266，大牛地上古生界天然气$^{40}Ar/^{36}Ar$值分布在1098~1470，变化范围较大，说明天然气来源不同，与前文得出的既有煤型气，也有油型气的结论是一致的（图2-3-7）。为了利用稀有气体Ar同位素定年模型和计算公式来计算气源岩的年龄，筛选出大aac、大abb及新富e井等9件O_1m泥灰岩测定源岩元素K含量，测定结果显示了烃源岩K含量为0.66%~4.0%，平均值为2.12%，根据定年公式，计算出富县古生界气源岩年代为472~456Ma，对应于中—下奥陶系源岩；根据天然气的乙烷和丙烷碳同位素组成，排除大牛地下古生界煤型气，对大牛地下古生界油型气进行稀有气体定年分析，计算出大牛地下古生界油型气源岩年代为460 ± 17Ma，时间范围为477Ma~443Ma，对应于奥陶系源岩。

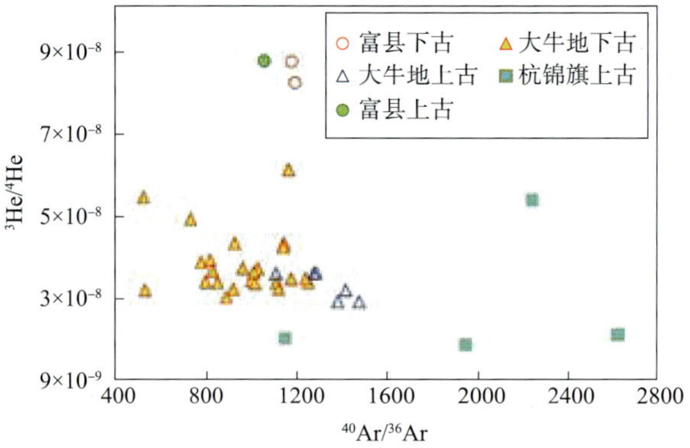

图2-3-7　富县、大牛地和杭锦旗古生界天然气稀有气体同位素组成特征

运用烃源岩岩石脱附气—天然气碳同位素、天然气甲烷氢同位素分析，稀有气体Ar同位素定年等综合地球化学手段，研究明确了鄂南富县上、下古生界天然气均为高成熟油型气，混有来源于上古生界的煤型气，以油型气为主，以煤型气为辅，天然气可能主要源于下古生界马家沟组烃源岩。大牛地下古生界油型气乙烷和丙烷碳同位素、甲烷氢同位素以及稀有气体定年等都表明其主要源于下古生界烃源岩。定北上古生界、杭锦旗上古生界、大牛地下古生界煤型气乙烷和丙烷碳同位素、甲烷氢同位素都显示了其主要源于上古生界煤系地层。

二、天然气输导体系

输导体系（pathway system）是指含油气盆地中连接烃源岩和圈闭，在油气运移过程中所经历的所有通道网络，包括输导层、断裂、不整合面及其组合。一般是相对于含油气系统而言的，主要包含了三个方面的含义：一是表明输导体系是连接烃源岩与圈闭的“桥梁和纽带”，反映了其在源—圈中关键的衔接作用；二是指出了具体的组成要素，即主要由输导层、断裂、不整合面及其相互组合作为不同构造、沉积条件下的输导通道；三是反映出油气成藏静态要素和动态过程的统一，将成藏要素和成藏作用有机地统一，控制了油气运聚成藏的方向和位置。

由于输导要素本身存在非均质性和变化性，其输导性能在油气运移过程中并不是一成不变的（赵忠新，2002），而是随着时间和空间的变化发生相应变化。因此相关学者提出了有效输导体系概念（刘华，2008），并将有效输导体系作为确定油气分布的重要依据。对输导体系的分类，不同学者根据研究的需要划分的依据不同，总体来看，主要以输导要素（断层、储层、不整合面）组合方式、输导体系空间形态和逻辑关系等为依据进行划分。

1. 上古生界输导体系及特征

1）断裂的输导作用

鄂尔多斯盆地存在着一系列性质不同、规模不等的基底断裂（图2-3-8）。它们都经历了长期发展、多期活动的过程，与大地构造演化密切相关，特别是鄂尔多斯盆地周缘的断裂系统，不仅是鄂尔多斯盆地及其周边新生代断陷盆地的充填演化、构造古地理重要控制因素，也是制约盆地的边界条件。盆地内断裂的确定主要依靠重磁资料，并参考卫片的线性影像。

按照断裂发育规模及其对盆地演化的控制作用，将基底断裂分为三个级别。一级断裂切割深度大，多从地表延伸到深部基底，断距大，平面延伸距离远，为区域大断裂，控制盆地的边界和地层的发育情况。二级断裂切割深度和断距较大，平面延伸距离较远，控制盆地二级构造单元边界和地层分布。三级断裂切割深度和断距较小，平面延伸距离较短，控制盆地内部的局部构造形态。鄂尔多斯盆地及周边基底断裂按其延伸方向可分为近东西向、北东向、北西向和南北向四组，其中北东向基底断裂形成较晚。

裂缝的发育是致密砂岩储层的有利条件，岩石由于其基本性质，在构造或非构造作用力的控制下均可产生裂缝。裂缝的发育对低渗透致密储层的成藏和开发起着重要的作用。鄂尔多斯致密储层在沉积过程中以及沉积后经历了强烈的成岩改造，极为致密，且岩石刚性强，裂缝易发育。裂缝所起的储集作用一般认为有限，其对孔隙度的贡献率小于5%，但裂缝的渗透率通常是基质渗透率的1~2个数量级（曾连波，2004）。我们的实践证明，渗透率提高使得致密储层不仅导流能力大幅提高，储集空间也明显增加，在很大程度上可以改善储层的渗透性，既是运移的有效通道，也是富集的控制要素。

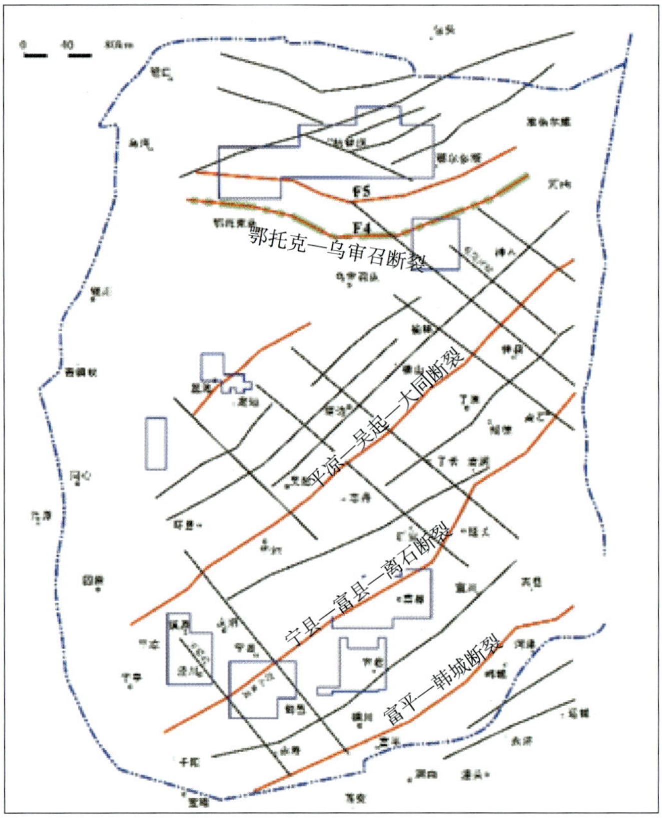

图2-3-8　鄂尔多斯盆地基底断裂分布预测图（据盆地重力异常预测）

三叠纪以来，鄂尔多斯盆地经历了印支、燕山和喜马拉雅等一系列的区域构造应力作用。这些区域构造应力作用使得鄂尔多斯刚性块体发生整体性扭转与错动，最终导致了基底断裂后期活化。剖面显示（图2-2-22），鄂尔多斯盆地上古生界发育有一组以北东向为优势方位的构造缝，这些裂缝分布与北东向基底断裂一致，这一现象表明基底断裂的后期活化与构造缝的分布密切相关；下古生界受走滑断裂活动形成的断缝系统影响，也反映受基底断裂在加里东期、海西期活动控制（李依琳，2021）。裂缝的发育不仅可以提高储层的连通性和渗流性，而且可以影响次生气藏的形成与分布。

2）砂体储集层输导作用

砂岩输导层是最普遍的一类输导体系，在石油地质及油气运移研究历程中占据非常重要的地位，砂体是鄂尔多斯盆地内发育的最有效的输导体系，是油气输导的主要通道。影响砂体输导的主要因素有：砂体的孔隙结构、孔隙度、渗透率、厚度、平面分布、侧向连通性、围岩封闭性、产状等，这些因素受控于沉积作用和沉积后作用。

鄂尔多斯盆地上古生界主要有辫状河、曲流河、障壁砂坝、三角洲平原砂体。砂体的平面和剖面展布分析表明太原组的砂体不发育，主要发育障壁砂坝。山西组砂体发育以发育近海（湖）三角洲平原沉积为特征，砂体厚度为5~25m，孔隙度为4.0%~12.7%，渗透率为（0.44~0.73）×$10^{-3}\mu m^2$。下石盒子组以冲积平原—辫状河—曲流河为主要沉积，其砂体总体呈南北向展布，盒1段为辫状河沉积，砂体发育，砂体主体厚度为20~45m，孔隙度为4.5%~13.2%，渗透率为（0.45~0.86）×$10^{-3}\mu m^2$（图2-3-9），盒2、盒3段砂体以孤立透镜状砂体为主。通过剖面图显示太原组以垂向叠置砂体为主，山西组和盒1段以垂向叠加和拼接叠加为主，盒2段以错位叠加和垂向叠加为主，盒3段以错位叠加为主。

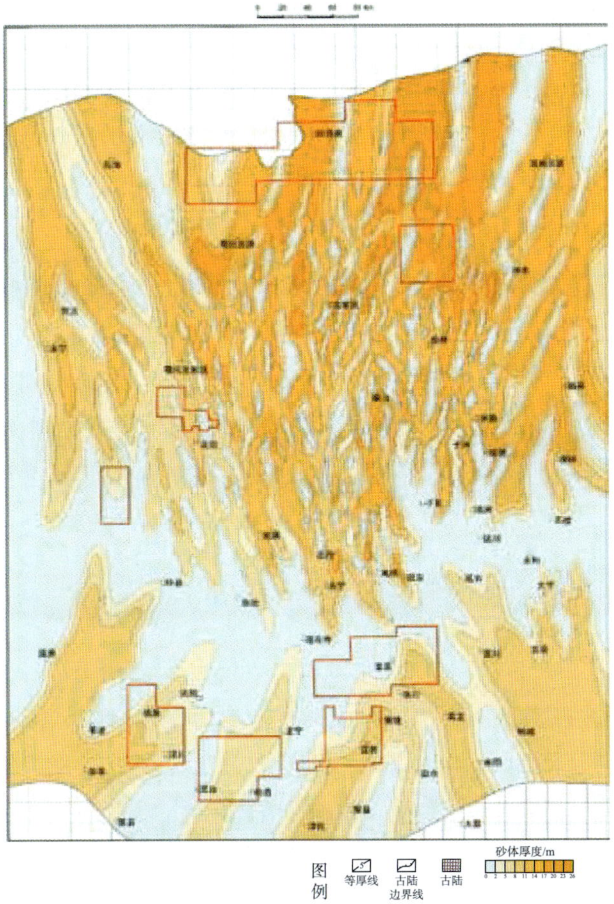

图2-3-9 鄂尔多斯盆地下二叠统下石盒子组盒1段砂体厚度图

鄂尔多斯盆地下石盒子组盒1段发育厚层型砂岩，厚层型砂岩主要孔隙类型为粒间溶孔、粒内溶孔。平均孔隙度为8.17%，平均渗透率为0.63×$10^{-3}\mu m^2$，孔隙度与渗透率具有较好的正相关关系。孔隙结构特征为粗孔粗喉型，孔喉中值半径为0.45μm。薄层型砂岩孔隙度与渗透率的相关关系较差。孔隙结构特征为细孔细喉型，孔喉中值半径为0.07μm。透镜型砂岩主要孔隙类型为晶间孔、残余粒间孔。因此，从区域分布、孔渗特征和孔隙结构等分析认为，盒1段厚层型砂岩是上古生界主要的输导介质。

2. 下古生界输导体系及特征

马家沟组风化壳的输导作用表现为：在最大埋深时期，天然气运聚成藏受上古生界烃源岩广覆式生烃的控制，在过剩压力的作用下经砂体、裂缝与不整合面的输导进入风化壳，并向古地貌高部位运移，在储集性能较好的古地貌构造高点以及沟槽附近聚集成藏。马家沟组中组合天然气运移输导体系主要包括：白云岩储层、裂缝和断层。鄂尔多斯盆地中东部地区奥陶系的储集类型主要包括风化壳溶孔型和白云岩晶间孔型2种。

1）断裂发育特征及输导作用研究

同时，马家沟组风化壳层段也发育有白云岩晶间孔隙，具有较好的孔隙连通性，是比较有效的一类储层。埋藏成岩期的次生溶解孔隙，主要叠加在古岩溶作用形成的孔隙和含孔隙的填隙物，以及含原生晶间孔隙的粗粉晶白云岩上，由此发育成三者叠合的孔隙系统；印支运动和燕山运动形成的良好孔隙网络成为以表生成岩裸露期古岩溶孔隙为主的天然气储渗体。

2）不整合面输导作用研究进展

马家沟组的顶界面是加里东运动—海西运动造成的一个区域不整合面，鄂尔多斯盆地中东部地区经历了长达1亿多年的风化剥蚀，下伏马家沟组的不同层位与石炭系不同层位呈不整合接触（图2-2-21），不同部位的构造特征造成的地层倾角变化使得上古生界与下古生界地层呈平行不整合、微角度不整合、角度不整合。地层角度的变化及岩性变化是影响不整合面疏导能力的关键。

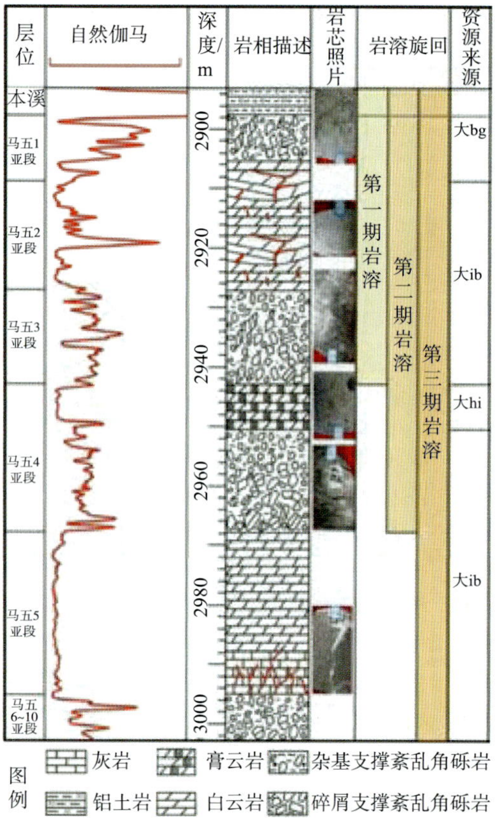

图2-3-10 单井岩溶期次分析图

不整合面之下古生界碳酸盐岩岩溶储层具有古岩溶垂向分带，储集空间主要由岩溶作用形成的半充填或未充填的残余溶蚀孔洞缝组成；储层受古岩溶地貌和断层裂缝的控制，也受古气候和岩相影响。风化壳溶孔储集体是在风化壳期大气淡水的淋溶作用下形成的有效储集空间，分为球状（斑状）溶孔和晶体铸模孔等，主要发育在奥陶系顶面之下50~100m内（图2-3-10）。

大牛地气田奥陶系经历了“三期”古岩溶发育，即在马五1~4亚段发育两期岩溶、马五6~10亚段发育第三期岩溶。按照岩溶地貌而分，有岩溶高地、岩溶斜坡和岩溶沟槽。其中，岩溶高地剥蚀作用强，开壳层位马五3亚段，马五5亚段以上地层岩溶化强，马五6~10亚段角砾化亦明显；岩溶斜坡地层保存较全，开壳层位马五1亚段或马五2亚段，裂而不垮的垂直渗透带储层发育，水平潜流带为紊乱角砾岩，马五5亚段溶蚀作用相对较弱；岩溶沟槽开壳层位马五3亚段，第二期岩溶带为一套垮塌的紊乱角砾岩，马五5亚段下部地层被压裂，马五6~10亚段角砾化亦明显。

当不整合面之上岩石为非渗透性致密岩层（煤层等），风化黏土层存在或缺失，并且半风化岩石也为泥岩层或砂泥岩夹煤层等致密岩层时，整个不整合结构联合形成一套封盖层，此时不整合面之上地层不能作为油气输导通道。不整合面之下地层，经历了1.5亿年风化剥蚀作用，形成盆地范围大面积有效的岩溶储层，横向具有较好的连通性，是天然气侧向运移的有利通道。

3）白云岩输导作用评价

马家沟组白云岩分为准同生期泥粉晶白云岩和埋藏期粉细晶白云岩白云石。泥晶—粉晶白云岩，其形成于蒸发岩旋回的准同生白云岩环境，常常可见较多的硬石膏结核及板条状石膏假晶；这类白云岩常呈薄层产出，但横向分布较稳定；其储集空间主要为盐岩矿物溶解形成的溶孔，并含有部分白云岩晶间孔；储层段平均孔隙度为1%~7%，渗透率为（0.1~8）$\times 10^{-3}\mu m^2$。粉晶—细晶白云岩常发育于颗粒滩相及生物扰动沉积相带，一般呈粗粉晶结构，泥质含量较低，微细纹层不太发育，局部可见颗粒残余或幻影；储层段平均孔隙度为2%~9%，渗透率为（0.1~6）$\times 10^{-3}\mu m^2$。因此，这两种白云岩化储层是下古生界最主要的输导介质（图2-3-11）。

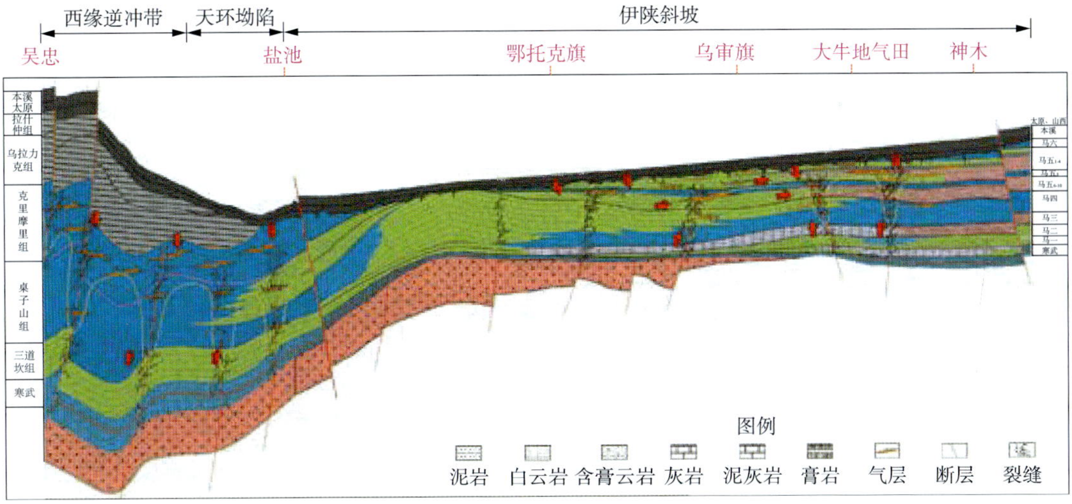

图2-3-11　鄂尔多斯盆地下古生界东西向成藏模式图

三、鄂尔多斯盆地天然气运聚模式

1. 天然气成藏期

在中—晚三叠世延长期沉积末期，石炭—二叠系煤系已规模生气和运聚；在印支期抬升期，已在较大范围多个层系聚集，此时，各层系储层未必已致密化；充注成藏的高峰期发生在构造变动强烈的晚侏罗世和构造—热事件活跃的早白垩世早、中期，延续到早白垩世末期。

至三叠纪末期，奥陶系埋深大于3000m，成熟度Ro达1.0%~2.0%，烃源岩进入了生烃峰值期，特别是在盆地的东部上下古生界烃源岩开始大量生烃，根据盆地模拟和包裹体分析资料，该期天然气开始运聚成藏。在早白垩世由于鄂尔多斯盆地烃源岩受异常热事件和快速沉降的影响，烃源岩快速生烃，油气大量运移聚集。

利用生烃史、古地温史恢复、包裹体均一温度等分析手段研究表明，古生界天然气成藏主要有2期，即中—晚侏罗世和早白垩世，后者为天然气充注高峰期。

2. 天然气运聚证据

1）马家沟组烃源岩生烃能力

盆地东部米探a井、大深a井在马四段试获气流，通过气源分析认为盐下奥陶系海相烃源岩具有一定的生排烃能力。马家沟组烃源岩主要为含云泥岩、云质泥岩和泥云岩，其富集分布明显受沉积相的控制，主要发育在环绕盐洼的盆缘含膏—膏云坪的次级洼陷上，总体表现为高有机质丰度和一定发育规模，而在盐洼中心发育膏岩、盐岩，随着海平面变化发育薄层烃源岩层，总厚度较薄。但是通过烃源岩的有机碳实验测试发现，膏盐湖相的有机质丰度最高，膏盐湖发育区是最有利的烃源岩发育区。同时，在马一段、马三段膏盐湖泥质碳酸盐岩和泥岩较发育，是较好的烃源岩。因此下古生界可以提供自生自储的良好烃源。

2）奥陶系中下组合层段发育沥青的证据

原油在热裂解过程中的残留物形成沥青。鄂尔多斯盆地的沥青主要分布在环绕膏盐岩坳陷的灰黑色泥质白云岩、白云质泥岩、泥岩以及灰质白云岩储层中。奥陶系中组合内部发育大量沥青，表明存在液态氢的运移与聚集，证实了奥陶系自身具有生气潜力。

3. 天然气运聚模式

1）上古生界天然气近距离运聚成藏模式

上古生界致密砂岩储层的天然气主要来自上古生界下部本溪组—山西组煤系烃源岩。鄂尔多斯盆地长期处于稳定平缓的构造背景下，烃源岩和储层分布广泛，形成多层叠置的透镜状含气层。由于地层平缓，而且储层在生烃高峰期的中侏罗世之前已经致密化，天然气依靠浮力和水动力等驱动，难以克服毛细管阻力进行长距离运移。在晚侏罗世—早白垩世烃源岩有机质由低成熟快速演化成高成熟，烃类大量生成，并在生烃增压产生的气体膨胀力作用下进入邻近的致密储层内聚集，由于浮力和水动力等驱动不足以克服毛细管阻力，天然气滞留在储集层内，形成局部的异常高压，随着异常高压的不断增加产生微裂缝，天然气沿着微裂缝向外膨胀。随着上古生界烃源岩生烃和排烃不断增强，致密砂岩在整体超压背景下，天然气膨胀和微裂缝的形成不断交替进行，异常高压区的高度在纵向上不断增高。而横向上在广覆式充注以及岩性变化面的水平缝疏导下，天然气聚集的异常高压区的面积不断扩大，含气范围也逐渐扩大，从而形成连片呈带分布的“大面积富集”（图2-3-12）。

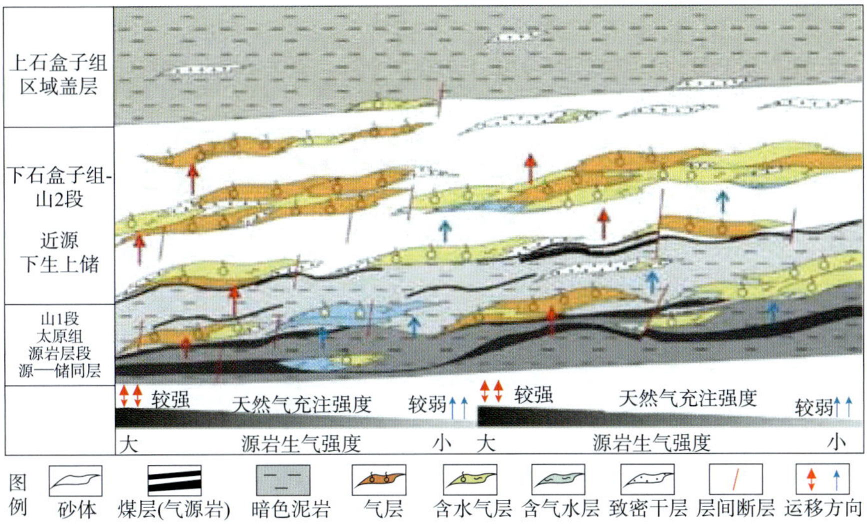

图2-3-12　鄂尔多斯盆地上古生界近距离运聚成藏模式图

2）奥陶系不整合岩溶成藏模式

大牛地、富县区块与靖边、黄龙气田同处环带状岩溶斜坡有利区，奥陶系发育大型不整合岩溶岩性气藏，具有“岩溶控储、双向供烃、复合输导、双优富集”的成藏模式。天然气主要源于石炭—二叠煤系烃源岩，少部分来自奥陶系碳酸盐岩烃源岩。晚侏罗世—早白垩世末期，天然气在石炭—二叠系煤系烃源岩广覆式生烃增压的动力作用和过剩压力的作用下沿着古沟槽、不整合面，以垂向和侧向的运移方式，经砂体、裂缝与不整合的输导进入风化壳，并向古地貌高部位运移，在储集性能较好的古岩溶残丘以及沟槽附近聚集成藏（图2-2-22）。

3）奥陶系盐下天然气“侧向供烃”成藏模式

奥陶系盐下具备双源供烃的有利条件，即上古生界煤系烃源岩及盐下自身的海相烃源岩对盐下天然气成藏均具有重要贡献。

在邻近古凸起东侧地区，马五7~10亚段与上古生界煤系烃源岩直接接触，形成“供烃窗口”，燕山运动使得盆地本部构造反转，源储关系发生变化，由源上储下型变为源下储上型及源储侧向对接型接触关系。东高西低的构造格局有利于上古生界煤系烃源岩生成的天然气经由“供烃窗口”进入膏盐岩下白云岩储集体后，进一步沿着马五7~10亚段白云岩输导层向东侧上倾高部位运移，膏盐岩下白云岩中岩性相变带的存在也为天然气区域性的聚集提供了有利遮挡条件。

在盆地东部地区，储层因远离剥蚀面被硬石膏岩、盐岩与上古生界煤系烃源岩所分隔，其成藏只能依赖奥陶系盐下自身的海相烃源岩，为典型的自生自储型气藏。在此区域，白云石化作用减弱，灰质成分逐渐增加，岩性变为以厚层灰岩夹薄层白云岩为主，较为致密的灰岩起到遮挡作用，有利于形成岩性气藏。

第四节　天然气成藏组合及气藏类型

成藏组合是油气聚集的基本单元。一个成藏组合中的油气可以来自一个含油气系统，也可以来自几个含油气系统，而一个含油气系统又可以向几个成藏组合供应油气。在具有油源的条件下，油气聚集的地层分布范围首先由区域盖层控制，其次为储层。圈闭类型决定油气聚集的样式。可见，成藏组合主要评价油气在盆地中的纵向分布方式。具有多储盖组合的盆地通过油气的纵向运移而形成多个成藏组合，这种情况下各个成藏组合都具有各自的油气聚集规律和特点，成藏组合的评价就具有重要意义。

一、成藏要素差异叠置特征

生储盖层是成藏最基本的要素，叠合盆地生储盖层对天然气富集的影响因素有很多，而成藏的关键因素取决于盆地的沉积条件、烃源岩生烃、储集层的演化和盖层的封闭性及生储盖层良好匹配，因此在成藏特点方面我们选用了生储盖层的关键因素，探讨鄂尔多斯盆地的生储盖层及其时空匹配在成藏方面的作用。

1. 烃源岩分布特征

1）下古生界

鄂尔多斯盆地下古生界主要存在两套烃源岩，即中奥陶统平凉组与下奥陶统马家沟组。平凉组在鄂尔多斯盆地西缘和南缘呈“L”分布，沉积厚度一般为数百米，最大厚度可达1000m。平凉期烃源岩的岩石类型主要有两种：一是碳酸盐岩（以泥灰岩为主）；二是黑色泥页岩。烃源岩厚度为100~200m，局部大于300m，TOC值达0.5%~1.2%，烃源岩厚度由中央古凸起向西南缘逐渐增厚。马家沟组泥岩和泥质碳酸盐岩均在盆地中部米脂凹陷区的潟湖相和膏云坪相发育，主要发育在海进期的石灰岩中，同时亦见于海退期泥质白云岩。TOC值也较高，主体在0.4%~1.8%；中央古凸起部位下古生界烃源岩缺失（图2-4-1）。

2）上古生界

鄂尔多斯盆地上古生界的烃源岩是海陆交互相及陆相的含煤岩系，主要分布在本溪组、太原组、山西组，平面具有“广覆型”分布的特征，整体上分布比较稳定。其中煤和暗色泥岩是盆地内的主要烃源岩的类型和最重要的气源岩。煤层在盆地内分布较广泛，但厚度分布不均匀，煤层总厚度为10~25m，局部可达40m以上，主力煤层单层厚5~10m。煤层分布总体趋势表现为：中央古凸起两侧，即盆地西部和东部煤层相对较厚，南部煤层较北部煤层薄。暗色泥岩分布面积较广，厚度变化较大，一般泥岩厚度在10~300m。地球化学分析显示，暗色泥岩有机碳含量高达2.3%~3.3%，氯仿沥青“A”为0.037%~0.12%，总烃为163~361mg/L，属于较好的烃源岩（图2-4-2）。

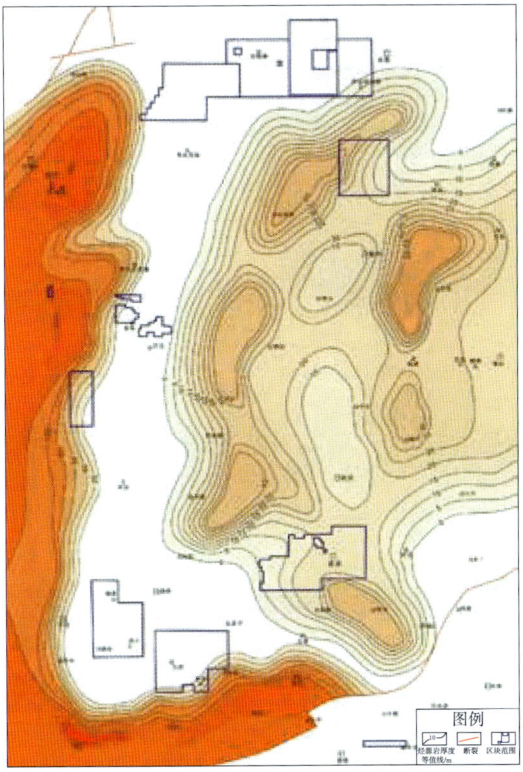

图2-4-1 鄂尔多斯盆地下古生界烃源岩厚度图

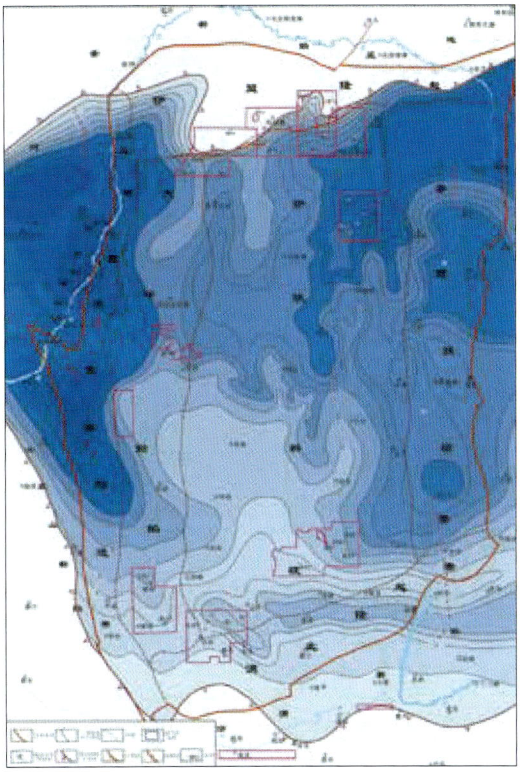

图2-4-2 鄂尔多斯盆地上古生界烃源岩厚度图

3）烃源岩叠置特征

鄂尔多斯下古生界烃源岩与上古生界煤系烃源岩分布具有一定继承特征，下古生界围绕中央古凸起两侧，存在三个烃源岩沉积中心，盆地内部一是沿乌审旗—吴旗—黄龙一线，二是沿佳县—绥德—延川一线，在盆地西缘，发育中奥陶统平凉组烃源岩，在鄂尔多斯盆地西缘和南缘呈“L”型分布。上古生界煤系烃源岩存在2个沉积中心，盆地中部及东部是石炭—二叠系煤系烃源岩发育的有利位置，整体上分布比较稳定。盆地西缘在乌海—吴忠—同心一带，为石炭—二叠系煤层沉积中心。上古生界及下古生界发育多个烃源岩叠置有利区，一是位于乌审旗—靖边一线，二是位于神木—佳县—延川一线（图2-4-3）。

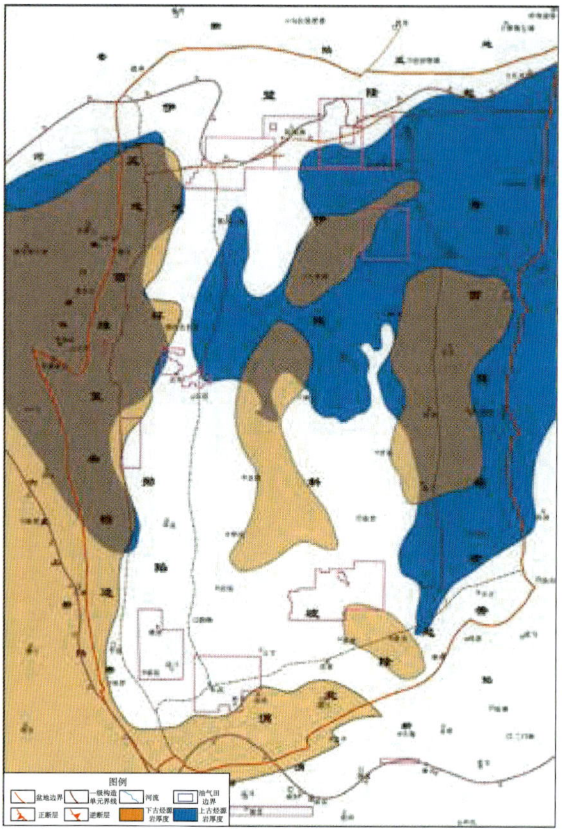

图2-4-3　鄂尔多斯盆地上古生界与下古生界主力烃源岩叠置发育特征

2. 储层分布特征

1）下古生界

根据盆地下古生界碳酸盐岩储层的储集空间类型，可以划分为3种类型储层：孔隙型、孔洞型、缝洞型。按照成因可以分为顶部不整合岩溶储层和内幕岩溶储层。顶部不整合岩溶储层主要分布在盆地中东部马家沟组马五1~5亚段，主要是在风化岩溶期大气淡水的淋溶作用和沿断裂溶蚀作用下而形成的有效的储集空间。盆地东部和西部岩溶斜坡是顶部不整合岩溶储层发育的有利区［图2-2-21（b）］。内幕岩溶储层以白云岩孔隙型、孔洞型储层为主，该类储层主要发育在古凸起周边地区马五6~10亚段、马四段，岩性主要为粗粉晶—细晶结构的晶粒状白云岩，孔隙类型以晶间孔、膏模孔为主要特征。

2）上古生界

鄂尔多斯盆地石炭纪—早二叠世早期主要为海陆过渡相沉积环境，形成了盆地广泛分布的煤系烃源岩和砂岩储集体，其后沉积环境变为陆相，从北向南依次出现冲积平原、三角洲平原、三角洲前缘、前三角洲—浅湖四个沉积环境，发育多期叠置、大面积带状展布的河流—三角洲相砂体及湖相泥岩盖层。在各层段大面积砂体分布中，以下石盒子组盒1段最为发育，相互叠置形成大面积分布的砂体群，砂体主体厚度为20~50m。该时期盆地北部砂体呈“广覆式”聚砂特征，由于北部冲积—三角洲沉积体系快速向湖盆推进，致使三角洲平原相带向南不断迁移且规模增加，而三角洲前缘亦相对发育，最南端可延伸至甘泉一带，加之下石盒子初期辫状（分流）河道多期次的侧向迁移，导致不同期次砂体复合叠加，横向连通性与纵向延伸性皆好，在平面上具有“毯式”砂体的特征（图2-3-9）。

3）储层岩叠置特征

鄂尔多斯盆地下古生界发育顶部不整合岩溶储层和内幕岩溶储层，目前的油气勘探成果主要集中在顶部不整合岩溶储层。盆地东部和西部岩溶斜坡是顶部不整合岩溶储层发育的有利区，东部岩溶斜坡位于河曲—靖边—延安—宜川一线，呈弧形分布，西部岩溶斜坡位于乌海—陶乐—磁窑堡—麻黄山西一线，呈南北走向分布。上古生界储层以多期叠置、大面积带状展布的河流—三角洲相砂体为主，其中以二叠系下石盒子组盒1段最为发育。盒1段发育南北两大物源区：北物源砂体厚度大，分布范围广，向南延伸至环县—华池—延安一带；南物源区砂体规模相对较小，向北延伸至西峰—富县—大宁一带。上古生界碎屑岩储层与下古生界不整合碳酸盐岩储层在盆内形成两个储层叠置发育有利区（图2-4-4）。

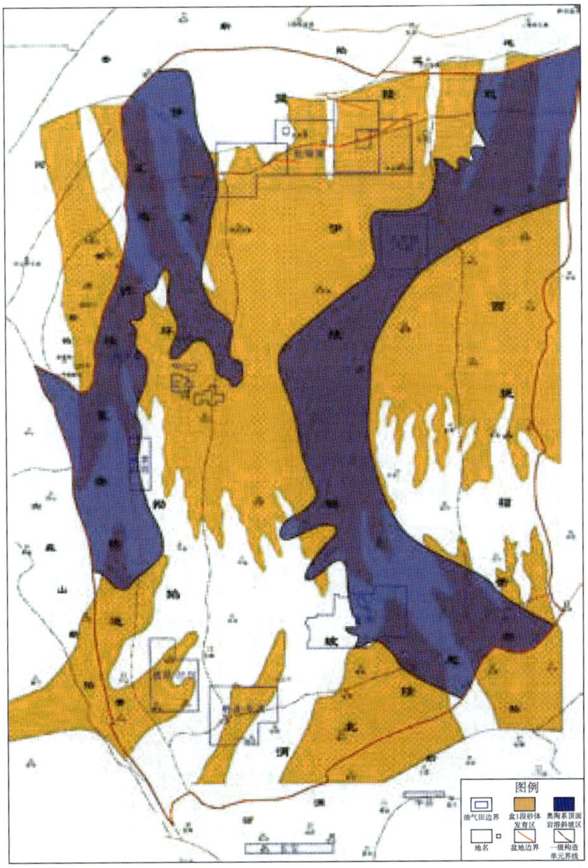

图2-4-4　鄂尔多斯盆地上古生界与下古生界主力储层叠置发育特征

3. 盖层分布特征

1）下古生界

下古生界气藏分为顶部不整合岩溶气藏和内幕型岩溶气藏，内幕型岩溶气藏盖层是指下古生界地层内部，由于海侵海退引起沉积层序变化或沉积相变而导致储集岩上覆形成的致密碳酸盐岩和海相泥质岩、蒸发岩组成的封盖层。内幕型岩溶气藏致密碳酸盐岩盖层一般形成于海侵体系域段，主要发育于马家沟组马四、马六段和平凉组，含泥较高，结构细，岩性组合为泥灰岩、泥晶灰岩和泥晶云岩，在盆地全区均有分布。蒸发岩类封盖层主要为蒸发台地沉积的硬石膏岩、盐岩、泥质膏岩、膏质云岩等，主要分布在盆地东部马五6~10亚段、马三段等地层中。

2）上古生界

限制古生界油气向上逸散的区域性盖层，主要是上古生界上石盒子组和石千峰组湖相为主的砂泥岩沉积。其中泥岩占地层厚度达80%以上。上石盒子组泥岩厚100~140m，石千峰组泥岩厚141~205m。两套泥岩地层分布广、横向连续。泥岩突破压力多在13~15MPa，最高可达136MPa，是较为理想的区域盖层。这不仅是上古生界油气的区域盖层，也是整个古生界油气的区域盖层。

奥陶系顶部不整合岩溶储层的局部性盖层主要为上覆中石炭统本溪组铝土质泥岩、泥岩及粉砂质泥岩。本溪组泥质岩占本组地层70%以上，其中铁铝质泥岩厚10~15m，突破压力5MPa，铝土质泥岩为15MPa，可作为奥陶系顶部风化壳储层的直接盖层。对于缺失本溪组地层的地区，直接盖层为太原组泥质岩。

4. 成藏要素差异配置

按照油气成藏理论，要形成油气藏必须具备能够形成油气的成藏要素，然而这些成藏要素并不是单一存在的，只有各成藏要素在时间、空间上有效配合，才能有油气藏形成并保存至今，不同成藏要素差异配置关系决定了油气藏类型及油气富集程度。受鄂尔多斯叠合盆地构造演化的多阶段性控制，造就了盆内多套烃源岩、多套储集层系、多套储盖组合，油气分布具有勘探层系多、区域间差异大的特点。盆地总的成藏要素分布规律，具有多套要素纵向叠置、平面上差异分布、空间复杂叠置的特征。盆地不同地区成藏要素的差异配置，形成了不同地区和不同层系的气藏类型。整体上，盆地内部构造稳定区烃源岩、储层、盖层等成藏要素分布稳定，横向上以均匀渐变为主，形成了以岩性气藏为主的稳定成藏区；而盆地周缘构造过渡部位，成藏要素变化大，横向突变明显，形成了多类型气藏共存的复杂成藏区。

1）盆内北部地区

鄂尔多斯盆地内部主要包括伊陕斜坡和天环坳陷两个一级构造单元，整体上具有构造稳定、成藏要素稳定的分布特征。其中，北部地区上古生界是鄂尔多斯盆地优质烃源岩、储层、盖层等成藏要素最有效配置的地区。以中央古凸起为界，伊陕斜坡和天环坳陷北部发育山西—太原组煤系烃源岩沉积中心，煤层厚度在15~30m，生气强度为（20~40）$\times 10^8 m^3/km^2$；储层方面主要勘探目的层下石盒子组发育北物源沉积体系，辫状河砂岩储层叠合连片发育，盒1段砂体厚度为20~40m，孔隙度为6%~15%，渗透率为（0.5~1.2）$\times 10^{-3} \mu m^2$；同时，大规模断裂不发育，以发育层间断裂为主，上石盒子组区域盖层完整有效。优质烃源岩匹配优质储层形成了大面积自生自储、下生上储式岩性气藏分布特征。

盆地北部下古生界同样具有有利的源储配置条件，下古生界烃源岩呈南北向带状分布，北部乌审旗、佳县、靖边等地区发育下古生界碳酸盐岩烃源岩沉积中心，中心内有效烃源岩厚度为20~40m；受岩溶期古地貌控制，不整合岩溶储层沿古凸起两侧呈带状分布，形成了下古生界上、下两套烃源岩双向供烃的有利配置。下古生界顶部以上古生界烃源岩供烃为主，形成上生下储式的地层—岩性气藏、岩性气藏，下古生界内幕则以奥陶系烃源岩供烃为主，形成了自生自储、下生上储式的岩性气藏［图2-4-5（a）］。

2）盆内南部地区

与盆内北部优质烃源岩、优质储层双优配置相比，盆内南部地区整体烃源岩及储层条件有所变差。在烃源岩分布方面，上古生界煤系烃源岩由北向南逐渐变薄，煤层厚度为5~15m；下古生界烃源岩受“L”型中央古凸起影响，在南部庆阳、镇原地区缺失，东南部华池—富县—黄龙一线是下古生界烃源岩发育有利区。在储层方面，下石盒子期盆地以南部物源为主，砂体规模较北部变小，物性变差，盒1砂体厚度为10~25m，孔隙度为4%~10%，渗透率为（0.3~0.8）$\times 10^{-3} \mu m^2$。气藏类型同样以自生自储、下生上储式岩性气藏为主。盆地南部下古生界具有较为有利的储层条件，但受上古生界煤系烃源岩及下古生界碳酸盐岩烃源岩发育条件变差的影响，下古生界气藏主要分布在奥陶系顶部紧邻煤系烃源岩部位，形成上生下储式的地层—岩性气藏、岩性气藏［图2-4-5（b）］。

3）盆地北缘地区

鄂尔多斯盆地北缘地区位于伊陕斜坡、天环坳陷、伊盟隆起三个一级构造单元过渡区，具有沉积过渡区、生烃过渡区、构造过渡区、成藏过渡区等典型的特征。古生界地层由南向北逐渐减薄尖灭，形成了北缘地区地层尖灭带。下古生界奥陶系在北缘杭锦旗地区剥蚀尖灭，残留部分马三、马四地层，地层厚度为0~100m，上覆石炭—二叠系地层，与上古生界煤系地层直接接触，与奥陶系岩溶缝洞型储层匹配，形成上生下储式成藏组合。受北部伊盟隆起及公卡汉凸起控制，上古生界石炭—二叠系地层由南向北逐层超覆尖灭，其中太原组、山西组地层在杭锦旗地区尖灭，煤系烃源岩主要分布在泊尔江海子断裂、乌兰吉林庙断裂、三眼井断裂三条主断裂以南地区，匹配下石盒子组近源辫状河砂体，形成下生上储式的成藏组合，主要发育岩性气藏。在断裂带以北地区，烃源岩不发育，同时储层条件变好，砂体连通性变强，天然气沿盒1段厚层砂体向北运移成藏，形成以低幅构造为遮挡条件的构造气藏和复合气藏［图2-4-5（c）］。

4）盆地西缘地区

盆地西缘发育多条近南北向自西向东的逆冲推覆断裂，受构造改造强烈，上古生界以上地层遭受不同程度的冲断、抬升与剥蚀。盆地西缘发育上古煤系、下古奥陶系暗色泥页岩—泥灰岩两套有效烃源岩；同时发育长城系顶部、寒武系底部和徐庄组顶部暗色泥岩三套潜在烃源岩。盆地西缘上古生界主要发育下生上储式的成藏组合，以原生改造或次生构造、岩性构造气藏为主，规模普遍较小；气藏储存层位向上可以分布在石千峰组，向下可以分布在太原组，现有的较大规模工业发现的气藏多数集中在下石盒子组和山西组；气藏普遍受逆冲断裂或局部构造高部位控制，含气圈闭多数位于背斜、断背斜或中小型断块［图2-4-5（d）］。

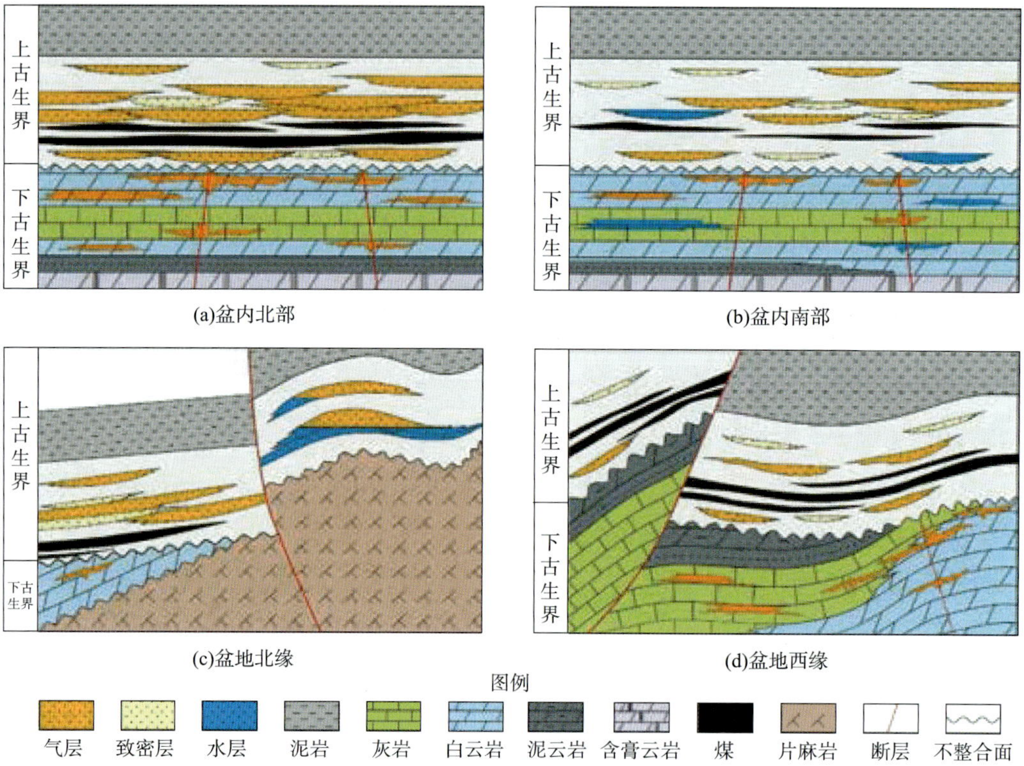

图2-4-5　鄂尔多斯盆地不同地区成藏要素配置特征

盆地西缘下古生界天然气具有多来源的特点，既有来自上古生界煤系烃源的煤系气，也有来自奥陶系乌拉力克组—拉什仲组的海相烃源气或早期海相油藏的原油裂解气，可能还有来自深层寒武系或中元古长城系烃源岩的气体。从成藏模式来说，盆地西缘存在至少5种成藏模式：克里摩里组风化壳溶蚀+断缝溶蚀模式、克里摩里组礁滩体或寒武系鲕粒滩圈闭成藏模式、冲断层下盘台缘隆起成藏模式、逆冲推覆构造带残留或次生气藏成藏模式、乌拉力克组自生自储的海相页岩气成藏模式，第一、第二、第五种成藏模式在盆地西缘已有工业级发现，第三、第四种成藏模式已有较好的油气显示或低产气流产出，目前尚处于积极探索阶段。

二、天然气成藏组合

1. 成藏组合划分

鄂尔多斯盆地具有多套组合、多期改造、多类含油气系统复合的特点，是多个原型盆地组成的复合叠合盆地，各个成藏组合之间油气聚集规律和特点的判别就更重要。在明确盆地中不同成藏组合在叠加改造过程中的含油气系统类型及其分布，揭示每类含油气系统油气聚集成藏的主控因素方面，成藏组合评价的意义就更大。

鄂尔多斯盆地已发现的古生界气藏，按照其生储盖组合特征，可以分为上古生界含气组合、下古生界顶部含气组合和下古生界内幕含气组合。上古生界含气组合以石炭—二叠系煤、碳质泥岩为主要烃源岩，以二叠系太原组、山西组、下石盒子组大面积分布的砂岩储层为主要的储集体，上石盒子组泥岩为上古生界区域盖层，根据烃源岩与储层相互关系又可以分为山西—太原组自生自储式生储盖组合和下石盒子组下生上储式生储盖组合。下古生界顶部含气组合同样以石炭—二叠系煤、碳质泥岩为主要烃源岩，以奥陶系顶部不整合岩溶储层为主要的储集层，以太原、本溪组泥岩为奥陶系顶部岩溶气藏盖层，以及奥陶系顶部上生下储式生储盖组合。下古生界内幕含气组合以奥陶系马二段烃源岩为主，马一段~马四段的白云岩孔隙型、孔洞型及缝洞型储层为主要的储集层，内幕型岩溶气藏致密碳酸盐、蒸发岩类地层为主要的封盖层，形成自生自储、下生上储式的生储盖组合（图2-4-6，图2-4-7）。

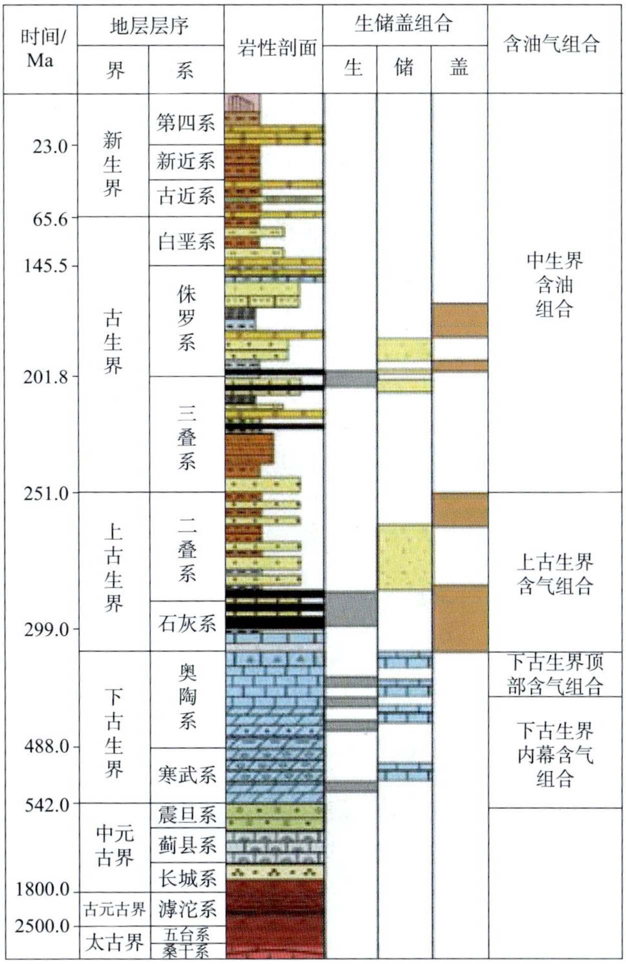

图2-4-6　鄂尔多斯盆地成藏组合图

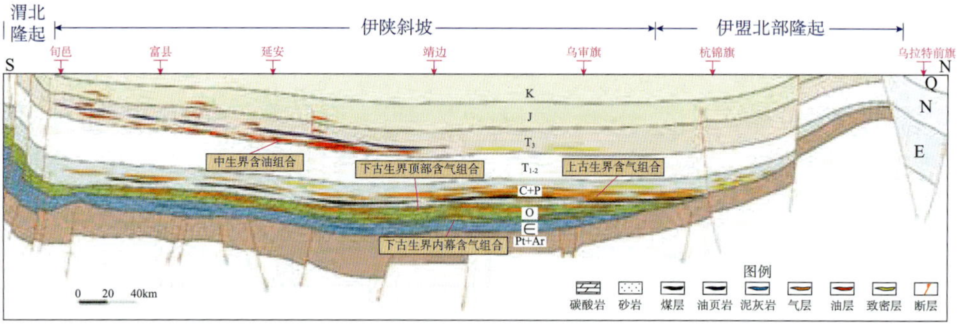

图2-4-7 鄂尔多斯盆地南北向成藏组合剖面图

2. 上古生界含气组合

鄂尔多斯盆地上古生代经历了由海向陆，从河到湖的沉积演化史，沉积了一套由海陆交互相含煤碎屑岩到内陆河湖相砂泥岩的沉积序列。其中，上石炭统太原组和下二叠统山西组的煤系地层及暗色泥岩是主要的烃源岩；太原期潮坪砂坝、山西期分流河道砂体以及石盒子早期的河道砂体等是上古生界主要的储集体，奥陶系顶部不整合岩溶储层是下古生界主要的储集体；下石盒子组和山西组上部的厚层泥质岩是良好的直接盖层，直接覆盖在储集层砂岩之上；本溪组铝土岩是下古生界顶部气藏直接盖层。上石盒子组和石千峰组中区域分布的厚层泥岩是古生界含气层系的区域性盖层，从而构成了一套完整的“上古下生上储、下古上生下储、近源成藏”生储盖层组合特征（图2-4-8）。

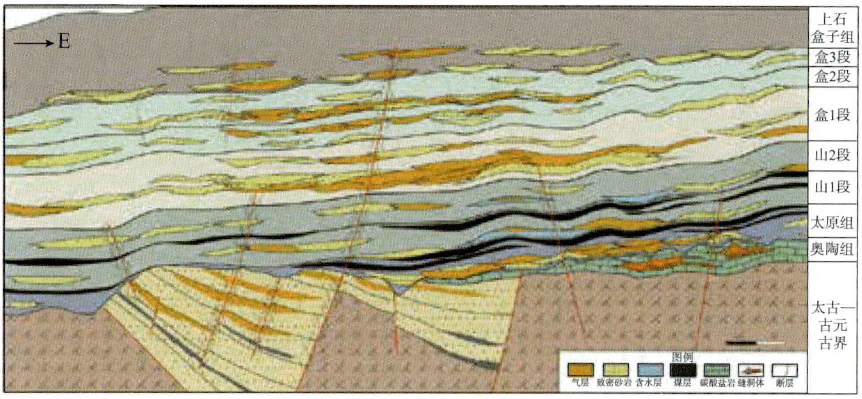

图2-4-8 鄂尔多斯盆地北部东胜气田成藏组合剖面图

3. 下古生界顶部含气组合

下古生界顶部成藏组合烃源岩主要来自上古生界的煤系烃源岩，通过不整合面与下伏海相碳酸盐岩层系直接接触，构成良好的源储配置关系，由于烃源岩分布广、气源供给充足，如储集体及圈闭条件适宜，成藏范围一般相对较大。气藏主要分布在盆地中东部的奥陶系不整合面附近及中央古凸起两侧奥陶系顶部地层中。

4. 下古生界内幕含气组合

奥陶纪马家沟组沉积期，海水进退及蒸发浓缩作用使该区发育多个膏盐岩碳酸盐岩沉积旋回，纵向上的岩性变化有利于形成多套自生自储成藏组合，每一旋回层序的下部均由淡化期形成的碳酸盐岩组成，而上部均由硬石膏岩、盐岩与泥质碳酸盐岩组成，可以构成三套完整的生、储、盖组合系统。

1）上部生储盖组合

上部生储盖组合，其顶板马五10亚段的硬石膏岩、盐岩和泥质白云岩组成良好的盖层，其下的马四段细晶—粉晶白云岩与细晶石灰岩是有利的生烃岩和储层，下部的马三段膏盐岩是该组合的底板。根据岩性与电测资料，马四段储层较为发育，具有较好的储集性能。

2）中—下部生储盖组合

中—下部生储盖组合，主要由马三段、马二段及马一段组成，其中顶板马三段由巨厚的硬石膏岩、盐岩组成良好的盖层，马二段的粉晶云岩、云斑灰岩和微晶石灰岩是有利的生烃岩和储层。该成藏组合自上而下可进一步分为三个次一级储盖组合，以中部旋回成藏组合最为有利，储层发育程度相对较高，气测异常显示较为活跃。马二段内部三个次级旋回顶部普遍发育泥质碳酸盐岩或薄层泥岩，有机碳丰度相对较高，是较好的烃源岩。马二段顶、底相邻的马三段和马一段整体泥质含量较好，对马二段储层段的烃源供给也能发挥一定的作用（图2-4-9）。

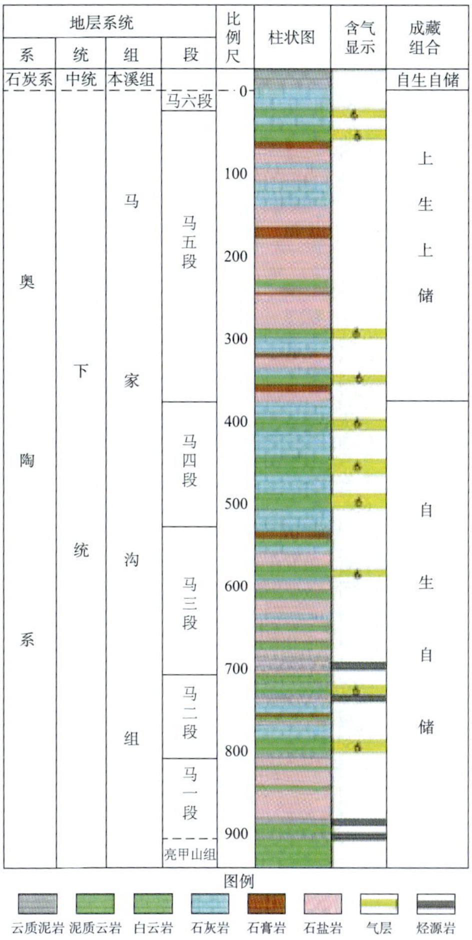

图2-4-9 鄂尔多斯盆地下古生界成藏组合剖面图

三、气藏类型及分布

1. 上古生界含气组合

鄂尔多斯盆地自20世纪80年代中期盆地内部伊陕斜坡上古生界气藏发现后，逐渐明确了形成伊陕斜坡上古生界大气田的主要圈闭类型为岩性圈闭或地层—岩性圈闭。随着勘探工作的不断深入，进一步认识到盆地周边发育以构造控制为主的小型气藏，盆地内部则以大型岩性气藏为主。从20世纪90年代末开始了向上古生界大型砂岩岩性圈闭勘探的转变，发现了苏里格特大型气田和大牛地大气田，进一步扩大了鄂尔多斯盆地伊陕斜坡的含气规模，揭示了盆地腹部大面积含气的面貌。与此同时，明确提出了大型岩性圈闭或大型岩性油气藏的概念，认为盆地内部上古生界发育多条南北向展布的三角洲平原分流河道储集砂体，砂体两侧沉积了河流间湾的泥质砂岩或含砂质泥岩并在砂体东侧的上倾方向形成了遮挡，进而形成了近南北向的众多大型岩性圈闭。认识到鄂尔多斯盆地天然气资源丰富，上古生界具有大面积含气的特征，认为大面积广覆式生气与平缓大单斜背景上的地层—岩性圈闭的合理配置，奠定了盆地本部大面积含气的局面，所以盆地本部的天然气勘探以寻找大型岩性圈闭为目标。

在此认识基础上，提出了大型岩性圈闭带的概念，认为控制古生界储层分布的主砂带由于由分流河道砂体叠置而成，泥质夹层较多，主砂带由多个相对独立的储集单元组成，表现为多个岩性圈闭复合连片，因此主砂带实质上就是由多个岩性圈闭组成的岩性圈闭带，苏里格、大牛地等上古生界大气田就是由大量岩性圈闭复合连片而成的。大牛地气田是位于鄂尔多斯盆地北部的一个大型致密—低渗透气田，具有大型岩性圈闭叠合发育、横向上复合连片的特点，该气田从太原组、山西组到下石盒子组发育大面积复合的岩性气藏。

近年来，中石化华北油气分公司在盆地北缘、南缘、西缘不断加大勘探力度，取得了理论和勘探成果的重大发现，实现了多类型气藏勘探的突破。以盆地北缘杭锦旗地区为例，北缘油气勘探起始于20世纪50年代，从构造高部位局部含气到大面积砂岩含气，从水气过渡带到万亿立方米规模储量叠置区，勘探认识逐渐深化；从北部隆起带到南部斜坡带，再到分区带展开勘探，勘探阵地逐渐明确；从构造找气到源内大型岩性气藏，再到多类型气藏，勘探目标逐渐清晰。六十多年曲折前进的勘探历程，充分体现了该区构造—沉积差异性成藏的复杂性。从盆内岩性气藏为主到盆缘多种气藏类型共存。该区构造、沉积与气源的变化造成了气藏特征的变化。在盆地内部的斜坡区，石炭—二叠系大面积源—储紧邻分布背景下，天然气为连续充注成藏，形成了大面积岩性气藏；在盆地北部隆起区，源—储条件由紧邻配置过渡为侧接配置，天然气由充注成藏过渡为运移调整成藏，形成了构造、构造—岩性、地层—岩性等多类型气藏（图2-4-10）。

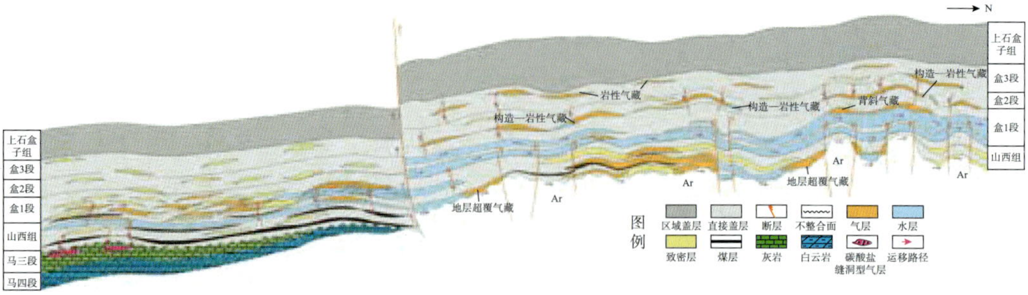

图2-4-10　鄂尔多斯盆地北部地区南北向典型的气藏剖面图

2. 下古生界顶部含气组合

下古生界顶部不整合岩溶气藏主要受上古生界煤系烃源岩、断层、岩溶储层共同控制。上古生界煤系烃源岩分布广泛，并通过不整合面与下古生界碳酸盐岩储层大部分直接接触，局部地区侧向接触，上古生界生成的天然气通过岩溶储层、断裂运移至奥陶系顶部聚集，在不整合面附近与上古生界直接接触的马五1段、马五2段、马五3段等地层中，形成典型的不整合面岩性—地层气藏。天然气持续向下运移，随着运移深度的加深，运移动力逐渐减弱，当运移动力不足以将下部储层的水驱替时，天然气会在不整合面之下储层物性较好的区域聚集成藏。岩溶储层上倾方向岩性变化或物性变差构成有效遮挡，形成岩性气藏（图2-4-11）。

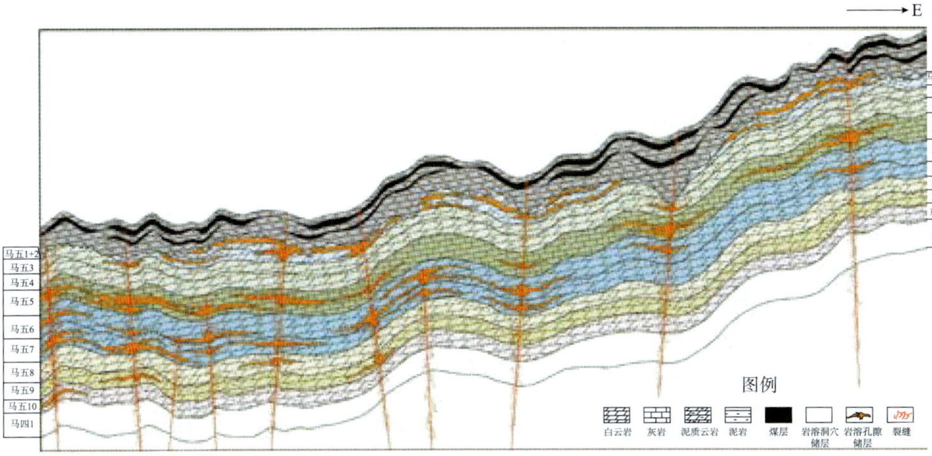

图2-4-11 鄂尔多斯盆地北部下古生界奥陶系顶部不整合岩溶气藏模式图

3. 下古生界内幕含气组合

下古生界内幕成藏组合烃源岩主要来自下古生界海相烃源岩，与其下古生界的碳酸盐岩储集体形成自生自储的源储配置关系，由于受储集体分布规模、烃源岩品质及分布等多重因素控制，气藏分布一般相对较为局限，主要发育在盆地东部的奥陶系盐下、盆地西缘平凉组和马家沟组、盆地西缘及南缘台地边缘礁滩相带等地层中，气藏类型以岩性气藏为主（图2-4-12）。

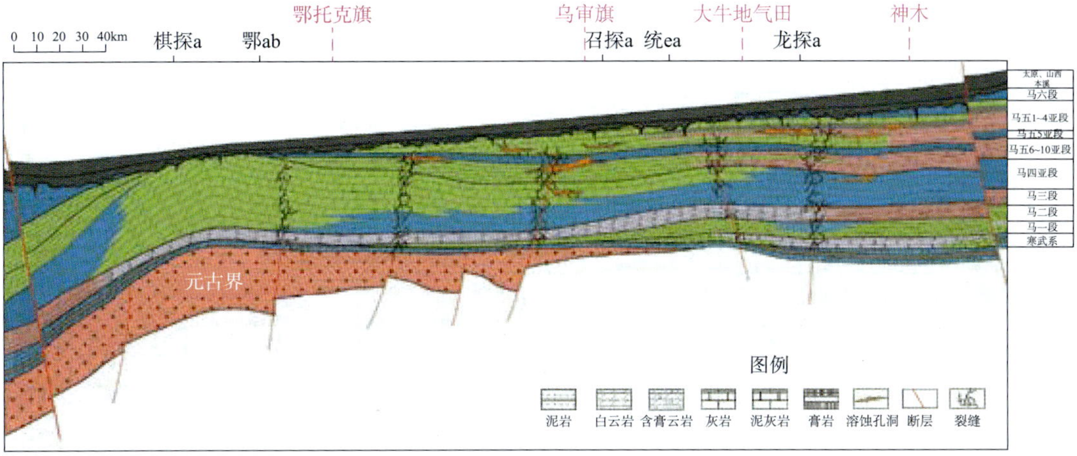

图2-4-12 鄂尔多斯盆地下古生界成藏组合剖面图

第三章

盆地北缘构造过渡带杭锦旗地区成藏组合与勘探

鄂尔多斯盆地北部是最早发现上古生界天然气的地区之一。由于地处生气中心的北缘，后期构造活动极为强烈，因此早期的许多研究者认为该区难以形成大型气田。近年来，在勘探开发研究和实践的基础上，逐渐认识到石炭—二叠系具备大型气田形成条件及分区富集特征，“十三五”末期累计发现地质储量近万亿立方米，建成了探明储量超千亿立方米的东胜气田；同时，锦142等多口井在奥陶系及中新元古界也发现了气层。鄂尔多斯盆地北部包含伊陕斜坡北缘和伊盟隆起大部，简称杭锦旗地区，面积约为10000km^2。本文立足研究区新近获得的勘探资料，从构造演化过程入手，研究中元古界—上古生界原型盆地构造格局对地层、源储配置差异分布的控制作用，并探讨该区多种构造叠置模式控制下的不同区带圈闭类型及成藏格局差异，提出下一步勘探的重点目标。

第一节　盆地北缘多期构造叠加与天然气聚集

一、盆地北部地质结构与构造演化

1. 地质结构

杭锦旗地区主体横跨伊陕斜坡与伊盟隆起两个盆地一级构造单元［图3-1-1（a）］，其中的伊盟隆起包括公卡汉凸起和杭锦旗断阶等两个次级构造单元［图3-1-1（b）］。该区发育长城系、奥陶系、石炭—二叠系、三叠系、侏罗—白垩系和第四系6套地层（图3-1-2）。

中元古界长城系残留在研究区西部的道劳、蒋家梁裂陷槽及东部局部凹陷［图3-1-3（a）］。地震资料揭示，地层厚度向北变薄，南部最厚达5200m；锦ac井钻穿长城系，厚度为1300m。东部凹陷区残留的地层厚度小于300m。

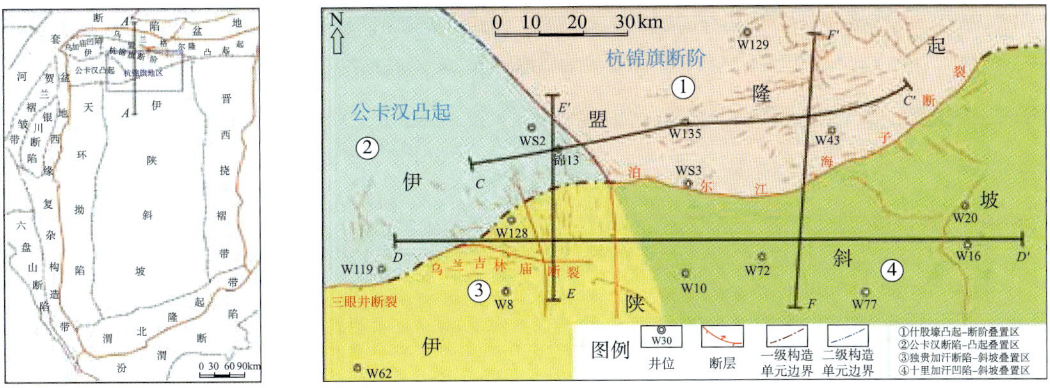

(a)鄂尔多斯盆地构造区划　　(b)杭锦旗地区构造区划

图3-1-1　鄂尔多斯盆地北部杭锦旗地区构造位置与构造区划图

奥陶系马家沟组残留在三眼井—乌兰吉林庙—泊尔江海子断裂以南地区，与下覆古元古界、中新元古界呈不整合接触［图3-1-2，图3-1-1（b）］。地层厚度由南向北减薄，东南部W16井揭示奥陶系厚度达290m。奥陶系残厚图显示，上述断裂带在前奥陶纪开始活动并造成北盘地层隆升，控制了奥陶纪的沉积边界。奥陶系顶面出露层位由南向北分别为马五段、马四段和马三段；这一加里东期的溶蚀作用为碳酸盐岩孔洞的发育奠定了基础。

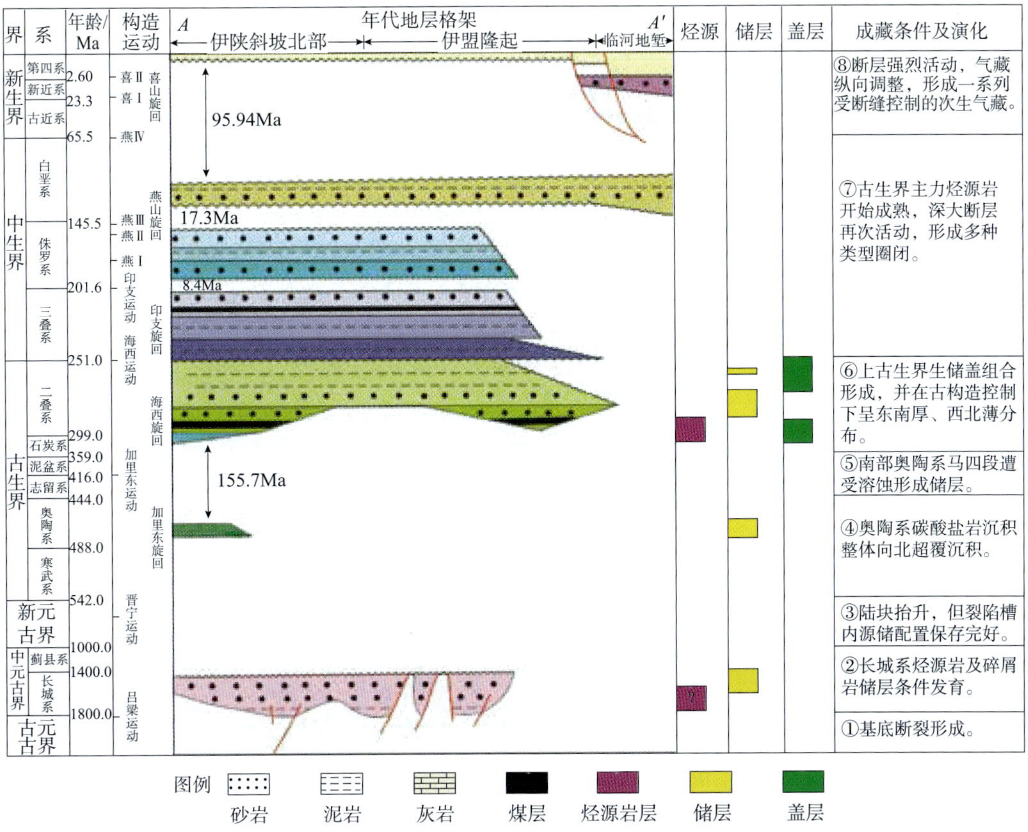

图3-1-2　盆地北部构造—沉积演化与成藏效应综合图［剖面位置见图3-1-3（a）］

石炭—二叠系由东南向东北逐层超覆，分别与奥陶系、元古宇及太古宇呈不整合接触［图3-1-3（c），图3-1-3（d）］；分布范围向上逐渐扩大。山1段向北越过泊尔江海子断裂［图3-1-3（c）］，下石盒子组分布基本覆盖全区，仅在公卡汉凸起局部缺失［图3-1-3（d）］。

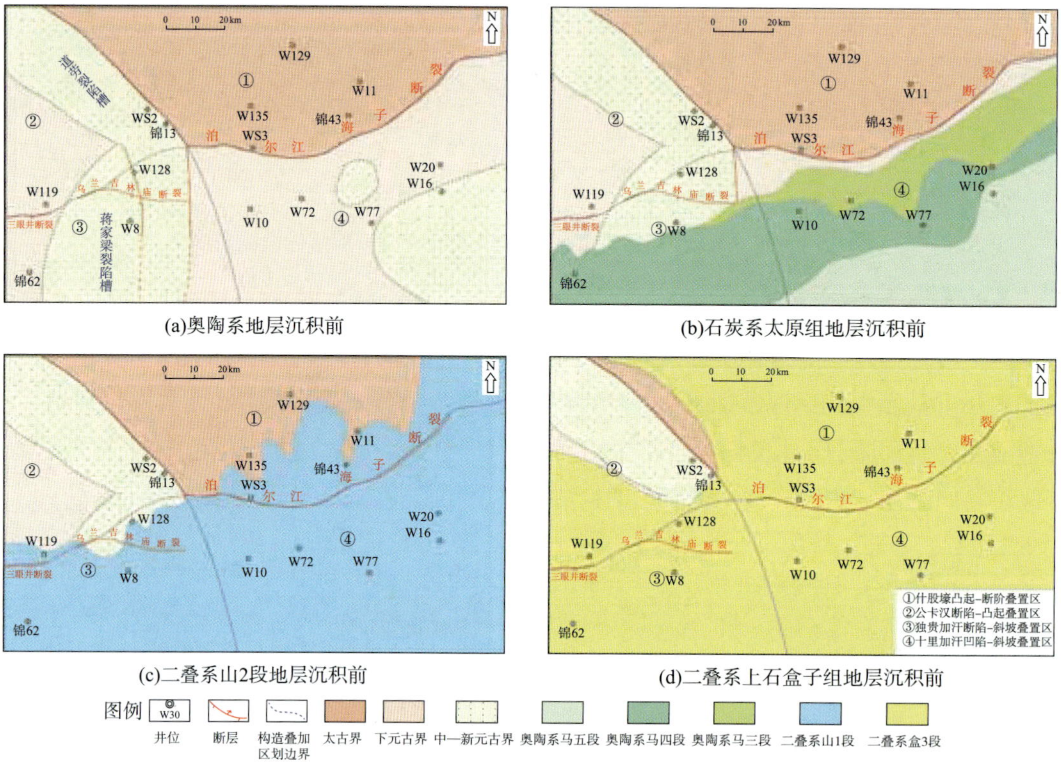

(a)奥陶系地层沉积前

(b)石炭系太原组地层沉积前

(c)二叠系山2段地层沉积前

(d)二叠系上石盒子组地层沉积前

图3-1-3　鄂尔多斯盆地北部地区古生代主要时期古地质图

2. 构造演化过程

鄂尔多斯盆地先后经历了中新元古代裂谷盆地、早古生代浅海台地、晚古生代海—陆过渡盆地、中生代内陆盆地及新生代周边断陷盆地等五个构造阶段。盆地北部的多期构造运动特点及各期构造、沉积格局与盆地主体存在明显的差异。本文研究将构造演化分为八个构造阶段（图3-1-2），其中六个关键期的构造叠置控制了研究区天然气成藏条件的差异分布。

1）中新元古代裂谷

古元古代末—中元古代，华北克拉通进入裂谷阶段，发育长城纪裂陷槽。鄂尔多斯地块北部见蒋家梁、道劳呈半地堑、地堑样式的裂陷槽［图3-1-2，图3-1-3（a）］。中元古代晚期，古亚洲洋向华北克拉通俯冲，导致鄂尔多斯地块北缘挤压造山，构造变形强烈。伊盟隆起呈西北高、东南低的单斜构造面貌。

2）早奥陶世被动大陆边缘

早奥陶世，受南北向挤压，鄂尔多斯地块呈现隆、坳构造格局。乌审旗—庆阳古凸起转变为北部的伊盟隆起和中部的中央古凸起。马家沟组发育的三套蒸发岩—碳酸盐岩向伊盟隆起超覆，表现为杭锦旗地区马三段~马五段地层向西北方向尖灭［图3-1-2，图3-1-3（b）］。

3）中奥陶世—早石炭世克拉通隆升

中奥陶世—早石炭世，鄂尔多斯地块伴随华北克拉通整体抬升剥蚀，长达1.5亿年。乌兰格尔凸起隆升，表现为杭锦旗地区马家沟组遭受剥蚀，形成岩溶高地。

4）晚石炭世—二叠纪坳陷盆地

晚古生代，鄂尔多斯地块沉积环境由海相转变为陆相。杭锦旗地区太原组—下石盒子组向西北超覆。太原组、山西组煤系分布在南部伊陕斜坡；而下石盒子组河流相储层向伊盟隆起扩展［图3-1-3（d）］；上石盒子组、石千峰组内陆湖泊泥岩全区分布，为区域盖层。

5）晚中生代前陆盆地

燕山期，鄂尔多斯盆地成型且向西倾斜，东部剥蚀的构造古地理格局持续至今。早白垩世早期为下古生界成藏关键时期。伊盟隆起东部抬升，中下侏罗统地层受到严重侵蚀；杭锦旗地区太原组、山西组煤系成熟度与古构造格局基本一致，西高东低（图3-1-4，图3-1-5）。泊尔江海子、乌兰吉林庙断裂复活，其伴生的次级断层、褶皱，形成了多种类型的构造圈闭。

6）新生代周缘断陷

喜山期，印度板块与欧亚板块碰撞；太平洋板块向西持续俯冲，鄂尔多斯盆地整体抬升，周缘发育新生代断陷盆地。在扭张应力作用下，伊盟隆起基底断裂反转，形成不同走向的小型正断层。

3. 构造叠置关系分析

在多期构造运动作用下，鄂尔多斯盆地北部中新元古界—古生界地层存在不同的地质结构分区分带特征。根据中元古界与古生界地层的构造叠置关系，研究区可分为断陷—斜坡、断陷—凸起、凸起—断阶和凹陷—斜坡等四种类型［图3-1-1（b）、表3-1-1］。

断陷—凸起叠置分布在公卡汉地区［图3-1-1（b）］。长城纪早期表现为箕状裂陷槽，晚期则受挤压形成凸起。奥陶—二叠纪成为研究区最高的古凸起区，仅发育上二叠统及以上地层。燕山期后发生构造反转，东部隆升；目前仍保持低凸状态（图3-1-4）。

断陷—斜坡叠置关系分布在独贵加汗地区［图3-1-1（b）］。底部亦为长城纪早期箕状裂陷槽；加里东期以来呈北高南低的古单斜，不发育奥陶系。石炭—二叠系地层向北逐层超覆；燕山期后，表现为东北高、西南低的单斜构造格局（图3-1-5）。

凸起—断阶叠置关系见于什股壕地区［图3-1-1（b）］。长城纪呈古凸起状态，出露太古宇结晶基底。奥陶—二叠纪，受乌兰格尔凸起隆升影响，缺失奥陶系；太原组—山西组向北逐层超覆尖灭。燕山期后，整体隆升，形成现今的断阶构造（图3-1-4）。

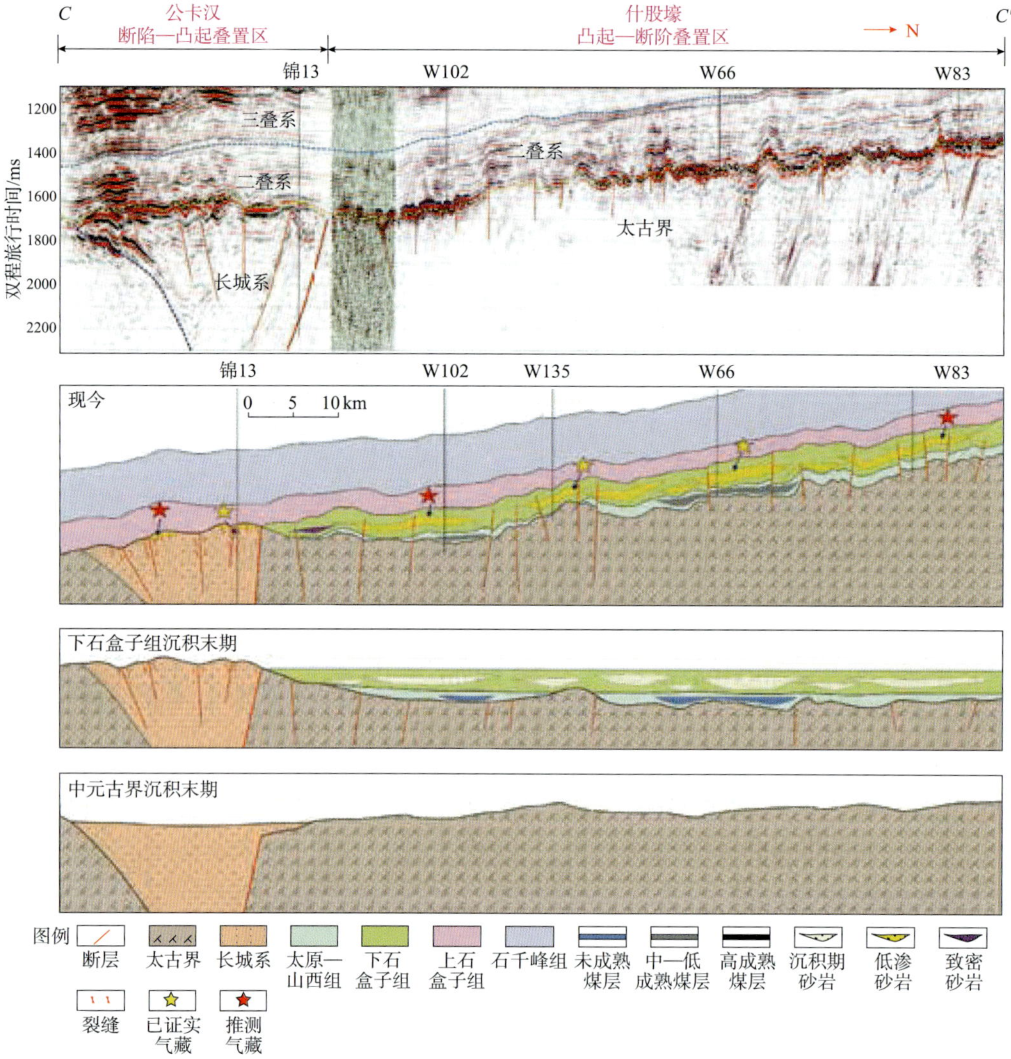

图3-1-4 研究区北部东西向构造—沉积演化剖面［剖面位置见图3-1-1（b）］

凹陷—斜坡叠置关系主要分布在泊尔江海子断裂以南的十里加汗地区［图3-1-1（b）］。该区不发育裂陷槽；仅见堆积碎屑岩的小型凹陷。奥陶—二叠纪，呈东北高、西南低的单斜构造，主体出露马四段碳酸盐岩，向西北方向减薄尖灭；石炭—二叠系地层齐全。燕山期后，该区保持东北高、西南低的单斜面貌（图3-1-5）。

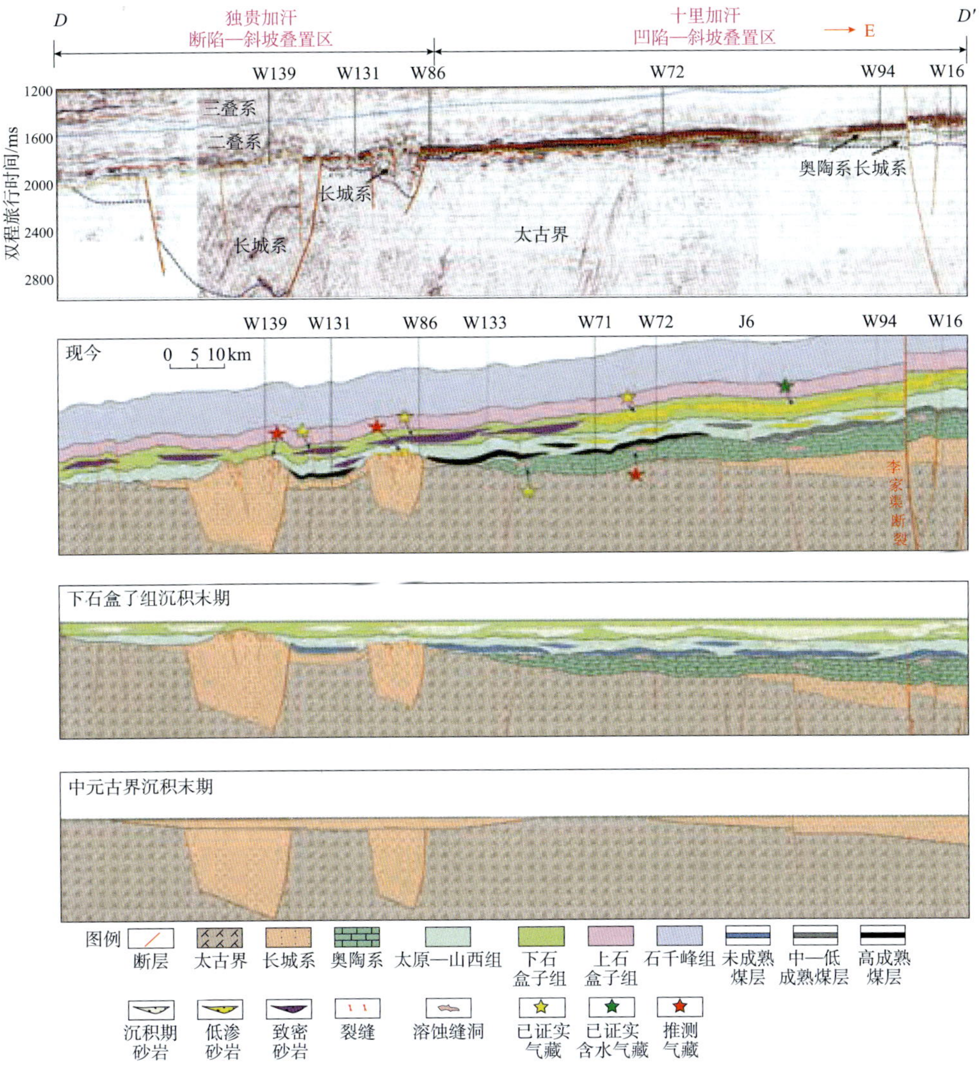

图3-1-5　研究区南部东西向构造—沉积演化剖面［剖面位置见图3-1-1（b）］

表3-1-1　杭锦旗地区四种构造叠置关系对比表

构造叠置分区		公卡汉断陷—凸起区［位置见图3-1-1（b）—②］	独贵加汗断陷—斜坡区［位置见图3-1-1（b）—③］	什股壕凸起—断阶区［位置见图3-1-1（b）—①］	十里加汗凹陷—斜坡区［位置见图3-1-1（b）—④］
示意图		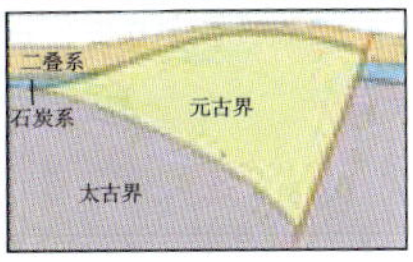	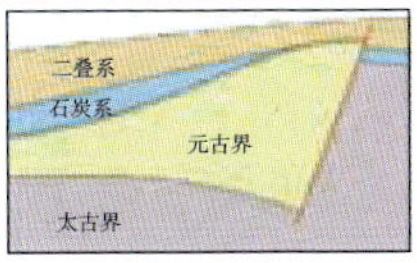	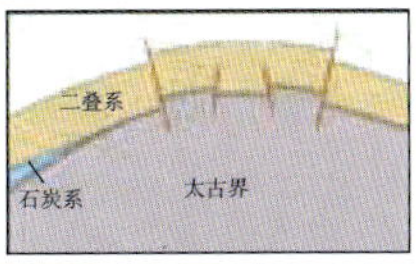	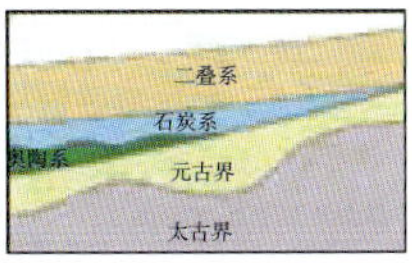
构造演化特征	现今	凸起带 北高南低	斜坡带 东高西低	断阶带 研究区最高部位	斜坡带 东高西低
	奥陶纪—二叠纪	凸起带 研究区最高部位	斜坡带 西北高、东南低	凸起带 北高南低	斜坡带 西北高、东南低
	中元古代	断陷带	断陷带	凸起带	局部小型凹陷发育
中元古—古生界地层叠置序列		上石盒子组—石千峰组 长城系	太原组—石千峰组 长城系	盒1段—石千峰组 太原组—山西组局部发育	太原组—石千峰组 马三~马四段

二、源—储组合及分布

鄂尔多斯盆地北部发育一套主力烃源岩（太原组—山西组煤层）和三套勘探目的层（下石盒子组、马家沟组、中新元古界）。烃源岩和储层的差异分布及其组合关系，是该区天然气差异聚集的物质基础。

1. 主力烃源岩差异分布

太原—山西组煤系是鄂尔多斯盆地古生界主力烃源岩。受西北高、东南低的古构造格局影响，烃源岩主要分布在十里加汗凹陷—斜坡区、独贵加汗断陷—斜坡区，什股壕凸起—断阶区局部发育，公卡汉断陷—凸起区缺失［图3-1-6（a）］。从东南向西北，煤层累计厚度减薄，最厚达35m。太原组除了煤层以外还发育一定厚度的碳质泥岩和暗色泥岩，厚度一般为4~15m，呈南厚北薄。山西组泥岩除了在公卡汉断陷—凸起区大面积缺失，全区皆有分布，为陆相的三角洲相沉积，发育暗色泥岩、碳质泥岩和煤。相对于太原组，山西组暗色泥岩厚度和分布范围均有所增大，厚度一般不超过30m。

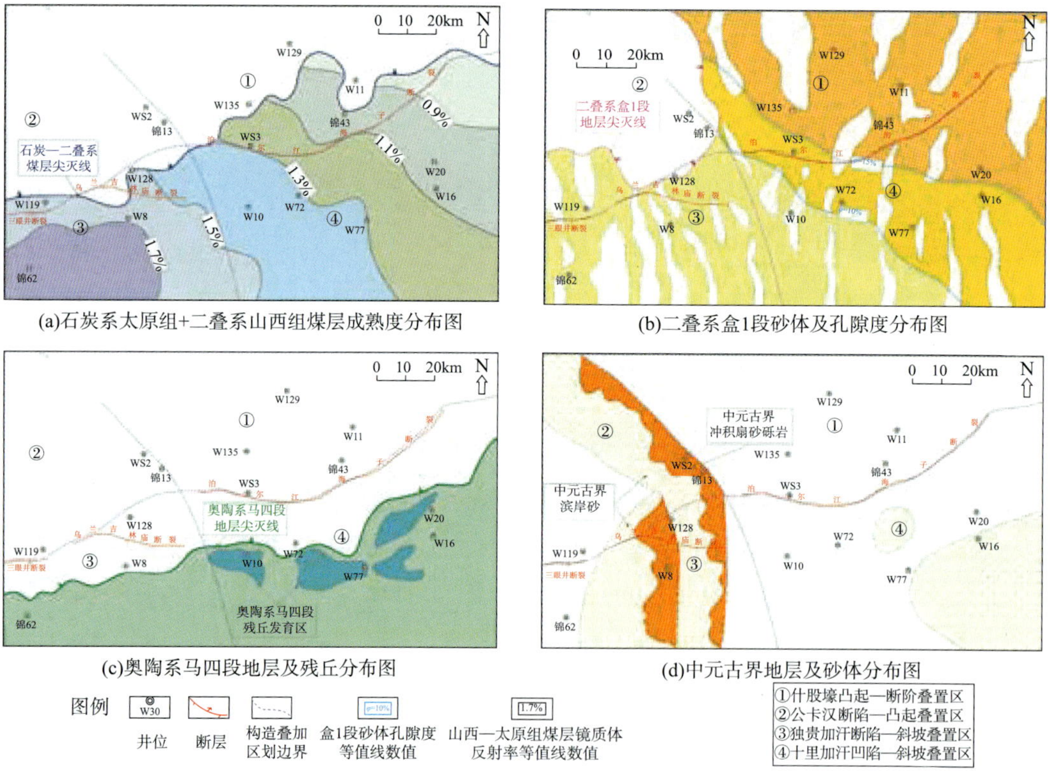

(a)石炭系太原组+二叠系山西组煤层成熟度分布图　(b)二叠系盒1段砂体及孔隙度分布图

(c)奥陶系马四段地层及残丘分布图　(d)中元古界地层及砂体分布图

图3-1-6　研究区主要烃源岩和储层分布平面

根据太原组、山西组暗色泥岩氯仿沥青“A”抽提物分析，多数样品饱和烃含量小于20%，饱和烃/芳烃值小于1，大多数样品非烃+沥青质含量大于80%，体现腐殖型烃源岩的特点。煤层TOC为50%~70%，泥岩TOC为1%~5%。采用有机碳含量（TOC）和生烃潜量（S1+S2）指标综合评价太原组、山西组泥岩，总体上S1+S2为0.5~3.0mg/g，属于差—中等烃源岩，其中太原组样品略好于山西组。

对于研究区煤系烃源岩来说，成熟度是影响生烃速率和生烃强度的最关键指标。鄂尔多斯盆地煤层生烃模拟实验（戴金星，2000；杨华，2016）表明，当煤层的镜质体反射率（*Ro*）大于1.3%时，烃源岩生烃速率会快速升高，开始大规模生烃。本区*Ro*为0.9%~1.7%，亦呈西南高、东北低特征。其中，*Ro*>1.3%的高成熟煤层分布在独贵加汗断陷—斜坡区；其原因与东、西部的埋藏史差异有关。石炭—二叠系最大埋深期约在100Ma（早白垩世）（图3-1-7）；在此之前，鄂尔多斯盆地东部掀斜剥蚀，剥蚀厚度大于西部，使得西部地层埋深大，进而控制石炭—二叠系烃源岩成熟度西高东低。研究区西部锦fb井最大埋深约为4200m，*Ro*>1.6%［图3-1-7（a）］；东部锦dc井最大埋深约为3600m，*Ro*为0.9%［图3-1-7（b）］。

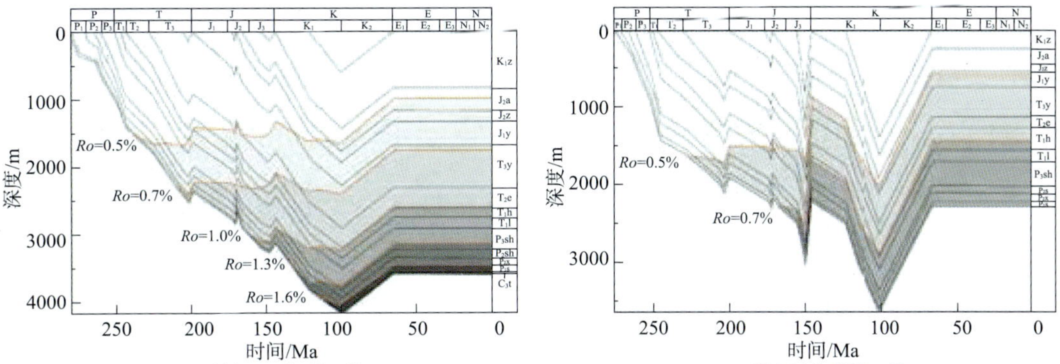

(a)研究区西部锦fb井　　(b)研究区东部锦dc井

图3-1-7　锦fb井与锦dc井埋藏史

2. 三套勘探层系的储层差异分布

下二叠统下石盒子组盒1段是研究区主力含气层系，储层为辫状河相致密—低渗砂体，已探明储量超千亿立方米。由于乌兰格尔凸起持续隆升，盒1段辫状河砂体广泛分布，仅公卡汉断陷—凸起区局部缺失［图3-1-6（b）］。受二叠系最大埋深的东西差异影响，盒1段的砂岩致密化程度呈西高东低。因此，独贵加汗断陷—斜坡区的致密砂岩ϕ<10%，十里加汗凹陷—斜坡区ϕ为10%~15%，什股壕凸起—断阶区ϕ>15%。

奥陶系马四段和中元古界长城系是研究区深部的潜在勘探层系，均有多口井发现天然气。马四段岩溶缝洞型储层分布主要受灰岩厚度及加里东期古岩溶地貌控制。加里东—海西期，三眼井—乌兰吉林庙—泊尔江海子断裂持续活动造成研究区西北部隆升，十里加汗凹陷—斜坡区古残丘是溶蚀储层发育有利区，如残丘上的锦gg井、锦ib井、J58P33井均钻遇2~5m厚的缝洞体。

长城系砂岩分布在独贵加汗断陷—斜坡区和公卡汉断陷—凸起区。储层为滨岸砂岩、扇三角洲砂砾岩，后者物性好。锦ac井砂岩孔隙度为2.6%~8.0%，平均为5.9%；孔隙类型为残余粒间孔和粒间溶孔（图3-1-8）。扇三角洲砂砾岩的平面展布受裂陷槽边界断裂控制。此外，在后期构造活动中，断裂带附近发育裂缝带，有利于致密砂岩储层改造，提高储层物性。锦ac井岩芯多见垂直裂缝段，全烃显示活跃，最大达5%。

(a)含砾粗粒石英砂岩，发育粒间溶孔与微裂缝，锦ac井，长城系，3342.06m

(b)含砾粗粒石英砂岩，发育粒间溶孔，锦ac井，长城系，3339.99m

图3-1-8 锦ac井长城系典型的铸体薄片照片

三、构造叠置关系与天然气差异聚集

研究区的四个构造叠置区形成了各具特色的源储配置、圈闭类型及成藏组合（表3-1-2），这是天然气差异聚集的关键问题。

表3-1-2 杭锦旗地区四种构造叠置样式特征对比

构造叠置类型	公卡汉 断陷—凸起区	独贵加汗 断陷—斜坡区	什股壕 凸起—断阶区	十里加汗 凹陷—斜坡区
烃源岩	无	石炭—二叠系煤层（Ro>1.3%）	石炭—二叠系煤层（Ro<1.3%）	石炭—二叠系煤层（Ro：1.0%~2.0%）
储层	二叠系低渗砂岩储层（ϕ<10%）；长城系裂缝型致密砂岩储层	石炭—二叠系致密—低渗砂岩储层（ϕ<10%）；长城系裂缝型致密砂岩储层	二叠系低渗砂岩储层（ϕ>15%）	石炭—二叠系致密—低渗砂岩储层（10%<ϕ<15%）；奥陶系灰岩缝洞型储层
主要圈闭类型	①长城系顶部潜山圈闭；②长城系内幕断缝型砂岩圈闭；③二叠系构造—岩性复合圈闭	①下石盒子组近源岩性—地层圈闭；②长城系潜山圈闭	①下石盒子组构造、构造—岩性复合圈闭；②山西组—太原组地层超覆气藏与构造圈闭	①山西—下石盒子组岩性及复合圈闭；②奥陶系岩溶圈闭
成藏模式	源外侧向运移成藏	近源充注成藏，下生上储（二叠系）与新生古储（长城系）	源外侧向运移成藏	近源充注成藏，下生上储（二叠系）与新生古储（奥陶系）

1. 圈闭类型与成藏组合

1）公卡汉断陷—凸起叠置区

公卡汉区不发育石炭—二叠系煤系烃源岩，但该区位于构造上倾部位，是天然气运移指向区（图3-1-9）。其中，下石盒子组砂岩形成低幅构造背景的岩性圈闭与构造—岩性复合圈闭，与南侧煤系烃源岩匹配构成"下生上储、侧向运移"成藏组合；长城系顶部发育潜山圈闭，内幕为裂缝—岩性圈闭，以及不整合面和断缝体系运移通道，与石炭—二叠系煤层匹配构成"新生古储"成藏组合。锦ac井长城系中部和顶部钻遇的天然气显示证实了这两种成藏组合的存在。

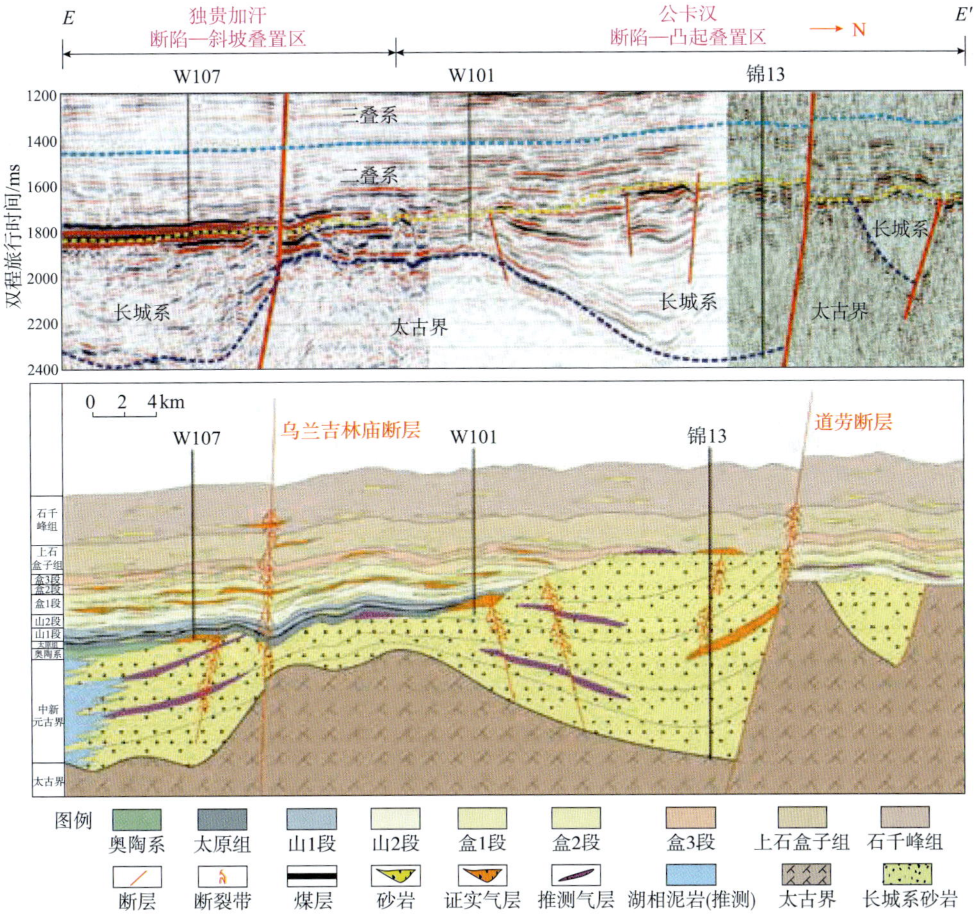

图3-1-9　公卡汉—独贵加汗南北向气藏综合剖面［剖面位置见图3-1-1（b）］

2）独贵加汗断陷—斜坡叠置区

独贵加汗区发育"两储夹主源"组合，即石炭—二叠系煤层烃源岩上下分别为下石盒子组河道砂岩、中元古界扇三角洲砂岩。太原组—山西组煤层厚度为8~14m，Ro>1.3%，属于高成熟烃源岩，生烃强度大。下石盒子组辫状河心滩砂体是主要储层，盒1段砂体厚度为30m，孔隙度为10%，渗透率为$0.9\times10^{-3}\mu m^2$。在上倾方向，太原组—盒三段逐层尖灭，为天然气成藏提供了侧向封堵条件，形成地层—岩性圈闭（图3–1–9）。在“源—储—输”有利配置下，该区下石盒子组天然气富集区具有超过两千亿立方米储量规模的勘探潜力。

长城系扇三角洲砂岩储层与太原组—山西组煤系烃源岩构成“上生下储”的源储配置，裂陷槽边界断层可作为输导通道。目前，多口井在长城系顶部发现了优质气体，其中锦adb井钻探测到了59m的气体显示，气体的全烃含量达12%。

3）什股壕凸起—断阶叠置区

什股壕区是天然气运移指向区，主要含气层为石炭—二叠系。煤系烃源岩仅见于局部古地貌低区，成熟度低（Ro<1.0%）；南部天然气经盒1段砂体、断层和不整合面向北运移，而太原组—盒3段砂岩为低渗储层（ϕ>15%，K>1.0×$10^{-3}\mu m^2$）［图3–1–6（b）］；太原组—山西组河道—冲积扇地层向北超覆尖灭，发育地层超覆圈闭。盒1段辫状河道宽、砂体厚度大，难以侧向封堵，气藏多受局部构造控制，以构造圈闭为主。盒2、盒3段河道宽度变窄，砂体变薄，近南北向河道与近东西向褶皱匹配形成了构造—岩性复合圈闭；而孤立的心滩砂体往往形成透镜状岩性圈闭（图3–1–10）。总体上，该区二叠系呈多类型圈闭复合，构造与河道叠合等特点，是开展多类型、多层系立体勘探的重点部位，已发现资源量超千亿立方米。

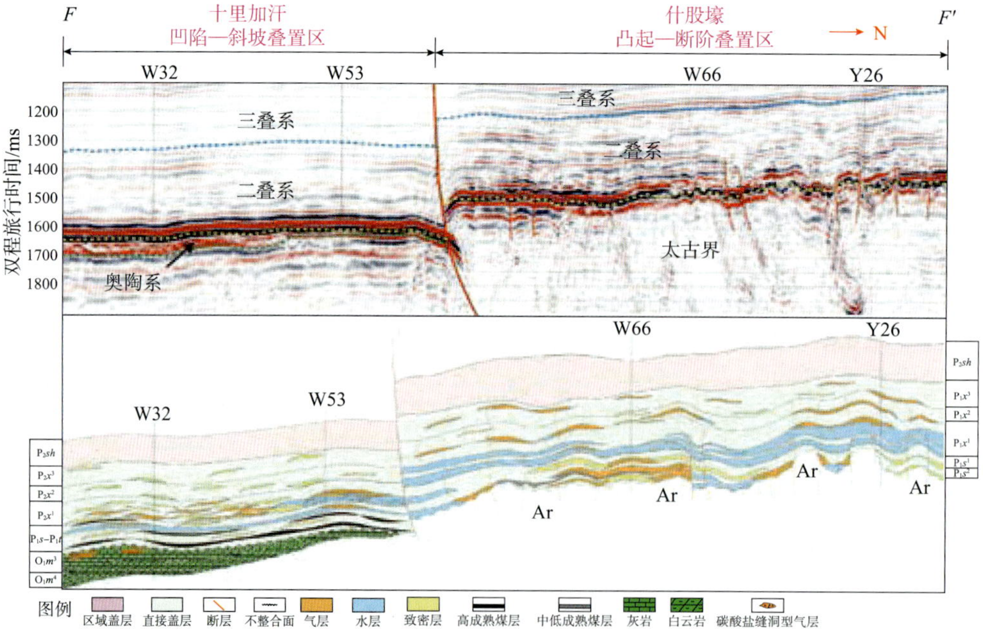

图3–1–10　十里加汗—什股壕南北向气藏综合剖面［剖面位置见图3–1–1（b）］

4）十里加汗凹陷—斜坡叠置区

十里加汗区也发育“两储夹主源”组合，煤层烃源岩之上为下石盒子组河道砂岩，之下则为奥陶系岩溶储层。煤层烃源岩西部Ro>1.3%，东部Ro<1.3%，造成了生烃强度西强东弱。石炭—二叠系发育辫状河砂岩岩性、构造—岩性复合圈闭，储层物性由致密

向低渗过渡［图3-1-5，图3-1-6（a）］。源储匹配的差异造成圈闭含气性的差异，东部生烃强度降低，砂体物性好，因此气水分布复杂（图3-1-10，图3-1-11）。奥陶系岩溶储层受断层、古残丘控制，发育地层、岩溶圈闭，与上部太原组煤层烃源岩匹配，构成了“上生下储”成藏组合。

2. 天然气成藏模式

鄂尔多斯盆地北部主成藏期为早白垩世，与最大埋深期基本一致（图3-1-7）；中新元古界、奥陶系和二叠系三套主力勘探层系的圈闭业已形成，具晚期成藏特点。由于石炭—二叠系主力烃源岩为三套储层同期供烃，生烃能力至关重要。根据已发现气藏分布特点分析，石炭—二叠系高成熟煤层烃源岩（Ro>1.3%）的分布范围控制了三大层系的天然气叠合富集（图3-1-11）。石炭—二叠系高成熟煤层烃源岩与三套勘探层系储层匹配关系可分为源内充注成藏与源外侧向运移成藏等两种模式。

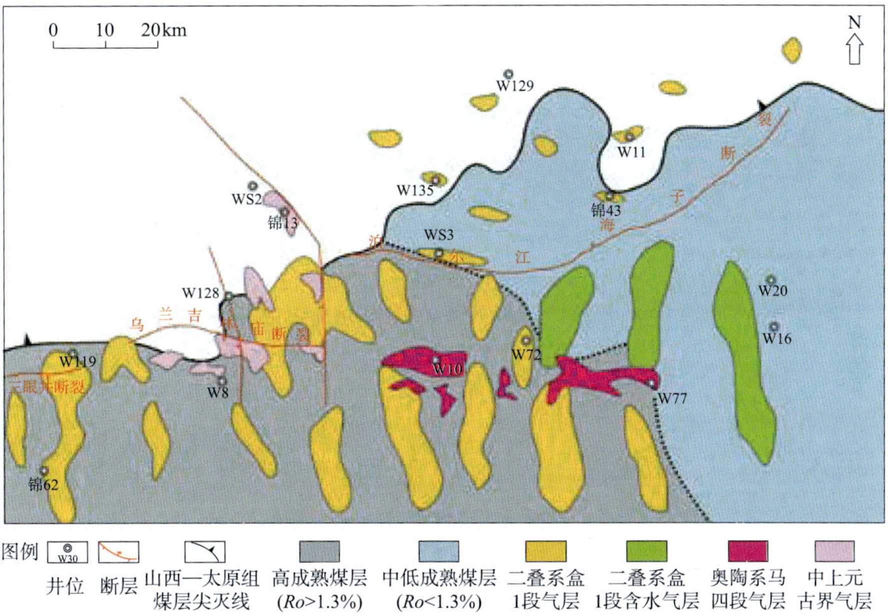

图3-1-11 鄂尔多斯盆地北部石炭—二叠系烃源岩与天然气差异聚集

独贵加汗断陷—斜坡叠置区、十里加汗凹陷—斜坡叠置区西南部为源内充注成藏；而公卡汉断陷—凸起叠置区与什股壕凸起—断阶叠置区为源外侧向运移成藏。在源内充注成藏中，天然气聚集受源储配置关系控制。二叠系气藏大范围分布，沿主河道呈带状富集；奥陶系气藏分布在马四段残丘区；长城系气藏位于潜山圈闭的近源或源侧区。在源外侧向运移成藏中，继承隆起区为天然气运移指向区，在运移路径上的有效圈闭匹配是天然气富集的主控因素。从公卡汉断陷—凸起叠置区到什股壕凸起—断阶叠置区，随成熟度下降及构造作用增强，构造控藏作用递增，气藏类型由岩性气藏逐渐过渡为含水复合气藏及小规模构造气藏（图3-1-9，图3-1-11）。

二叠系致密—低渗砂岩气藏是盆地北缘杭锦旗地区（东胜气田）主力勘探开发目标，按照构造特征、源储配置关系与气藏类型总体上可分为南部斜坡区和北部隆起区。南部斜坡区主要包括新召—独贵加汗断陷—斜坡叠置区、十里加汗凹陷—斜坡叠置区，构造上整体为西南低、东北高的缓坡，太原—山西组高成熟烃源岩与石盒子组砂岩紧邻配置，主要发育岩性气藏。北部隆起区从公卡汉断陷—凸起叠置区到什股壕凸起—断阶叠置区，构造上为继承性隆起，断裂发育，太原—山西组煤层变薄尖灭，*Ro*<1.1%，天然气主要来源于南部斜坡区，主要发育构造—岩性气藏（图3-1-12）。

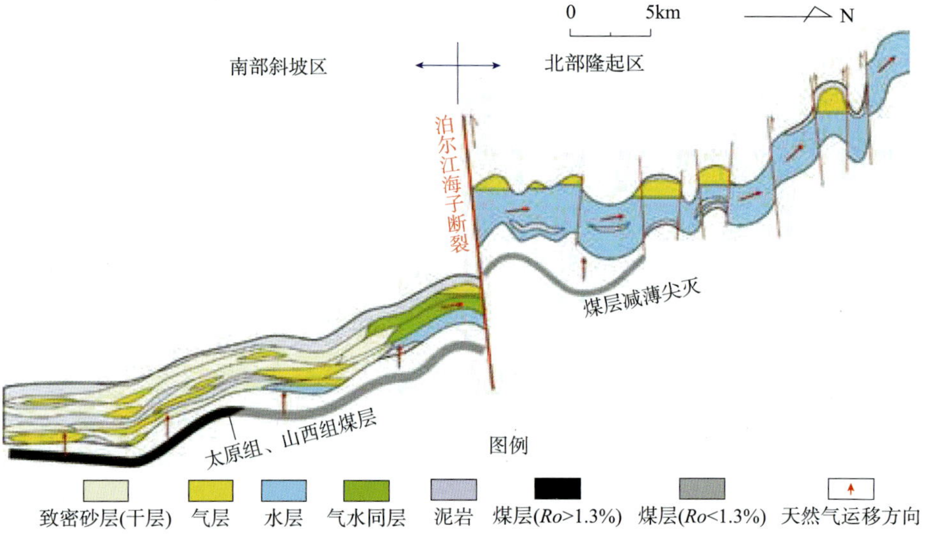

图3-1-12　鄂尔多斯盆地北部杭锦旗地区典型的气藏剖面与成藏模式

第二节　南部斜坡区地层—岩性气藏分布与勘探评价技术

鄂尔多斯盆地北部杭锦旗地区泊尔江海子—乌兰吉林庙—三眼井断裂带以南的斜坡区发育大面积致密岩性气藏，其特点为：下石盒子组与下伏太原组—山西组高成熟气源岩呈紧邻配置，在早白垩世呈现近源大面积充注成藏；区域构造趋势平缓，局部构造稀少；河道砂体非均质强，先致密后成藏；非浮力驱动聚集，气藏无明显的边底水；气藏个数众多，边界模糊；河道相带控藏、物性控富。

一、油气地质特征与成藏模式

1. 油气地质基本特征

南部斜坡区主体位于伊陕斜坡北部，构造形态总体上表现为向西南倾斜的单斜。主要发育石炭系太原组、二叠系山西组、下石盒子组6套气层。上石盒子组、石千峰组湖相泥岩是区域盖层，下石盒子组内部洪泛沉积的泥岩、山西组分流河道间沉积的泥岩都是良好的直接盖层。太原组、山西组的煤层、暗色泥岩与碳质泥岩为上古生界主要烃源岩。烃源岩生烃能力强，充注动力大，优质储层和中等储层都可以完成气水驱替，其中物性好的优质储层气水驱替比较彻底，成为高饱和度气层，该区主要发育地层—岩性气藏。

2. 成藏模式

按照源—储配置及气藏类型特征，南部斜坡区为“源内致密—低渗大面积岩性气藏成藏模式”，即近源整体充注，局部调整分异，河道相带控藏，物性控制富集（图3-2-1）。

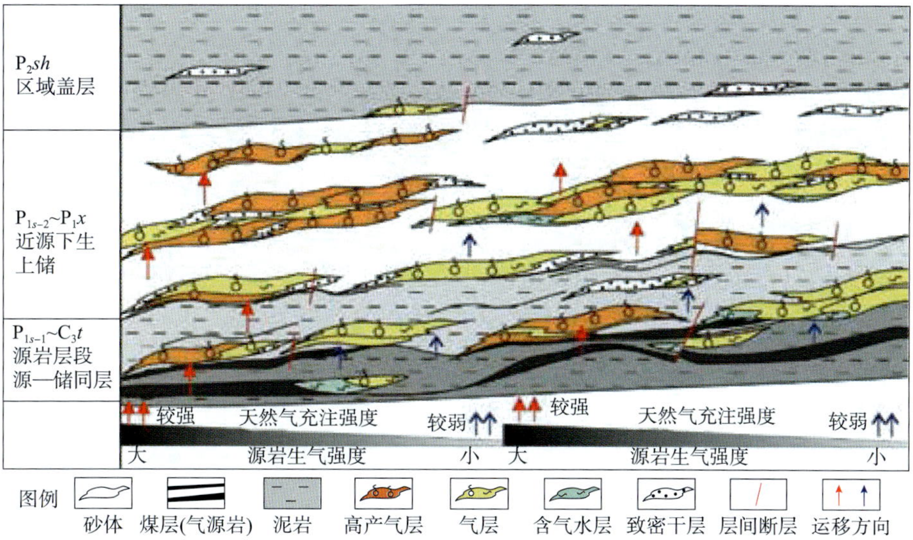

图3-2-1 杭锦旗地区南斜坡致密区成藏模式

近源整体充注是指，在早白垩世，太原组—山西组煤系源岩生气高峰期，生烃产生的异常压力将天然气充注至同层位、上部的下石盒子组已经致密化的储层中，由于源岩大面积分布，这种天然气充注过程也是大面积同时进行的。

局部调整分异是指，天然气进入储层后，在局部物性较好、厚度较大的储层中会产生气水分异，但由于储层的非均质性很强，这种分异不会大范围发生。

河道相带控藏是指，河道砂体普遍被天然气充注，没有明显的含气边界。

物性控制富集是指，从连片复合砂体含气的角度来看，气藏类型是岩性气藏，但由于储层物性变化较大，物性好的储集体单元含气饱和度高，物性差的储层则束缚水含量较高。

富集特征可概括为“相带控藏，物性控富”，因此富集区选带的主要依据是源储纵向优+优配置，即高熟源岩+主河道。

气层“甜点”就是相对优质储集体，也就是主河道区心滩微相的厚层砂体。

3. 天然气富集主控因素

1）源—储配置对天然气富集控制作用

南部斜坡区源储有效配置关系控制着天然气富集区的分布。根据烃源岩评价结果，独贵加汗地区烃源岩以太原组、山西组的煤层为主，烃源岩总体上具有厚度大、成熟度高、煤层质量好的特点，为独贵加汗天然气富集提供了有力的源岩条件。在优质煤层发育的区域，烃源岩生烃能力强，充注动力大，优质储层和中等储层都可以完成气水置换，其中物性好的优质储层气水置换比较彻底，更有利于形成油气富集。

为了分析煤层品质与气层分布的关系，利用Passey等（1990）提出的ΔlgR公式对杭锦旗地区的煤层品质进行了评价（张威，2016）。南部区域煤层镜质组反射率在1.2%~1.6%，已进入高成熟阶段，对应的煤层ΔlgR在5.5~6.9（图3-2-2），北部区域煤层镜质组反射率一般在0.5%~1.0%，煤层ΔlgR在4.2~5.7，与生烃强度的分布具有较好的对应关系。此外，单井产气量较高的井基本分布在主煤层ΔlgR>6.5的高值区范围内，产气量较小的气层井基本分布在主煤层ΔlgR<5.5的低值区范围内。这说明优质煤层的分布对高产气层的分布与富集具有宏观的控制作用。

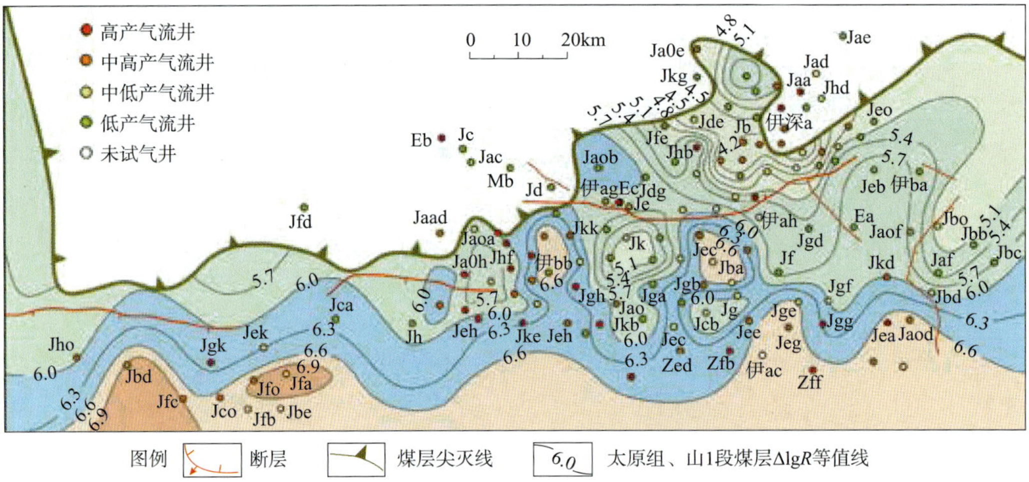

图3-2-2 杭锦旗地区太原—山1主煤层ΔlgR平面分布图

2）区域上倾方向封堵条件对天然气富集控制作用

受盆地北部伊盟隆起持续抬升控制，杭锦旗地区上古生界石炭—二叠系主要目的层地层向北逐渐减薄尖灭，在伊盟隆起南侧形成一个超覆尖灭带。天然气主成藏期（早白垩世）以来北部仍保持隆起状态，成为天然气运移指向区。因此，对于南部斜坡区而言，区域上倾方向的遮挡条件成为天然气富集主控因素之一。

独贵加汗区带是一个位于石炭—二叠系超覆尖灭带南侧的典型的多层含气富集区，主力气层有盒1段、盒2段、盒3段和太原组。该区紧邻公卡汉凸起，从各层段地层尖灭带的分布分析，与公卡汉凸起西部相比，沉积期属于陡坡区，水动力较强，向南坡度逐渐变缓、水动力逐渐减弱。依据大量岩芯观察分析，认为该区从北向南发育冲积扇—辫状河沉积（图3-2-3）。

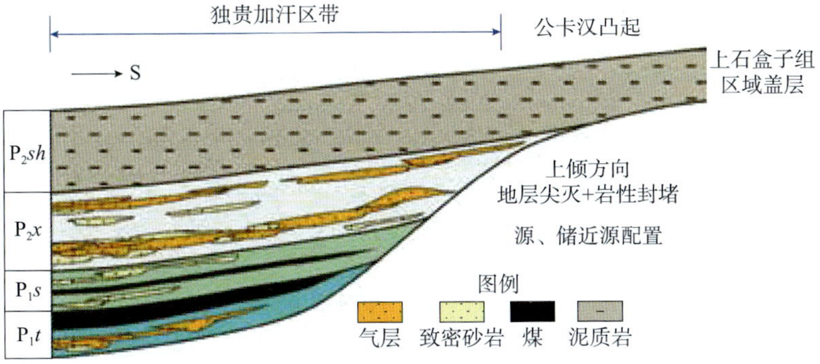

图3-2-3 独贵加汗上古生界成藏剖面示意图

最北部靠近古凸起部位为扇根微相，岩性为砂砾岩、粗—中砂岩和泥岩互层，自然伽马测井曲线形态为齿化箱形，砂体厚度大，但物性较差。中部为扇中微相，岩性以含砾粗粒岩屑砂岩、岩屑石英砂岩为主，自然伽马测井曲线形态为厚层箱型、齿化箱型，砂体平均厚度为35m，储层平均厚度为19m。整体储层物性好，平均孔隙度为12%，渗透率为$1.2 \times 10^{-3}\mu m^2$，以特低渗储层为主，储层横向连通性强，整个扇中呈连片发育。

随着古地貌坡度变缓，南部逐渐演变为辫状河心滩与水道充填微相，岩性以粗—中粒岩屑石英砂岩、岩屑砂岩为主。自然伽马测井曲线形态为箱形（心滩）与钟形（河道充填）叠置，砂体平均厚度为31m，储层平均厚度为12m。储层物性较扇中变差，平均孔隙度为8.5%，平均渗透率为$0.8 \times 10^{-3}\mu m^2$，整体为致密储层。其中心滩微相的粗粒砂岩为有效储层，河道充填相的中—细粒砂岩为致密砂岩（非储层）。顺河道方向，心滩微相的有效储层与河道充填微相的致密砂岩呈相间分布。

独贵加汗地区上石盒子组泥岩为区域盖层，由南向北太原组、山西组、下石盒子组地层依次超覆尖灭，上石盒子组与公卡汉凸起直接接触，形成顶部的封闭条件。独贵加汗地区基底为太古界片麻岩，公卡汉凸起基底局部为中元古石英岩，两种基底相对于上古生界砂岩储集层较为致密，可以形成底部有利的封闭条件。有利的源—储近源配置，上倾方向有利的遮挡条件，上石盒子组区域盖层有利的封盖条件，以及有利的储层发育条件，共同作用形成了独贵加汗地区地层超覆尖灭带有利的天然气成藏条件。

4. 典型的区带气藏特征

1）独贵加汗区带气藏特征

独贵加汗区带位于东胜气田中南部，处于伊陕斜坡北端，其主体是泊尔江海子断裂与乌兰吉林庙断裂的转换带。“十三五”期间，通过创新认识，在盆缘过渡带差异成藏认识指导下，针对独贵加汗区带二叠系下石盒子组大型辫状河复合河道构成的叠置岩性气藏勘探取得突破，截至2021年6月底，已有下石盒子组探明储量超1500亿立方米。区内构造形态总体上表现为向西南倾斜的单斜，乌兰吉林庙断裂在区内东西向延伸近20km，为正断层，断面较陡，向上断至地表，向下进入基底。

主要目的层盒1段发育冲积扇—辫状河沉积，乌素加汗以北地区主要发育冲积扇，单层储层厚度为5~25m，平均厚度为10m，储层分布相对较为集中，测井相主要表现为光滑箱型特征。乌素加汗以南地区，盒1期由冲积扇转变为辫状河沉积环境，砂体变窄，厚度减薄，单储层厚度为3~8m，平均厚度为5m，储层分布相对较为分散，测井相主要表现为齿化箱型特征。盒1段储层平均孔隙度为8.7%，渗透率为$0.8\times10^{-3}\mu m^2$。顺河道方向，地层和砂体向上倾方向超覆尖灭形成统一的侧向封堵带，横切河道方向，与构造线近平行的河幔沉积在上倾方向形成了天然气侧向运移的封堵带。

下石盒子组储层岩性以岩屑砂岩为主，岩屑石英砂岩次之。砂岩孔隙度主要分布区间5%~15%，平均值为8.7%，其中大于5%的样品平均值为10.5%；渗透率主要分布区间（0.3~2.5）$\times10^{-3}\mu m^2$，平均值为$0.75\times10^{-3}\mu m^2$，其中大于$0.15\times10^{-3}\mu m^2$样品的渗透率平均值为$0.8\times10^{-3}\mu m^2$，主要孔隙类型为粒间溶孔和粒内溶孔。

在天然气主成藏期（110Ma），独贵加汗区带山西—太原组煤系烃源岩形成的充注动力为13~24MPa，为中—高充注动力区；下石盒子组孔隙度为8%~12%，主体属于致密储层，中值压力6~10MPa，具备天然气富集的动力学条件。

该区带气藏类型均为典型的岩性气藏，表现为河道相带控藏（图3-2-4）、物性甜点控富，当以复合河道为描述单元时，表现出大面积含气，沿主河道分布的特点，当以小层（单期河道）为单元描述时，表现为砂体层内含气的不均衡性，含气甜点气层发育在物性相对较好的心滩砂体内，泥岩或泥质含量较高的中细粒致密砂岩形成遮挡。气层厚度一般为5~20m，无明显水层。

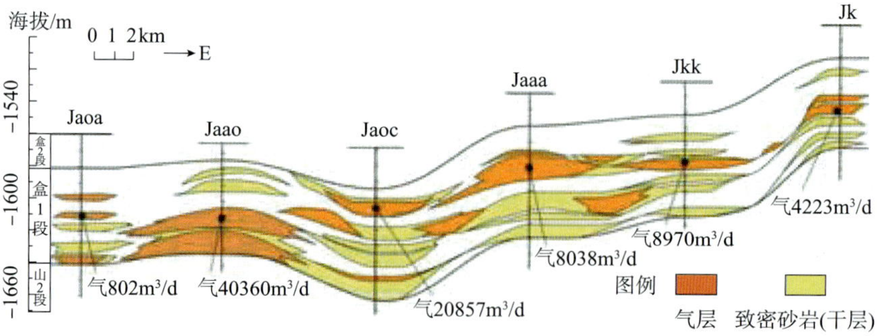

图3-2-4　独贵加汗区带锦aoa井—锦k井盒1段气藏剖面图

2）新召区带气藏特征

新召区带位于伊陕斜坡和天环坳陷北端。“十三五”之前该区探井测试以低压、低产为主，勘探形势不明朗。独贵加汗千亿方探明后，为拓展接替阵地，加大新召区带地震处理解释与工程工艺攻关，取得了单井产能突破。截至2020年底，该区已获得天然气地质储量超过千亿立方米。

该区整体表现为东高西低的西倾平缓单斜，局部发育低幅鼻状构造，幅度一般小于20m。区带内发育多条近东西走向、南北走向的小断层。

太原组—山1段煤层厚度累计10~16m，镜质体反射率为1.5%~1.8%，是本区较好的气源岩。山西期沉积物源主要来自北部的公卡汉凸起，发育辫状河三角洲平原沉积，河道砂体纵向厚度大、平面分布广，山2段砂体厚度为10~30m。下石盒子组主要发育冲积平原辫状河沉积相，盒1段砂体厚度为10~40m。

太原组、山1段储层岩性为中粗粒石英砂岩，山2段、盒1段储层岩性主要为（含砾）粗粒岩屑石英砂岩，主要孔隙类型为粒间余孔、粒间溶孔和岩屑粒内溶孔。盒1段储层平均孔隙度为8.8%，平均渗透率为$0.47\times10^{-3}\mu m^2$；山2段储层平均孔隙度为8.5%，平均渗透率为$0.72\times10^{-3}\mu m^2$。

在天然气主成藏期（110Ma），新召区带成藏关键时刻的充注动力为19~29MPa，为高充注动力区；山西、下石盒子组储层的孔隙度主体为5%~8%，已演化为致密储层，中值压力为10~18MPa。整体为高动力、高阻力特征，具备天然气富集的动力学条件。

盒1段、山2段气藏主要受辫状河河道控制，呈带状分布，无构造影响，气藏内无气水分异现象。盒1段气层厚度一般为5~30m，山2段气层厚度一般为5~20m，向河道两侧气层厚度逐渐减薄；南北方向上，同一河道内，砂体分布连续稳定，但气层厚度受储层物性控制有所变化。

本区致密气藏内部的甜点主要由物性较好的辫状河心滩砂体构成，在河道主体部位心滩砂体厚度较大、层数较多；向河道侧翼，随着砂体厚度减薄、物性变差或相变为泥岩，气层厚度也随着减薄或尖灭（图3-2-5）。

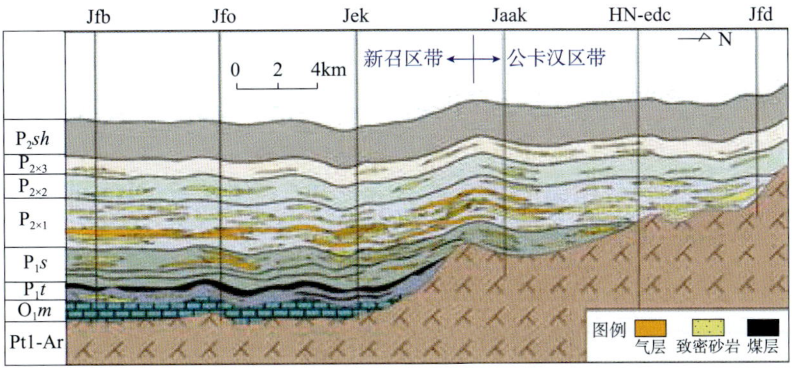

图3-2-5　新召区带二叠系气藏剖面图

3）十里加汗区带气藏分布特征

十里加汗区带位于伊陕斜坡北端。该区已提交控制和预测储量合计超过四千亿立方米，但由于气水关系复杂，升级动用难度大。“十三五”期间重点攻关复杂气水层识别与评价，进一步明确了超过500亿立方米的天然气富集带。区带整体为西倾的平缓单斜，坡降9.6~10.5m/km，发育少量的鼻状构造。主要目的层山西组为一套三角洲平原沉积，下石盒子组主要为由北而南的辫状河沉积。

主力含气层盒1段厚度为60~70m，河道砂体厚度为15~50m，横向上复合连片，纵向上相互叠置。南部砂体隔夹层较多，向北部减少，河道砂体非均质性向北部减弱，表明形成岩性气藏的封堵性向北减弱。南部盒1段储层以（含砾）粗粒岩屑砂岩和岩屑石英砂岩为主，储层厚度为2.0~26.8m，平均值为14.3m，孔隙类型以原生粒间余孔和粒间溶孔为主，其次为粒内溶孔和晶间微孔，平均孔隙度为9.7%，渗透率为$0.68\times10^{-3}\mu m^2$；北部盒1段储层厚度为5.0~35.8m，平均值为23.8m，平均孔隙度为11.9%，渗透率为$1.2\times10^{-3}\mu m^2$，属于低孔、特低渗砂岩储层。

在天然气主成藏期（110Ma），十里加汗区带成藏关键时刻的充注动力为11~15MPa，为中充注动力区；盒1段砂岩已演化近致密—近致密储层，孔隙度为9%~13%，属于致密—近致密储层，储层中值压力为6~12MPa，南部具备天然气富集的动力学条件，北部充注动力不足。

该区带盒1段的气藏特征与独贵加汗相同之处是发育“近源成藏”组合，不同之处是上倾方向区域封堵性较差。受北部泊尔江海子断裂的影响，断裂南侧一定范围内，砂体侧向封堵性较差而输导性较好，不易形成岩性圈闭，只在局部构造高点天然气得以保存（图3-1-10），气层厚度为5.0~17.8m，平均值为11.3m。向南远离断裂区域，受致密储层及其非均质性影响，河道砂体横向输导能力变差，易形成岩性圈闭，气层厚度为2.0~26.8m，平均值为14.3m。

4）阿镇区带气藏分布特征

阿镇区带处于伊陕斜坡北端。“十一五”期间以大型岩性圈闭为目标部署了锦of井等6口探井，仅Jb0井在上石盒子组试获工业气流，其他5口井均测试为水层，此后该区勘探处于停滞状态。

“十三五”以来，通过加强构造演化与成藏过程研究，认识到阿镇区带在燕山期业已反转为构造高部位，自主成藏期（110Ma）以来始终位于天然气从南向北运移的输导路径上，有效圈闭是本区控藏的关键要素。2021年通过转变勘探思路，聚焦构造—岩性复合圈闭，提高编图精度，细分层系描述河道边界，落实构造—岩性复合圈闭24个，圈闭资源量200亿立方米，为重建上阿镇区带提供了部署依据和思路。据此部署的预探井镇a井在盒2段和盒1段均钻遇气层，累计厚度为23m，气测全烃净增值分别为10%、7%。

区带构造宏观特征呈东北高南西低的单斜，构造坡降13.0m/km，局部发育向西南倾没的小型鼻隆构造和小型牵引背斜，闭合面积一般小于$5km^2$，闭合幅度小于50m。

主要目的层盒1段厚度为60~70m，砂体厚度为25~55m，储层以（含砾）粗粒岩屑砂岩和岩屑石英砂岩为主，储层厚度为15.0~34.8m，平均值为20.3m。孔隙类型以原生粒间余孔和粒间溶孔为主，其次为粒内溶孔和晶间微孔；平均孔隙度为11.8%，渗透率为$1.2\times10^{-3}\mu m^2$，属于低孔、低渗砂岩储层，孔隙连通性较好。盒2段和盒3段的储层厚度为3~17m，横向连通性差，平均孔隙度为11.9%，渗透率为$1.28\times10^{-3}\mu m^2$。

阿镇区带盒1段辫状河多期河道砂体叠合厚度大、物性好，但岩性封堵条件较差。该区构造较为平缓，河道方向与构造等值线呈近平行关系，天然气沿着厚层砂体向北东向运移、散失，仅在局部构造高部位钻遇气层，边底水发育，主要是构造气藏（图3-2-6）。盒2段和盒3段储层侧向物性变差或相变为泥岩可能形成岩性气藏，在局部构造发育区可能形成复合气藏。

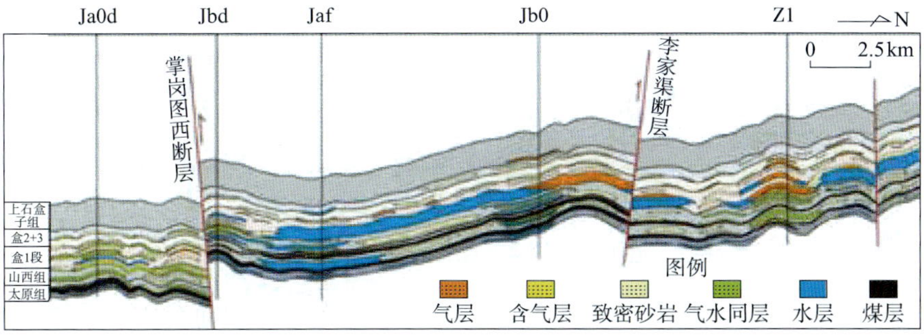

图3-2-6 阿镇区带二叠系气藏剖面图

二、圈闭特征与勘探开发一体化评价技术

南部斜坡区复合河道区内砂体非均质性很强，砂体厚度较大时气层发育的概率较大，但并非一定有较好的气层发育。因此，仍需针对评价出的有利圈闭（复合河道区）进行内部刻画，发展河道区“甜点”识别评价技术。本区储层“甜点”和气层“甜点”是辫状河心滩砂体，通过地质、地震技术方法研究，以独贵加汗盒1气藏为例建立了心滩砂体的地质模型及其一体化识别技术。针对致密砂岩储层有效砂体横向变化快、非均质性强等特点，单一井型难以实现储量的充分动用。以储量最大化动用和采收率最高为目标，针对不同储层结构，优选开发井型。

1. 辫状河席状复合河道圈闭与甜点预测技术

针对大型辫状河席状复合河道岩性圈闭识别描述需求，建立了此类圈闭评价识别描述技术流程，能够实现利用相对低分辨率地震资料对辫状河席状复合河道中有效储集体进行有效预测（张威等，2021）。

1）盒1段层序地层特征

根据单井层序分析与井—震对比，将二叠系太原组、山西组、下石盒子组划分为2个一级层序、4个二级层序和7个三级层序，对应地震剖面上的4个连续稳定的同相轴。

盒1段沉积期盆地北部大型辫状河三角洲体系向湖盆中心快速推进。平坦宽缓的古地貌、多物源供砂、多水系供砂为盒1段大面积、广覆式砂体分布提供了物质基础。平面上，杭锦旗地区盒1段辫状河自西向东可划分为四个水系，每个水系宽度大于30km，由3~5条叠置交错的辫状河主河道组成。主河道由多期河道砂体复合叠置而成，宽度为3~5km，局部2~3条主河道交叉合并成更宽（5~15km）的连片河道。

2）基于复合砂体的厚度预测是“甜点区”预测的基础

盒1段共发育了4套沉积旋回,4期频繁摆动的河道形成的4套砂体在侧向上交错叠置，砂体在平面上呈连片分布。统计显示，盒1段砂体累计厚度主体分布为10~45m，其中厚度大于10m的井数占97%，大于20m的井数占75%。尽管单期河道砂体都有边界，但在盒1段这个二级层序纵向单元内，广覆式分布的席状砂体不存在明显的地质边界。

尽管砂岩呈大面积席状分布，但在河道频繁迁移作用下，心滩微相的（含砾）粗砂岩和水道充填相的中细粒砂岩是相互交错叠置的。因此，相对高孔渗的粗粒有效砂岩往往被相对致密的中细砂岩分割成不连通的渗流单元，砂体非均质性很强。研究区盒1段（含砾）粗砂岩单井钻遇层数有1~4层，部分达到5~6层，有效储层被非储层分割后，形成了“砂体连片，储层不连通”的格局。

在辫状河席状复合河道岩性圈闭中，河道砂体的分布控制了气藏的范围，储层的物性与厚度控制了天然气富集，相对而言，基于复合砂体的厚度预测是“甜点区”预测的基础，砂体厚度预测是较容易实现的技术方法。

3）复合河道“甜点区”（岩性圈闭）边界特征及确定方法

受河道砂体非均质性的影响，“甜点区”（岩性圈闭）边界不是一个狭窄的界限，往往是有一定宽度的区域，在该区域内储层或减薄尖灭，或变得致密，或含气，或不含气。根据勘探程度及认识，盒1段“甜点区”有以下特点：

①复合河道区域。

②砂岩层累计厚度有较大的范围，该范围以内砂岩单层厚度较大、泥质夹层少。

③有利储层、沉积微相与砂体厚度有较好的相关性。当砂体厚度大于一定值时，该砂体厚度范围内多分布有利储层及沉积微相，当砂体厚度小于一定值时，该砂体厚度范围内多分布不利的储层及沉积微相。

④储集岩性主要为粗粒的砂岩。

“甜点区”的边界实际上就是岩性圈闭的经济技术有效边界（郝蜀民、李良，2018）。圈闭评价实践中常用的圈闭边界实际上是圈闭的经济边界或技术边界，而非自然的圈闭边界，在该边界以内，获得商业油气流的概率能满足当前勘探开发的需要。前期研究已证实，圈闭主体的分布主要受沉积相带控制，圈闭面积、含气面积确定的关键在于边界的确定。

圈闭含气面积边界确定方法：通常采用试获商业油气流井的最小有效厚度作为圈闭

的含气边界，确定方法通常有两种。一种是利用圈闭内砂岩厚度与气层厚度交汇图版，结合试油气结果来确定圈闭的砂体厚度边界；另一种是利用圈闭的气层厚度下限和净毛比，反推圈闭的砂体厚度下限。

图3-2-7为独贵加汗区带盒1段单井砂岩厚度与气层厚度交汇图，统计表明，当砂体厚度大于20m时，已有产气井气层厚度一般大于5m，经测试有较大概率（约75%）试获工业气流，由此选择气层厚度为5m，砂体厚度为20m作为盒1段的圈闭经济边界下限。

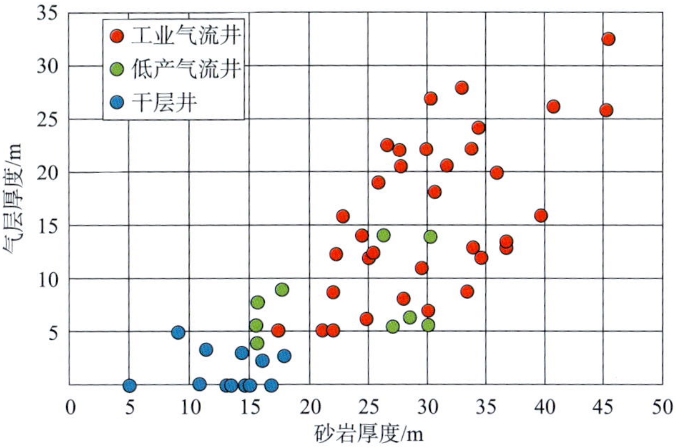

图3-2-7　独贵加汗区带下石盒子组盒1段砂岩厚度与气层厚度交汇图

4）盒1段甜点储集体预测方法

（1）甜点储集体的地震预测难点与解决思路

复合河道中有效储集体空间分布预测是圈闭识别描述的核心和难点。独贵加汗盒1段（深度2900~3200m）三维地震主频20~25Hz，根据楔状模型下地震子波调谐理论（Rayleigh JWS，1945），垂向可分辨的最小厚度为40~50m。而本区砂岩单层厚度主要为5~15m，且不同粒度砂岩与泥岩在纵向上相互叠置，无法在常规地震剖面上直接识别。解决的思路是在建立有效储集体发育模式的基础上，建立不同类型沉积体系在特定的地震资料背景下的综合解释模型，开展井—震一体化精细解释、沉积相分析与储层预测。

（2）有效储集体的岩石物理特征

在录井、岩芯资料与测井曲线联合对比分析的基础上，优选没有受井径扩大等外在因素影响的不同岩性声波时差和密度测井曲线数据，计算波阻抗并进行了交汇分析。数据表明，岩石粒度越大，声波时差越高，密度越小，波阻抗越小；有效储层（含砾粗砂岩、粗砂岩）与非有效储层（中细砂岩、泥岩）的声波时差、密度和波阻抗均存在较大差异，重叠较小，而中砂岩、细砂岩与泥岩之间的岩石物理参数分布存在一定的重叠（图3-2-8、图3-2-9）。

（3）储层不同叠置模式的地震正演模拟

在有效储层与围岩有明显波阻抗差异情况下，当为一套波组内仅发育一套砂体的简单模型时，地震振幅与这套储层有较好的对应关系，对于一套波组内有效储层与非储层相互叠置的辫状河复合砂体，就会产生相互干涉的多个波阻抗界面，储层与地震振幅、波形之间的对应关系就变得复杂。为了揭示这种复杂性和规律性，本文根据辫状河复合河道的发育模式，建立了一组10个砂泥岩剖面地震正演模型（图3-2-10）。

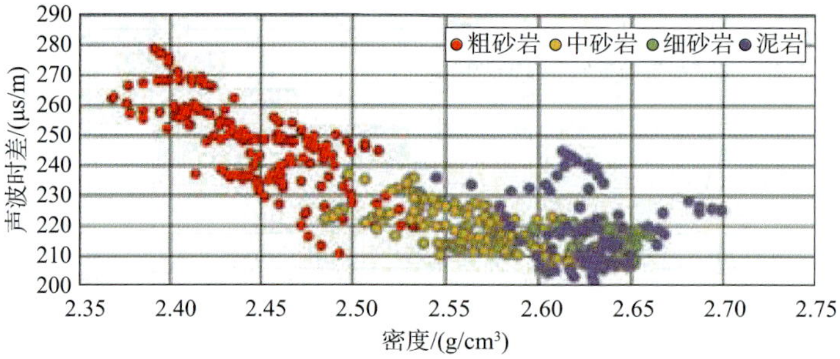

图3-2-8 独贵加汗区带盒1段不同岩性声波—密度交汇图

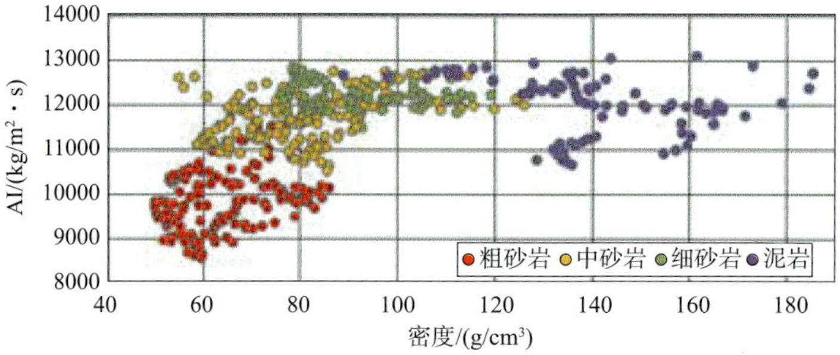

图3-2-9 独贵加汗区带盒1段不同岩性波阻抗—密度交汇图

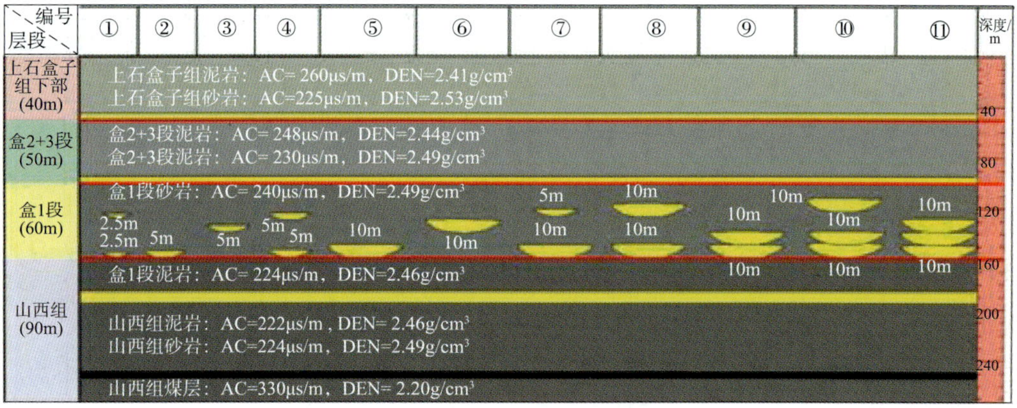

(a)不同厚度、不同叠置关系的砂体地质模型

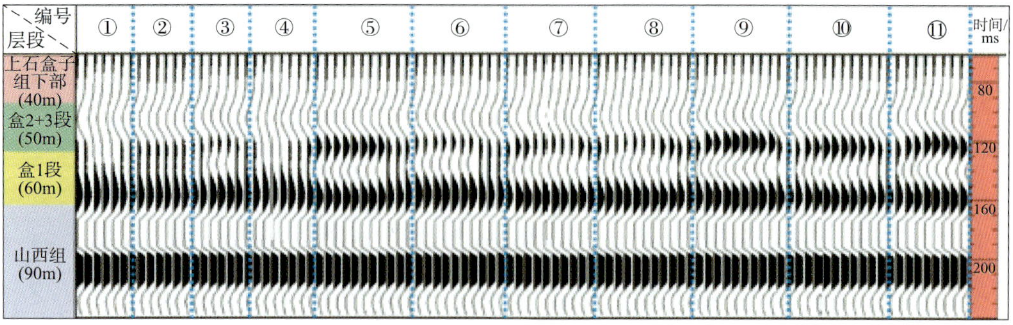

(b)不同厚度、不同叠置关系的砂体地质模型

图3-2-10 不同厚度砂体反射正演模型

地震正演模拟显示特征为，①盒1段泥岩与下伏山西—太原组泥岩普遍存在波阻抗差异，无论盒1段砂体发育程度如何，在盒1段底部都存在一个稳定的同相轴T9d；②当储层厚度小于（含）5m时，T9d与之上的T9e以复合波形式出现，振幅微弱；③当储层厚度大于（含）10m时，T9d与T9e之间的波谷开始出现，总体上波谷振幅随着储层厚度增大而增大；④相同储层厚度情况下，储层集中分布时的振幅强度大于分散分布时的振幅强度；⑤对于同一套储层，位置越靠近底部，振幅越大。

正演结果表明，通过地震波形可以检测出累计厚度10m以上的储层；储层层数、位置都对波形差异有影响，但并不能分辨出单套储层位置。

（4）实际砂泥岩剖面井—震模型

为进一步揭示不同储层叠置模式的地震响应特征，依据实际地震、测井与录井资料，总结了研究区3类6种井—震响应模式（图3-2-11）。

①复合心滩切叠模式。一般位于多期河道交汇的中心部位，多期心滩相互切叠，形成单层大套储层，砂体总厚度大于30m，有效储层总厚度大于20m。在地震剖面上表现为T9d之上波谷强振幅，T9d与T9e波峰为高连续平行反射、中—小时差（图3-2-11 Ⅰa）。

②双层心滩叠置模式。位于两期河道的交汇部位，纵向上发育两套被泥岩分割的心滩。砂体总厚度大于30m，有效储层总厚度大于20m。在地震剖面上表现为T9d之上宽缓的强波谷，T9d与T9e波峰呈现高连续平行反射（图3-2-11 Ⅰb）。

③多层心滩叠置模式。位于三期以上河道交汇部位，单期心滩厚度小于10m，心滩之间为水道充填相的中细砂岩或泛滥平原的相泥岩。砂体总厚度大于30m，有效储层总厚度大于20m。在地震剖面上表现为T9d之上中—强波谷，T9e波峰呈现低连续、亚平行反射（图3-2-11 Ⅰc）。

④心滩/水道充填互层模式。位于复合河道边部，2期以上河道交汇，由于沉积水动力较小，形成的心滩厚度小，且与河水道充填相互叠置。砂体总厚度20~30m，有效储层总厚度10~20m。在地震剖面上表现为T9d之上中—弱波谷，T9e波峰呈现低连续、亚平行反射（图3-2-11 Ⅱa）。

⑤水道充填叠置模式。位于复合河道边部，纵向上以中、细粒的水道充填沉积物为主，夹有1~2套薄层心滩。砂体总厚度20~30m，有效储层总厚度5~10m。在地震剖面上表现为T9e与T9d波峰叠置成复合波（图3-2-11 Ⅱb）。

⑥孤立河道模式。位于河道间，主体以泥岩、中细砂岩为主，局部发育1~2套薄砂体，但在平面上不连续，呈孤立状分布。砂体总厚度小于20m，有效储层总厚度小于5m。在地震剖面上表现为T9e与T9d波峰叠置成复合波（图3-2-11 Ⅲ）。

以上井—震响应模式表明，在相对低频地震资料背景下，尽管不能分辨出单层心滩，但不同厚度、不同叠置模式的复合砂体在地震波形、振幅上是有差异的，这种差异是地震沉积相分析及有效储层预测的依据。

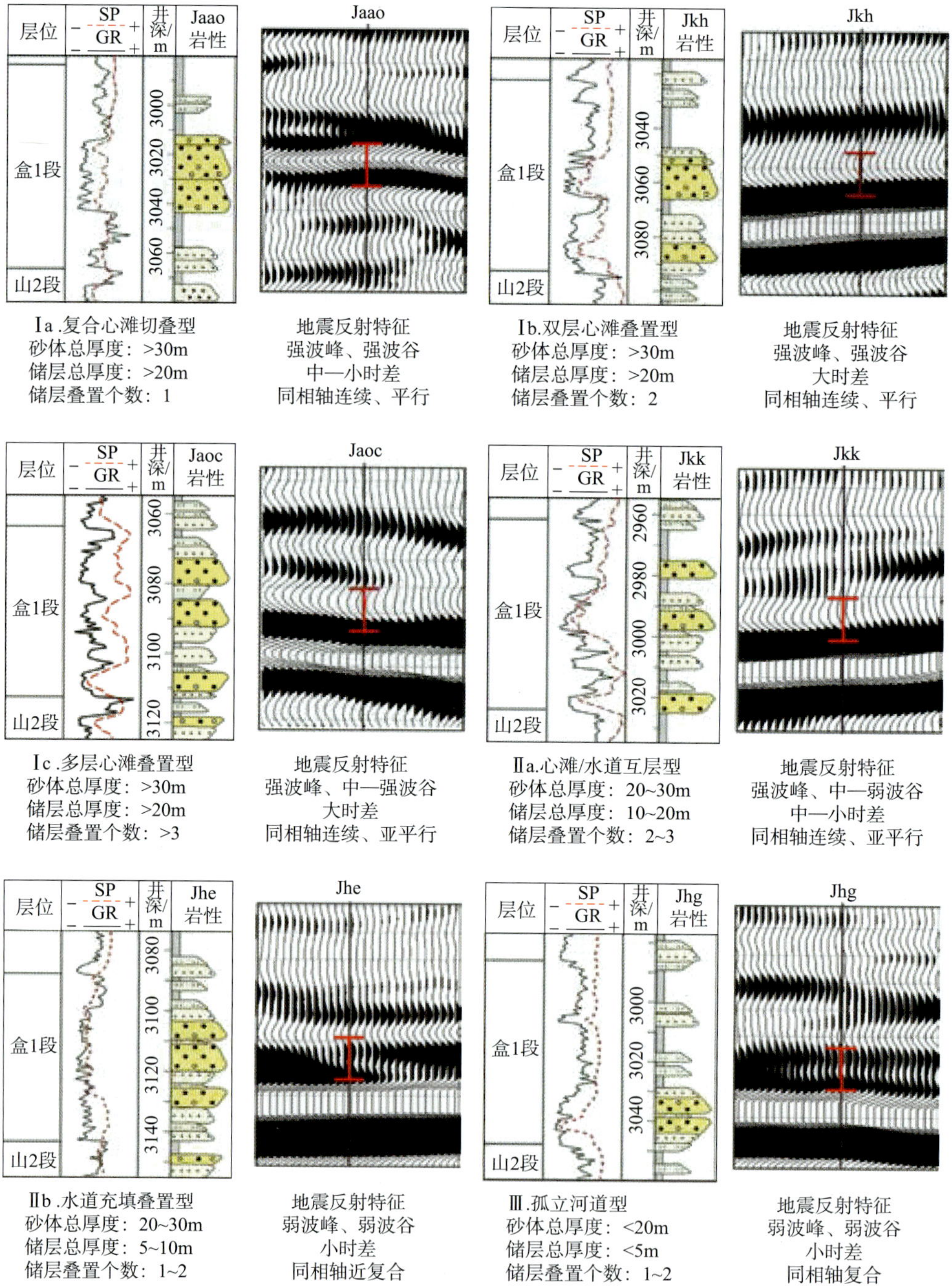

图3-2-11　盒1段不同砂岩叠置模式的井—震响应图版

5）纵向单元精细解释与井—震联合沉积相分析

借鉴地震沉积学的工作思路（Stratalslicing，1998），充分结合研究区辫状河复合河道有效储层的地质特点及地震响应模型，提取代表目的层段有效储层整体发育特征的最大波谷属性与代表不同期次河道发育特征的地层切片属性，并进行有效结合，对杭锦旗中部独贵圈闭开展井—震联合沉积相分析。

根据本区地震资料频谱分析，主要目的层地震子波调谐厚度为40~50m；结合砂泥岩正演模型和实际井—震响应模型，在一个二级层序（盒1段）60m地层厚度范围内，所有地层切片为同极性，且振幅、波形变化可以反映复合河道的厚度及叠置模式的差异。因此，本次研究把二级层序（盒1段）作为席状型复合河道的最小作图单元。在层序格架约束下，对二级层序顶、底界面T9d、T9f开展精细追踪解释。

首先在目的层岩石物理分析及井—震响应模式分析基础上，试验多种地震属性与席状型致密砂岩的岩性组合匹配模式，最终确定了波谷振幅为敏感地震属性。

在层序地层格架约束下，在地震数据体重沿相对等时界面——二级层序Ss3顶底界面制作地层切片，并建立地层切片与沉积旋回的对应关系。在地震同相轴T9d与T9e之间选取8条地层切片，对应盒1段2个三级层序，平均每个三级层序内有4张地层切片。

首先在正演和井震实际模型的基础上，将盒1段地震相分为Ⅰ类、Ⅱ类和Ⅲ类振幅体，其中Ⅰ类为强振幅，代表多期厚层叠合心滩，Ⅱ类为中强振幅，代表心滩与水道充填互层，Ⅲ类为弱振幅，代表泛滥平原沉积。然后在井—震联合解释的地震数据体上，提取T9d之上的最大波谷振幅属性［图3-2-12（a）］，并在T9d和T9e之间选取代表盒1段早、中、晚期的典型的振幅切片［图3-2-12（b），图3-2-12（c），图3-2-12（d）］。

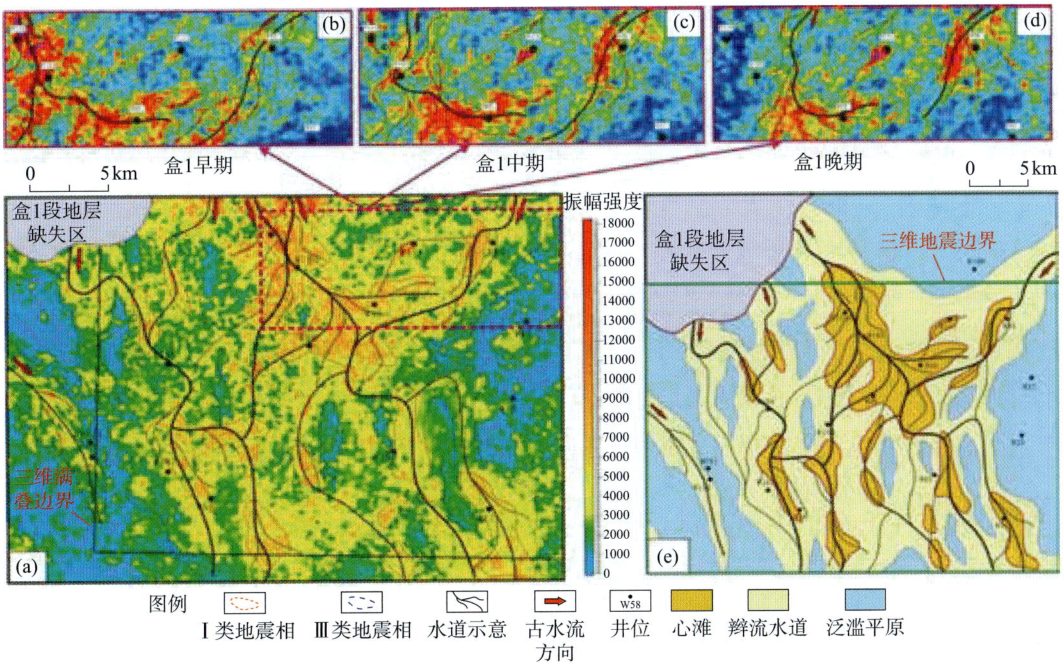

图3-2-12　独贵圈闭盒1段井—震联合沉积相分析平面图（张威等，2021）

（a）T9d上波谷最大振幅属性与河道分布图；（b）盒1下部振幅切片与地震沉积相分析图；（c）盒1中部振幅切片与地震沉积相分析图；（d）盒1上部振幅切片与地震沉积相分析图；（e）盒1段沉积相分布平面图

在大波谷振幅属性平面图［图3-2-12（a）］上，可以看到Ⅰ类、Ⅱ类振幅体连片分布，代表了叠合连片的席状复合河道岩性圈闭主体，Ⅲ类振幅体主要分布在主河道的东、西两侧。总体上从北部物源区向南部斜坡区，振幅逐渐变弱，代表了砂/地比逐渐降低，说明从古地形向南逐渐平缓，沉积水动力逐渐减弱。代表心滩复合体的Ⅰ类振幅体呈带状、片状分布，在北部多呈大面积连片分布，南部逐渐分散，顺河道呈小面积分布，在两条河道交汇处往往面积更大、振幅更强；代表心滩与河道充填叠合体的Ⅱ类振幅体一般顺河道方向围绕在Ⅰ类振幅体的外侧呈大面积分布，但是振幅强度不均匀，其中的强振幅呈“甜点”状分布，代表有效储层的含量在平面上变化较大。

在代表三期河道的振幅切片上，可以清晰地看到河道的演化。在盒1早期，发育3支主河道，其中西部河道振幅最强，呈连片分布，说明早期西部水动力最强；在盒1中期，西部河道的振幅体明显变弱且不连续，而中部河道的振幅体增强并在南部呈连片分布，东部河道振幅体的振幅开始增强、连片；在盒1晚期，西部河道的振幅体已经消失，东部河道的振幅体进一步增强。三期切片的变化说明了该区的河道是从西部的隆起区到东部的斜坡区逐步推进的。

依据三维地震工区内井—震联合分析，结合三维工区外的二维地震资料及钻井资料，预测了独贵圈闭的有利相带分布。独贵加汗圈闭盒1段为辫状河沉积相，包括心滩、辫流水道和泛滥平原三种微相类型。辫流水道和心滩组成的辫状河道复合体呈大面积席状分布；心滩复合体分布在辫状河道中心部位，北部呈连片近扇状分布，南部沿辫流河道呈分散带状分布。

2. 砂体叠置与岩性圈闭发育模式

独贵加汗区带下石盒子组盒1段沉积期紧邻公卡汉古陆，发育辫状河沉积体系，河道改道频繁、横向迁移范围大、细砾石含量较高，属于近物源砂砾质辫状河。该区盒1段砂体厚度较大、叠合连片范围较大且普遍含气，但砂体储集物性好、非均质性很强，造成砂体内部或砂体之间含气性变化较大。以叠置型河道充填为主的大型厚层叠置型砂质辫状河复合河道沉积，沉积过程中水下分流河道不断改道，形成了辫状河心滩、河道和河道蚀余堆积等空间复杂交错分布（图3-2-13）。

通过对该区盒1段大量岩芯的观察描述，结合直井测井、录井资料分析，识别近源砂砾质辫状河岩相类型和主要构型单元特征，并利用大量水平井和地震资料统计得出了构型单元规模参数，在此基础上统计心滩砂体、水道充填砂体的物性参数和含气性差异，明确不同类型圈闭内砂体叠置关系及气水分布规律。

受控于杭锦旗地区不同区带古地貌及源—汇系统差异，不同区带、不同层系砂体具有不同的储层非均质性特征及砂体叠置关系，进一步决定了圈闭类型及圈闭内气水分布。例如，杭锦旗地区北部盒1段发育厚层相互叠置的辫状河砂体，砂体厚度大（25~40m）、物性好［孔隙度8%~15%，渗透率（0.6~1.5）$\times 10^{-3}\mu m^2$］、连通性强、非均质性弱。同时该区构造相对南部更为复杂，局部构造较为发育，弱非均质性储层匹配局部构造，形成典型的构造气藏［图3-2-14（a）］。杭锦旗南部独贵加汗、十里加汗、新召等地区，盒1段砂体非均质性较强，复合砂体内部有效砂体连通性差，气水难以分异，形成典型的岩性气藏［图3-2-14（b）］。

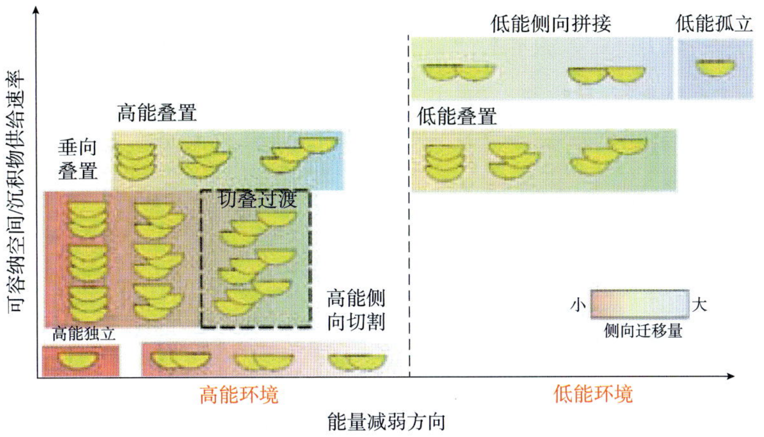

图3-2-13 不同可容纳空间/沉积物供给速率值和能量条件下河道砂体的叠置关系（张益，2021）

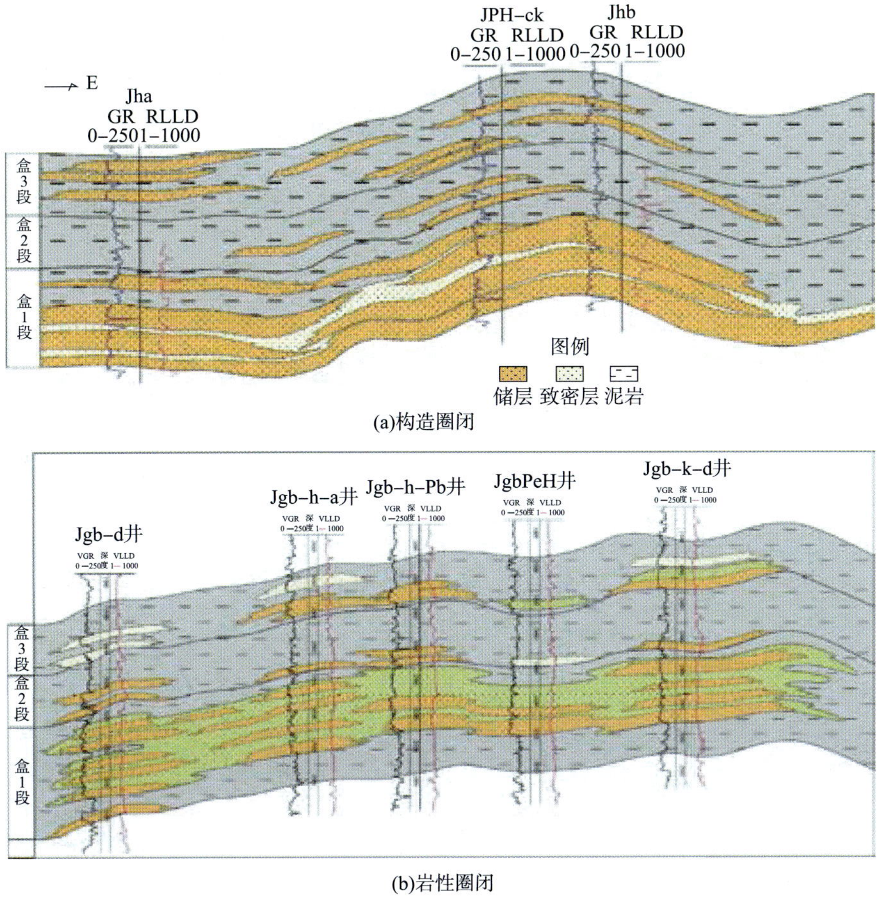

图3-2-14 不同圈闭类型内部砂体叠置与气水关系图

杭锦旗南部斜坡区发育典型的岩性圈闭，圈闭规模受辫状河砂体叠置特征控制。河道的频繁摆动会导致砂体的宽度、厚度等发生明显变化。因此，砂体的垂向叠置关系及横向叠置类型主要受砂体形成时期的水动力特征、物源、沉积物的供给速率及沉积相垂向演化等因素的控制。杭锦旗地区盒1段不同垂向叠置关系的砂体形态、砂体厚度及储地比具有较大差异，反映了河道的迁移、可容纳空间变化、沉积物沉积速率等各不相同。利用野外露头观察、实钻井分析等方法共识别出杭锦旗地区盒1段分流河道砂体横向叠置关系主要包括连续叠加型、间隔叠加型、侧向搭接型以及孤立型4类（图3-2-15）。

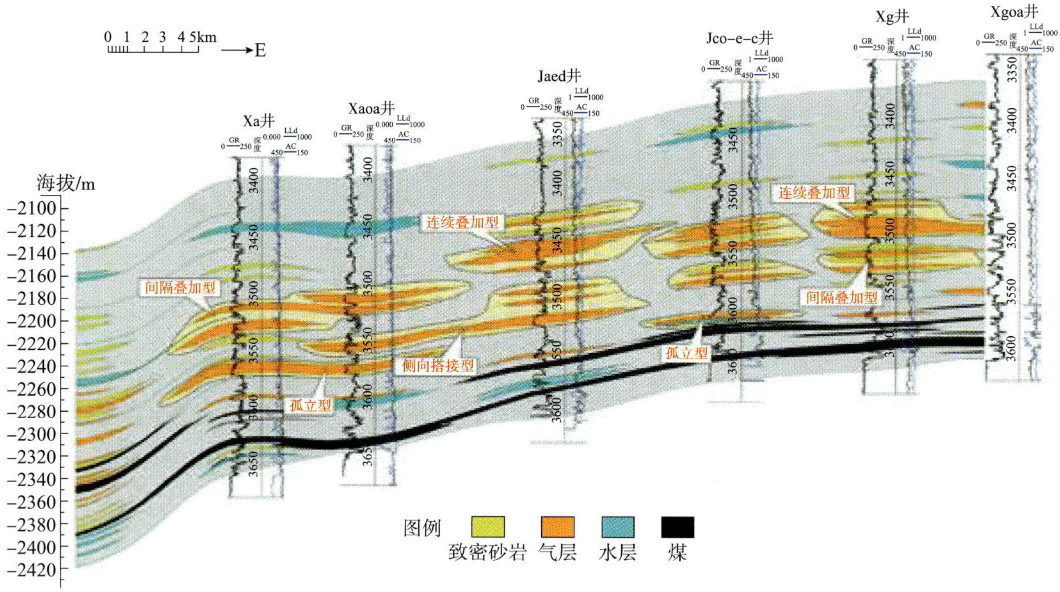

图3-2-15　岩性圈闭内部砂体叠置关系图

①连续叠加型。主要表现为气层垂向连续性较好，单层气层厚度相对较大（>8m），净毛比大于70%，自然伽马曲线表现为厚箱型，曲线相对较平滑或微齿化，表明河道摆动幅度不大，沉积持续时间较长，河道较稳定。此类叠置关系的砂体在岩性上常常表现为后一期河道发育期沉积的含砾砂岩直接叠加在前一期河道沉积的中—细砂岩之上。相邻两期的不同河道砂体垂向上紧密相邻、相互叠置，大大增加了砂体的垂向连通性。

②间隔叠加型。主要由多段厚度大于5m的气层与多个单层厚度大于2m的泥岩或粉砂—细砂岩隔层形成，呈分段式分布，净毛比一般介于70%与30%之间。自然伽马曲线一般表现为中等厚度的箱型（钟型）与具有明显回返的中等厚度钟型（箱型）分段分布，反映了分流河道同样发生了多期改道，但单期河道沉积稳定时间相对较长。

③侧向搭接型。当河道迁移次数相对较少，水动力条件相对较弱时，后期河道边部冲刷前期河道的边部，使得两期河道砂体的边部形成搭接关系，砂体剖面上彼此对接，

平面上并行流过，形成水平搭接式砂体，垂向上没有切叠关系。水平搭接砂体的横向连通性较好，横向展布距离大大增加，但纵向上砂体厚度并无太大变化，且连通性相对较差。

④孤立型。由单套气层组合而成，自然伽马曲线表现为箱型—钟型复合，其主要发育于河道边侧部位，横向上延续距离短，沉积后常被泛滥平原或分流间湾的泥质沉积所覆盖。孤立砂体在横向上连通程度相对较低，在纵向上连通性同样较差。

3. 立体井网开发模式

东胜气田南部斜坡区致密砂岩储层有效砂体横向变化快、非均质性强，纵向上发育多套含气砂体，单一井型难以实现储量的充分动用，以储量最大化动用和采收率最高为目标，针对不同储层结构，优选开发井型，如图3-2-16所示。

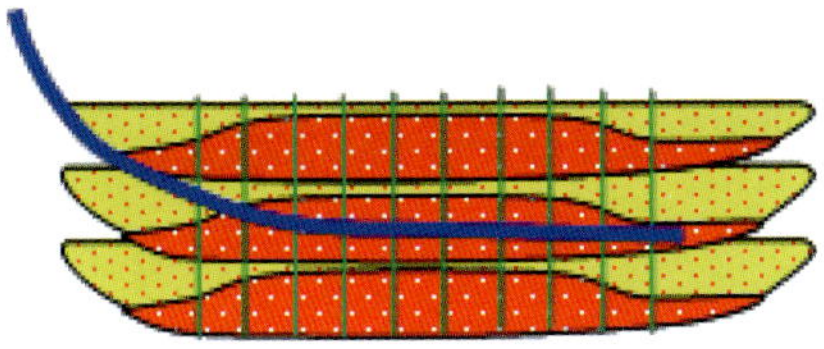

(a)多层切叠式

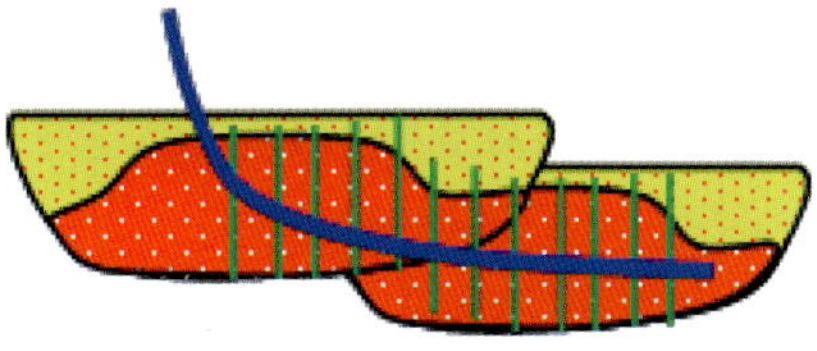

(b)多变切割叠置型

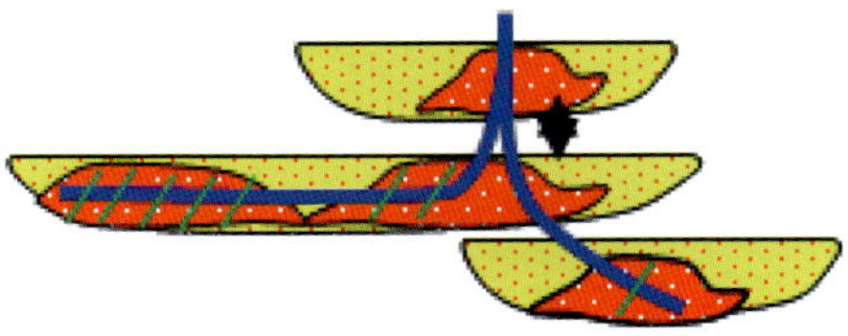

(c)横向局部连通型

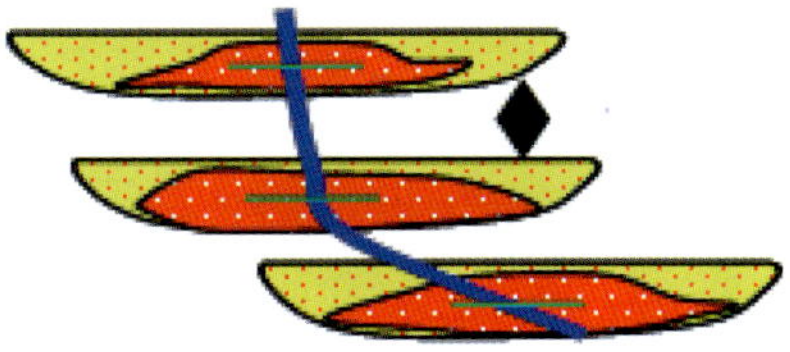

(d)垂向多层叠置孤立型

图3-2-16 东胜气田南部斜坡区不同类型砂体叠置模式与立体井网部署

适合部署水平井的砂体类型包括3类：①垂向切叠式砂体，单层气厚大于4m，且泥质夹层厚度小于3m［图3-2-16（a）］；②侧向切割叠置型砂体，叠置砂体厚度大于6m［图3-2-16（b）］；③横向局部连通型砂体，局部可形成规模较大砂体，具体井型需根据砂体规模确定，如预测砂体横向局部连通较远，砂体厚度大于3m，延伸长度大于1.5km，类似糖葫芦，可部署水平井，或者部署直井或定向井［图3-2-16（c）］；④对于孤立型砂体，垂向呈现多层叠置，单层砂体厚度小于6m；或者多层砂体发育，单个气层厚度小于4m，适合部署直井或定向井［图3-2-16（d）］。

在井型优选基础上，建立了从地面到地下、从宏观到局部的多维度、多尺度、多因素耦合的“分级约束”井网优化设计体系。综合考虑地貌、储层分布特征及微观渗流因素，形成“水平井井组”“直井+定向井”“直井/定向井+水平井”3类混合井网部署模式（图3-2-17），实现复杂类型气藏储量动用率的提升。

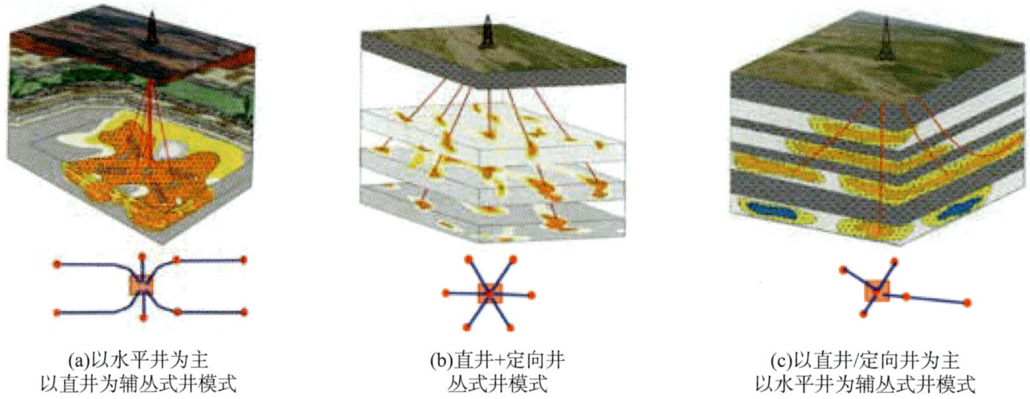

图3-2-17　混合井型立体开发井网

第三节　北部隆起区复合气藏分布与勘探评价技术

伊盟隆起呈东西走向展布，古生代以后为一继承性长期隆起，其北侧为新生代河套断陷盆地，伊盟隆起现今呈东北抬升、向西南倾斜的平缓斜坡构造面貌，倾角仅1°~3°。古生代以来，该隆起基本处于相对隆起状态，盖层总厚1000~3000m，各地层向隆起高部位减薄、尖灭或缺失。伊盟隆起太古代—中元古代为一持续隆起区，缺失下古生界沉积。上古生界以不同层位超覆于下伏太古界—中元古界之上。在太古界—中元古界侵蚀面上，古潜丘广泛分布，上古生界披盖明显，形成许多局部隆起。晚古生代地层表现为由南向北的超覆—披覆式沉积，受沉积古地貌影响，山西组、太原组多有缺失，太原组仅发育在泊尔江海子断裂南部。其中下部的山西组和下石盒子组属“超覆层”，其地层分布受古陆影响，上石盒子组和石千峰组属“披覆层”，是下伏层中多套气层的区域封盖层。杭锦旗地区北部什股壕区带位于伊盟隆起上，区内小断层发育，大多为走向北东、倾向北西、断穿T9–T9d（二叠系下统）层位的逆断层，低幅构造呈散状分布（图3–3–1）。

什股壕区带煤系源岩展布面积局限且厚度较小，一般为0~6m，有机质成熟度*Ro*普遍小于0.9%，生烃潜力低。本区成藏层位是下石盒子组，研究表明南部高成熟源岩区所生天然气通过断+砂输导体系由南向北进行运移，因此，成藏组合是源储侧接式的组合关系。盒1段发育构造气藏，盒2+3段以构造—岩性复合气藏为主，已在盒2+3段提交探明储量$162.87\times10^8m^3$、控制储量$960.54\times10^8m^3$。

盒1段具有典型的辫状河沉积特征，盒2+3段则具有曲流化迹象。盒1段砂体厚度多为20~55m，平均40m，储层厚度为15~35m，平均24.3m，储层平均孔隙度11.9%，平均渗透率为$2.3\times10^{-3}\mu m^2$，河道心滩以垂向加积叠置为主，储层横向连通性强，储层与地层厚度比平均值为0.51，是主要输导层。盒2+3段砂体厚度多为5~20m，平均10m，储层厚度5~10m，平均7.5m，平均孔隙度为11.0%，平均渗透率为$0.85 \times 10^{-3}\mu m^2$。

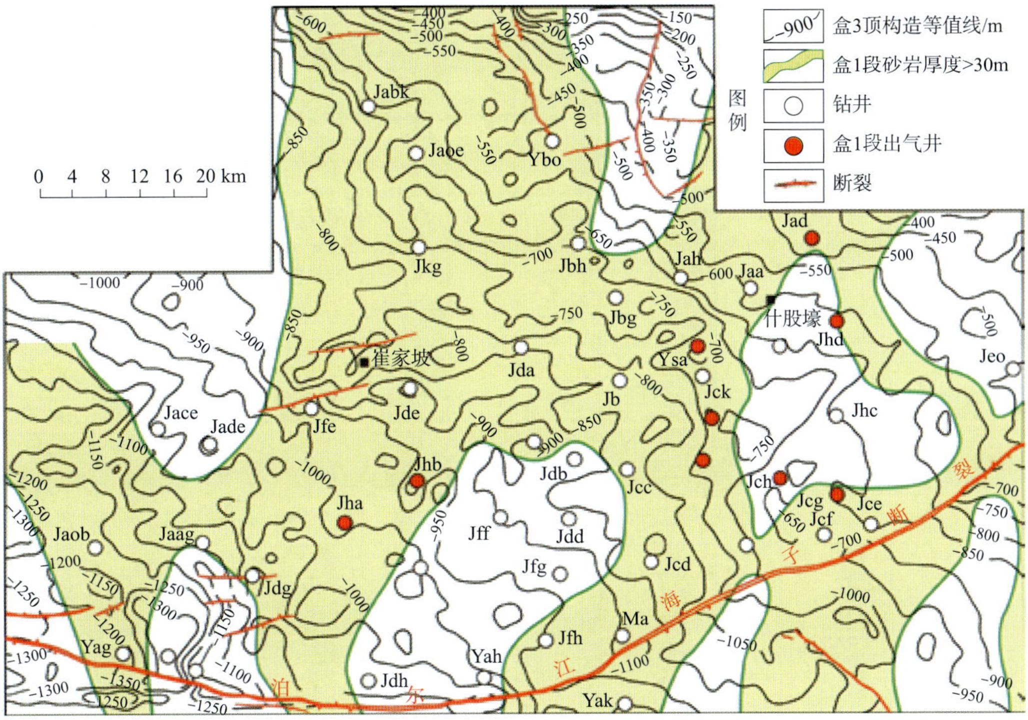

图3-3-1　什股壕区带下石盒子组顶面（地震波组T9f）构造图

一、砂体叠置样式与圈闭发育特征

1. 砂体叠置样式

什股壕区带盒1段沉积环境主要是陆上辫状河流沉积体系，盒2、盒3段主要为辫状河沉积，部分区域为曲流化的河流沉积，砂体岩性以砾岩、含砾粗砂岩为主，主要发育心滩、水道充填、河幔沉积微相，有效储层主要为心滩、水道充填砂体。心滩、水道充填砂体底部发育砂砾岩滞留沉积，心滩主体发育含砾粗砂岩、粗砂岩、中砂岩和细砂岩；单期心滩整体呈向上变细的正韵律，发育块状层理、槽状交错层理、平行层理，厚度为1~4m；心滩砂体的自然伽马测井曲线呈箱型，当多期心滩叠加，表现砂体厚度加大。

盒1段砂体全区分布，厚度主要分布范围为20~45m，由盒2段到盒3段总体上表现出基准面上升，可容纳空间减小，物源供给减小，单河道砂体规模减小，由“砂包泥”变为“泥包砂”的特点（图3-3-2）。其中盒2下小层测井曲线以光滑箱型、齿化箱型为主，反映该时期水动力较强；纵向上多期辫状水道和心滩沉积叠置，砂岩厚度大，单层砂体平均厚度为9.8m，泥岩较薄。

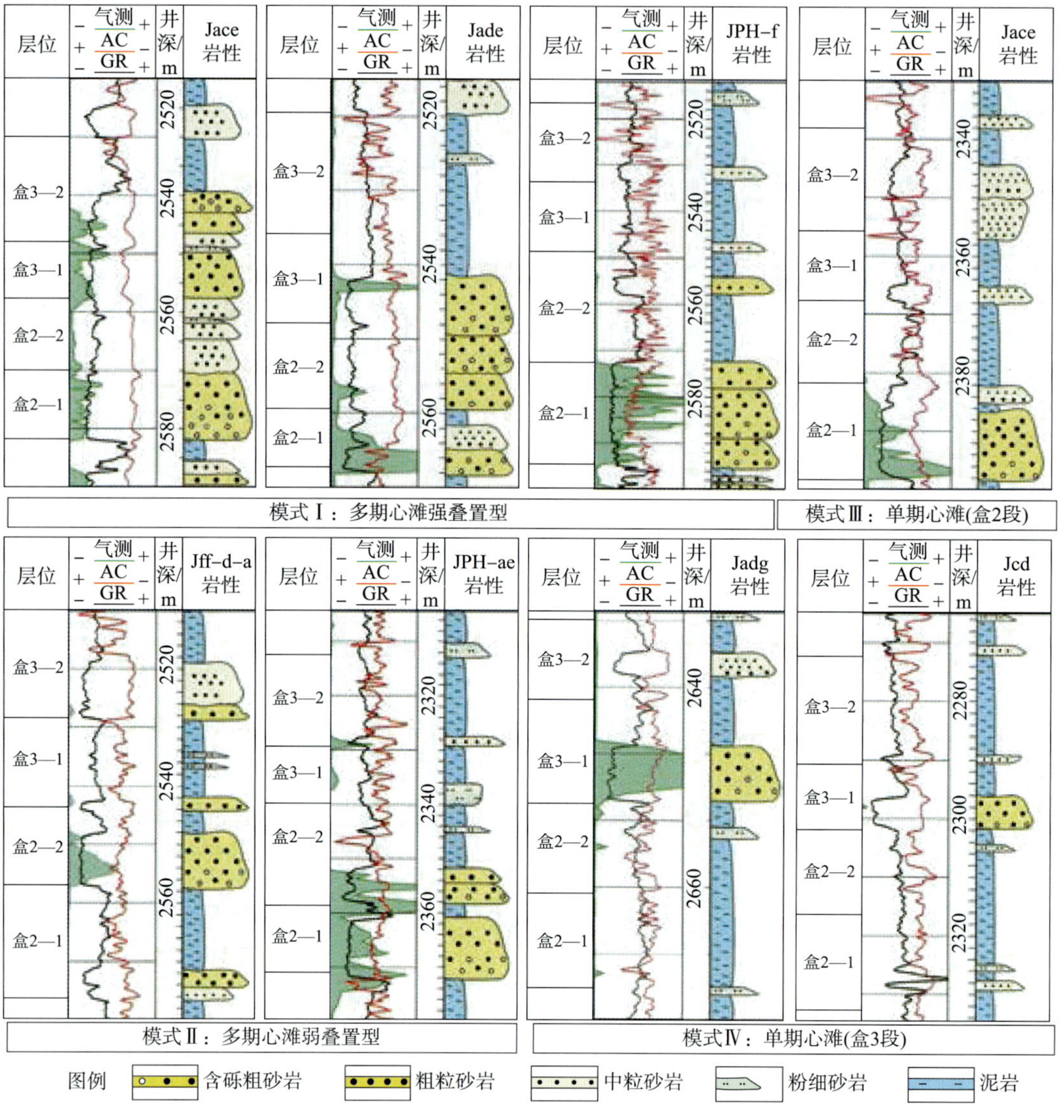

图3-3-2 下石盒子组上部河道砂体发育形式

盒2上小层沉积期基准面上升，水动力较盒2下小层沉积期减弱，测井曲线以箱型、钟型和指型为主，纵向上以单期辫状水道和心滩沉积为主，单砂体平均厚度为7.6m，河幔沉积较盒2下小层沉积期更发育，总体表现为以砂质沉积为主、泥质沉积增多的特征。

盒3下小层沉积期基准面继续上升，水动力较盒2上小层沉积期明显减弱，测井曲线以指型、钟型和低幅箱型为主，单河道砂体孤立式分布，单砂体平均厚度为6.7m，河幔沉积发育，呈“泥包砂”的特征。

盒3上小层沉积期基准面继续上升，水动力条件弱，测井曲线以指型为主，薄层单河道砂体孤立式分布，单砂体平均厚度为5.5m，河幔沉积发育，呈“泥包砂”的特征。

通过岩相、测井相分析，根据砂体发育位置及其纵向叠置关系，划分出盒2+3段四种河道砂体组合模式（图3-3-3）。

模式Ⅰ：多期心滩强叠置型，伽马曲线为箱型，盒1段或者盒2+3段河道砂体连续沉积、厚度大于10m，隔夹层欠发育。

模式Ⅱ：多期心滩弱叠置型，盒1段、盒2+3段发育大套厚砂体，心滩厚度大于10m，累计厚度大于30m，中间夹多套泥岩隔夹层。

模式Ⅲ：单期心滩，盒2段底部河道砂体发育，厚度较薄，小于5m。

模式Ⅳ：单期心滩，盒3段河道砂体发育，厚度较薄，小于5m。

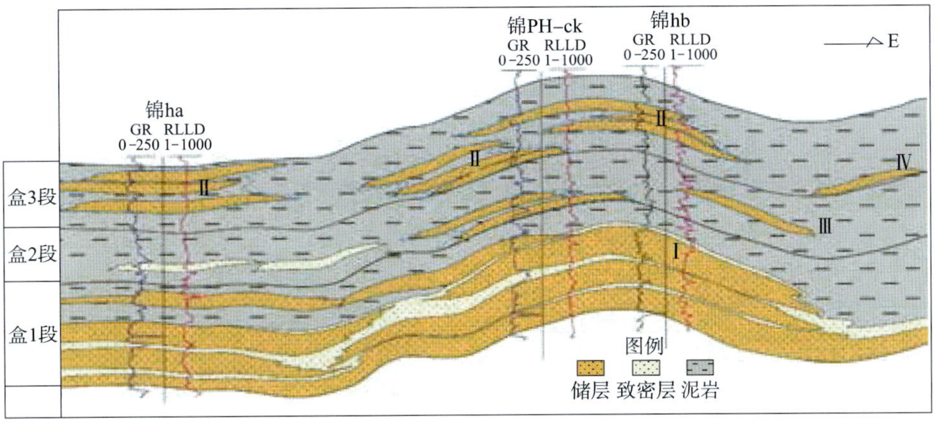

图3-3-3 什股壕区带下石盒子组典型的河道砂体叠置特征

2. 圈闭发育特征

不同的砂体叠置样式、储层内部结构及其与构造起伏的匹配关系，造成了圈闭类型的不同。什股壕区带发育多个与河道方向垂直的、南西—北东走向展布的低幅隆起带，为岩性—构造气藏的形成提供了有利条件。什股壕区带已在上古生界盒3段、盒2段、盒1段、山西组发现5套气层，其中下部地层盒1段和山西组主要发育背斜构造气藏，上部地层盒2段和盒3段主要发育岩性—构造复合气藏（齐荣，2018）。

通过对什股壕区带圈闭的形成条件进行分析和气藏解剖，目前可以划分出的类型有：构造圈闭，如背斜圈闭、断块圈闭；复合圈闭，如背斜—岩性圈闭、断层—岩性圈闭、断背斜—岩性圈闭等；岩性圈闭，河道砂体与不闭合的构造线叠置形成的、封堵因素主要为岩性因素的圈闭。通过深化气藏认识和技术方法，“十三五”以来，什股壕区带、浩绕召区带小型构造圈闭、低幅度复合圈闭识别描述较以往在以下几个方面进一步精细化：

①以经过验证的有利地震属性确定Ⅰ、Ⅱ类有利储层的位置。

②充分分析砂体走向与构造叠合关系，确定圈闭的封堵性及含气甜点位置。

③考虑了气、水分异条件，在气、水界面判别基础上确定圈闭含气范围。

本区气、水关系复杂的主要原因是，低渗透砂体叠加构造因素造成的气、水分异现象在砂体内部变化，含气甜点规模小但个数众多，复合气藏形态、封堵因素的不同组合形式（图3-3-4、图3-3-5）如下：

①砂体+单斜构造，主要是岩性封堵。

②砂体+背斜，以构造封堵为主，岩性封堵次之。

③砂体+断层，断层与岩性联合封堵。

④砂体+鼻状构造，岩性与构造联合封堵。

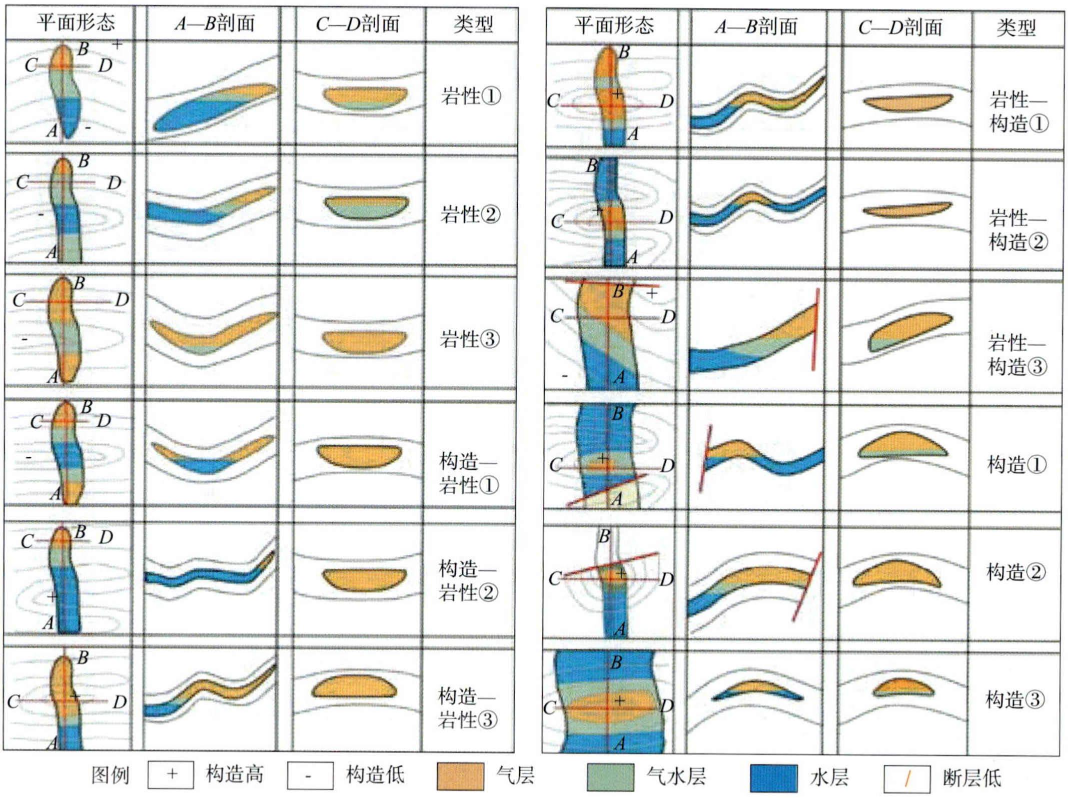

图3-3-4 复合气藏形态、封堵因素的不同组合形式

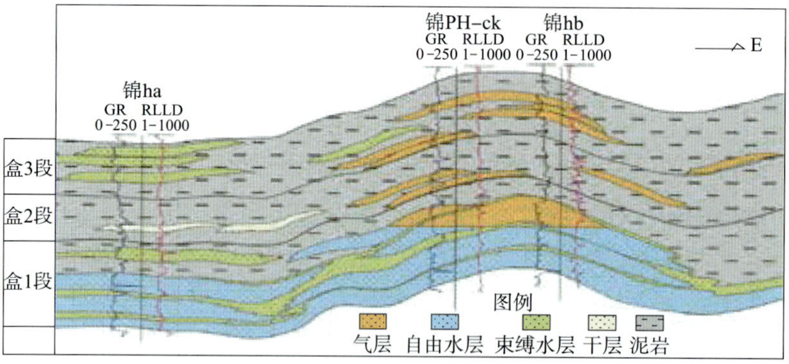

图3-3-5 什股壕区带典型的气藏剖面图

二、成藏模式与主控因素

非连续型（常规圈闭型）油气藏的特点是：油气藏呈孤立分散（不连续）分布，油气藏边界明确，一般有边底水发育；油气藏的分布严格受圈闭控制，圈闭类型为构造、地层—岩性或复合圈闭。

泊尔江海子断裂以北的什股壕区带是鄂尔多斯盆地上古生界最早发现天然气的地区之一，1977年，地矿部第三普查大队部署在背斜构造上的伊深a井在下石盒子组发现工业气流。通过长期的勘探与研究，什股壕区带已在二叠系评价出3套气层（盒3段、盒2段、盒1段），获得的地质储量已超千亿立方米。

下石盒子组由下部向上部，河道砂体规模逐渐减小，岩性封堵能力逐渐增加。下部盒1段厚砂体主要发育背斜构造气藏（图3-3-6），上部盒2段和盒3段主要发育岩性、构造—岩性复合气藏。横向上，从西向东，由斜坡带到隆起带，构造作用逐渐加强，气藏类型由岩性气藏转变为构造—岩性气藏；从下部到上部，构造作用逐渐减弱，气藏类型由构造气藏转变为岩性气藏。

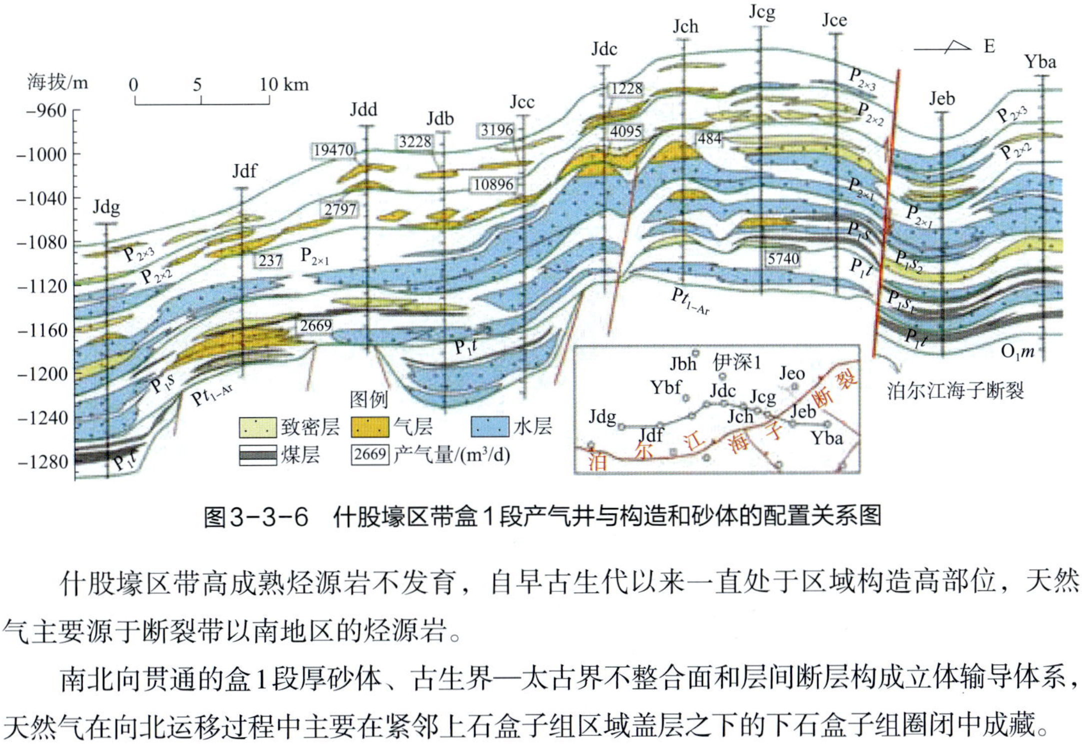

图3-3-6 什股壕区带盒1段产气井与构造和砂体的配置关系图

什股壕区带高成熟烃源岩不发育，自早古生代以来一直处于区域构造高部位，天然气主要源于断裂带以南地区的烃源岩。

南北向贯通的盒1段厚砂体、古生界—太古界不整合面和层间断层构成立体输导体系，天然气在向北运移过程中主要在紧邻上石盒子组区域盖层之下的下石盒子组圈闭中成藏。

层间断层分布不均，断距不大、倾角70°左右，断穿层位一般是太原组—下石盒子组，在上石盒子组中部发育（图3-3-7）。层间断层是天然气由盒1段向上运移至盒2、盒3段的主要通道。

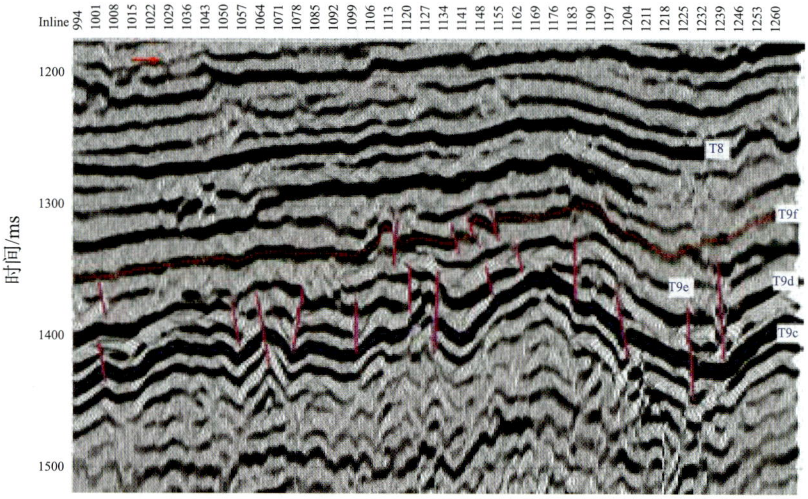

图3-3-7　什股壕Xline369线地震剖面显示的山西组—下石盒子组层间断层

经计算，本区储层内产生气、水分异的条件是：孔隙度大于10%，角度2°，砂岩厚度大于10m，连续水平长度大于400m。盒1段地层厚度60m，连续砂岩厚度平均40m，砂地比达到67%，孔隙度12%~15%、渗透率（1.5~3.0）$\times 10^{-3}\mu m^2$，砂体横向连片、连通性好，是什股壕地区天然气向北运移散失的主要输导层，只有局部构造发育的地方才能成藏。

盒2段、盒3段“窄河道”砂体与构造等值线的起伏配置关系呈现多样性，形成几何形态不同的复合圈闭，造成气、水分异的位置复杂化。

综上所述，建立了什股壕区带的成藏模式，即“优势输导供气，有效圈闭富集”模式（图3-3-8），这里的“有效圈闭”是常规意义上的圈闭，与断裂带以南致密区下石盒子组“相带控藏、物性富集”的聚集方式有本质的区别。

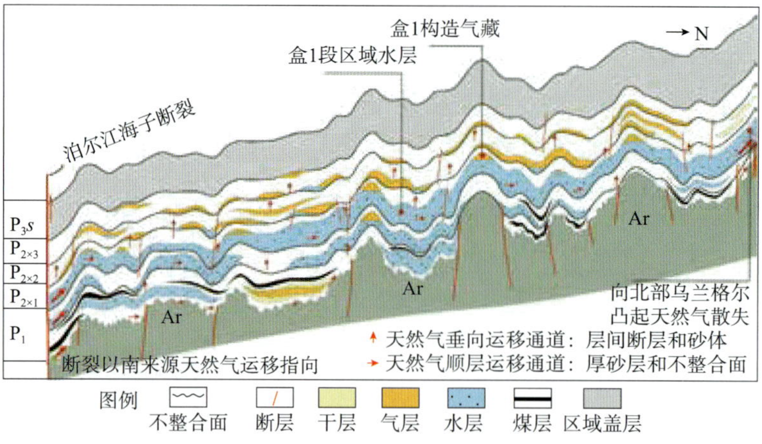

图3-3-8　什股壕区带上古生界天然气成藏模式图

杭锦旗地区北部什股壕区烃源岩厚度相对较薄或不发育，且热演化程度相对较低，已有研究成果表明天然气存在向北的长距离运移过程，由于泊尔江海子断裂在晚侏罗世以前处于挤压状态，断裂相对封闭，什股壕区带天然气成藏应发生在晚侏罗世以后，这时断裂带以南地区烃源岩也已开始大量进入生排烃期。在泊尔江海子断裂带岩性并置关系较好、封堵性较差的区域，天然气沿断层面向上通过溢出点首先冲注到下层太原组、山西组地层，油气继续沿不整合面、山西组大面积分布的砂体和断裂做侧向和垂向运移，当油气垂向运移到盒1段，盒1段大面积分布的砂体也成为向北、北东侧向运移通道，相对于山西组，盒1段砂体厚度更大，且物性好，因此是向北侧向运移的主要通道。运移过程若在山西组、盒1段遇到有效圈闭，就形成背斜构造气藏，遇到无效圈闭，则油气继续向北、北东侧向运移。同时在山西组和盒1段构造顶部油气可沿裂缝和断裂垂向运移，于盒3和盒2有效圈闭处形成岩性+构造气藏。在源侧低渗构造—岩性成藏带中，构造与储层物性共同控制了天然气的富集。构造条件为控藏的主要因素，储层物性条件次之，勘探工作的重点是对局部构造的精细刻画。

三、勘探开发一体化评价技术

什股壕区带主要成藏层位是二叠系下统的下石盒子组，山西组山1段在局部有气藏发育。由斜坡带到隆起带，构造作用逐渐加强，圈闭类型由构造—岩性圈闭转变为以构造圈闭为主；从下部到上部，构造作用逐渐减弱，圈闭类型由构造圈闭转变为构造—岩性复合圈闭。

不同圈闭类型有不同的评价识别要素。背斜圈闭识别重点在背斜构造的精细解释和气水界面的识别，低幅度构造—岩性复合圈闭是研究区数量最多的圈闭类型，评价关键是储层的展布、构造的精细解释、封堵条件的分析和气水界面的识别。

1. 河道砂体地震响应特征及其预测方法

盒1是多期心滩强叠置型砂体，厚度大，盒2、盒3段发育多期心滩弱叠置型或者单期心滩砂体；整体上从下向上呈现出由“砂包泥”变为“泥包砂”的特点。

1）盒1段厚砂体的地震反射特征

盒1段砂体在什股壕全区分布，厚度主要分布在20~45m，仅在Jff—Jdd井一带厚度相对较薄，小于20m，除此之外已有钻井揭示厚度多在30m以上。盒1段辫状河河道砂体以厚层粗颗粒砂岩为特点，砂砾岩层、砾岩层常见。地震T9d波反射强度相对较大、连续性好，是本区标志反射层之一，空间上容易追踪，具有非常好的识别度。根据本区地震波组标定结果以及反射界面地质意义划分，盒1段底界面对应于地震T9d波组，不同区域略有偏移。T9d波普遍发育，整体来说是一种强反射连续性好的反射波，区域上相差较小。“十二五”以来，用于预测盒1段砂体的方法主要有T9d波组反射特征分析，用来预测盒1段含气性的方法主要有T9d上最大波谷属性+局部构造。

T9d连续强反射是盒1段厚砂体的特征，其强弱与盒1段砂体厚度呈正相关关系。从

图3-3-9中可以看出，T9d波在盒1段砂体厚度较小的区域多呈弱反射甚至空白反射特征，相比之下Jcc井、Jdc井在盒1段砂体厚度较大，与之对应的T9d波也呈连续的强反射特征。

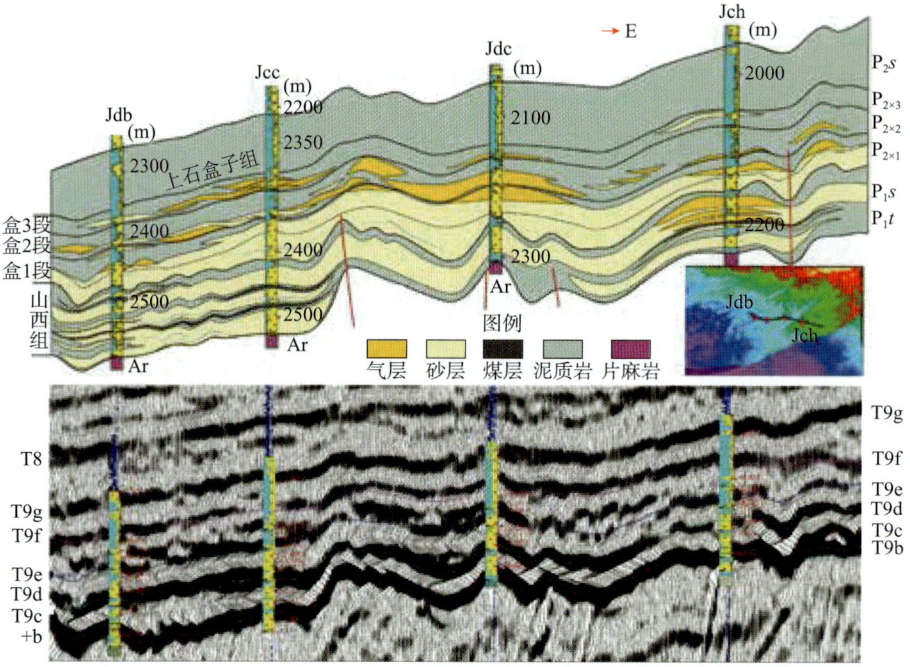

图3-3-9 过Jdb—Jch井地震—地质解释剖面图

盒1段砂岩与泥岩之间的波阻抗差异较小，随着砂体物性变好，其波阻抗进一步降低，从而形成更强的反射系数，加强T9d上波谷的反射。因此，T9d上波谷振幅较强部位与局部构造叠合处是盒1段构造气藏发育的有力特征。

2）盒2段、盒3段砂体反射特征及其预测方法

在对盒2段、盒3段地震反射波组特征进行分析时发现，反射波形成的机制主要是河道砂泥岩互层叠置，而砂、泥岩层速度和密度的差异导致波阻抗差异的出现，从而形成反射波，当砂体发育时，形成波谷反射。通过建立地质模式，开展正演模拟分析，明确了不同河道砂体组合形式地震响应特征具有差异性。砂体越厚，地震响应越明显，横切河道剖面上表现为透镜状（图3-3-10左）。结合区内井旁地震响应模式，细化分析砂体纵向组合形式不同引起的地震波形的变化，砂体厚度变化引起地震波形一定变化，横切河道方向地震剖面上表征为透镜状。单层砂体厚度大时，在地震T9e之上表现为既有强波谷，也有亮点反射（主要分布在区内东部）（表3-3-1）。在基底局部凸起部位，往往缺失太原组、山西组，甚至盒1段，地震T9b、T9c与T9d合并，T9e也不明显（图3-3-10右），凸起之上T9f之下的振幅异常是下石盒子组砂体（包括盒1段）发育的综合反映。

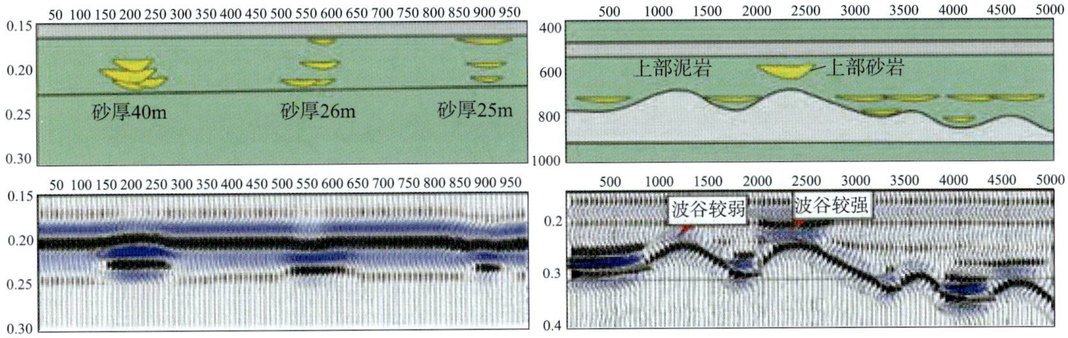

图3-3-10　盒2段、盒3段不同地质模型正演模拟分析

表3-3-1　什股壕区带盒2段、盒3段不同河道砂体组合模式及其地震响应特征

类型	层位与波组	砂体特征	地震波组响应特征	特征
1	盒3段 盒2段 地震 波组 T9f—T9e	单层砂体厚度大于10m，自然伽马曲线呈箱型	宽—强波谷，大时差；平面上显示强振幅条带	多期心滩切割叠置
2		砂体累计厚度大于10m	较强的波谷反射，时差较小，平面上显示较强振幅条带	多期心滩叠置有泥岩夹层
3		砂体发育在盒2底部，厚度薄，小于5m	波谷振幅弱且有下拉现象，时差较小，平面上显示较弱的条带	单期心滩
4		砂体发育在盒3上部，厚度薄，小于5m	波谷振幅弱且有上拉现象，时差较小，平面上显示较弱的条带	单期心滩
5		砂体厚度小于5m，自然伽马值较高；或无砂体	波谷振幅弱，呈点状，无条带形态	水道充填 河幔砂

2. 低幅度构造精细描述技术

针对低幅度构造的特点，在层位精细解释基础上，严格控制基础工作的质量，通过小网格、井点校正+地震约束、逐层递进，实现小层系构造的精细刻画。同时，进行大比例尺构造解释成图，落实构造趋势分布，分辨气藏差异化特征。在主频为20~25Hz、频宽为8~40Hz、相对低分辨率地震资料条件下，通过建立分序级断层响应模式及井震融合空变速度场，结合量化评价及质量控制技术，准确落实了10m低幅度构造及断距5~10m层间断层的空间展布。运用趋势面技术对研究区进行趋势面成图，突出了低幅构造的局部高点，可识别出不小于5m低幅度构造。针对全区构造发育特征，统计全区闭合圈闭165个，总面积148km^2，其中大于1km^{2}的42个，闭合面积为100km^2。利用井约束变速大比例尺成图对局部构造刻画更精细，更有利于圈闭识别，为选区评价和井位部署提供依据（图3-3-11）。

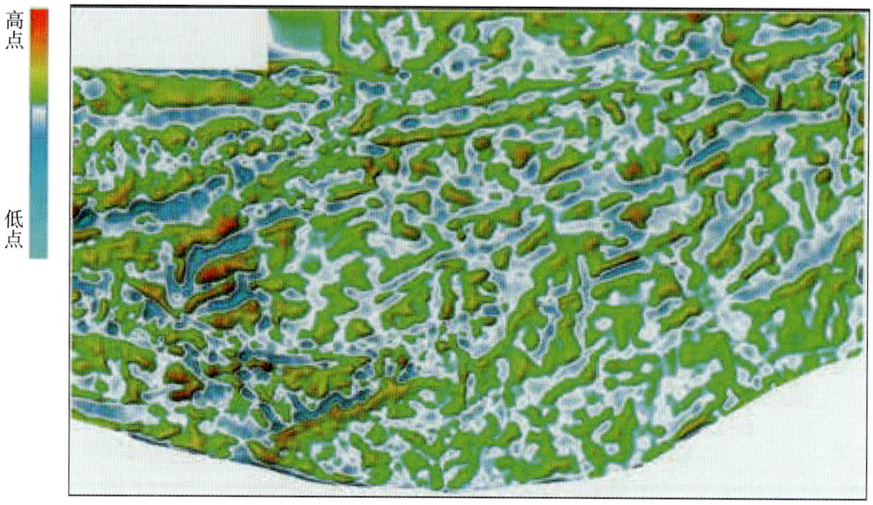

图3-3-11　趋势面法低幅度构造识别效果图（归平军，2019）

3. 气、水界面识别方法

在借鉴前人气、水界面识别方法的基础上，立足生产测试数据和测、录井资料分析，建立了本区以随钻气测异常+深侧向电阻率值“突降拐点”和偶极横波测井值“突升拐点”识别为主的盒1段单井气、水界面识别方法（齐荣，2015）。

什股壕区带盒1段地层厚度为60m，连续砂岩厚度平均为40m，砂地比达到67%，砂体横向连片、连通性较好，是研究区天然气成藏的主要输导层。总体上，盒1段圈闭是宽河道砂体叠合小背斜形成的，具有“气帽子”特点。

在盒1段单井剖面上，砂岩段由上往下出现随钻全烃异常+深侧向电阻率值的“突降拐点”是其气、水界面。随钻全烃异常值、深侧向电阻率值在砂层中自上而下、从高到低的拐点往往具有一致性，而砂岩物性没有变化（图3-3-12），这是气、水界面在井剖面上的直接反映。同时在地震剖面上，背斜上部地震波形表现出强波谷特征。

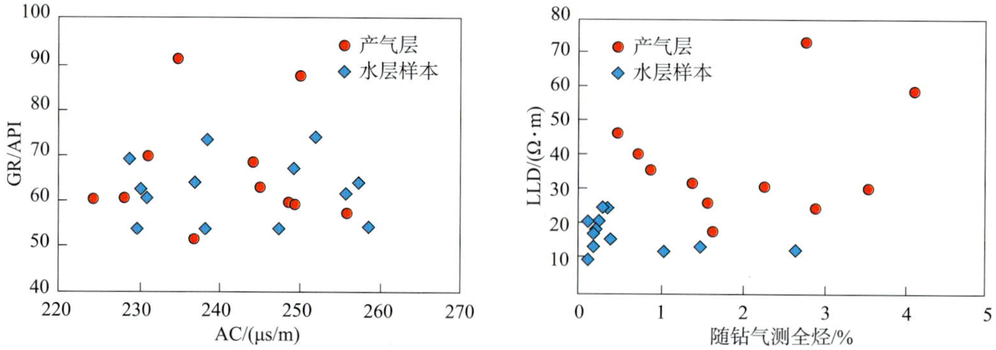

图3-3-12　什股壕区带盒1段气、水界面上下砂岩测井、录井参数交汇图

什股壕区带42口井中有14口井存在盒1段气、水界面。盒1段的气、水界面所处厚层

砂体的位置并不相同，根据气层分类和气、水界面识别特征，将盒1段单井剖面分为三种：

①整个砂体或大部分位于气、水界面之上，如Jch井大部分砂体位于气、水界面之上（图3-3-13），气层随钻气测异常值平均为1.6%，深侧向电阻率平均为40Ω·m，水层随钻气测异常值为0.4%，深侧向电阻率为17Ω·m。

②气、水界面位于厚层砂体中上部，如图3-3-13中Jhb井气层随钻气测异常值平均为4.0%，深侧向电阻率平均为26Ω·m，水层随钻气测异常值为1.0%，深侧向电阻率为12Ω·m。

③气、水界面位于厚层砂体之上，如Jfe井厚层砂体均在气、水界面之下，整段厚层砂体为水层，随钻气测异常值平均为0.2%，深侧向电阻率平均为9Ω·m，说明该井不在盒1段有效圈闭内。

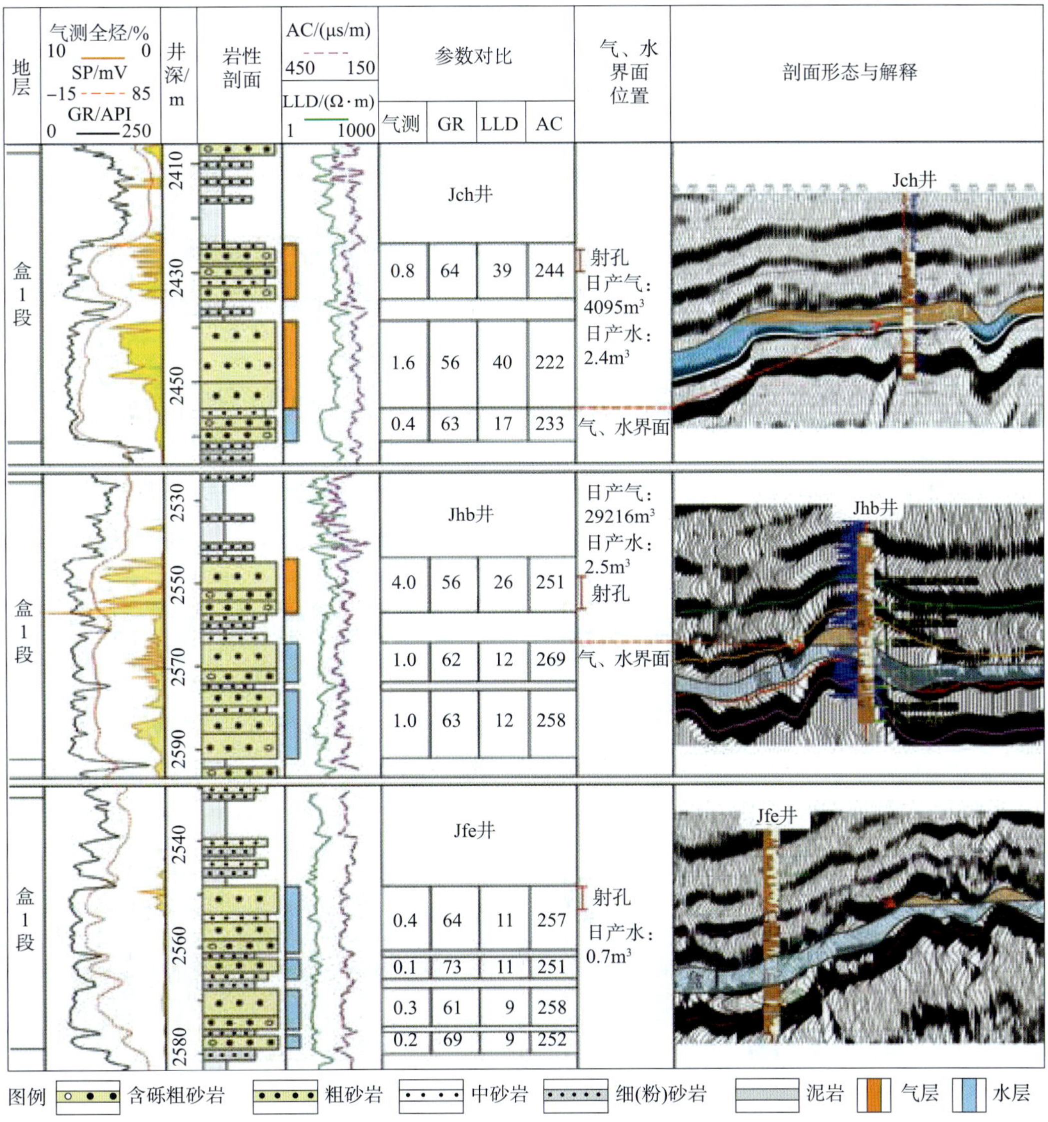

图3-3-13 什股壕区带单井盒1段气、水界面分析图

4. 圈闭评价技术

1）盒1段构造圈闭评价技术

自1999年以来，随着新一轮勘探评价工作的展开，确认了下石盒子组盒1段发育具有边、底水的背斜气藏。由于盒1段背斜构造规模较小（闭合面积2~10km^2，闭合高度15~45m）、单个圈闭资源量不大，加之先前的一些井层试气射孔段的选择没有充分考虑气、水界面的位置，致使气水同出，甚至只出水不产气，导致人们产生了盒1段气、水关系非常复杂的认识，影响了对其资源潜力的评价。

盒1段众多的小型构造圈闭具有相同的成藏条件，单个气藏具有独立的气、水界面，在剖面上表现为斜坡背景上的串珠状“气帽子”（图3-3-9），正确认识评价盒1气藏的关键在于对圈闭内气水界面位置的确定，确定之后才能准确评价气藏的规模及其潜力。

“十二五”以来，随着三维地震资料的应用，以单井气、水界面识别为基础，通过气、水界面在盒1段厚层砂体中的位置标定地震剖面，结合三维地震资料的构造圈闭形态解释，确定小型构造气藏含气面积。由于每个构造圈闭的充满度不同，会出现含气面积小于圈闭面积的现象。什股壕区带发育三十余个小型背斜气藏，储量达百亿立方米以上。建立有效方法对盒1段构造气藏进行气、水界面识别，逐个定量评价，可以提供气藏储量计算、井位部署的依据，同时也为该区下石盒子组成藏规律的研究提供重要依据。

以随钻全烃异常+深侧向电阻率值“突降拐点”确定的气、水界面为依据，对Jhb井盒1段背斜气藏进行详细解剖（图3-3-14）。该背斜圈闭溢出点海拔为-1060m，圈闭高度为60m、面积为4.69km^2，气、水界面海拔为-1030m，气藏高度为30m、面积为1.62km^2。可以看出，由于背斜圈闭的充满度不同，出现含气面积小于圈闭面积的现象。伊深a井盒1段背斜圈闭（图3-3-15）溢出点海拔为-815m，圈闭高度为47m，圈闭面积为4.1km^2，气、水界面海拔为-790m，气藏高度为22m，气藏面积为1.06km^2。

地层中的气体使纵波速度降低，但由于横波不能在气体中传播，故对横波的影响很小，导致含气地层的纵横波速度比要比饱和水地层的纵横波速度比小得多，利用这一性质可以识别气层，进而有效地识别流体界面（吴超、王晓云等，2002）。如Jhb井盒1段，埋深小于2557m的砂体，纵横波速度比明显小于1.65，泊松比明显小于0.2；埋深大于2557m的砂体，纵横波速度比明显大于1.65，泊松比明显大于0.2。可以确定Jhb井盒1段气、水界面在井深2557m附近，与随钻气测异常+深侧向电阻率值“突降拐点”法确定的界面一致，从另一方面说明，随钻气测异常+深侧向电阻率值“突降拐点”法在研究区具有有效性，同时研究区偶极横波测井数据很少，因此随钻气测异常+深侧向电阻率值“突降拐点”法更具实用性。Jhb井盒1段射孔井段为2548.5~2557m，试气稳定日产气量29216m^3。

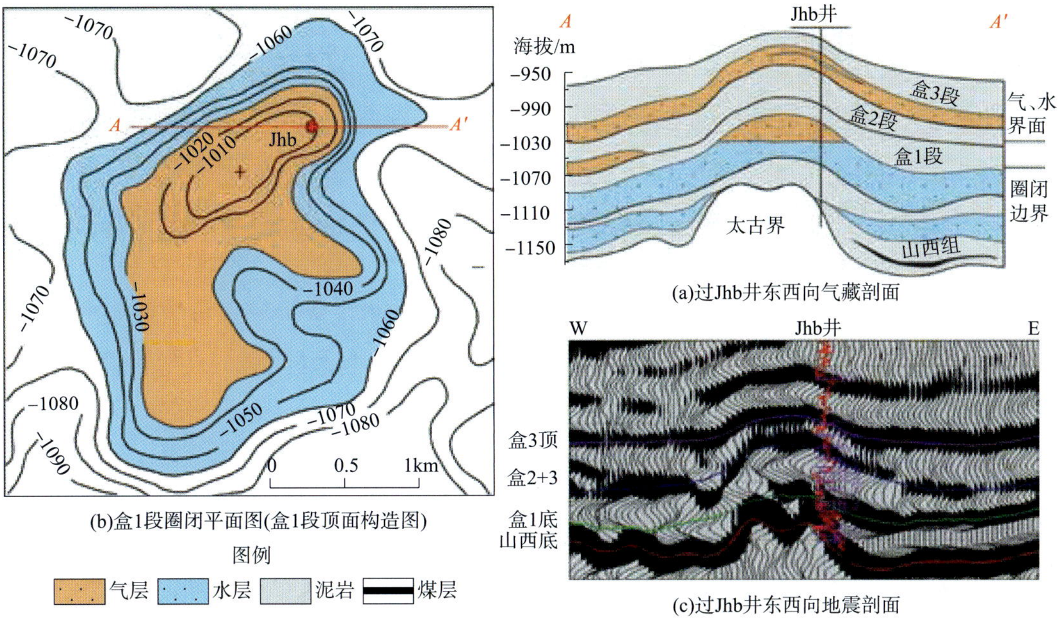

图3-3-14　什股壕区带Jhb井盒1段背斜气藏综合解释图

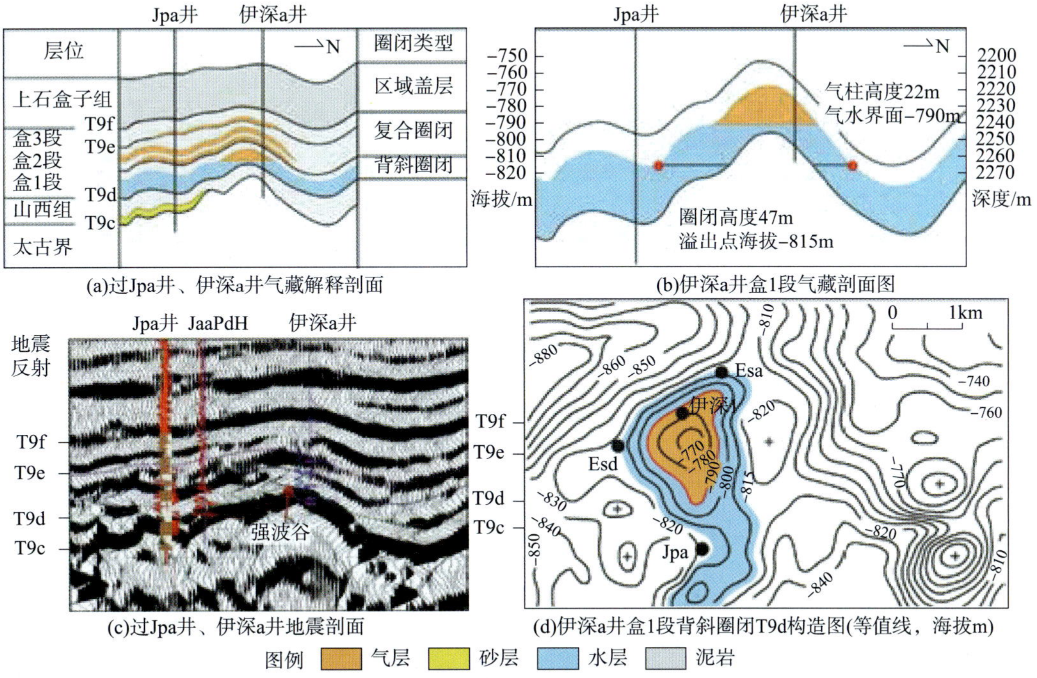

图3-3-15　什股壕区带伊深a井盒1段背斜气藏综合解释图

2）盒2+3段构造—岩性复合圈闭评价技术

什股壕区带下石盒子组盒2+3段主要发育构造—岩性复合圈闭，自2017年以来，通过深化气藏认识和技术攻关，对其识别描述较以往在以下几个方面进一步精细化：

①以地震可靠属性确定Ⅰ~Ⅱ类有利储层的位置；

②以砂体走向与构造走向的几种关系，确定圈闭的封堵条件及其位置；

③在气、水界面判别基础上确定圈闭含气范围。

部署在该类圈闭上的锦ace井、锦ade井、锦adg井、壕a井、壕b井均获得成功。这里以什股壕区带大营盒2+3段复合圈闭为例，介绍构造—岩性圈闭识别描述的主要内容。

3）储层展布和构造描述

区内主要发育一条规模较大的北西—南东向鼻隆带及少量小型背斜构造，南部还发育一些规模较小的逆断层，鼻隆带上发育若干向南西倾伏的鼻状构造（图3-3-16）。

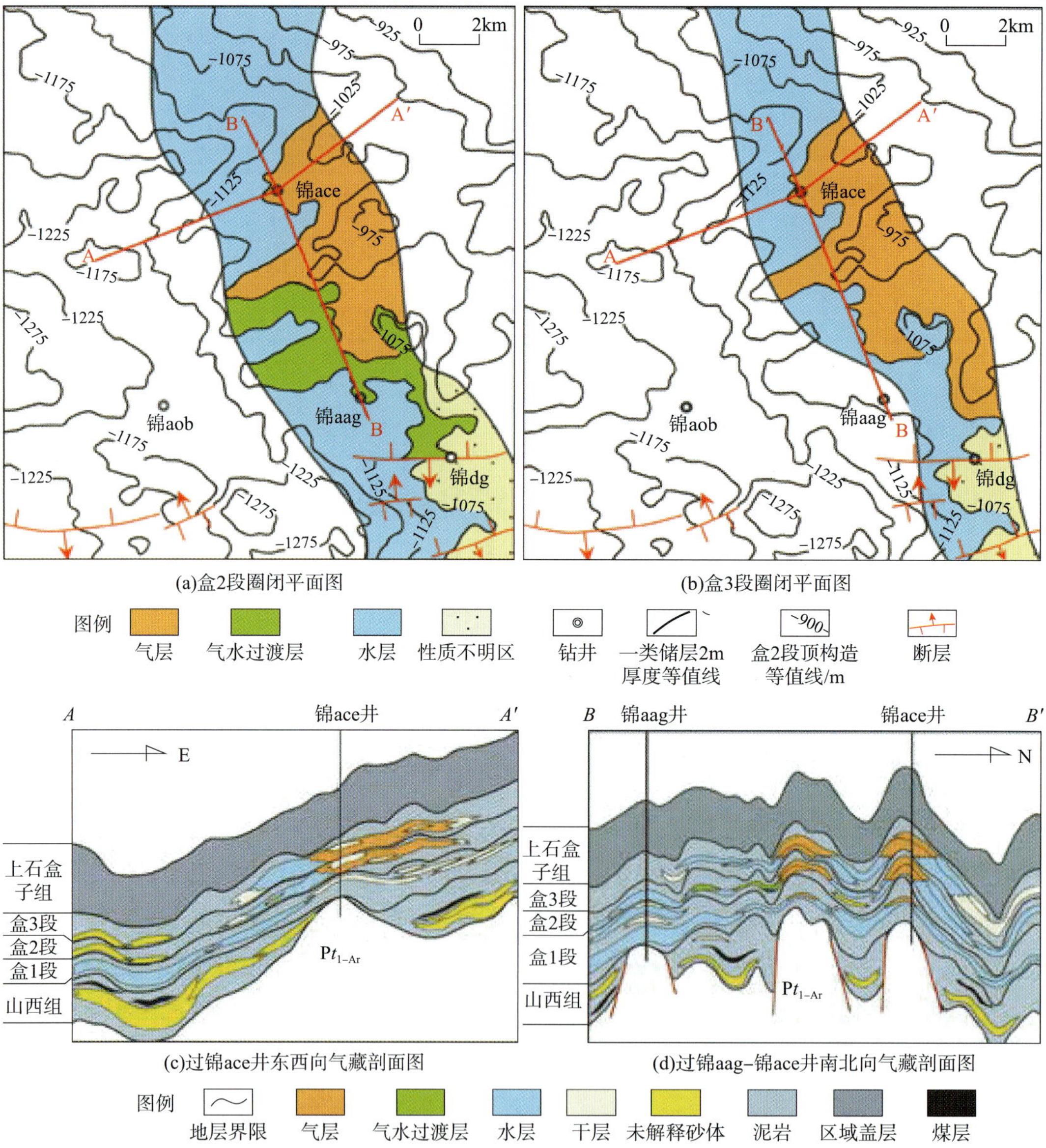

图3-3-16　什股壕区带大营圈闭盒2段和盒3段构造—岩性复合圈闭解剖图

4）封堵条件分析

河道砂体顺鼻隆带发育，切割鼻状构造，砂体在鼻隆上倾方向尖灭或致密化形成封闭，从而构成构造—岩性复合圈闭（图3-3-17）。

5）气、水界面分析

以锦ace井为例，盒3段砂岩厚度为18.2m。根据气、水层测井识别标准和随钻气测全烃值，分析认为全井段不发育水层（图3-3-17），位于气、水界面之上，从保守角度将其盒2、盒3段砂岩底部所在深度（分别为-1110m、-1085m）确定为其所在圈闭的气、水界面深度，即盒2段气柱高度为24.2m，盒3段为18.2m。将锦aag井盒2段综合解释为水层（图3-3-17）。判断锦aag井位于气、水界面之下，从乐观角度将其盒2段砂岩顶面所在深度（-1134m）确定为所在圈闭的水层顶面深度，将处于海拔-1134~-1110m地带划分为盒2段气、水过渡区，作为进一步验证区。

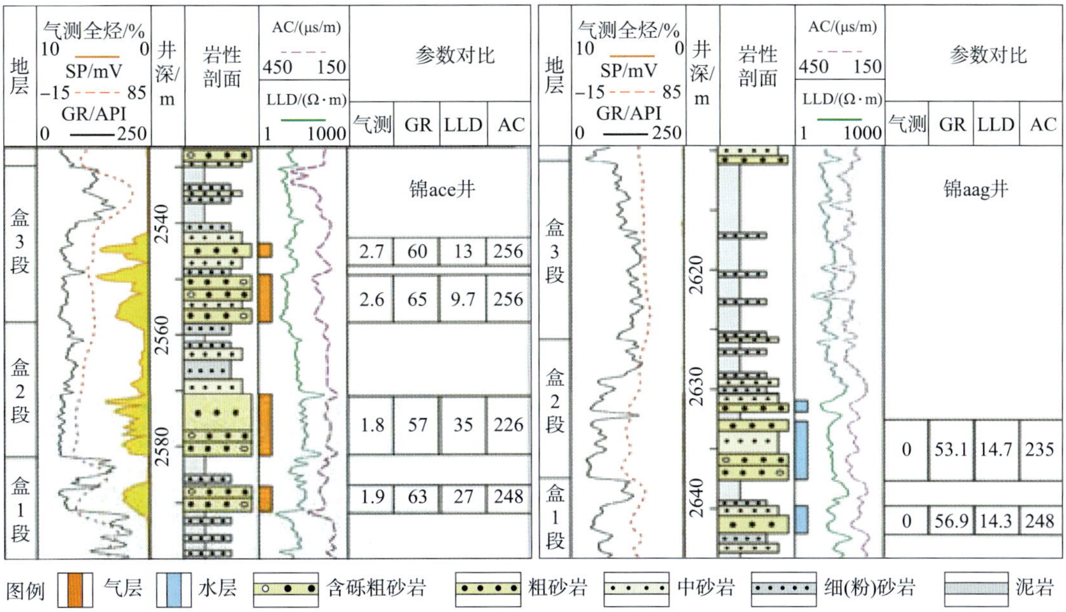

图3-3-17 锦ace井（左）、锦aag井（右）盒2、3段气、水层解释

5. 立体井网开发模式

主要目的层盒3、盒2段以窄河道辫状河沉积为主，河道宽度为500~1200m，迁移、摆动频繁，砂体及储层厚度变化大，储层非均质性强，气水关系复杂，不适合采用均匀井网开发。综合考虑气藏气水分布特征，以一次井网储量动用程度最大化为原则，在气藏构造精细刻画与储层精细预测、气水界面精细判识的基础上，采用不规则非均匀井网开发。

根据构造、砂体以及气水分布的不同配置关系，如图3-3-18所示，优选开发井型，形成以直井（定向井）为主、以水平井为辅的岩性—构造气藏井网部署模式。

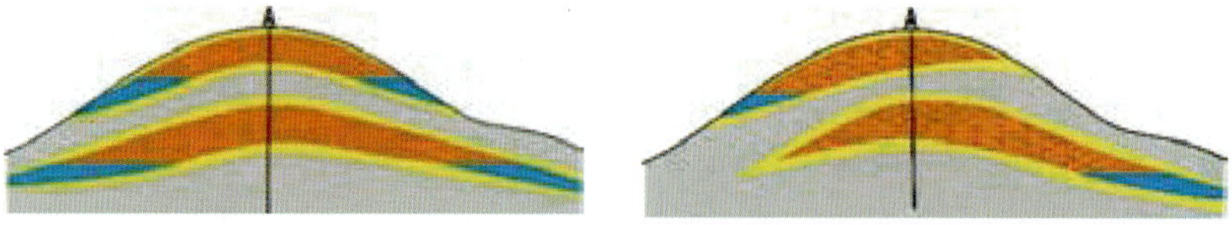

(a)多个心滩垂向叠置型

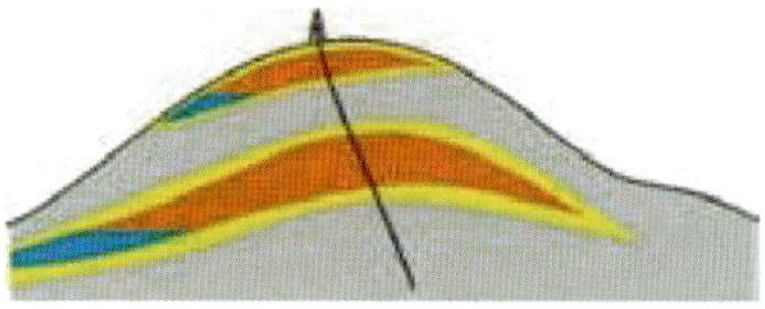

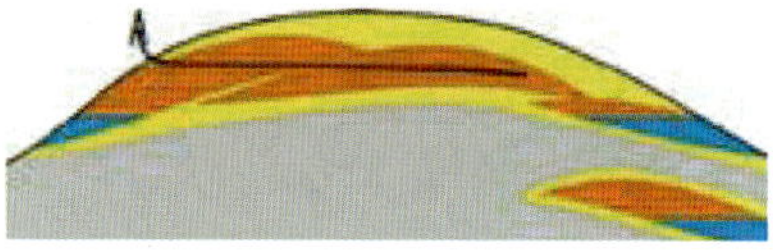

(b)多个心滩错列叠置型　　(c)多期心滩侧向切叠型

图3-3-18　岩性—构造气藏不同类型心滩叠置及井网部署模式

多个心滩垂向叠置发育，两套目的层心滩继承性沉积，平面基本无偏移，单个心滩宽度320m，气藏长度1060m，采用1口直井控制动用。

多个心滩错列叠置发育，两套目的层心滩平面位移距离110m，心滩宽度450m，气藏长度650m，1口定向井控制动用。

多期心滩侧向切叠发育，宽度340m，长度1390m，在气藏顶部部署1口水平井，实现储量的有效控制。

第四章

伊陕斜坡北部大牛地气田成藏组合与勘探

大牛地气田位于陕西省榆林市榆阳区、神木市和内蒙古自治区鄂尔多斯市伊金霍洛旗、乌审旗境内，区域构造位于鄂尔多斯盆地伊陕斜坡的北部，矿权面积约为2003km^2，经过“十三五”以来的重新评价，天然气资源量为$8176.4\times10^8m^3$。包括下古生界碳酸盐岩和上古生界碎屑岩两大勘探领域，两者在沉积特征和基本的成藏地质条件上有较大差异（包洪平等，2017；付斯一等，2019；郭艳琴等，2019；雷涛等，2020）。

该区块的勘探始于下古生界碳酸盐岩，1984年在榆林北部的伊bd井下古生界奥陶系风化壳内部首次见到4层良好的气测异常，试气获得天然气流，证实盆地北部下古生界奥陶系海相碳酸盐岩具有十分广阔的天然气勘探开发前景。地质矿产部的勘探家们在“七五”末期就提出了“主攻盆地下古生界风化壳和兼探下古生界盐下气藏”的勘探思想，甚至到1992年还坚持“主攻下古生界，兼顾上古生界”，部署在大牛地气田的鄂e井、鄂h井在奥陶系风化壳获得工业气流，但因经费不足以及技术能力限制，无论是上古生界碎屑岩还是下古生界碳酸盐岩都没有形成高产，持续很久没有规模储量。

在世纪之交华北分公司随新星石油公司并入中国石化，中国石化在鄂尔多斯盆地拥有了面积不大但十分宝贵的资源勘探开发领域，鄂尔多斯盆地被列为集团公司资源战略的主战场，华北石油局天然气勘探开发迈出了新的步伐。在“九五”后期提出鄂尔多斯盆地勘探的方针是“油气并举、以气为主，优选资源条件最好的塔巴庙区块作为战略勘探的突破口”。1999年，大探a井在上古生界山西组和下石盒子组分别获得工业气流。在此基础上“十五”计划要在塔巴庙探明$2500\times10^8m^3$储量并建成$5\times10^8m^3$天然气生产能力。功夫不负有心人，到“十二五”末，华北分公司整体探明上古生界，累计探明储量达$4545\times10^8m^3$，年产量$30\times10^8m^3$以上，碎屑岩勘探走过了一条艰苦的探索之路。而率先突破的下古生界沉寂了，资源量区区$650\times10^8m^3$，可持续发展面临接替不足的危机。然而勘探最大的价值在于不断地突破，不仅是技术上的突破，更重要的是在思想认识上的突破，“十三五”围绕资源接替，我们勘探开发一体化部署、地质工程一体化设计施工，不仅在上古生界精细描述气藏基础上取得稳产，而且下古生界海相碳酸盐岩风化壳岩溶领域扩大，进一步深入区域性走滑断裂控制的断溶、断缝领域，风险勘探还取得了下古生界烃源岩重要资料，通过对下古生界成藏模式的认识，打开了下古生界接替的资源领域。

本章在大牛地气田构造—沉积演化研究的基础上，系统阐述上古生界碎屑岩储层的构型与富集特征，下古生界海相碳酸盐岩烃源岩、储层形成及空间结构以及成藏组合特征，探讨了两大勘探领域的成藏分布规律和不同勘探阶段针对性评价技术。

第一节　古生界演化过程及成藏组合

一、古生界演化过程及其沉积充填配置

1. 构造—沉积演化过程

大牛地气田构造演化与盆地主体类似，先后经历了中—新元古代裂谷盆地、早古生代浅海台地、晚古生代海—陆过渡盆地、中生代内陆盆地及新生代周边断陷盆地等五个构造阶段。晚元古代长城纪，气田处于甘陕坳拉槽的末端，在西南部沉积厚层的滨岸相砂泥岩。受晋宁运动影响，长城系裂谷边缘挤压反转隆升，缺失蓟县—震旦系，西南部乌审旗低凸带受基底活动影响开始隆升（魏柳斌等，2021）。

早古生代，鄂尔多斯盆地沉积受“三隆—两坳——古陆”的古构造分布格局控制，大牛地气田位于中东部坳陷。寒武纪，发育浅水碳酸盐岩台地沉积，乌审旗低凸带控制徐庄组—三山子组地层向古凸起超覆尖灭，同时伴随着基底断裂发育，由东向西地层由徐庄组—三山子组依次超覆沉积。晚寒武世末—早奥陶世冶里期，受怀远运动影响，三山子组接受岩溶改造，形成良好的裂缝—孔洞型储集空间，并缺失冶里和亮甲山组地层。奥陶纪马一—马五段沉积期，发育局限台地—开阔台地沉积，受乌审旗古凸起影响，中西部地区发育灰云岩、白云岩、含膏云岩等有利岩性。晚奥陶世，盆地南侧的秦祁洋盆向北俯冲而北侧的中—蒙古洋盆向南俯冲，在南北两侧水平挤压力作用下，华北克拉通开始隆升（徐黎明，2006）。大牛地马家沟组地层遭受了1.5亿年的风化淋滤，形成复杂的岩溶地貌，控制储层的分布和发育。同时，乌审旗低凸带在加里东期早期活化，一方面有利于云坪和含膏云坪沉积微相的分布，另一方面控制小壕兔低凸带南北向断裂的分布，同时围绕古凸起在大牛地中东部的石板台斜坡和尔林兔高地发育一系列北西—南东向断裂；加里东期晚期的升降活动使奥陶系地层内产生一系列北东向的断裂，提供了深部岩溶作用的通道，拓展了储层发育空间。

晚古生代，鄂尔多斯地区又开始构造沉降、接受近海内陆坳陷沉积。晚石炭世，西侧的祁连海和东侧的华北海连成一片，大牛地气田太原期发育潮坪沉积相，随着北部物源区的隆升和剥蚀作用的加剧，海水向南退出，海相沉积向陆相沉积转化，发育三角洲—冲积平原沉积相。在太原期—山西期沉积了广泛分布的煤系烃源岩，为上古、下古

天然气成藏提供了有利的生烃条件，山西组—上石盒子组广泛发育的三角洲和辫状河砂体为上古生界天然气成藏提供了良好的储层条件。

三叠—侏罗纪是下古生界油气生成、运移的主要时期，晚侏罗世上古生界煤系烃源岩开始生烃，于早白垩世达到生烃高峰，天然气以短距离就近运移为主。晚白垩世，受燕山晚期运动影响，盆地在北西—南东向挤压应力作用下发生左旋剪切，构造活动剧烈、影响时间长，盆地东部开始抬升，使整个盆地变为向西倾斜的构造新格局，天然气向东运移调整，大牛地气田位于有利运移指向区。

综上所述，大牛地气田古生界有效储集体发育、烃源岩分布、源储配置及天然气动态成藏过程主要受区域构造—沉积演化的控制（图4-1-1）。

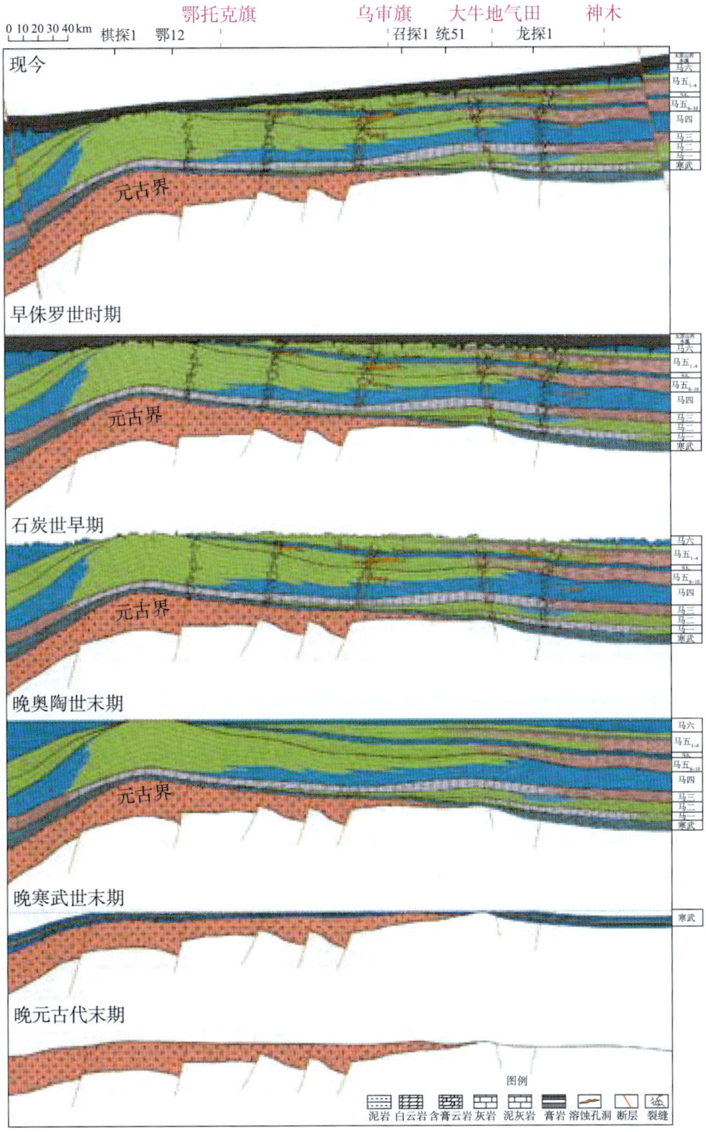

图4-1-1 鄂尔多斯盆地下古生界东西向成藏演化剖面图

2. 沉积体系及其充填配置

1）下古生界沉积体系及其充填配置

依据岩芯描述和薄片观察认识，结合整个鄂尔多斯盆地北部下古生界地层和沉积特征分析，大牛地气田下古生界属于华北陆表海碳酸盐岩台地沉积环境，根据海平面涨落情况又可进一步分为蒸发台地、局限台地和开阔台地等3类亚相，根据岩性、岩相和测井响应特征，可进一步细分为灰坪、云坪、膏湖、盐湖、膏云坪、台内滩、泥云坪、泥灰坪等8种微相（表4-1-1）。

表4-1-1　大牛地气田下奥陶统马家沟组沉积微相类型、岩相和测井响应特征

微相类型	岩相组合	GR/API	PE/（b/e）	DEN/（g/cm³）	AC/（μs/m）
灰坪	泥晶-微晶灰岩+颗粒灰岩	16~30	>3.5	2.4~3.0	158~190
云坪	泥晶-微晶白云岩+细晶-粉晶白云岩+颗粒白云岩	22~43	3~3.5	2.5~3.0	141~190
膏湖	含膏白云岩+膏岩	8~48	4~5	2.8~2.9	150~170
盐湖	含盐白云岩+盐岩	18~28	4~4.5	<2.4	>170
膏云坪	含膏白云岩	12~60	3.5~3.8	2.6~2.9	160~190
台内滩	鲕粒白云岩+颗粒白云岩	15~30	3.0~4.0	2.7~2.85	160~170
泥云坪	泥质白云岩	44~92	3.0~4.0	2.4~2.9	163~207
泥灰坪	泥质灰岩	50~99	3.3~5.0	2.4~2.9	176~207

早古生代，大牛地气田地理环境主要受古华北海的控制，沉积环境以碳酸盐岩台地为主。依据盆地区域性标志层、沉积旋回和古生物特征，寒武系由下向上发育徐庄组沉积期混积潮坪相—张夏组沉积期云坪相—三山子组沉积期云坪沉积微相。奥陶系马家沟组划分为六个沉积阶段三期海进—海退沉积旋回：下部马一段和马二段为第一期，中间的马三段与马四段为第二期，上部马五段与马六段为第三期。马家沟组马一段、马三段、马五段为相对海退期，开阔海域缩小，并广泛发育各类云坪和膏盐湖，其岩性以白云岩、盐岩及硬石膏岩为主，含少量石灰岩。马家沟组马二段、马四段、马六段均为相对海进期，沉积特征类似，即开阔海域扩大，不发育云坪和膏盐湖，其岩性以石灰岩为主，白云岩次之。大牛地气田马一段至马三段总体处于蒸发台地环境，海平面较低，蒸发作用强于淡水补充，到马四段遭受大规模海侵影响，马五段海平面下降，但尚未及马一段至马三段程度，主要表现为海退、海侵的反复“拉锯”，形成了浅水、高咸、暴露频繁的中低能沉积环境，岩性从灰岩逐渐变为白云岩甚至含膏白云岩（图4-1-2）。

综上所述，海平面的变化对大牛地气田马家沟组沉积亚相和微相的分异产生了巨大影响。进一步研究发现，在同一微相内，海平面变化依然是岩性岩相转变的关键因素。马一段形成于初始海侵，并伴有短期的海退，总体海平面较低，发育膏盐湖、含膏白云岩和泥质白云岩，局部地区受风暴作用形成的竹叶状白云岩，均指示了较浅的海平面。

马二段整体类似加积层序，海平面持续上升，但上升速率相对缓慢，膏岩和盐岩形成于短期的海退，陆源供给的泥质依然充足，白云岩总体颜色较深，海侵环境下形成的灰岩在马二段不甚发育，局部见叠层石，揭示了海平面的进一步升高。马三段为一次大规模的海退，形成台地内部蒸发环境，该时期形成的白云岩中膏岩广泛分布，盐岩亦十分发育。马四段为一次大规模的海侵，较高的海平面为厚层灰岩的沉积提供了条件。自马五段开始海平面再一次下降，除了马五5亚段沉积期发生短暂海侵，形成一套稳定灰岩，其他亚段均以白云岩及含膏白云岩为主要岩性。

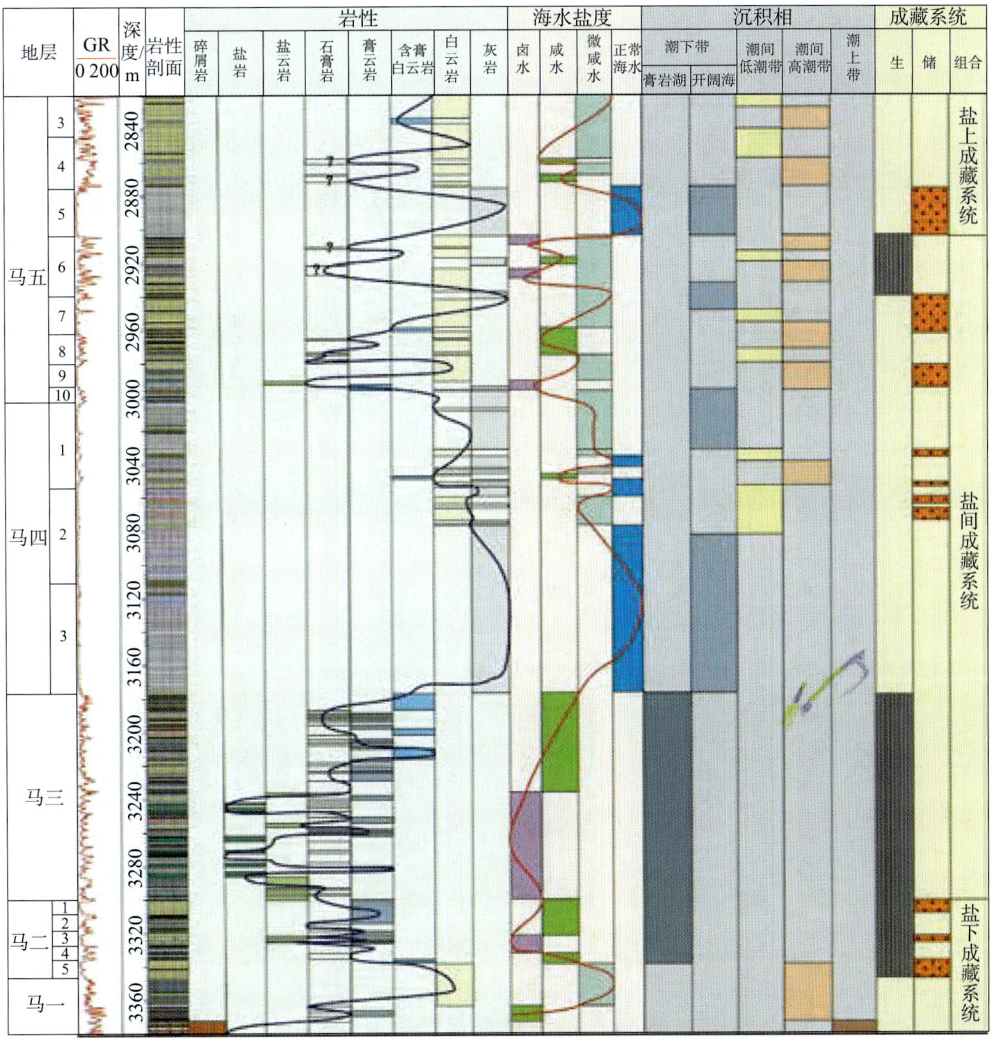

图4-1-2 大牛地气田早奥陶世马家沟期海平面变化与沉积微相关系图

2）上古生界沉积体系及其充填配置

纵向上，大牛地气田上古生界沉积相经历了海相—海陆过渡—陆相的转变，即潮坪沉积相—三角洲沉积相—冲积平原相（图4-1-3）。

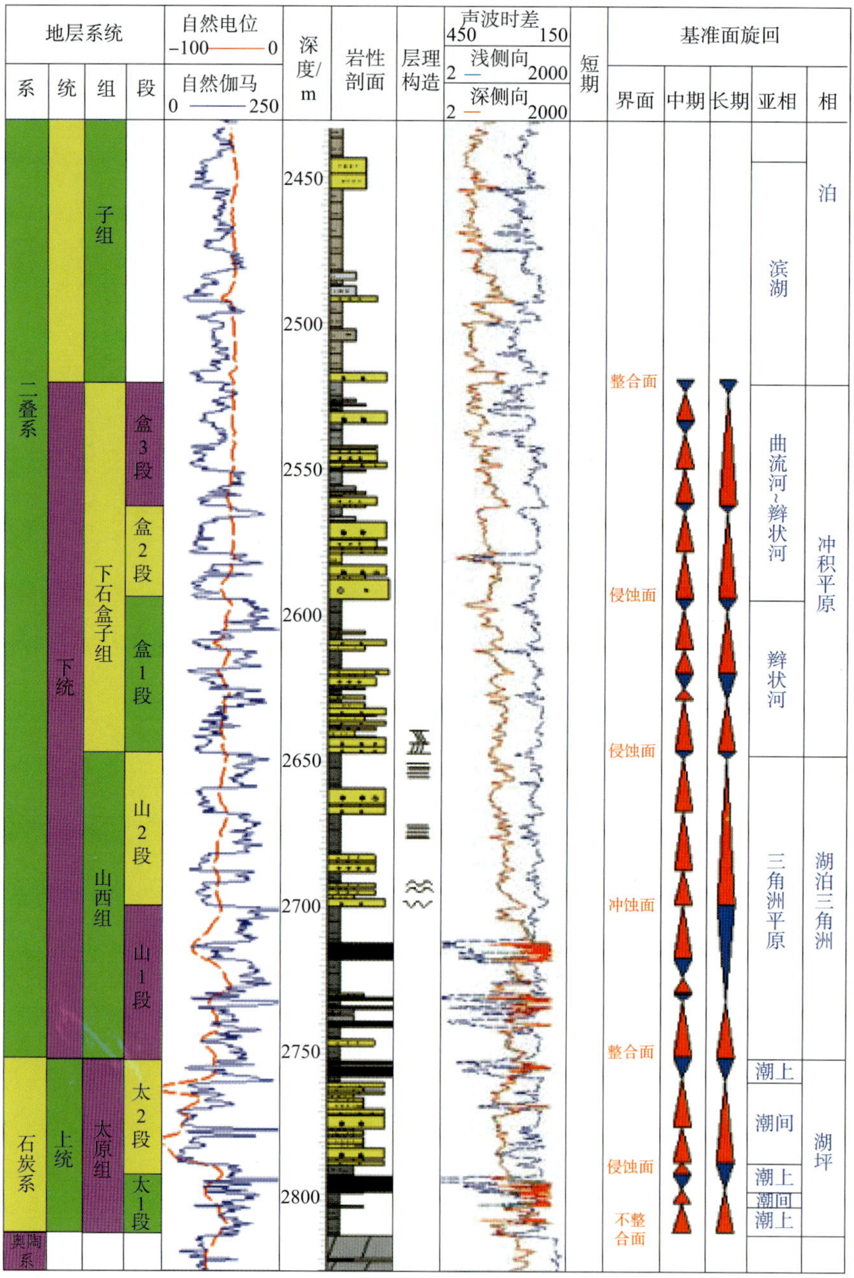

图4-1-3　大牛地气田上古生界上石炭统—下二叠统沉积相与综合图

平面上，上石炭统本溪组和太原组主要为有障壁海岸沉积；下二叠统山西组以发育三角洲平原亚相沉积为特征，并可进一步划分为辫状河三角洲平原和曲流河三角洲平原；下二叠统下石盒子组为河流沉积，可进一步识别出辫状河和曲流河两类。

（1）下石盒子组沉积微相类型及测井相特征

根据研究区的岩芯观察、沉积相标志、单井相分析，结合测井相及岩石学特征等综合研究发现，下石盒子组主要为辫状河沉积相，主要发育心滩、辫状水道、河幔滩3种微相类型。

①心滩微相。

心滩微相是辫状河河床沉积的主体，其形成或改造主要发生在洪水期，因此多期沉积作用的结果使得心滩砂体韵律性不明显且厚度较大，一般大于5m。在平面上心滩多与河道延伸方向一致，有时与河道垂直或斜交。由于心滩的垂向加积作用，形成平行层理及各种类型的交错层理，且内部泥质隔夹层不发育，粒度概率曲线为典型的二段式及上拱弧形，自然电位曲线表现为明显的“箱型”或“漏斗型”。结合储层岩石学特征，在心滩内部进一步划分出心滩粉细砂岩相、心滩中粗砂岩相和心滩钙质砂岩相。根据GR曲线的光滑程度、水动力强弱，可细分为高能心滩、低能心滩。

②辫状水道微相。

辫状水道砂体通常由一期或多期河道砂岩叠加而成，厚度一般小于心滩砂体，最明显的区别就是辫状水道沉积的泥质体积分数比心滩沉积低得多，在主河道区域电测曲线多为高、中幅度的钟型曲线或复合钟型曲线；而非主河道区域电测曲线多为单指型，幅度中等。自然电位曲线为钟型或平直。在辫状水道内部又发育辫状水道砂砾岩相和辫状水道钙质砾岩相。

③河幔滩微相。

该微相为细粒沉积，主要为棕红色、紫红色泥岩，块状构造，局部夹粉砂质条带。该区河幔滩微相发育相对较少。该相是研究区隔夹层的一种，自然电位曲线为靠近泥岩基线的平直段或低幅齿型。由于辫状河中河床均不固定，所以该微相在辫状河沉积体系中极不发育，厚度薄，主要由一套灰褐色砂质泥岩夹粉砂岩组成，见水平层理。河幔平原沉积常被上覆河道亚相沉积所侵蚀。

研究区内辫状河流沉积以粗碎屑岩为主，砂岩与泥岩之比较大，以心滩发育为特征，在垂向沉积序列中虽然仍具“二元结构”，但二者发育极不对称，以河道亚相沉积占绝对优势为特点（图4-1-4）。

（2）山西组沉积微相类型及河道分类

根据研究区的岩芯观察、沉积相标志、单井相分析，结合测井相及岩石学特征等综合研究发现，山西组主要为三角洲平原沉积相，主要发育分流河道和泛滥平原2种微相类型。分流河道主要由灰色、浅灰色巨砾岩、中砾岩、含砾粗粒岩屑砂岩、粗粒岩屑砂岩及中粒石英砂岩、岩屑石英砂岩组成，砂岩的成分成熟度和结构成熟度都较低。砂岩中发育楔状交错层理、板状交错层理和平行层理等，砂岩底部无一例外地具有明显的底冲刷构造，冲刷面之上广泛含有冲刷泥砾。此类沉积相当于滞留沉积，并且经常可以看到具有大规模交错层理的中粗粒砂岩，土壤覆盖极薄的具水平纹层的粉砂岩、粉砂质泥岩沉积，或者缺失。单个辫状分流河道心滩砂体与曲流河道边滩砂体的剖面结构非常相似但特征不同，都具有较明显的下粗上细正粒序，心滩发育于辫状河道内，又称河道砂坝，是辫状河最典型的沉积类型。辫状河流不断移动、游荡，在两条分叉河道之间发育心滩沉积，主要由砂质组成，流速大时带来一些砾石或砾石夹层，具有典型的板状交错层理、楔状交错层理。心滩砂体内次级侵蚀面发育。粒度分布概率累计曲线为二段式，以发育跳跃次总体为主，含量大于80%，斜率较高，分选较好，悬浮次总体为15%~20%，滚动次总体不发育。而且分流河道砂体往往多次叠加，形成一个厚砂体，构成复合正韵律结构，其总厚度远远大于河道深度。

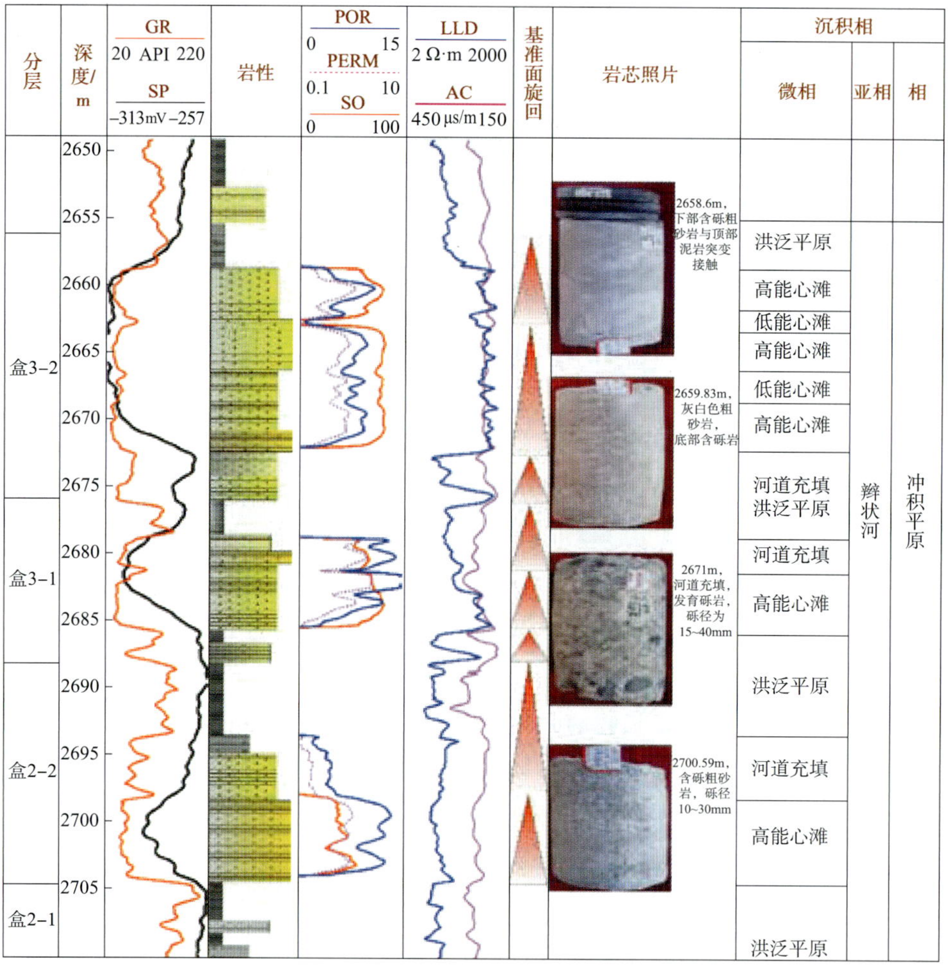

图4-1-4　DK13井区辫状河沉积综合柱状图

依据沉积构造、岩石学和测井曲线的特征，在大牛地气田识别出3种类型的分流河道。

①废弃型分流河道。

废弃型水下分流河道在平面上与水上水流河道砂体相似，呈带状和网状分布，但在垂向上顶底部与分流间湾泥岩或浅湖泥岩直接接触，顶底面为冲刷面并有底部滞留沉积物，测井曲线（SP、GR）上表现为箱型（图4-1-5），反映了水下分流河道在水流强度、湖水深浅、湖泊底形以及物源供给等条件发生变化的情况下决口、改道、废弃的沉积环境。砂体主要由浅灰绿色中砂岩和细砂岩组成，岩性为浅灰绿色中粒岩屑长石砂岩，含云母及暗色矿物。发育大型槽状层理和块状层理。

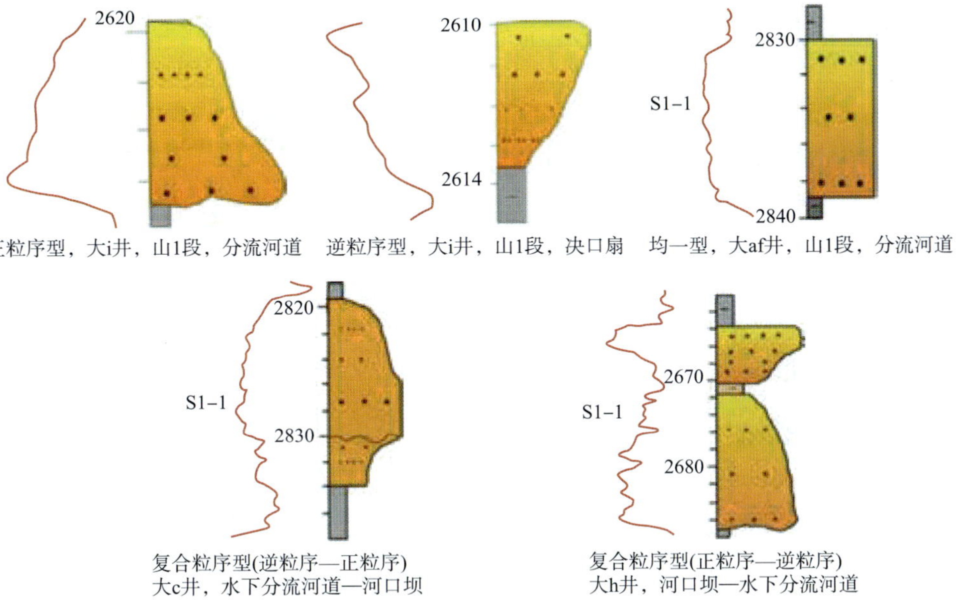

图4-1-5 大牛地山西组砂体发育的剖面结构特征

②完整型水下分流河道。

随着河流不断向湖推进，能量逐渐减弱，侧向加积作用显著，分流河道侧向摆动作用增强，形成典型的河道沉积下粗上细的二元结构（图4-1-5）。发育有槽状交错层理、板状交错层理，也可见平行层理、波状层理等构造，河道砂体底部常具有明显的冲刷面。砂岩主要由灰色和深灰色细砂岩、粉砂岩组成，夹薄层泥质粉砂岩、泥岩，单层砂体厚度为5~10m，层理发育，如槽状层理、交错层理等。底部具有明显的冲刷面，呈突变接触，而顶部则为渐变接触。

③多期叠加型水下分流河道。

多期叠加型水下分流河道是早期形成的河道砂岩顶部，被下一期河道侵蚀削顶，多期河道充填沉积叠加在一起形成的块状砂体，砂体厚度大，可达10m以上。顶底部及中间见明显的冲刷面，冲刷泥砾顺层分布。测井曲线呈大段箱型，发育平行层理、大型交错层理和块状层理。砂体主要由灰色、深灰色中粒和细粒岩屑石英砂岩组成。

二、上古生界储层砂体叠置样式与圈闭类型

大牛地气田是华北油气分公司开发的第一个致密气田，2016年以来开展了单砂体描述及沉积微相研究，利用层拉平法开展沉积演化研究，支撑了砂体叠置样式和岩性圈闭演化描述（图4-1-6）。

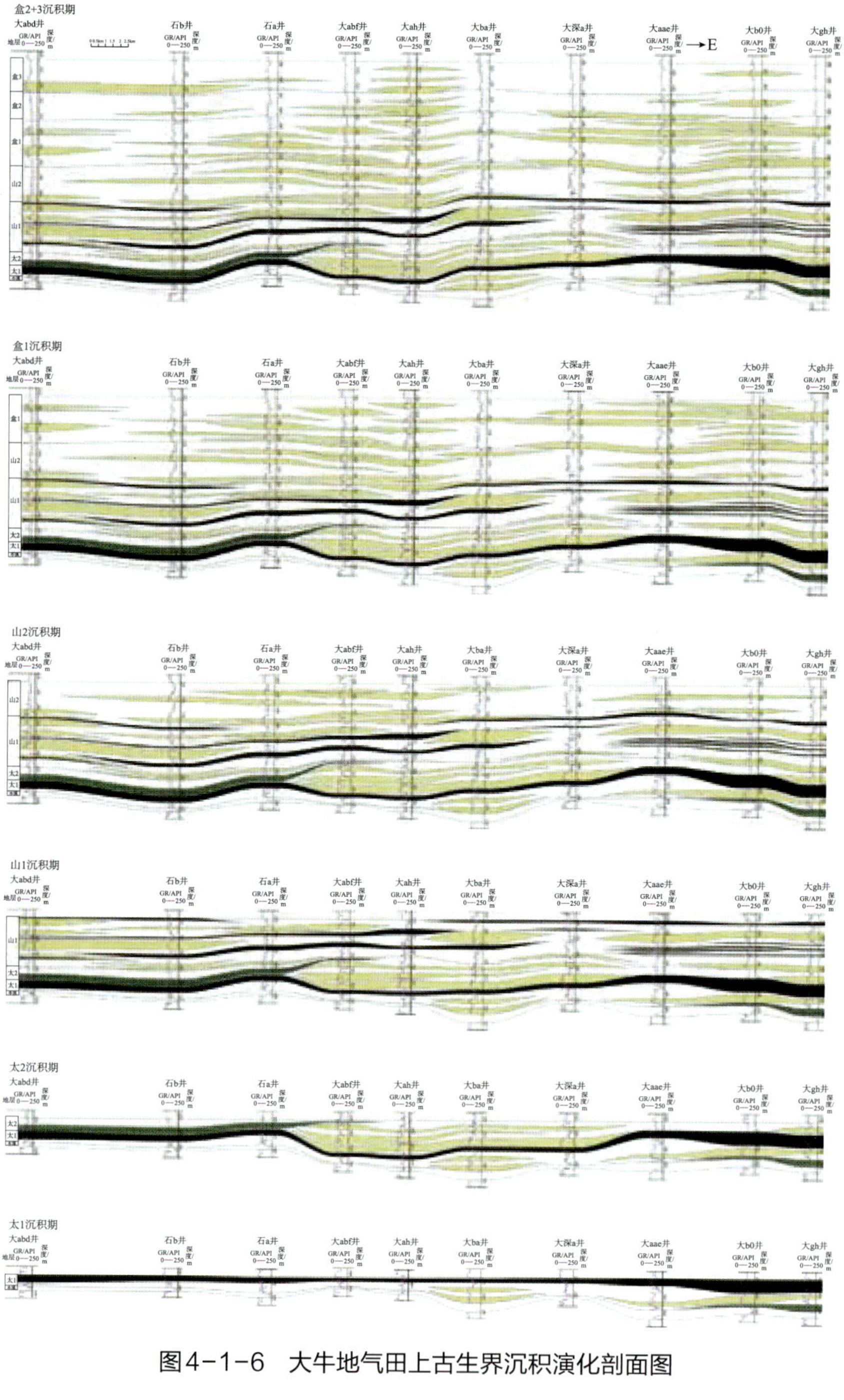

图4-1-6　大牛地气田上古生界沉积演化剖面图

鄂尔多斯盆地北部上古生界是一个完整的陆源碎屑岩煤成气含气系统，位于层序下部的石炭系太原组、二叠系山西组的煤层、碳质泥岩、暗色泥岩构成气源岩，由于其广覆型的沉积，在伊陕斜坡形成巨大的生气中心，大牛地气田位于生气中心的东北部；太原组、山西组、下石盒子组多套砂层构成主要储层；上石盒子组泥质岩层厚100~140m，构成区域性盖层。沉积体系演化控制了致密砂岩岩性圈闭的形成。晚古生代经历了从海相到海陆过渡相再到陆相的沉积演化，伊盟隆起及其以北是主要物源区。太原组沉积期，华北海水从盆地东南方向侵入，海平面升降频繁，表现为不连续的幕式海侵过程，形成大范围的碳酸盐潮坪连片分布，并在缓慢海退过程中逐渐过渡为障壁砂坝，最终演变为泥炭沼泽而发生泥炭堆积。受前石炭系西北高、东南低的古地形影响，大牛地气田在太1沉积期，分别在大ba井、大b0井一带形成两组北东向展布的斜列砂坝，平面短轴长2~4km、长轴长8~20km，厚度为4~13m，然后经历短期海退，形成全区稳定分布的8#煤层，也是太1期砂坝的良好盖层及气田的烃源岩层，太1段砂坝在沉降埋藏过程中形成向两侧砂岩尖灭型、透镜状的岩性圈闭；太2沉积期，大ba井一带砂坝规模较太1沉积期更为发育，北东向长轴超50km、短轴长2~6km，厚度为11~24m；随着海水逐步退出，砂坝剖面呈北西厚、南东薄的三期叠瓦状叠合砂体，与周围碳质泥岩、泥岩形成透镜状岩性圈闭。

山西沉积期，大牛地位于三角洲平原，形成储层沉积是在分流河道、泛滥平原、分支间湾等微相中间的分流河道砂。山1沉积期海水频繁进退，分流河道和泛滥平原纵向频繁转换，形成两套砂、煤、碳质泥岩和泥岩的互层沉积。山1沉积早期从北东向南西发育一条下切河谷从石板太西侧穿过，分流河道砂体沿北北东或近南北向水流方向延伸呈带状分布，山1^2沉积时，地形变缓，在侧向上分流河道侧向摆动形成网状分流河道砂体叠置，大致可划分成大abd井—石b井、石a井—大abf井、大ba井、大aae井—大gh井共四条主砂带，宽度为4~12km，厚度为7~15m，主砂带两侧发育泛滥平原、分支间湾的粉砂岩、泥岩等细粒岩性，形成侧向封堵，在埋藏过程中形成上倾岩性尖灭圈闭（图4-1-7）。

山2沉积期，随着填平补齐和水体的进一步变浅，地层岩性为砂、泥不等厚互层。分流河道砂体具有一定的继承性，沿近南北向水流方向延伸呈带状分布，发育石b井—大abf井—大ba井、大aae井—大gh井共两条主砂带，宽度为3~8km，厚度为5~25m，其中石b井—大abf井—大ba井砂带内分流河道砂体表现为随着水体变浅，由西向东逐渐迁移，纵向上呈叠瓦状，平面上呈复合连片的特征，具有多个岩性圈闭复合、彼此间泥质夹层分隔的特点，因而圈闭内部结构由于砂、泥间隔，形成多层楼式储集空间，砂岩沉积韵律及泥岩间隔形成阻流条件，但储层连续性、连通性变差（图4-1-8）。

下石盒子组沉积期，大牛地主要发育陆相辫状河沉积，储集体为辫状河心滩。盒1沉积期，发育大abd井、石a井—大ah井、大深a井—大aae井、大b0井共四条主砂带，宽度为3~10km，厚度为10~40m，分流河道砂体叠置发育构成广泛分布的砂岩复合体，泥质夹层较多，砂岩复合体往往由若干个相对独立的储集单元组成，表现为多个岩性圈闭复合连片。盒2+3沉积期辫状水道及河道规模逐渐减小，河道进一步变窄、收缩，河道内砂体厚度减薄，河道宽度为2~5km，厚度为4~22m，在大ah井、大b0井一带表现为纵向多期河道叠置，形成孤立的透镜状圈闭，岩性圈闭的闭合面积完全由河道发育规模决定。

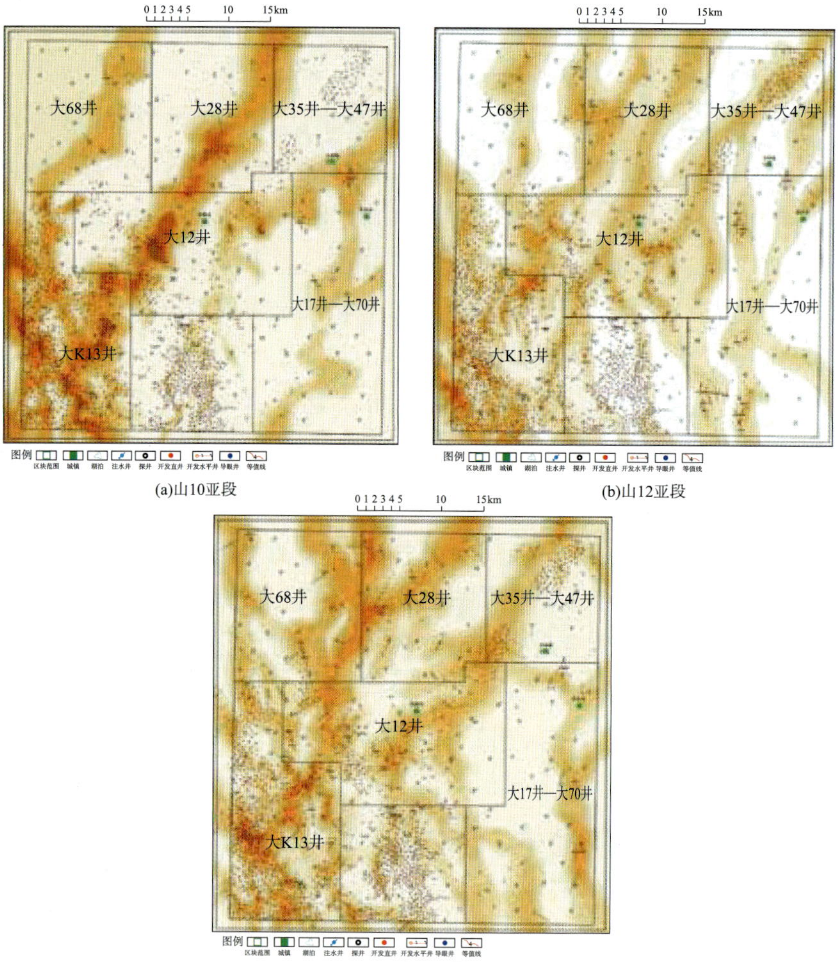

(a)山10亚段　(b)山12亚段

(c)山13亚段

图4-1-7　大牛地气田山西组山1段各小层砂体厚度等值线图

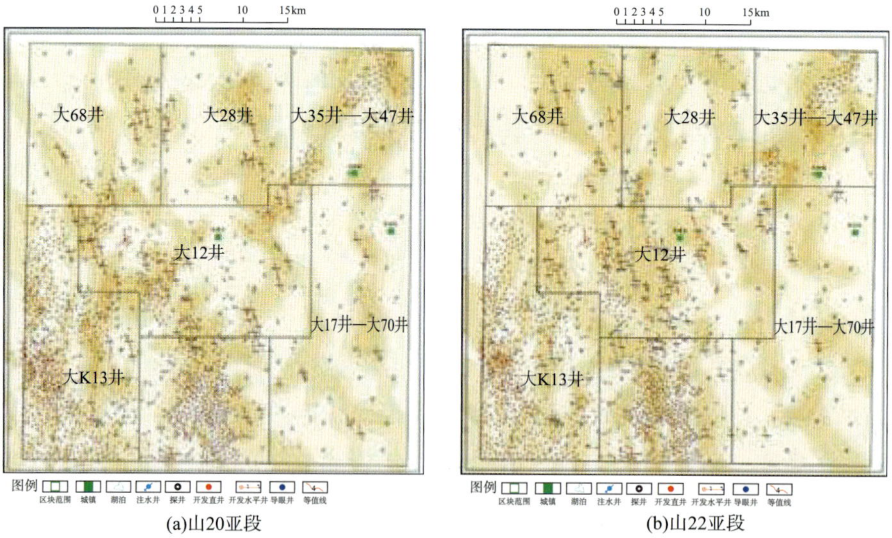

(a)山20亚段　(b)山22亚段

图4-1-8　大牛地气田山西组山2段各小层砂体厚度等值线图

三、下古生界碳酸盐岩气藏成藏组合

大牛地气田下古生界自下而上发育三套成藏组合：寒武系发育不整合面岩溶成藏组合，奥陶系发育深部白云岩成藏组合和不整合面岩溶成藏组合（图4-1-9）。

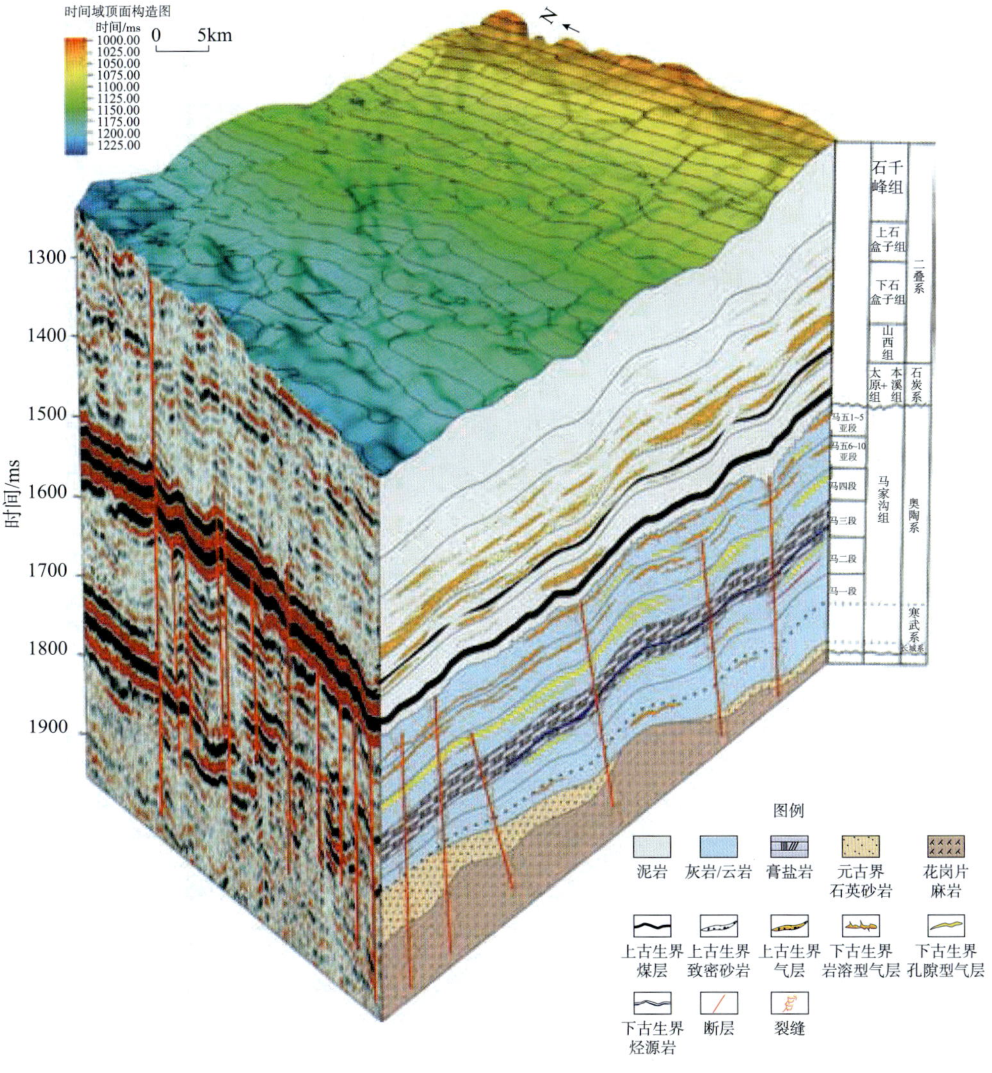

图4-1-9 大牛地气田下古生界成藏组合

1. 寒武系不整合面岩溶成藏组合

寒武系不整合面岩溶成藏组合在大牛地气田有石aoa井、石dob井2口井钻遇良好气测显示。根据寒武系区域沉积相带分布（张春林等，2021；侯林君等，2019；李相博等，2021），烃源岩主要分布在西南缘，大牛地气田在寒武系不发育烃源岩，推测气源来自上覆马家沟组地层。储层主要分布在三山子组顶部，岩性以白云岩为主，储集类型以裂缝—溶蚀孔洞型为主。马一段泥云岩可以作为区域盖层。

2. 奥陶系深部白云岩成藏组合

根据大牛地气田天然气碳氧同位素分析，奥陶系深部白云岩成藏组合以下古生界海相碳酸盐岩烃源岩为主。马四、马二段白云岩有利的储集层，与马三段烃源岩形成近源成藏组合，膏盐岩和致密灰岩可以作为良好的盖层。

3. 奥陶系不整合面岩溶成藏组合

奥陶系不整合面岩溶气藏存在两套烃源岩：一是上古生界石炭系太原组及二叠系山西组含煤地层；二是下古生界海相碳酸盐岩烃源岩。

马五期潮坪相(含膏)白云岩沉积奠定了储层发育的基础，储层岩石以粉晶云岩、细晶云岩和原岩含有较多石膏结核及晶体的白云岩发育为主。古岩溶作用形成的溶蚀孔、洞、缝进一步改善了储层的储集条件，形成了良好的储层。

奥陶系不整合面岩溶气藏的直接封盖层是上古生界石炭系下部的铁铝质泥岩，同时还有暗色泥岩、灰质泥岩及泥质粉白云岩。由于海水的进退和气候的变化，奥陶系内部形成多期次的具有良好封盖性能的岩相带。如潮坪环境沉积的泥质云岩、膏质云岩、泥质膏岩等，这些岩相带平面上分布较为局限，属于局部封盖层。

第二节　资源潜力再认识

资源潜力取决于烃源岩发育程度和成藏模式，决定了勘探思路及方向。至2012年，大牛地上古生界探明并开发后，对储集类型和生烃潜力认识不清，计算下古生界资源量仅为$650\times10^8m^3$，限制了华北油气分公司在该区的勘探。“十三五”期间，针对叠合盆地海相层系碳酸盐岩领域加大了勘探力度。先后部署了多口井打穿奥陶系，系统取芯，从沉积相、岩溶储层及烃源岩发育条件开展深入分析，取得了重要成果。

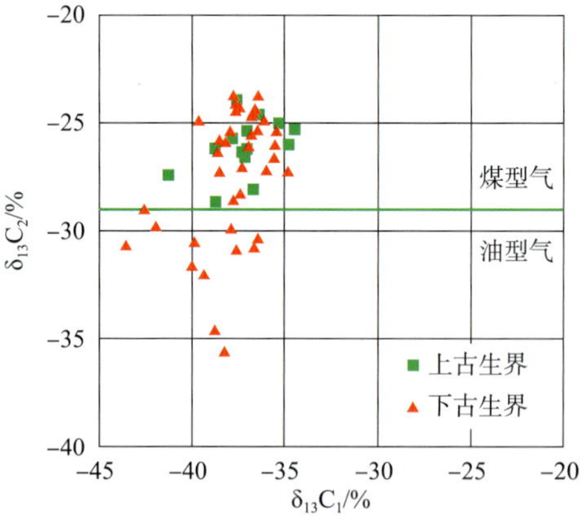

图4-2-1　大牛地气田古生界天然气碳同位素

大牛地气田发育上古生界石炭—二叠系煤系和下古生界奥陶系碳酸盐岩两套烃源岩，为本区古生界天然气成藏提供了良好的生烃条件。通过天然气烃类组分分析以及碳同位素组成特征研究，气田上古生界天然气乙烷碳同位素值分布在-28.6‰~-23.9‰，为典型的煤型气特征；下古生界天然气乙烷碳同位素值分布在-35.6‰~-24.2‰，具有煤型气和油型气混源特征(图4-2-1)。

从盆地范围看，大牛地气田位于宜川—安

塞—榆林上古生界煤系源岩生烃中心的边部，生烃强度为（12~24）$\times 10^8 m^3/km^2$，*Ro*为1.2%~1.6%，达到成熟阶段。煤系烃源岩主要为煤层和暗色泥岩，其中煤层为主要烃源岩，有机碳含量较高，主要分布在18.8%~84.5%，平均60.5%。煤层厚度太1段最厚、山1段次之、太2段最薄，泥岩厚度山1段最厚、太2段次之、太1段最薄。"十三五"以前，大牛地气田先后经历了三次资评（表4-2-1），这三次资源潜力评价主要是以上古生界煤系烃源岩为对象，采用有机碳法、盆地模拟法、圈闭法和油藏规模序列法计算上古生界资源量（6716.08~8237.21）$\times 10^8 m^3$，坚定了上古生界致密砂岩勘探开发的信心，支撑了$4545 \times 10^8 m^3$探明储量的提交。

表4-2-1 大牛地气田上古生界天然气资源量结果对比 $10^8 m^3$

区块	三次资评（2002年）	华北分公司（2010年）	华北分公司（2013年）
	上古生界	上古生界	上古生界
大牛地	6716.08	8237.21	7865.55

关于鄂尔多斯盆地下古生界碳酸盐岩能否作为有效烃源岩一直存在争论，马家沟组碳酸盐残余TOC偏低，一般为0.12%~0.49%。这种现象是高熟烃源岩大量排烃造成的，还是海相烃源岩本身有机质含量低造成的，尚无有效证据加以证明。"十三五"期间，大牛地气田大深a井在马五6段以及马三段发育灰黑色泥质云岩、含膏含盐泥质云岩，TOC为0.09%~0.86%（均值0.27%），其中10%的样品TOC大于0.5%，可以作为有效烃源岩，指引技术人员对下古生界烃源岩开展新一轮的评价。

一、下古生界烃源岩资源潜力再评价

1. 下古生界残余有机质分析

1）有机质丰度及分布

根据大牛地气田下古生界已有取芯井的分析，结合岩芯系统描述，对可能的烃源岩岩芯进行了取样分析，15口井78个烃源岩样品的有机碳丰度实验数据表明，鄂尔多斯下古生界奥陶系TOC分布在0.03%~3.04%。大牛地气田TOC大于0.3%的样品占23%（图4-2-2），平均值为0.48%，岩性主要为云质泥岩、含膏泥云岩或者泥灰岩，主要分布层位为马五6段、马三段和马二段。

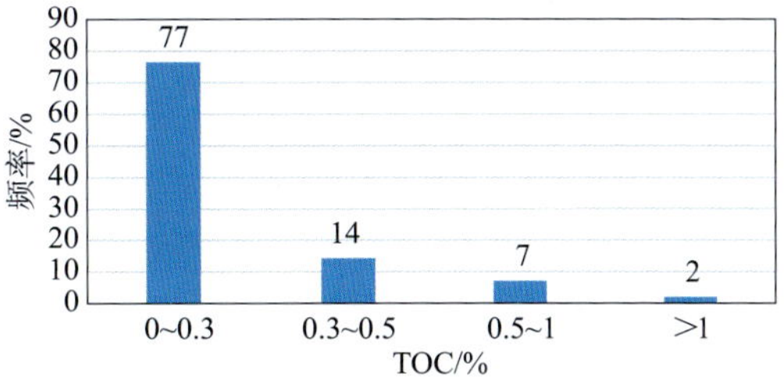

图4-2-2 大牛地气田下古生界奥陶系有机碳分布频率图

与陆相咸化湖盆成烃环境相似，众多学者（胡素云等，2016；刘文汇等，2016；赵恒等，2019）认为潟湖、干旱咸化的环境也有利于生物发育和烃源岩形成。大牛地气田马三段处于蒸发台地环境，在北部乌审旗—榆林—神木一带有次级洼陷，岩芯显示大abd井马三段发育灰黑色含泥云岩、含膏泥云岩，TOC为0.09%~0.75%，平均值为0.38%，其中30%的样品TOC大于0.5%，分布范围与姚泾利确定的有利范围一致（姚泾利，2016）。

2）有机质类型

对大牛地马家沟组的大aac、大abb等井样品在镜下开展了超显微成烃生物观察和识别。在普通光学显微镜下，大部分马家沟组灰岩/白云岩样品中未见到明显的成烃生物，仅在个别样品中发现线叶体和单体孢子。线叶体为黑色，长约100μm，宽约15μm；单体孢子为深褐色，直径约为15μm。大aac井样品在扫描电镜下可见到零星分布的浮游藻类化石和沥青（图4-2-3）。浮游藻为椭圆形或圆形，直径为20~30μm，在SEM下为黑色，部分被基质矿物掩盖；沥青在样品中以片状出现，大小不等。受热成熟度影响，全岩镜检难以对大aac井有机质类型进行定量统计，项目组根据镜下成烃生物特征和碳同位素组成研究，认为大aac井马家沟组有机质类型为$Ⅱ_1$型。上述研究结果表明，大牛地下古生界碳酸盐岩有机质类型为海相腐泥型生烃母质，以$Ⅱ_1$型干酪根为主。

(a)线叶体，大aac井　(b)浮游藻，大aac井　(c)沥青，大aac井

图4-2-3　马家沟组泥质碳酸盐岩成烃生物组合

2. 原始有机质丰度恢复流程

通过对研究区目的层系的地层特征、沉积相等进行分析，确定要开展有机质丰度恢复的典型的钻井，为了保证样品的代表性，每隔50cm采集一件样品，获取一定数量的有代表性的岩芯或岩屑样品。将岩石样品进行粉碎，按照SY/T 5163—2010《沉积岩中黏土矿物和常见非黏土矿物X衍射分析方法》中的前处理流程，对处理后的样品开展全岩矿物组成分析。对岩石矿物组成测定的分析数据进行梳理，按照方解石含量和白云石含量之和分为三类，方解石含量+白云石含量之和小于20%统计为泥质岩，方解石含量+白云石含量之和大于75%统计为纯碳酸盐岩，而将20%<方解石含量+白云石含量之和<75%的样品统计为泥质碳酸盐岩。由于泥质岩中碳酸盐矿物含量低，自然而然其酸溶有机质含量也较低，常规TOC测定方法造成的有机质的损失可忽略不计，无须开展酸溶有机质TOC校正，只需根据热演化程度和有机质类型开展热演化恢复；对碳酸盐岩含量大于75%的纯碳酸盐岩来说，由于其残余TOC很低，有机质含量低造成的有机质损失也可忽略，无须开展酸溶有机质TOC校正，只需根据热演化程度和有机质类型开展热演化

恢复；对20%<方解石含量+白云石含量之和<75%的泥质碳酸盐岩既要开展酸溶有机质TOC校正分析，还需根据热演化程度和有机质类型开展热演化恢复，二者相乘之积再乘以残余TOC值即可得到该岩石样品的原始有机质丰度数据。

将拟研究的泥质碳酸盐岩样品按照SY/T 5124—2012《沉积岩中镜质体反射率测定方法》、GB/T 19144—2010《沉积岩中干酪根分离方法》和SY/T 5125—2014《透射光—荧光干酪根显微组分鉴定及类型划分方法》分别测定岩石的镜质体反射率和干酪根显微组分百分含量，进而得出岩石的热演化程度和干酪根的有机质类型。在此基础上，按照热演化有机质丰度恢复图版以及岩石的有机质类型和有机质成熟度分析数据，开展有机质丰度恢复系数研究，再结合泥质碳酸盐岩的酸溶有机质TOC校正分析，最终得到泥质碳酸盐岩原始有机质丰度数据。

利用酸溶有机质丰度分析方法对大牛地气田部分烃源岩样品进行了分析，马五—马四段泥（含泥）灰岩、含泥云岩等泥质碳酸盐岩酸溶有机质丰度相对较高，全烃碳TOC明显增加。大aac井马五段碳酸盐岩残余TOC值为0.01%~0.32%，全烃碳TOC分析结果处于0.2%~0.66%，全烃碳校正系数为1.7~37，平均值为7.9，结合全岩矿物成分分析，大aac井马五1~5段深灰色泥灰岩、泥质云岩TOC增加明显，酸溶有机质含量与岩石矿物组成特征有直接关系，层段的泥质含量越高，全烃碳有机质丰度也就越高。

3. 资源潜力评价

综上，大牛地下古生界以海相泥灰岩、含云泥岩、白云质泥岩为有效烃源岩，在马五段、马三段、马二段、马一段均有发育，以有机碳丰度TOC大于0.5%为统计标准。“十三五”资源评价在酸溶有机质校正的基础上，通过成因法、体积法、类比法、特尔斐法等多种方法对上、下古生界天然气总资源量进行整体评价，在此基础上结合上、下古生界储层及气测显示段钻遇比例，计算出大牛地上、下古生界天然气资源量分别为$5599\times10^8m^3$、$6058\times10^8m^3$，具有较大勘探开发潜力。大牛地下古生界以海相泥灰岩、含云泥岩、白云质泥岩为有效烃源岩，在马五段、马三段、马二段、马一段均有发育，累计有效烃源岩厚度为69.8~75.2m，平均厚度为72.5m。将盆模与成因法相结合，计算下古生界有效烃源岩排聚天然气资源量为$3720\times10^8m^3$，说明大牛地区块38.6%的下古生界天然气资源量来自上古生界煤系烃源岩（表4-2-2）。

表4-2-2 大牛地区块上、下古生界天然气资源量估算表 10^8m^3

区块	盆模+成因法			体积法			统计法	特尔斐法	劈分结果	
	上古煤系烃源	下古奥陶烃源	合计	下古	上古	合计			下古	上古
大牛地	8876	3720	12596	5358	6689	12047	10116	11657	6058	5599

二、下古生界风化壳岩溶储层与断控岩溶储层的复合

早古生代奥陶纪末，强烈的加里东运动规模大、范围广、时间长，不仅使鄂尔多斯盆地大部分地区缺失了中上奥陶统至中下石炭统地层，而且使厚度大、分布广的下奥陶统碳酸盐岩经受了大约1.5亿年的持续性的风化剥蚀和淡水淋滤。位于不整合面之下的马五段碳酸盐岩因长时期地遭受大气淡水的冲刷淋滤作用，在早期形成的一些微裂缝或者部分晶间孔的基础上继续扩溶或再溶，形成了空间上跨度较广、范围较大的古岩溶系统，即风化壳岩溶系统。盆地中东部奥陶系形成了受岩溶古地貌及古地貌控制的岩溶储层——壳控型岩溶储层。壳控型岩溶储层的生成、发展、演化、保存主要受控于加里东期的岩溶作用，特别是受控于岩溶地貌单元及水动力单元的分布。

前人研究表明，走滑断层不仅对油气的运聚与圈闭形成具有重要的控制作用（Huang等，2014；付锁堂等，2015），而且对深层储层也具有重要的建设性作用（鲁新便等，2015；Wu等，2020）。在大牛地气田下古生界主要发育加里东期—海西期、燕山期断裂，这些断裂具有走滑性质，在断裂附近形成一个破碎带，裂缝发育。而且加里东期—海西期形成的断裂还是地下水的活跃带，淡水沿断裂进行溶蚀，形成断控缝洞型储层，向下拓展了岩溶储层发育范围，扩大了油气资源发现范围。

1. 壳控型岩溶储层

1）大牛地前石炭系古地貌特征

大牛地气田位于盆地东北部地区，主体位于整个岩溶斜坡地貌单元，靠近岩溶高地。大牛地气田西部、北部出露地层较老，整体构造形态为西高东低、北高南低，西部、北部侵蚀作用强于东部和南部。

由于古构造十分宽缓，而碳酸岩盐原始沉积厚度相近，奥陶系出露地层新老与残留厚度大小相关度极高，二者共同反映了剥蚀或岩溶程度，即地层残留厚度越大，出露层位越新，剥蚀或岩溶强度越小；反之残留厚度越小，出露层位越老，剥蚀或岩溶强度越大。加里东期不整合面的剥蚀程度、岩溶古地貌形态及上覆石炭系地层厚度都具有很强相关性，即古地貌较高的位置，地层剥蚀厚度越大，上覆地层沉积厚度越小，古地貌相对较低的位置，地层剥蚀厚度越小，上覆地层沉积厚度越大。

在以上认识的基础上，依据上覆石炭系的本溪组和太1段地层厚度确定古地貌构造背景，依据出露层位和马五1~4地层残留厚度确定剥蚀或岩溶程度，两者结合编制大牛地气田岩溶古地貌图（图4-2-4）。大牛地气田岩溶古地貌可划分为岩溶高地和岩溶斜坡两个二级地貌单元。岩溶高地主要发育于北部及西南部，剥蚀层位较深，出露层位为马五3地层，马五5亚段以上地层残留厚度小于45m，上覆地层厚度（本溪组+太1段）小于30m。

岩溶斜坡马五5亚段以上地层残留厚度为45~60m，上覆地层厚度（本溪组+太1段）

为30~50m，出露层位在马五2地层，岩溶残丘是岩溶斜坡上的正向地貌单元，马五5亚段以上地层残留厚度大于60m，上覆地层厚度（本溪组+太1段）为30~50m，保全了马五2主力储集层段。

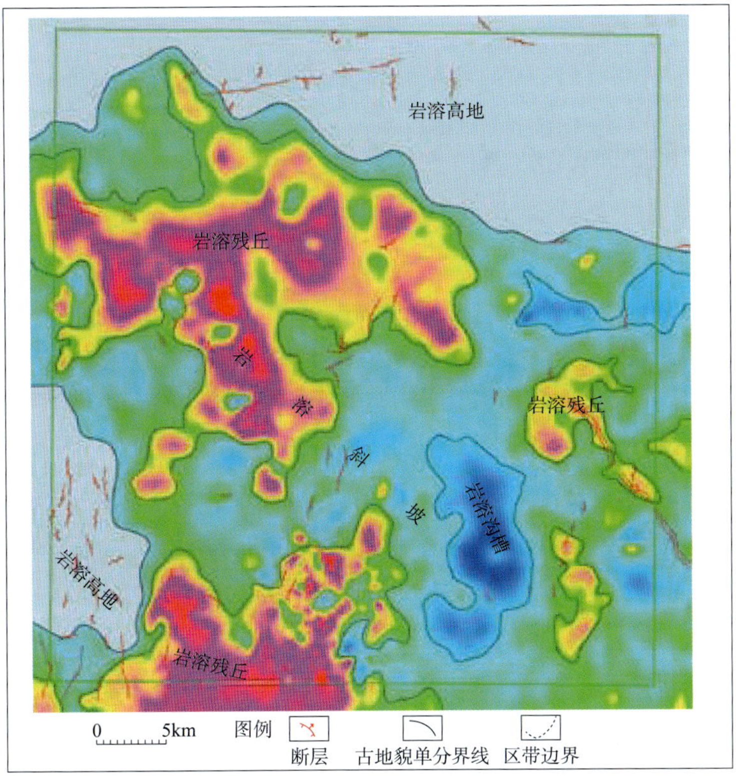

图4-2-4 大牛地气田加里东期岩溶古地貌图

岩溶古地貌分布与奥陶系顶面断裂具有较好的相关性，在断裂发育的部位有利于岩溶作用，剥蚀程度高，残存厚度薄，出露地层老；断裂相对不发育区，残存厚度厚，出露地层新。因此，岩溶古地貌可以反映岩溶程度的强弱，间接控制深部的岩溶强度。

2）古地貌控制了壳控型储层分布

大牛地气田北部古地貌单元为岩溶高地，地层剥蚀强烈，开壳层位为马五3，以物理剥蚀作用为主，大气水淋滤作用较弱，溶蚀作用弱，是风化壳储层发育的不利区；大牛地大部分地区位于岩溶斜坡古地貌单元，大气淡水风化淋滤作用强，溶蚀作用强烈，形成了孔洞缝交织的储集体，是有利的壳控型储层发育区。岩溶斜坡可进一步划分为以下古地貌单元：坡地、残丘、洼地和沟槽（图4-2-4）。其中，坡地为岩溶斜坡的主体部分，地势平坦开阔，层位比较稳定，以出露马五2地层为特征。

岩溶残丘、坡地控制了主力储集层马五1、马五2地层的保存程度和分布范围。马五1亚段剥蚀较严重，只在大fg井—大do井一带呈东西走向不规则长条状分布，在其他地区呈孤立土豆状分布，非均质性较强，平面分隔性较强。在马五1^3、马五2^1等（有利孔隙发育的）含膏云坪相带形成的沉积层段中形成较好的有效储集层段，在较大的范围内连续稳定分布，形成大牛地气田的主力储集层段。

沟槽为谷地的向源侵蚀形成的浅沟槽，一般长度短，宽度小，出露层位低，切割的层位多为马五1^1到马五2^2，出露地层为马五3，上覆地层厚度较沟槽两层明显厚，如研究区东南部过大hh井近南北走向展布的沟槽，缺失了马五1、马五2地层，不利于储层发育。

2. 断控型岩溶储层

1）大牛地气田断裂特征

大牛地区块的主干走滑断裂是基底断裂的复活和持续活动形成的，利用钻井标定的地震剖面解释可以获得断裂早期活动的证据。

研究区的最早沉积盖层是中元古界长城系，其上与下寒武统上部地层平行不整合接触，缺失新元古界和寒武纪早期沉积。小壕兔断裂西侧的乌审旗古凸起缺失寒武系沉积，直到奥陶纪才被向西超覆的地层覆盖。从地震剖面解释来看，主干断裂压扭活动，造成奥陶系甚至上古生界发育扭压的“上凸”样式。这表明，研究区走滑断裂的“反转”一直持续至晚古生代。大牛地区块发育4条主干断裂（图4-2-5），即近北南—北北东走向石板太断裂、北西走向秃尾河断裂和小壕兔断裂、NEE向台格庙断裂。这些断裂主要形成在加里东—海西期和燕山期，其中，从加里东—海西期持续至印支期形成右阶左行台格庙断裂及左阶右行石板太断裂北段；燕山期形成左阶右行秃尾河断裂及右阶左行石板太断裂南段（张威，2023）。

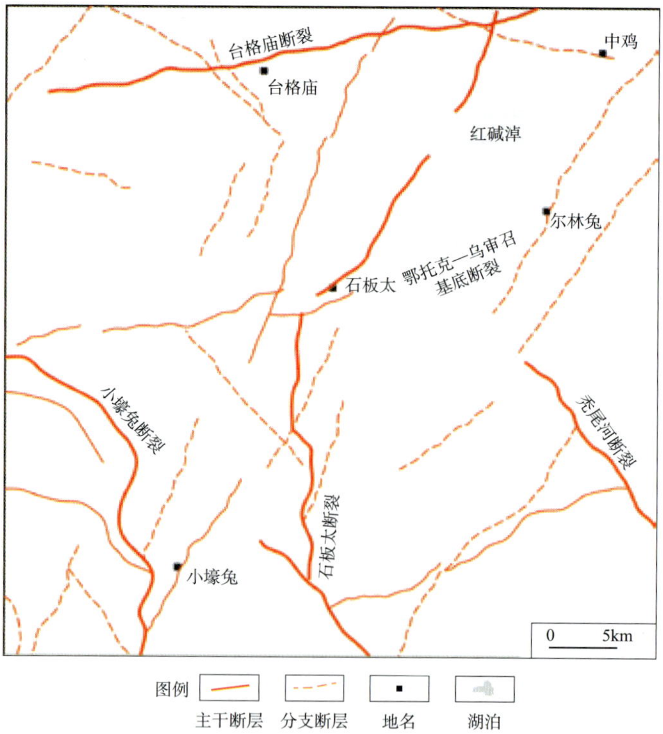

图4-2-5　大牛地区块断裂分布图（据张威，2023年修改）

2）加里东—海西期断裂对储层的控制作用

断控缝洞型储层主要分布于加里东期—海西期断裂附近。宏观的构造缝和较大的溶洞是该类储层的主要特征，构造缝既可单独形成储层的储集空间，又可以与溶洞、孔洞一起构成该类储层的储集空间。这些构造缝和溶洞在成像测井和常规测井中均有反映。该类裂缝由于发育密度大，具有一定的缝宽，既是主要储集空间又对渗流能力有重要贡献。通过断裂附近水平井DKac-FPi井1180m水平段统计，共发育1154条高导缝，裂缝间距平均为0.98m，缝宽为0.23~1.87mm，平均为1.1mm。计算的裂缝孔隙度和渗透率分别为0.11%和$200 \times 10^{-3}\mu m^2$。

断控缝洞型储层的发育受三个因素的控制，即原始岩性、水介质和缝网系统。灰质白云岩、膏质白云岩和泥质白云岩相对易溶，而泥—微晶白云岩、泥晶灰岩则较难溶蚀。在非断缝发育区，地下水主要沿基质孔及风化成因的微裂缝渗透，流动缓慢，碳酸盐矿物与地下水的长时间接触很容易造成地下水的过饱和而失去溶解能力，甚至发生去云化（何发岐，2023）。然而，断缝发育区的地下水呈管道流，其渗透率较基质渗透率高几个数量级（Narr等，2006）。高的流动速度导致源源不断的淡水与碳酸盐岩发生溶蚀，并及时通过裂缝将溶蚀产物带出反应体系，因此该区发育规模不等的溶蚀孔洞和溶缝，形成溶控孔洞型储层。断缝发育区由于地下水活跃，在本溪—太原期，随水体中Ca^{2+}浓度的增加，也成为第一期方解石胶结物最为发育的区域。

在成像测井上，加里东期的溶缝易识别。溶缝多呈垂直缝，缝面不平直，被两期方解石充填。方解石充填区域电阻率较基质低，在成像测井上呈对称带状分布。

大牛地气田下古生界受自西向东分布的4条主干断裂影响，两类岩溶储层空间上有序变化。小壕兔断裂位于乌审旗古凸起的东侧，中—新元古代、寒武纪及奥陶纪继承性活动，造成乌审旗古凸起上的小壕兔低凸发育断裂、裂缝，由于岩溶强度和深度大，风化壳出露地层为马五3段，马五1~2段地层剥蚀殆尽，不发育壳控型岩溶储层。但部分取井心在马四上部仍可见溶蚀缝洞；同时，该断裂在燕山期继续活动，形成充填程度较低的断缝。这些断缝不受原始岩性的控制，纵向上切穿多个层位，以断控缝洞型储层为主。石板太斜坡带位于小壕兔断裂以东，其内部发育石板断裂，断裂发育程度次于小壕兔低凸，加里东岩溶古地貌以残丘为主，壳控型岩溶储层较为发育，断控缝洞型储层连片性较小壕兔断裂带变差，但仍发育规模岩溶储集体。大牛地气田东部的尔林兔高地发育秃尾河断裂带，加里东岩溶古地貌也以残丘为主，但古地貌较石板太斜坡带更低，风化壳溶蚀作用减弱，加之加里东—海西期、燕山期断裂活动进一步减弱，尔林兔高地壳控型储层和断控缝洞型储层发育程度较差，断控缝洞型储层仅局部孤立存在。

第三节 上古生界致密砂岩气藏单砂体精细描述技术

截至2021年底，大牛地气田上古生界累计探明储量4545.63亿立方米，开发已动用储量3564.45亿立方米，储量动用率为78.4%，但采出程度仅为10%。随着气田开发的持续深入，储层内部剩余气分布状况变得更为零散与复杂，层间、平面储量动用不清，复合砂体的刻画已经无法满足开发调整的需求。

致密砂岩气藏的天然气分布与储层展布特征及内部构型密切相关；沉积类型控制着砂体展布特征及储层内部构型模式，必须开展基于成因机理的单砂体构型研究，为剩余气分布研究奠定基础，指导气田综合调整，提高采收率。

一、上古生界储层基本特征

大牛地气田上石炭统太原组、下二叠统山西组和下石盒子组具有整体含气、局部富集高产的特点。气田范围几乎所有的储集层都含有天然气，但储层的含气性在纵向和横向上差异很大，多年的勘探和研究表明，障壁砂坝、分流河道和辫状河道等有利相带控制了储集体分布。

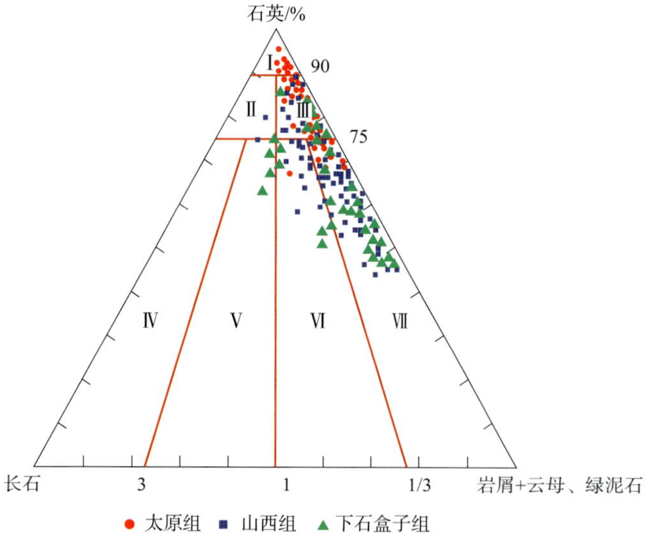

Ⅰ—纯石英砂岩；Ⅱ—长石石英砂岩；Ⅲ—岩屑石英砂岩；Ⅳ—长石砂岩；
Ⅴ—岩屑长石砂岩；Ⅵ—长石岩屑砂岩；Ⅶ—岩屑砂岩

图4-3-1 大牛地气田石炭—二叠系砂岩骨架组分分类三角图

1. 岩石学特征

大牛地气田石炭—二叠系从下到上共发育七套气层，分属（太原组太1段、太2段）海相障壁砂坝、（山西组山1段、山2段）海陆过渡三角洲分流河道、（下石盒子组盒1段、盒2段、盒3段）陆相河流成因类型，具有不同的储层沉积学特征，主要岩石类型为石英砂岩、岩屑石英砂岩和岩屑砂岩（图4-3-1）。

由大牛地气田不同层段砂岩的岩石学特征统计可以看出，从石炭系太原组到二叠系下石盒子组砂岩的成分和结构存在一定的差异：①太原组砂岩成分成熟度和结构成熟度较山西组砂岩高，石英含量在71%~96%，未见长石，颗粒分选、磨圆均较好，胶结物有自生石英、方解石、白云石和菱铁矿；②山西组砂岩总的来说石英含量较下石盒子组砂岩高，大部分样品中见菱铁矿砂屑，胶结物以自生石英和方解石为主，部分样品见菱铁矿和白云石；③下石盒子组砂岩中见环边绿泥石，而在山西组和太原组砂岩中未见，同时下石盒子组砂岩中未见菱铁矿和白云石胶结物；④总体来说，尽管长石很少，但从太原组到下石盒子组长石含量有增加的趋势。

2. 砂岩的孔隙类型

上古生界石炭—二叠系砂岩孔隙类型较为相似，有剩余原生粒间孔、次生粒间孔、粒间微孔、粒内溶孔、贴粒溶缝、铸模孔、破裂缝，以前两者为主。

1）剩余原生粒间孔：是环边绿泥石或早期硅质胶结物形成之后剩余的粒间孔隙。孔隙形态主要为规则三角形、四边形，以未充填为主。偶见部分剩余原生粒间孔隙被晶粒石英、加大边石英、含铁方解石部分充填。孔隙较大，但喉道一般不发育，少量可见发育1~2条喉道，在储层中呈分散状、斑点状（剩余原生粒间孔隙群）分布。由环边绿泥石胶结物形成后余下的粒间孔主要分布在下石盒子组地层中，特别易见于盒2、盒3段，贡献的面孔率从偶见到6%。硅质胶结物形成之后被保存下来的剩余原生粒孔隙贡献的面孔率属偶见级，见于太原组及山西组储层中。

2）次生粒间孔：是泥质杂基、假杂基、长石和岩屑等碎屑边缘被溶形成的孔直径大于0.01mm的粒间孔隙。三个层位均有分布，但主要分布在太原组和山西组储层中。

3. 砂岩物性与孔喉结构特征

1）物性特征

对石炭—二叠系砂岩样品的常规物性分析资料统计（表4-3-1），储层孔隙度、渗透率主峰值的分布范围相对比较集中，孔隙度主要分布在4%~12%，其中8%~12%的样品占样品点数的30.6%，孔隙度大于12%的样品仅占样品点数的10.5%；渗透率主要分布在（0.1~1）$\times 10^{-3}\mu m^2$，占样品总数的59.7%，而渗透率大于$3\times 10^{-3}\mu m^2$的样品仅占样品点数的6.8%，储层属致密—低渗透储层。

2）孔隙度与渗透率的关系

砂岩物性整体表现为渗透率随孔隙度增大而升高的趋势。各组段的孔隙度—渗透率关系见图4-3-2，其相关系数为0.611~0.768，盒2段、盒3段的孔渗变化趋势相对较为分散，是由于存在微裂缝较多，盒1段砂岩孔隙度—渗透率相关性最好，反映了孔隙间连通性较好；山1段、山2段、太2段孔隙度与渗透率相关性相对较差，反映了孔隙间连通性也较差。

表4-3-1　大牛地气田上古生界砂岩储层样品物性参数统计表

物性参数		全区	盒3段	盒2段	盒1段	山2段	山1段	太原组
孔隙度/%	最大值	21.4	18.9	16.99	20.1	21.4	18.9	15.7
	最小值	0.3	0.7	1.1	0.3	0.9	1.3	2.1
	平均值	8.38	8.4	9.0	9.1	8.0	7.4	8.4
	主要分布区间	4.0~12.0		8.0~12.0	6.0~12.0	4.0~10.0		6.0~10.0
	样品数(个)	2611	220	167	579	563	614	468
渗透率/$10^{-3}\mu m^2$	最大值	58.15	33.3	58.15	15.3	53.6	10.9	27.9
	最小值	0.001	0.006	0.049	0.001	0.001	0.001	0.014
	平均值	0.99	1.67	1.639	0.62	0.64	0.69	0.69
	主要分布区间	>0.1	>0.25		>0.1			
	样品数(个)	2565	216	167	564	552	604	462
密度/(g/cm^3)	最大值	3.29	2.67	2.75	2.71	2.69	3.29	2.75
	最小值	2.12	2.12	2.32	2.17	2.27	2.16	2.31
	平均值	2.47	2.44	2.46	2.47	2.51	2.51	2.46
	样品数(个)	1556	171	93	433	320	428	367

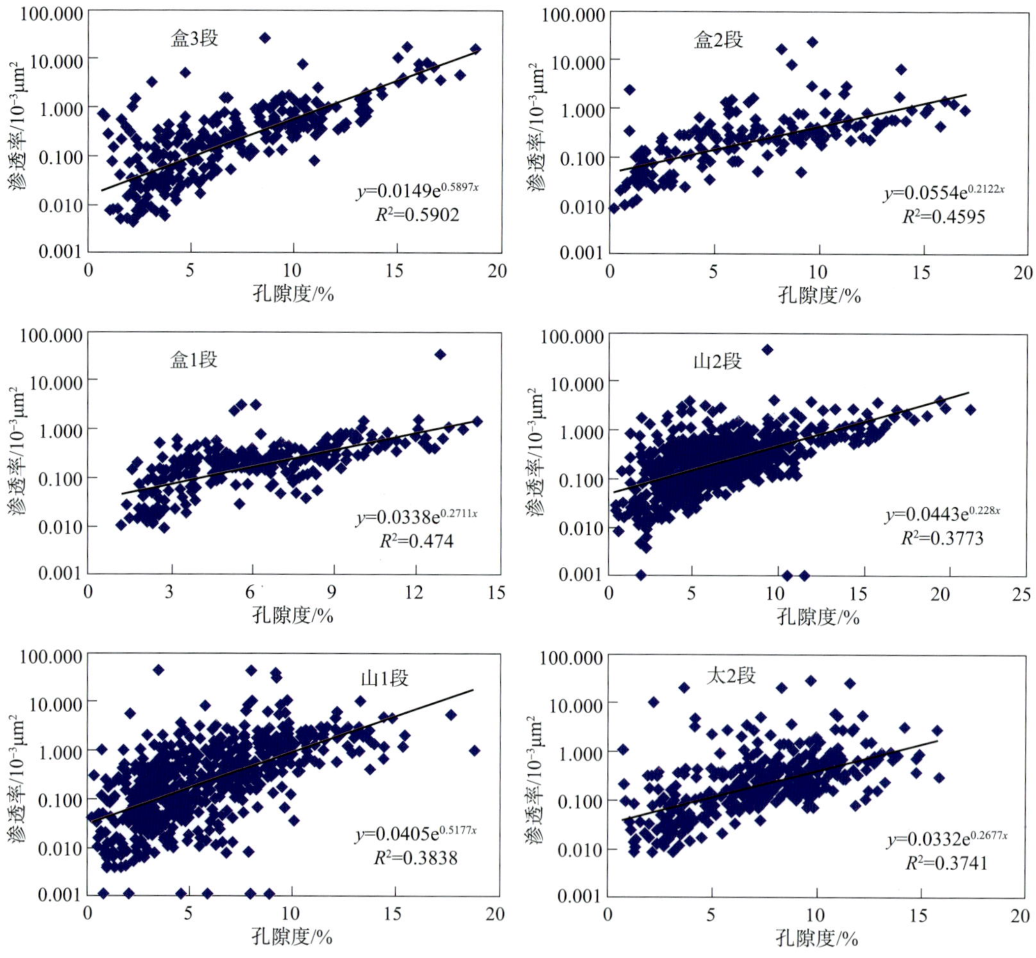

图4-3-2　大牛地气田各组段砂岩孔隙度与渗透率关系图

二、单砂体描述技术

1. 辫状河单砂体构型及展布特征研究

根据大牛地气田岩芯观察、沉积相标志、单井相分析，结合测井相及岩石学特征等综合研究发现，辫状河沉积主要发育辫状水道、心滩、河幔滩3种微相类型。大牛地气田辫状河沉积具有两种模式（图4-3-3）。大h井—大a0井区主要在盒1段发育以平流水道为主要类型的浅水砂质辫状河体系，岩石类型以岩屑砂岩为主，少量岩屑石英砂岩；沉积微相以高能心滩、低能心滩和河道充填类型叠复出现为主。大Kac井区主要在盒2+3段发育以高能水道为主要类型的深水砂质辫状河体系，水体较深，能量强且稳定，河道内心滩发育，多期改造叠加可形成一定规模的优质复合心滩沉积，其成分成熟度及结构成熟度高，控制着优质储层的分布。主要岩石类型为岩屑砂岩和岩屑石英砂岩；沉积微相以高能心滩和泛滥平原为主，低能心滩和河道充填局部发育。

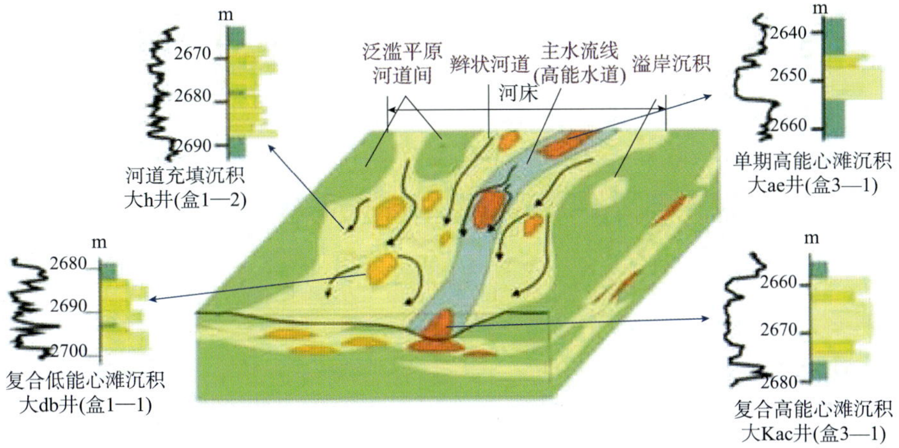

图4-3-3　大牛地气田上古生界辫状河沉积模式

辫状河储集层构型研究主要采用层次分析的方法。5级构型界面是辫状河道同围岩的界面，5级构型体是整个辫状河道；4级构型界面是心滩、河道、河床滞留沉积、泛滥平原之间的界面，4级构型体对应的是心滩等构型单元；3级构型界面是心滩内部落淤层或者加积体之间的界面，3级构型体是心滩内部加积体。基于沉积演化过程研究，结合岩芯观察和沉积微相特征分析，开展密井网区精细解剖，明确单砂体叠置构型与展布特征研究，形成以“垂向分期、曲线定位、辫流带识别、心滩刻画”为核心的单砂体刻画方法，落实砂层内部的连通关系及发育规模，形成一套完善的单砂体描述及内部构型表征技术。

1）辫流带的识别

基于大牛地气田的辫状河沉积模式，结合不同沉积微相的测井响应特征，识别出心滩、辫状河道及泛滥平原的7种GR典型的曲线形态，根据典型的曲线形态在单井点进行沉积微相的识别，初步明确大面积连通的辫流带边界（图4-3-4、图4-3-5）。

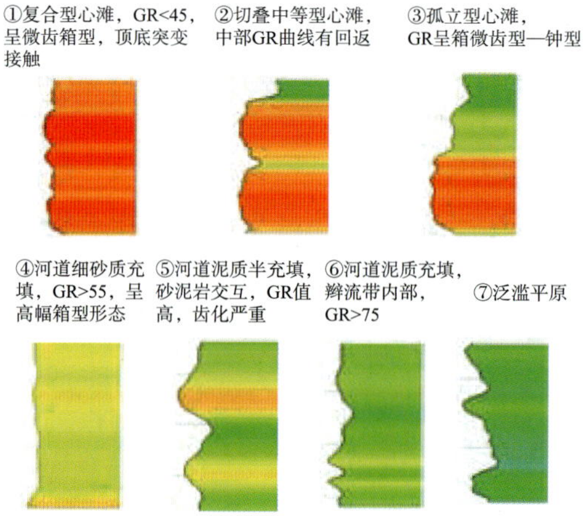

图4-3-4　沉积微相与GR典型的曲线形态的对应关系

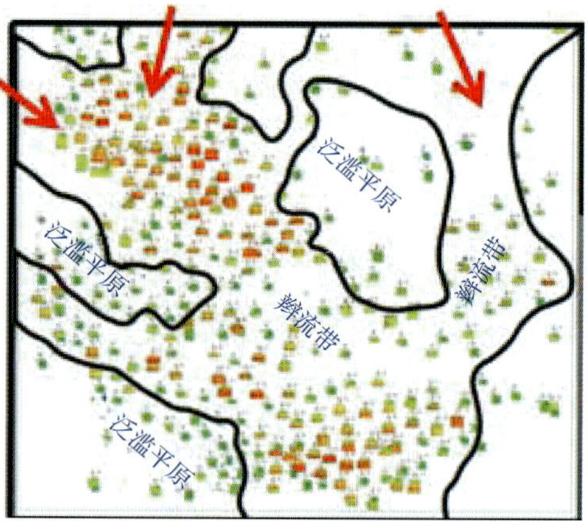

图4-3-5　GR典型的曲线及辫流带的识别

2）辫流带内部微相的识别——曲线定位

基于辫流带及辫状河道的识别，通过大量密井网解剖对比，判断单一心滩走向，再考虑沉积模式控制形态的因素，顺水流方向对心滩坝与辫状河道的平面组合关系及展布形态进行综合分析，确定水道与心滩的组合关系及心滩坝的形态，如图4-3-6所示。

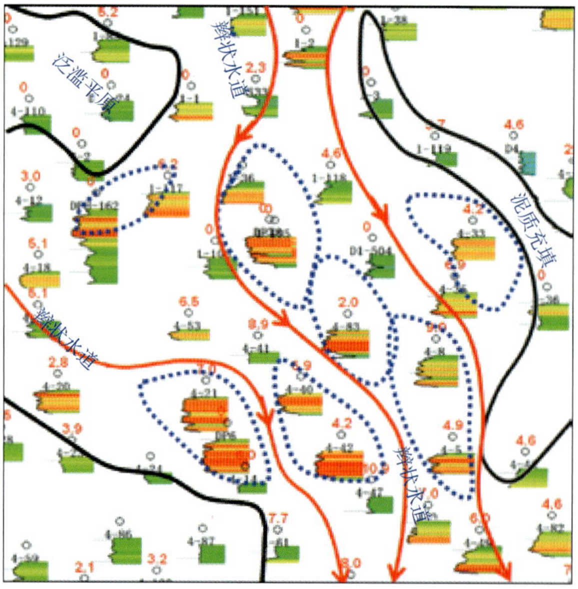

图4-3-6　单一心滩走向及初步形态图

3）心滩坝发育规模的确定——侧向划界

通过对大牛地气田密井网剖面的解剖，求得心滩坝的平均厚度和最大厚度。首先，平面上通过砂岩等厚图找到主砂带的位置；其次，通过测井曲线识别单一心滩坝，心滩坝厚度必须是保存完好的单一完整旋回，横纵向心滩坝之间没有相互切割和叠置现象。得到DK13井区心滩坝的平均宽度约为490m，长度约为1500m，辫状水道宽度约为160m，单一心滩坝厚度为3~8m，长宽比为2：1~3：1，宽厚比约为110：1，如图4-3-7所示。

4）大牛地气田辫状河沉积体系单砂体刻画成果

以“模式控制、规模约束”为原则，实现了单砂体的精确刻画，在储层内部构型分析的基础上，形成单砂体精细刻画的技术流程。总结单砂体平面展布图的编制实践经验，以满足气田井位部署对地质图件精度的需求，更好地指导气田开发调整，编制过程主要包括四个步骤：

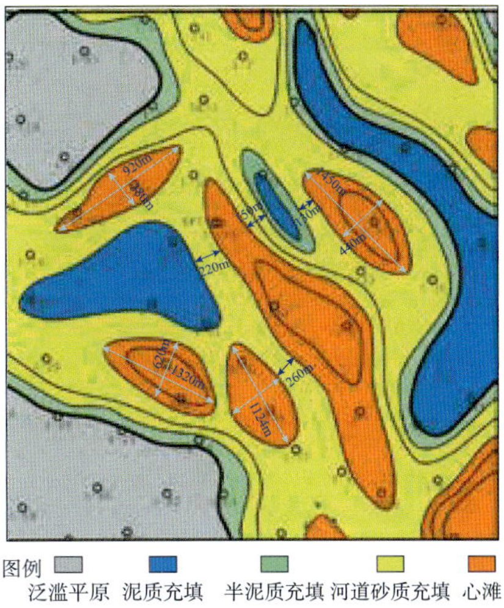

图4-3-7 DK13井区微相发育规模解剖图

一是分析研究区的构造特征，确定该区的物源方向；

二是根据沉积微相及测井曲线形态分析，结合现代沉积模式及沉积规律，明确砂体的古水流方向及宏观分布趋势，利用GR典型的曲线识别辫流带，初步画出河道展布方向形态；

三是基于内部微相识别，根据河道规模研究成果（宽厚比、同一河道宽度），以及测井曲线在河道中位置的判断，刻画沉积微相平面展布，刻画河道的宽度、长度、形态展布等在平面图上的组合形式；

四是沉积微相控制砂厚，砂厚约束气厚，根据厚度，结合河道形态、规模，精细刻画河道砂体及气层的展布。

2. 三角洲平原分流河道单砂体构型及展布特征研究

大牛地气田山西组属于三角洲沉积体系，沉积厚度为78~126m，平均为106m，埋藏深度为2640~2940m，主要发育分流河道、滩坝、河幔滩、决口扇、泛滥平原等微相类型。岩性主要为灰色中—粗粒砂岩、砂砾岩、砾岩与黑色、深灰色泥岩、黑色碳质泥岩互层，下部含煤层、煤线。结合现代沉积及野外露头研究结果，通过对滩坝的生长演化过程进行分析，建立了五种滩坝类型与河道的配置模式（图4-3-8）。

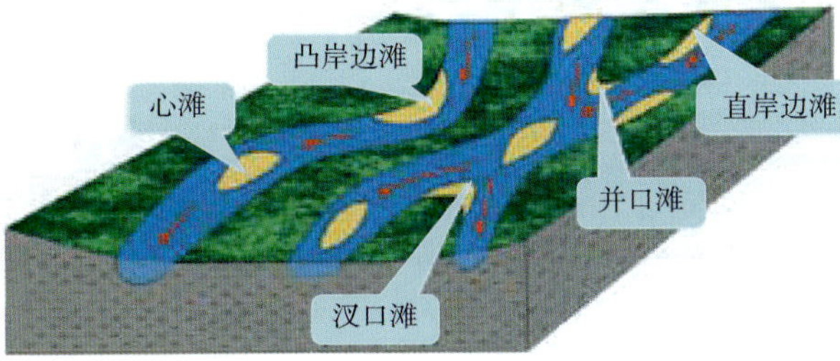

图4-3-8 山西组三角洲平原分流河道内滩坝与河道配置模式图

结合现代沉积研究和野外露头观察结果，针对滩坝形状多样的特点，通过研究滩坝的生长演化，在分流河道沉积砂体中识别出五种滩坝类型，分别是心滩、凸岸边滩、直岸边滩、汊口滩与并口滩。

1）曲线定位

心滩沉积靠近分流河道凸岸，主要通过垂向加积和侧向加积作用改造早期沉积的边滩而形成，平面上呈透镜状，与水流方向平行，剖面上呈底平顶凸的特征。心滩沉积可分为滩头、滩中、滩尾三部分，呈头部稍陡、尾部平缓、两侧对称程度不同的水道改造形态，多呈纵列及斜列砂坝，具有明显的顺流加积、向下游方向迁移的特点。滩头处于迎水流方向，水动力强且稳定，沉积物以中粗砂岩为主，成分和结构成熟度较高，内部结构较均匀。滩中沉积厚度大，整体韵律特征不明显，以垂向加积和顺流加积为主，内部发育薄层粉细砂岩夹层，沉积物分选较差，底部可见砾石沉积。滩尾正韵律特征明显，岩性整体以细粒沉积为主，水动力条件最弱（图4-3-9）。

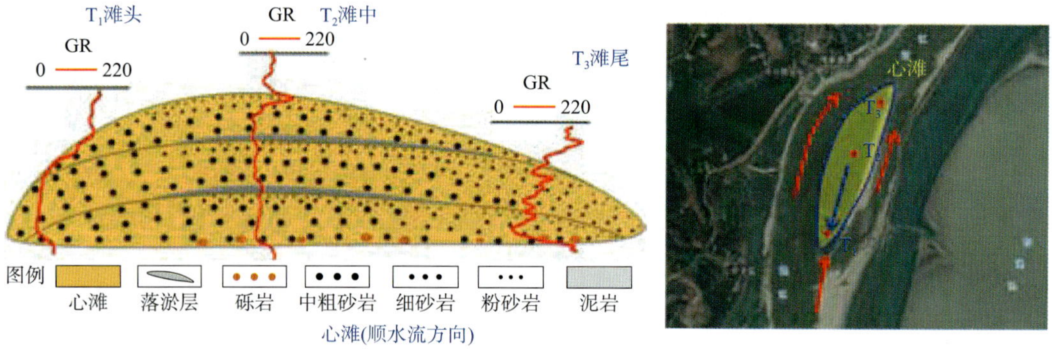

图4-3-9　心滩沉积储层构型模式

凸岸边滩沉积为河床侧向迁移和沉积物侧向加积的结果，横向上呈透镜状、平面上呈带状分布。边滩发育过程中水动力条件发生周期性变化，从而发育多种类型的沉积构造，主要有板状交错层理、槽状交错层理、波痕等。在横向上，边滩沿垂直水流方向生长；在纵向上，直接覆盖在分流河道的水道沉积之上，受水动力条件周期性变化的影响，在纵向上可形成多个正韵律，总体呈下部单个韵律层厚度大、沉积物粒度粗，上部单个韵律层变薄、粒度变细的特征，GR曲线多呈齿化箱型，反映水动力条件强但不稳定，强弱频繁交替的特征。边滩临水道一侧水动力强，底部可见砾石滞留沉积，纵向上以中粗砂岩、细砂岩为主，落淤层向水道方向逐渐尖灭消失。滩中及滩尾一侧分选中等，粒度向上变细，落淤层发育，板状交错层理的倾斜方向指示水流的流动方向（图4-3-10）。

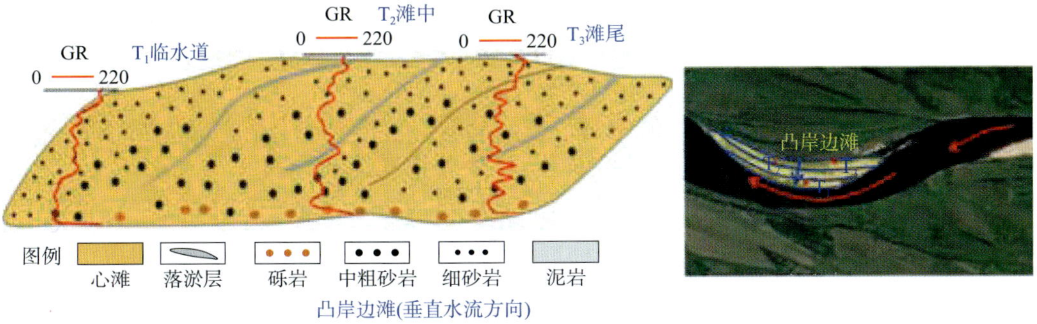

图4-3-10 凸岸边滩沉积储层构型模式

直岸边滩沉积是由于河岸边部的阻力造成水流减缓，砂体沉降，从而侧向加积形成，呈狭长的半椭圆形，长轴方向与河道流向一致。沉积过程与凸岸边滩类似，沿垂直水流方向生长，纵向上具多个正韵律，总体呈下部单个韵律层厚度大、沉积物粒度粗，上部单个韵律层变薄、粒度变细的特征。

汊口滩沉积为水流受到汊口的顶托作用导致流速降低，水流中携带的砂泥物质沉积下来而形成的沉积体，呈顶点指向上游的三角形，头部窄、尾部宽，滩头不断逆水流向上游方向推进。受水动力条件影响，汊口滩不同部位的沉积特征显著不同，总体上具有头部水动力强、粒度粗，尾部水动力弱、粒度细的特点。

并口滩沉积未受河岸的遮挡作用，是在分流河道的合并处水流流速降低，顺流加积而形成的向下游尖灭的三角形滩坝，并不断向下游方向生长延伸，规模通常较小。并口滩内部可划分为两翼和滩尾。两翼水体能量较低，携带的砂泥粒度较细，以细粉砂、中砂为主，主要发育板状交错层理、平行层理。滩尾位于背水面，水动力弱，宽度小，厚度薄，地势低，常年位于水下，发育落淤层，沉积物以粉细砂岩为主。

2）侧向划界

针对河道窄、分支多、迁移快的特征，通过水平段实钻资料分析、密井网解剖，刻画河道边界。对单一分流河道识别和单一分流河道演化特征进行分析，刻画出分流河道的空间分布特征，为进一步分析不同单砂体之间的拼接、叠置关系奠定基础。不同分流河道因沉积时期、沉积环境及沉积过程的不同而造成不同的沉积结果，在沉积记录中具有不同的响应特征，这些沉积记录的响应特征构成了单一分流河道识别的主要标志。通过大牛地气田山西组小层密井网剖面分析总结出4种单一分流河道识别标志：顶面高程差异、测井响应曲线形态差异、分流河道侧向叠置差异、河道间泛滥平原和溢岸相隔。

对比不同河流中各类滩坝的长宽比、河道与滩坝宽度比，明确了各类滩坝规模及定量关系。研究表明，心滩的长度为800~3000m，长宽比平均4：1，河道宽度与滩坝宽度比平均2.5：1；凸岸边滩长度为560~1850m，长宽比平均3.8：1，河道宽度与滩坝宽度比平均1.7：1；直岸边滩长度为300~3000m，长宽比平均4.8：1，河道宽度与滩坝宽度比平均2.2：1。

3）主流线叠合

主流线叠合主要是明确层段内河道迁移演化的规律，即在单期分流河道识别的基础上，根据单一分流河道的主流线判断河道的迁移和演化。主要的方式为：①根据沉积微相及测井曲线形态分析，结合现代沉积模式及沉积规律，初步画出河道展布方向；②根据河道规模量化结果，以及测井曲线在河道中位置的判断，划出河道的初步形态；③根据砂体厚度，结合河道形态、规模，精细刻画河道砂体展布。

4）单砂体刻画成果

以“模式控制、规模约束”为原则，实现了单砂体的精确刻画，在储层内部构型分析的基础上，形成单砂体精细刻画的技术流程。完成了山西组5个小层的10期单砂体空间展布研究。

3. 太原组障壁砂坝单砂体构型及展布特征研究

大牛地气田上石炭统太原组太2段属有障壁岛海岸的潮坪沉积，受海浪强烈改造作用，形成平行于海岸线的条带状砂坝，呈北东—南西走向贯穿全气田，西南部砂坝宽，东北部砂坝窄，垂直海岸线方向砂坝宽度为2~5.5km，是太原组主要储集体。砂坝内部呈拱桥状，向海面砂厚快速减薄尖灭，中部砂体厚度大（25~40m），背海面砂厚变化相对向海面较缓。太2段整体是一个“进积”的过程，受短期基准面旋回变化的控制，形成了进积型、加积型、退积型障壁砂坝，其中，进积型、加积型障壁砂坝储层物性较好，普遍含气，且产能与厚度呈正比关系。沉积相组合为障壁岛、潮汐水道、潮汐三角洲、潮坪、潟湖和沼泽，滨岸发育障壁岛、潮汐水道、潮汐三角洲、潮坪和潟湖，向陆一侧沼泽及潟湖分布范围逐渐扩展，规模相对较大的灰岩主要分布于中部—西南部，其他区域主要发育泥岩沉积（图4-3-11）。

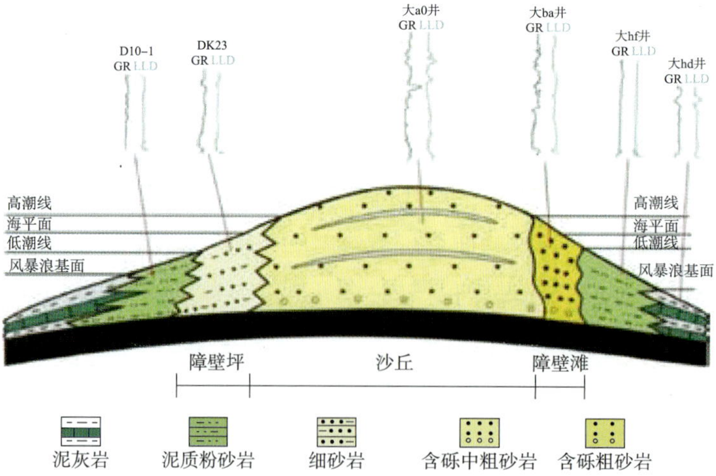

图4-3-11　太2段障壁砂坝微相细分模式图

通过砂坝内部岩相及测井相差异对比，细分障壁砂坝沉积微相，开展太2段砂体精细解剖，明确有利构型单元及优质储层展布。

传统认为障壁岛储层相对均质，但砂坝演化及物性特征分析表明，障壁砂坝内部构型单元与非均质性特征不清，受短期基准面旋回变化的影响，太2段内形成了进积、加积、退积3种类型的障壁砂坝，垂向上依次为海进、海退、海进3个期次。基于自然伽马能谱测井（Th/U曲线）滑动滤波与小波变换的高频旋回划分方法，实现了单井点垂向三个期次的精细划分。

通过单期砂体对比，精细刻画了太2砂坝三期砂体展布特征，其中储层主要发育在第二期砂体，储层呈窄条状分布，沙坝长54.6km，宽3.1~6.9km，厚度5~25m。太2砂坝砂体的发育受海进—海退沉积演化控制，三期砂体分别在海进—海退—海进的过程中形成，三套砂体由下往上呈现由小变大再变小的趋势。太1段分为3个期次，相对太2段，太1段发育一套稳定的煤层，厚度约为10m，砂体厚度及规模较太2段小，砂坝零散，以土豆状零星分布。

与复合砂体对比，河道展布方向基本一致，单砂体更精确地描述了河道形态及规模。

第四节　下古生界碳酸盐岩岩溶储层评价技术

以1989年陕参a井获得工业气流为标志，对以靖边气田为代表的鄂尔多斯盆地下古生界碳酸盐岩的探索和研究持续不断。传统观点认为岩溶斜坡地貌单元是最有利的天然气勘探区带。斜坡残丘地貌单元上发育的马五1+2、马五4等层段的物性条件最好，马五5亚段常被认为是区域隔水层，是鄂尔多斯盆地区域岩溶作用的底板。“十三五”以前，大牛地气田按照该思路开展勘探开发，由于岩溶斜坡分布有限，仅在2008年提交43.78亿立方米控制储量，制约着对下古生界的评价。“十三五”以来，华北油气分公司充分利用三维地震资料开展断裂解释与岩溶解剖，认识到在断裂纵向沟通作用下，大牛地气田马五6+7亚段发生大规模岩溶作用。马五6+7亚段具有与马五1~4亚段相似的地球化学指标，证明岩溶影响到马五6及以下地层，具体标志如下：①发育岩溶角砾岩；②具有较高的石英含量、SiO_2和Al_2O_3含量；③具有与马五1~4亚段相似的Sr/Ba、Ni/Co和V/Sc比值；④具有偏负的氧同位素值，偏负镁同位素值。在此基础上，建立了断裂与复杂岩性控制下的碳酸盐岩不整合岩溶储集体发育与成藏模式。

一、加里东期不整合岩溶作用

1. 不整合岩溶特征

不整合岩溶作用不仅在宏观上形成不同的岩溶地貌，而且伴生通过机械、重力、化学等方式发生的沉积作用，形成各种类型的岩溶沉积物。基于取芯井的岩芯观察，根据角砾的错位程度，识别出了多种不同类型的岩溶角砾特征（图4-4-1），这是鉴别古岩溶极为重要的标志。裂缝岩溶角砾岩是岩层角砾化初期角砾未错位时期的产物，如岩芯上观察到的压裂连续角砾岩和镶嵌角砾岩，角砾间充填有方解石和泥质等［图4-4-1（a）、图4-4-1（b）、图4-4-1（g）、图4-4-1（h）］。紊乱角砾岩在大牛地气田分布最为广泛，如颗粒支撑紊乱角砾岩和杂基支撑紊乱角砾岩［图4-4-1（c）、图4-4-1（d）］。如图4-4-1（e）、图4-4-1（f）所示，岩芯上及镜下可观察到角砾间部分充填黏土、细小

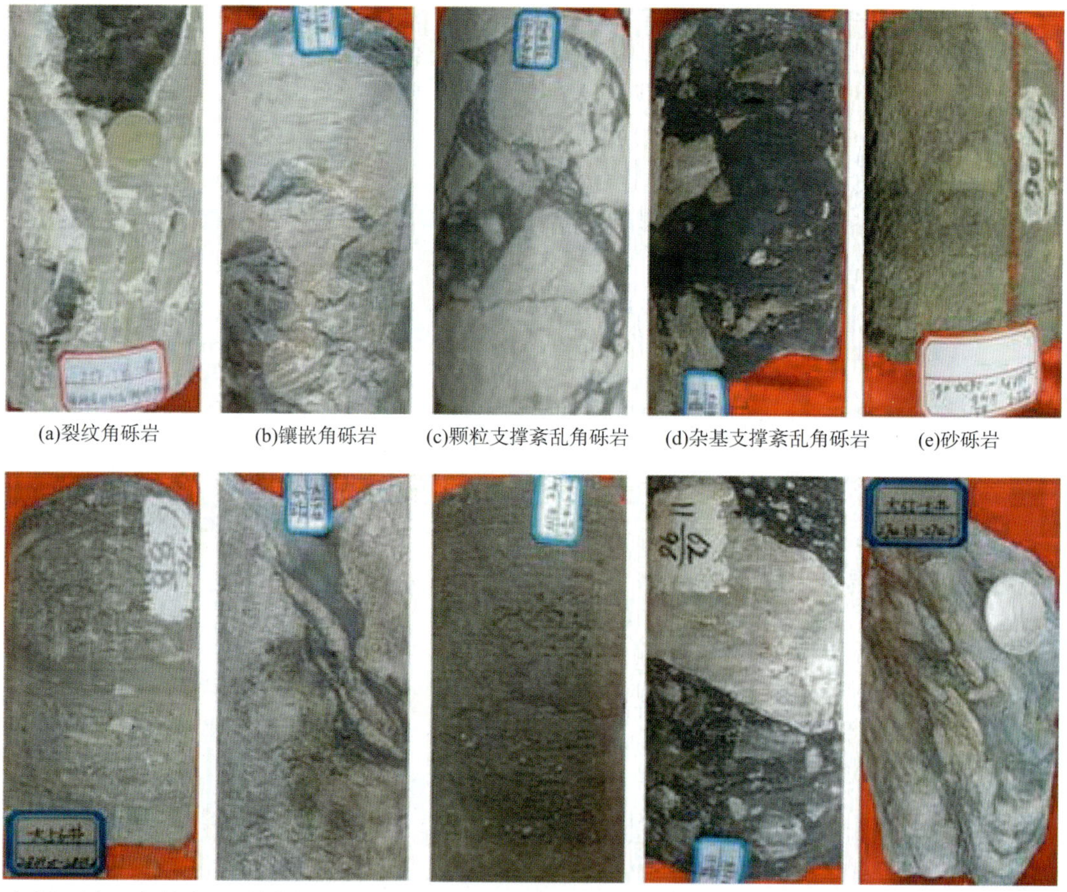

图4-4-1　大牛地气田下奥陶统马家沟组岩芯岩溶作用特征

碎屑等物质，源于侧向流水冲刷携带。洞穴角砾岩中角砾呈紊乱状态，具有一定的磨圆度，可见大量陆源碎屑物质堆积以及流水成因的各种沉积构造，如沙纹层理、交错层理等［图4-4-1（i），图4-4-1（j）］。

在岩溶剖面中，从上至下依次发育垂直岩溶带、水平岩溶带及深部岩溶带三个岩溶带，形成一个完整的岩溶序列。由于构造地质、水文地质条件的不同，岩溶序列的特征及完整程度会存在较大的差异。表生期成岩阶段，潜水面随着地壳构造抬升而下降，形成新的水平溶洞，发育一个新的岩溶序列。而早期的水平溶洞可能因构造抬升而受到剥蚀，无法完成测量保存下来。大牛地气田不同层位岩溶作用类型、强度存在明显差异，在单井上可识别出三层水平洞穴砂砾岩，从下向上分出三个水平潜流岩溶带（图4-4-2）。

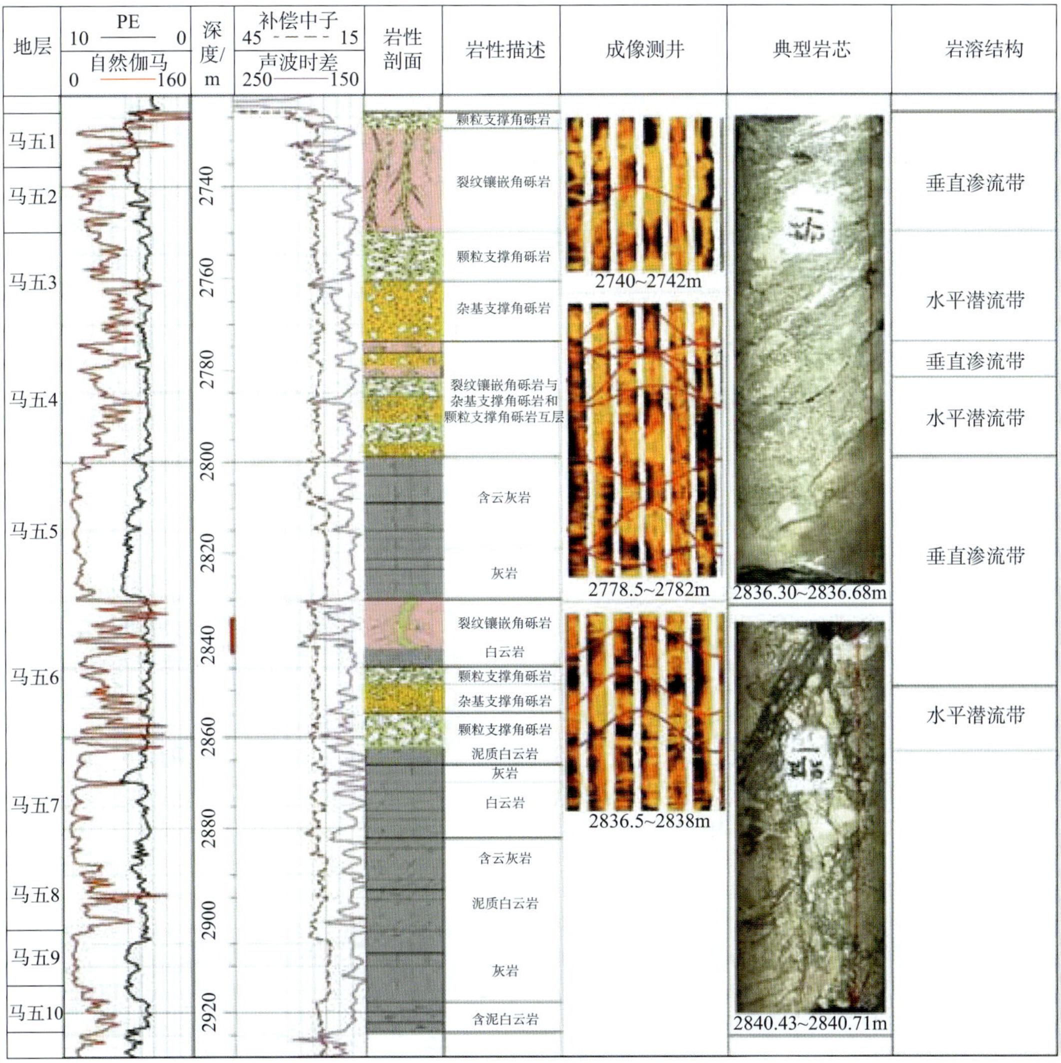

图4-4-2 大牛地气田下奥陶统马家沟组纵向岩溶带分布图

顶部水平潜流岩溶带发育层位为马五1亚段、马五3亚段，分别见于大bo井、鄂g井、大ab井；中部水平潜流岩溶带发育层位主要为马五4亚段内，分别见于大cb井、大cd井、鄂e井、鄂g井、大ec井；下部水平潜流岩溶带发育层位主要为马五6亚段内，分别见于大bc井、大cb井、大ec井、大ef井、大abd井等。大牛地气田内多口井在马五6亚段钻遇岩溶角砾岩，突破了前期马五5亚段鄂尔多斯盆地区域岩溶作用的底板的认识。在断裂纵向沟通作用下，大牛地马五6+7亚段发生大规模岩溶作用，岩溶高地古地貌区岩溶层位可达马四段。

2. 下古生界储层类型及控制因素

大牛地气田下古生界在沉积演化过程中经历了多次的海平面升降和成岩作用影响，形成了多种类型的碳酸盐岩，包括白云岩、灰岩、膏岩、盐岩及其过渡岩性，为多类型、多成因储层的发育提供了物质基础。按照岩性划分，气田储层类型主要为（含膏）白云岩储层，在各层段均有发育；按照成因划分，气田储层类型主要为岩溶型储层和白云岩储层，受断裂影响，发育岩溶缝洞型储层。岩溶型储层主要分布在奥陶系马家沟组马五段和寒武系三山子组，储层岩性以泥—微—粉晶云岩和原岩含有较多石膏结核的白云岩为主，分别在加里东期和怀远期岩溶作用下，形成以膏溶孔和晶间溶孔为主的储集空间；白云岩储层主要分布在奥陶系马家沟组马四、马二段和寒武系三山子组，岩性主要为粉—细晶白云岩，以发育晶间孔为主要特征。

1）储层类型

在进行碳酸盐岩储层描述时，往往按照储集空间形态和大小，划分为裂缝型、孔隙型、溶蚀孔（洞）型三种储层类型（表4-4-1）。裂缝型储层较为罕见，一般与其他类型共同组成裂缝—（溶）孔隙型储层。裂缝型储层主要与构造活动有关；孔隙型储层主要受沉积环境或白云石化作用控制；溶蚀孔（洞）型储层则是溶蚀作用的结果。

表4-4-1　大牛地气田下古生界主要的储层类型

层位	主要储层类型	主要储集空间	主要储层代表井	次要储层类型	次要储集空间	次要储层代表井
马五1~2亚段	裂缝—孔洞型	膏模孔、溶蚀孔	大kh，大aac	裂缝	风化缝、晶间孔	PGa
马五4亚段	裂缝—孔洞型	膏模孔、溶蚀孔	大gk，大fk	—	裂缝、晶间孔	—
马五5亚段	孔隙型	晶间孔、晶间溶孔及微裂缝	大dh	裂缝—孔洞，洞穴	高角度裂缝及网状缝，多为溶蚀缝，偶见构造缝	裂缝—孔洞型：PGbg、PGcd；洞穴型：Dfa-ba

续表

层位	主要储层类型	主要储集空间	主要储层代表井	次要储层类型	次要储集空间	次要储层代表井
马五6亚段	裂缝—孔洞型	溶蚀孔洞，晶间孔、溶孔	大cg，大abd	—	裂缝，以低角度裂缝及网状缝、溶蚀缝为主	—
马五7亚段	溶蚀孔洞型	晶间孔、溶孔、膏模孔	大abd	—	溶蚀缝、微裂缝	—
马四段	裂缝—孔洞型	裂缝型：以构造缝为主； 溶蚀孔隙（洞）型：溶洞、溶孔、晶间微孔、晶间溶孔及微裂缝	裂缝型：大abf、大abc；孔洞型：石a	洞穴	溶洞、溶孔、洞穴	Da-eca
马二段	裂缝—孔隙型	溶蚀缝、微裂缝	鄂e，Da-ecg	—	—	—
三山子组	溶蚀孔洞型	溶洞、溶孔	大gh，鄂h	—	晶间溶孔、少量晶间孔	—

（1）孔隙型储层

孔隙型储层较为常见，在各个地层中均有出现。储层岩性一般为粉晶白云岩或晶形较好的微晶白云岩。储层主要储集空间为晶间孔、晶间溶孔、少量微裂缝。

晶间孔一般由白云石化或重结晶形成。该类储层物性较好，孔隙度一般小于5%，渗透率一般小于$1 \times 10^{-3}\mu m^2$。晶间孔隙型储层是马五5和马四地层中主要的储层类型，孔隙型样品占总样品数的51%。这类储渗体电性特征表现为低伽马，三孔隙度测井均反映出孔隙发育的特征（CNL明显增大、AC增大和DEN减小），电阻低，且曲线光滑有明显幅差，成像测井中表现为黑色斑点（图4-4-3）。

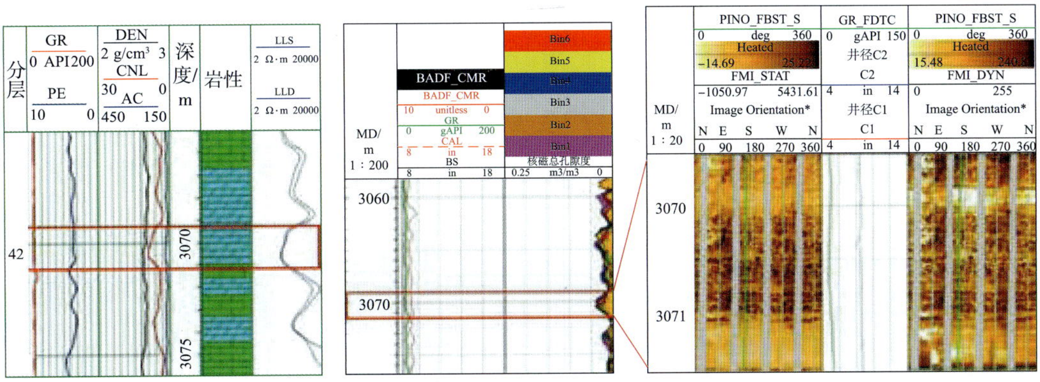

(a)大abf井，3065~3076m测井曲线 (b)大abf井，3058~3077m核磁测孔隙成果图 (c)大abf井，3069.5~3071.5m，成像测井

图4-4-3 大牛地气田下奥陶统马家沟组马四段孔隙型储层特征

（2）溶蚀孔洞型储层

溶蚀孔洞型储层主要发育在（含膏）白云岩中，少量存在于次生灰岩和白云岩中。该类储层主要发育在不整合面的顶部，主要分布在奥陶系马家沟组马五1~2、马五5~7亚段，在寒武系三山子组粗晶云岩中也有出现。溶蚀孔洞型储层储集物性较好，孔隙度可达10%，渗透率大于$1\times10^{-3}\mu m^2$，是岩溶储层的重要储集类型。

马五1~2亚段中溶蚀孔洞型储层为灰白色含膏微晶白云岩，局部可见小型溶洞［图4-4-4（a）］，岩芯柱上可见大量膏模孔［图4-4-4（b）］。薄片下溶蚀孔发育，晶间孔较少。扫描电镜下识别微米级别的孔隙，孔隙直径集中在100~400μm。

(a)溶蚀孔洞，大ac井，2849.00m，马五1亚段

(b)膏模孔，大kh井，2883.00m，马五1亚段

(c)裂缝，大dh井，3012.8m，马五5亚段

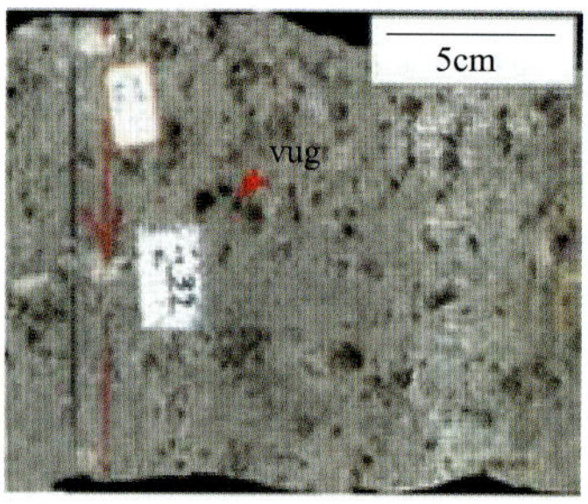

(d)膏模孔，大abd井，3153.8~3154.2m，马五7亚段

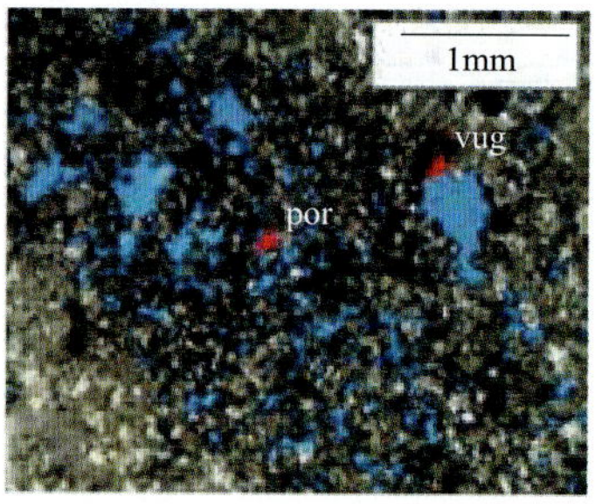

(e)膏模孔及晶间溶孔，大abd井，3153.94m，马五7亚段

图4-4-4　大牛地气田下古生界储层主要孔隙类型

受断裂影响，淡水沿垂向裂隙或侧向溶蚀，马五5亚段除了发育孔隙型储层，还发育与裂隙伴生的裂缝—孔洞型储层。大dh井岩芯柱上见方解石充填裂缝［图4-4-4（c）］，成像测井上见溶蚀破碎带而形成的溶洞。

马五6+7亚段储集岩主要岩性为含膏白云岩、白云岩。岩芯上可观察到大量的膏模孔［图4-4-4（d）、4-4-4（e）］。镜下可见多种储集空间类型，包括晶间孔、裂缝、溶洞等。

溶蚀孔洞型储层的电性特征与晶间孔隙型较为相似，GR和电阻率呈现齿化，这是由于（含）膏质白云岩中石膏含量的非均质性强，纵向变化较快，而且石膏在溶解过程中，由于体积增大，会形成大量的微裂缝，最终导致电阻率呈现齿化。成岩过程中溶蚀和沉淀作用使裂缝及溶洞中的泥质含量增加导致GR局部增大，发生齿化。

2）储层发育主控因素

大牛地气田马五1+2亚段、马五5亚段、马五6+7亚段、三山子组储层发育受沉积相、古地貌和断裂的共同控制；马四段、马二段储层主要受沉积微相和断裂控制。

（1）沉积微相

沉积环境不仅控制着沉积相的发育，还可以影响成岩作用，从而通过成岩作用来控制储层的物性好坏。沉积微相不仅对岩性组合、岩层的结构以及岩石的构造具有控制作用，发育不同的原生孔隙，还对成岩环境的不同起着决定性作用，进而对次生孔隙的发育产生一定程度的影响。不同沉积微相中形成的岩石类型是储层发育的重要物质基础。

在早古生代海退期，鄂尔多斯盆地靠近中央古陆的地层受淡水稀释作用的影响，海水盐度相对较低。向东部洼地方向，海水盐度逐渐增加，岩石中石膏含量随着海水盐度的升高而增加，石膏结核的形态由板条状转变为结核状。盆地内部由中央古凸起到东部米脂盐洼，岩石组合从灰岩+白云岩逐渐转变为泥—微晶白云岩与含膏（膏质）白云岩的互层。大牛地气田位于盆内中东部地区，马三、马五6等层段由西向东岩性由云岩、含膏云岩逐渐过渡为膏质云岩、膏盐岩（图4-4-5），为溶蚀孔洞型储层的形成提供了良好的物质基础。

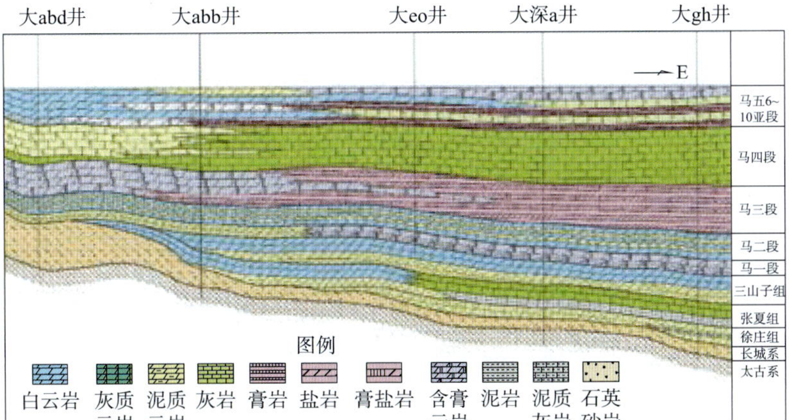

图4-4-5 大牛地气田下古生界东西向岩性对比剖面

大牛地气田马五1+2亚段、马五6+7亚段发育的膏云坪、含膏云坪为十分重要的微相类型，岩石类型以浅灰色膏质云岩、含膏质云岩为主；该微相在后期的溶蚀作用影响下，能形成大量的膏溶孔洞，成为大牛地气田主要的储集类型之一。

马五5亚段、马四段属潮下坪沉积环境，主要发育潮下灰坪微相，岩性上以深灰、灰黑色泥微晶灰岩为主。岩芯、薄片观察表明，马五5亚段、马四段局部出现白云石化现象，泥微晶灰岩被交代成粉—细晶云岩，晶间孔较为发育。

三山子组发育云坪，岩性以粉—细晶白云岩为主，晶间孔发育，为表生期岩溶提供了良好的渗流条件。

（2）断裂系统

断裂是大气水下渗的重要通道，断裂及其伴生裂缝决定了碳酸盐岩的渗透性、连通性及其方向性。由于下古生界碳酸盐岩基质渗透率低，岩石内部溶蚀作用不发育，流体多沿裂缝带溶蚀，并向岩层内部有选择性地溶蚀扩展，如马五6地层中含膏云岩较马五5地层中白云岩更容易溶蚀，形成良好储层。

断裂在表生期和埋藏期均发挥着重要的作用，流体在流经断裂的过程中会发生一系列的溶蚀—充填作用，局部的溶蚀作用会导致新储集空间的形成或对先期存在的储集空间的溶蚀扩大，最终形成的储层的发育分布表现出与断裂关系密切。从大牛地气田全区来看，马五5、马五6+7亚段和马四段有效储层及高产井基本集中分布在断裂发育带附近。

（3）不整合岩溶作用

鄂尔多斯盆地与下古生界相关的不整合面有三个，分别位于寒武系和震旦系或长城系之间、寒武系与奥陶系之间以及奥陶系与石炭系之间，后两个不整合面分别控制寒武系顶面和奥陶系顶面碳酸盐岩岩溶储层发育（李相博，2021；张春林，2021）。

寒武世期，受怀远运动影响，鄂尔多斯盆地经历了海床抬升、暴露剥蚀、震荡性沉积等多个阶段，盆地中东部地区缺失冶里组和亮甲山组，沉积间断3~18Ma，在大牛地气田寒武系三山子组顶面发育表生岩溶作用。大牛地气田三山子组岩性为粉—细晶白云岩，在大gh井、小壕a井等井的岩芯上可观察到大气淡水溶蚀作用形成的次生溶蚀孔、洞及缝，储集性好。

奥陶世期，加里东运动使得鄂尔多斯盆地整体抬升，经受了长达1.5亿年的沉积间断，盆地大部分地区缺失了中奥陶统至中石炭统的沉积地层，且下奥陶统碳酸盐岩经历长期风化剥蚀和淡水淋滤，形成了特殊的岩溶储层及岩溶古地貌。大牛地气田整体位于鄂尔多斯盆地东部岩溶斜坡区域，是岩溶作用发育的有利区。岩溶地貌控制了风化壳地层保存程度，同时控制了溶蚀作用的强弱。岩溶斜坡上的残丘为斜坡上古地势相对较高者，大部分残丘保存了马五1~2亚段，含膏云岩地层遭受强烈溶蚀作用，形成大牛地气田主力储集层段。岩溶高地较岩溶斜坡区地层剥蚀强烈，开壳层位为马五3亚段或马五4亚段，更有利于大气淡水向下渗透，岩溶高地下部的马五5和马五6+7地层具有大气淡水引发的岩溶活动行迹。例如，马五6地层普遍发育岩溶角砾岩，且具有偏重的锶同位素和偏负的氧同位素特征（图4-4-6）。

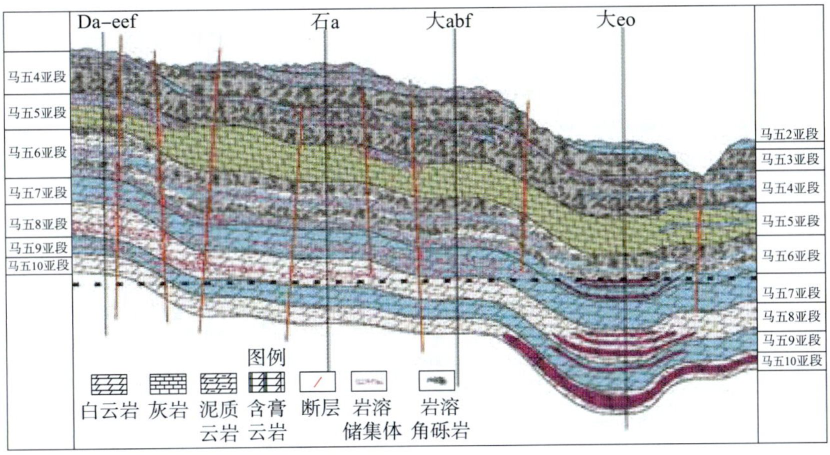

图4-4-6 大牛地气田下古生界奥陶系岩溶储层发育模式

二、中小尺度岩溶储层预测技术

随着大牛地气田上古气藏的开发，下古生界气藏成为大牛地气田重要的储产量接替阵地，储层预测成为下古气藏勘探开发的关键。大牛地气田下古气藏的储层预测主要存在三个方面的困难：

①下古气藏位于太原组主煤层之下，煤层的低频强能量“湮没”了下古储层的有效信息，高频地震波的吸收降低了地震资料的分辨率，为预测下古薄储层带来了困难；

②下古气藏的断裂和溶蚀缝洞发育范围广，但规模不大，地震剖面难以反映下古储层的断裂和溶蚀缝洞带来的波形和能量的变化；

③由于大牛地气田地震资料采集较早，地表多为沙漠所覆盖，检波器耦合不好，加之地表低速带对高频地震波衰减严重，地震资料信噪比较低，噪声干扰严重，这些均成为下古气藏预测的难点。

本节在精细井震标定和层位追踪的基础上，开展中小尺度岩溶储层定性预测以及含气性预测方法探讨。

1. 储层波形结构特征分析

地震记录的总信息量很大，包含油气和非油气两方面。当储层与围岩的岩性、物性、流体性质等存在差异时，地震波穿过储层后，其参数会发生变化而呈现出不同的地震响应特征。波形可以看作由振幅、相位和频率等主要参数组成的。波形作为地震勘探的最原始表现形式，也是最终的表现形式，蕴含着大量信息，但是同时也是最为复杂、最难以解读的属性参数，储层岩性、物性的变化往往表现为地震波形特征的差异，地震波形特征分析是岩性预测、油气预测的重要手段。

通过井震标定确定与研究区目的层及其围岩相关的地震波组，并追踪、掌握该波组在研究区的分布特征。大牛地气田大dh井区马五5储层位于太原组主煤和上下古风化壳界面之下，通过井震标定，马五5地层处于地震剖面T9b强波峰之下的波谷位置，由于马五5上覆地层与马五1~4地层剥蚀程度不同，所以与马五5地层有关的波组呈现不同的特征。研究区南西区域马五5上覆地层剥蚀严重，上部马五1~4地层残留厚度少，在30~50m，马五5地层靠近T9b，底部强波谷下缘位置，T10e为单波强振幅，北东区域由于马五1~4地层残留厚度大，在50~65m，地震剖面上马五5储层位置与T9b波峰距离较大，T10e为复合波振幅中弱，马五5底部为复合波上波峰（图4-4-7）。

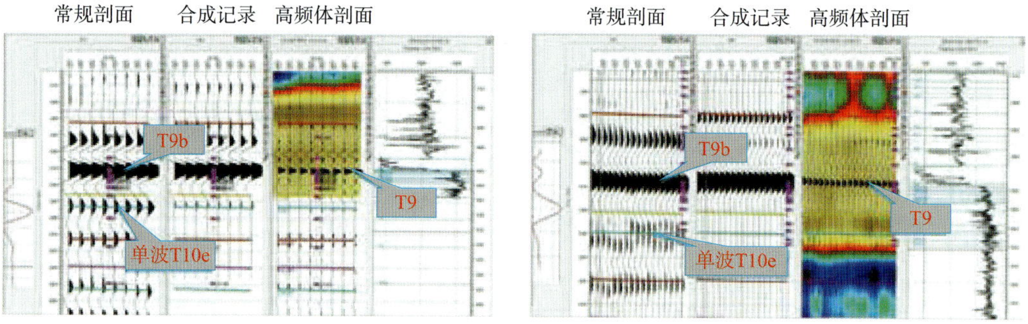

图4-4-7　大牛地气田下奥陶统马家沟组马五5亚段高分辨率数据井震标定
（左图马五5亚段对应T10e单波，右图马五5对应T10e复合波）

建立下古储层识别界线正演模型，从该模型中可以看出，马五1+4残留厚度大于30m，太1主煤干扰减弱，储层响应波峰与综合响应波谷脱离，马五5实现有效区分亚段（图4-4-8）。

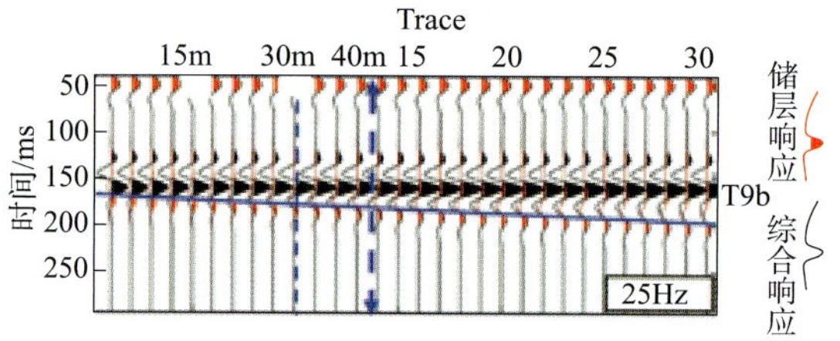

图4-4-8　大牛地气田马五5亚段储层识别界线正演模型

在下古储层识别界线分析基础上，建立的下古储层楔状正演模型（图4-4-9）表明：当马五1~4地层残留厚度大于30m时，太1主煤干扰减弱，子波为25Hz的正演剖面中储层相应的波峰可以单独表现出来，马五5储层实现有效区分。

PGbg井模式正演表明：当马五1~4厚度剥蚀严重时，马五5储层靠近太原组主煤层，位于强波谷之中。当马五5含气时，波阻抗减小，与上覆地层反射系数变小，表现为振幅减弱，图中颜色变为浅蓝色；当马五5储层不含气时，波阻抗较大，与上覆地层反射系数变大，表现为强振幅，图中颜色变为深蓝色。

大co井模式正演表明：当马五1~4厚度保留完整时，马五5储层与太原组主煤层较远，T9b之下有T10f波峰出现，T10f为马五5储层顶部反射。当马五5含气时，波阻抗减小，与上覆地层反射系数变小，表现为振幅减弱，图中颜色变为浅蓝色；当马五5储层不含气时，波阻抗增大，与上覆地层反射系数变大，表现为强振幅，图中颜色变为深蓝色。

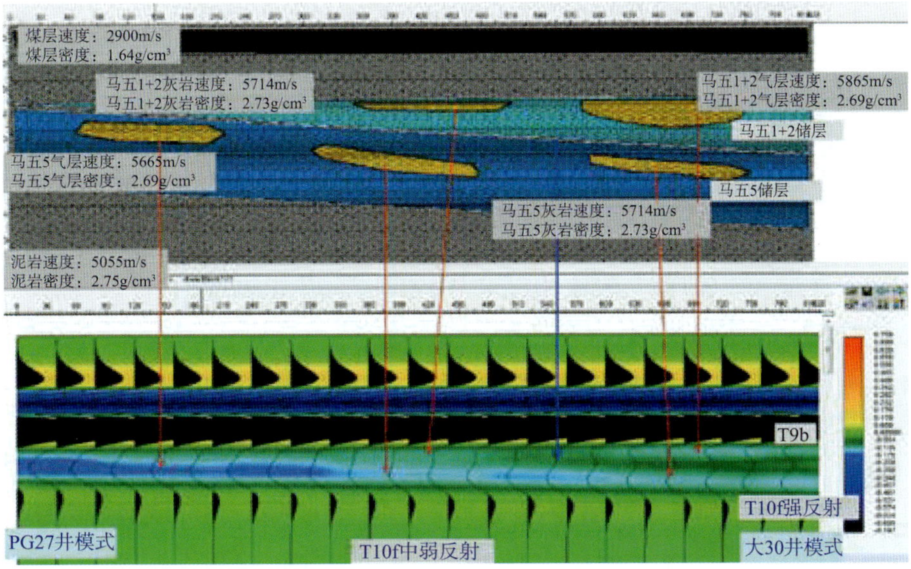

图4-4-9 大牛地气田马五段岩溶储层正演模型

以储层正演模拟为基础，形成基于马五1~4残厚变化、T9b~T10e波形结构差异性研究的岩溶储层波形分类识别技术，将马五段岩溶储层发育类型划分为4大类8小类，明确了储层叠合发育区“单波谷+中弱振幅”等5种岩溶储层有利波形特征，落实有利区面积144km^2，评价可动用储量142×10^{8}m^3（表4-4-2、图4-4-10）。

表4-4-2 大牛地奥陶系马五段岩溶储层物探波形结构分类

模式	岩深特征		物探响应特征		模式	储层发育特征	物探振幅特征	瞬时频率属性
	马五1+4亚段残厚/m	岩溶强度	波形特征	马五5亚段位置				
Ⅰ	<35	马五5~7亚段受岩溶作用强	单波谷	上半波谷	Ⅰa	马五5~7亚段储层均发育	中弱振幅	低频有利
					Ⅰb	马五5亚段发育灰岩	强振幅	高频不利
Ⅱ	35~55	马五6+7亚段膏岩溶蚀减弱	单波谷	正对波谷	Ⅱa	马五5亚段储层发育好	中弱振幅	低频有利
				T10e未下移	Ⅱb	马五5亚段储层不发育	强振幅	高频不利
Ⅲ	35~55	马五6+7亚段膏岩溶蚀弱	双波谷	下半波谷	Ⅲa	马五5亚段储层优于马五6~7亚段	上波谷振幅强于下波谷	低频有利
				T10e下移	Ⅲb	马五5~7亚段储层均发育好	上波谷振幅弱于下波谷	低频有利

续表

模式	岩深特征		物探响应特征		模式	储层发育特征	物探振幅特征	瞬时频率属性
	马五1+4亚段残厚/m	岩溶强度	波形特征	马五5亚段位置				
Ⅳ	>50	马五5亚段受岩溶作用减弱	双波谷	正对波峰	Ⅳa	马五5亚段储层发育	T10f波峰中弱振幅	中低频有利
					Ⅳb	马五5亚段储层不发育	T10f波峰强振幅	高频不利

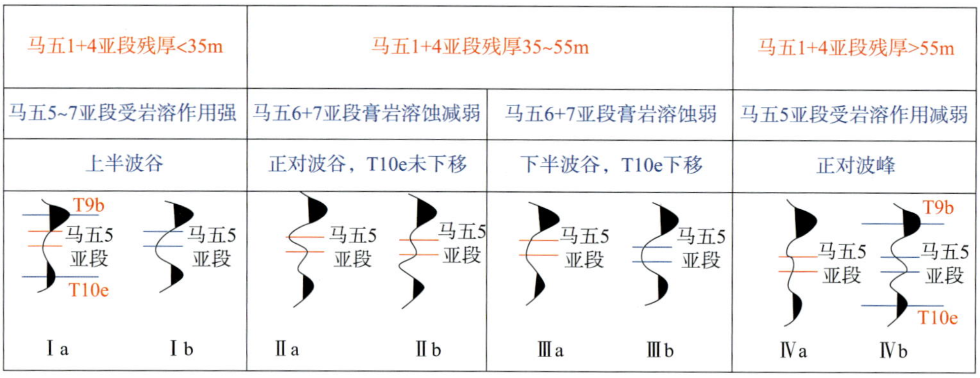

图4-4-10　马五段岩溶储层物探响应模式

大dh井区中部为岩溶高地浅坑区、单波谷中弱振幅有利区，马五5~7岩溶储层叠合发育，适合直井开发，大dh井区中部以东为岩溶高地台丘、双波谷中弱振幅有利区，马五5单层发育，适合水平井开发（图4-4-11）。

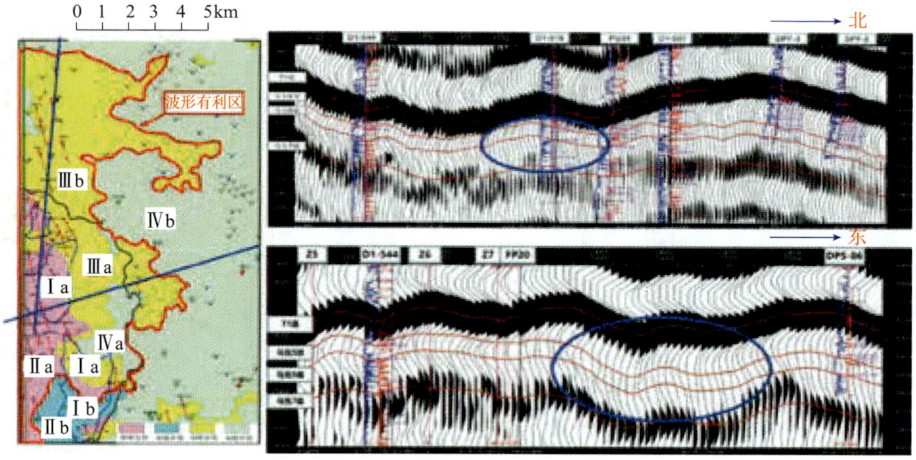

图4-4-11　大牛地气田大dh井区岩溶储层物探波形分类平面（左）及剖面图（右）

2. 中小尺度缝洞预测

由于断裂、裂缝以及填充物的出现造成地层结构以及岩性、物性的变化，地层纵波阻抗相应地发生改变，进而在地震剖面上形成波形、振幅能量以及频率的变化。可通过研究分析这些地震参数的变化实现对缝洞的预测。一般通过相干、相似、极大似然值、蚂蚁体等属性可对较大规模的裂缝、缝洞的预测取得较好的效果。由于大牛地气田下古生界碳酸盐岩储层的裂缝、溶蚀孔洞的规模较小，并处于太原组厚煤的屏蔽之下，加上三维地震数据为早期采集处理，地震数据质量不是很好，中小尺度的裂缝、缝洞有效预测难度大。

通过研究分析缝洞预测各方法技术的优缺点，认为最大似然估计是一种统计方法，可以用来求一个样本集的相关概率密度函数的参数。明确地使用概率模型，其目标是寻找能够以较高概率产生观察数据的系统发生树，极大似然属性具有表现裂缝细节的优势；蚂蚁追踪算法是模拟自然界中真实蚁群的觅食行为而形成的一种新型仿生类优化算法，进一步增强断裂信息并压制非断裂信息，该法克服了解释工作中的主观性，有效提高了解释精度和工作效率。

预测技术流程（图4-4-12）：首先，通过构造光滑滤波、边缘加强等处理增强了同相轴的连续性、突出边界不连续性，减少噪声干扰，由倾角、方位角可计算局部构造，沿构造方向进行高斯平滑；其次，通过极大似然属性提取放大凸显断裂效应形成断裂概率体；最后，将测井、地质针对裂缝、缝洞认识的展布趋势作为约束，以极大似然数据为基础开展蚂蚁追踪解释，减少预测的多解性，提高裂缝的预测精度。

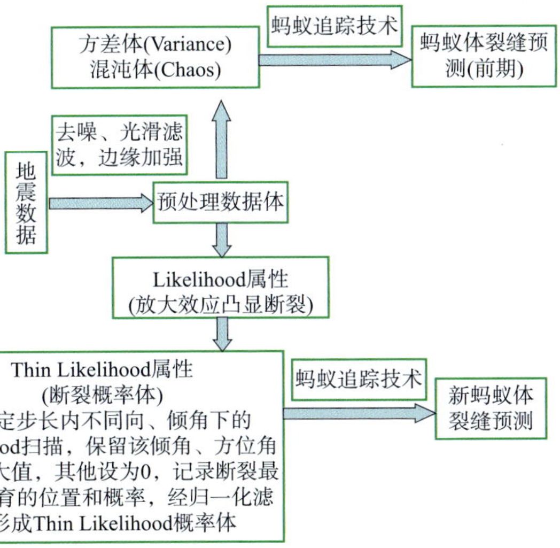

图4-4-12 基于极大似然数据的蚂蚁体缝洞预测技术流程

以极大似然数据为基础开展蚂蚁追踪解释时引入倾角、方位角信息约束，预测裂缝出现概率较高的位置，反映了裂缝在倾角、方位角约束下存在的最大概率，既能够反映更多裂缝细节，又能表现裂缝倾角、方位角信息，23口井验证，吻合率提高到82.6%（图4-4-13、图4-4-14）。

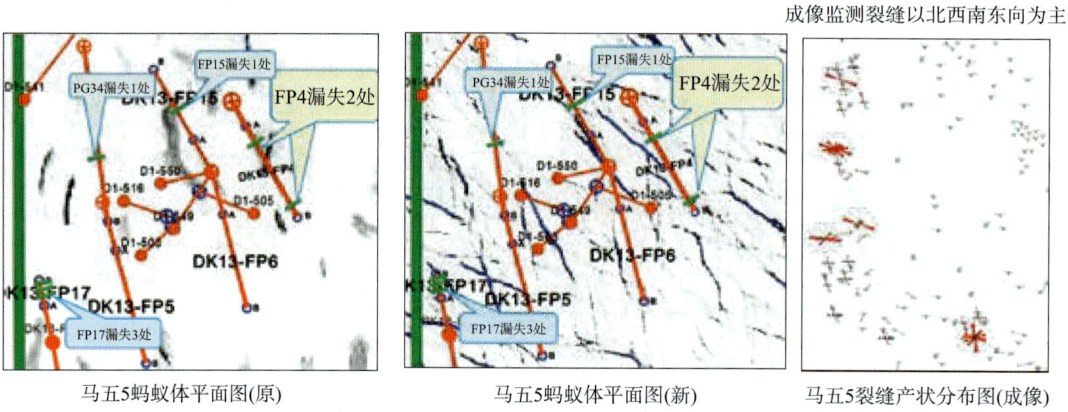

图4-4-13　蚂蚁体属性预测中小尺度缝洞平面分布图

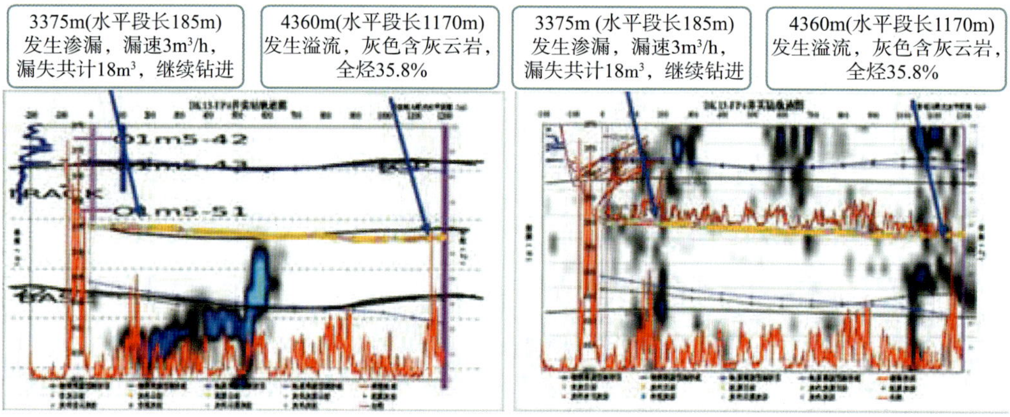

图4-4-14　蚂蚁体属性预测中小尺度缝洞纵向分布图(左旧右新)

3. 岩溶储层含气性预测

地震波振幅反映了地震波能量的大小，地震波在地层中传播时，其弹性能量不可逆地转化为热能而耗散，振幅产生衰减。引起地震波衰减的因素主要有两种：一种是与地震波传播特征有关的衰减，另一种是与传播介质有关的本征衰减，也称地层固有品质因子。地层固有品质因子具有重要意义，它能够反映地层的岩性、含流体性、含流体饱和度、压力和渗透率等。当流体和固体颗粒相对运动速度很小时，也就是流体被骨架“锁住”时，地震波衰减最小而振幅最大。这种现象就是所谓的“共振”，它只存在于地震波的某一低频率上。随着频率增加，由于惯性作用，流体与固体之间的相对运动速度增大，在某一频率处，地震波衰减最大，而振幅最小，这种现象就是高频衰减。当流体为油气时，地震记录上具有更明显的“低频共振、高频衰减”特征(图4-4-15)。

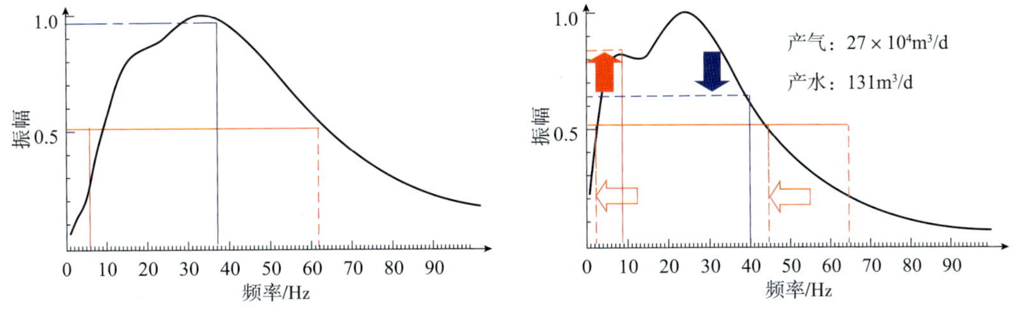

图4-4-15 实际数据中无气区（左）与含气区（右）频谱特征

大牛地气田下古生界马五5亚段地层厚度一般为25~28m，储层薄，岩性、物性、含气性纵横向变化快、非均质性强，特别是气层厚度更小，又受顶部煤层强振幅低频影响，含气性预测难度大。一般通过高频吸收衰减属性定性预测储层含气性，但是目前大牛地气田下古生界马五5亚段在常规剖面上大部分处于T9b之下的强波谷中，该强波谷是煤层、风化壳以及马家沟组多组储层共同作用形成的综合反映，马五5亚段气层的微弱信息难以在地震资料中单独体现出来，气层的预测效果较差。

为了准确预测下古薄储层的含气性，必须提高地震资料的分辨率，凸显代表马五5亚段储层的波组。通过反射系数反演技术拓宽频带提高地震资料的分辨率，在此基础上开展薄储层含气性预测，取得了良好的效果。主要技术流程如下：

通过反射系数反演技术提高地震资料的分辨率，资料主频和频宽都得到增加，提高了资料的分辨率，马五5亚段地层在剖面上也有相应的波形响应，分辨率提高，资料波长变小，波形与储层有了基本的对应关系（图4-4-16）。

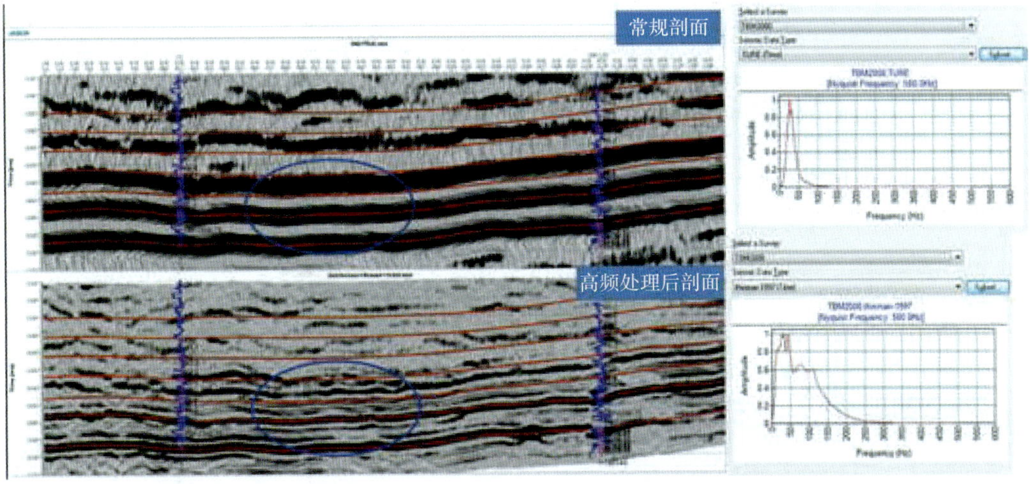

图4-4-16 常规地震资料与反射系数反演高频体数据剖面图（一）

应用地震波通过气层时高频吸收衰减、低频增加的原理，结合已知钻井优选参数通过高频体数据提取瞬时频率属性，结合测井、地质资料评价预测成果（图4-4-17）。

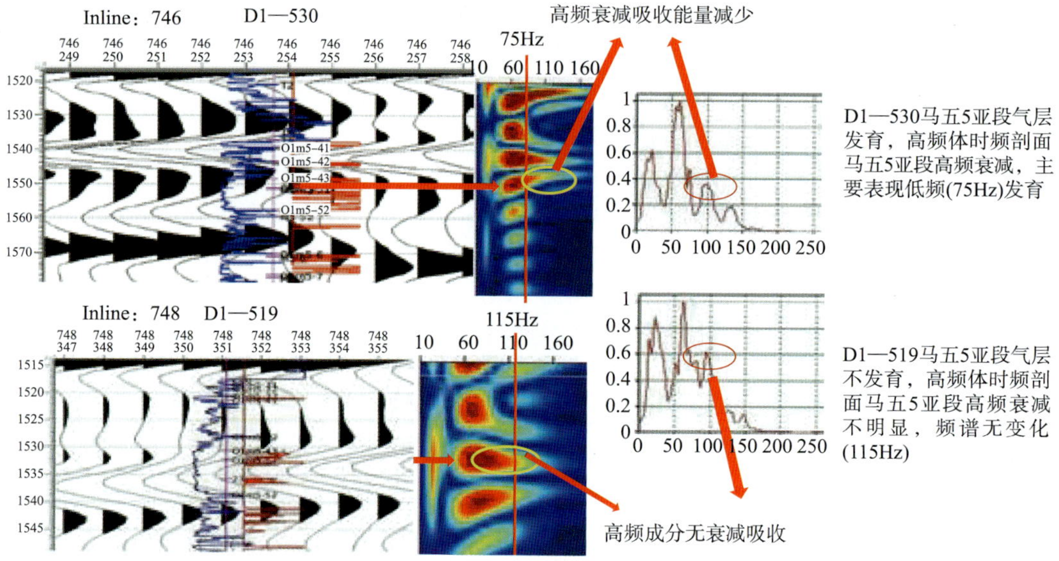

图4-4-17 常规地震资料与反射系数反演高频体数据剖面图（二）

在瞬时频率马五5亚段储层含气性预测中，红黄色区域为低频为主的含气发育，分析认为与地质认识和实际钻井的含气性分布一致，通过对12口水平井气测全烃与频率属性对比分析可知，含气预测吻合率达83.3%，高频体瞬时频率属性实现了大牛地下古碳酸盐岩中下尺度岩溶储层含气性分布有效预测（图4-4-18）。

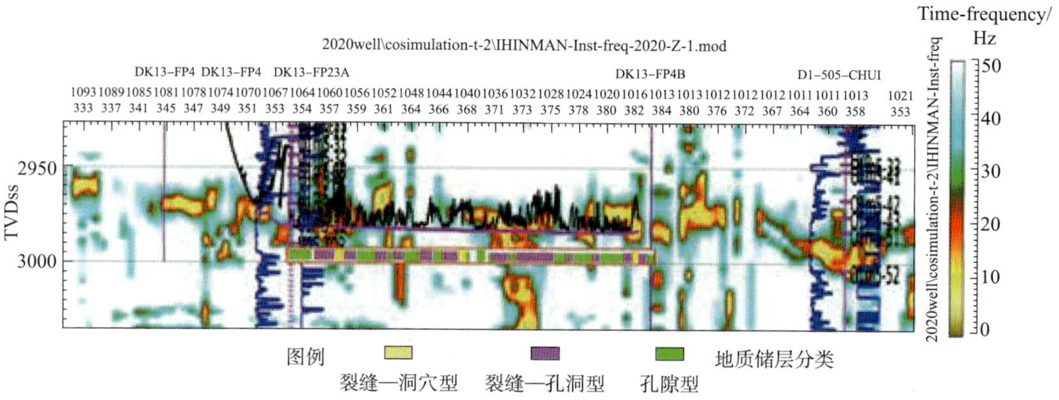

图4-4-18 瞬时频率预测马五5亚段含气性剖面

三、碳酸盐岩岩溶气藏成藏模式

在下古生界成藏组合划分基础上，结合区域成藏演化认识，针对大牛地气田下古生界开展气藏解剖，建立了寒武系和奥陶系成藏模式（图4-4-19）。

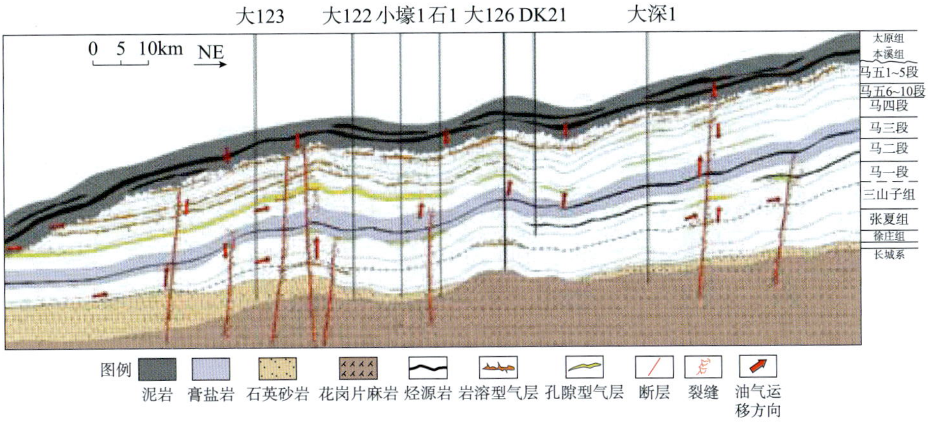

图4-4-19 大牛地气田下古生界成藏模式图

1. 寒武系成藏模式

建立了寒武系“上生下储、断缝输导、构造控藏”的成藏模式：

下奥陶统马家沟组马二、马三段发育泥质碳酸盐岩和泥质烃源岩，这是寒武系重要的烃源岩，生烃强度约为$31 \times 10^8 m^3/km^2$。

寒武系三山子组白云岩中孔洞缝型储层与其上的马家沟一段泥云岩构成良好的储盖组合。在燕山运动控制下，发育走滑断裂向上、下延伸沟通，形成运移通道，马家沟组乃至上古生界煤系地层烃源岩成熟，并向低势区运移，在寒武系有利的部位可形成有效聚集，特别是燕山运动的活动使得鄂尔多斯盆地发生翘倾翻转，从西向东侧抬升。最有利的聚集部位应该是断层附近的褶皱背斜，石aoa、石dob等井显示，具有一定幅度的背斜圈闭是勘探重点。

2. 奥陶系成藏模式

建立了奥陶系“两源三向供烃、三维成储、断缝输导、立体成藏”成藏富集模式：

侏罗纪—白垩纪是鄂尔多斯盆地油气生成、运移的主要时期，通过下古生界断裂体系、上古生界煤系烃源岩和下古生界海相烃源岩分别向下和向上供烃。加里东期形成的奥陶系顶面区域不整合为上古气源侧向运移创造良好的运移条件；海平面频繁升降控制下形成的横向分布稳定的白云岩储层也可以作为横向调整运移的有利输导层。燕山中期运动将盆地由西高东低改造成东高西低的构造格局，形成西倾东斜的现今构造背景，大牛地气田西部的烃源岩可以通过输导层向东运移形成三向供烃的有利格局。

在广覆的潮坪白云岩发育区，由于加里东期运动构造抬升而经历了漫长的大气淡水淋滤溶解作用，在风化壳之下局部地层形成良好的壳控储集层段，马五1+2亚段储集体主要在岩溶斜坡的岩溶斜坡残丘、残台上发育；加里东期—海西期走滑断裂扭动过程中，地表水沿断裂灌入形成断控岩溶，马五5~10段储层发育受断裂和原始岩性控制，含膏白云岩和含灰白云岩在断裂控制下经过岩溶作用形成裂缝—孔洞型储层，同时白云岩或灰质白云岩孔隙型储层发育。石炭系泥岩与残积铝土岩共同对不整合面气层形成了上覆和上倾方向的封盖，构成了区域盖层，同时不整合面内部的致密岩层形成了局部盖层，为油气的聚集提供了储集、圈闭场所，在不整合面上部形成了地层（岩性）圈闭气藏。

马四和马二段以白云岩储层为主，主要受沉积相带的控制，沉积相变形成的致密灰岩、泥质云岩、膏盐岩形成局部盖层和侧向遮挡，形成了岩性气藏。大牛地气田不整合面之下马五、马四、马二段整体含气，断裂控制局部富集。对于不整合岩溶成藏组合来说，在基底古凸起控制下，主力含气层马五5亚段、马五6+7亚段有利相带与有效储层发育在中西部，中东部的岩性变化带提供有利遮挡条件，局部构造与断裂发育有利于天然气富集；深部白云岩成藏组合位于区域天然气运移指向区，主力含气性马四段有效储层主要发育在中西部，与膏盐湖边部马三段有效烃源岩构成近源配置，形成岩性圈闭，断层发育有利于有效储层发育与天然气垂向运移成藏。

第五章

伊陕斜坡南部富县地区成藏组合与勘探

富县地区位于延安市富县、洛川县、甘泉县、宝塔区、宜川县、黄龙县、黄陵县境内，面积为3539.405km^2，构造位置处于伊陕斜坡东南部，“十三五”期间计算天然气资源量7444.43亿立方米。古生界海陆过渡相—陆相勘探层系可分为上下两套，下部以下奥陶统马家沟组碳酸盐岩层系为主，上部为上古生界碎屑岩层系。

分公司于2009年获得富县区块探矿权，此前该区块一直以中生界石油勘探为主，现在天然气领域开展了积极探索，古生界探井共7口，为富古a~富古g井，其中富古d井和富古g井在下古试获工业气流。受北部大牛地气田古生界勘探的启发，分公司提出了针对富县区块古生界勘探部署的方案，以上、下古生界兼探为原则，以岩性圈闭为主要勘探对象，局部展开和区域甩开勘探相结合，重点勘探区域是区块中北部已有勘探成果较好的区域，目标区奥陶系马五133储层受岩溶阶地控制展布在平缓东倾的古构造背景上，有利于岩溶储层的发育，下石盒子组盒1段及山西组发育三角洲水下分流河道及河口砂坝砂体，具有厚度大、物性好的特点。2009—2017年，共部署探井10口，扩大了上古生界天然气成果，2011年10月26日，向中石化储委汇报了《富县区块新富c井区盒1气藏新增天然气预测储量报告》及其相关附件，新增预测储量为537.63×10^{8}m^3、含气面积为500.63km^2。2014年勘探采用水平井评价盒1气藏产能，部署富平探a井，水平段长1000m，2015年完井试气，采用分段压裂，试气期间产气量为15308m^3/d、产液量为10m^3/d，无阻流量为15870m^3/d。上古生界表现出整体含气但普遍低产的特征。2018年以后，富县区块勘探思路转变为以下古生界为主，兼顾上古生界，2018年的钻井于马六、马五2、马五4、马五5、马五7多层系钻遇较好油气显示，部署在道镇地区的新富a0井马六+马五1+2气层合试产气量达13628m^3/d；新富aa井马五1气层压裂试气后井口产量达51391m^3/d，无阻流量达176536m^3/d，产水达31.8m^3/d；新富ab井马六+马五1气层合试产气量为17815m^3/d；新富ac井马五2气层井口产量为10060m^3/d；新富ae井马五2气层压裂试气后井口产量达

$7660m^3/d$，无阻流量达$10362m^3/d$，产水达$0.8m^3/d$；新富af井马五1+马五2+马五5+马五10压裂试气后井口产量达$25428m^3/d$，产水达$10.2m^3/d$。2019年11月13日分公司向中国石化储委汇报《富县地区新富aa井区奥陶系马家沟组马五1+2气藏新增天然气预测储量》及其相关附件，新增预测储量$244.70\times10^8m^3$、含气面积$394.80km^2$；2020年10月20日分公司向中国石化储委汇报《富县区块新富aa井区奥陶系马家沟组马五1+2气藏天然气控制储量新增报告》及其相关附件，新增控制储量$368.33\times10^8m^3$、含气面积$667.87km^2$。2020年伊始，以不整合碳酸盐岩岩溶气藏成藏模式理论为指导，认识到富县区块无论是从沉积相带还是从岩溶相带都与靖边地区有较好的一致性，提出以下古生界为主、兼顾上古生界，以气为主、兼顾中生界石油，以常规为主、兼顾非常规的部署思路，在钻井和地震相约束的古地貌精细刻画、断裂解释的基础上，结合现有勘探成果，深化认识，整体部署，实施井网控制，探索不同区带、不同类型岩溶储层含气性，同时兼顾上古生界和中生界，积极评价牛武、任家台、厢寺和寺仙等不同圈闭，明确了有利区优先、预探区积极探索的多条井网控制模式，形成了富县区块天然气勘探整体部署方案，对富县全区进行整体控制、有效评价，准备分批次井位实施、落实有利含气范围，积极推进增储上产阵地建设，力争"十四五"末提交探明储量$2000\times10^8m^3$，早日实现鄂南天然气的有效接替。

富县地区周边已建成上古生界的延安气田，黄龙—宜川地区也提交了大规模古生界储量，勘探实践证明该区具备大中型气田的地质条件，主力含气层位是下古生界奥陶系马五段、上古生界本溪组和盒1段，目前已提交天然气储量$793.76\times10^8m^3$，其中控制储量$669.74\times10^8m^3$，预测储量$124.02\times10^8m^3$，是盆地南部天然气重要的接替阵地。本书立足研究区钻井、地震和分析化验资料，从成藏组合入手，研究烃源岩的特征和分布规律，描述了古生界主要勘探层位的沉积和储层特征，形成了关键的气藏勘探评价技术，建立了上、下古生界天然气成藏模式，明确了富县地区的天然气勘探潜力。

第一节　富县地区古生界成藏组合

一、构造沉积演化与储层形成

富县地区在晚元古代及早古生代早期为隆起区，没有接受沉积，只在中晚寒武世、早奥陶世沉降接受碳酸盐岩沉积。

奥陶纪，富县地区属于华北海范围内，主要发育陆表海沉积，马家沟期发育局限海蒸发台地相的碳酸盐岩—蒸发岩沉积。受西南部“L”型中央古凸起控制，富县地区马家沟组地层厚度由西南向东北逐渐增厚。马家沟组可按沉积旋回自下而上划分为“马一段”“马二段”“马三段”“马四段”“马五段”“马六段”六个段，其中马一、三、五段主要发育白云岩、岩盐和硬石膏岩，夹少量灰岩，沉积期为相对海退期，气候较干旱；马二、四、六段以灰岩和白云岩为主，沉积期为相对海进期，气候较湿润。马家沟组马五段自上而下可进一步划分为马五1~10亚段等十个亚段，沉积时期表现为整体海退背景下的多期次一级震荡性海进—海退，其中马五5时期为最大规模的一次海侵期，马五4亚段和马五1+2亚段沉积期为相对海平面下降的阶段，沉积环境相对受限，主要发育含膏模孔泥粉晶白云岩，局部有颗粒岩、藻格架白云岩等发育（图5-1-1）。富县区块与靖边气田、宜川—黄龙探明区同处古岩溶斜坡

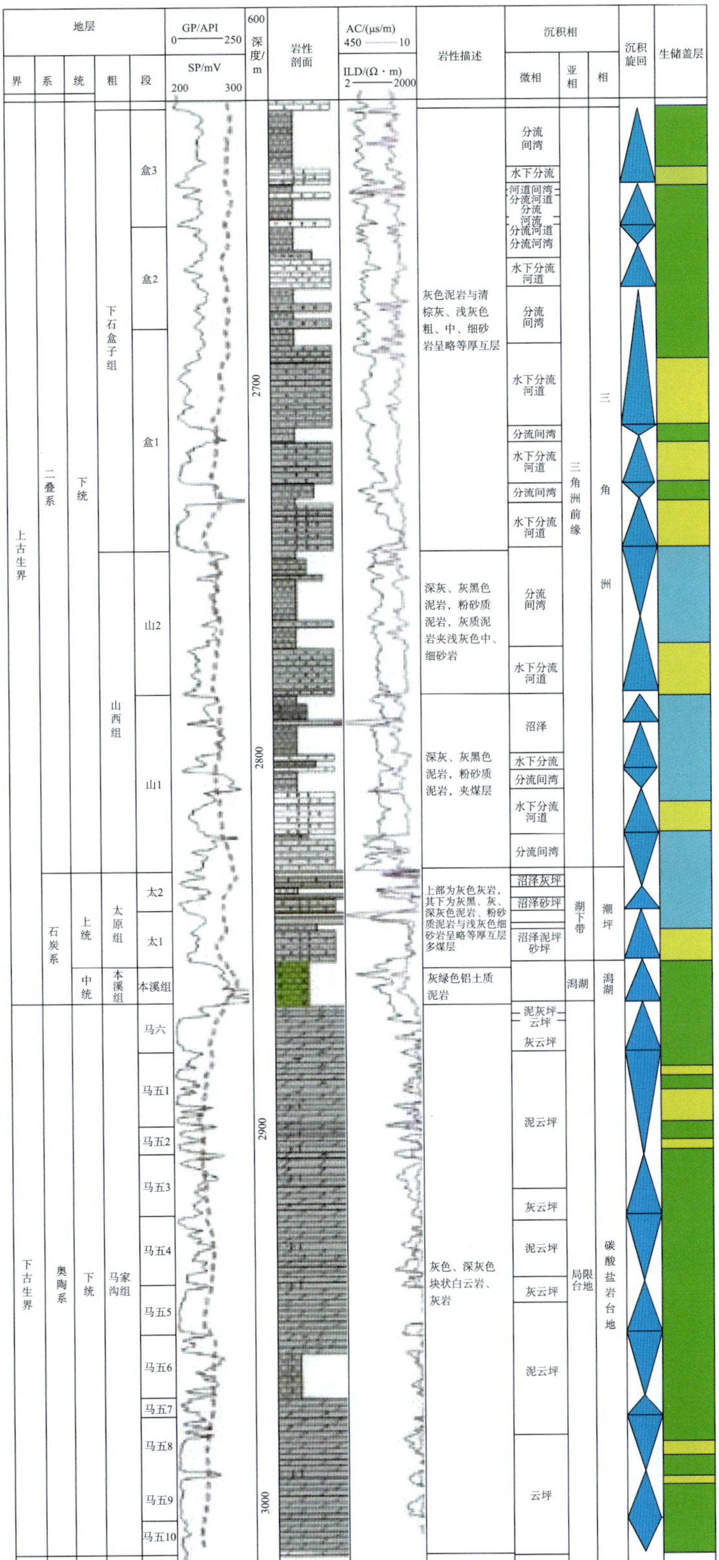

图5-1-1　富县区块前石炭系古地貌和生储盖组合图

一级古地貌单元，海相碳酸盐岩受到加里东期、海西期长达1.5亿年以上的抬升淋滤剥蚀，岩溶作用发育，可见多期垂直渗流带和水平潜流带，形成了广泛发育的碳酸盐岩岩溶储层，马五段见各类岩溶角砾岩，岩芯上可见膏模孔、膏溶孔及扩溶缝等，储集性能良好，是研究区主力含气层位。

在晚古生代石炭纪末至早二叠世，鄂尔多斯地台部分上升为陆地，海水从东西两个方向逐渐退出。地层缺失了上奥陶统、志留系、泥盆系及下石炭统，富县地区上古生界保存的地层自下而上划分为：石炭系本溪组、二叠系太原组、山西组、石盒子组、石千峰组。本溪组—太原组沉积时，研究区仍受“L”型中央古凸起控制，位于华北陆表海范围内，相带呈东西分异，研究区主要发育障壁—潟湖—潮坪体系，沉积厚度不等（0~10m）的含泥石英砾岩和中粗砂岩的障壁砂坝，延伸方向与古凸起走向平行，为北西—南东走向，研究区东北部的大宁—吉县地区本溪组多口井试获近百万立方米的高产气流，是其主力的产气层位，研究区目前也有多口井试获工业气流；山西组沉积时，北部伊盟隆起和南部秦岭开始抬升，主要发育曲流河三角洲前缘沉积，由于在研究区靠近湖盆中心，因此砂体较薄，单层厚度为0~5m；下石盒子组盒1段主要发育辫状河三角洲前缘沉积，以中粗砂岩为主，水下分流河道为主要沉积微相，单层砂体最大厚度可达15m，目前该段多口井见工业气流。上古生界碎屑岩优质储层普遍含气，具有良好的天然气勘探前景，本溪组和盒1段是主要勘探开发层位。

二、烃源岩特征

1. 上古煤系烃源岩特征

研究区上古生界烃源岩是一套海陆过渡相至陆相的含煤地层，主要是下二叠统山西组、上石炭统太原组、中石炭统本溪组的煤、暗色泥岩，具有广覆型的分布特点。根据钻井揭示情况，研究区内暗色泥岩厚度为41~170m，平均厚度为76m，煤层厚度为1.7~12.5m，平均厚度为5.4m。上古生界煤和暗色泥岩是好的气源岩，有机质丰度较高，煤中有机碳含量为18.38%~78.20%，平均65.10%，暗色泥岩有机碳含量为0.52%~7.19%，平均1.66%。

由于受西南部中央古凸起的影响，煤层在研究区东北部比较发育，煤层主体厚度为6~8m，总体呈由西南向东北变厚的趋势（图5-1-2）。

石炭—二叠系源岩类型以Ⅲ型为主，镜质组反射率分布在1.37%~2.07%，源岩已进入成熟—高成熟阶段。富探a井模拟结果显示，奥陶纪末，寒武系底界埋深约为1500m，底界源岩进入成熟门限；至二叠纪末马家沟底部进入生烃门限；三叠纪末寒武系源岩进入生烃高峰期，底界埋深约3700m，上古生界源岩也开始生烃；中侏罗纪末寒武系底界埋深约3800m，寒武系源岩进入生气阶段，奥陶系源岩处于生油期间，上古生界源岩开始进入生烃高峰期间；至白垩系末，寒武系底界埋深约5000m，底界源岩进入生烃死亡门限，奥陶系源岩进入生气阶段，上古生界源岩处于生烃高峰期间（图5-1-3）。

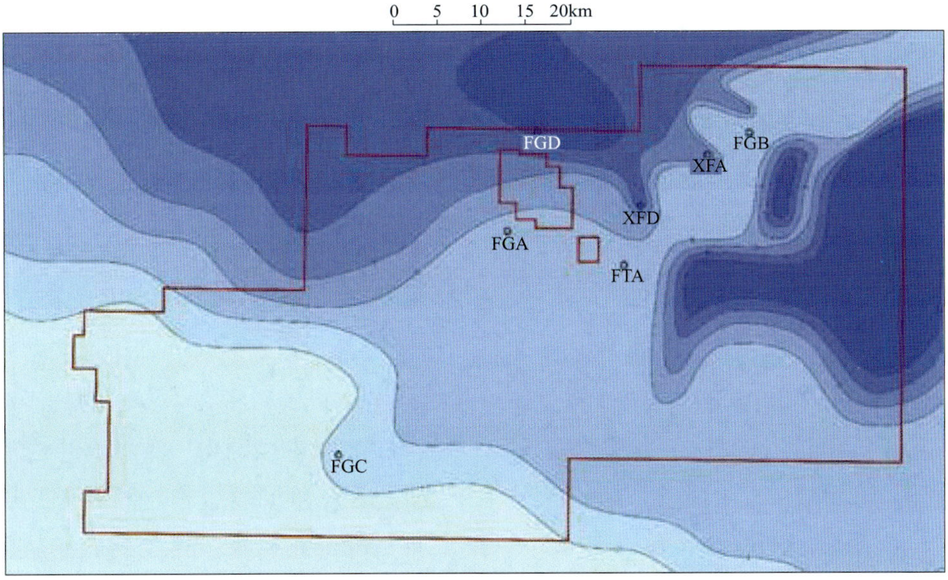

图5-1-2 富县区块石炭—二叠系煤层厚度图

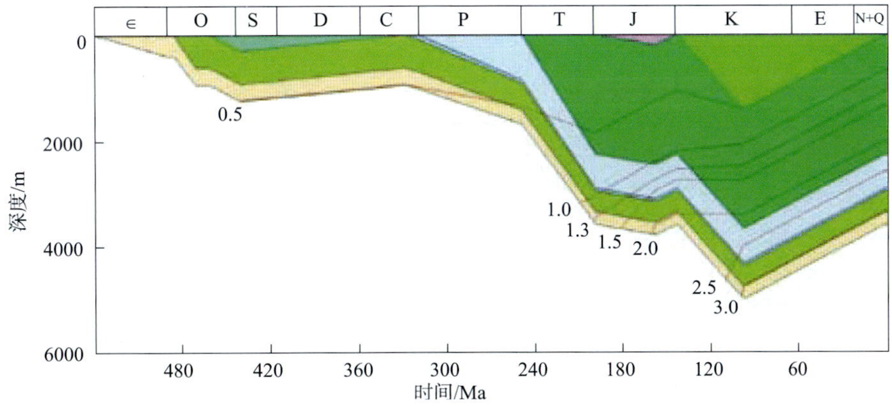

图5-1-3 富探a井埋藏与成熟度演化史

通过计算，富县区块生烃强度为10×10^8~$25\times10^8m^3/km^2$，呈由西南向东北增大的趋势，区块东北部的生烃强度为20×10^8~$25\times10^8m^3/km^2$，达到大中型气田生烃的标准（图5-1-4）。

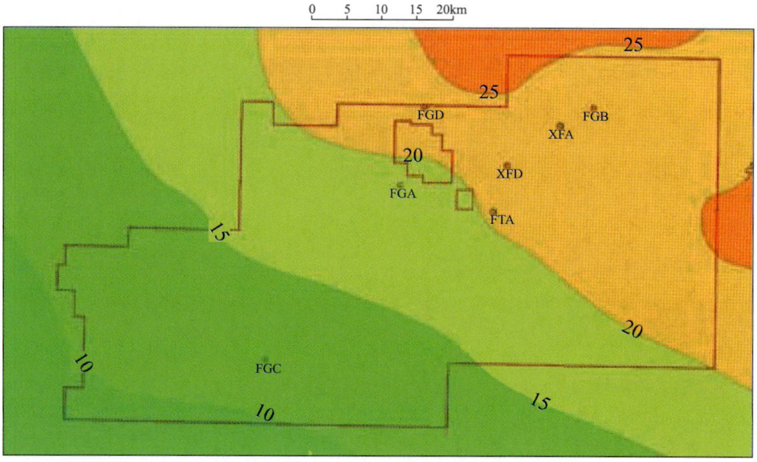

图5-1-4　富县区块上古生界生烃强度图（$10^8m^3/km^2$）

2. 下古海相烃源岩特征

研究区下古生界目前烃源岩样品主要集中在奥陶系马家沟组，岩性主要为碳酸盐岩和泥岩，普遍处于高演化状态，成熟度高。实测残余有机碳数据显示，碳酸盐岩烃源岩样品TOC平均值仅为0.11%，小于0.1%的样品占碳酸盐岩烃源岩样品总数的50%，有机碳含量大于0.2%的样品主要是白云岩、白云质泥岩和碳酸盐岩与泥岩薄互层的碳酸盐岩，含泥质的碳酸盐岩有机碳含量大于0.2%的样品占碳酸盐岩烃源岩样品总数的25%，井下样品实测数据显示奥陶系马家沟组碳酸盐岩虽然总体上显示为较差的烃源岩，但是仍有中等质量的烃源岩存在（图5-1-5）。马家沟组泥质烃源岩实测TOC值分布在0.18%~0.25%，平均值为0.21%，如果以陆相碎屑岩烃源岩评价标准来看，马家沟组泥质烃源岩有机质丰度偏低，即使考虑到成熟度对有机质丰度的影响，相对上古生界泥质烃源岩来说，马家沟组泥质烃源岩质量也较差。

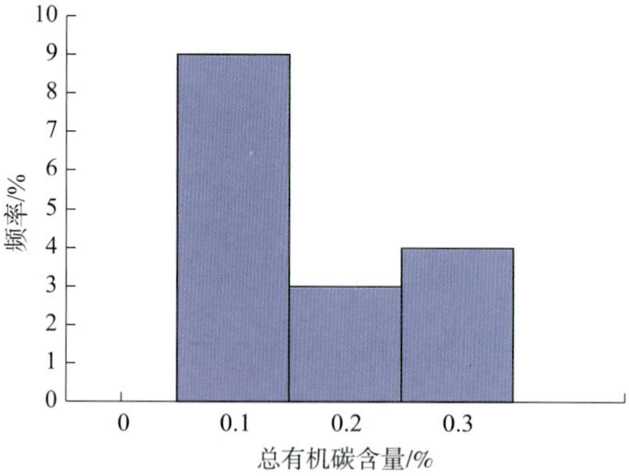

图5-1-5　富县地区马家沟组碳酸盐岩烃源岩有机碳频率分布图

由表5-1-1可以看出，把测得的沥青反射率换算成镜质组反射率后，*Ro*都在2.0%以上，研究区马家沟组烃源岩的成熟度平均值达到2.44%（张水昌公式换算数据）或2.26%（Jacob公式换算数据），都已达到了过成熟的演化阶段。

表5-1-1　富县地区井下样品成熟度数据

样号	岩性	井号	井深/m	年代	Ro/%	张水昌/%	Jacob / %
FG1-1	深灰色白云质泥岩	FG1	3260.4	马四段	2.95	2.40	2.22
FG1-2	深灰色白云岩	FG1	3262	马四段	2.64	2.19	2.03
FG1-3	深灰色白云岩	FG1	3126.3	马五3亚段	2.88	2.36	2.18
FG3-1	深灰色白云岩	FG3	3143.8	马四段	3.22	2.59	2.39
FG3-2	灰色泥质白云岩	FG3	3059.5	马五6亚段	3.07	2.49	2.30
FG4-3	深灰色白云质泥岩	FG4	3068.2	马五1亚段	2.94	2.40	2.22
FG4-4	深灰色白云岩、泥岩薄互层	FG4	3065.7	马五1亚段	2.65	2.19	2.04
FG4-5	深灰色白云质泥岩	FG4	3056.3	马五1亚段	2.48	2.07	1.93
FG5-1	灰色泥质白云岩	FG5	3029	马五3亚段	3.20	2.57	2.37
FG6-1	灰黑色白云质泥岩	FG6	2775	马五4亚段	3.30	2.65	2.44
FG6-3	深灰色泥质白云岩	FG6	2764	马五4亚段	3.77	2.97	2.73
FG6-4	灰黑色白云质泥岩	FG6	2759.5	马五4亚段	3.02	2.45	2.26

统计结果表明，富县地区下古生界烃源岩的厚度为100~250m，生烃强度为（3~10）$\times 10^8 m^3/km^2$，呈由西南向东北增大的趋势，区块东北部的生烃强度最大。

三、断裂特征

富县地区主要发育四个方向的走滑断裂：NWW、近EW向为主干断裂，NW、NE向为相对次级断裂，其中近EW向断裂活动强度最大（图5-1-6）。富县地区牛武三维东部奥陶系底断裂呈“X”型共轭走滑，认为与该区块马六地层较厚、灰岩厚度较大有关。近EW向走滑断裂为主干断裂，断裂平面延伸长度18.7km，断裂在剖面上近直立，断裂下部断至寒武系，上部断穿二叠系，断裂主要活动期是加里东期。NWW向走滑断裂为主干断裂，断裂平面延伸长度为13.5~18.7km，断裂在剖面上近直立，下部断至寒武系下部，上部多断至石盒子组，断裂主要活动期为加里东中期。NNW向走滑断裂为相对次级断裂，断裂平面延伸长度为2~4.5km，平直，多组近平行分布，与NWW向主断裂呈棋盘格状。断裂剖面近直立，下部断距小，向上至奥陶系顶断距最大，再向上断距变小。断裂下部断穿奥陶系，上部多断至下石盒子组，少量向上断穿二叠系，断裂主要活动期为加里东中期。NE向断裂为相对次级断裂，断裂平面延伸长度为2~5km，主要分布于三维区西部。古生界顶主要发育四组近EW向断裂，其中南部三组断裂均断穿奥陶系，与奥陶系底断裂一致。

断裂是天然气垂向运移的重要通道，沟通两套烃源岩，在上古生界优质砂岩储层和下古生界岩溶储层中聚集成藏。

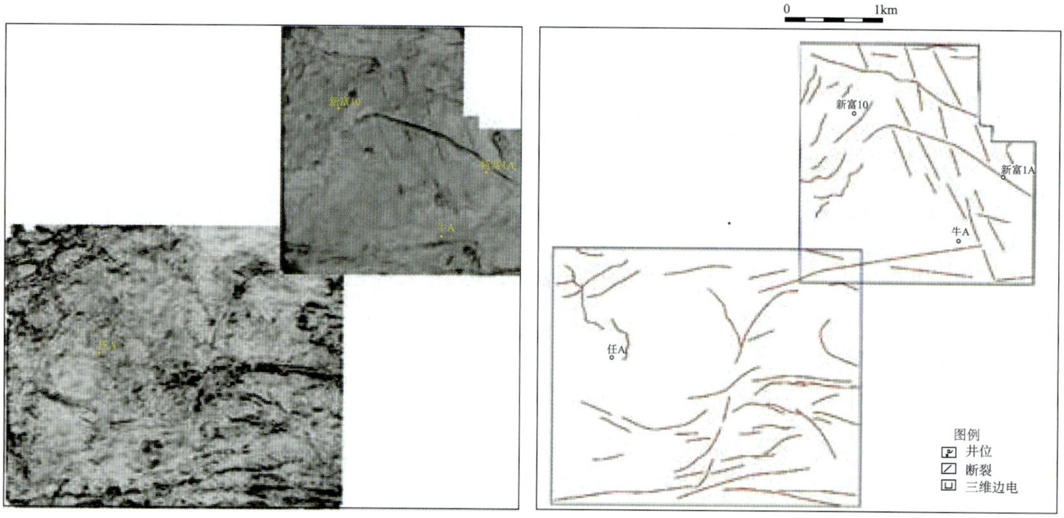

图5-1-6　富县区块三维区奥陶系底断裂分布图

四、成藏组合

富县地区古生界以煤系烃源岩为中心，生成的天然气向上和向下沿着断裂分别在以碎屑岩和碳酸盐岩优质储层为主体构成的岩性和地层—岩性圈闭中成藏，上古生界多种沉积类型的砂体和下古生界岩溶储层在纵向上的叠置关系，造成各个层位的气藏在纵向上的叠置。

富县地区上古生界以山西—太原组煤层和碳质泥岩为烃源岩；以上石盒子组泥岩为区域盖层，储集体主要为纵向叠置发育的障壁砂坝和三角洲前缘水下分流河道砂体，直接盖层为各组段的泥岩，山西—太原组生储组合为自生自储式，石盒子组生储组合为下生上储式；储层物性条件和下伏烃源岩层的生烃潜力是成藏的主要控制因素，该组合在探区中东部广泛分布，砂体厚度大，物性好，煤层厚度大，是本区上古生界天然气成藏有利地区。

富县地区下古生界主力烃源岩仍为上古生界煤系烃源岩，次要烃源岩为奥陶系海相烃源岩。煤系烃源岩在区块内普遍发育，直接与奥陶系顶部马五1~2亚段储层接触，在古地貌较高的岩溶残丘和潜台的高部位发育，马五1~2岩溶储层物性较好、溶蚀缝洞发育，上古生界石炭—二叠系煤系烃源岩形成的天然气垂向沿着断裂或者侧向沿着不整合面运移至奥陶系储层中，可以形成岩性—地层气藏，在上倾方向上如果存在封堵条件，可以形成地层—岩性气藏；在沟槽两侧的古地貌较低的位置或有断层沟通的区域，马五5~10白云岩晶间孔—溶孔型储层发育，天然气从地势较高处侧向运移到沟槽上游及两侧储层中，侧向致密地层遮挡成藏；构造调整后，向上倾方向聚集；如果存在断层沟通上古煤系地层与马五5~10亚段储层，则上古煤系地层形成的天然气可以通过断层垂向运移，在马五5~10亚段储层中聚集成藏。

第二节　上古生界沉积相特征及气藏分布

富县区块上古生界主要发育了一套海陆交互相、以碎屑岩为主的含气层系。该区具有良好的烃源条件和盖层条件，由于处于南北两个物源的交汇区，物源方向复杂且水动力环境持续变化，沉积物特征多样，储层特征发育复杂，其发育程度则是制约该区天然气勘探的最主要因素。

一、地层发育特征

自晚石炭世本溪期至中二叠世石盒子期，古气候方面发生了剧烈的变化：从晚石炭世本溪期—早二叠世山西期起，以亚热带温湿气候为特征，至中二叠世下石盒子期，则以半温湿气候为特征；半干热气候是中二叠世上石盒子期的气候标志，上二叠世石千峰期进一步演化为干热气候，整体呈现出有序的规律性演化。从砂岩类型来看，本溪组、太原组、山1段以浅灰、灰黑色、灰白色石英砂岩系列为主，至山2段和下石盒子组岩屑含量增多，多见杂色、灰色岩屑砂岩系列；至上石盒子组和石千峰组长石大量增加，多为钾长石砂岩系列。

在区域盆地地层厚度变化趋势的基础上，结合富县地区测井实际单井地层厚度，在无井区利用地震地层厚度，综合编制全区主要地层厚度图，从宏观角度和研究区角度考虑地层厚度演化，明确沉积展布和沉积中心（图5-1-1）。

1. 本溪组

本溪组的地层厚度趋势表现为：①整体地层厚度在5~35m，西部地层厚度最薄，且呈北西—南东向展布；②中部和北部存在小型沉积中心，地层厚度大于30m；③部分区域的地层厚度变化范围较小，在10m内波动；④难以判定物源方向，但是宏观的沉积格局可能是北西—南东向。

2. 山 1 段

山1段的地层厚度趋势表现为：①整体地层厚度在25~60m，地层厚度变化范围较大，中部地层厚度相对较大，南部和西南部较薄；②中部和东部存在不连续性的小型沉积中心，地层厚度大于50m；③中部和东部的地层厚度变化明显，反映水动力作用复杂；④判定物源方向可能来自北部和南部。

3. 山 2 段

山2段的地层厚度趋势表现为：①整体地层厚度在23~64m，地层厚度变化范围较大，中部和东北部地层厚度较大，东南部和西部较薄；②沉积中心位于中部和东北部，局部的地层厚度超过55m；③中部和其他不存在小型沉积中心的局部低值区，反映沉积过程的选择性；④判定物源方向可能来自北部和南部。

4. 盒1段

盒1段时期地层厚度最大，趋势表现为：①整体地层厚度在50~72m，地层厚度变化范围较山西组小，中部地层厚度大，为沉积中心，西南部和东南部较薄；②中部和东北部存在连续性的沉积中心，地层厚度大于60m，最厚处位于北部；③判定物源方向可能来自北部和东南部。

二、沉积相识别与划分

沉积相是沉积环境的物质表现，实际上反映了不同沉积环境的水动力条件特征，沉积相标志是正确划分沉积相的直接证据。

沉积相标志是指能反映沉积相的一些标志，包括岩性标志、古生物标志、地球物理标志及地球化学标志等。通过对区块内3口取芯井岩芯共计228.4m（盒1段137.4m、山西组83.1m、本溪组7.9m）进行详细观察和描述，结合录井测井资料，选取了岩石学特征、沉积构造、化石特征、沉积韵律等作为沉积微相划分的主要相标志，建立了研究区目的层段沉积微相划分系统。研究区反映沉积微相类型及特征的有关相标志包括野外露头标志、岩芯标志、岩相类型、测井标志与序列。

1. 岩芯类型及特征

山西组和盒1段岩性复杂多样，既有细砾岩、砾质粗砂岩、粗砂岩等粗粒沉积，亦有中砂岩、细砂岩、粉砂岩、泥岩和煤层广泛发育。综合岩芯观察描述，对研究区山西组和盒1段的颜色、岩性、沉积构造等特征进行了详细研究。

1）颜色特征

沉积岩的颜色代表着它形成时的物质来源、沉积环境及气候变化条件等，因而沉积岩颜色可作为判定沉积环境、古气候，尤其是氧化还原环境最直接的证据，同时也是划分和对比地层的良好标志。

沉积岩的颜色主要取决于岩石的成分，即取决于岩石中所含的染色物质——色素，或者说沉积岩的颜色多半是由含铁质化合物或含游离碳等染色物质（色素）造成的。灰色和黑色：有机质（炭质、沥青质）或分散状硫化铁（黄铁矿、白铁矿），反映还原—强还原环境；红、棕和黄色：铁的氧化物或氢氧化物（赤铁矿、褐铁矿）等，代表氧化—强氧化环境；绿色：多数是由于含低铁的矿物，如海绿石、鲕绿泥石等。少数是由于含铜的化合物，如孔雀石。均反映弱氧化—弱还原环境。有时是由于含有绿色的碎屑矿物，如角闪石、阳起石等。

研究区本溪组—盒1段岩芯中砂岩大部分为灰色、灰白色、浅灰色、灰黄色、深灰色，泥岩大部分为灰黑色、黑色（图5-2-1），目的层段的岩芯颜色整体反映了水下相对封闭的还原环境，局部可能出现间歇性暴露于水上的氧化环境。

新富c井
层位：盒1段，2665.4m
回次：$2\frac{12}{47}$
描述：灰白色中厚层状长石石英粗砂岩，无明显沉积构造。

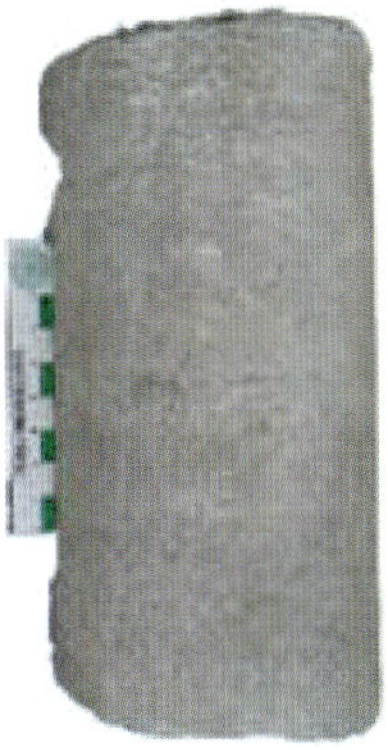

新富ab井
层位：盒1段，2857.7m
回次：$1\frac{49}{49}$
描述：灰黄色中细砂岩，可见小型板状交错层理。

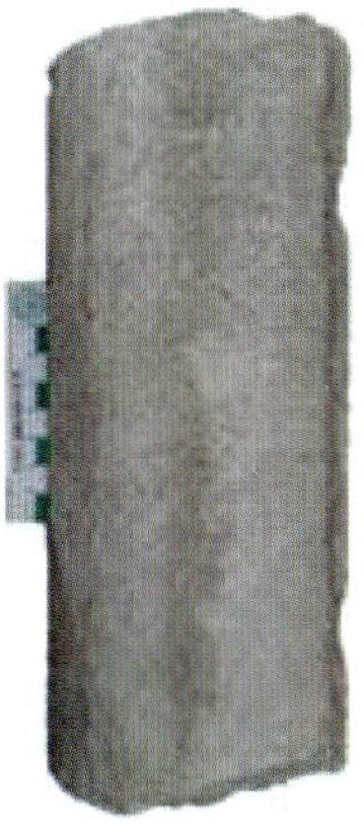

新富ab井
层位：盒1段，2852.3m
回次：$1\frac{16}{49}$
描述：灰黄色中细砂岩，块状层理，粒度自上而下无明显变化。

新富h井
层位：盒1段，2886.4m
回次：$2\frac{12}{54}$
描述：灰色中厚层状粗砂岩，层理不明显，以块状为主，局部见平行层理，粒序以正粒序叠置为主。

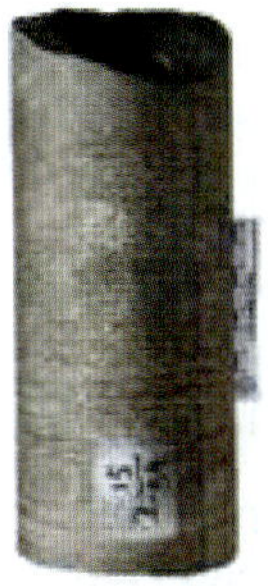

新富ad井
层位：山1段，2860.2m
回次：$2\frac{15}{54}$
描述：深灰色中厚层泥岩，泥质粉砂岩，局部粉砂含量增加。

新富h井
层位：盒1段，2899.2m
回次：$3\frac{14}{54}$
描述：灰白色中厚层状含砾粗砂岩，偶见砾石，无明显沉积构造。

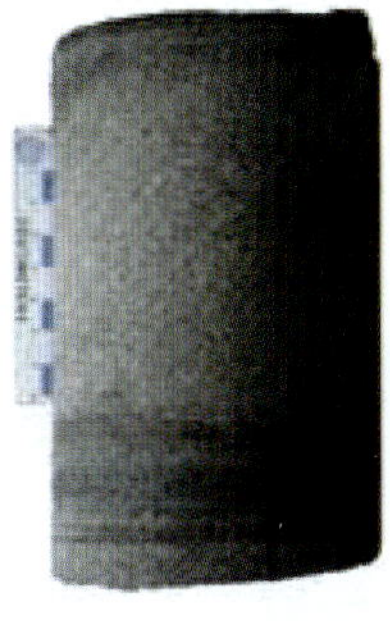

牛a井
层位：山2段，2913.4m
回次：$2\frac{47}{49}$
描述：灰色中厚层状细砂岩，发育泥质，纹层。

牛a井
层位：山2段，2911.9m
回次：$2\frac{43}{49}$
描述：灰色中厚层状细砂岩，发育小型流水沙纹。

图5-2-1 研究区岩性颜色类型

2）岩性特征

考虑区域地质情况，将本区涉及的岩性应用Udden（1914）和Wentworth（1922）提出的碎屑岩粒度划分标准建立本地区粒级分类标准（表5-2-1），未涉及的岩性则不作考虑，如巨砾（粒径>256mm）等。

表5-2-1　富县地区山1段—盒1段粒级划分标准［据Udden（1914）和Wentworth（1922）修改］

大类	小类	粒度Φ值	粒度mm值
砾岩	粗砾	-4~-8	16~256
	中砾	-2~-4	4~16
	细砾	-1~-2	2~4
砂岩	粗砂	1~-1	0.5~2
	中砂	2~1	0.25~0.5
	细砂	4~2	0.063~0.25
粉砂岩	粉砂	8~4	0.0039~0.063
	黏土	>8	<0.0039

本区本溪组—盒1段主要发育黏土岩（>8Φ）—中砾级碎屑岩（-2Φ~-4Φ），以粉砂（8Φ~4Φ）—粗砂（1Φ~-1Φ）为主。其中盒1段粒度相对较粗，以中砂岩（2Φ~1Φ）—细砾岩（-1Φ~-2Φ）为主，山1段—山2段则以黏土岩（>8Φ）—中砂岩（2Φ~1Φ）为主。

根据Folk（1980）的碎屑岩分类，依据本溪组—盒1段石英、长石和岩屑的相对含量将本区碎屑岩进行分类。山1段和山2段碎屑岩主要类型为岩屑砂岩，盒1段则以岩屑砂岩和岩屑石英砂岩为主（图5-2-2）。

新富ad井

层位：山1段，2865.0m

回次：$2\frac{48}{54}$

描述：深灰色中层泥岩，发育水平层理。

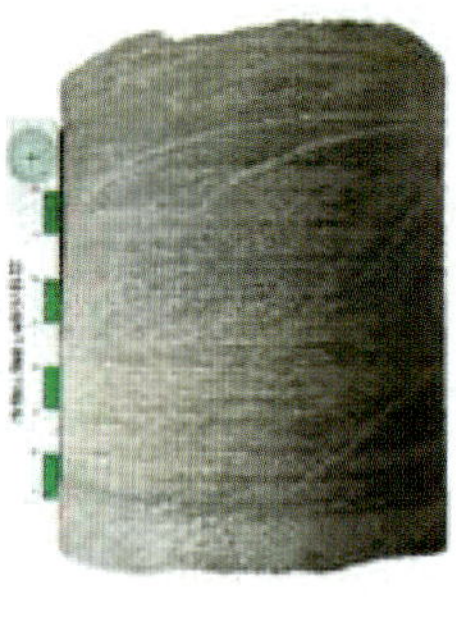

新富h井

层位：山2段，2960.5m

回次：$6\frac{41}{43}$

描述：深灰色中薄层状泥质粉砂岩，发育水平层理。

新富h井

层位：山2段，2956.7m

回次：$4\frac{23}{60}$

描述：灰白色中厚层状中砂岩，发育平行层理，底部发育槽状交错层理。

图5-2-2　富县区块主要岩性特征

新富c井
层位：盒1段，2703.1m
回次：$4\frac{13}{52}$
描述：灰白色中厚层状中粗砂岩，发育板状交错层理。

新富h井
层位：盒1段，2899.1m
回次：$3\frac{10}{54}$
描述：灰白色中厚层状含砾粗砂岩，底部发育冲刷面，见槽状交错层理，块状砂岩中偶见砾石。

新富h井
层位：盒1段，2899.5m
回次：$3\frac{16}{54}$
描述：灰色中厚层状粗砂岩，偶见砾石发育，成分以石英砂岩、碎屑为主。

图5-2-2　富县区块主要岩性特征（续）

3）沉积构造

特殊沉积物云母片、植物碎片、黄铁矿沉积构造是指沉积物沉积时，或沉积之后，由于物理作用、化学作用及生物作用形成的各种构造。沉积构造是识别搬运介质、搬运方式、沉积方式以及水动力强弱的重要相标志。通过对研究区取芯井的岩芯精细观察描述，发现目的层发育丰富多样的沉积构造，共识别出6种主要的原生沉积构造，变形构造较少见，以及观察到大量的云母碎片和植物碎屑等特殊沉积物（表5-2-2）。

表5-2-2　研究区块的层段沉积构造类型及特殊沉积物

主要原生沉积构造	槽状交错层理、板状交错层理、平行层理、水平层理、小型沙纹层理、块状层理
变形构造	滑塌构造
特殊沉积物	云母碎片、植物碎屑、黄铁矿

山西组植物碎屑完整、含量高表明还原环境，水动力较闭塞，如三角洲间湾。云母含量增加通常与坡度变化有关，水动力突变，水深增大，通常代表三角洲前缘沉积。浅水环境下泥岩撕裂屑、双向交错层理和生物扰动指示潮汐作用。

盒1段砾石冲刷面和槽状交错层理指示较强的河道作用，云母含量岩层富集和复合层理通常指示三角洲沉积。不规则的泥岩撕裂屑、透镜状层理、泥质披覆和生物扰动指示潮汐作用。

（1）泥岩撕裂屑

泥岩撕裂屑是盆地内准同生泥质沉积物的碎块，是具有塑性或柔性形态的泥块，大至砾屑、小至砂屑。泥岩撕裂屑是长条状的［图5-2-3（a）、图5-2-3（c）］，其成分绝大多数为当地环境中的沉积物，两端具撕裂状或呈尖灭状，平行于层面排列。这些特征表明，泥质撕裂屑是介质（粉砂、泥质粉细砂或粉砂质泥）作层状流动的标志，是在流动中被介质撕裂而成。这是更近于“撕裂”意义上的泥块。

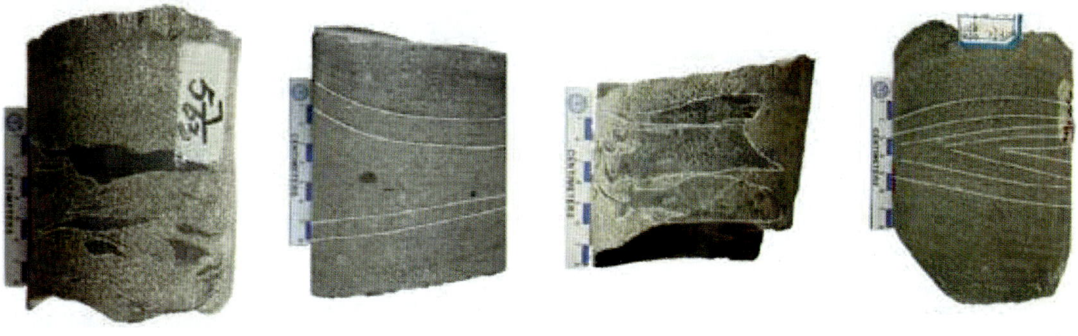

(a)泥岩撕裂屑 新富c井，山2段　(b)双向交错层理 新富b井，山2段　(c)沿层泥岩撕裂屑 新富b井，山1段　(d)双向交错层理 新富c井，山2段

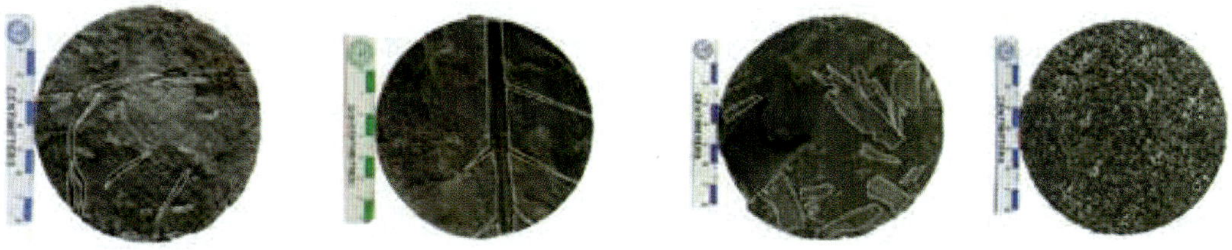

(e)植物破碎 新富h井，山1段　(f)植物茎秆较完整 新富c井，山2段　(g)植物碎屑含量高 新富a井，山2段　(h)云母含量较高 牛c井，山1段

图5-2-3　研究区山西组碎屑岩主要沉积构造

（2）双向交错层理

两个相邻纹层组中的前积纹层倾向相反，是在周期性的双向水流作用下形成的，多发育于（灰质）砂岩、（灰质）粉砂岩等岩性中，常见于河流入湖、海的三角洲地带，岩石结构成熟度和成分成熟度均较高［图5-2-3（b）、图5-2-3（d）］。

（3）植物碎屑

山西组常见植物碎屑，有时可见完整植物叶片，通常与细粒沉积物同时沉积，为盆地稳定沉降的标志，大量植物碎屑发育于灰黑色、黑色泥岩中，亦反映了温暖、潮湿的古环境，山西组植物碎屑完整、含量高表明还原环境、水体较闭塞［图5-2-3（e）、图5-2-3（f）、图5-2-3（g）］。

（4）云母

山西组云母含量较高，云母含量增加通常与坡度变化有关，水动力突变，水深增大，通常代表三角洲前缘沉积［图5-2-3（h）］。

（5）复合层理

复合层理较常见于盒1段中，粒度通常较细，为泥岩—细砂岩。复合层理通常被认为是潮汐作用的典型的标志，主要由水体频繁进退造成砂泥间互且在垂向上不均匀叠置。

复合层理可根据砂泥的相对比例进一步细分为脉状层理、波状层理和透镜状交错层理。本区所发育的复合层理常可见两向倾斜的纹层组，如底部纹层组倾向右而上部纹层组倾向左，该现象反映了涨潮、退潮时水流方向的改变［图5-2-3（a）］。

（6）槽状交错层理

槽状交错层理层系之间的界面为槽形冲刷面，纹层在顶部被切割。在横切面上层系界面呈槽状，纹层也是与之一致的槽状。在纵剖面上，层系界面呈弧形，纹层与之斜交，视顶面呈花瓣状，因而依据槽状交错层理层系底界可分为同心槽与异心槽。槽状交错层理层系底界冲刷面明显，底部常见泥砾和滞留砾石，多发育于各种水道沉积中，反映了牵引流搬运机制［图5-2-3（b）］。

（7）冲刷面

由于流速突然增加，流体对下伏沉积物冲刷、侵蚀而形成起伏不平的冲刷面。冲刷面上的沉积物一般比下伏沉积物粗。各类水道沉积环境易于冲刷面的形成。研究区由于水道比较发育，因而也广泛发育冲刷面［图5-2-3（d）］，其一般位于正粒序的底部，表现为砂砾质沉积物对下伏细粒沉积物的侵蚀，通常伴有滞留砾石。

（8）泥质披覆

泥质披覆是指发育在块状砂岩中的具有一定厚度（几毫米至几厘米）的泥岩，呈披覆状侧向尖灭，反映了高能水动力条件的不稳定性，在两期高能水动力作用之间存在短暂的低能紊流作用，细粒沉积物披覆在先前形成的床砂底形之上［图5-2-3（f）］。

（9）透镜状层理

泥多砂少，是在水动力较强，砂的供应、沉积和保存比泥更为有利的条件下形成的。这种层理的特点是砂质沉积物呈透镜体被包在泥质沉积物之中。这些透镜体在空间上呈断续分布，内部一般具有发育良好的波痕前积纹层，实际上是孤立波痕的产物［图5-2-3（g）］。

（10）生物扰动构造

底栖生物的活动使沉积物遭到破坏，同时产生新的生物构造，痕迹化石就是其中的一种类型。然而，在自然界大量存在的是不具有确定形态的生物扰动现象，它们可以借助发育良好的层理被破坏识别出来，通常称为生物扰动构造［图5-2-3（h）］。

2. 岩相划分及组合

岩相是在特定能量条件下所形成的具有特定特征的岩石体。就沉积岩来说，它是根据颜色、粒度、岩性、成分、生物扰动和沉积构造划分的，以此来反映各沉积成因单元砂体形成过程的水动力条件，对分析沉积环境、沉积动力条件具有重要意义。但多数的沉积构造可出现于不止一种沉积环境中。因此，一般都不把单个沉积构造的存在与否作为环境解释的唯一标志。而岩相的垂向序列即岩相组合对于特殊环境而言是最典型的指相标志，它反映了沉积环境的垂向演化情况。应用Miall岩相分类方法（Miall，1977，

1985，2014），本项目将山西组和盒1段沉积共划分为11类岩相，其中包括砂岩类岩相6种，泥岩类岩相3种，砾岩类岩相2种。

1）砂岩岩相类型

砂岩岩相较为复杂，富县地区山西组—盒1段可划分为6种（表5-2-3），分别为St（槽状交错层理砂岩相t-troughcrossbedding）、Sp（板状交错层理砂岩相p-planarcrossbedding）、Sm（块状层理砂岩相m-massivebedding）、Sc（双向交错层理砂岩相c-crossbedding）、Fr（流水沙纹层理粉砂岩相c-currentripplecrossbedding）、Fh（水平层理粉砂岩相h-horizontalbedding）。

表5-2-3　富县地区上古生界砂岩类岩相

	岩相类型	岩芯照片	写实描述	沉积结构与构造	沉积成因解释
砂岩岩相（粉砂、细砂、中砂、粗砂）	槽状交错层理砂岩相（St）		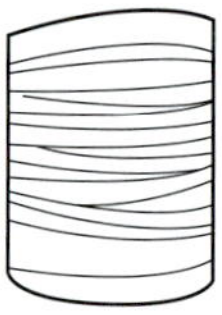	分选中等—较好； 以磨圆次圆状为主； 垂向多呈正粒序； 常与底冲刷面伴生； 小型槽状交错层理	三维床砂底型迁移的产物； 波脊形态呈舌形、波曲形或新月形； 低流态、牵引流、水动力能量较强； 河道下切作用，常见于河道底部
	板状交错层理砂岩相（Sp）		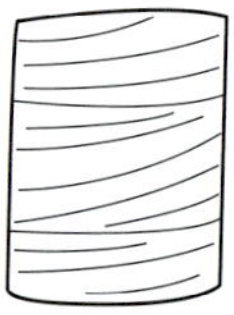	分选中等—较好； 以磨圆次圆状为主； 呈不明显正粒序； 小型板状交错层理	二维床砂底型迁移的产物； 波脊形态呈直线形； 低流态、牵引流、水动力能量较强； 顺流加积作用，多发育在河道中部
	块状层理砂岩相（Sm）		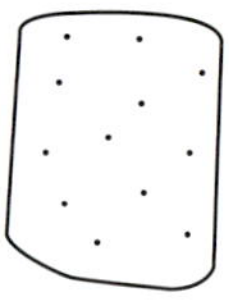	分选中等； 以磨圆次圆状为主； 呈不明显正粒序； 内部层系不发育	水深较小、水流能量强的产物； 高流态、牵引流、水动力条件强； 快速卸载，多发育于河道中下部
	双向交错层理砂岩相（Sc）		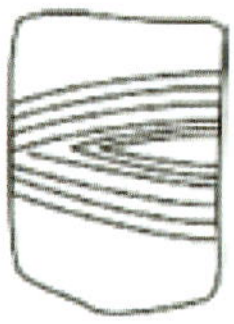	分选较好； 以磨圆次圆状为主； 粒序不明显； 双向交错层理	双向水动力作用； 水动力条件复杂，牵引流； 发育在三角洲潮汐作用环境
	流水沙纹层理粉砂岩相（Fr）			分选中等； 以磨圆次圆状为主； 粒序不明显； 流水沙纹层理	单向水流形成的产物； 低流态、牵引流、水动力条件较弱； 发育在河道顶部、决口扇
	水平层理粉砂岩相（Fh）		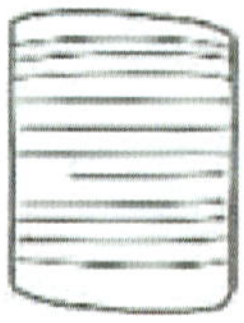	分选较好； 以磨圆次圆状为主； 粒序不明显； 水平层理	较稳定低流态、牵引流； 水动力条件弱或静水环境； 发育在河道顶部、决口扇

（1）槽状交错层理砂岩相（St）

本区发育槽状交错层理砂岩相（St）以灰白色、灰色、灰黑色为主，其粒度概率分布曲线呈不明显单峰态，分选中等—较好，磨圆次圆状，一般呈正粒序。槽状交错层理反映河道冲刷、充填，为三维床砂底型迁移的产物，因此其沉积底界面不平坦，波脊形态通常呈舌形、新月形或波曲形（Allen，1983；Collinson等，2006）。通常为河道底部沉积并常见于盒1段。

（2）板状交错层理砂岩相（Sp）

岩性以灰色中粗砂岩、细砂岩、含砾粗砂岩为主，颗粒支撑，发育板状交错层理，分选中等—较好，反映了顺水流方向的加积作用。主要发育于水下分流河道中部。

（3）块状层理砂岩相（Sm）

常见于中砂岩中，无明显沉积构造，整体呈块状。反映出强水流条件下快速沉积的特点，常发育于各类水道的中下部。

（4）双向交错层理砂岩相（Sc）

主要出现在中细砂岩中，分选较好，磨圆次圆状，粒序不明显，发育双向交错层理。反映双向水动力作用，水动力条件复杂，牵引流，发育在三角洲潮汐作用环境。

（5）流水沙纹层理粉砂岩相（Fr）

常见于粉砂岩中，分选中等，磨圆次圆状，粒序不明显，发育流水沙纹层理。是单向水流形成的产物，反映出低流态、牵引流、水动力条件较弱，常发育在河道顶部、决口扇。

（6）水平层理粉砂岩相（Fh）

常见于粉细砂岩中，分选较好，磨圆次圆状，粒序不明显，发育水平层理。反映出较稳定低流态、牵引流，水动力条件弱或静水环境中，发育在河道顶部、决口扇。

2）泥岩岩相类型

本区研究层段主要发育3类泥岩相（表5-2-4），分别为Mh（水平层理泥岩相h-horizontalbedding）、Mm（块状层理泥岩相m-massivebedding）和C（煤岩相C-coal）。

（1）水平层理泥岩相（Mh）

以灰黑色、黑色泥岩为主，反映稳定且低能的水动力条件，多发育于三角洲前缘水下分流间湾中。

（2）块状层理泥岩相（Mm）

常见于灰黑色、灰绿色泥岩中，反映安静的水体沉积环境，发育于三角洲前缘、前三角洲，或者潟湖等弱水动力环境，反映快速沉积过程。

（3）煤岩相（C）

煤层一般发育于灰黑色泥岩上部，反映较安静的沉积环境，多发育于三角洲前缘水下分流间湾、沼泽中。

表5-2-4　富县地区上古生界泥岩类岩相

	岩相类型	岩芯照片	写实描述	沉积结构与构造	沉积成因解释
泥岩岩相（粉砂质泥岩、泥岩、煤岩）	水平层理泥岩相（Mh）			分选中等—较好； 无明显粒序变化； 水平层理； 富含植物碎屑	与静水沉积产物或季节性有关； 湖泊、泛滥平原的悬浮沉积； 稳定低能环境； 有机质含量、植物碎屑含量高
	块状层理泥岩相（Mm）			分选中等—较好； 无明显粒序变化； 无明显沉积构造； 内部可能含炭质	静水快速沉积； 湖泊、泛滥平原的悬浮沉积； 低能环境； 有机质含量、植物碎屑含量较高
	煤岩相（C）		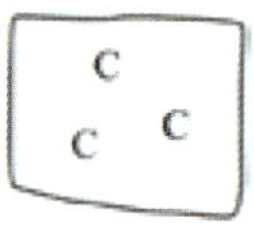	黑色薄煤层； 页理较为发育； 无明显沉积构造	温暖潮湿环境产物； 泛滥平原、沼泽沉积； 同深色泥岩伴生、夹在厚层泥岩段

3）砾岩岩相类型

本区研究层段主要发育2类砾岩相（表5-2-5），分别为Gm（块状层理砾岩相m-massivebedding）、Gg（正粒序砾岩相g-gradedbedding）。

表5-2-5　富县地区上古生界砾岩类岩相

	岩相类型	岩芯照片	写实描述	沉积结构与构造	沉积成因解释
砾岩岩相（细砾岩）	块状层理砾岩相（Gm）		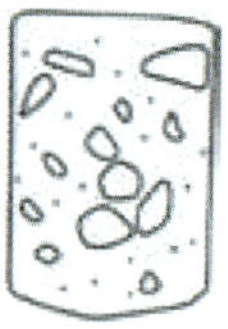	分选中等—较差； 无明显粒序变化； 磨圆次圆状； 杂基支撑	高流态、强水动力条件； 河道底部沉积，较强的冲刷作用； 季节性事件性水流环境
	正粒序砾岩相（Gg）		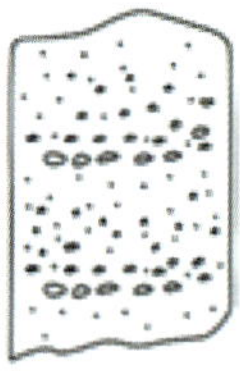	分选较差； 垂向上正粒序； 无明显沉积构造； 以杂基支撑为主	河道河床沉积，纵向生长； 水动力由强减弱； 快速水流变化

（1）块状层理砾岩相（Gm）

以砾岩为主，分选中等—较差，无明显粒序变化，磨圆次圆状，杂基支撑，反映高流态、强水动力条件，河道底部沉积、较强的冲刷作用，季节性事件性水流环境。

（2）正粒序砾岩相（Gg）

以砾岩为主，分选较差，垂向上正粒序，无明显沉积构造，以杂基支撑为主，反映河道河床沉积，纵向生长。

4）岩相组合类型

根据岩相组合建立沉积成因序列，主要识别出水下分流河道、河口坝、潮汐砂坝、障壁砂坝、水下分流间湾、水下漫溢等沉积序列（图5-2-4）。

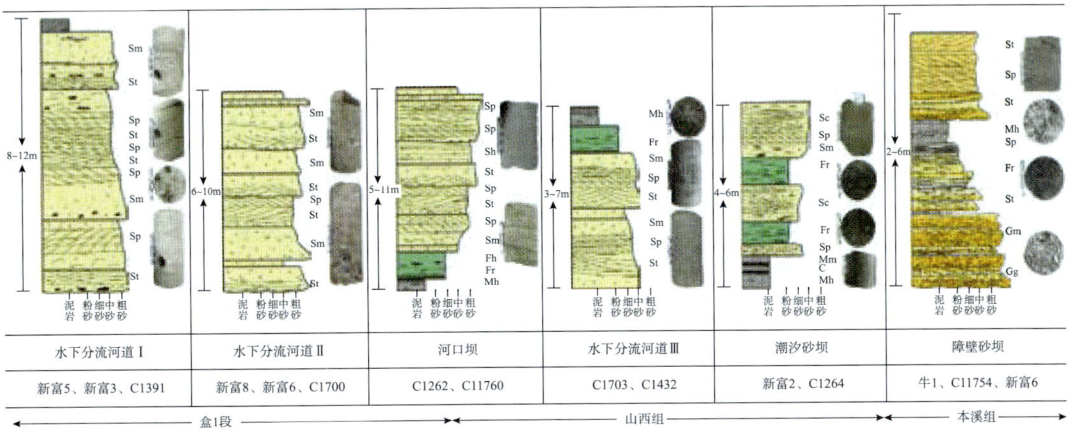

图5-2-4 研究区富砂沉积序列

（1）水下分流河道沉积序列Ⅰ

完整的沉积序列在垂向上表现为St→Sp→Sm→Sp→St→Sp→St→Sp→St→Sm组合，为典型的分流河道沉积。组合特征是底部发育槽状交错层理，反映水动力方向变化的冲刷沉积，河道下切并迁移，向上发育板状交错层理，反映顺水流方向的加积作用，主要发育于水道中部，再向上发育块状交错层理，为较强水流作用下的快速沉积，常发育于水道中上部。研究区可见多套水道在垂向上相互叠加，表现为多套正粒序，多期水道的发育同时表明冲刷作用很强烈，进而细粒沉积受到冲刷作用而较少保留。主要为盒1段北部水下分流河道沉积。

（2）水下分流河道沉积序列Ⅱ

完整的沉积序列在垂向上表现为St→Sm→St→Sp→St→Sm→St→Sm组合，为典型的分流河道沉积，主要发育在盒1段南部近物源。

（3）河口坝沉积序列

完整的沉积序列在垂向上表现为Mh→Fr→Fh→Sm→Sp→St→Sp→St→Sh→Sp→Sp组合，为典型的河口坝沉积。河口坝（Sp→Sh→Fr→Fh）以中砂岩、中细砂岩为主，在河口因流速降低堆积形成，垂向上分别发育板状交错层理砂岩相（Sp）、平行层理砂岩相（Sh）、流水沙纹层理粉砂岩相（Fr）和水平层理粉砂岩相（Fh）组合，呈下细上粗反粒序特征，反映了水流的变化。

（4）水下分流河道沉积序列Ⅲ

完整的沉积序列在垂向上表现为St→Sp→Sm→St→Sp→Sm→Fr→Mh组合，为典型的中等—高弯度曲流的水下分流河道沉积，山西组发育。

（5）潮汐砂坝沉积序列

完整的沉积序列在垂向上表现为Mh→C→Mm→Sp→Fr→Sc→Fr→Sm→Sp→Sc组合，为典型的潮汐砂坝沉积，山西组时期局部有发育。

（6）水下分流间湾（Mh→Mm→C）岩性主要为粉砂质泥岩、泥岩和煤层

由水平层理泥岩相（Mh）、块状层理泥岩相（Mm）和煤岩相（C）构成，粒度极细，属于低能安静的水动力条件，富含有机质、云母碎片和植物茎叶等化石，是煤层形成的主要环境。

（7）障壁砂坝沉积序列

完整的沉积序列在垂向上表现为Gg→Gm→St→Fr→Sp→Mh→St→Sp→St。灰褐色泥质岩屑石英中粗砂岩、中砂岩，在砂坝的底部可见石英砾岩，是稳定水动力条件下的沉积产物。障壁岛砂体具有分选和磨圆较好的特征，颗粒支撑。障壁岛底部多见槽状交错层理，砾石颗粒可达1~2cm，炭质纹层发育，向上为厚层板状交错层理。常见的垂向岩相序列为Gg→Sp，主要为板状交错层理砂岩相。

三、沉积体系划分

沉积体系划分是基于详细岩芯分析和沉积背景明确的。岩芯是分析沉积作用类型、研究沉积相的可靠资料。在观察描述岩芯时首先将大界面（岩性突变面、不整合面、古土壤面等）卡好后，重点观察描述沉积结构（颜色、粒度、分选、磨圆、颗粒形态等）与沉积构造，建立岩芯相标志。对岩芯精细描述有助于对沉积结构、沉积构造、地层岩性、沉积演化加深认识、明晰规律（图5-2-5）。

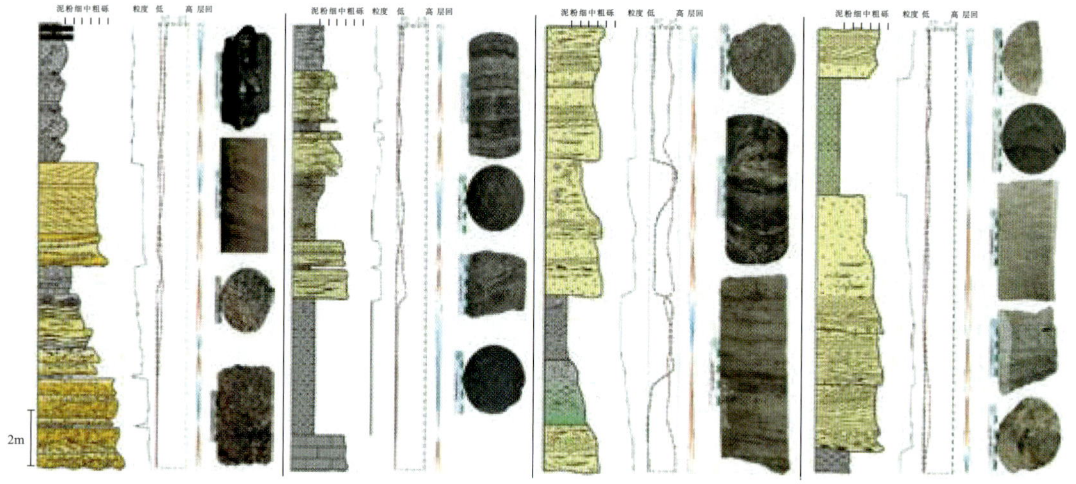

图5-2-5　本溪—盒1段不同沉积序列对比（以牛a井为例）

通过整合陈洪德等（2011）和叶黎明等（2008）针对山西组以及部分盒1段的数据，利用ORIGIN软件重新制作B、Ga和Rb元素相对百分含量三角图来明晰海陆变迁过程（图5-2-6）。结果表明，山2段与山1段以海相和海陆过渡相沉积为主，其中山1段更倾向于落入海相区域，而盒1段以海陆过渡相沉积为主。因此根据Ga、Rb、B三角图明确山西组

和盒1段沉积并非前人所认为的湖盆，而是受到海侵影响。

此外，通过泥岩段的颜色、测井特征、云母含量、植物碎屑发育情况和生物扰动构造明确沉积体系的类型（图5-2-7）。其中通过低幅齿状线形的测井形态、泥岩段色深质纯、少云母含量、植物碎屑含量低、多虫孔反映了潮坪—潟湖沉积体系，多见于本溪组和山1段。海陆过渡三角洲体系，特别是受潮汐作用，泥岩段测井呈高幅齿状线形，泥岩中含粉砂，云母沿层富集，植物碎屑含量高，多见根茎和叶片，含煤层，发育在山2段。河流三角洲体系具有较高伽马泥岩基线，呈齿状线形，泥岩为灰绿色，云母零星或无分布，植物含量低，零星可见，主要发育在盒1段。

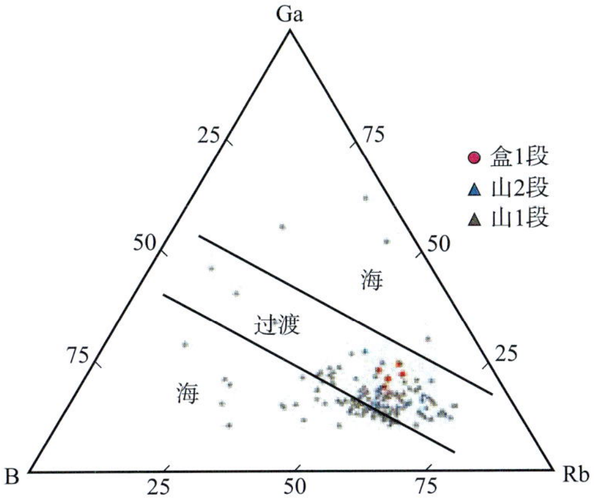

图5-2-6 鄂尔多斯盆地山1段—盒1段Ga，Rb，B三角图

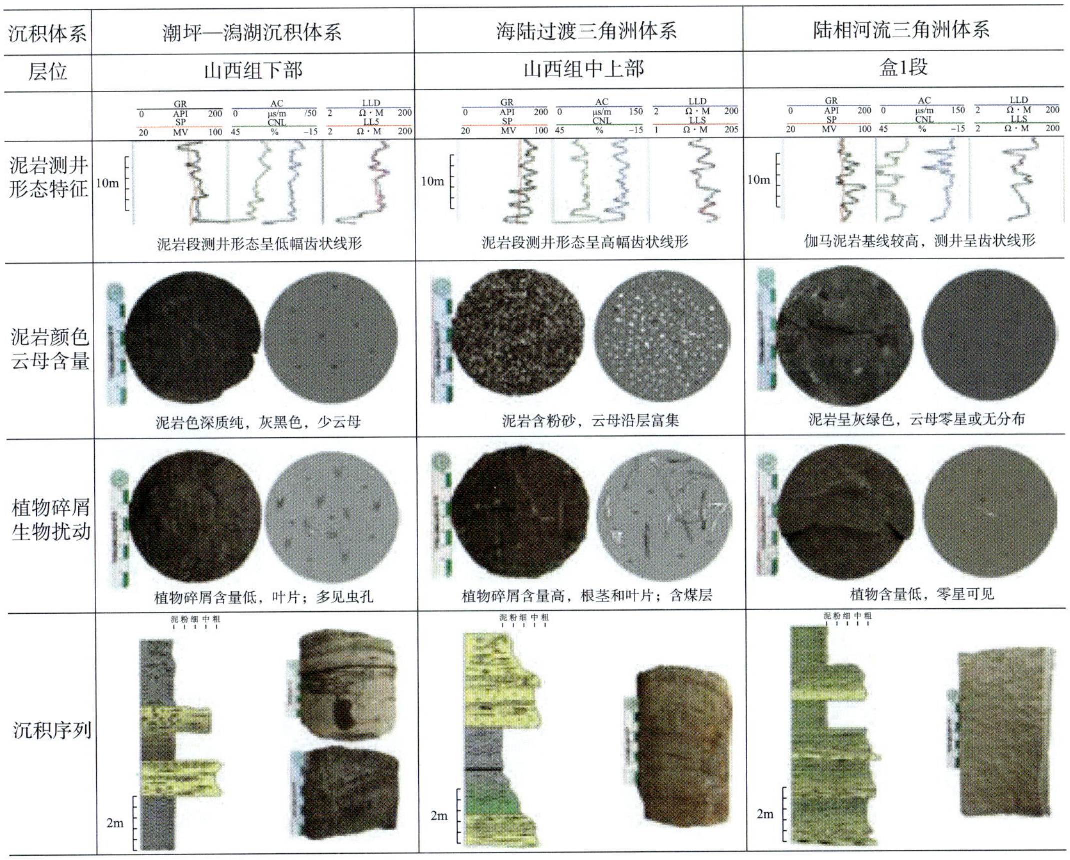

图5-2-7 不同沉积体系的泥岩标志特征（以牛b井为例）

1. 障壁—潟湖—潮坪体系

本溪组主要发育在障壁—潟湖—潮坪体系，主要特征为浅灰色块状层理、冲洗交错层理中细砂岩相，砂岩结构与成分成熟度均较高，自下至上粒序不明显或呈弱的反粒序，砂体呈厚层至巨厚层状。在测井形态上表现为低幅锯齿箱状。

2. 曲流河三角洲体系

曲流河三角洲发育于山西组2段与山西组1段，研究区主要发育曲流河三角洲前缘和前三角洲，局部受潮汐作用。曲流河三角洲前缘水下分流河道厚度为0.4~10m，并以槽板状交错层理叠置为特征，反映河道冲刷充填过程。水下分流河道间与沼泽的区别在于水道间以不发育煤岩的细粒沉积为主，如块状层理或水平层理泥岩等，而沼泽以发育煤岩或含有多量植物碎屑深色泥岩为特征。值得注意的是，沼泽相泥岩由于其较高的有机质含量导致其分选相对较差，而河道间由于有机质含量相对较低使得其分选相对较好。前三角洲特征与辫状河三角洲的前三角洲特征相似，不再赘述。

3. 辫状河三角洲体系

辫状河三角洲以河流作用为主，前缘则同时受河流沉积作用与水盆地改造作用影响，本区主要为三角洲前缘相带。因此，同时受陆相沉积作用与波浪、潮汐等改造作用影响，湖相盆地主要指波浪作用（图5-2-8）。

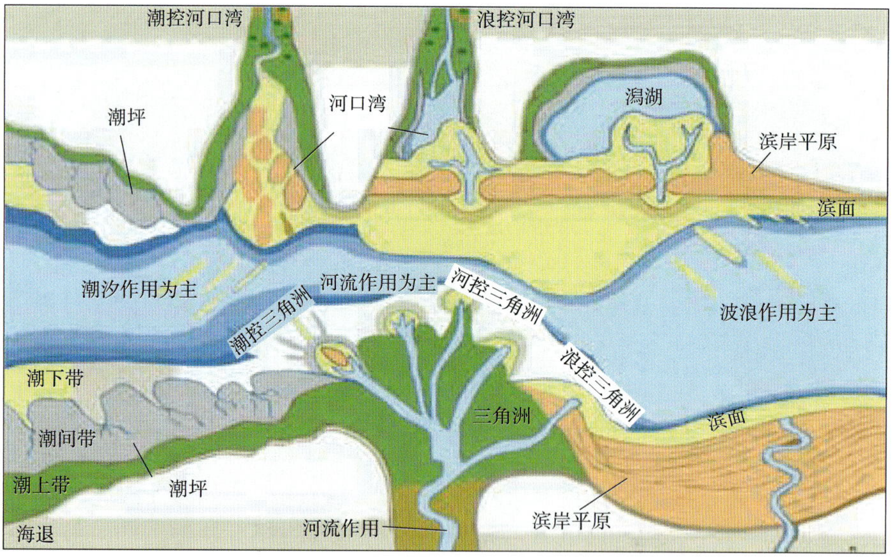

图5-2-8 滨岸带不同沉积体系类型与特征（Boyd，2011）

辫状河三角洲前缘包括水下分流河道、水下分流河道间和河口坝。水下分流河道内槽状交错层理较发育，砾石冲刷面常见，表明较强的河道作用，最大厚度超过15m。河口坝以板状交错层理、平行层理和浪成沙纹组合为特征，分选好，沉积速率中等，但受较强的河流改造作用，保存较少。前三角洲以未受波浪沉积作用与受水盆地改造作用的深色泥岩为主，反映了其形成于低能、还原环境。

四、富县地区上古生界天然气成藏地质条件分析与控制因素

1. 稳定的构造背景为岩性圈闭的发育创造了基础条件

鄂尔多斯盆地总体形态呈矩形，现今构造特征表现为盆地边部构造发育，盆地内部为一些西倾的大型平缓斜坡，平均坡降一般在5~8m/km，称为伊陕斜坡构造单元。伊陕斜坡构造单元晚元古代及早古生代早期没有接受沉积，在中寒武世、早奥陶世沉积了厚500~1000m的海相地层，晚古生代接受陆相沉积。伊陕斜坡形成于早白垩世，呈向西倾斜的平缓单斜。以发育鼻状构造为主，形态不规则，方向性差，断层不发育。伊陕斜坡平缓而稳定的构造背景为大型岩性圈闭的形成创造了基本条件。

富县区块处于伊陕斜坡南部，现今构造为西北倾向的单斜背景，倾角1°左右，在单斜背景上发育一些鼻状隆起，幅度低，多为不闭合隆起（图5-2-9）。受渭北隆起带构造活动的影响，区内发育一些小型断裂，断距小，断开层位少，勘探实践表明，这些断裂对油气运移和富集影响很小。稳定的构造背景为岩性圈闭的形成创造了基本条件。

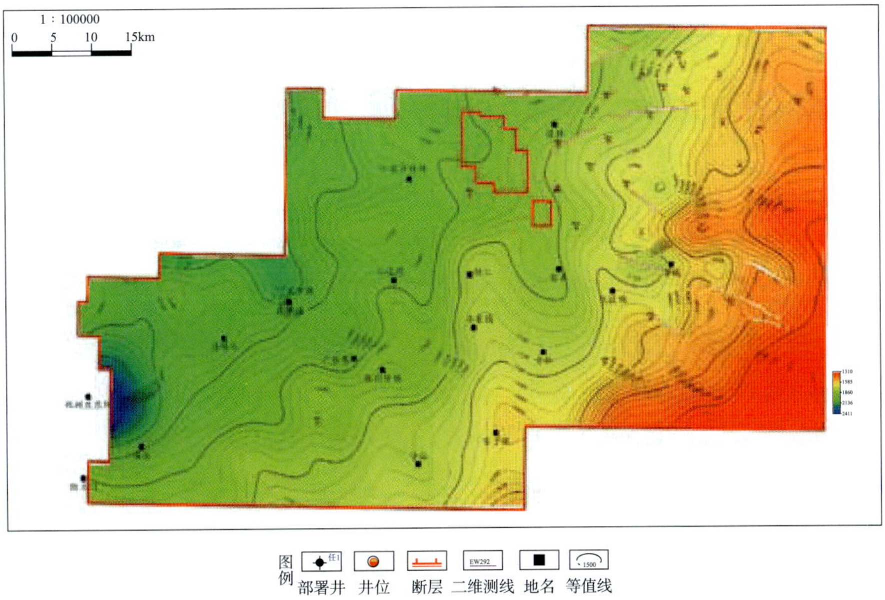

图5-2-9 富县区块下石盒子组底部构造

2. 高效区域盖层形成了良好的保存机制

由于鄂尔多斯盆地上古生界横向稳定的层序特征，晚二叠世上石盒子组发育一套分布稳定的河幔湖相泥质岩，构成了盆地上古气田的区域性盖层。

富县地区上石盒子组为棕褐、灰、灰绿色泥岩与砂质泥岩互层，地层总厚度为

150~200m，泥岩总厚度为120~170m，单层泥岩厚度为20~80m，分布广泛，且连续性较好，构成了太原组—山西组—下石盒子组的区域性盖层。气藏上覆泥岩及上倾方向致密泥岩提供了气藏良好的直接盖层及侧向封堵条件。对盖层评价表明，当上古生界泥质岩类在埋藏深度超过1900m时，其渗透率为$0.01 \times 10^{-3} \mu m^2$，饱和水突破压力达到10MPa，即形成很强的封盖。从盆地分析中可知，盆地内不同地区的上石盒子组埋深在早—中侏罗世已达到2000m，因此侏罗纪时期，即形成了良好的盖层。

3. 纵向多期砂体叠置是形成岩性复合圈闭气藏的关键

选取富县区块全区三横四纵剖面进行解剖，本溪组发育障壁砂坝，延伸距离有限。山西组内部砂体发育较差，内部多不接触，呈零星孤立状分布。盒1段砂体发育好，多呈单边式或多层式接触，连通性较好。其底部砂体发育最优，各井砂体发育层数多，厚度大。盒1段上部砂体中等，较底部砂体有所减少，泥质沉积增多，砂体多单边式接触，厚度较薄，连通性中等。

从沉积微相对比剖面图来看，盒1段时期沉积微相以水下分流河道为主，以北部和南部地区砂体发育程度较高，横向延伸范围远，河道间被分流间湾分隔；随着基准面上升，河道发育程度减弱，沉积间湾范围增大；山西组地层沉积时期，物源供应较弱，空间上泥质含量高，水下分流河道和潮汐砂坝发育有限，剖面上单井河道砂较少，以水下分流间湾为主。

建立东西向的Cab—Cac—新富ad—牛a—Caf连井沉积微相对比剖面，本溪组主要发育富砂的障壁砂坝和泥质潟湖相，分布在东部牛a井区、Caf井区，累计砂体厚度5~8m，横向延伸范围有限。山西组砂体基本不发育，单井累计砂体厚度小于10m，以零星分布的水下分流河道和漫溢砂、席状砂为主，水下分流间湾和前三角洲泥岩区广泛分布。其中砂体仅在新富ad、牛a井区局部发育较好。盒1段砂体密度增大，主要发育在中部Cac和新富ad井区一带，以正粒序的水下分流河道微相为主，少见河口坝，累计砂厚超过22m，砂体主要发育在盒1段下部，向西部河道数量和规模逐渐减小。砂体厚度和规模从本溪组到盒1段逐渐增加（图5-2-10）。

因此，从横向切物源来看，本溪组的障壁砂坝延伸范围有限，存在南部、东北部两个发育区；山西组砂体整体不发育，呈零星孤立状分布；盒1段砂体叠置连通，北部主要存在两个供源，分别为西北部和中北部，具有最厚的单井累计砂厚，南部同时对应西南和东南向的物源。从砂体的延伸距离和连通程度看，盒1段具有明显的优势。

纵向连井剖面表明沉积体顺物源方向的最大延伸限度，建立近北西向的新富e—新富c—新富h—新富f连井沉积微相对比剖面，该剖面位于工区的中部，代表北部物源三角洲和南部物源三角洲主体。

本溪组发育的障壁砂体呈现出南北分布的特点，北部新富e—新富c井区和南部的新富f井区，累计砂厚为4~8m，障壁砂坝很难在空间上一直延伸，具有明显的尖灭区。山西组顺物源向砂体也很难延伸较远，可能是由于较低的含砂率和河道弯曲度较大，北部Caf代表主要的山西组水下分流河道沉积。盒1段北部朵体和南部朵体的顺物源砂体延伸程度高，连续性好，砂体向中部区域前积，北部Caf到新富c井一带厚层钟形—箱形河道砂稳定可对比，累计砂厚超过25m，代表北部供源通道。南部砂体较北部砂体略差，泥质界面发育增多，新富f—新富h井砂体可对比，可见漏斗形的河口坝，较陡的坡度代表存在道坝转换特征。到盒1段上部砂体的连续性有所减弱（图5-2-11）。

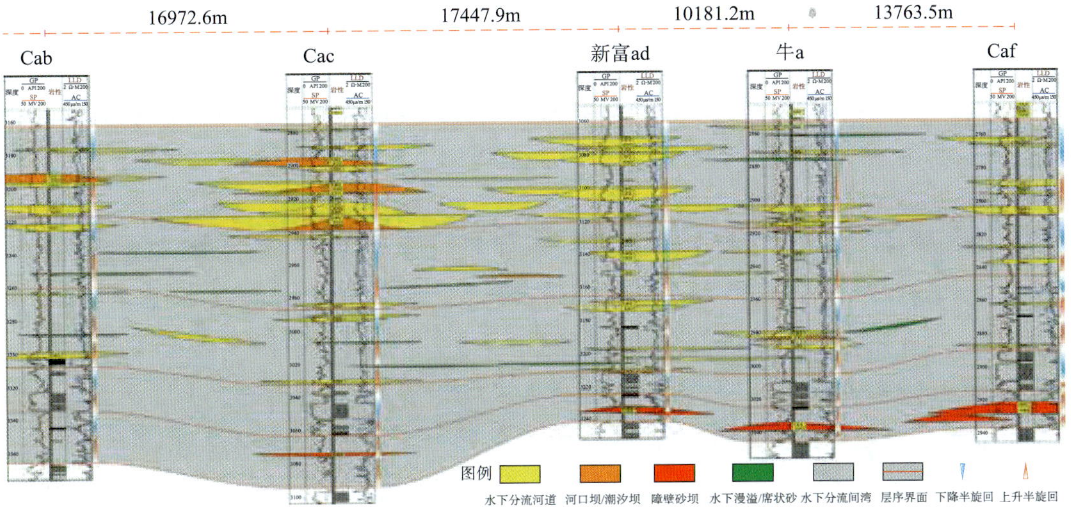

图5-2-10　富县区块Cab—Cac—新富ad—牛a—Caf连井沉积微相剖面

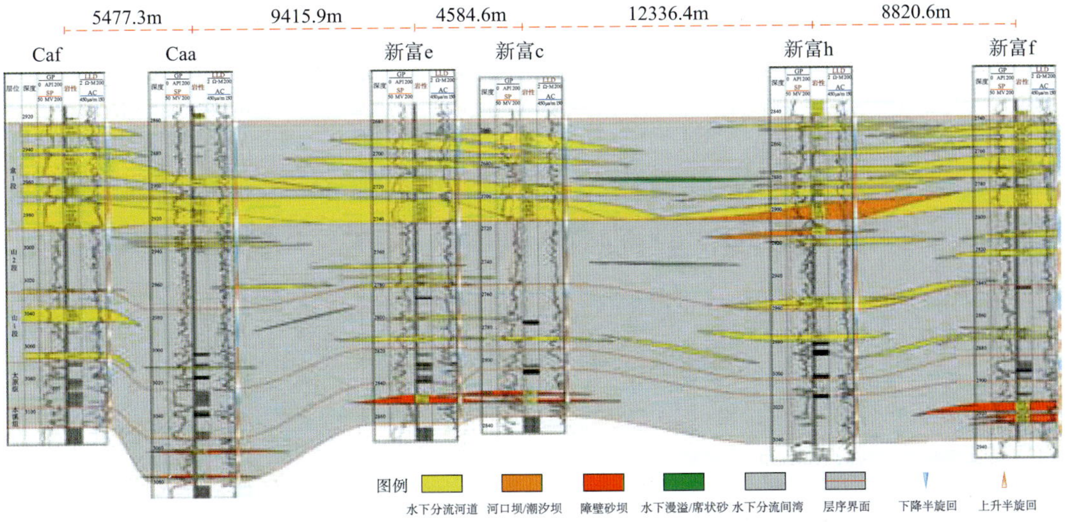

图5-2-11　富县区块Caf—Caa—新富e—新富c—新富h—新富f连井沉积微相剖面

因此，从纵向顺物源来看，本溪组的砂体发育在东北部牛a—牛b井区和南部新富f井区，两个区间的障壁砂存在尖灭现象，但内部可能具有连通性；山西组砂体即使顺物源也很难远距离延伸，整体含砂率低，泥包砂；盒1段砂体具有高延伸性和叠置性，北部砂体厚度和密度高于南部，顺物源可连续追踪砂体的分布。

4. 圈闭类型

富县地区现今构造为西北倾向的宽缓单斜，倾角0.5°左右，地史中以稳定的升降运动为主、断裂不发育，不具备形成构造圈闭的条件。从已发现的气藏来看，上古生界气藏类型主要为岩性气藏，气藏受沉积和成岩作用的控制，又可分为上倾岩性尖灭型、透镜体型和成岩岩性气藏三种类型。

1）上倾岩性尖灭型圈闭

储层砂岩形成于三角洲平原—前缘分流河道，分流河道在侧向上与分流间、分流间湾粉砂质、泥质沉积共生。在形成西倾单斜后，位于分流河道砂体一侧的泥岩和粉砂岩就处于上倾方向，形成上倾岩性尖灭型圈闭。这种圈闭主要受沉积相带分异控制，由于河道复合体延伸远，分布面积大，往往形成大型的圈闭，是本区主要发育的岩性圈闭类型。

2）透镜体型圈闭

主要形成于下石盒子组和山西组三角洲前缘—平原分流河道砂体、太原组障壁砂坝砂体之中，砂层厚度小，横向分布范围有限。

3）成岩圈闭

这种圈闭受沉积和成岩作用双重控制，分流河道砂岩粒度在侧向上由粗变细，主河道为含砾粗砂岩，中粗粒砂岩，堤岸沉积为粉细砂岩。由于砂岩碎屑颗粒成分、粒度差异造成了在成岩过程中中、粗砂岩和粉细砂岩成岩作用类型和强度的不同，中、粗粒砂岩能较多地保留原生粒间孔，而粉细砂岩经过成岩压实、硅质胶结等形成致密层，形成垂向上和侧向上的封堵，构成成岩圈闭。富县地区由于沉积期处于南北物源汇水区，砂岩粒度相对较细，压实、胶结等成岩作用造成致密砂岩分布较广，气藏一般分布在致密砂岩中的高孔渗砂岩中。

五、富县区块上古生界天然气成藏模式及分布规律

富县地区由于天然气缺乏大规模区域运移的条件，以近距离垂向运移为主，烃源岩对岩性气藏的形成具有重要的控制作用。因此，主要依据岩性圈闭与烃源岩的关系对上古生界的成藏组合进行了划分，主要分为源内型和近源型两种成藏组合。

1. 源内型成藏组合

源内型成藏组合主要发育在太原组和山西组。该组合烃源岩为自身发育的煤系地层，储集体主要为太原组障壁海岸障壁砂坝砂体、山西组三角洲分流河道砂体，盖层为煤系地层的泥岩，稳定的煤系泥岩与砂岩储层形成了自生自储的生储盖组合。储集岩中天然气主要来源于侧向上相变的烃源岩层，天然气生烃增压产生的压力差和泥岩中的大量微裂隙，成为天然气初次运移和排烃的良好通道，天然气通过侧向和垂向运移而聚集成藏，

储层沉积微相、砂岩组分及成岩作用是影响储层储集性能主要因素，也是导致产量差异的重要因素。太原组沉积期该组合主要分布在探区的东北部，山西组沉积期主要分布在探区的中东部（图5-2-12）。

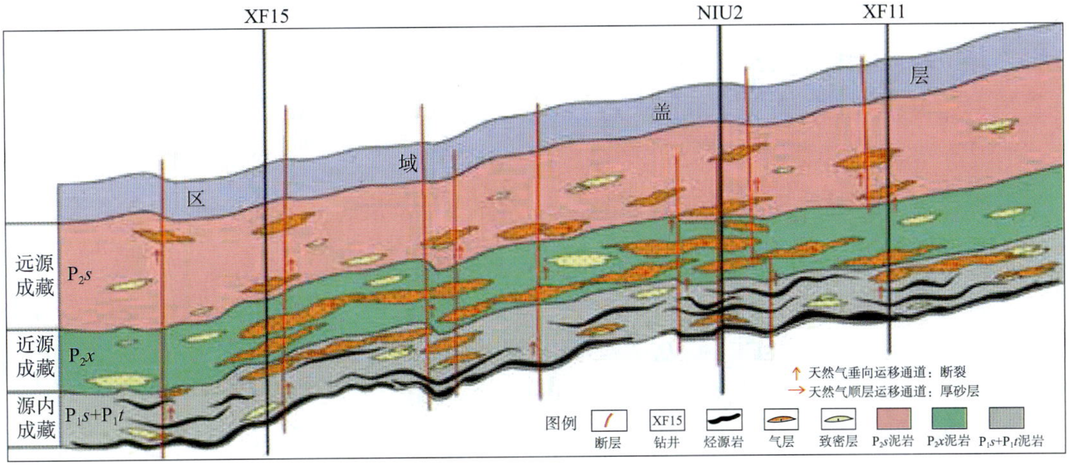

图5-2-12 富县地区上古生界天然气成藏模式

2. 近源型成藏组合

近源型成藏组合主要发育在下石盒子组盒1段。该组合以上石盒子组和石千峰组巨厚泥岩为区域盖层（泥岩厚度为150~340m，平均厚度约为289 m），发育超压，为区域性良好盖层，下石盒子组泥岩为直接盖层，为油气遮挡提供了良好的保存条件；储集体主要为三角洲前缘水下分流河道砂体；天然气主要来自下伏组合的烃源岩层，生储组合为下生上储式，早白垩世末渭北隆起的抬升导致区内强烈的构造活动产生多条大小断裂和裂隙，为下部烃源岩生成的气藏向上部运移和调整提供了条件；储层物性条件和下伏烃源岩层的生烃潜力是成藏的主要控制因素。该组合在探区中东部广泛分布，砂体厚度大，物性好，是本区上古生界的主要含气组合（图5-2-12）。

第三节 下古生界碳酸盐岩岩溶气藏分布规律

一、碳酸盐岩储层特征

富县地区位于鄂尔多斯盆地的东南一隅，其特征也与整个盆地非常相似。干旱的蒸发潮坪—潟湖环境，形成了鄂尔多斯盆地马家沟组独特的含膏白云岩，这也是盆地风化壳储集层的主要岩石类型，而马家沟期沉积后中奥陶世末至中石炭世经历了140余Ma的表生裸露期成岩作用，古风化壳岩溶十分强烈，特别是在含硬石膏柱状晶和结核的粉晶白云岩中形成广布于富县的形式多样的储集空间类型。

1. 岩石学特征

富县地区奥陶系储层主要在白云岩中发育，通过岩芯及薄片观察、阴极发光分析，考虑白云石的晶体大小、晶体形态、晶体表面特征，结合白云石的产出状态，将马五段白云石进一步分成粉—微晶白云石、粉晶它形白云石、胶结物亮晶白云石、交代成因粉晶自形白云石、构造裂缝内沉淀的粉—细晶白云石、鞍形白云石。

1）粉—微晶白云石

此类白云石以晶体细小（细粉—微晶）、晶体自形程度差（它形晶）、表面脏为特征，在富县奥陶系马五段样品中普遍发育，是马五段白云石的主要类型；具体表现为三种产状形式：一是呈层状分布，构成微晶云岩或粉—微晶云岩，这是马五段粉—微晶白云石的最主要存在形式；二是在岩石中呈斑状分布，主要在泥膏云质岩、泥云膏质岩中层呈斑状分布；三是作为颗粒微晶白云石部分构成颗粒云岩，非常少见。其往往与石膏、硬石膏晶体、结核、斑块和条纹共生，指明其形成于高盐度条件下。

2）粉晶它形白云石

此类白云石以晶体稍大（粉晶）、晶体自形程度差（它形晶）、晶体表面脏、晶体之间为镶嵌状接触为特征；区块内样品中极其少见，仅在富古a、富古b、富古d个别样品中见到。阴极射线下，此类白云石发光暗，发暗玫瑰红色光，较前述粉—微晶白云石的阴极发光还要暗，同样可能是白云石中Mn含量低、Mn/Fe比值低的反映，指示其形成于地表、近地表条件下。

3）胶结物亮晶白云石

由于颗粒结构岩石、藻黏结结构岩石在区内欠发育，胶结物亮晶白云石在区内马五段也极其少见，仅在富古d、富古f等井个别样品中见到，为鲕粒云岩、砂屑云岩粒间孔隙中的粒状亮晶白云石和藻黏结云岩窗状孔洞内的细小粒状亮晶白云石，其晶形不好，表面干净或较干净。胶结物亮晶白云石显细小粒状亮晶是同生期海底胶结作用形成的细小粒状亮晶方解石胶结物形态的反映，也表明这种白云石化作用是一种模仿交代作用，形成时间很早。

4）交代成因粉晶自形白云石

此类白云石在区内马六段较为发育，在新富b、新富d、新富e、新富ab等井有关样品中可以见到，其晶体细小（可达粉晶级），自形程度较高（往往为自形菱形晶）、晶体表面较干净或脏，主要在微晶灰岩或颗粒微晶灰岩中发育，主要交代微晶灰泥，可表现为偶见、分散分布、斑状密集分布等三种产状。其以晶体细小与区域上的马四段、马二段粉—细晶自形白云石明显区分。

5）构造裂缝内沉淀的粉—细晶白云石

此类白云石在区内也极其少见，目前仅见于富古a井马四段岩芯样品中，以构造裂缝内白云石生长、晶体较大（粉—细晶）、晶体自形程度较高（可为自形菱形晶）、晶体表面较干净、正交光下缺乏波状消光为特征，阴极射线下，其发光特征与粉晶云岩围岩近乎一致，发暗红色光，暗示了沉淀白云石的流体及物质来源于地层内部，为封存的沉积时期高盐度海水。

6）鞍形白云石

此类白云石典型的见于富古c、新富b、新富d、新富e等井有关样品中，以晶体较粗大、可达中—巨晶、晶形不好、晶面扭曲、正交光下波状消光明显为特征，层位涉及马五段、马六段，可表现为三种产状：一是构造裂缝内鞍形白云石，二是云岩中膏模孔或膏溶孔洞内鞍形白云石沉淀生长，三是交代方解石的鞍状白云石斑块。

2. 储层储渗空间类型

钻井岩芯及薄片观察揭示区内奥陶系马五段发育多种类型的储渗空间，包括粒内溶孔及颗粒铸模孔，晶间孔、晶间溶孔及溶蚀孔隙，膏模孔与膏溶孔洞，岩溶缝孔洞，洞穴及其充填物，沿缝合线溶蚀孔洞，沿构造裂缝方解石溶蚀孔洞，鞍形白云石部分充填构造裂缝，高角度斜交层面、垂直层面未充填构造裂缝等，下面分别进行叙述。

1）粒内溶孔及颗粒铸模孔

此类储集空间的发育主要与颗粒结构云岩相联系，目前尚未在区内奥陶系马五段岩芯及薄片中见到，但在富古g井第五次取芯5-7/53样品马五1段鲕粒云岩鲕粒内部见去膏化方解石，暗示了同生期大气水溶蚀作用及其粒内溶孔和颗粒铸模孔的发育，因此，此类储渗空间具有发育和存在的可能性。

2）晶间孔、晶间溶孔及溶蚀孔隙

此类储渗空间在区内奥陶系马五段极其少见，目前仅见于富古d井3060.2米（马五1），岩性为较纯的粉晶云岩或粉—细晶云岩，前者为同生期高盐度白云石化作用形成，后者为早成岩期浅埋藏白云石化作用形成，发育晶间孔、晶间溶孔及溶蚀孔隙等储渗空间，晶间孔的形成往往与浅埋藏白云石化机制有关，晶间溶孔及溶蚀孔隙的发育与加里东—海西期大气水岩溶作用相关。

3）膏模孔与膏溶孔洞

此类储渗空间在区内奥陶系马五段发育分布最为普遍，在富古d、富古g、新富c、新富e、牛c、延bfe、延goo等井有关层段岩芯及薄片中，其储集岩性原来为含膏云坪相粉—微晶含膏云岩，现在往往为粉—微晶含石膏硬石膏假晶云岩或灰云岩，无论是在岩芯还是在薄片中，都显示出储渗空间非均匀分布、相对较孤立，可有板状、方形、直角边形、圆形等形态，小者可在2mm左右，大者可达3~5cm、孔洞内可见充填物，或见粉—微晶白云石残余，或见少量方解石、石英充填，有大量剩余空间保存下来（图5-3-1、图5-3-2），它们主要由加里东—海西期大气水作用，石膏、硬石膏受溶形成。

图5-3-1　富县地区马五段岩芯上的膏模孔及膏溶孔洞

图5-3-2　富县地区马五段岩石薄片中的膏模孔及膏溶孔洞
（富古d井照片据李秋明等，2017；富古g井照片、新富e井照片据李百强等，2016）

4）岩溶缝孔洞

岩溶缝孔洞是受组构控制不明显的孔洞直径为2~100mm的溶蚀孔洞型储集空间，通过对钻井岩芯及岩石薄片进行观察可知，岩溶缝孔洞在区内奥陶系碳酸盐岩中发育，但多被充填，保留剩余空间而有效者少见，目前仅见于富古d井9/54–43/57段，岩性为灰色—浅灰色粉—微晶云岩，不规则岩溶缝洞发育，方解石未填满，由加里东—海西期大气水岩溶作用形成。

5）岩溶洞穴及其充填物

大型洞穴是指洞径大于100mm，在岩芯上已无法完整地观察描述的空间，是优质的储渗空间。观察表明，大型岩溶洞穴在区内奥陶系马五段非常发育，富古a井第13-12次取芯、富古f井第9-7次取芯、新富c井第10-9次取芯、新富e井第12次取芯有关层段井岩芯均可见到，由洞穴暗河沉积角砾岩、暗河沉积砂泥岩、洞穴塌陷角砾岩指示出来（图5-3-3），它们是加里东—海西期大气水岩溶作用的典型产物。

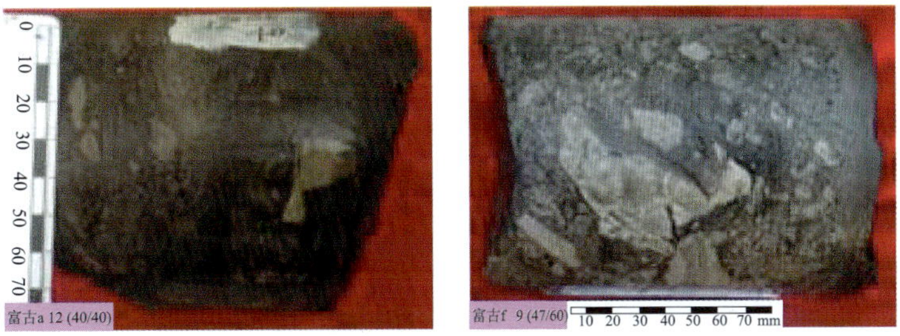

图5-3-3　富县地区马五段大型岩溶洞穴及其充填物

通常情况下，由于洞壁的支撑作用，岩溶洞穴即使被碎屑机械填积，但往往欠压实，洞穴沉积物内仍有有效储渗空间保存下来，构成有效储层；但区内奥陶系马五段钻井过程中未见放空、井漏或井大漏（泥浆失返）、钻时急剧降低现象，与塔里木盆地奥陶系、四川盆地中二叠统茅口组以岩溶洞穴为特征的钻井录井明显区别，测井曲线特征也与塔河油田洞穴充填物差异较大，有关物性分析揭示了区内奥陶系马五段洞穴填积物储渗空间欠发育，物性差。

6）沿缝合线溶蚀孔洞

此类储集空间在富古a、富古g、富古d、新富e、延bfd等井有关层段岩芯及岩石薄片中见到（图5-3-4），表现为沿缝合线溶蚀孔洞的发育，孔洞与缝合线的联系紧密，或者沿整个缝合线溶蚀形成溶缝，溶缝较好地保留了原来的缝合线形态特征，沿缝合线溶蚀孔洞内缺乏充填物。

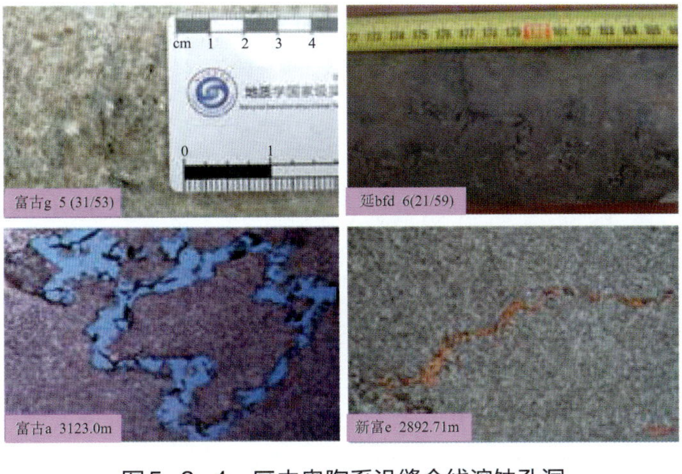

图5-3-4　区内奥陶系沿缝合线溶蚀孔洞
（富古a井，照片据李秋明等，2017；新富e井，照片据李白强，2016）

7）沿构造裂缝方解石溶蚀孔洞

此类储渗空间欠发育，目前仅见于富古g井（5/23~13/53），构造裂缝显示出高角度斜交层面特征，方解石充填严重，沿缝溶蚀现象清楚，溶蚀孔洞可位于构造裂缝方解石中心和边部（图5-3-5）。

图5-3-5　区内奥陶系沿构造裂缝方解石溶蚀孔洞

8）鞍形白云石部分充填构造裂缝

此类储渗空间在新富b井、新富d井、新富e井有关层段岩芯上见到，岩性往往为微晶灰岩、微晶云灰岩，裂缝高角度斜交层面或垂直层面，裂缝较宽、不规则、显示出张裂缝特征，裂缝内主要为鞍形白云石生长充填，另可有黄铁矿、方解石生长，剩余空间位于裂缝中央部位，具体见图5-3-6。

图5-3-6　区内奥陶系鞍形白云石部分充填构造裂缝

9）高角度斜交层面、垂直层面未充填构造裂缝

此类储渗空间见于富古g井第5-4次取芯、新富a井第4次取芯、新富c井第10次取芯、新富e井第12-11次取芯有关层段，岩性为相对较纯的粉—微晶云岩、粉—微晶含石

膏硬石膏假晶云岩、干裂角砾云岩等，裂缝高角度斜交层面或垂直层面，裂缝微细，缝面平直光滑，裂缝间距大，密度稀。具体见图5-3-7。

图5-3-7　区内奥陶系未充填构造裂缝

3. 储层类型

依据钻井岩芯、岩石薄片及铸体薄片观察，考虑储集空间组合特征、储集岩石类型与储渗空间组合的关系，进行区内奥陶系储层类型划分，可大致划分为白云岩溶蚀孔隙型储层、含膏云岩膏模孔及膏溶孔洞型储层、岩溶缝孔洞型储层、岩溶洞穴及其填积物型储层、沿缝溶蚀缝孔洞型储层等五种类型的储层，下面分别进行叙述。

1）白云岩溶蚀孔隙型储层

此类储层典型的见于富古d井3060.2m（马五1亚段），岩性为较纯的粉晶云岩或粉—细晶云岩，储层中发育白云石晶间孔、晶间溶孔和溶蚀孔隙。

2）含膏云岩膏模孔及膏溶孔洞型储层

此类储层发育分布较为普遍，典型发育于富古d、富古g、新富c、新富e、牛c、延bfe、延goo等井有关层段钻井岩芯中，其储集岩性为粉—微晶含膏云岩或粉—微晶含石膏硬石膏假晶云岩或灰云岩，储渗空间或主要为膏模孔，或主要为膏溶孔洞，或者膏模孔和膏溶孔洞均有之。

3）岩溶缝孔洞型储层

此类储层较为少见，目前仅见于富古d9井（54/57~43/57）段，岩性为灰色—浅灰色粉—微晶云岩，储渗空间主要为不规则岩溶缝洞，可方解石未填满，实际上，岩性可不仅限于粉—微晶云岩。

4）岩溶洞穴及其填积物型储层

此类储层岩性可多样，储渗空间主要为大型岩溶洞穴及洞穴内的填积物，洞穴可因未充填或部分充填具有储集意义，洞穴填积物内可因有孔隙发育保存而具有储集意义。

5）沿缝溶蚀缝孔洞型储层

此类储层在富古a、富古g、富古d、新富e、延bfd等井有关层段岩芯中见到，岩性可多样，储渗空间主要为沿缝合线溶蚀缝、沿缝合线溶蚀孔洞，沿构造裂缝方解石溶蚀孔洞。

二、古岩溶发育特征

岩溶是大气淡水溶解作用形成的自然构造，古岩溶是地质历史时间产生的岩溶。古岩溶储层是全球含油气盆地最重要的碳酸盐岩油气储层之一，风化壳岩溶古地貌控制了有利岩溶储层的发育部位，迄今为止，中国发现的大型海相油气田，大都与古风化壳有关，因此，研究古岩溶的形成条件及其特征可以准确地预测储层的分布规律。

1. 前石炭纪古地貌特征

1）前石炭纪古地貌刻画

风化壳岩溶古地貌及岩溶储层是古岩溶作用与各类地质作用相互综合的结果。大量勘探开发实践及综合地质研究成果表明，不同地貌单元对碳酸盐风化壳岩溶储层发育、油气富集成藏甚至上覆沉积体系的发育与分布等具有重要的控制作用，并在一定程度上控制着后期油气成藏的储盖组合。岩溶古地貌为各类地层油气藏创造了极为有利的条件，是当今世界油气勘探开发的重要领域。开展风化壳岩溶古地貌恢复及其储层预测的研究对揭示古岩溶储层发育规律、丰富油气成藏理论、促生新的勘探思路、指导油气勘探开发、加快实现地区天然气勘探突破等具有重要的意义。

鄂尔多斯盆地保存和发育了较为完整、厚而广泛的下古生界海相碳酸盐岩地层，拥有发育大型岩溶古地貌油气藏的良好的地质条件。早古生代奥陶纪末，加里东运动使得鄂尔多斯盆地整体抬升，经受了长达1.5亿年的沉积间断，不仅使盆地大部分地区缺失了中上奥陶统至中下石炭统的沉积地层，而且使下奥陶统碳酸盐岩经历了长期的风化剥蚀和淡水淋滤，形成了特殊的岩溶古地貌及岩溶储层，为大型岩溶古地貌油气藏发育创造了良好的地质条件。盆地中部气田的勘探及综合研究表明，奥陶系顶部碳酸盐岩风化壳岩溶古地貌不仅是天然气聚集成藏的主要控制因素，而且对岩溶储层发育有着重要的控制作用。

从马家沟组残余厚度分布看，富县地区古地貌总体上西南高、东北低，侵蚀作用总体上西南强、东北弱，岩溶高地主要位于研究区西南部，富县区域整体上位于岩溶斜坡区，将岩溶斜坡进一步划分为岩溶残丘、岩溶阶地以及古沟槽。

前人尝试了地球物理法、印模法、残厚法、层拉平等方法，其中印模法和残厚法用得相对比较多，其原理如图5-3-8所示。但是，各种方法得到的古地貌与实钻井厚度存在不一致的地方，孤立使用一种方法做出的古地貌可能存在较大的误差。本次研究，基于三维地震资料，融合印模厚度、残余厚度及趋势面三种属性（考虑区内特征，给予不同属性不同权重），充分利用钻井厚度校正，形成了适用于富县地区的古地貌精细刻画技术。具体方法如下：

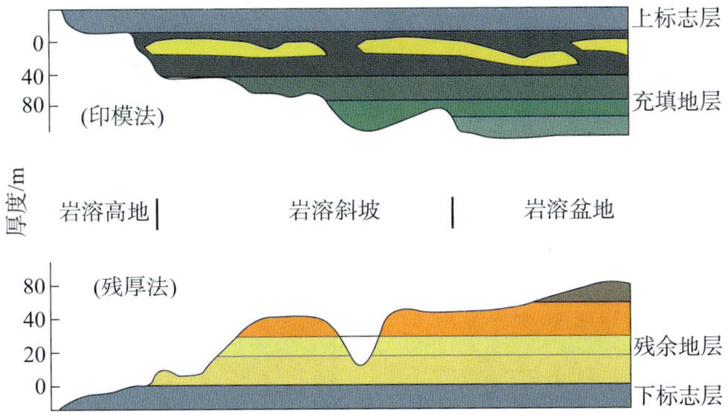

图5-3-8 残厚法及印模法地质模型

（1）明确地震标志层

富县地区奥陶系马六段沉积后发生剥蚀，之后碳酸盐岩发生溶蚀。随后沉积本溪组铝土岩，太原组的砂泥岩、煤层及灰岩。太原组末期的灰岩及煤层，区内分布广泛且厚度稳定，可作为区内标志层（地震同相轴T9c，主要标志层）。此外，向上山西组在区内分布也稳定，与石盒子组分界T9d在地震上反射也明确，可作为标志层（次要标志层）。

此外，下部奥陶系马家沟组马三段底面T10b地震同相轴稳定（主要标志层），马五5亚段底面T10e也比较稳定（次要标志层），作为参考。牛武三维区内这些层位较容易追踪，而羊泉三维区内T10e及T9c不容易追踪，考虑羊泉三维区地震同相轴可靠程度，“印模法”选用本溪组+太原组+山西组（T9–T9d）充填厚度（结合本溪太原厚度）；“残厚法”选用马三段以上残余地层厚度（T10b–T9）（结合马五6亚段以上厚度）。

（2）多属性融合

羊泉三维区T9d（山西组顶面）连续且容易追踪，用地震（T9–T9d）的厚度，即印模法可以很好地刻画较大沟槽分布。沟槽处，山西组—本溪组厚度会增加（图5–3–9，图中暖色调表示厚度大，下同）。此外，区内T10b（马三段底面）稳定且容易追踪，用（T10b–T9）残余厚度也可以刻画较大沟槽（图5–3–10）。将三维区按T10b–T9的不同值域范围（代表不同出露层位）从北向南划分为三个台阶，每一台阶上再用不同的值域定义沟槽，即可刻画大的古地貌形态。再用（T9–T9趋势面）精细刻画T9不整合面上小沟槽及小残丘（图5–3–11）。

将（T9–T9d）、（T10b–T9）与（T9–T9趋势面）三个属性采用加权平均的方法融合，尝试给予不同权重比例0.4/0.5/0.1、0.3/0.4/0.3、0.3/0.6/0.1，发现三者权重比例为0.3/0.6/0.1时与井吻合度更高（图5–3–12）。最终融合出的属性，将大沟槽与小沟槽在同一尺度下显示，可以精细刻画研究区古地貌形态。

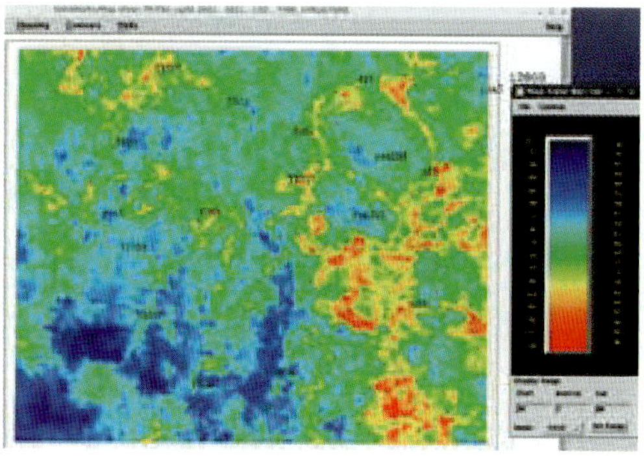

图5-3-9　羊泉三维（T9-T9d）时间厚度

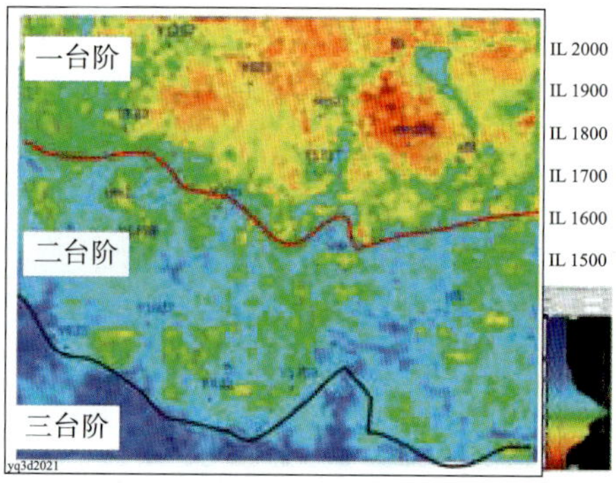

图5-3-10　羊泉三维（T10b-T9）时间厚度

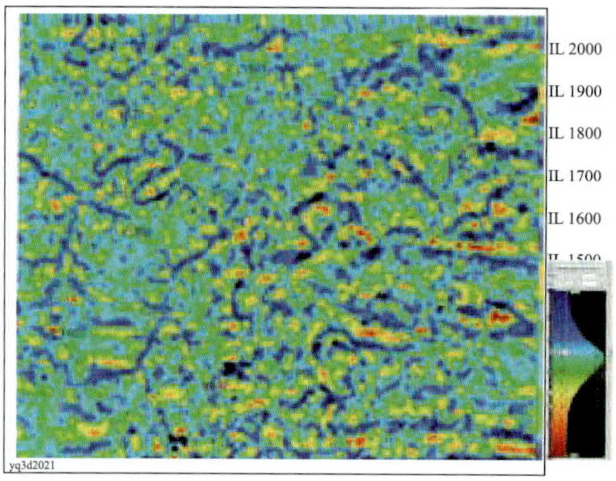

图5-3-11　羊泉三维（T9-T9趋势面）时间厚度

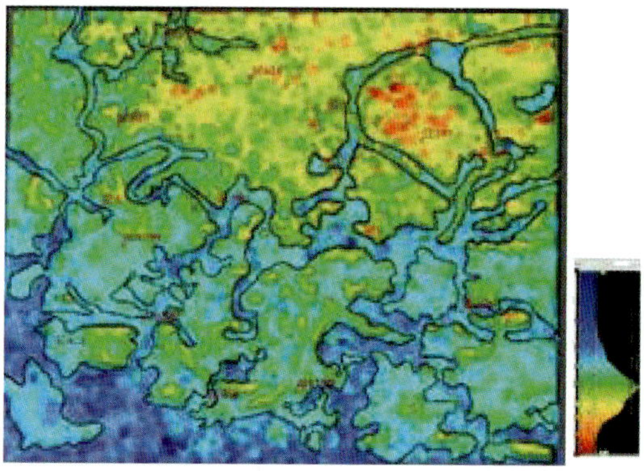

图5-3-12　三属性融合反映古地貌

（3）实钻井厚度校正

通过对区内已钻井出露层位进行分析，研究剥蚀程度，多数钻井与图件吻合。其中任boa井剥蚀程度小于任b井，分析此处太原组煤层可能较厚，导致T9层位下拉，引起误差。针对此种情况，开展煤层厚度变化模型正演，分析煤层厚度变化对T9层位下拉的影响，并对融合图件进行误差校正，得到较为准确的古地貌图。可以用于刻画古地质图，分析不同区开壳层位。此外，还用于描述下古生界圈闭形态，明确有利储层发育区。

2）古地貌单元的划分及特征

根据盆地前石炭纪古地貌发育背景，富县区块地处盆地东南部，背靠中央古凸起，根据石炭系总厚度及其变化，结合古地势及古水动力分析等，富县横跨了岩溶高地、岩溶斜坡2个二级古地貌单元，位于岩溶高地—斜坡的过渡部位，出露层位从区块北东向南西方向从马六段逐渐过渡到马五5亚段，上覆层位为本溪组。从区块上覆地层厚度看，总体上，富县区块西南角为岩溶高地，其余部分位于岩溶斜坡地貌单元。二级古地貌单元的基本特征如下：

岩溶高地：古地势整体较高，以接受侵蚀、溶蚀为主；岩溶作用以垂向渗滤为主，形成垂向溶蚀带、落水洞等岩溶形态，非均一性明显。

岩溶斜坡：介于岩溶高地与岩溶盆地之间，处于古地形斜坡位置，在斜坡上有许多相间排列的正、负地形。主要为云坪及泥云坪微相类型分布区，有利于岩溶作用及溶蚀孔洞的形成。由于处于岩溶高地与岩溶盆地的中间地带，地下水以水平径流状态为主，地形平缓，水力梯度较小。岩溶作用比较强烈，且以慢速扩散流水平层溶蚀为主，形成了良好的溶蚀孔洞。

根据富县区块奥陶系风化壳不整合面上覆的石炭系厚度及其分布趋势、奥陶系马家沟组风化壳层段残余厚度及其分布趋势、风化壳表面侵蚀、溶蚀特征及沉积物性质、地震剖面的反射结构模式及古地势特征等，在恢复古地貌的过程中以不整合面上、下地层的三种组合情况作为分析判断古地貌单元的基本准则。

（1）下薄+上薄

代表继承性隆起或高地，为二级古地貌——岩溶高地的综合反映。风化壳层侵蚀程度明显，残留厚度小，出现在本区西南部。

（2）下厚+上薄

此类组合的厚薄为相对的厚薄，为局部地势相对较高的残丘或台地台缘、残台等三级古地貌单元的综合反映。风化壳层侵蚀程度相对较轻。可发育于各类的二级古地貌单元中。

（3）下薄+上厚

此类组合的厚薄亦为相对的厚薄，为局部下切侵蚀较明显的沟谷或地势相对较低的阶坪、洼地等的综合反映。风化壳层侵蚀程度明显。可发育于各类二级古地貌单元中。

在此基础上进一步对三级古地貌单元进行刻画。根据奥陶系顶马五5亚段—马六段残余厚度的相对高差、岩溶性质、地形特点，将研究区划分为岩溶斜坡区的沟槽、洼地、阶坪、潜台、残丘，以及岩溶高地区的高地、台地和阶坪等8个三级古地貌单元。

2. 岩溶发育特征及岩溶带划分

1）角砾岩发育与识别模式

虽然鄂尔多斯盆地富县地区奥陶系钻井过程中放空、井大漏（泥浆失返）现象难见，但钻井岩芯揭示角砾岩非常发育，前人多将这些角砾岩归为岩溶成因，并从组构角度将角砾岩分成裂纹—镶嵌状角砾岩相、角砾支撑紊乱角砾岩相、杂基支撑紊乱角砾岩相、洞穴角砾岩相等类型，对奥陶系角砾岩进行了深入研究。本次研究依据钻井岩芯及薄片观察、阴极发光及地球化学分析，认为区内奥陶系广泛发育的角砾岩并非单一岩溶成因，存在多种成因的角砾岩，大致可分为干裂破碎角砾云岩、膏溶膏变角砾岩、暗河沉积角砾岩、洞穴垮塌角砾岩、大气水蠕变沉积物（角砾岩）等五类，它们的岩石学特征和地球化学特征有明显差异，对于岩溶作用研究的意义不一样，下面分别进行阐述。

（1）干裂破碎角砾云岩

为同生期暴露干裂破碎形成，在富古a井第13次取芯、富古d井第11次取芯、富古e井第12次取芯、富古f井第7次取芯、富古g井第5–4次取芯、新富c井第9次取芯、新富

e井第12次取芯的岩石及薄片中见到此类角砾云岩；其主要在马五1亚段、马五段发育，往往与高频旋回中上部相联系，并主要在云坪、含膏云坪等微相中发育；可表现为两种形式，一是角砾云岩，二是微晶云岩中微晶云岩角砾；其角砾大小混杂、棱角状—次棱角状，角砾成分、角砾间成分较单一，并往往具有同一性，角砾均为微晶云岩角砾、含膏微晶云岩角砾（现今为含石膏假晶微晶云岩角砾），角砾间由微晶白云石构成；阴极射线下，也展现出岩石内部角砾成分的单一性（图5-3-13），以及角砾间填隙物的单一性。其可受到不规则风化裂缝方解石、岩溶缝洞的切割改造，也限制了其可能形成于加里东期暴露剥蚀前的同沉积暴露干裂环境中。

图5-3-13 区内奥陶系干裂破碎角砾云岩及其阴极发光特征

（2）膏溶膏变角砾岩

进入地表及近地表环境，硬石膏会吸水转变为石膏并导致体积膨胀，导致围岩中裂缝及微裂缝发育，大气水作用进一步导致石膏溶解，围岩则可因为裂缝及微裂缝发育而难以支持、垮塌形成角砾岩。富古a井第13次取芯、新富c井第10-9次取芯中见到此类角砾岩，角砾状构造清楚，角砾成分较为单一，为粉—微晶云岩、次生灰岩，大小混杂，棱角分明，移位特征清楚，排列无方向性，角砾内部或边缘存在风化裂缝方解石，角砾间可为碳酸盐岩砂泥质、去膏化方解石、泥质等，缺乏陆源石英砂。在阴极射线下，粉—微晶云岩角砾及砾间碳酸盐岩砂泥质发光近乎一致，角砾间去膏化方解石发暗橘黄色光，角砾内部及边缘发橘黄色光，与暗河沉积物的发光复杂性相区分（图5-3-14）。

（3）暗河沉积角砾岩

暗河沉积角砾岩是典型的岩溶作用产物，是潜水面附近发育洞穴暗河沉积的角砾岩，在富县发育相对较为普遍，在富古a井第13-12次取芯、富古f井第9-7次取芯、新富c井第10-9次取芯、新富e井第12次取芯有关层段井岩芯及薄片中见到，岩石角砾状构造清楚，角砾成分复杂多样，有粉—微晶云岩、含石膏假晶云岩、颗粒云岩、次生灰岩、微晶灰岩、泥岩等；角砾大小混杂，小者仅约2mm，大者可达8~15cm；角砾可棱角分明，也可含有相当量的圆状、椭圆状砾石，揭示了流水的搬运改造作用；角砾间填积物成分复杂，可含有碳酸盐岩砂泥质、陆源石英和陆源泥质；在阴极射线下，无论是角砾本身，还是填积物本身，都显示出颜色多变、改造强的特征（图5-3-15）。

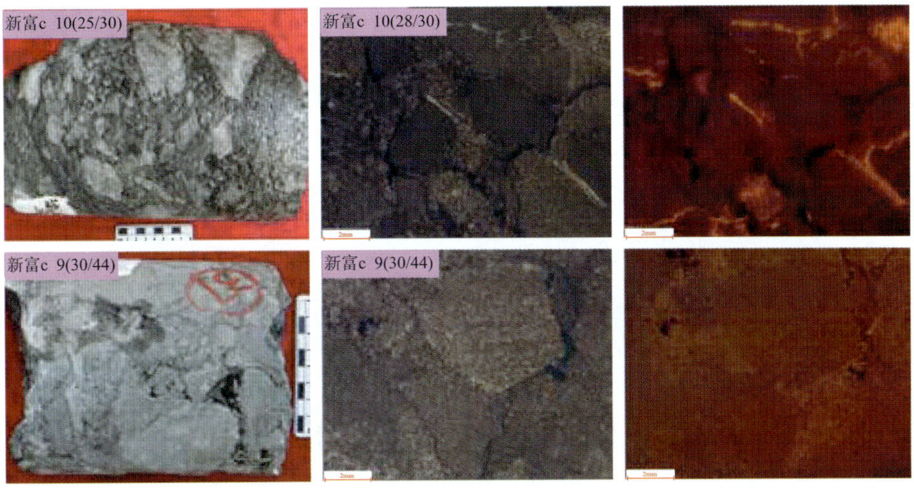

图5-3-14 区内奥陶系膏溶膏变角砾岩及其阴极发光特征

图5-3-15 区内奥陶系暗河沉积角砾岩及其阴极发光特征

此类角砾岩之角砾内部可含去膏化方解石、风化裂缝方解石，受到缝合线、热液矿物交代改造，证实了此类角砾岩是在加里东—海西期暴露不整合面发育演化过程中形成。

（4）洞穴垮塌角砾岩

此类角砾岩是洞穴形成过程中或洞穴形成后，洞顶因裂缝非常发育，难以支撑，发生垮塌，堆积在洞穴中的角砾岩；在富古f井第9次取芯、新富c井第9次取芯、新富e井第12次取芯见到，岩石角砾状构造清楚，成分为灰色微—粉晶灰岩，大小混杂，移位性明显，大者可达5cm，角砾棱角分明，角砾支撑，角砾之间为灰色碳酸盐岩泥填积

（图5-3-16）；其在分布上，表现为其下部是洞穴暗河沉积角砾岩或暗河细粒沉积物，其在阴极射线下，表现为发光较一致或较均一的特征（图5-3-17）。

图5-3-16　区内奥陶系洞穴垮塌角砾岩

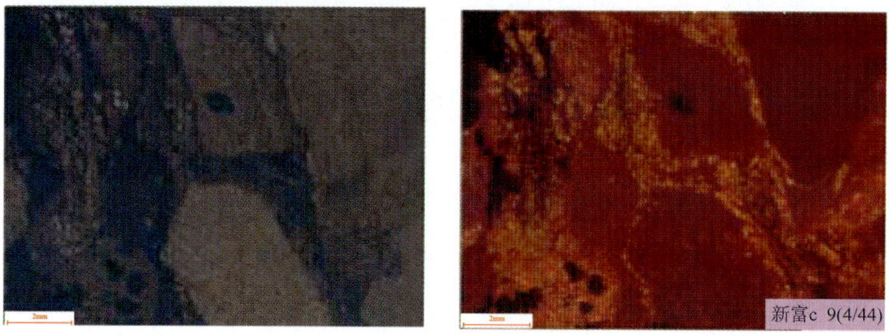

图5-3-17　区内奥陶系洞穴垮塌角砾岩的阴极发光特征

（5）大气水蠕变沉积物（角砾岩）

在富古d井第11-9次取芯、富古e井第12次取芯、富古g井第5-4次取芯、新富e井第12-11次取芯有关层段见到该类角砾岩；在岩芯宏观上，它们的角砾状构造较为清楚，角砾成分较为单一；但显微镜下观察揭示，这些所谓的角砾状构造并不是太明显，而是展现出瘤状或不规则斑状构造，瘤或斑块的成分或为去膏化次生灰岩，或为粉—微晶云岩等，瘤或斑块间成分较单一，主要为泥质；局部显示出角砾状特征，但角砾成分为去膏化次生灰岩或粉—微晶云岩，角砾间移位性不强；阴极射线下，瘤或斑块部分发光较亮，瘤或斑块间富泥质部分发光较暗，区分较明显，但不显暗河沉积角砾岩的杂乱（图5-3-18）。

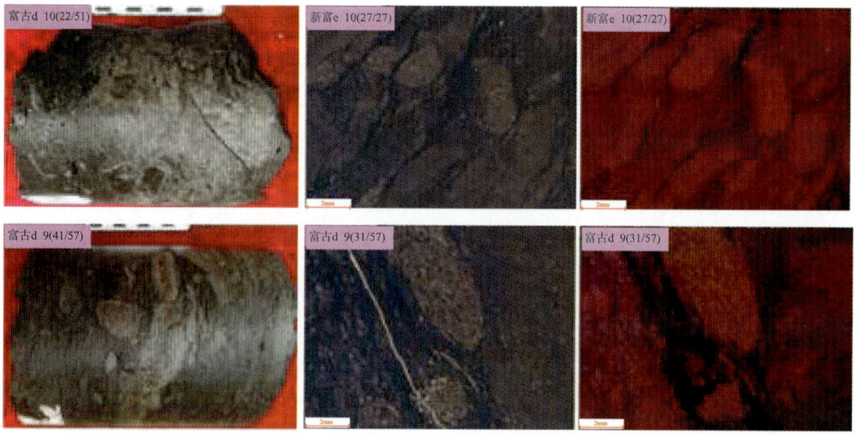

图5-3-18　区内奥陶系大气水蠕变角砾岩及其阴极发光特征

研究认为，这些类型的角砾岩可能并非真正的角砾岩，而可能是潟湖相沉积的泥膏云质岩、泥云膏质岩在加里东—海西期漫长的暴露过程中，大气水缓慢作用→发生变化→因变化而产生的破碎作用的结果。

（6）角砾岩在岩溶作用研究中的意义

不同成因类型的角砾岩，在岩溶作用研究中的意义不一样，干裂破碎角砾岩往往与云坪相、含膏云坪相粉—微晶云岩相联系，本身不指示岩溶作用，可作为云坪相、含膏云坪相的指相标志；暗河沉积角砾岩是岩溶潜水面附近洞穴暗河沉积的产物，因而可作为潜水面岩溶作用的重要指示标志，在岩溶剖面结构分析中具有重要意义；膏溶膏变角砾岩的形成与大气水岩溶作用有关，可作为大气水作用的指示标志，但其发育与岩性剖面中膏岩层的位置关系密切，而与其在岩溶剖面结构中的位置关系不密切，位置不稳定；洞穴垮塌角砾岩的形成仍与洞穴有着密切的关系，但在岩溶剖面结构中的位置不稳定，需要具体情况具体分析；大气水蠕变沉积物（角砾岩）往往与潟湖相沉积的泥膏云质岩、泥云膏质岩相联系，是大气水长时间缓慢作用变化的结果，并非指示有岩溶洞穴的形成，其发育位置是原岩位置，与岩溶剖面结构位置关系不明确，可能是有关潟湖相的指示标志，可以指示大气水的作用。

2）岩溶带划分

岩溶作用在现今岩相上表现为岩溶相，根据岩溶角砾岩结构—成分特征可将岩溶作用产物划分为不同的产物，通常划分为堆积相、垮塌相和破碎相三种（图5-3-19），前两者是水平径流带产物，后者是在垂直渗流带中形成。

图5-3-19 岩溶相类型及特征

堆积相：以充填潜水面以下活跃潜流带发育的地下暗河为主要特征，厚0.8~2.0m，充填物主要为基质支撑碎屑及角砾混杂堆积，陆源物质多为黏土，可见石英、长石及炭屑等，个别井段发育水平层理及板状斜层理。碳酸盐角砾常“漂浮”于陆源物质中，成分为白云岩，次棱角状—次圆状，分选差，大小为0.2~1.0cm，该岩溶相系地下暗河携上覆地层碎屑物夹杂溶蚀碳酸盐角砾沉积充填所致。该相与洞穴垮塌的区别在于，角砾间充填物来自上覆地层碎屑物质，由于岩性致密，发育裂隙型储层。

垮塌相：此类型岩溶相厚10~20cm，角砾支撑，角砾大小不等，棱角状—次棱角状，杂乱堆积，彼此可拼接，成分与上覆地层一致，主要为白云岩角砾，砾径1~10cm，砾间被亮晶方解石胶结，较致密。此角砾是溶蚀作用溶解先期承压物质，造成负荷卸载，原岩失去支撑，垮塌所致，未发生明显位移或再搬运过程。该岩溶相角砾岩间通常被块状连晶方解石胶结，方解石较白净，为活跃潜流带产物，岩石较致密，以发育裂隙型储层为主。

破碎相：此岩溶相基岩角砾溶蚀相对较弱，纵横交错裂缝、溶缝，为彼此镶嵌块体，未发生明显错位，酷似角砾岩，有学者称其为假岩溶角砾岩。角砾间常被环边方解石胶结，胶结物不及洞穴垮塌相方解石白净，代表静滞潜流带产物，偶见黏土质充填，主要形成溶缝—裂缝型储层。

根据岩芯—测井响应，建立了研究区岩溶剖面（图5-3-20），总的来说，马五1+2亚段以垂直渗流带为主，主要发育干裂破碎角砾岩；马五3+4亚段以水平潜流带为主，主要发育洞穴暗河沉积角砾岩。

3）岩溶模式

通过详细分析研究区表生期岩溶作用及其特征，认为表生岩溶阶段古岩溶作用除了不整合面岩溶，还发育顺层岩溶和断控岩溶（图5-3-21）。

（1）不整合面岩溶

这类岩溶载体主要为含膏微—粉晶云岩，是马五1+2亚段岩溶储层的主要类型，岩溶作用主要表现为针状—黄的膏溶孔洞，黑色、白色方解石、白云石多期充填、半充填，高角度的溶蚀缝、各种岩溶角砾岩及暗河充填物，形成孔—洞—缝储集系统。

（2）顺层岩溶

这种岩溶作用发育于古地形相对较陡的地区，富县由于靠近古凸起，古地形相对较陡。古岩溶作用于含石膏结核粉微晶白云岩内，多见石膏选择性溶蚀形成的溶孔，伴有溶洞和少量被白色方解石胶结的岩溶角砾岩，偶见溶缝，微观薄片常见晶间溶孔和少量溶洞，部分被白色方解石半充填，向富县北东溶蚀作用有减弱趋势，系大气淡水自近古凸起裸露区沿较陡古地层向古沟槽扩散选择溶蚀而成。

（3）断控岩溶

这种岩溶作用发育于断裂较为密集地区，富县地区受多期构造运动影响，发育多组、多期断裂，大气淡水可沿着断裂向下运移溶蚀，多形成裂缝—孔洞型白云岩，岩溶层位受断穿地层控制，最深可达200m至马五段底部。

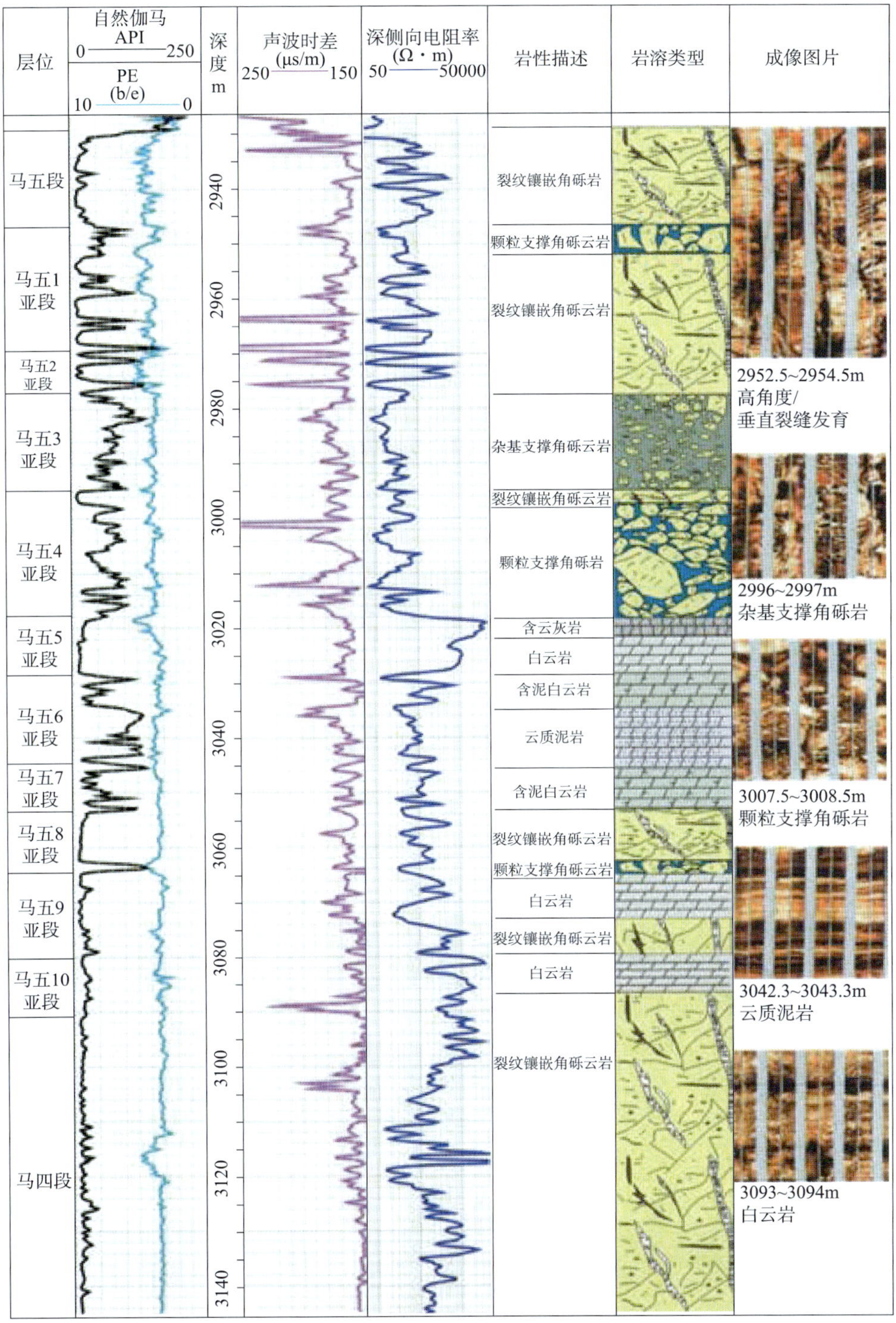

图5-3-20　富古g井马五段岩溶剖面

上述岩溶特征表明：研究区奥陶系表生期岩溶存在差异，不整合面型岩溶作用实质上为非组构选择性岩溶，是大气淡水对裸露岩石长期溶蚀的改造结果，形成具有明显旋回性的复杂孔—洞—缝系统；而顺层岩溶作用发生在古地形相对较陡地区，被溶蚀地层部分裸露且存在岩石组构差异，大气淡水从裸露区进入地层对其进行组构选择性溶蚀，实质上属于内幕岩溶类型。富县地区西部和中部岩溶作用强烈，地层剥蚀、垮塌、变薄明显，而东北部由于地形变缓，岩溶作用较弱，地层保持原始沉积状态，仅在靠近不整合面顶部存在地层部分剥蚀。前两种岩溶作用再配合断控岩溶，可以大大扩大富县地区岩溶储层发育范围和程度。

3. 岩溶储层分布规律

马五1+2亚段、马五4亚段膏模孔—溶孔型储层受古地貌控制明显，马五1亚段储层在残丘部位发育最优，连片发育，阶坪和潜台次之。沟槽内基本不发育。所以在平面上，储层主要分布于东北部、西北部、中部的几个残丘之上。在纵向上，主要发育在垂直渗流带和水平潜流带：马五1亚段最发育，马五2亚段、马五4亚段次之；单层厚度一般为1~3m，孔隙度在2%~6%。

马五5~10亚段的白云岩晶间孔型储层的发育在古地貌的低部位，受断控岩溶和顺层岩溶的影响，有效储层主要分布在区块中部沿沟槽两侧，在远离沟槽的岩溶残丘和潜台上，马五5~10亚段储层仅在局部发育。

马家沟组储层在古地貌、断裂和岩性三要素影响下，以及不整合面岩溶、顺层岩溶和断层岩溶作用控制下，纵向上形成以断裂为核心的多层储层叠置发育的空间展布样式（图5-3-21）。

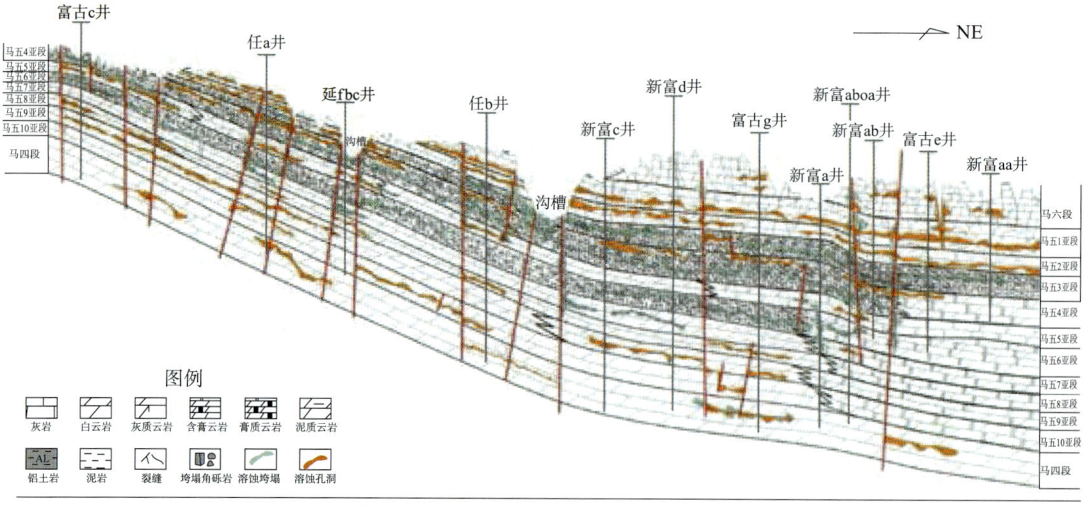

图5-3-21　富县地区岩溶储层发育模式图

三、成藏主控因素

综合前面的分析，富县区块奥陶系天然气富集的主控因素包括以下几个方面。

1. 马五 1~2 亚段气藏

马五1~2亚段气藏类型为地层—岩性气藏，优质储层是富集的最主要因素之一。在生烃增压的作用下，上古生界石炭—二叠煤系烃源岩生成的天然气分别在晚侏罗世和早白垩世末通过研究区奥陶系顶面不整合面和古沟槽侧向以及垂向向下运移；风化、淋滤、溶蚀等作用会导致白云岩储层溶蚀孔洞缝发育，天然气会在其中聚集成藏形成地层—岩性气藏。富县地区马五1~2亚段气藏的主控因素主要包括古地貌位置、含膏云岩的分布、断裂裂缝、铝土岩发育及展布。

1）含膏云岩是富集的物质基础

马五1亚段和马五2亚段以碳酸盐岩台地蒸发潮坪沉积为主，主要发育含膏云坪、含灰云坪、云坪、云灰坪、泥云坪等微相。根据岩性与物性关系可知，含膏粉晶云岩、砂屑粉晶云岩、粉晶云岩储集物性较好。岩芯及薄片的研究表明，研究区马家沟组马五1亚段和马五2亚段最重要的储层类型为含膏粉晶云岩。该类储层中分布的硬石膏结核在表生期易被大气淡水溶解而形成大量铸模孔，半充填的膏结核溶孔可成为良好的储集空间，储层孔隙度最大达4.518%，平均为2.731%。因此，含膏云坪是研究区储层发育的最有利相带，含膏云岩是富集的物质基础。

2）岩溶残丘是富集的重要地貌

从储层基本特征可以看出，富县地区储层为岩溶型储层，表生期岩溶作用是关键因素之一，储层分布必然表现出岩溶作用的控制痕迹，具体表现为：在垂向上受控于岩溶旋回，垂直渗流带基岩保存完整、受破坏小，有利于优质储层的保护；而水平径流带主要表现为垮塌角砾和洞穴充填物，原岩破坏严重，充填物相对致密，不易形成储层。从岩溶发育序列及旋回来看，富县地区曾经历至少三期岩溶旋回，垂直渗流带主要发育在马五1~2亚段，岩溶底板不同地方不一致，主要为马五4亚段，表现为层状石膏的保留或未被溶蚀的泥晶灰岩。从岩溶垂向特征来看，有利储层应主要分布在垂直渗流带所在层位。

从平面而言，前人研究成果颇丰，通常将岩溶地貌划分为岩溶高地、斜坡和盆地，一般认为岩溶斜坡是最有利于储层发育的区域。事实上，即使同在岩溶斜坡内，不同的次级地貌单元岩溶储层发育特征亦有所差别，在微地貌转换部位容易形成活跃水流，有利于形成溶蚀孔隙系统。对于富县而言，大部分处于岩溶斜坡地貌单元，溶蚀沟槽切割相对强烈，残存地区进一步精细刻画古地貌可以看出存在地貌差异，在古地貌较高的岩溶残丘和潜台的高部位，马五1~2亚段层保留较完整，纵向岩溶带发育完全，垂直渗流带较厚，垂直渗流带中膏模孔—溶孔型储层发育较好，如新富aa井。古地貌较高的部位不仅有利于岩溶储层的发育，而且也是天然气运移指向区，有利于岩溶储层中的天然气聚集成藏。

3）断裂裂缝扩展了岩溶发育空间

马五段岩芯尺度上裂缝较为发育，镜下裂缝宽0.01~1mm，岩芯上观察到的裂缝宽度一般在1~5mm，最宽可达1~2cm，但多被方解石充填，岩芯具有裂缝化特征。

二维—三维地震解释结果表明富县全区断层发育，走向主要为南西—北东向和北西—南东向，延伸长度为3~20km，断距一般为3~30m。规模较小断层一般向上断至下石盒子组，规模较大断层可断至刘家沟组，初步分析认为断裂的形成与现存基底断裂相关，主要形成于加里东—海西期。

统计表明，断裂对岩溶作用的发生起到了重要作用。断裂周边钻井马五1+2亚段储层厚度平均值为7.76m，而远离断裂钻井的马五1+2亚段储层厚度仅为4.28m；纵向上断裂不发育区域岩溶储层主要分布在马五5亚段以上，断裂周边则在马五10亚段、马四段都可见岩溶现象。

综合分析认为加里东—海西期断裂的发育为表生期大气淡水向下运移提供了良好的通道，扩展了岩溶发育空间。一方面，促使断裂两侧溶蚀孔隙发育，形成沿裂缝孔隙发育带，后期虽然断裂被方解石充填，但是两侧孔隙能够较好地保存，形成了岩芯上的大量针孔状或蜂窝状岩溶孔隙；另一方面，向下纵向扩展了岩溶深度，可以达到不整合面以下近200m。

4）铝土岩是有效的直接盖层

通过对富县不同产能井的成藏要素分析，发现马五储层中天然气都富集在本溪组铝土岩中或在铝土岩天窗附近比较发育，因此本溪组致密的铝土质泥岩，可以作为有效的直接盖层，其发育及展布范围是控制马五1+2亚段气藏富集的重要因素。风化壳气藏中测试产能大于5000m^3/t的井本溪组铝土岩厚度基本均大于1.8m，可见铝土岩的发育和展布是控制风化壳气藏聚集的重要因素。

2. 马五5~10亚段气藏

马五5~10亚段气藏类型为岩性气藏，侧向受物性变化遮挡、垂向以泥质碳酸盐岩为直接盖层，优质储层是气藏富集的主控因素。目前认为马五5~10亚段的气藏主要在区块中部沿沟槽两侧分布，在远离沟槽的岩溶残丘和潜台上，马五5~10亚段气藏仅在局部发育。上古生界石炭—二叠煤系烃源岩生成的天然气分别在晚侏罗世和早白垩世末通过断层沟通，直接从上部垂向运移到马五5~10亚段储层中富集形成岩性气藏。分析结果表明，马五5~10亚段天然气藏的主控因素包括古地貌位置，马五5~10亚段储层发育及展布，断裂发育区。

1）古地貌位置

古地貌位置控制着马五5~10亚段的发育。沟槽上游及两侧地貌位置较低的部位是承压水流的泄水区，受顺层岩溶作用的影响白云岩晶间孔—溶孔型储层在局部连片发育，为马五5~10亚段气藏的富集提供有效的储集空间。

2）马五5~10亚段储层发育及展布

马五5~10亚段主要是粉细晶白云岩中的晶间孔型储层，在形成过程中经历了同生—准同生期大气淡水的溶蚀作用、浅埋藏期的回流渗透白云岩化作用和表生期的淡水溶蚀作用。在不同的地貌单元中，马五5~10亚段的发育不同。在马五5~10亚段发育区，天然气从侧向或垂向运移，侧向致密地层或垂向膏盐岩遮挡，则天然气可在马五5~10亚段中富集。如延fba井，在沟槽附近，其马五5亚段测试无阻流量达到4.5m^3/t。

3）断裂发育区

在远离沟槽两侧的位置，地貌位置比较高，非泄水区，马五5~10亚段连通性差；但如果在断裂发育区，断层沟通上古和马五5~10亚段，则大气水可顺断层向下流动，使马五5~10亚段发育，也可使上古烃源岩在马五5~10亚段中富集。如新富af井在区块东北部的岩溶残丘区，但断层有效地沟通了上古和马五5~10亚段，天然气在马五5~10亚段中富集。而在富古d井和富古g井，由于没有断层沟通，同时离沟槽较远，马五5~10亚段并不发育，富古g井测试证实马五5~10亚段并不连通，而富古d井内幕储层物性也较差，测试产量不高。

第六章

盆地南缘构造过渡带镇泾—彬长地区成藏组合与勘探

中国石化登记的矿权区块在盆地西南缘有两个——镇原—泾川、彬县—长武。在现今盆地构造位置上横跨了天环坳陷、伊陕斜坡和渭北隆起3个一级构造单元（图6-0-1），处于伊陕斜坡和天环坳陷南端与渭北隆起北侧西段过渡部位，其间以坡折带相过渡，构造整体为平缓的北西倾单斜，地层倾角0.3°~0.6°，具有自北向南略有增加的趋势，局部发育小型低幅鼻状隆起（相较于盆地内部），为了提高本区整体性认识，我们实施了一条区域性二维地震大剖面，区域地质地球物理解释发现本区构造活动更为强烈，发育多条北东向和北西向断层（图6-0-2）。本区从中晚元古代到早古生代为一南倾、西倾斜坡，属于泛华北古陆西南缘与秦祁海间的边缘斜坡带，接受蓟县系、震旦系、寒武系、奥陶系海相碳酸盐岩沉积，其间缺失志留—泥盆系，表现出古凸起在不同阶段以不同的形态及演化控制了天然气的运移聚集的特点（图2-2-18~图2-2-20）。

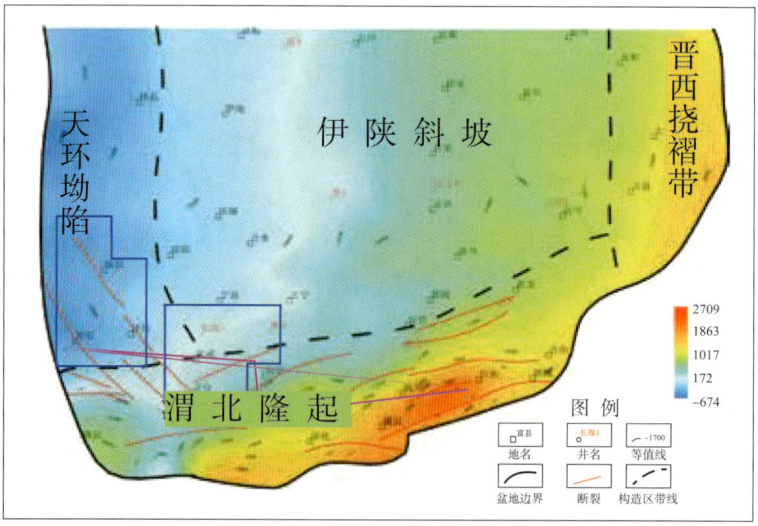

图6-0-1　鄂尔多斯盆地南部构造区划与矿权分布

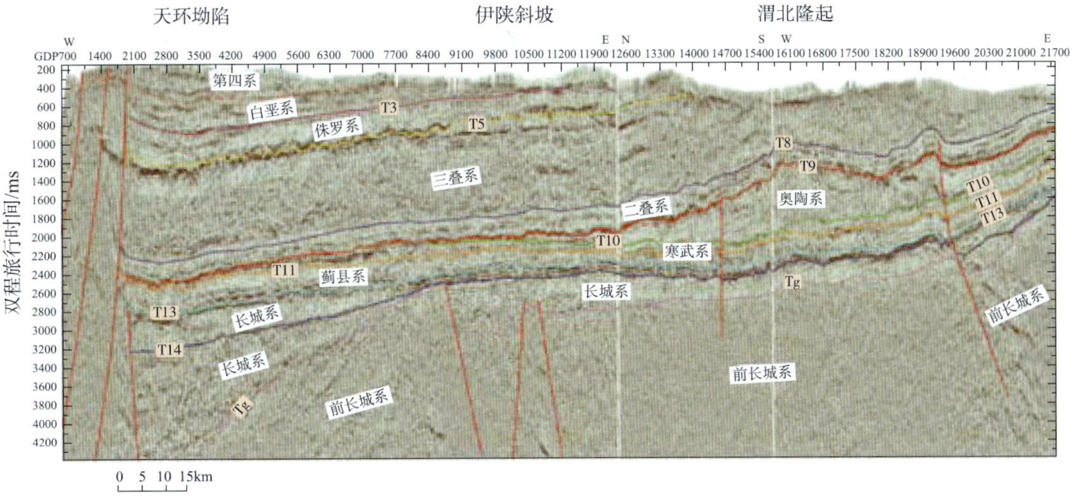

图6-0-2 鄂尔多斯盆地西南缘地层结构

镇泾—彬长地区天然气勘探包括中新元古界、下古生界碳酸盐岩和上古生界碎屑岩领域，中新元古界以大陆边缘裂谷碎屑岩和台地边缘碳酸盐岩为主，下古生界寒武系以浅海陆棚相碎屑岩和陆表海碳酸盐岩为主，奥陶系主要为局限台地—台地边缘相碳酸盐岩，上古生界则主要为南部物源体系河流、三角洲相碎屑岩，由于镇原古凸起的存在，在克拉通海相和陆相领域一直是一个重点目标，中石化、中石油及相关的高校院所进行了长期的勘探和研究，近年来在古生界的勘探成果不断取得新的突破。2012年以构造为突破口，在镇原古凸起核部实施的代参a井在二叠系山西组和下石盒子组见到4层气测异常层，其中在山西组试气获得天然气流，证实镇原古凸起核部具备较好的成藏条件和良好的天然气勘探前景。2019年以岩性气藏勘探思路为指导，中石化在镇原古凸起东侧彬长区块部署的风险井长探a井首次在二叠系上石盒子组盒7段钻遇三角洲平原分流河道含砾粗砂岩储层，见到良好含气显示并试获工业气流；在下石盒子组盒1段灰白色—含砾粗砂岩中见到气测异常，试气获得天然气流，展现了南部物源体系立体勘探的潜力；在张夏组钻遇岩溶储层，储集空间类型以缝孔洞为主，证实了镇原古凸起东侧古生界具备较好的成藏条件。

为扩大勘探成果，2020—2021年继续加大勘探力度，相继部署了四口探井，向东、向南甩开探索上古生界气藏富集区规模，4口探井在山2段、盒1段、盒4段、盒7段试获工业气流，进一步揭示了上古生界气藏叠合发育、多层系立体含气的特征。

前期勘探实践表明，盆地南缘构造过渡带成藏特征差异明显，表现为不同的勘探领域，针对性的勘探技术和方法也各不相同，需要在天然气成藏要素叠合关系、气藏分布特征与勘探潜力评价及气藏勘探评价技术上分别进行讨论。

第一节　中新元古—古生界成藏要素叠合特征

如第二章所述，镇原古凸起形成于早古生代寒武纪早期，为沉积盖层中的隆起。它横跨下伏的北东向元古代地垒与地堑之上，这些垒堑结构在隆起过程中被夷平或改造成低起伏。奥陶纪时凸起的形态、方位、面积发生了明显变化，石炭纪时，凸起面积是奥陶纪的2倍（何登发，2020），凸起西陡东缓，呈不规则的凸轮状，近东西走向，东西最大长度约为275km，南北最大宽度约为230km，轮廓面积约为$2.95\times10^4km^2$（图6-1-1）。

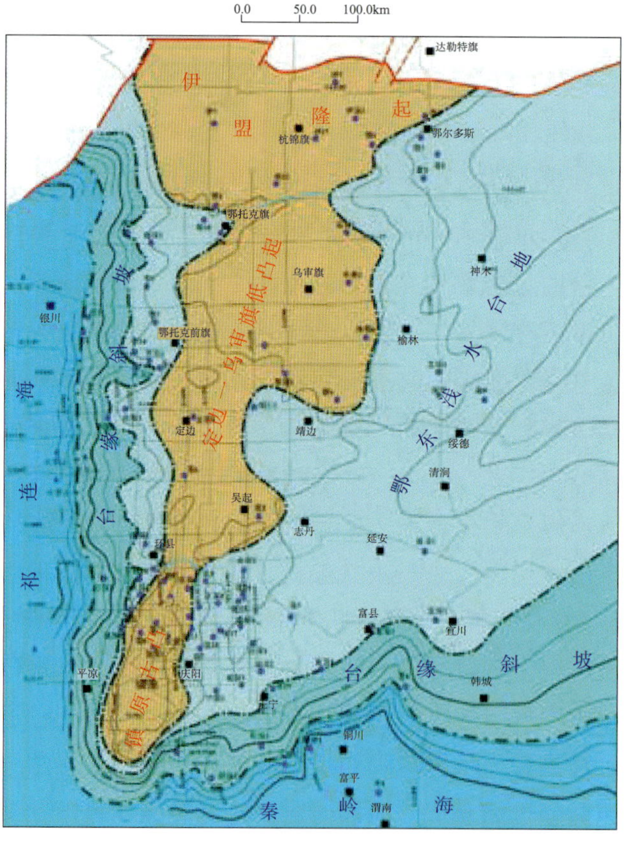

图6-1-1　寒武纪隆起古构造格局

镇原古凸起对本区的构造—沉积分异起着关键作用，尤其是对下古生界沉积格局控制明显，长城纪镇泾探区处于秦晋裂陷带陆缘的部位，沉积环境相对稳定，地层厚度较大，为滨岸相陆源碎屑岩及浅海相泥页岩、砂岩沉积，西侧、南侧紧邻祁连海、秦岭海，发育巨厚滨海相碎屑岩沉积，晚期的区域抬升，形成与上覆蓟县系的不整合。蓟县纪演化为浅水碳酸盐岩潮坪环境，自东向西发育一套浅水边缘潮上—潮下环境的白云岩夹灰岩沉积，晚期的差异抬升，镇原古凸起形成时，下伏半地堑、地垒肩部对上覆沉积有控制作用，形成与寒武系的剥蚀不整合，构造—沉积作用导致本区蓟县系地层具有自北东向南西增厚的特征。本区寒武纪为加里东早期伸展环境下碳酸盐岩台地相云灰岩沉积，发育一套滨岸—台地相海侵沉积体系。受镇原古凸起影响，古凸起区缺失寒武纪早期沉积，凸起以西及以南的秦祁海域被动陆缘区发育有局限—开阔台地—台缘—斜坡相沉积体系，隆起东侧为浅水陆表海台地沉积体系。另外，加里东中期运动亦导致寒武系的剥蚀与缺失，因此在镇泾探区中北部寒武系地层缺失，中南部则有分布，在镇泾探区南部厚度一般小于500m；在彬长探区寒武系均有发育，但残留不全，地层厚度一般在165~700m，具有自北东向南西增厚的趋势。受镇原古凸起持续影响，奥陶纪发育碳酸盐岩沉积建造。古凸起区核部缺失更大范围的奥陶纪沉积，凸起以西及以南的秦祁海域发育碳酸盐岩缓坡相白云岩、灰岩沉积，隆起东侧仍为浅水陆表海台地相沉积体系，发育局限台地白云岩、灰岩沉积。奥陶纪末期，西南缘海盆趋于闭合，盆地区域性隆升剥蚀，其后经历了志留—泥盆纪、早石炭世长达约1.4亿年的沉积间断。受古凸起及奥陶纪末期盆地区域性隆升剥蚀控制，在镇泾探区全区及彬长探区西北部缺失奥陶系地层，在彬长探区东南部奥陶系地层残留不全，具有自北西向南东增厚的趋势，东南部地层最厚可达2150m以上（图6-0-2）。早古生代末期“镇原古凸起”对石炭系及二叠系的发育仍有影响，晚石炭世—二叠纪自北向南逐渐接受沉积。二叠纪—三叠纪处于相对稳定的沉陷沉积环境，因此中上二叠统石盒子组、石千峰组及三叠系在古凸起区与伊陕斜坡区的厚度差异缩小，古凸起已不影响其地层的沉积与分布。

一、镇原古凸起演化的地质结构

镇原古凸起高部位沿镇原—崇信一带近南北向展布，缺失寒武系地层。寒武系缺失区宽5~38km、长137km。寒武系徐庄组、张夏组、三山子组环绕凸起高部位被剥蚀尖灭。奥陶系马一段在香a井南侧剥蚀尖灭，有与寒武系三山子组尖灭线归并之势；但马二、三段则在灵台—长武之间超覆在古凸起之上；其上被马四段尖灭线削截。尖灭线的发育特点指示了镇原古凸起的同生长性质，即马一、马二段沉积时具有向凸起超覆减薄的趋势，且镇原古凸起南端、西南侧地势较陡。蓟县系超覆不整合于长城系之上，而震旦系又角度不整合于蓟县系之上，其上缺失下古生界，上石炭统太原组直接不整合于震旦系之上。在镇原古凸起东侧中元古界为中寒武统毛庄组不整合覆盖，毛庄组地层向凸起高部位减薄，缺失下寒武统。上述地层结构与不整合面的分布特点指示镇原古凸起在中元古代中晚期已经存在，在新元古代遭受强烈剥蚀；新元古代晚期发生向凸起高部位的超覆，沉积一套罗圈组冰碛岩。此后，再次沉积间断，直至中寒武世才开始接受沉积；因基底隆起存在，沉积具有顶薄翼厚特点，为同沉积性质。在马家沟组沉积早期镇原古凸起西南端隆升较快，出现马一、马二段超覆沉积；而至马四段已出现局部剥蚀现象，表明镇原古凸起在早奥陶世其东南、西南端已受构造活动影响，出现隆起，这种活动在中、晚奥陶世得到进一步加强。

二、镇原古凸起演化控制下的烃源岩发育

鄂尔多斯盆地南缘在中元古代至晚古生代发育多次海侵，其中中元古代蓟县系、早古生代中寒武世及早奥陶世晚期，为海侵高潮。同时本阶段产生了两次由干旱到潮湿的气候变化，第一次由长城纪到蓟县纪，第二次由早寒武世到中奥陶世，两次转换的共性是沉积环境由陆相变为海相，岩石由紫红色变为灰色，形成了元古界长城系崔庄组，寒武系辛集组，奥陶系平凉组，二叠系太原组、山西组等四套烃源岩。

1. 中新元古界长城系、蓟县系烃源岩特征

中新元古代发育大陆边缘裂谷和陆内坳拉槽。长城纪时期鄂尔多斯盆地南缘主要发育与秦祁大洋裂谷相伴生的三大裂陷槽，分别为甘陕裂陷槽、秦晋裂陷槽和秦豫裂陷槽，裂陷槽内沉积物分为裂陷期沉积物和坳陷期沉积物，裂陷内部主要沉积了河流相和扇三角洲相的粗砂岩、中砂岩、含砾砂岩和泥岩等。在裂陷槽内长城系顶部崔庄组发育一套暗色泥岩，可以作为潜在烃源岩，该套泥岩在镇泾—彬长地区厚度预计30~70m。

盆地南缘中新元古界地质露头广泛发育，洛南野外露头剖面长城系泥岩饱和烃气相色谱图显示主峰碳为nC_{16}和nC_{17}，具有低碳数优势，说明生烃来源于低等生物，反映有机质类型以Ⅰ型为主。干酪根最高热解温度Tmax值为583~601℃，Ro为4.8%~4.85%，达到过成熟热裂解生干气阶段。

蓟县纪时华北克拉通发生了隆升，在克拉通周缘沉积了一套碳酸盐岩建造。在鄂尔多斯盆地西缘和南缘沉积了含燧石条带藻纹层白云岩，为台缘相沉积，此时沉积环境较为稳定。在洛南地区巡检司组TOC>0.6%的样品占到总样品数的18.9%，显微组分以腐泥组分为主，含量在91%~95%，为Ⅰ型干酪根。近期在镇泾区块西南部桐城蓟县系发现古油藏，油—源对比认为其可能来源于蓟县系烃源岩。从成熟度分析，中新元古界烃源岩已经成熟，与盆内寒武系及以上烃源岩成熟演化形成对比，反映了古凸起对早期油藏有改造破坏作用。寒武系底部、杜关组底部、巡检司底部—龙家园顶部地层也具有相对阻抗值较低（IMP<10000）的特征，可能发育潜在烃源岩。

2. 下古生界海相烃源岩分布特征

本区下古生界海相烃源岩层系发育主要受镇原古凸起控制下的古地理环境和古气候环境影响，泥岩厚度为10~80m，由于古凸起是克拉通边缘陆扇隆起，从台地向隆起

南侧两侧陆棚深水区发育，在洛南地区的露头剖面上，寒武系辛集组厚度约为50m，岩性为灰黑色碳质泥岩。地化数据显示鄂尔多斯盆地寒武系泥岩TOC普遍低于0.5%，庆深a井三山子组、平a井辛集组为灰黑色泥岩，残余有机碳含量为1.94%，露头样品中盆地岐山地区发育有灰黑色纹层状灰岩和白云岩，TOC较高，可达0.34%（陈启林等，2015）。长探a井钻遇辛集组含磷细砂岩，为浅水海湾沉积，推测在彬长区块早寒武世沉积时存在由南向北的坳拉槽，在区块南部早寒武世坳拉槽内深水区可能发育较好的烃源岩。

在盆地西南缘奥陶系平凉组发育中等—好烃源岩，从厚度及沉积环境、有机质指标分析，总体上西缘好于南缘，西缘最高可达2%以上；而盆地南缘由北往南TOC值由小变大，达到0.2%~0.4%；西缘为斜坡—盆地相，TOC值相对较高，南缘为开阔台地和台缘斜坡带，TOC值较低。

在盆地西缘北部和中部厚度最大，向西缘南部—南缘中西部逐渐减薄，至盆地南缘中东部已经不发育烃源岩，镇泾区块位于镇原古凸起核部，平凉组地层不发育，彬长区块南部局部发育烃源岩（图2-1-10）。

3. 上古生界煤系烃源岩发育及分布特征

鄂尔多斯盆地上古生界烃源岩是一套广覆型沉积的含煤岩系，包括煤和暗色泥岩两类岩性，自下而上发育了石炭系本溪组、二叠系太原组、山西组三套海相—海陆过渡相—陆相的煤系气源岩。其中，煤层是区内石炭—二叠系烃源岩贡献最大的岩类，主要发育太原组及山西组，分布广泛，煤层多，且横向及纵向上变化大。

中央古凸起的存在，控制了上古生界烃源岩分布。由于地层是向古凸起超覆并在早期具有填平补齐的特征，因此厚度变化大。煤层分布总体趋势表现为：中央古凸起两侧，即盆地西部和东部煤层相对较厚，南部煤层较北部煤层薄。镇泾—彬长区块更靠近镇原古凸起，煤层较薄，发育范围有限，厚度一般在2~6m。山西—太原组暗色泥岩较为发育，但相对盆内厚度有所减薄，镇泾—彬长区块暗色泥岩厚度为10~30m。

根据近期新井资料，确定了碳质泥岩的生烃能力，由实验计算得出单位体积煤层中煤岩与碳质泥岩排烃贡献比约为6：2（表6-1-1）。镇泾西南部和彬长西南部厚度为5~12m，在以往煤岩生烃的基础上，增加了资源规模，具备大中型气田勘探的潜力（图6-1-2）。

表6-1-1 鄂尔多斯盆地上古生界二类烃源岩生烃、排烃统计表

岩性	生烃/TOC/（mL/g）	平均有机碳含量/%	密度/（g/m^3）	吸附量/（mL/g）	生烃量/cm^3	排烃量/cm^3	比例
煤岩	170	0.65	1.3	30	143.65	104.65	6.23
碳质泥岩	340	0.06	2.1	4	42.84	34.44	2.05

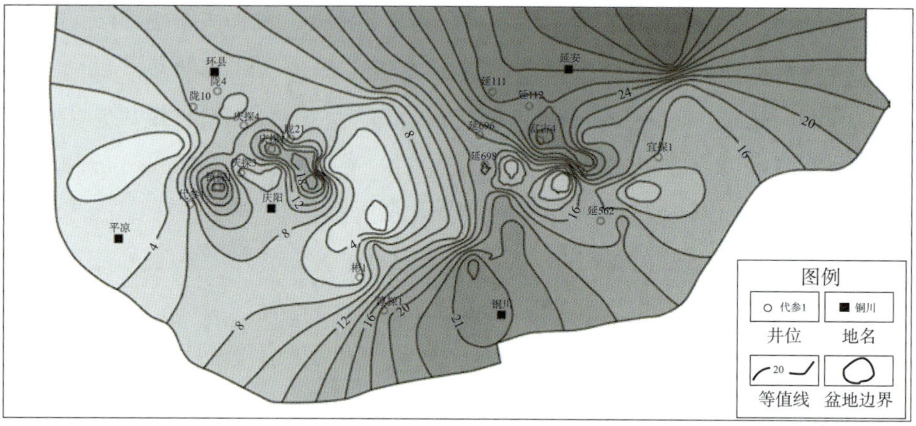

图6-1-2　镇泾—彬长地区上古生界煤层厚度等值线图（煤岩+碳质泥岩）

三、镇原古凸起的发育控制圈闭叠合

近年来，国内大型叠合盆地油气发现在古凸起领域成果十分丰富。塔里木盆地在沙雅古凸起上的塔河油田，在塔中隆起及围斜部位塔中a号及顺北，四川盆地围绕川中古凸起在海相领域不断突破。古凸起背景上，气藏含气层位多，油气藏类型变得更加丰富多彩；纵向上，多种类型的储层成为叠合圈闭成藏的主控因素，储层空间位置及结构是井位关系和突破的关键（图6-1-3）。四川盆地川中古凸起的不同含气层系，不同类型油气藏的整体、综合勘探，揭示了震旦系—古生界天然气多层系立体富集成藏的特征，也证明在经历多期构造运动后，古凸起斜坡部位的超深、超老地层中仍可形成规模性天然气聚集，大大拓宽了四川盆地深层—超深层的天然气勘探领域，对鄂尔多斯盆地南部天然气勘探具有很强的指导意义。

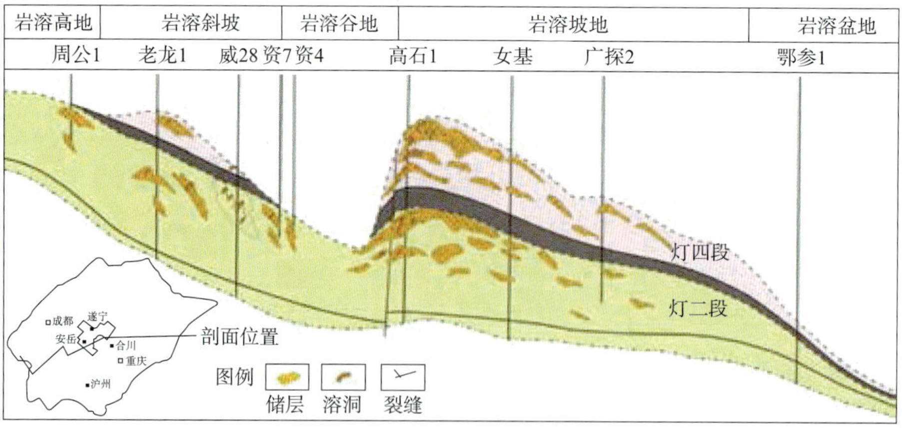

图6-1-3　四川盆地震旦系灯影组储层发育模式（发现大油气田，杜金虎）

1. 中新元古界圈闭的叠合

镇泾区块位于盆地西缘南缘镇原古凸起区，为岩溶高地，以侵蚀—垂向溶缝为主。区块蓟县系处于岩溶储层发育区，断裂发育程度高，西—南缘露头可见孔洞储层发育。

早古生代镇原古凸起形成过程中，凸起上寒武系遭受剥蚀，蓟县系冯家湾组出露地表，古构造高部位具备岩溶洞穴或塌陷溶坑发育的地质条件，受北西西—北北东共轭断裂和微古地貌重构控制明显，以垂向溶蚀为主，缝洞广泛发育，径向相对较弱，北部构造高部位溶坑切割深，南部构造相对高部位溶坑切割浅，高地区域二级斜坡不发育。镇泾区块东南古构造幅度低，寒武系残留且未经历明显的岩溶改造（图6-1-4），对应地震资料中同相轴稳定。

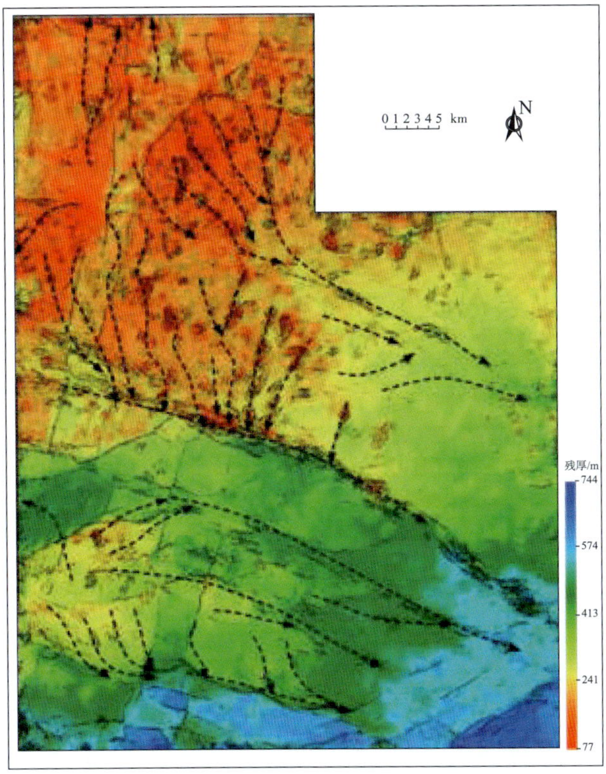

图6-1-4 镇泾区块残厚法古地貌与岩溶发育区叠合图

蓟县系在盆地西南部是一套台地边缘相的浅水藻云坪相沉积，白云岩、藻云岩呈薄—厚层状，底界为中频中强振幅弱连续、断续反射，内部为弱振幅断续反射。从龙家园期到巡检司期经历了一个整体海进的沉积过程。在龙家园期，潮间发育潮道和潮坝沉积；而在巡检司期，发育横向迁移性较强的潮间或潮下高能生物丘滩体，三维地震剖面中可见一系列的丘滩异常体呈现底平顶凸杂乱反射（图6-1-5、图6-1-6），根据属性分析，平面分布沿一定的相带展布，类比具有相似条件的华北地区雾迷山组和四川盆地灯影组的白云岩储层，认为区块内与高能沉积环境相关的蓟县系巡检司组微生物丘滩储层具有较好的物性，是值得关注的勘探领域，不整合形成的岩溶储层和蓟县内幕异常体形成重要的纵向叠置，增加了勘探的吸引力。

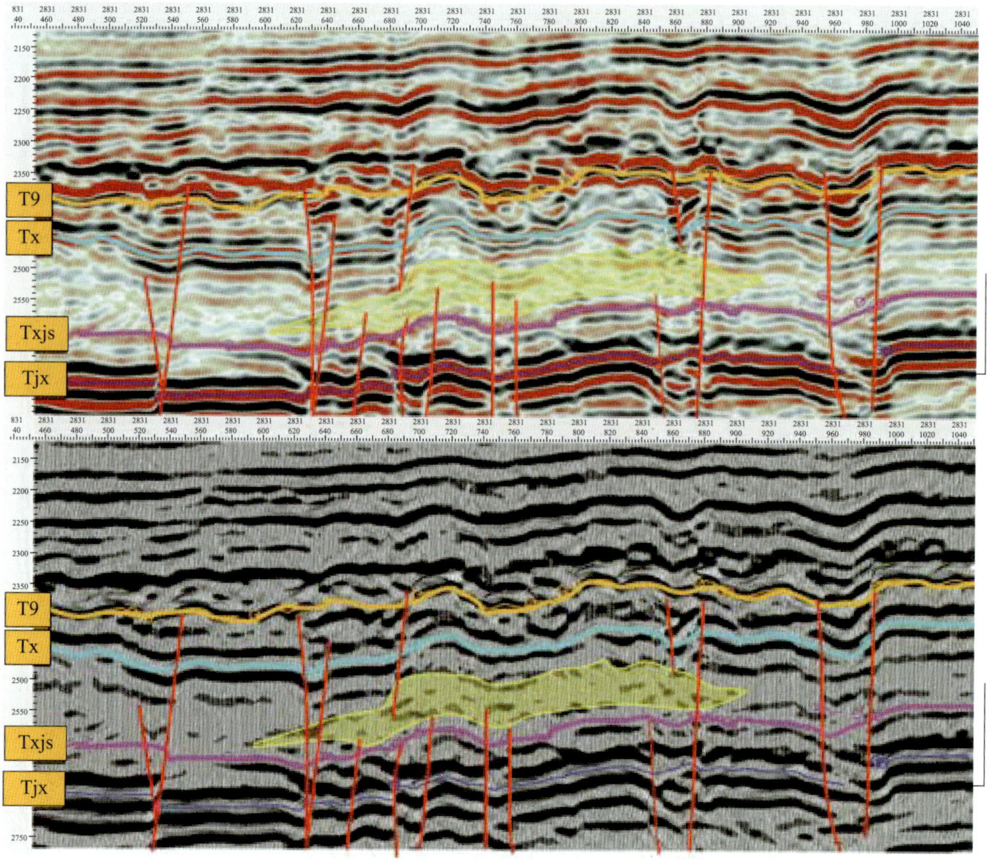

图6-1-5　镇泾区块丘滩异常体

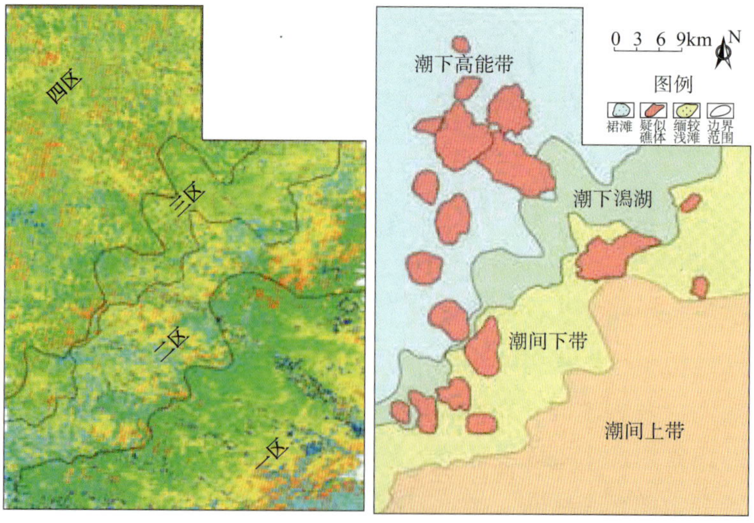

图6-1-6　镇泾区块巡检司组地震相—沉积相及丘滩分布范围

2. 下古生界海相碳酸盐岩储层形成及空间结构

整个下古生界储层的发育围绕古凸起呈环形展布，既有同沉积时期的相控，也有抬升剥蚀的削蚀尖灭。

寒武系张夏组是较好的储集层，砂岩累计厚度在14~102m。岩石类型以鲕粒白云岩、粉—细晶白云岩、鲕粒灰岩为主，储集空间主要为溶蚀孔洞、残余粒间孔、晶间孔和晶间溶孔，储层物性较好，孔隙度为2.5%~5%，渗透率主要为（0.1~1）$\times 10^{-3}\mu m^2$。

彬长区块张夏组主要为鲕粒灰岩（云岩），具残余鲕粒结构，早期的胶结和交代作用强烈，储层致密（图6-1-7），发育垂直—高角度裂缝，主要被方解石和白云石充填，但少部分裂缝为半充填—不充填。

深度3988.00m，深灰色瘤状弱白云石化含生物屑泥晶灰岩。方解石约占岩石总量的62%，泥晶级；白云石约占岩石总量的20%，细—粉晶级，为成岩期不均匀白云石化的产物；生物碎屑约占样品总量的15%，为异地生物屑，砂级屑最为常见，被方解石替代；泥质矿物和黄铁矿含量极低。

深度3988.10m，深灰色瘤状—条纹弱白云石化泥晶灰岩。方解石约占岩石总量的77%，泥晶级；白云石约占岩石总量的20%，细—粉晶级，为成岩期不均匀白云石化的产物；泥质矿物和黄铁矿含量极低，不含生物碎屑。

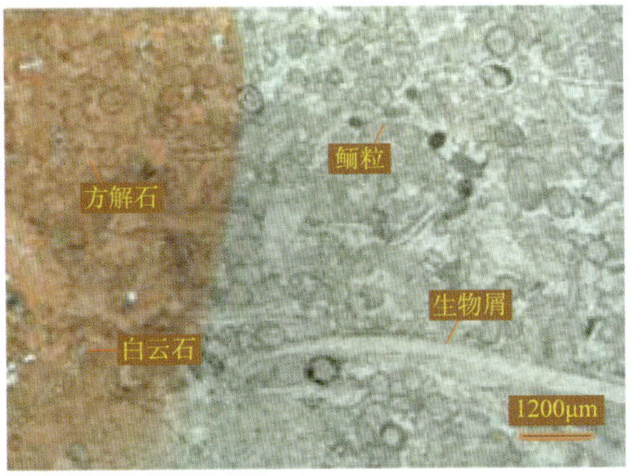

深度3989.23m，深灰色弱白云石化泥亮晶含生物屑鲕粒灰岩。鲕粒约占样品总量的50%，为高能鲕粒，成分为白云石(约45%)和方解石(约5%)；填隙物为泥亮晶方解石，基底式胶结，占矿物总含量的37%；生物碎屑约占样品总量的10%，以砂级屑为主；泥质矿物、黄铁矿含量低。

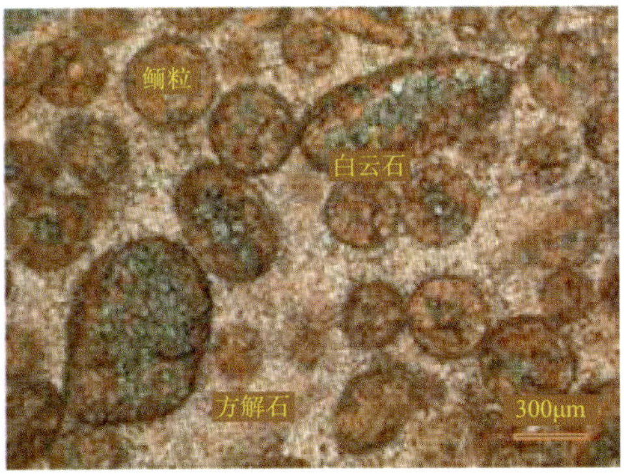

深度3989.33m，深灰色弱白云石化亮晶鲕粒灰岩，鲕粒约占样品总量的57%，为高能鲕粒，成分为白云石(约47%)和方解石(约10%)；填隙物为亮晶方解石，基底式胶结，占矿物总含量的37%；生物碎屑、泥质矿物及黄铁矿含量低。

图6-1-7 长探a井张夏组镜下薄片特征

三山子组白云岩是陆表海沉积相中沉积产物经复杂的成岩作用而形成的次生交代岩体。因此，白云岩类型复杂多样，主要由深灰色泥粉晶云岩夹鲕粒云岩、中粗晶白云岩、残余颗粒白云岩、细晶白云岩、砾屑（竹叶状）粉晶云岩、角砾白云岩、细晶灰质云岩等组成。其中，中粗晶白云岩、残余颗粒白云岩、细晶白云岩和灰质白云岩是本区最主要的储集岩。有效储集空间类型为溶蚀孔洞、晶间孔、晶间溶孔和裂缝等。

3. 上古生界陆相碎屑岩储层发育特征

1）石盒子组

（1）岩石学特征

本区石盒子期主要发育三角洲平原和三角洲前缘亚相沉积，北部主要为三角洲前缘和浅湖沉积，南部则为三角洲平原沉积。沉积区主要受南部物源区控制，沉积相带控制砂体的发育程度，在三角洲平原及前缘沉积环境（水下）分流河道中的砂体较为发育。砂岩碎屑以中粒和中粗粒为主，分选差，磨圆程度中等，为次棱—次圆状，成分上以陆源碎屑为主，石英占73%~86%，岩屑含量为4%~11%，以变质岩岩屑为主，长石含量则偏低，仅为2%~8%。上石盒子组为岩屑质石英砂岩与长石质石英砂岩，下石盒子组为岩屑质石英砂岩（图6-1-8）。

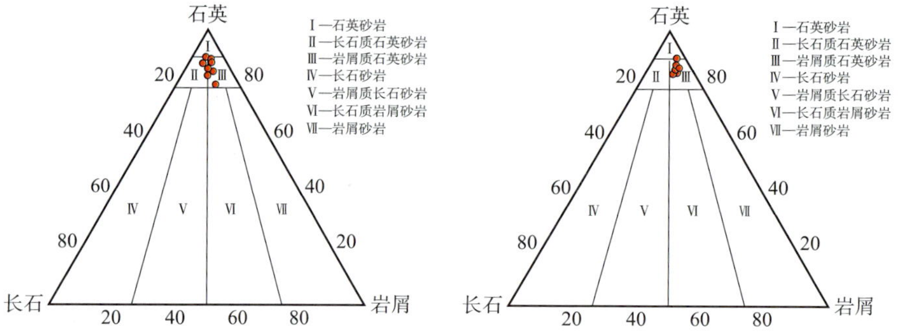

图6-1-8　上石盒子组（左）与下石盒子组（右）砂岩三角分类图

填隙物由泥质杂基和胶结物构成，总含量在盒7、盒5、盒1段分别为10.2%、10.3%、15.5%，胶结物以黏土矿物为主，其中伊蒙混层整体含量相对较高（图6-1-9）。

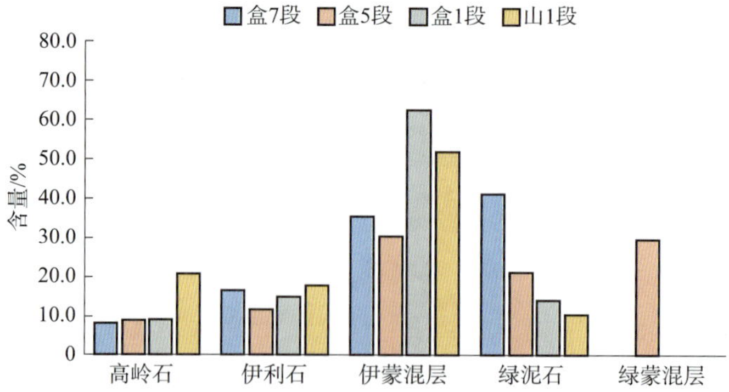

图6-1-9　长探a井上古生界碎黏土矿物组分直方图（XRD分析）

（2）孔隙类型

本区原生孔隙和次生孔隙均较为发育。原生孔隙主要为残余粒间孔，孔隙直径一般为0.03~0.50mm，连通性较好（图6-1-10）。次生孔隙包括粒内溶蚀孔、粒间杂基溶孔、自生矿物晶间微孔及裂缝。其中粒内溶蚀孔是砂岩中部分碎屑内部在埋藏成岩中发生部分溶解而产生，多见于长石、部分岩屑内（图6-1-11、图6-1-12）。粒间杂基溶孔与砂质碎屑同时沉积的机械成因泥质杂基，在成岩过程中发生溶解形成的孔隙，广泛存在于本区砂岩储层中，形状不规则且连通性差（图6-1-13）。自生矿物晶间微孔是砂岩成岩过程中，碎屑颗粒间形成的自生矿物晶体发生溶解，长探a井中可见自生高岭石的晶间微孔隙（图6-1-14）。此外还发育由构造应力导致岩石破裂产生的微裂缝，裂缝宽度为几微米至几十微米，渗透能力强，半充填或未被充填（图6-1-15）。

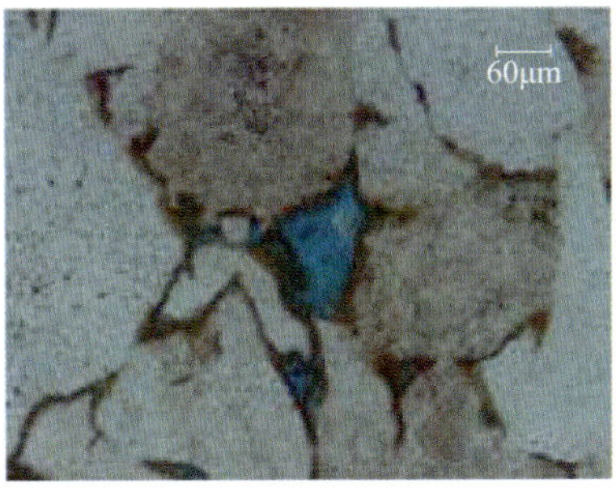

盒7段，3763.7m，单偏光

盒7段，3767.59m，单偏光

图6-1-10　长探a井砂岩残余粒间孔隙

盒7段，3768.23m，单偏光

盒7段，3771.24m，单偏光

盒1段，3918.72m，单偏光

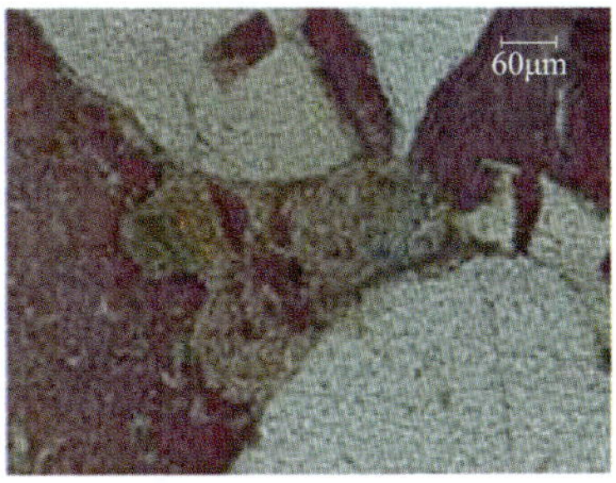

盒1段，3923.45m，单偏光

图6-1-11　长探a井砂岩长石粒内溶孔

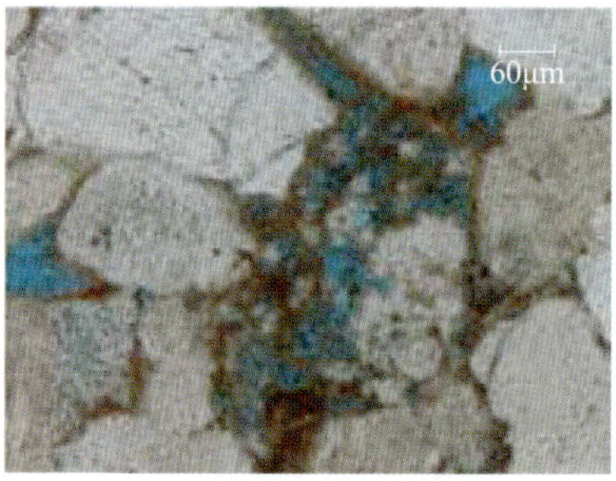

盒7段，3767.59m，单偏光

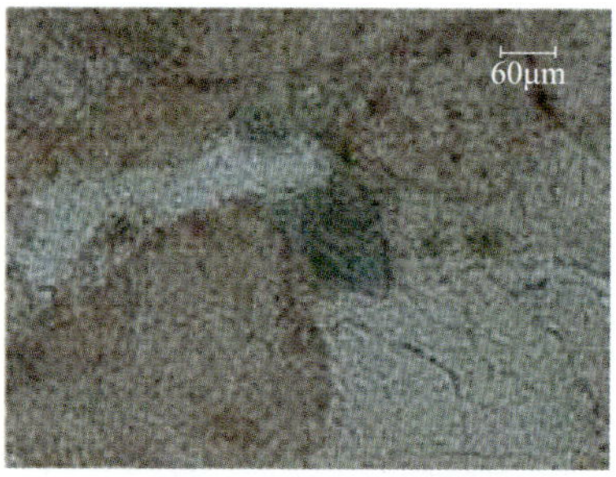

盒5段，3820.59m，单偏光

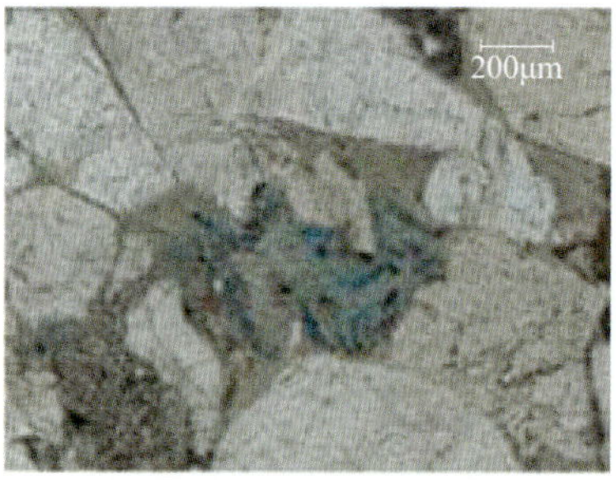

盒1段，3921.88m，单偏光

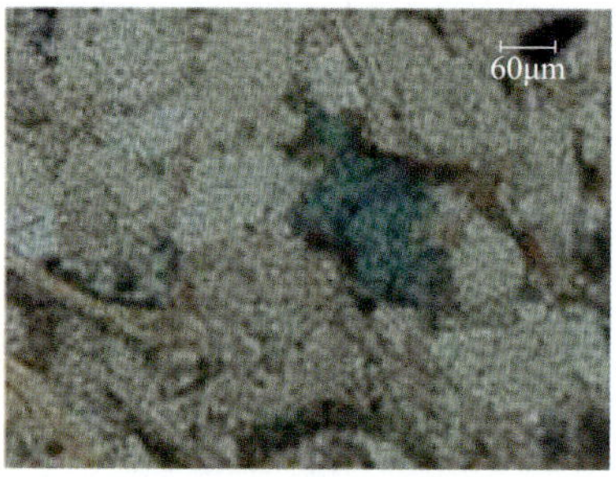

山1段，3955.69m，单偏光

图6-1-12　长探a井砂岩岩屑粒内溶孔

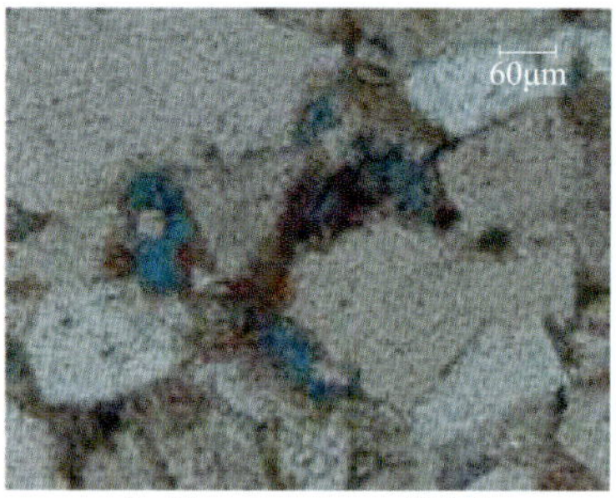

盒7段，3768.88m，单偏光

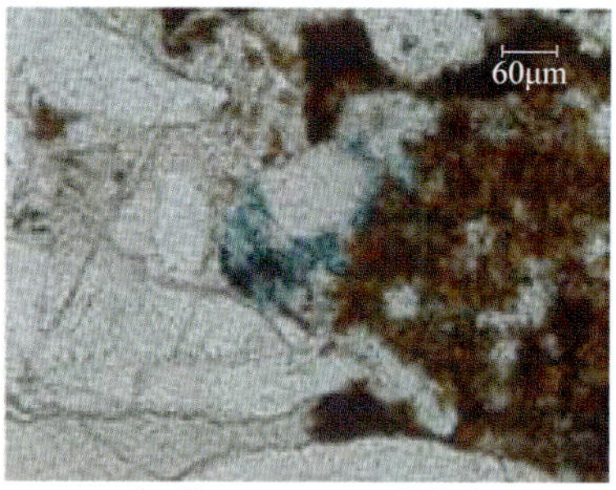

盒1段，3917.3m，单偏光

图6-1-13　长探a井粒间杂基溶孔

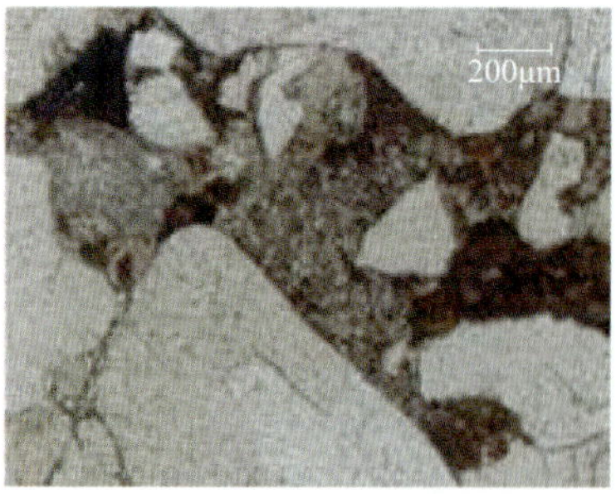

盒1段，3921.17m，单偏光

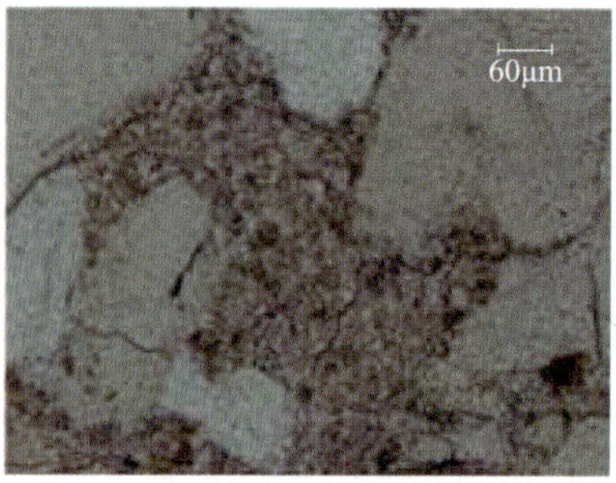

盒1段，3920.36m，单偏光

图6-1-14　长探a井砂岩自生高岭石晶间微孔

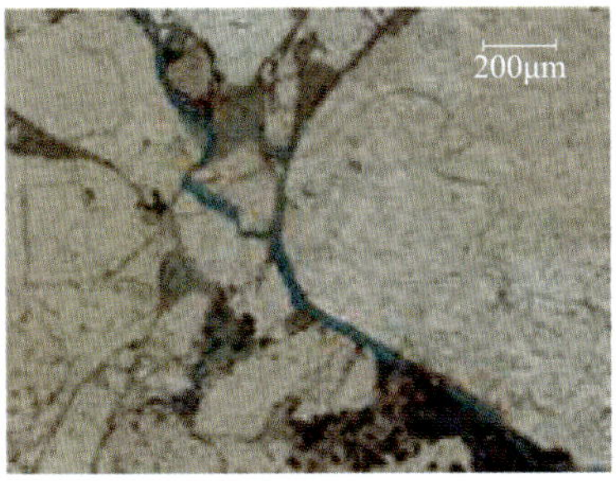

盒1段，3918.72m，单偏光

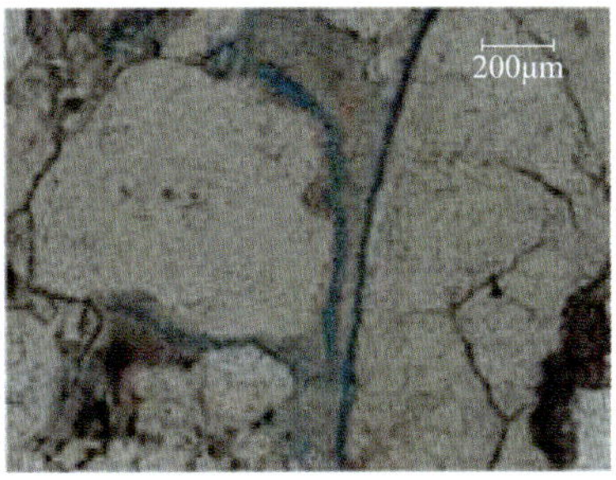

盒1段，3919.63m，单偏光

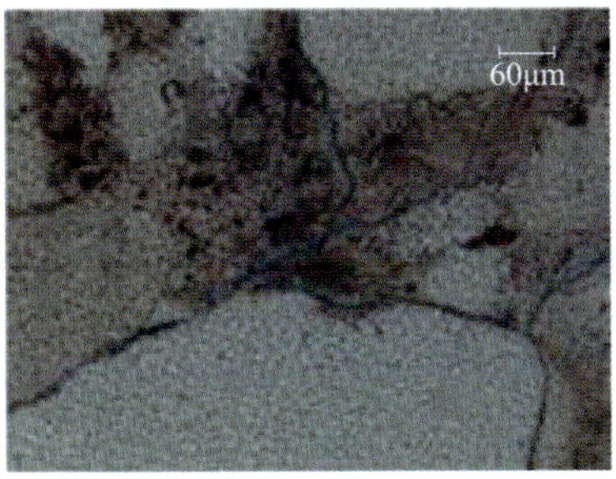

盒1段，3920.36m，单偏光

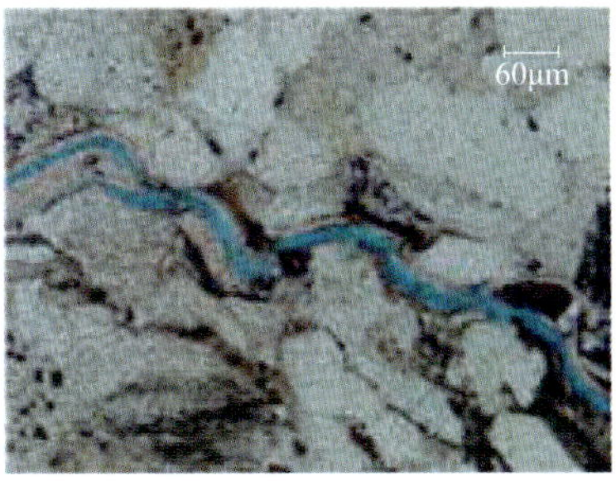

山1段，3958.64m，单偏光

图6-1-15　长探a井砂岩裂缝

（3）物性特征

在石盒子组中，盒7段储层相对物性较好，孔隙度平均值为6%，变化范围在2.3%~10.0%，渗透率则变化跨度大，为（0.064~483）$\times 10^{-3}\mu m^2$（图6-1-16），原生残余粒间孔广泛发育，粒内碎屑溶孔与粒间杂基溶孔也较为发育，局部见微裂缝。盒1段物性次之，平均孔隙度为4.3%，渗透率平均值为0.30 $\times 10^{-3}\mu m^2$，分布范围为（0.063~0.879）$\times 10^{-3}\mu m^2$，与上石盒子组储层相比，裂缝更为发育，溶蚀孔隙较少，局部可见高岭石晶间孔。盒5段储层物性较差，仅可见少量次生溶孔，面孔率<2%，属于典型的致密砂岩储层。

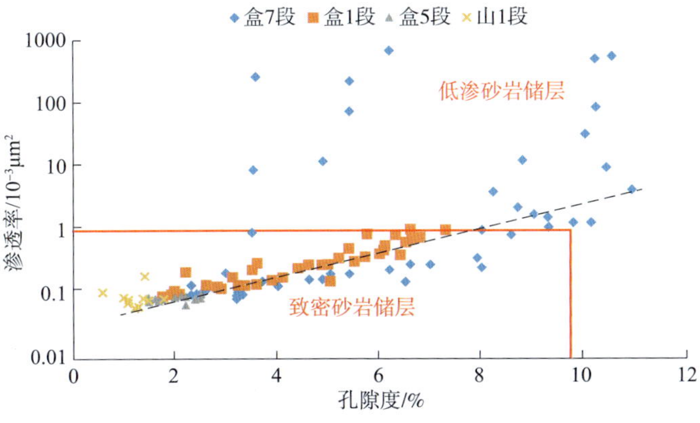

图6-1-16　长探a井上古生界储层物性统计

整体来看，长探a井上古生界孔隙度与渗透率基本呈较好的线性正相关，随埋深增加压实作用逐渐增强，但由于砂岩各层的沉积相带不同，以及所受成岩作用不均一，砂岩物性垂向变化特征并不明显。

（4）成岩作用

长探a井上古生界砂岩中溶蚀型次生孔隙发育，XRD分析显示，胶结物以黏土矿物为主，其中伊蒙混层相对含量高，在下石盒子组与山西组黏土矿物总量在50%以上，且部分样品可见伊利石与绿泥石；碳酸盐岩胶结物较少，但各层段砂岩中均发现铁方解石或铁白云石（图6-1-17）。根据碎屑岩成岩阶段划分标准，综合判断该井上古生界储集层处于晚成岩A-B期。

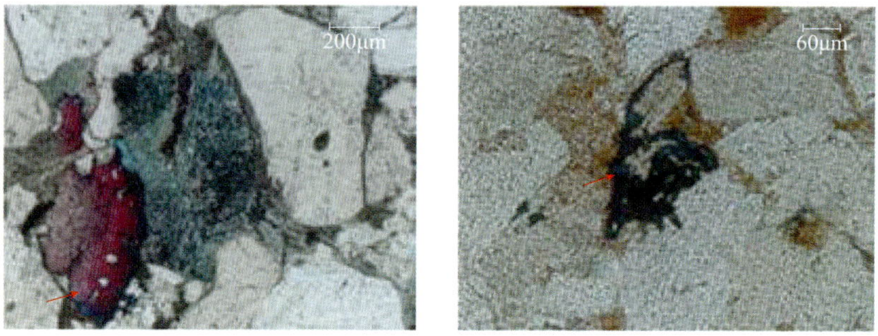

盒1段，3919.63m，单偏光　　　　盒5段，3821.84m，单偏光

图6-1-17　长探a井砂岩薄片中铁方解石

成岩作用主要包括压实作用、胶结作用及溶蚀作用。机械压实作用是导致长探a井上古生界砂岩储层致密化的主要原因，上古生界砂岩储层深度均大于3500m。一方面，碎屑颗粒接触较为紧密，除了盒7段主要呈点—线接触，下伏其余砂岩层段均以线接触为主，局部可见明显凹凸接触；另一方面，部分薄片中的软质岩屑由于压实作用表现为假基质状产出，从而导致砂岩的原生孔隙大量消失，形成致密型孔隙组合关系。

胶结作用在早成岩A期主要为绿泥石薄膜的形成，在富含Mg^{2+}和Fe^{2+}的碱性水环境下，绿泥石以薄膜状包裹碎屑颗粒，极大提高了岩石的机械强度和抗压实能力，且抑制胶结作用对储层孔隙的充填，使砂岩粒间孔隙变为残余粒间孔隙（图6-1-18）。而当温度达到100~130℃（早成岩B期），蒙脱石失去层间水开始向伊利石转化，在碱性水条件下首先形成伊蒙混层充填于孔隙间（图6-1-19），转化过程中SiO_2析出，形成石英次生加大胶结；在晚成岩A期，地层中有机质在较高的温压条件下分解产生有机酸，进入本区砂岩储集层后，孔隙介质pH值降低。在酸性环境下，基性斜长石逐渐开始溶解，高岭石发生胶结，长探a井砂岩中可在镜下识别出书页状或片状高岭石（图6-1-18），且此成岩演化过程同样释放SiO_2，形成自生石英颗粒或加大边。同时，砂岩中原本的碳酸盐岩胶结物被含铁方解石或白云石交代，该现象同样在上石盒子组至山西组不同层段砂岩中局部出现。

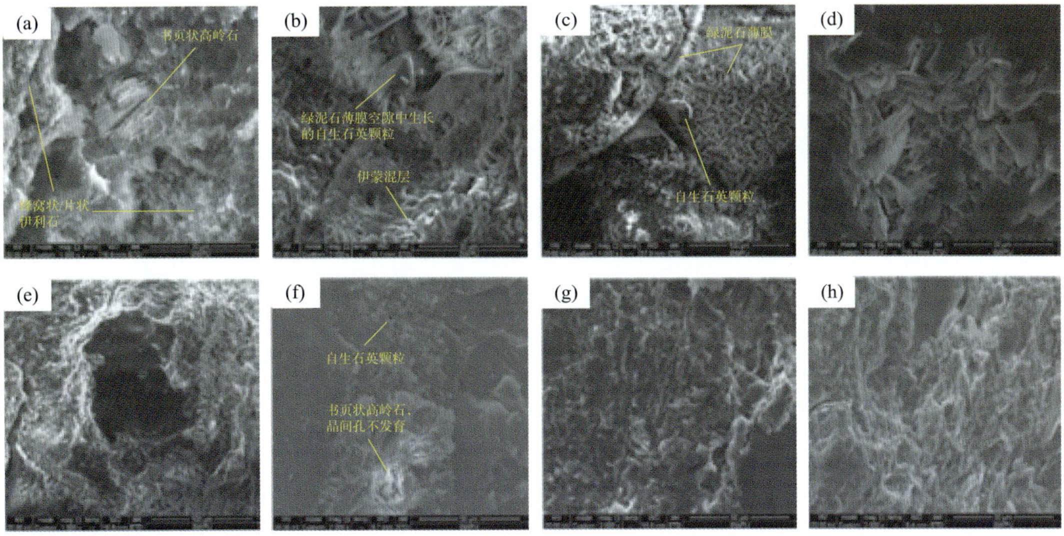

(a)盒7段，埋深3766.13m，碎屑颗粒表面被蜂窝状/片状伊利石包裹，且可见粒间充填的书页状高岭石；(b)、(c)盒7段，埋深3764.2m，碎屑石英表面生长的绿泥石薄膜，缺失环边处有少量自生石英颗粒，伊蒙混层充填粒间；(d)盒7段，埋深3778.39m，丝缕状伊利石在吼道中搭桥生长；(e)盒7段，埋深3766.13m，粒间充填黏土矿物，可见石英次生加大边溶蚀形成港湾状；(f)盒1段，埋深3924.59m，自生石英颗粒与粒间高岭石胶结，高岭石晶间孔基本不发育；(g)盒5段，埋深3822.48m，碎屑颗粒间的方解石胶结物；(h)山1段，埋深3553.4m，顺层定向分布的碎屑石英颗粒与伊利石等黏土矿物

图6-1-18　长探a井上古生界碎屑岩扫描电镜照片

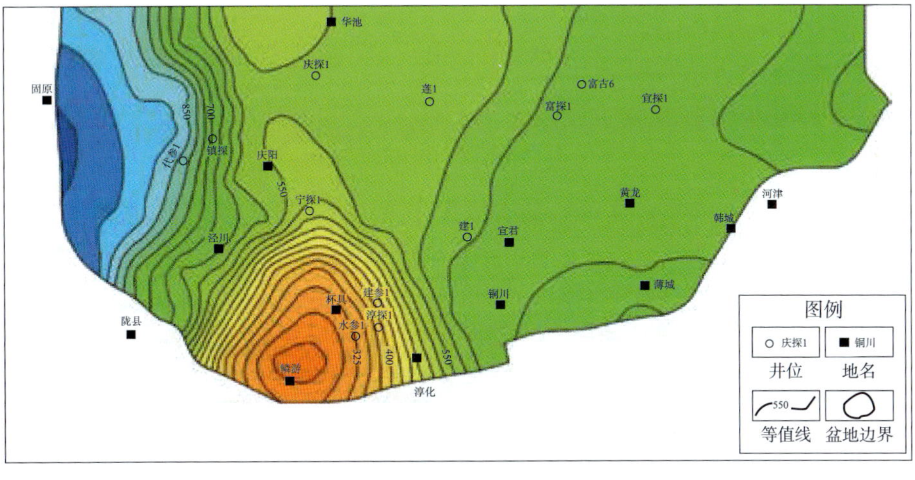

图6-1-19　镇泾—彬长地区石盒子组+石千峰组厚度等值线图

碎屑岩中常见的溶蚀作用包括石英的碱性溶蚀、长石的酸性溶蚀，以及高岭石溶蚀形成晶间孔，长探a井上古生界发育各类型溶蚀作用的产物，但总体上溶蚀规模较小，对储层物性改善的效果有限。

石英的溶蚀特征较为明显，即在碱性孔隙水条件下，石英颗粒会出现贝壳状断口，或自身加大边呈港湾状。酸性溶蚀可导致以长石等硅铝酸盐矿物为代表的岩石骨架颗粒溶解，在同生埋藏期主要为基性斜长石溶解生成高岭石胶结物，但形成的次生孔隙难以保存；早、中成岩期则是钾长石溶解，伴随蒙皂石或高岭石的伊利石化作用。在鄂尔多斯盆地，上古生界底部的煤系酸性流体有利于山西组与下石盒子组硅铝酸盐溶解。此外，充填孔隙中的高岭石在达到120~140℃古地温的条件下，开始伊利石化过程并形成晶间孔，此类次生孔隙仅在下石盒子组少量出现，或完全不发育，对储层物性贡献同样很小。

2）山西组

在山西组早期山1段沉积时期，由于陆表海盆地内古地形极缓，来自古秦岭及六盘山的河流由西南方向迅速进入较浅湖区，发育曲流河三角洲沉积体系，其中主要为三角洲平原和三角洲前缘亚相沉积。本区北部主要为三角洲前缘沉积，南部则为三角洲平原沉积。沉积相带控制砂体的发育程度，在三角洲平原及前缘沉积体系（水下）分流河道中的砂体比较发育。钻井揭示单层砂体厚度为2~7m。

山2段沉积时，水体相对于山1段整体变深，三角洲平原萎缩，三角洲前缘水下分流河道和分流间湾最为发育，砂体发育较好，该时期水下分流河道砂体整体结构成熟度较低，未经过长距离搬运。

山西组砂岩面孔率为0.5%~2.4%，原生粒间孔与长石溶蚀孔隙不发育，少量发育岩屑与粒间杂基溶孔，局部见微裂缝。

四、盖层发育特征

盖层测井综合评价选择突破压力、孔隙度、渗透率、厚度、微孔结构作为泥岩封闭性评价参数，并根据各参数对泥岩封闭性的影响程度赋予其不同权值。然后将各评价参数的权值与权重分别相乘再求和，得到泥岩封盖性评价的总权值，作为划分盖层级别的综合评价系数*K*，综合评价系数*K*值大于3.0的盖层为Ⅰ类盖层，*K*值为2.5~3.0的盖层为Ⅱ类盖层，*K*值为2.0~2.5的盖层为Ⅲ类盖层，*K*值小于2.0的盖层为Ⅳ类盖层（表6-1-2）。

表6-1-2　泥岩盖层封闭性评价标准

评价参数	评价等价划分（权值）				权重
	Ⅰ	Ⅱ	Ⅲ	Ⅳ	
厚度/m	>140	140~100	100~50	<50	0.2
孔隙度/%	<0.4	0.4~0.6	0.6~1	>1	0.15
渗透率/$10^{-3}\mu m^2$	<0.006	0.006~0.0085	0.0085~0.05	>0.05	0.15
突破压力/MPa	>20	20~15	15~10	<10	0.3
微孔结构/nm	<2	2~5	5~8	>8	0.2
综合评价系数*K*	>3.0	2.5~3.0	2.0~2.5	<2.0	—

镇泾—彬长地区石盒子组与石千峰组作为区域性盖层发育稳定，山西组、石盒子组内发育的浅湖泥岩相也具备形成良好局部盖层的条件。其中镇泾区块上古生界（石盒子

组+石千峰组）盖层发育最好，厚度大于500m，彬长区块厚度在300~500m，具有南薄北厚的特征（图6-1-19）。

1. 区域盖层发育特征

鄂尔多斯盆地南部地区石千峰组泥岩分布广泛，封盖能力强，可以作为良好的区域性盖层。石千峰泥岩厚度大，微观封闭能力强，以泥夹砂岩结构盖层为主，Ⅰ类和Ⅱ类盖层发育，封盖性能最好，特别是在镇探a井区，综合评价系数K达3.8以上。

2. 直接盖层发育特征

通过对钻井泥岩压实曲线的研究，泥岩层普遍发育过剩压力，最大过剩压力出现在上石盒子组下部的厚层泥岩段。而且在白垩纪气藏形成的关键时期，上石盒子组盖层的“高压被”已经形成，对下伏层天然气构成有效封盖。即使后期的抬升降压，也没有破坏上石盒子组盖层封闭的有效性。与此同时，山西组、石盒子组内部水进和高位体系域的浅湖相泥岩也可形成较好的局部盖层。其厚度比上石盒子组薄，一般厚30~50 m，连续性相对较好，其封盖性也较强，渗透率一般为$1\times10^{-7}\mu m^2$，能有效地阻止油气的逸散。

上石盒子组泥岩由于发育异常压力，在整个上古生界泥岩中表现出孔隙度、渗透率高，突破压力低的特征，综合评价系数K为1.2~2.1，除了在研究区的西部发育Ⅱ类、Ⅲ类盖层，其他地区物性封闭能力较差，以Ⅳ类盖层为主；下石盒子组在三角洲沉积区为Ⅳ类盖层，综合评价系数K小于2.0；在湖相沉积区发育Ⅱ类、Ⅲ类盖层，综合评价系数K为2.1~2.8。山西组盖层以泥夹砂岩和砂泥互层结构为主，发育Ⅱ类、Ⅲ类盖层，综合评价系数K为1.0~2.7。太原组以潮坪、浅海陆棚相泥岩、灰岩、泥灰岩沉积为特征，突破压力较高，除了隆起区及北缘附近出现Ⅱ类、Ⅲ类、Ⅳ类盖层，大部分地区发育Ⅰ类盖层。本溪组铝土质泥岩表现出高突破压力，低孔隙度，综合评价系数K普遍达3.2以上，属于Ⅰ类盖层。

五、生储盖组合特征

1. 中新元古界生储盖组合特征

镇泾区块中上元古界内幕型、岩溶型成藏组合以上生下储、旁生侧储为主。上古生界太原—山西煤系烃源岩构成冯家湾组、寒武系岩溶型气藏的有效烃源岩，同时也可以作为盖层，区块蓟县系冯家湾组含泥晶碎屑白云岩岩溶缝洞体是有利储层。长城系顶部崔庄组暗色泥岩构成蓟县系内幕型气藏烃源，蓟县系巡检司组疑似潮下高能带微生物藻丘和龙家园组潮道碎屑岩作为储层，蓟县系内部杜关组作为盖层起到封堵作用（图6-1-20）。

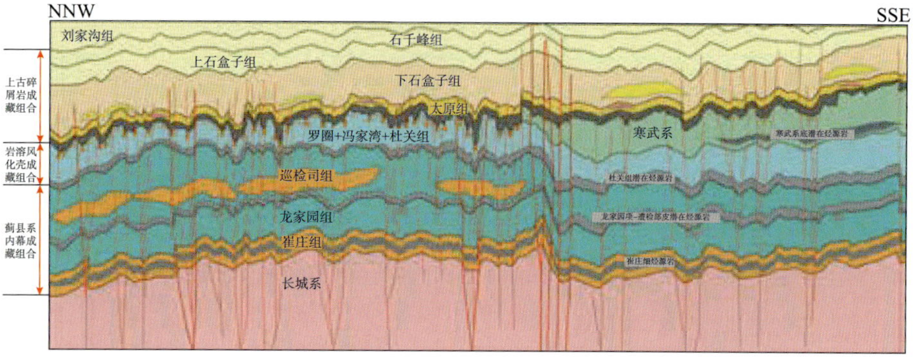

图6-1-20 镇泾区块中上元古—古生界天然气成藏模式图

2. 寒武系生储盖组合特征

上古生界山西—太原组的暗色泥岩、碳质泥岩和煤层构成主要烃源岩，同时奥陶系海相烃源岩也有一定贡献，下部寒武系岩溶储集体、白云岩储集体是有利的储层，共同构成了上生下储成藏组合。主要分布在彬长区块的西北部，镇泾区块东部可能也有小范围分布。

3. 奥陶系生储盖组合特征

烃源岩为奥陶系平凉组页岩、上古生界暗色泥岩和煤层，储层为奥陶系马家沟组蒸发台地相含膏云岩，孔隙类型多为硬石膏铸模孔，形成于表生期的岩溶作用，盖层为山西—太原组的暗色泥岩，主要发育在彬长区块东部及南部。

4. 上古生界生储盖组合特征

1）上古生界烃源+山西组储盖组合

以山西太原组烃源岩+山西组砂岩为储层，自生自储的组合类型。

2）上古生界烃源+石盒子组储盖组合

以山西太原组烃源岩+下石盒子组砂岩为储层，下生上储的组合类型。

5. 中新元古—古生界成藏要素叠合特征

中新元古—古生界成藏要素在空间上有序分布。上古生界煤系烃源岩是一套广覆型沉积的含煤岩系，具有良好的生烃能力，是主力烃源岩。以该套烃源岩为中心，向上为山西组、下石盒子组、上石盒子组的碎屑岩储层，向下依次为中新元古界—奥陶系岩溶储层、奥陶系白云岩储层、寒武系白云岩储层、蓟县系生物丘滩储层、长城系海相碎屑岩储层。平面上，上古生界碎屑岩储层广泛分布，整个鄂尔多斯盆地南部储层发育，断裂的发育为上石盒子组乃至石千峰组储层的成藏提供了良好运移通道；中新元古—下古生界则以早古生代镇原古陆为核心，石炭系沉积前向两侧出露层位逐步变新，逐步由镇泾区块的中上元古界的长城—震旦系变为富县区块的奥陶系马家沟组，岩溶层位也逐步变新，储层类型逐步增多。

第二节 气藏分布特征与勘探潜力评价

一、镇泾区块中新元古界气藏特征及潜力评价

相较于鄂尔多斯盆地其他中上元古界裂陷槽（西缘冲断带、渭北隆起），镇泾区块所在的西南缘天环坳陷范围内，中新元古界裂陷槽内幕型成藏组合的成藏条件有利，其表现为：

第一，西南缘甘陕裂陷槽南部、秦晋裂陷槽西部长城—蓟县系叠合程度高、厚度大（>1400m），具有广阔的勘探空间。

第二，镇泾区块长城—蓟县系地层处于滨海—潮坪环境，有利于形成海相碳酸盐岩储层；且后期已有的长城—蓟县系地层受西缘冲断改造小，使原有的有利的沉积条件保留下来，从而保证了良好的储集条件。

第三，镇泾区块位于宁蒙、甘陕、秦晋裂陷槽西部长城系烃源发育的有利区域，烃源岩厚度普遍大于40m，烃源充足。

第四，天环坳陷范围内，长城—蓟县构造始终西低东高，现今断裂的分布和构造趋势均有利于西缘烃源岩排出的烃类自西向东运移，在已有的白云岩储层中成藏；而后期也未经历构造反转，这些条件都能保证规模可观油气藏的形成。

对于前石炭系的成藏体系，鄂尔多斯盆地中央古凸起两侧和鞍部区的岩溶高地与岩溶斜坡是形成风化壳岩溶成藏组合的有利区域，西南缘镇原古凸起核部岩溶高地区较为有利。

镇泾区块所在的鄂尔多斯盆地西南缘寒武—奥陶Ⅱ~Ⅳ级不整合与前石炭系Ⅰ级不整合斜交，且西南缘岩溶高地下古—基底断裂发育，地层受加里东—海西多期岩溶作用的影响，容易形成切割较深的垂向溶洞—缝洞体系。长城纪伸展断裂系统发育，寒武纪时期再次发生伸展断陷作用，产生了一些新的断裂，部分长城纪老断层也再次活化，形成了中上元古—下古生界的断裂发育格局。这些断层作为通道沟通源储，为油气运移和形成规模油气聚集提供条件（图6-2-1）。

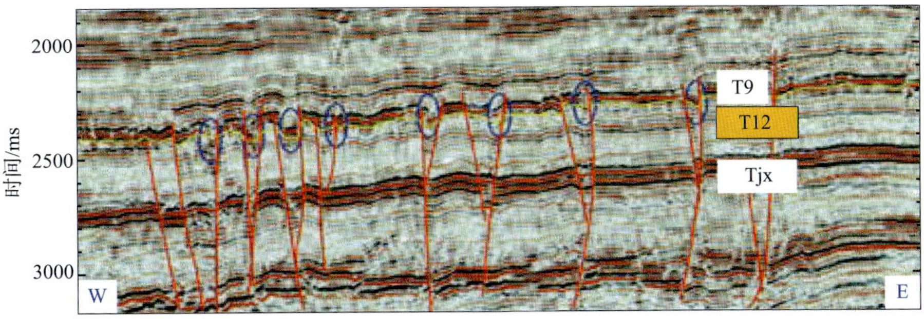

图6-2-1 通源断层地震剖面

综上所述，镇泾区块位于镇原古凸起核部岩溶高地区，蓟县系冯家湾组含砂含泥白云岩出露面积大，岩溶特征明显，同时沟通源岩与储层的垂向断裂在成藏期以及调整改造期未经历明显的构造反转。这些条件都使得镇泾地区具有良好的成藏与保存条件，从而能够成为有利的含油气区带。

二、彬长区块下古生界气藏勘探潜力评价

1. 镇原古凸起对下古生界油气成藏的影响和控制作用

钻探证实，镇原古凸起仅存在于马四段（西缘代参a井、宁探a井、镇探a井、陇b井、灵a井缺失整个奥陶系地层）。上奥陶统沉积厚度为55~76m，元古界、寒武系和奥陶系地层均向镇原古凸起超覆变薄或尖灭。早古生代发生了寒武纪和奥陶纪两大海侵，奥陶纪海侵由于其规模和镇原古凸起形成的古地形制约，古凸起东西两侧的沉积产生明显的差异，古凸起西陡东缓的古地形在其东侧为振荡式的浅水区，西侧处于深水区。马四期是海侵的最高潮，分布范围最广，淹没了古凸起，沉积了一套以石灰岩为主的碳酸盐岩。中奥陶世后期大规模海退，上升为陆地，接受长达一亿多年的剥蚀，仅在镇原古凸起的西、南两侧局部地区接受退覆式沉积。

鄂尔多斯盆地西南缘下古生界生烃中心（供烃中心）主要有两个，一个位于西缘天环向斜及其以西地区，该带烃源岩厚度大，生烃强度大（最大可达100亿m^3/km^2），呈南北向带状展布；另一个生烃中心位于南缘旬邑、彬县、耀县一带，略呈东西向展布，如果对西缘和南缘生烃中心做整体上的观察，其生烃中心亦呈“L”形分布。烃源岩生烃史的研究结果表明，下古生界（主要为奥陶系）烃源岩于早侏罗世开始大量生气，早白垩纪进入生气—排烃高峰，其时油气活动最为强烈，而此期（白垩系沉积前）围绕镇原古地区仍然显示相对隆起姿态（夏新宇，2000年），根据油气运移规律，油气由低部位（凹陷）向高部位（隆起）方向运移，表现为南缘由生烃中心向北运移，西缘由西向东运移的路线，在中央隆起周缘的斜坡地带的圈闭富集成藏。

2. 天然气成藏要素时空匹配关系

根据南缘耀参a井下古生界烃源岩有机质成熟演化史，寒武系/奥陶系烃源岩于中三叠世进入生油门槛，其*Ro*为0.65%，至早侏罗世之前（*Ro*为1.4%）为石油窗（液态窗）阶段，此后进入高成熟阶段，液态烃开始裂解成气，至晚侏罗世为湿气阶段（*Ro*为1.40%~1.74%）。早白垩世*Ro*为2.05%，进入干气阶段，并很快达到生气高峰，同时也达到排烃高峰。

盆地西南缘的构造圈闭形成时期，根据盆地构造演化发展史，晚三叠世—早白垩世鄂尔多斯处于类前陆盆地阶段。从晚三叠世开始西缘发生了强烈的由西向东、南缘发生了由南向北的逆冲推覆，逆冲推覆构造于早燕山运动期（中侏罗世）趋于定型。由逆冲推覆

活动所控制的各类局部构造（圈闭）如背斜、半背斜、新背斜、断隆等均大多定型于此期。

由此，西南缘构造圈闭的形成期（中侏罗世）明显地早于生气高峰期和排烃高峰期（早白垩世），是理想的天然气成藏的时空匹配关系。只有圈闭的形成期早于主要的生排烃期，这样的圈闭才能捕捉到油气。

至于非构造性圈闭（岩性圈闭、地层圈闭和古岩溶圈闭），它比构造圈闭形成时期更早。岩性和地层圈闭在沉积和成岩阶段即已形成，古岩溶圈闭发生于加里东运动奥陶系全面抬升期，至石炭系太原组和本溪组全面覆盖时即已完全形成，均早于油气的主生排烃期。

盆地西南缘天然气藏属于晚期（燕山期）充注成藏类型，晚期成藏的优越性除了可以避免成藏后的多期构造运动的破坏，还在于圈闭条件和封盖条件的充分。其中封盖层形成时期对西南缘天然气的成藏匹配关系也是比较有利的。西南缘下古生界储层（主要为奥陶系）的区域性和直接盖层为石炭—二叠系的泥页岩和煤系地层，在天然气达到主生排烃期并开始大规模运移时，其储层上覆的石炭—二叠系盖层泥页岩埋深已达3000m以上，进入晚成岩阶段A期，根据碎屑岩成岩演化规律（埋深0~2000m为准同生—早成岩A期，2000~3000m为早成岩B期，3000~5000m为晚成岩A期，5000m以上为晚成岩B期），此时，石炭—二叠系泥页岩在压实作用下已经完全固结硬化，封盖性能达到最佳。

3. 天然气成藏演化特征

鄂尔多斯盆地西南缘经历了多次的构造运动，各期构造运动对天然气成藏的影响是不同的。总体来说，加里东时期为成藏提供了储集空间条件，燕山运动为成藏提供了圈闭条件。喜山期对气藏的调整和改造作用不大。

1）加里东期

晚奥陶世盆地整体抬升遭受剥蚀，由于各地剥蚀程度不同，西南缘奥陶系不同层位接受大气淋滤溶蚀，形成风化壳溶孔洞，为后来天然气的聚集提供储集空间。

2）海西期

中生代沉积前盆地下降，接受石炭—二叠系沉积，奥陶系风化壳岩溶孔洞被埋藏，并受到上覆含煤沉积物酸性水和压实水向下渗流溶蚀，使原来风化壳期的孔洞进一步溶扩，改善了原来风化壳的储集空间。石炭—二叠系泥页岩又适时地成为下古生界油气的封盖地层。古岩溶圈闭已具雏形。

3）燕山期

白垩系沉积末期，经过早燕山期构造运动，西南缘发生了规模较大的逆冲推覆构造，虽然逆冲推覆体对天然气成藏造成了一定破坏作用，但产生的各类局部构造为后来的油气成藏提供了圈闭条件。至晚燕山期，油气演化达到过成熟干气阶段，天然气得以向圈闭运移聚集成藏。

4）喜山期

新生代，盆地周缘断陷盆地形成阶段，盆地各部分基本均衡上升，缺失第三系地层。

对西南缘构造变形影响不大，对下古生界气藏的破坏作用较弱，此时下古生界气藏上覆岩层已达4000m以上，天然气气藏得以保存至今。

4. 天然气成藏模式

鄂尔多斯西南缘奥陶系天然气藏主要是源内自生自储成藏组合，马家沟组和平凉组储集体分别被组内烃源岩所包围，生储盖层大体上呈互层状上下叠置，油气运移动力是依靠烃源岩生烃增压作用向近邻的储层运移，以垂直运移为主，由于运移距离短，最大限度地避免了天然气在运移途中的逸散，对成藏最为有利。寒武系张夏组为源外上生下储成藏组合，即奥陶系烃源岩通过构造断层向下运移至寒武系储层。但张夏组在中央古凸起地区直接与马家沟组烃源岩接触，为近源成藏组合。

平凉组风化壳成藏组合分布在南缘渭北隆起断褶构造带、旬邑—鄂铜一线以南地区和西缘天深a井—芦深a井—环ad井一线以西地区，该组合主要为构造圈闭（背斜、断背斜、断隆、断鼻）成藏，局部可见（天深a井）构造—地层复合圈闭。

内幕型成藏组合分布于西南缘平凉组覆盖下的马家沟组储层，即南缘旬邑—鄂铜一线以南地区和西缘天深a井—环ad井一线以西地区，以构造圈闭（背斜、断背斜、断隆、断鼻）成藏为主。

5. 下古生界勘探有利区

综合鄂尔多斯盆地南部地区下古生界天然气成藏条件，重点考虑区域地层展布、古地貌、白云岩分布刻画和保存条件，并结合勘探成果，选区评价结果如图6-2-2、表6-2-1所示。

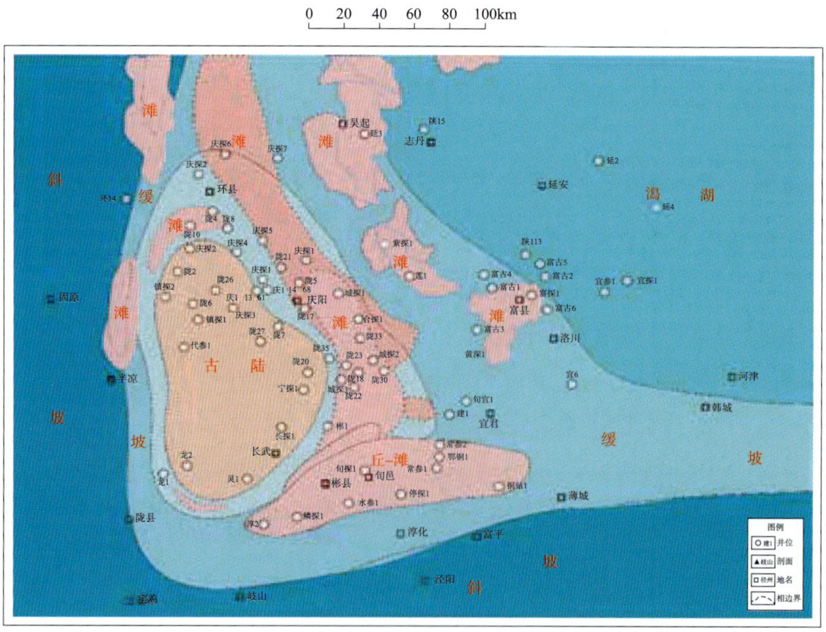

图6-2-2 鄂尔多斯盆地南部地区下古生界区带优选图

表6-2-1　鄂尔多斯盆地南部地区下古生界区带评价

区带	勘探区块	面积/km²	资源量/10^4m^3	烃源	储层	圈闭类型	保存条件	源储配置条件	区内钻井	邻区钻井突破	风险勘探评价
区带Ⅰ	彬长东北	1876	658.5	好	马家沟组	构造、地层	好	类型Ⅲ	彬a	多口井工业气流	适合
区带Ⅱ	彬长西北	559	196.2	良好	张夏组	构造、地层	好	类型Ⅱ	长探a、彬c、彬d	多口井工业气流	适合
区带Ⅲ	彬长南	57	203.2	无	平凉组	构造、地层	差	类型Ⅴ	无	无	

（1）从层系上看，伊陕斜坡带以近风化壳层的开阔台地相的马家沟组为主要勘探目的层，渭北隆起旬宜区块和彬长区块的东南部是台缘礁滩相的马家沟组、峰峰组（马六段）、平凉组、背锅山组有利勘探目标区。

（2）从选区块的角度看，镇泾区块受古凸起控制，缺少奥陶系、寒武系地层，上古生界直接与前寒武系罗圈组接触，因此该区块奥陶系不利。长武—彬县区块奥陶系地区发育，为有利区块。

（3）从区带优选的角度看，鄂尔多斯盆地南部地区跨伊陕斜坡、渭北隆起南北两个构造单元，南北两个带具有不同的生储盖组合。东部伊陕斜坡构造变形强度弱，上古地层厚度大，烃源及保存条件有利，岩溶斜坡古地貌较有利，储层以风化壳岩溶发育和台内滩相白云岩化储层为主，位于该构造带内富县与黄龙地区奥陶系已获得突破，因此该带为有利区带。渭北隆起奥陶系地层厚度大，平凉组、背锅山组烃源岩有利，台缘礁滩相储层发育，构造变形强度大，位于该构造带内的黄龙地区奥陶系获得突破，因此为较有利区带。从东西方向看，西部受古凸起影响大，奥陶系厚度减薄，东部本溪组铝土岩发育保存条件有利，因此认为整体上东部优于西部。

综上所述，勘探目的层包括下古生界北部寒武系、马家沟组，南部平凉组和背锅山组，上古生界山西组和太原组，有利区块为长武—彬县区块和旬邑—宜君区块，有利区带为鄂尔多斯盆地南部北区伊陕斜坡构造带，较有利区带为鄂尔多斯盆地南部南区的渭北隆起构造带。因此综合起来彬县—长武区块北部寒武系岩溶区和上古生界砂体可作为首选风险勘探目标区。

三、上古界气藏分布特征与勘探潜力评价

1. 成烃关键期与构造演化

从旬宜a井埋藏史、烃源岩成熟度演化史可知，石炭系—二叠系煤系烃源岩有两个产气高峰时期，分别位于晚三叠世（T_3）末（203Ma）和早白垩世（K_1）末（100Ma）；还有一个次要高峰期位于侏罗纪（J）末期（150Ma）。结合前人构造发育史研究成果，认为鄂尔多斯盆地南部地区上古生界天然气主成藏期与中部隆起发育阶段（P_1s—T_{1+2}）相匹配，构造

高部位决定了天然气的运聚方向；后期构造单斜发育阶段（早白垩世至今）的构造调整决定了现今鄂尔多斯盆地南部地区天然气藏的分布。

晚三叠世（T_3）末期是鄂尔多斯盆地南部地区上古生界天然气主要成藏期，该时期整个表现为“一隆两坳”的构造格局，中部隆起发育，沿永参a—旬探a—黄深a—富古c方向展布。隆起东西方向发育两个坳陷。天然气运移方向为由东西两个方向向中央隆起聚集。镇泾区块东北部、彬长区块北部、旬宜区块东部位于中央隆起区高部位，为天然气运聚成藏有利方向。鄂尔多斯盆地南部上古生界从早白垩世（K_1）末期开始，东部逐步抬升形成单斜构造格局。这个构造格局不但对早期天然气藏具有调整作用，而且控制了早白垩世（K_1）末期（100Ma）和侏罗纪（J）末期（150Ma）成藏期天然气的运聚方向。镇泾区块东部、彬长区块东南部处于构造部位，为天然气运聚成藏的有利方向。

2. 上古生界天然气成藏具备有利成藏条件

1）高成熟烃源岩较发育

鄂尔多斯盆地南部下古生界沉积地层齐全、沉积厚度大，马家沟组碳酸盐岩烃源岩在南缘地区的淳化—宜君—富县一线烃源岩厚度较大，有机碳含量在该区带也较高，在0.15%~0.2%，至今生气强度为（5~20）$\times 10^8 m^3/km^2$，盆地南部下古生界至今的生气量为46.54万亿m^2。根据区域地质研究成果和周边探井钻遇情况，彬长区块生烃强度为（5~10）$\times 10^8 m^3/km^2$，具有低丰度、过成熟的特点。

鄂尔多斯盆地南部地区上古生界煤层厚度为2~10m，彬长区块内为0~4m；鄂尔多斯盆地南部地区上古生界暗色泥岩厚度为20~70m，彬长区块内为30~65m。区块周边探井合探2、镇探a井和庆深b井分别钻遇暗色泥岩60.6m、51m和44.2m。暗色泥岩有机碳含量为0.99%~4.79%，平均为2.64%，氯仿沥青“A”为0.003%~0.017%，平均为0.009%，有机质丰度整体较高。周边探井*Ro*均大于2.0%，已达过成熟演化阶段。鄂尔多斯盆地南部地区生烃强度为（8~20）$\times 10^8 m^3/km^2$，彬长区块生烃强度为（8~12）$\times 10^8 m^3/km^2$。上古烃源岩具有有机质丰度较高、高成熟的特点。

2）位于有利沉积相带，储集岩发育，储层物性良好

对长探a井分析存在溶蚀缝洞，通过地震相关属性及相关剖面分析，推测彬长区块普遍发育溶蚀缝洞。彬长区块前石炭纪古地貌可划分为侵蚀高地、溶蚀高地，进一步划分为溶丘、溶洼和溶沟等次级古地貌。岩溶缝洞储层的发育受断层、裂缝和岩溶古地貌共同控制。长探a井寒武系张夏组灰岩孔隙度为0.5%，渗透率为$0.05 \times 10^{-3} \mu m^2$，属低孔、低渗致密储层。

上古生界储层主要含气层段为上石盒子组盒4段、盒7段和下石盒子组盒1段，砂岩类型主要为石英砂岩，其次为长石石英砂岩、岩屑石英砂岩和岩屑长石砂岩，少量岩屑砂岩和长石岩屑砂岩。孔隙类型以岩屑溶孔为主，其次为粒间溶孔、晶间孔。从孔隙度、渗透率的分布来看，盒1段储层平均孔隙度为7.1%，平均渗透率为$0.59 \times 10^{-3} \mu m^2$；盒4、

盒7段储层平均孔隙度为9.4%，平均渗透率为$0.57\times10^{-3}\mu m^2$。总体上反映了储层低孔、低渗的基本特征。

3）断裂的发育为上盒子组、下古生界岩溶储层成藏提供了条件

油气勘探实践表明，断裂在油气成藏过程中起到了非常重要的作用，成为源岩与圈闭之间的"桥梁与纽带"，使得油气聚集成藏。彬长区块古生界断裂普遍发育，主要分两种类型，平面上延伸较长的线性断裂从下古生界到中生界纵向上继承发育；平面上延伸短的小型断裂，大部分断层向上断穿石千峰组，小部分断层仅断至下石盒子组。永和断裂、旱胜断裂、永正断裂为线性大断层向下断穿寒武系、向上断至延安组，与中生界位置几乎重合，分析认为形成于寒武世基底断裂，受燕山—喜山期构造运动改造形成；榆林子断裂、和盛断裂与中生界位置有偏移，且断层纵向延伸短，断穿石千峰组—寒武系，部分断层仅断至奥陶系，以逆断层为主，分析认为形成于加里东期。

彬长地区上石盒子组气藏距离烃源岩150m左右，近年来的勘探开发实际经验表明，当存在有效断裂时，研究区的上石盒子组亦可成为较好的储层。例如，长探a井上石盒子组盒7段全烃净增值达8.594%；彬b井在上石盒子组盒4段气测全烃净增值达3.25%。从地震剖面上可以看出，该两口井附近都有断裂发育。

4）生储盖配置关系良好

鄂尔多斯盆地南部区块石千峰组泥岩发育，分布广泛，且连续性较好，构成上古生界气层的区域性盖层。太原组、山西组、石盒子组内部的暗色泥质岩类为局部盖层。太原组、山西组、上石盒子组的暗色泥岩、煤、灰质泥岩作为区域盖层。

彬长区块以发育岩性圈闭气藏为主。太原组、山西组与煤系烃源岩形成有效配置，以砂体为主要运移通道，初次运移聚集成藏，形成源内成藏组合。下石盒子组、下古生界不整合面岩溶主要以裂缝、不整合面作为输导体系，天然气脱离源岩层经过短距离运移聚集成藏，形成近源成藏组合。上石盒子组主要以砂体、断裂作为输导体系，天然气脱离源岩层经过较远距离运移聚集成藏，形成远源成藏组合。

5）彬长周边区块已取得天然气突破

北部临区长庆油田钻井资料显示，城探b井盒1段钻遇灰色、灰白色细—含砾粗砂岩三段共16.8m，录井显示气测全烃0.5974%~0.9571%，测井解释气层两段共7.3m，含气层2.0m。城探c井遇浅灰色（含砾）粗砂岩7.2m，气测全烃最大值为12.6603%，测井解释气层6.9m。城探b井和城探c井煤层均不发育，但均获得工业产能。城探c井对盒1段进行压裂试气测试，试气获$5.24\times10^4m^3/d$，无阻流量$11.86\times10^4m^3/d$。

3. 有利目标区优选

镇泾、彬长区块均位于鄂尔多斯盆地南部，从生烃条件来看，镇泾区块较好，彬长区块较差。镇泾区块生烃强度为（8~16）$\times10^8m^3/km^2$，由东南向西北逐渐增强，并且镇泾区块北部距离固原生烃中心较近，镇泾区块北部代家坪地区生烃条件好于南部；彬长

区块生烃强度为（8~12）$\times 10^8 m^3/km^2$，生烃强度总体较低，由南向北逐渐增强，比镇泾区块要差。

从构造发育情况来看，镇泾、彬长区块的北部区域均位于伊陕斜坡上，构造相对稳定，地层发育完整，断裂发育较少，适合岩性圈闭气藏发育。

根据区域油气地质条件分析，鄂尔多斯盆地南部地区靠近南部物源，沉积物主要来自西南和南部河流，建造了一套河流—三角洲—湖泊沉积体系。上古生界含气显示层位主要为二叠系的下石盒子组及山西组。其中山西组沉积时主要为曲流河三角洲及滨—浅湖沉积环境，三角洲前缘砂体比较发育，砂体厚度在1~28m，平均厚度为6.8m，储层主要为长石石英砂岩及岩屑石英砂岩。下石盒子组沉积时主要为辫状河三角洲及滨—浅湖沉积环境，水下分流河道发育，各研究区内均有1~2条主砂带，砂体厚度为1.3~25m，平均为15.6m，河道中心砂体最厚。近物源、粗粒和高石英碎屑含量砂岩具有较好的物性条件。

依据煤层厚度、生烃强度、储层厚度及物性、周边油气成果结合埋深投资，对勘探区块进行排队优选。

有利生烃条件和成藏层位是明确有利区带和勘探方向的基础条件，有利沉积相带和圈闭主体的确定是目标区优选的基础，结合上述选区依据，优选了勘探目标，镇泾区块北东部、彬长区块北部是上古勘探首选目标区。

第三节　气藏勘探评价技术

彬长区块位于鄂尔多斯盆地西南部，构造位于伊陕斜坡和渭北隆起交汇处（图6-0-1），区块南部尚无地震资料，中部为二维地震测线区，北部为三维地震覆盖区。三维区面积为854.181km^2，位于构造相对稳定的伊陕斜坡，整体为平缓的北西倾单斜构造，局部发育小型低幅鼻状隆起，平均坡降6~8km，地层倾角0.3°~0.6°。上古生界地层向西减薄，自下而上主要发育石炭系太原组、二叠系山西组、下石盒子组、上石盒子组及石千峰组，下石盒子组自下而上又可细分为盒1段、盒2段、盒3段和盒4段，上石盒子组自下而上又可细分为盒5段、盒6段、盒7段和盒8段（图6-3-1），据目前钻井及地质认识，盒1段、盒4段、盒7段是研究区的主力产气层，也是鄂尔多斯盆地下一步的重点勘探新层系。

彬长地区地表主要为黄土塬，低降速带横向变化大、干扰波强烈，储层与围岩波阻抗差异小、储层薄，地震预测难度大。为准确预测致密砂岩甜点储层，提高勘探成功率，在沉积相、砂体发育特征研究基础上，针对盆地南部上古生界河道砂体，探索形成了一套“结构、属性、反演”逐级预测的甜点储层预测评价技术：岩石物理分析建立储层地震响应特征和敏感参数，模型正演确定有利反射结构特征，贝叶斯随机反演刻画砂体厚度，高频衰减油气检测识别有效含气砂岩，结合砂体分布与含气性综合预测有利区。

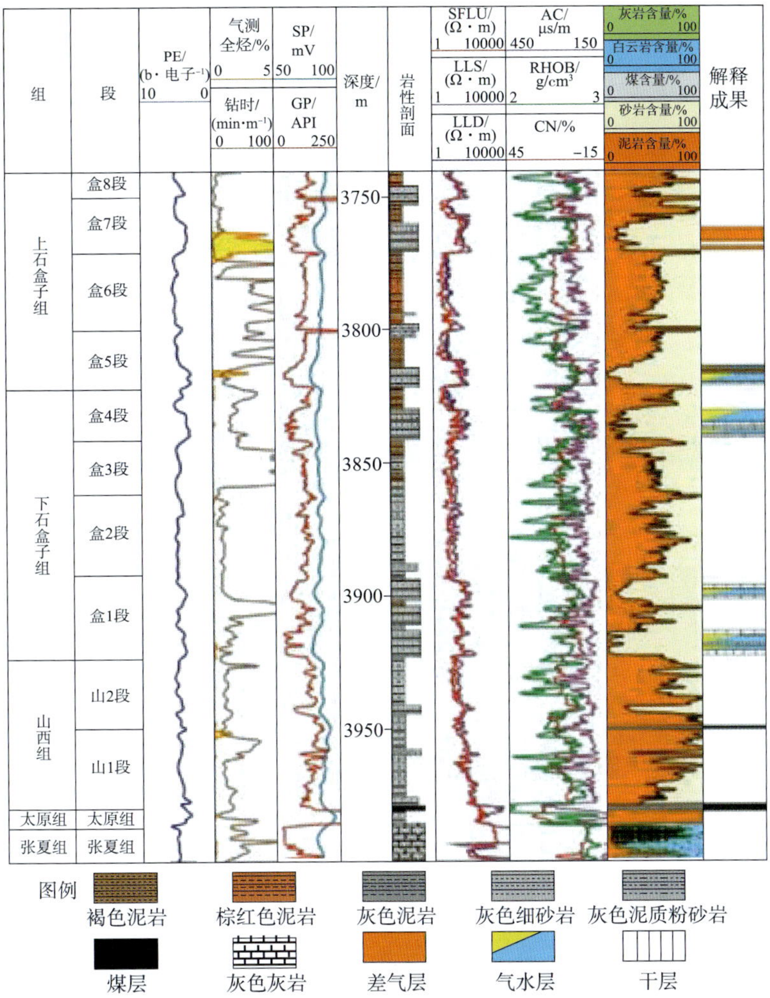

图6-3-1　鄂尔多斯盆地南部彬长区块长探a井地层柱状图

一、储层地球物理特征

石盒子组沉积时，彬长区块整体处于三角洲平原与三角洲前缘过渡带，为辫状河三角洲平原亚相，可细分为三角洲平原分流河道及分流河道间沉积，储层类型主要为分流河道砂体，砂体纵向上相互叠置，横向连续性差，非均质性强，岩性以中—粗粒砂岩为主，单砂体厚度为3~11m，平均厚度为8m，受沉积相和成岩相双重控制，砂岩储层以残余粒间孔和溶蚀孔为主，胶结作用强，储层物性差，平均孔隙度为5.6%，平均渗透率为$1.9\times10^{-3}\mu m^2$，为典型的薄层致密砂岩储层。

根据钻井揭示砂体发育情况，结合正演模型，对地震反射波的振幅、频率、相位、连续性、反射结构、几何形态及其与上下反射波的接触关系等特征进行分析，总结不同砂体叠置模式的地震响应特征，建立砂体发育段有利地震反射结构。根据三口已钻井，将彬长区块盒7段砂体分为两类，其中，Ⅰ类砂体为储集物性较好、厚度较大的砂岩，钻井显示为差气层或含气层，测井上表现为盒7段底部为一套较纯的厚砂岩，GR曲线为弱齿化箱形，上部为厚层泥岩，代表井为长探a井及彬b井，其盒7段底部钻遇的砂岩厚度分别为12m、8m，地震上表现为T9g与T9f-1高频、中—强反射特征；Ⅱ类砂岩储集物性差、厚度薄，主要为砂泥薄互层，反映泥质含量较高或细粒沉积物，代表井为彬a井，其底部仅发育2.37m厚的薄砂岩，为水层，GR为指状，地震上表现为T9g下波谷低频弱反射特征（图6-3-2）。彬长区块盒7段河道砂体主要表现为高频、中—强反射结构特征，可根据该特征定性识别河道砂体边界。

砂体类型	代表井	砂体发育特征	正演	地震波特征	反射结构特征
Ⅰ类砂体	CT1	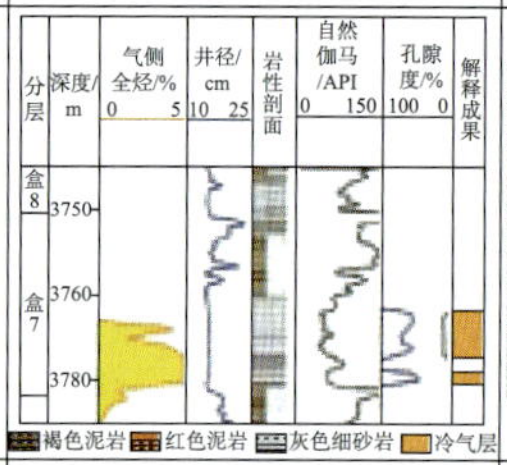	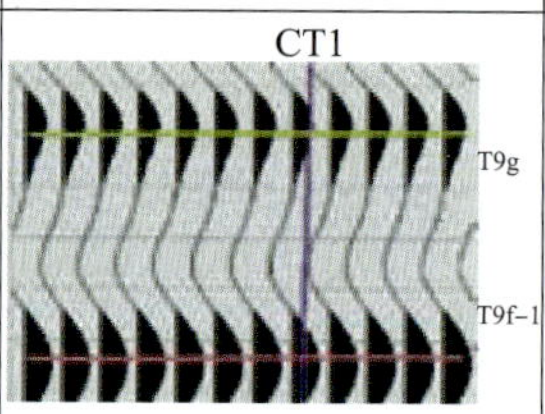	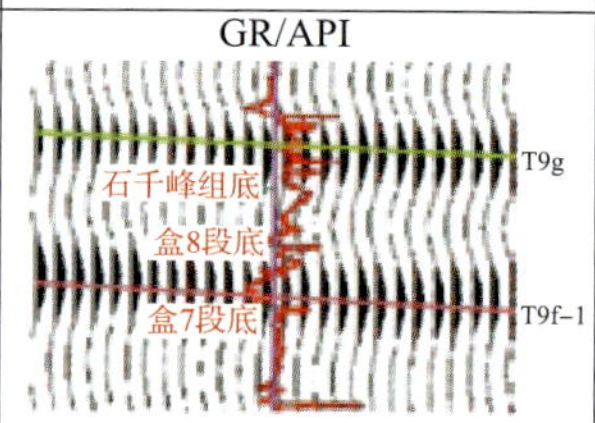	底部发育12m砂体，T9g与T9f-1之间高频、中—强反射特征
	B2	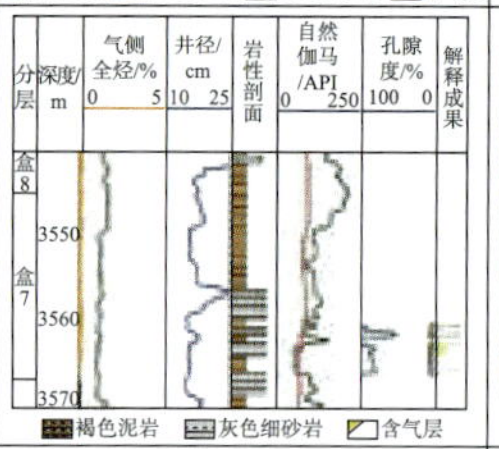	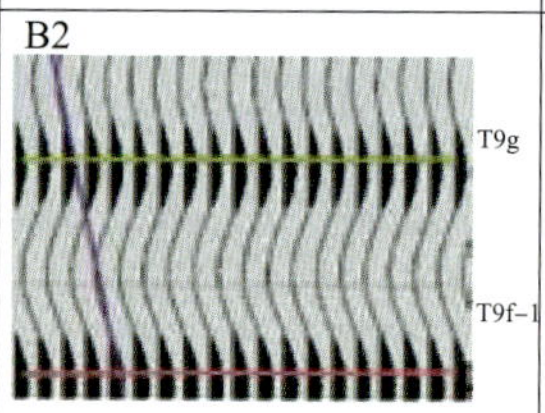	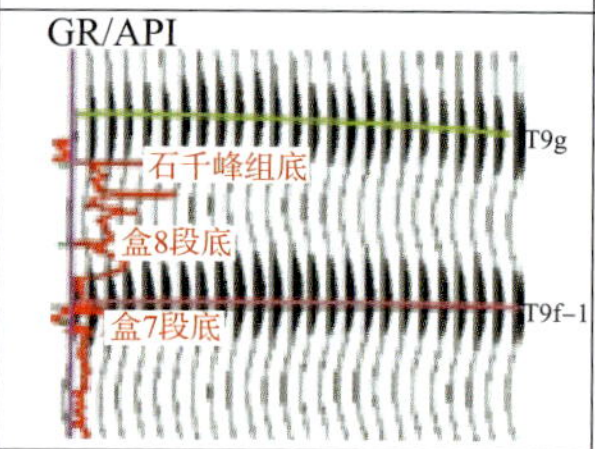	底部发育8m砂体，T9g与T9f-1之间高频、中—强反射特征
Ⅱ类砂体	B1	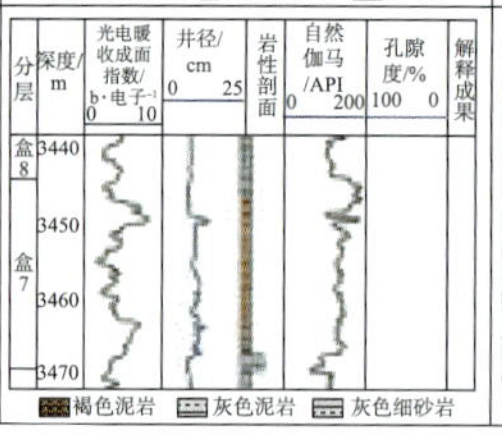	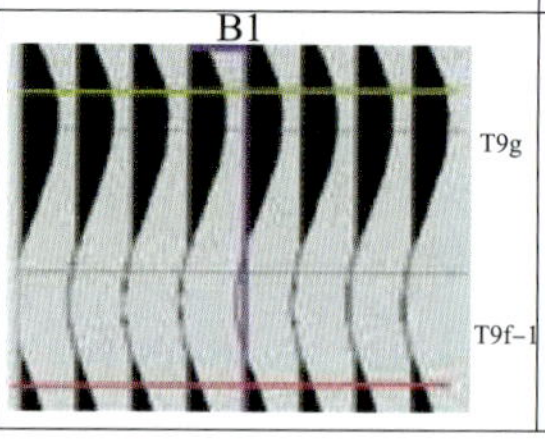	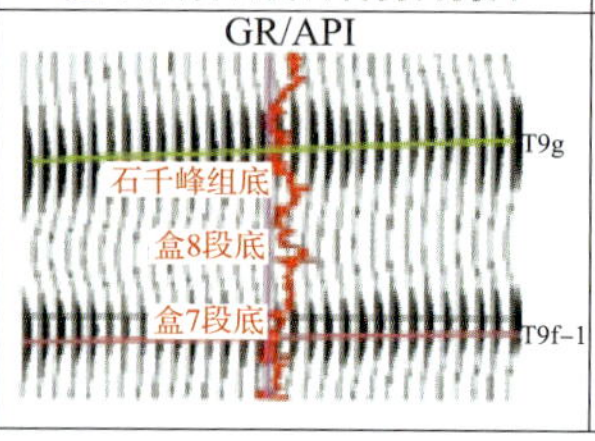	底部不发育，T9g与T9f-1之间低频、弱反射特征

T9f-1，盒7段底；T9g，石千峰组底

图6-3-2　彬长区块盒7段储层反射结构特征

二、贝叶斯随机反演砂体厚度刻画技术

频率域反射结构神经网络聚类属性定性预测河道外形，初步确定河道砂体的分布范围，而反演充分利用地震资料的横向分辨率和测井资料的垂向分辨率提高地震资料分辨率，可实现储层的定量预测。反演方法较多，常规反演建模的均匀插值降低了反演的横

向分辨率，破坏了沉积体的构型特征；地质统计学反演结合了地质、测井和三维地震数据，具有高分辨率的优势，但高频部分的随机模拟使反演结果横向不连续，随机性强，计算效率也低，同时，它要求井均匀分布，无法满足复杂形状的沉积体。贝叶斯随机反演能解决常规反演建模插值问题，克服了地质统计学高频随机性，可解决复杂地层、薄层插值建模及反演难的问题。因此，本次采用贝叶斯随机反演定量预测砂岩厚度。

贝叶斯随机反演由构型建模和蒙特卡罗马尔夫链（MCMC）随机反演构成，构型模型通过中频地震信息指导中高频测井信息外推，用反射构型代替变差函数描述变量空间结构，确保同一相带的井合理插值；MCMC随机反演在构型模型的基础上，通过相控随机高频扰动及地震合成记录约束，修正全频带反演结果。地震的不同频段反映不同尺度地质体的构型特征，贝叶斯随机反演是一个分频施策融合表征的过程，即在建模时不同频带采用不同的计算策略，具体如图6-3-3（a）所示：1为低频部分，是常规建模确定性插值的结果；2为中频部分，控制着整个模型体的结构趋势，通过地震谱反演获得；3为高频相控建模，即地震属性参考下的井曲线外推，测井曲线相似性及井距双元控制插值系数，以获得合理的纵向分辨率，以上三部分组合为构型建模的结果，构型建模增加了200Hz以下的测井确定性建模，减少随机模拟频率范围，更有利于变差函数拟合，反演稳定性大大加强，符合地震产状；4为超高频部分，通过相控井高频扰动，修正反演结果，具体做法是将波形相控建模结果作为先验信息的均值井信息的高频统计方差，形成先验分布，合成记录误差及反射系数之和服从高斯分布，通过贝叶斯判别，修正波形相控高频的结果，与地震更为吻合，值域与井更为接近，图6-3-3（b）为长探a井构型建模、MCMC反演与声波阻抗对比图，相比构型建模，MCMC反演的值域及曲线形态与阻抗曲线吻合度更高，说明MCMC反演更为合理和准确。

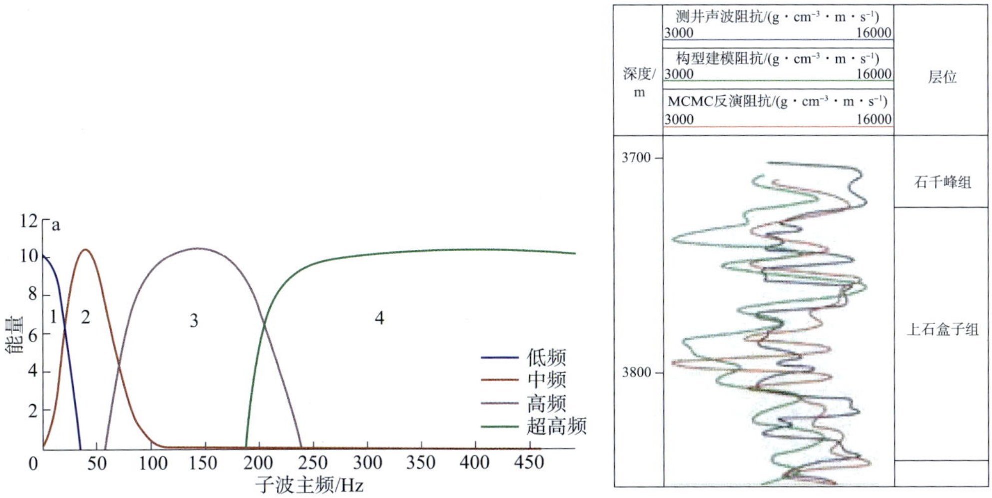

(a)贝叶斯随机反演频率　　(b)长探a井反演曲线对比

图6-3-3　鄂尔多斯盆地南部波阻抗反演示意图

过井的贝叶斯随机反演剖面（图6-3-4）显示，剖面两侧的长探b井及彬a井作为约束井参与到反演过程，而中间的彬b井则作为验证井。从图6-3-4中可见，贝叶斯随机反演垂向上具有较高的分辨率，横向上忠实于地震，岩性变化特征丰富，尖灭清晰，验证彬b井盒7段发育8m厚的砂岩，反演剖面上为高声波阻抗特征，反演结果与实钻结果相吻合，井间砂岩变化合理，说明贝叶斯随机反演结果较为准确和可靠。

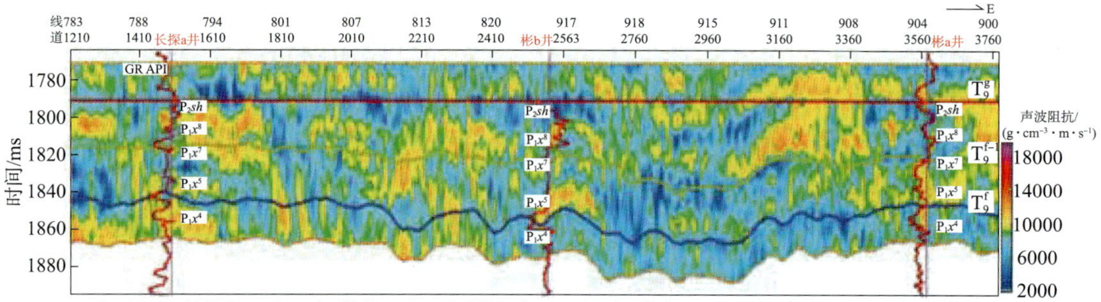

T_9^f，上石盒子组底；T_9^{f-1}，盒7段底；T_9^g，石千峰组底；P_1x^4，盒4段底；P_1x^5，盒5段底；P_1x^7，盒7段底；P_1x^8，盒8段底；P_2sh，石千峰组底

图6-3-4　鄂尔多斯盆地南部彬长区块盒7段贝叶斯随机反演剖面

以盒7段为统计时窗，9400g·cm^{-3}·m·s^{-1}为砂岩阻抗门槛值统计了盒7段沉积时砂岩的时间厚度，并以4500m/s为砂岩速度，计算了砂岩厚度平面图［图6-3-5（b）］。同时，通过地层残余厚度表征了盒7段沉积前的古地貌图［图6-3-5（a）］，残余厚度越大，古地貌相对较低；残余厚度越小，古地貌相对较高。从砂岩厚度平面图［图6-3-5（b）］上可见，盒7段沉积时，研究区中西部砂岩较为发育，呈南西—北东向条带状分布，西部砂岩不发育，主要呈零星状分布。古地貌控制了盒7段砂体的差异分布，盒7段沉积前，彬长地区彬b井以西为高地貌区，可容纳空间较小，沉积物供给速率大于可容纳空间变化率，主要发育叠切型河道砂，河道相互叠置切割，平面展布范围广，厚度大；彬b井以东处于古地貌低部位，可容纳空间较大，沉积物供给速率小于可容纳空间变化率，主要发育孤立型或单置型河道砂，砂体不发育，呈零星状分布，厚度小，而该区泥岩较发育，后期易形成岩性圈闭遮挡。

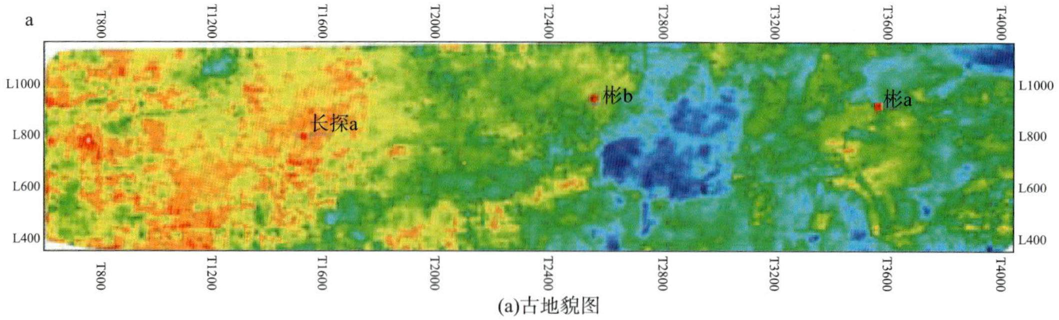

(a)古地貌图

图6-3-5　彬长区块北部三维区盒7段古地貌及砂岩厚度平面图

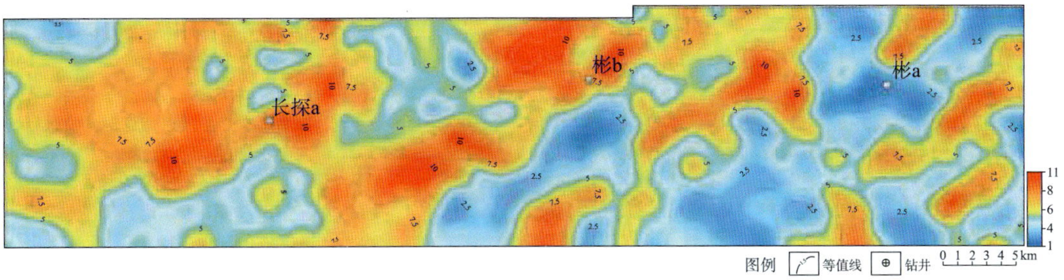

(b)砂岩厚度平面图

图6-3-5 彬长区块北部三维区盒7段古地貌及砂岩厚度平面图（续）

三、高频衰减含气砂岩预测及有利区带优选技术

国内外致密薄储层含气性预测一直处于不断探索研究中，叠前弹性参数反演和地震衰减是含气性识别的两项主要技术。根据双相介质理论，在彬长区块利用叠后地震的频率衰减属性预测地层含油气性，以降低储层预测多解性，刻画甜点储层发育区。频率衰减属性的计算方法较多，包括面积差值法、低频谐振法、频率衰减梯度、振幅衰减梯度等，根据彬长区块资料特点，采用面积差值法，通过广义S变换计算高频衰减，定性预测含气性。高频衰减属性值越大的地区，表征含气性越好。长探a井盒7段在地震高频衰减属性上，处于红色区，表征含气性较好，该层试获$2.7\times10^4m^3/d$的工业气流。彬b井处于黄色区，表征含气，但含气性不如长探a井。彬a井盒7段在高频衰减属性上处于蓝色低值区，指示不含气，测井解释为水层，由此可见，地震预测与钻井结果相吻合，说明高频衰减属性可有效预测彬长地区盒7段致密砂岩含气性。根据高频衰减属性（图6-3-6），彬长区块盒7段含气层主要呈北东—南西向条带状分布于河道主体上，整体发育4个含气条带，为勘探的甜点区。

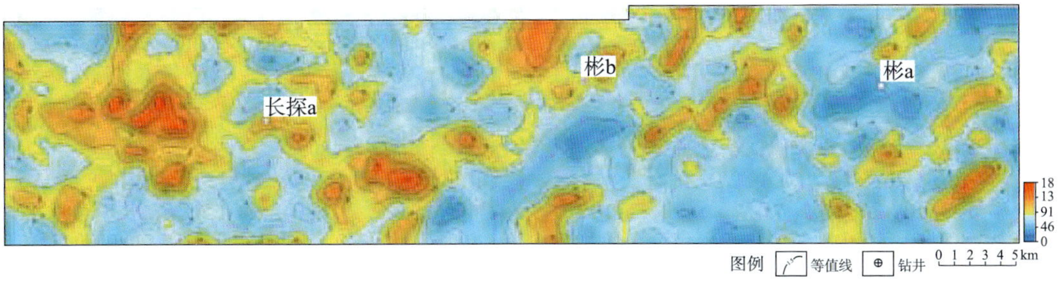

图6-3-6 彬长区块北部三维区盒7段高频衰减属性图

结合砂岩厚度图及含气性预测图，综合预测了彬长区块上古生界盒7段致密砂岩有利区（图6-3-7），整体上，彬长区块盒7段致密砂岩可以划分为3类。Ⅰ类储层为河道砂体与含气区的叠合部位，主要发育于河道主体部位，储层物性较好，为勘探首选目标，长

探a井及彬b井均位于Ⅰ类储层发育区；Ⅱ类储层为河道侧翼，相对于Ⅰ类储层，其储层物性较差，不含气；河道间泥质沉积则为非储层发育区。

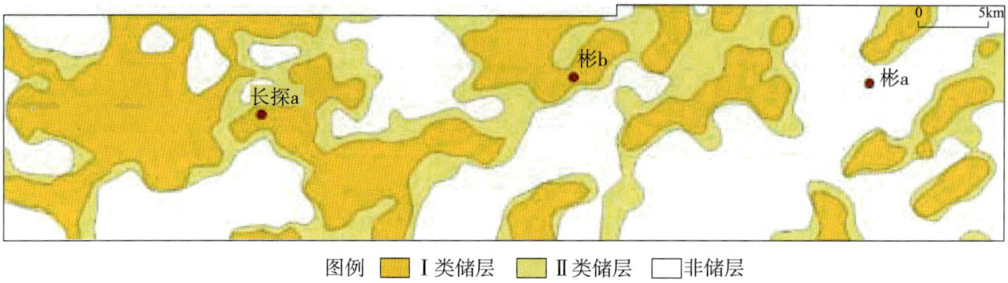

图6-3-7　彬长区块北部三维区盒7段有利区预测

第七章

盆地西缘构造过渡带成藏组合与勘探

盆地西缘过渡带十分复杂，严格意义上包括了西缘冲断带和天环坳陷两部分，南北长600km左右。冲断带东西宽20~60km，受弧形断裂影响变化大；天环坳陷是一个60~80km的长条形，二者以东经107°分界。南部有我们的勘探开发区块镇原泾川，已在前节叙述。本章重点解剖麻黄山西、定北两个区块，以期达到解剖麻雀的目的。

麻黄山西区块北界距大水坑不到5km，西界不到甜水堡，南界到北纬37°，东界以东经107°线为界。西部处在西缘复杂构造带中部东段，发育多条近南北向自西向东的逆冲推覆断裂，受多期构造强烈改造，从出露地表的下古生界地层看，古生界以上地层遭受不同程度的冲断、抬升与剥蚀；麻黄山西地区东部以摆宴井断裂为界，进入天环坳陷，构造相对稳定，地层受西部冲断带东西向挤压应力影响，西侧地层受晚期逆冲挤压深埋，东侧地层翘倾掀斜变浅，表现出明显的构造过渡带特点（图7-0-1）。定北区块位于纬度38°线以南沿古长城登记的一个不规则状区块，其核心部位因古籍保护和哈巴湖自然保护区退让需要退出，分成三个相对独立的小块；行政区跨内蒙古、宁夏和陕西三省区，构造单元也跨天环坳陷和伊陕斜坡，实际上表现为由盆地最深的向斜轴部向斜坡的逐渐抬升过渡，同样具有构造过渡带的特点。由于这两个区块位于盆地西缘中段且相距不远，

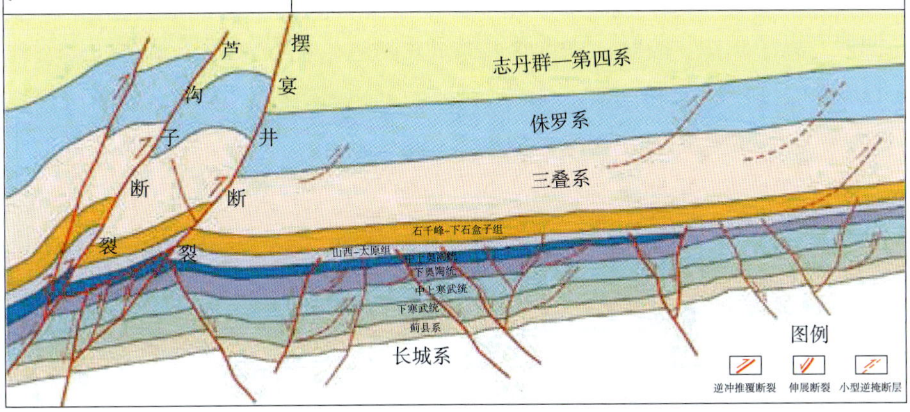

图7-0-1　麻黄山地区中部东西向典型的构造剖面

在盆地西缘具有代表性和典型性，因此系统分析其古生界沉积与构造演化对于天然气成藏研究具有十分特殊的意义。

古生代麻黄山西地区处在中部古凸起西翼；定北地区位于中部古凸起核部，西北部处在古凸起西斜坡高部位。其中前者在早古生代代表了典型的祁连海沉积，后者则具有自祁连海向华北海沉积过渡的特点，但在宏观上两者均属于华北克拉通西部被动大陆边缘的一部分。盆地中部G12-03区域地质剖面显示，现今定探a井以西部分主体位于中央古凸起西侧，下古生界地层西厚东薄、坡度陡、断裂相对发育；上古生界地层厚度变化相对平滑，受断裂改造相对较弱(图7-0-2)。

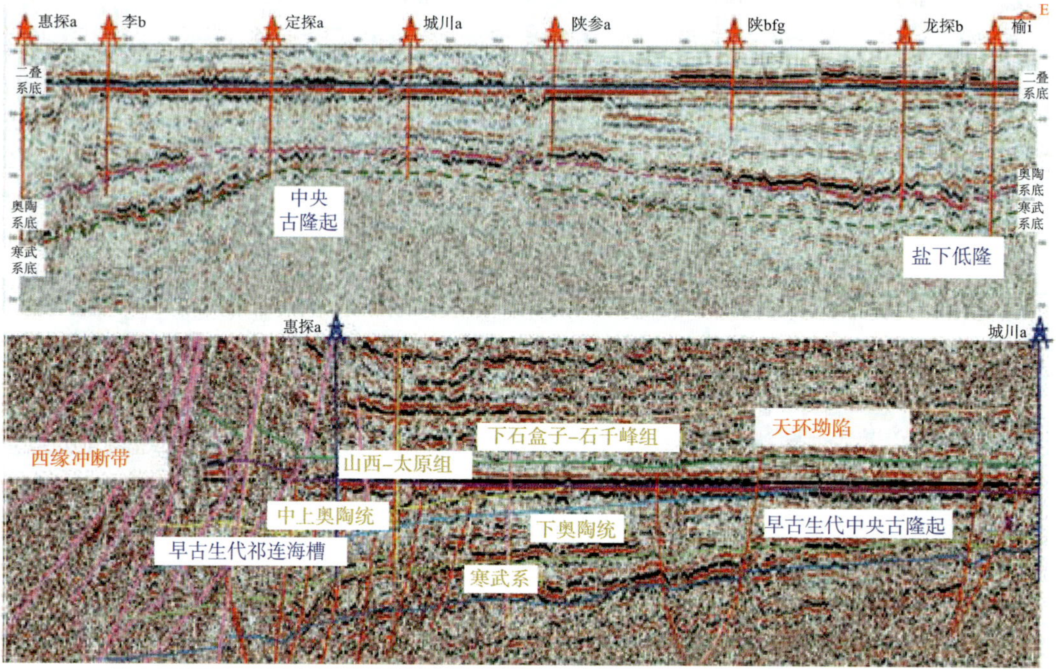

图7-0-2　G12-03测线拉平Tp时间偏移地震剖面解释图

下古钻井—野外剖面对比表明，中央古凸起核部的定北地区定探a井上古生界直接与下古马四段(桌子山组)接触；向西至惠探a井附近，前石炭系不整合面之下地层出露依次变新(克里摩里组→乌拉力克组→拉什仲组→公乌素组)；向南至麻黄山西地区芦参a井附近奥陶系地层厚度虽略有减薄，但层系仍相对齐全；芦参a井以西下古地层受冲断影响强烈，在青龙山剖面奥陶系乌拉力克组、克里摩里组、桌子山组地层已出露地表(图7-0-3)。

上古钻井东西向剖面对比表明，中央古凸起定北地区山西组+太原组+本溪组(对应西缘逆冲带附近羊虎沟组)厚度相对较薄，向西一直到西缘逆冲带马家滩断裂附近地层增厚趋势明显；下石盒子组盒1段及以上地层厚度相对稳定；古生界中央古凸起和现今西缘逆冲带之间青石峁地区李eg井附近发育逆冲推覆相关隆起构造(图7-0-4)。南北向剖面对比表明，自青石峁地区李eg井向南到麻黄山西地区宁古a井再到李bb井，太原+本溪组略有变薄，山西组以上地层厚度基本稳定，埋深具有向现今天环坳陷深凹处逐渐变大的趋势（图7-0-5）。

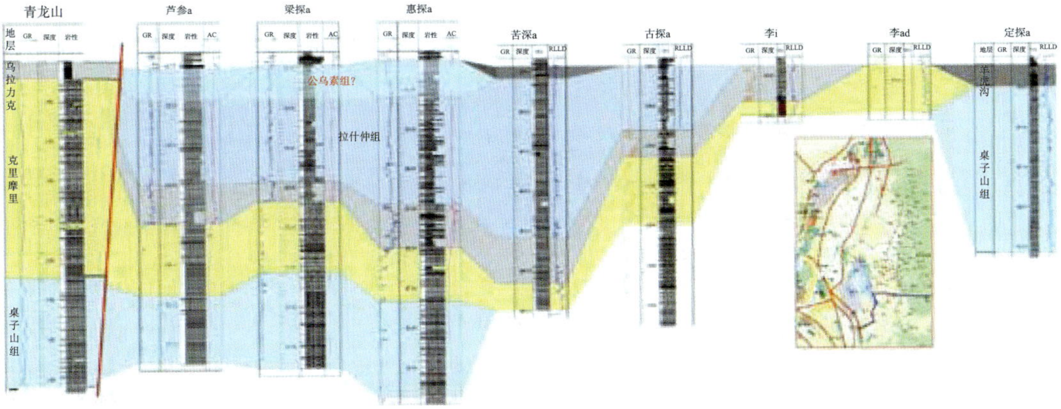

图7-0-3　定探a井—古探a井—芦参a井—青龙山下古生界地层对比剖面

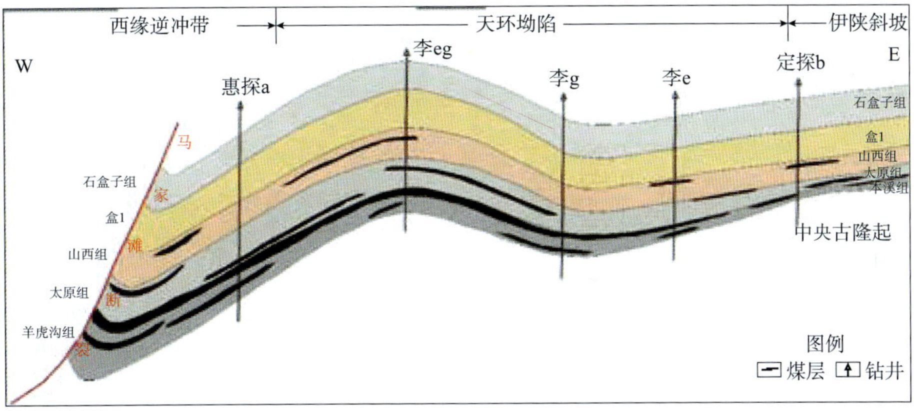

图7-0-4　惠探a井—李eg井—李g井—李f井—定探b井上古生界构造—地层格架剖面

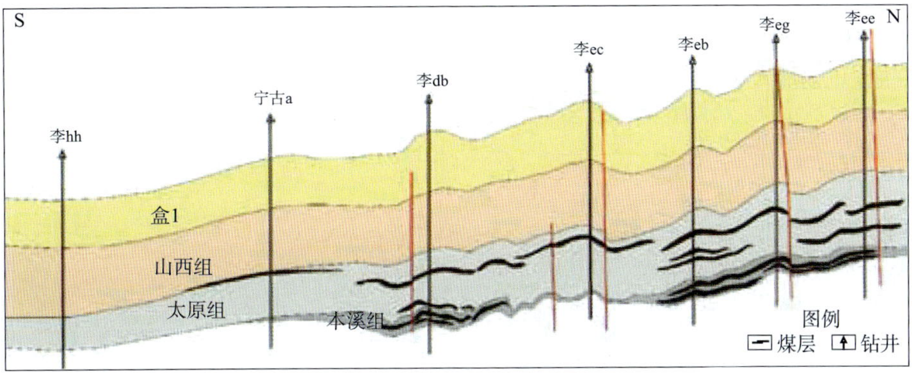

图7-0-5　李hh井—宁古a井—李db井—李eg井—李ee井上古生界构造—地层格架剖面

第一节　中新元古—古生界成藏要素叠合特征

从原型盆地演化来看，中新元古代长城纪麻黄山西地区处在NEE向甘陕裂陷槽西南端部，定北地区则处在裂陷槽中部；蓟县纪麻黄山西和定北地区均处在祁连—北秦岭洋盆NE一侧局限台地区域，相比之下，后者更靠近华北隆起区；青白口纪—早震旦纪二者与整个鄂尔多斯盆地一同处在隆起剥蚀区；晚震旦纪—中寒武世毛庄期二者均处在贺兰裂陷槽东侧—隆起过渡区，而后者相对更靠近隆起区，缺少下寒武统底部辛集—朱砂洞组沉积；中寒武世徐庄期—早奥陶世冶里期麻黄山西地区处在贺兰裂陷槽—定边坳陷交接区域，定北地区处在定边坳陷东部与隆起过渡区域；早奥陶世亮甲山期—晚奥陶世平凉期麻黄山西地区处在贺兰裂陷槽东部斜坡区域，定北地区处在古凸起中北段轴部，缺少晚奥陶世乌拉力克组—拉什仲组沉积；晚奥陶世背锅山期麻黄山西地区处在贺兰坳陷东部斜坡区，定北地区处在无沉积隆起区；志留纪—中石炭世二者与鄂尔多斯盆地一样处在隆起剥蚀区；晚石炭世本溪期—早二叠世太原期麻黄山西地区处在鄂尔多斯盆地西部坳陷潮坪—潟湖过渡区，定北地区处在鄂尔多斯盆地西部坳陷与南北向古凸起交接区；太原期以后二者逐渐成为统一的鄂尔多斯克拉通坳陷的一部分。晚侏罗纪以来麻黄山西地区遭受东西向多期逆冲挤压应力作用，东西地区发生构造分异，西部地区冲断抬升成为西部逆冲推覆构造带的一部分，东部地区挤压深埋成为天环坳陷的一部分；定北地区受早白垩晚期盆地东部抬升剥蚀影响，发生掀斜作用，西部地区成为天环坳陷一部分，东部地区成为伊陕斜坡的一部分。

麻黄山西、定北地区在中新元古—古生代不同时期的原型盆地中处在不同的构造位置，经历了不同的构造沉积环境变迁，垂向发育了多套烃源岩、储层与盖层，构成了多套生储盖组合（图7-1-1）；加里东期的抬升剥蚀、燕山期以来盆地西部的逆冲推覆和盆地东部的抬升剥蚀不同程度地改变了麻黄山西、定北地区古生界主要目的层段构造面貌，最终发育了多种类型的构造及岩性圈闭，形成了多种类型原生或次生天然气藏。

一、烃源岩发育特征

盆地西缘发育上古煤系、下古奥陶系暗色泥页岩—泥灰岩两套有效烃源岩；发育长城系顶、寒武系底和徐庄组顶部暗色泥岩三套潜在烃源岩。五套烃源岩发育在不同的原型盆地、构造—沉积环境中，在空间上互相叠置，为本区天然气成藏提供了良好的生烃条件。

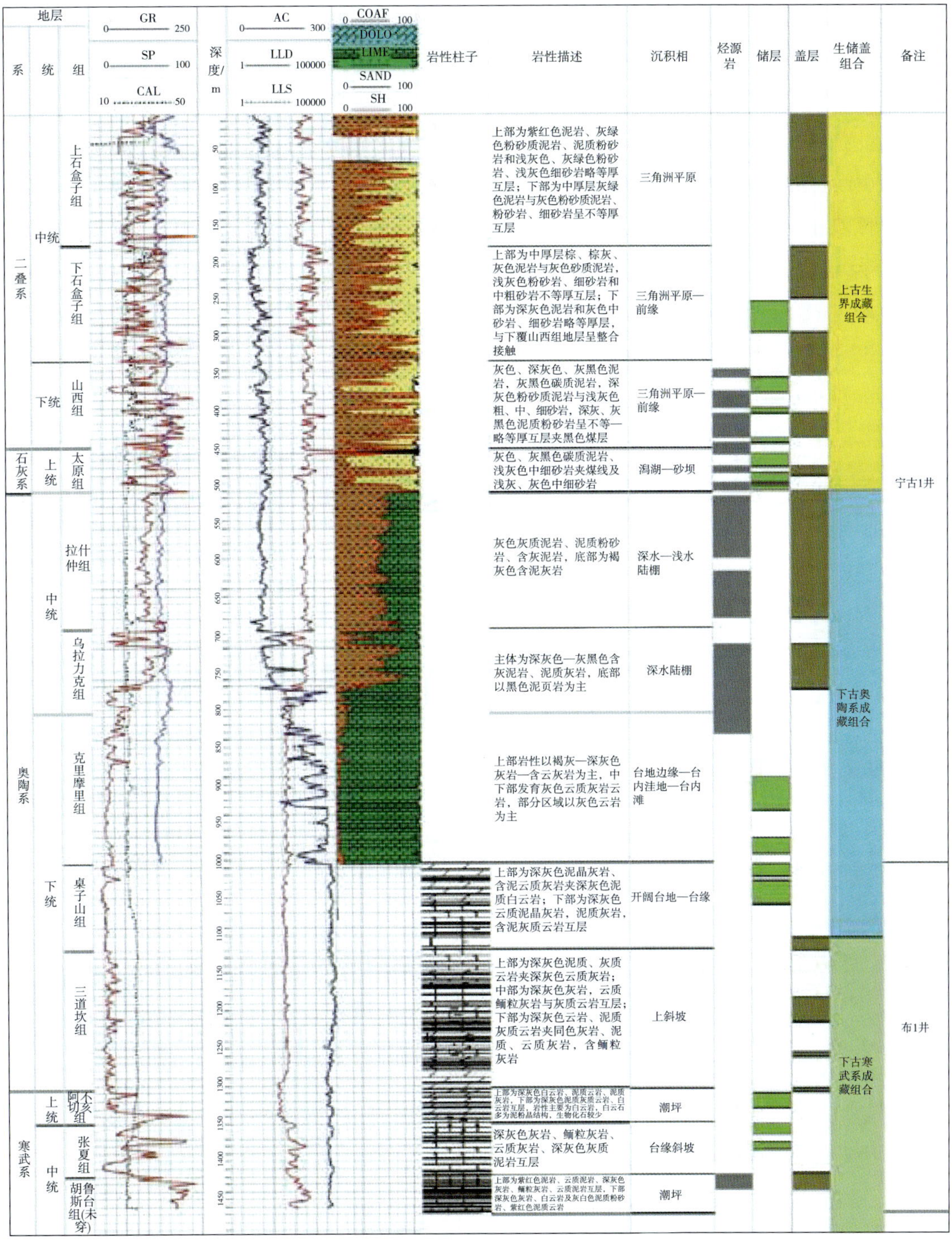

图7-1-1 鄂尔多斯盆地西缘古生界地层综合柱状图

盆地西缘上古生界煤层赋层系主要分布在石炭系太原组—二叠系山西组，平面上在马家滩—李庄子、石沟驿—烟墩山、青龙山—甜水堡、崾岘壕地区存在四个次级厚度中心，厚度均在18~20m（图7-1-2）；上古生界暗色泥岩在石炭系羊虎沟组（相当于盆地内部本溪组)、太原组—二叠系山西组，平面上存在石沟驿—烟墩山、崾崄壕两个厚度中心，厚度大于200m(图7-1-3)。麻黄山西地区区域上位于石沟驿—烟墩山西南端，青龙山东部，南部包含甜水堡地区，宏观上具有西厚东薄的特征；三维地震预测麻黄山西北部太原—山西组煤层厚度在0~30m，全区平均厚度为10m左右；煤+暗色泥岩厚度为30~120m，全区平均厚度为90m左右。定北地区位于马家滩—李庄子以东，煤层平均厚度在10m以上，其中西北部和东南部各存在一个厚度中心，厚度在12~16m。麻黄山西和定北地区上古煤系烃源岩分布与本溪—太原期处在鄂尔多斯盆地西部坳陷潮坪—潟湖过渡区的构造—沉积环境密切相关；整体成熟度较高(Ro>1.8%)、生烃强度大[(24~32)$\times 10^8 m^3/km^2$]，与其三叠系以来持续沉陷、燕山期以来冲断挤压持续深埋(>4000m)相关。

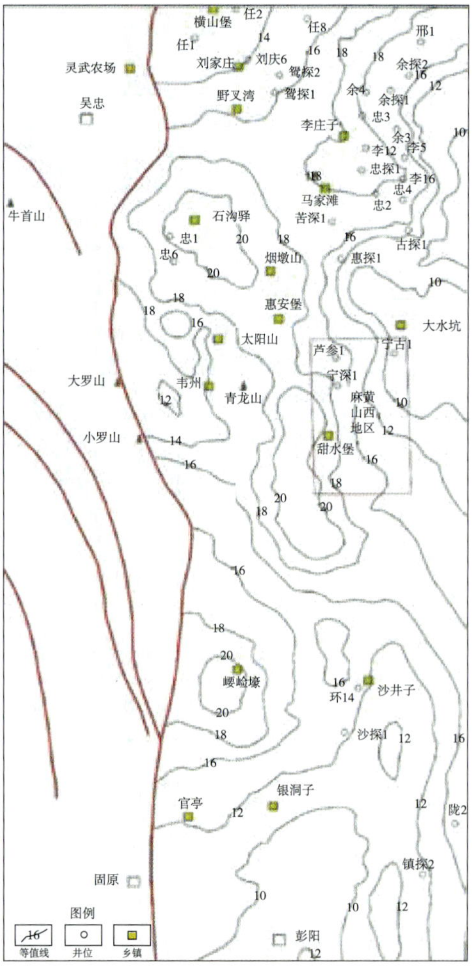

图7-1-2　盆地西缘上古生界煤层厚度图

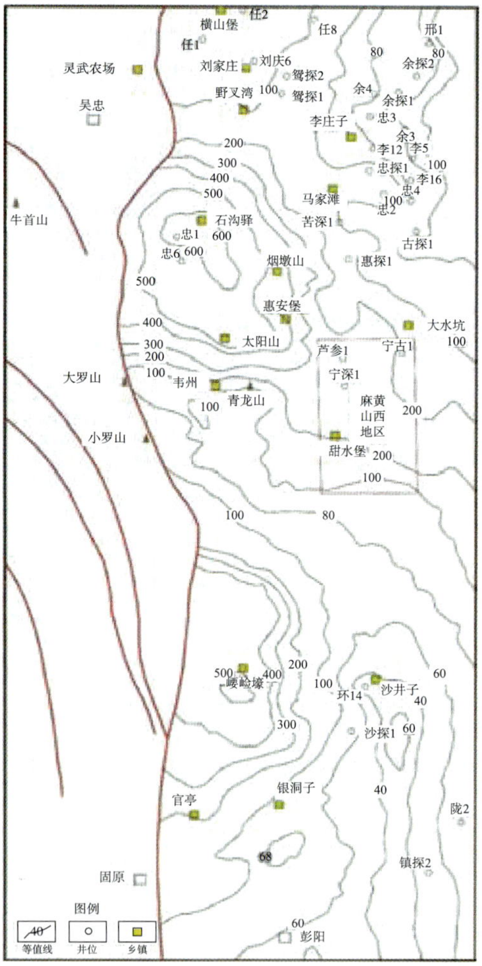

图7-1-3　盆地西缘上古生界暗色泥岩厚度图

盆地西缘奥陶系暗色泥岩—泥灰岩烃源岩赋存层系主要分布在奥陶系乌拉力克组(相当于盆地南部平凉组下段)中下段，部分区域奥陶系克里摩里组(相当于盆地内部马六段）、拉什仲组（相当于盆地南部平凉组下段）也有发育。其中乌拉力克组地层具有西厚东薄，自西（120m左右）向东不断减薄尖灭，南北向延伸分布的特点；并在李庄子—马家滩存在一个厚度>120m的中心（图7-1-3）。麻黄山西地区三维地震预测乌拉力克组为优质海相烃源岩，西厚东薄，厚度分布在4~56m，平均为30m左右；烃源岩厚度分布与奥陶纪马六—平凉期处在贺兰裂陷槽东坡陡斜坡—陆棚环境及东部遭受志留纪—中石炭纪持续隆升剥蚀密切相关；相比西部的韦州、青龙山等地区（<2000m，部分地区出露地表），研究区奥陶系烃源岩埋深较大（>4000m），成熟度高（*Ro*>1.8%）、生烃强度较大[（2~5）×$10^8m^3/km^2$]，受中生代以来逆冲推覆改造影响较小，地层得到相对完整保存。定北地区由于缺少上奥陶沉积，整体不发育烃源岩。

盆地西缘已有探井（古探1）证实长城系顶部暗色泥岩可作为有效烃源岩，该套烃源岩空间展布受长城纪NE向展布的甘陕裂陷槽分布控制；麻黄山西地区位于甘陕裂陷槽西端厚度中心区，三维地震剖面上长城系顶部强地震反射特征明显，推测为一套暗色泥岩烃源岩，平面预测其具有“北东厚南西薄”的特征，厚度分布在10~70m，平均为40m左右，局部厚度变化与深层长城系发育基岩隆起的分布密切相关（图7-1-4）；定北地区位于甘陕裂陷槽中部斜坡区，具有一定的沉积厚度，推测暗色烃源岩厚度在30~60m。

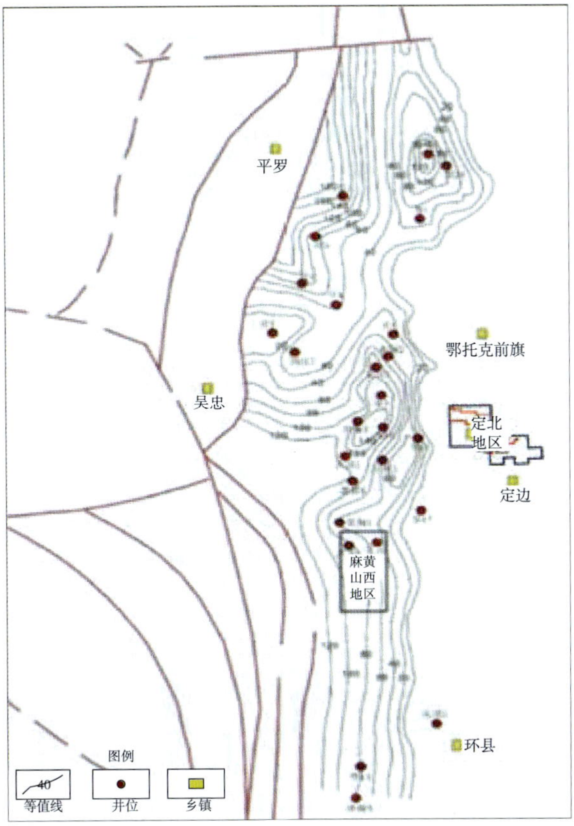

图7-1-4　盆地西缘乌拉力克组地层厚度图

盆地西缘北段已有露头（苏峪口剖面）证实寒武系底部发育暗色泥板岩可作为有效烃源岩，该套发育在温暖环境的含磷高优质烃源岩发育在早寒武世贺兰裂陷槽及其斜坡区；麻黄山西地区位于早寒武世贺兰裂陷槽东部斜坡，三维地震剖面上寒武系底部地震反射特征明显（图7-1-5），推测为一套高有机质暗色泥岩烃源岩，平面预测其厚度中心具有大致沿NE走向展布的特征，与中元古NE走向的甘陕裂陷槽分布基本一致，厚度分布在5~65m，平均为40m左右；定北地区缺少下寒武沉积，整体不发育烃源岩。

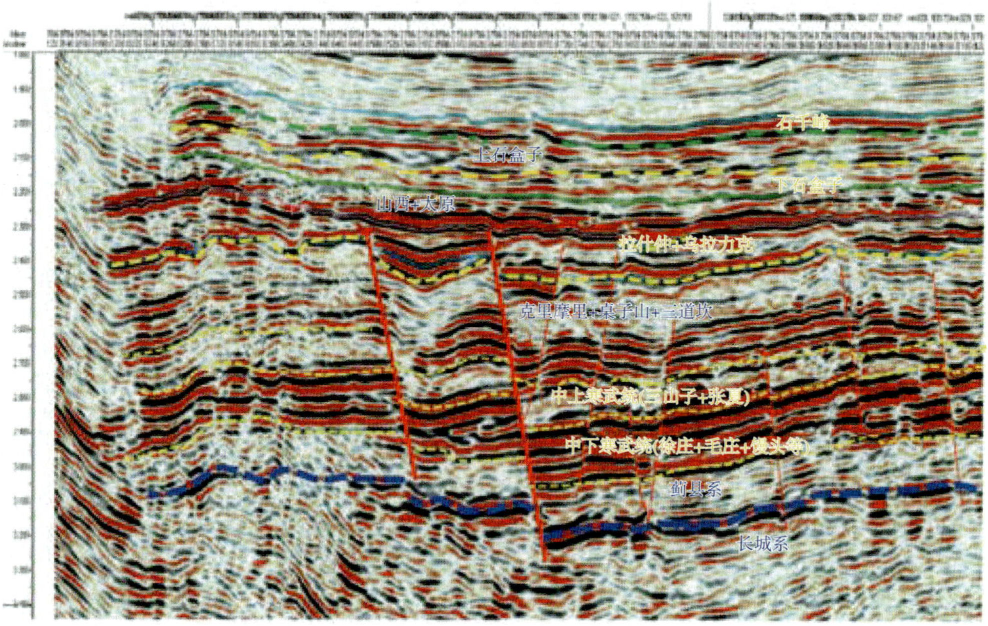

图7-1-5　麻黄山西三维区北部东西向地震解释剖面

盆地内部已有多口探井，盆地南缘已有多个口头证实徐庄组上部海进体系域发育暗色泥岩达到有效烃源岩标准，盆地西缘中段中寒武世徐庄期处在贺兰裂陷槽东部斜坡—定边坳陷过渡区域，暗色泥岩厚度在6~15m；麻黄山西地区三维地震剖面上徐庄组地震反射特征明显，推测为一套低阻抗泥岩，沉积分析徐庄组暗色泥岩主要分布在上段海侵体系域内，平面预测其厚度分布在0~25m，平均为15m；定北地区徐庄期位于NE走向台缘槽湾北侧斜坡，推测暗色泥岩厚度为4~6m。

总体而言，麻黄山西地区两套高成熟有效烃源岩、三套高成熟潜在烃源岩分布在空间上垂向叠合程度高，与其沉积期持续处在裂陷槽斜坡或坳陷中心区，改造期未遭受构造抬升剥蚀密切相关。其中上古煤系烃源岩、下古奥陶系烃源岩“西厚东薄”；长城系顶部暗色泥岩、寒武系底部暗色泥岩潜在烃源岩“东厚西薄”；寒武徐庄组顶部暗色泥岩全区厚度变化较小。定北地区仅发育上古煤系一套高成熟有效烃源岩，厚度相对较大；发育中元古界长城系、寒武系中统徐庄组两套高成熟潜在烃源岩，但厚度相对较薄。

二、储层发育特征

盆地西缘已证实发育上古二叠系太原组—下石盒子组碎屑岩、下古奥陶系桌子山组白云岩、克里摩里组礁滩白云岩—云质灰岩、克里摩里灰岩岩溶缝洞、乌拉力克海相页岩等常规—非常规储层；此外还有迹象表明发育寒武系张夏组—三山子组鲕粒、竹叶状灰岩、白云岩储层，发育长城系滨海石英砂岩储层、蓟县系王全口组丘滩白云岩储层。这些储层发育在不同的原型盆地、不同的构造—沉积环境中，在空间上互相叠置，为本区天然气成藏提供了良好的储层条件。

1. 上古碎屑岩

盆地西缘上古碎屑岩储层在全区分布广泛，其中下石盒子组—山西组以湖相—滨海三角洲平原—前缘河道砂岩为主，砂岩粒度相对较粗、规模较大，物源主要来源于盆地西北方向（图7-1-6）；太原组以潮坪—潟湖环境的障壁砂坝、砂坝为主，砂体延伸方向以近南北向为主。

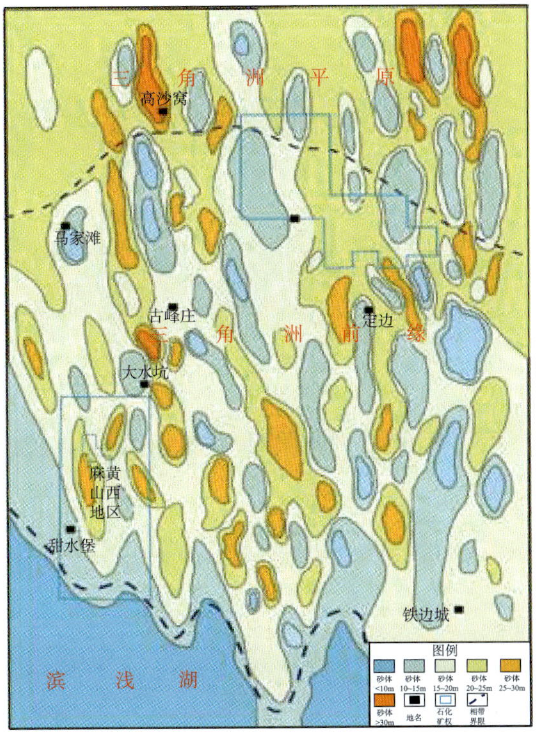

图7-1-6 盆地西缘中段盒1段砂体分布图

宁古a井、芦参a井、宁深a井证实麻黄山西地区发育盒1段、山2段、山1段、太2段、太1段等5套含气储层，其中盒1段、山2段、山1段、太2段砂岩储层规模较大，以中—粗粒石英砂岩、岩屑石英砂岩为主，砂体自北向南输入，地震切片三角洲前缘砂体朵叶状、鸟足状自北向南延伸特征明显；太1段砂岩储层规模较小，小型坝体特征明显，延伸方向为南北向或北北东—南西西向。定北探区已有28口探井证实上古发育太2段、盒1段、山1段、山2段、盒2段、盒3段等6套含气储层，岩性以石英砂岩—岩屑石英砂岩为主，砂体整体表现为自北向南输入，太2段砂体南北向坝体特征明显，其他层段南北向河道条带状特征明显。

盆地西缘中段上古生界从麻黄山西甜水堡向定北地区定边—盐池一带沉积相变化是比较大的。从下向上太原组—下石盒子组碎屑砂岩储层的分布特征与本区晚石炭世本溪—太原期处在鄂尔多斯盆地中央古凸起西部坳陷潮坪—潟湖逐步向山西—下石盒子期相对统一的鄂尔多斯克拉通内坳陷转变密切相关。横向上从西南向北东由滨浅海、浅湖跨三角洲前缘过渡到三角洲平原。

2. 下古—中元古碳酸盐岩

1）奥陶系

盆地西缘下古奥陶系桌子山组储层以开阔台地相白云岩为主，分布广泛，厚度较大，呈南北向展布，沉积受东部贯穿盆地南北的水上—水下古凸起控制；克里摩里组中下部储层以礁滩相、浅滩白云岩、云质灰岩为主，西部礁滩相储层、东部浅滩储层之间发育相对低能的小型潟湖或滩间洼地。芦参a井、宁古a井分别证实麻黄山西地区西部、东部桌子山—克里摩里组分别发育礁滩白云岩、浅滩相颗粒云岩—云质灰岩、裂缝改造型白云岩储层，地震平面预测其近南北向分布的星点状礁、台缘滩、台内滩特征明显（图7-1-7、图7-1-8）；定北h井证实定北地区桌子山组发育裂缝白云岩薄储层。

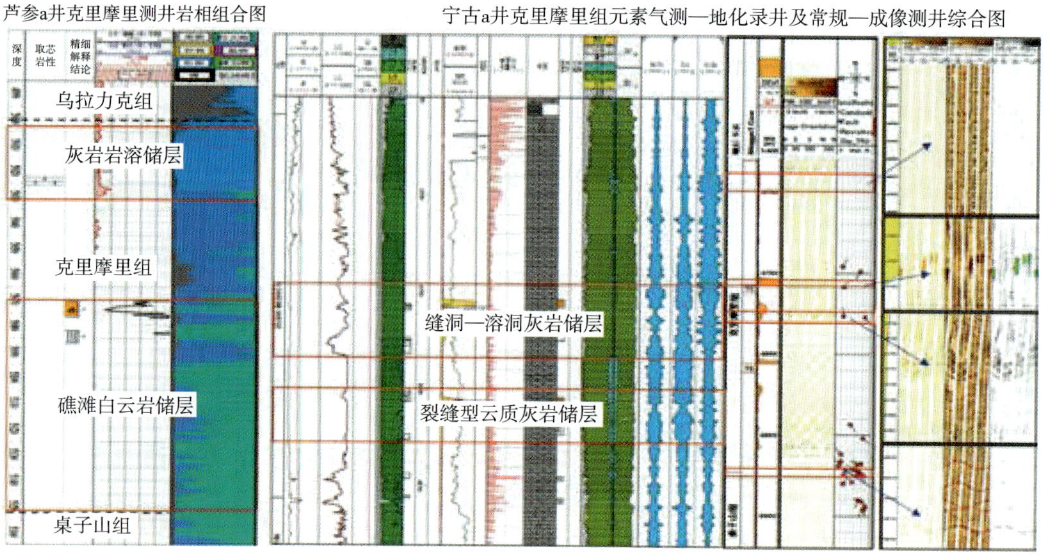

图7-1-7　麻黄山西地区克里摩里组探井不同类型碳酸盐岩储层

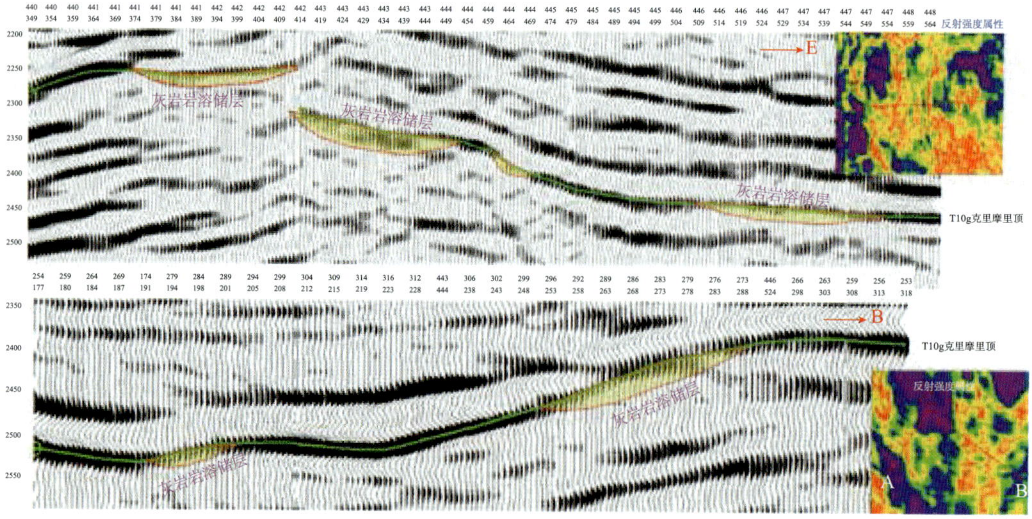

图7-1-8　麻黄山西地区克里摩里组滩相白云岩储层地震剖面特征

盆地西缘中北段已有天a、红c、余探a、余探b等多口钻井钻遇克里摩里岩溶缝洞型储层，并取得了较好的试气效果，平面上这些岩溶缝洞发育有利区呈南北向展布，与加里东期断裂密切相关。麻黄山西地区芦参a井、宁古a井克里摩里组中上部广泛发育灰岩岩溶储层，岩溶结构浅层以高地向斜坡、沿断裂延伸的顺层溶蚀为主，面状或带状分布特征明显，中深层表现为以沿断裂向下的缝洞型溶蚀为主，非均质性较强，表现为断—缝网控制的“断溶体”；我们将定北地区定北e0a、定北bh、定北aa等井划分为奥陶系马四段（相当于桌子山组下部）钻遇2~3m的岩溶洞穴，这些洞穴在地震剖面上表现为串珠状反射特征，平面上这些串珠呈圆环状，在石炭系底部不整合面下直接出露的克里摩里组、马四段分布具有广泛性，大致具有沿北西向分布的特点，与岩溶高地背景下NW向压扭—张扭性断裂活动密切相关（图7-1-9）。

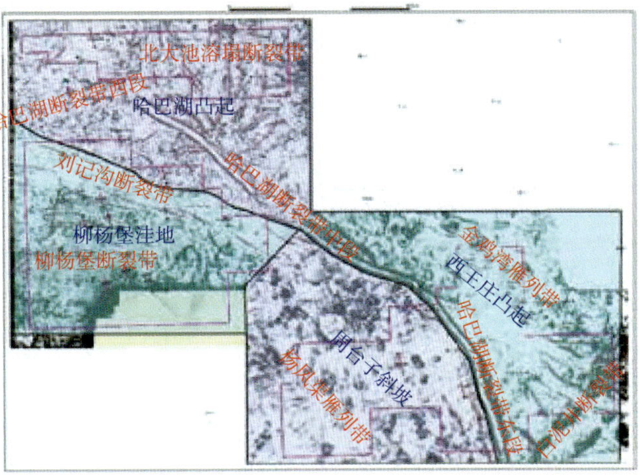

图7-1-9 定北地区奥陶系岩溶缝洞体在地震相干图

盆地西缘中段乌拉力克组发育泥页岩和含泥灰岩两类非常规海相页岩气储层，其中，泥页岩储层发育在乌拉力克组中下部，泥灰岩储层发育在乌拉力克组顶部（图7-1-10）；泥页岩储层、泥灰岩储层发育分别受盆地西缘奥陶系平凉期裂陷槽伸展构造背景下发育的南北向条带状展布的深水陆棚相、斜坡相控制。麻黄山西地区乌拉力克组泥页岩储层的分布整体西厚东薄，中部克里摩里期发育小型潟湖或滩间洼地，区域储层相对较厚；乌拉力克组顶部泥灰岩储层厚度中心主要分布在麻黄山西东部区域相关，厚度为10~20m，向西逐步递减。

需要指出的是，盆地西缘以及麻黄山西—定北地区加里东期近南北向伸展断裂极其发育，下古奥陶系各类型储层不同程度地受断裂—裂缝改造，表现出复杂的特点。

2）寒武系及中元古界

盆地西缘中段下古寒武系张夏组、三山子组可能发育鲕粒、竹叶状灰岩、白云岩储层，该套储层的发育与该区处在寒武纪张夏期—三山子期贺兰裂陷槽—定边坳陷交接区域相关，水动力相对较强，同沉积期发育高能鲕粒灰岩或风暴沉积竹叶状灰岩，准同生期不同程度地发生白云岩化有关。三维地震地质综合解释认为麻黄山西地区西部可能发育张夏组—三山子组鲕粒、竹叶状灰岩、白云岩储层，且厚度较大（180~220m），具有沿北东向古斜坡大致展布的特点；定北地区张夏—三山子期相对毗邻古凸起，沉积水体略浅，地层厚度偏小，具有发育白云岩储层的地质条件，该项推断尚待地震精细研究和探井实施证实。

盆地西缘野外露头研究表明蓟县系王全口组白云岩具备成为储层的地质条件，三维地震综合解释发现麻黄山西中西部基底隆起区蓟县系发育杂乱丘状地震反射异常体，推测可能发育微生物丘滩白云岩储层（图7-1-11）。

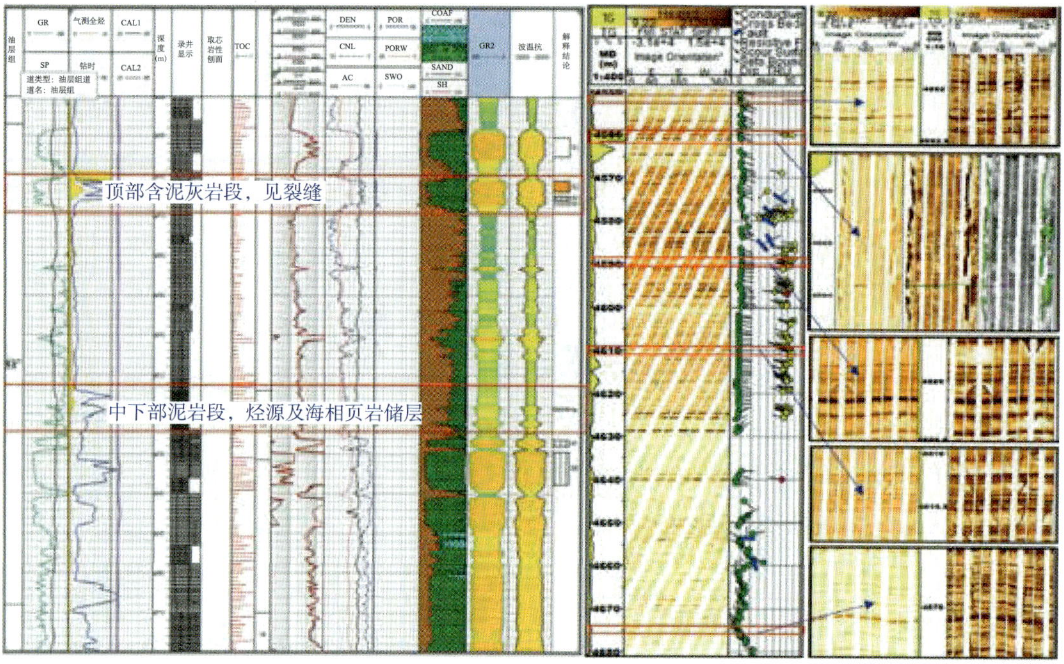

图7-1-10　麻黄山西地区乌拉力克组探井不同类型碳酸盐岩储层

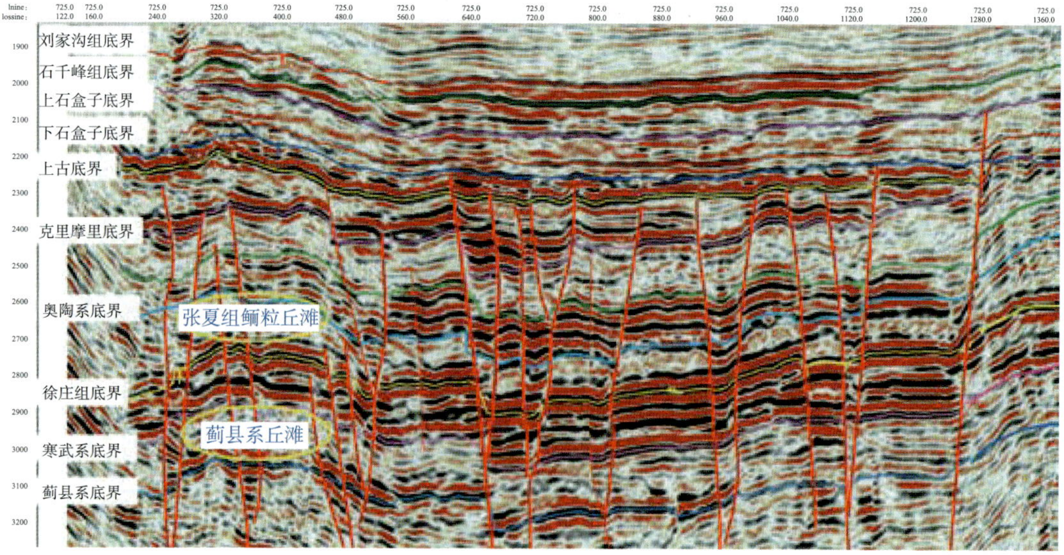

图7-1-11　麻黄山西三维区蓟县系、中上寒武统张夏组丘状体反射特征（L725线）

总体而言，麻黄山西地区太原—下石盒子组碎屑岩储层、奥陶系碳酸盐岩储层叠合程度高，与其长期处在台地边缘沉积陡斜坡或岩溶高地西侧陡斜坡，沉积相带+岩溶改造双有利密切相关。定北地区太原—下石盒子组碎屑岩储层叠合程度较高，与其沉积期处在古凸起中段轴部，构造平缓密切相关；奥陶系碳盐酸岩储层发育程度低，与其处在古凸起中段轴部，沉积相带相对不利，垂向侵蚀作用强顺层岩溶基本不发育密切相关。

三、盖层特征与生储盖组合

盆地上古天然气藏区域盖层上石盒子组岩性为干旱—半干旱气候下的湖泊相、三角洲、河流相泥岩—粉砂泥岩，单层厚度一般为数米，最大可达十米以上，平面上广泛发育。西缘中段地区埋深普遍大于3000m时，泥质岩盖层黏土岩矿物组合以高岭石和伊利石为主，并含有较多蒙脱石和伊利石—蒙脱石；微孔隙结构具有突破压力和优势孔隙含量普遍较高，中值半径普遍较小特征，属于Ⅰ级和Ⅱ级盖层，如刘家庄、胜利井气田上石盒子组仅2m泥质岩就封盖住了40~60m高的气柱。麻黄山西地区东部上石盒子泥岩盖层厚度普遍较大，可达60~90m（图7-1-12）；受逆冲断裂影响，除了地层重复地区，西部地区盖层厚度相对较小，在30m以下。定北地区上古地层分布稳定，构造平缓，上石盒子组构成区域盖层，厚度普遍大于100m，山2段、山1段、盒1段厚层状泥质岩为局部盖层，厚度一般为40~80m。

盆地下古奥陶系气藏的区域盖层主要为中上奥陶统乌拉力克组和拉什仲组海相泥页岩—灰泥岩；主要分布在盆地西缘，南北向展布，厚度变化较大，整体具有西厚东薄并逐渐尖灭的特征。麻黄山西地区位于西缘中段，中上奥陶统地层全区分布，且厚度整体大于200m，从宁古a井实钻来看，乌拉力克组以泥页岩为主，拉什仲组以含灰泥岩为主，岩性变化相对较小（图7-1-13）。需要指出的是，麻黄山西地区伸展断裂及其发育，且下古奥陶系盖层普遍含硅、含灰，脆性强，受断裂改造后封盖能力有所下降。定北地区太原组暗色泥岩为克里摩里组、马四段岩溶储层区域盖层，厚度约为30m，但由于受活动性较强的北西向亚扭性高角度断裂改造，封盖能力相对较差。

此外，盆地西缘中段推测发育的下古寒武系张夏—三山子组气藏直接盖层可能为奥陶系底部的三道坎组，其岩性主要为灰色中薄层石灰岩，夹有紫红色中薄层石英粉砂岩，偶见含砂屑白云岩；推测发育的蓟县系王全口组气层区域盖层可能为寒武系底部苏峪口组暗色泥页岩或馒头—毛庄—徐庄组的含粉砂、含泥碳酸盐岩；推测可能发育的长城系滨海石英砂岩气层区域盖层可能为长城系顶部暗色泥板岩。需要指出的是上述可能的直接盖层或区域盖层多含有较高的碳酸盐岩组分且不同程度受高角度伸展断裂改造，封盖能力可能相对一般。

盆地西缘中段纵向可能发育多套生储盖组合。上古生界成藏组合以山西—太原煤系地层为烃源层，以太原—下石盒子组砂岩为储集层，以上石盒子组为区域盖层，以下生上储、旁生侧储为主；下古奥陶系成藏组合以乌拉力克组泥页岩、拉什仲组含灰泥岩为主要烃源岩和区域盖层，以克里摩里组含泥灰岩、上古煤系为烃源岩，以桌子山组白云岩、克里摩里组礁滩相云质灰岩—白云岩、乌拉力克组泥页岩和含泥灰岩作为常规—非常规储层，以上生下储、旁生侧储、自生自储为主（图7-0-5）；寒武系成藏组合以底部苏峪口组和中部徐庄组的暗色泥岩为烃源岩，以张夏组鲕粒灰岩—云岩、三山子组竹叶状灰岩—云岩为主要储层，以奥陶系底部三道坎组为直接盖层，以下生上储、旁生侧储为主；长城—蓟县系成藏组合以长城系顶部暗色泥岩和寒武系底部暗色泥岩为烃源岩，以长城系滨海相石英砂岩、蓟县系微生物丘滩白云岩为储层，以寒武系底部苏峪口组暗色泥岩或馒头—毛庄—徐庄组含泥质碳酸盐岩为区域盖层，以下生下储、旁生侧储为主。需要指出的是，深层寒武系、长城—蓟县系成藏组合部分区域发育高角度伸展正断层，可能与奥陶系成藏组合发生部分连通。

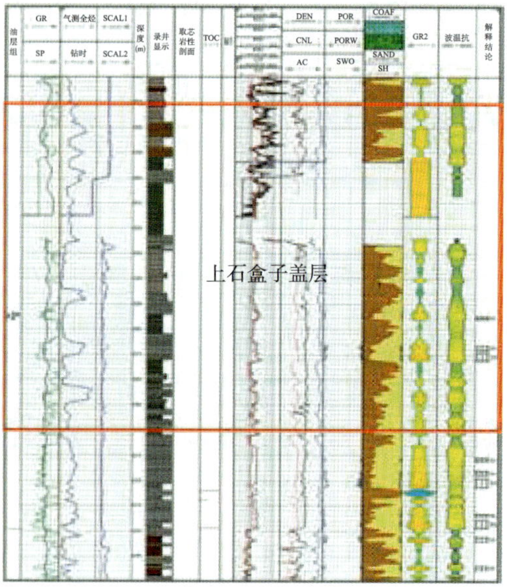

图7-1-12　宁古a井上石盒子组盖层测井综合图

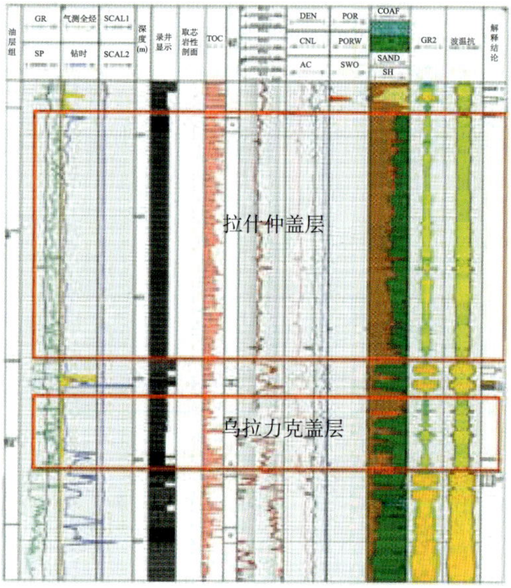

图7-1-13　宁古a井中上奥陶统盖层测井综合图

四、圈闭特征

盆地西缘中段早期施工了一系列二维地震，覆盖网格相对较密，识别出来的一系列构造圈闭如胜利井构造、刘家庄构造、天池构造，并进行了勘探；近年来在马家滩—青石峁—古峰庄等地区先后施工了一系列相对较高品质的三维地震，实现了对古生界重点层系岩性圈闭、构造岩性圈闭识别，针对上古生界大型构造（如李庄子构造）和上古河道型岩性圈闭勘探部署取得了重大突破。

麻黄山西地区二维地震覆盖程度较高，基本达到1km×1km的网格密度，北部品质略好，可满足构造解释需要；北部有240km^{2}三维地震资料，信噪比、分辨率较高，

Ⅰ类+Ⅱ类品质资料约占80%，古生界目的层有效频宽在8~40Hz，主频为20Hz左右，基本可以满足构造解释与岩性圈闭识别要求。近1~2年针对北部下石盒子底界、石炭系底界、乌拉力克底界、张夏组底界、寒武系底界共识别较可靠构造圈闭31个，类型以背斜、断背斜为主（图7-1-14）。从构造圈闭分布上来看，上古生界构造圈闭数量较少，下古生界构造圈闭数量较多；构造圈闭在研究区西部断裂活动区叠合性较好，中东部主要发育在下古生界。针对上古下石盒子组盒1段、山2段河道砂岩，下古克里摩里组顶部灰岩岩溶、克里摩里组中部岩溶缝洞、克里摩里组中下底部滩相灰岩—白云岩识别三级岩性圈闭11个，其中较可靠7个。从岩性圈闭分布上来看，中东部上古盒1段、山2段河道砂岩圈闭可靠性较高，砂体构型以叠置型、叠切型为主（图7-1-15）。东部下古克里摩里顶岩溶圈闭可靠性较高；西南部岩溶圈闭受地震品质及逆冲断裂影响，可靠性相对较低；克里摩里组中部灰岩缝洞型圈闭与断裂—裂缝网状系统密切相关，东部、西部连片性好，中部主要沿断裂线带状展布；克里摩里组中下部礁滩相灰岩—白云岩岩性圈闭呈星点状分布，以南北向展布为主；单个礁滩体规模普遍不大，东部、西部礁滩体斜接现象较为普遍。

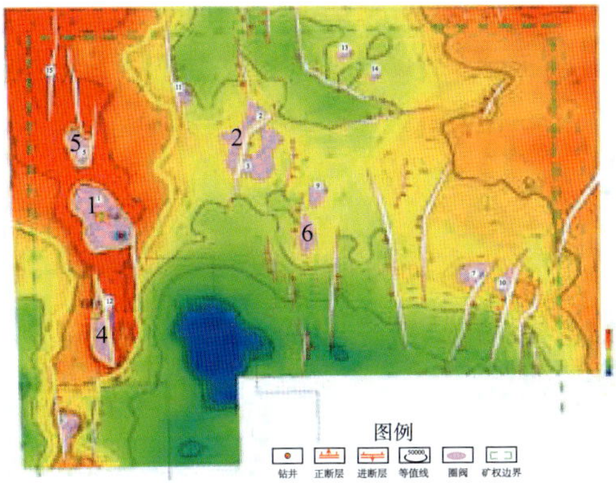

图7-1-14　麻黄山西北部盒1段底构造圈闭分布图

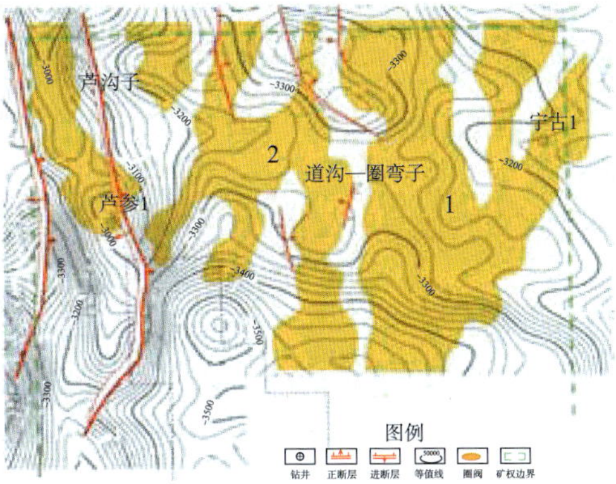

图7-1-15　麻黄山西北部盒1段河道砂岩岩性圈闭图

定北地区勘探程度较高，已完成二维地震1100.13km、三维地震952.56km^2；完钻探井28口，针对太2段、山1段、山2段、盒1段、盒2段、盒3段开展了系统圈闭识别描述及评价工作。定北上古圈闭主体以岩性圈闭为主，其中太2段为大型障壁砂坝岩性圈闭，分布在研究区西部，东西宽15~20km，南北贯穿全区；其他各层以河道岩性圈闭为主，3~4条南北向展布，复合河道东西宽2~4km不等，部分发生侧向连接（图7-1-16）；近年来上古气藏滚动评价和开发试采发现，上述圈闭并非纯粹岩性圈闭，天然气成藏盒1段富集受构造部位高低、北西向哈巴湖断裂影响较大，主体表现由底部太2段典型的岩性圈闭逐渐过渡到中部盒1段构造—岩性圈闭再过渡到盒2段—盒3段岩性—构造圈闭（图7-1-17）。下古生界已发现与前石炭系不整合相关岩溶缝洞，宏观分布与岩溶高地和断裂相关垂向岩溶作用相关，但并未针对性开展系统工作，推测可能发现发育灰岩—白云岩岩溶缝洞圈闭（图7-1-9）。

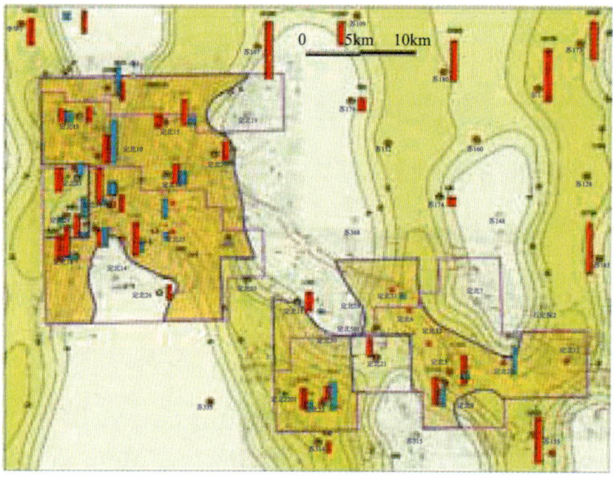

图7-1-16　定北地区盒1段河道圈闭分布图

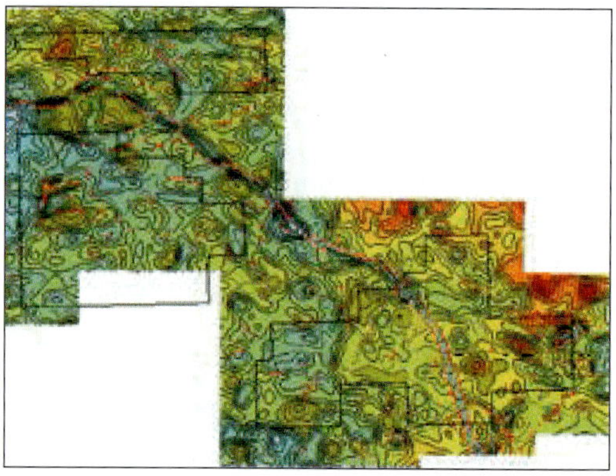

图7-1-17　定北地区盒1段局部构造分布图

总体而言，盆地西缘上古生界圈闭类型以岩性圈闭为主，与砂坝、河道等沉积砂体受后期整体掀斜改造破坏较大相关；构造圈闭主要分布在西缘冲断带、西缘冲断带—天环坳陷过渡带、天环坳陷—伊陕斜坡过渡带附近，与断裂多期次活动密切相关。上古生界圈闭类型自下而上具有从岩性向构造—岩性再向岩性—构造逐渐过渡的特征，与西缘整体构造位置低，油气发生自西向东、自下而上区域性运移，油气充注相对不足密切相关。

第二节　气藏分布特征与勘探潜力评价

盆地西缘在古生界构造格局的平面上具有“南北分段、东西分带”的特点。盆地西缘自北向南依次可划分为铁苏克庙段、横山堡段、石沟驿段、甜水堡段、沙井子段。按照冲断体系分类，铁苏克庙段—横山堡北段基底卷入特征明显，古生界构造变形强烈，构造样式复杂，地层抬升剥蚀严重；横山堡南段—石沟驿—甜水堡段表现为盖层滑脱型，基底卷入不明显，中生界、上古生界可见多个盖层滑脱面，逆冲推覆叠瓦式构造、薄皮构造发育；沙井子段及以南以逆冲为主，无明显双层结构。盆地西缘中段自西向东依次可划分为逆冲带、前锋带、变形带、稳定区；纵向上“双层构造”特征明显，上层冲断构造前锋断层发育、变形强烈；滑脱面以下古生界构造相对稳定、局部差异隆升。逆冲带构造复杂，地层被强烈改造，抬升幅度巨大，部分出露地表；前锋带下伏地层受冲断带东西向的挤压，滑脱形成一系列隐伏隆起带，发育背斜、断背斜构造；变形带构造相对稳定，上古生界普遍发育低幅度鼻隆带，下古生界断层发育，但基本未断穿滑脱面；

稳定区构造稳定，局部构造及断裂发育程度低。

盆地西缘中段古生界按照构造特征、沉积相、烃源岩、盖层、成藏特征可划分为三大类五小类有利区，其中一类有利区位于天环坳陷范围内；二类有利区位于西部逆冲复杂构造带中段东部，总体埋深较大，其上古生界受逆冲推覆断裂改造，下古生界基本逆冲断裂改造相对较弱；三类有利区位于西部逆冲复杂构造带西部，古生界受逆冲推覆构造改造强烈（表7-2-1）。

表7-2-1 盆地西缘古生界有利区分类及其成藏特征统计

有利区分类	构造特征	重点目标层系沉积相带	上古煤系烃源岩	下古乌拉力克烃源岩	中上奥陶统盖层	天然气成藏特征	代表区域
I_1	上古、下古构近稳定区，埋深中等	克里摩里组灰坪台地—高能浅滩，上古三角洲平原—前缘	发育，厚度较大	西部发育，东部不发育，成熟度高	西部具有一定厚度，东部厚度逐渐减薄至不发育	上古大中型岩性气藏；克里摩里构造—岩性、岩溶缝洞气藏	定北、青石峁大水坑、圈弯子等
I_2	古生界逆冲推覆前缘过渡带，埋深较浅，断裂软发育	克里摩里组灰坪台地—高能浅滩，上古三角洲平原—前缘	发育，厚度较大	西部发育，东部不发育，成熟度中等	西部具有一定厚度，东部厚度逐渐减薄至不发育	上古中型岩性—构造气藏，克里摩里构造—岩性、岩溶缝洞造气藏	鸦儿沟、李庄子
	古牛界推覆前缘过渡带—稳定区，埋深较大，断裂不发育	克里摩里组灰坪台地—高能浅滩，上古三角洲平原—前缘	发育，厚度大	不发育	不发育	上古大中型岩性气藏	沙井子
II_1	逆冲推覆构造前锋带上部受逆冲推覆改造，下古受改造弱	克里摩里潟湖—台地隆起，以上古三角洲平原相为主	发育，厚度大	发育厚度较大，成熟度高	发育厚度较大，遭受一定构造改造	上古中型岩性—构造气藏，克里摩里构造—岩性气藏	石沟驿、惠安堡
II_2	逆冲推覆构造前端，上下古均受改造，埋深较大	克里摩里台缘隆起，以上古三角洲平原相为主	发育，厚度较大	发育厚度较大，成熟度高	发育厚度较大，断裂改造严重	上古构造气藏、克里摩里岩性—构造气藏	石沟驿西、惠安堡西
Ⅲ	逆冲推覆带内，断裂活动强烈，埋深较浅	克里摩里台缘斜坡—深水盆地，以上古冲积平原—三角洲平原相为主	东部发育，西部不发育	东部发育，西部不发育，成熟度低	东部发育，西部不发育，断裂改造严重	上古、下古构造残留气藏	刘家庄、胜利井、韦州、银洞子等

麻黄山西地区处于西部逆冲复杂构造带和天环坳陷过渡区域，各类有利区均有发育；其中 I_1 类有利区分布在东部凹陷带，II_1 类有利区分布在西部隆起带北部，Ⅲ类有利区分布在西部隆起带南部（图7-2-1）。定北地区处在天环坳陷与伊陕斜坡过渡区，主体表现为 I_1 类区。

盆地西缘中段及麻黄山西、定北地区古生界天然气成藏表现出不同的特点，气藏分布也表现出不同的特征，下面分别对上古生界、下古生界进行论述。

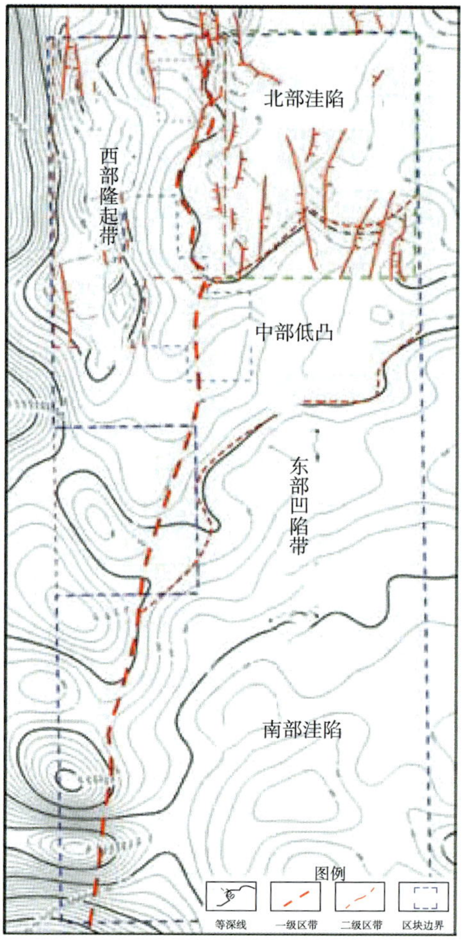

图7-2-1　麻黄山西古生界区带划分图

一、盆地西缘上古生界气藏分布特征

1. 西缘冲断带

从目前盆地西缘上古生界的勘探发现来看，在西缘冲断带范围内气藏以原生构造或次生构造、岩性构造气藏为主，规模普遍较小；气藏赋存层位变化较大，向上可以分布在石千峰组，向下可以分布在太原组（如宁深a井）；但从整体上来讲，有较大的规模工业发现的气藏多数集中在下石盒子组和山西组；气藏普遍受逆冲断裂或局部构造高部位控制，含气圈闭多数位于背斜、断背斜或中小型断块。以西缘冲断带中段典型地区——磁窑堡地区为例，在刘家庄、鸳鸯湖构造带中，断裂、地层界面或岩性突变面、局部构造组合形成含气构造圈闭三要素，形成中小型原生构造或次生构造天然气藏（图7-2-2）。

麻黄山西地区早期两口探井宁深a井和芦参a井均位于西缘冲断带范围。其中宁深a井钻井过程中多次发生漏失，上古生界卷入逆冲推覆，对比该井石千峰组地层重复，计算逆冲断距110m；因此该井油气显示活跃，从下向上太原、山西、下石盒子、石千峰组等组段都是含气层位，但整体而言岩性致密，仅在石千峰组测井解释了含气层8.8m，气藏来源于山西—太原煤系烃源岩，煤系天然气沿逆冲断裂向上运移并在相对源远的逆冲断裂下盘物性较好的石千峰组聚集成藏。芦参a井上古生界位于逆冲推覆体前缘三角带下盘，基本上不受逆冲断裂改造；上石盒子—石千峰组砂体叠置发育但整体含气性差，气测显示主要集中在山西组，成藏具有典型的“源内成藏”的原生特征（图7-2-3）。

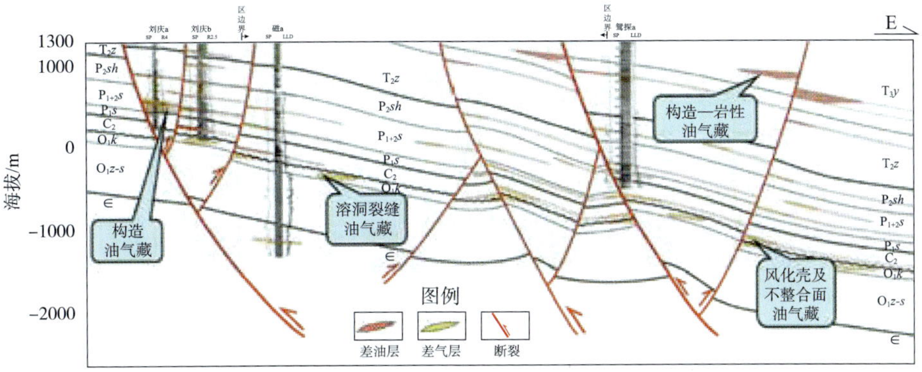

图7-2-2 磁窑堡地区刘家庄、鸳鸯湖构造带东西向油气藏预测剖面示意图

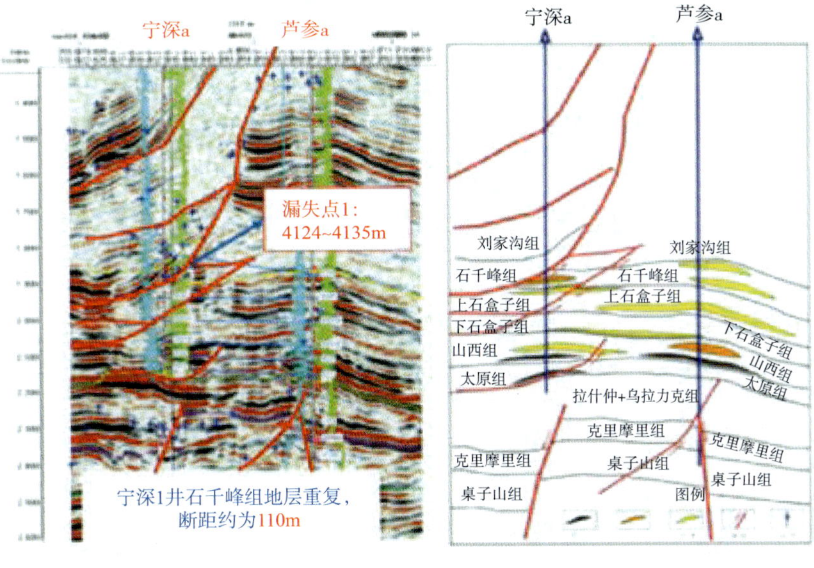

图7-2-3 宁深a—芦参a连井地震地质解释剖面

2. 天环坳陷及天环坳陷—伊陕斜坡过渡带

盆地西缘天环坳陷上古生界天然气勘探近年来获得了重大勘探突破，中石油在西缘中北段青石峁—高沙窝地区已初步培育形成3000亿m^3大气区并开始规模建产；中石化在盆地西缘柳杨堡—魏井地区也获得了较好的勘探成果，提交了1496亿m^3三级地质储量，但由于气藏描述不可靠，几年来未能有效动用。

从目前盆地西缘天环坳陷范围内的勘探发现来看，发现的气藏以盒1段、山2段、山1段河道以及太2段、太1段障壁砂坝砂岩岩性气藏为主，除了盒1段外单层规模普遍较小，但垂向有一定的叠置性，含气层系甚至涵盖了底部的羊虎沟组（李ef井）；气藏发育层位宏观上存在着由构造低部位的太原—山西组向构造相对高部位的山西—下石盒子组逐渐迁移的趋势（图7-2-4）。进一步分析发现，上古生界气藏分布和富集与砂体类型及其空间叠置样式、断裂—裂缝发育、局部构造等因素密切相关。以勘探和认识程度较深的青石峁地区为例，盒1段、山2段主体发育辫状河平原河前缘亚相，分流河道砂体以厚层带状砂体为主，规模较大，砂体构型以厚层孤立型、多期河道垂向叠置型为主，输导能力较强，当其与通源断裂或裂缝发生垂向连通，往往可构成高效天然气输导运移网络（图7-2-5、图7-2-6）；由于保存一定数量的原生粒间孔，砂岩储层物性较好，气源充足时往往大面积成藏并在相对构造高部位富集（图7-2-4）；当山2段、盒1段砂体垂向叠置且断裂—裂缝发育时，天然气往往会发生层段间的运移调整，使盒1段、山2段气藏单井产量与裂缝发育密度表现出截然相反的统计特征（图7-2-7）。山1、太2、太1等段主体发育辫状河前缘亚相或潟湖—潮坪相，砂体以薄层带状砂体或透镜状砂体为主，规模相对较小，砂体构型以薄层孤立型、河道迁移侧向搭接型为主，输导能力相对较差（图7-2-5、图7-2-6）；但由于其和烃源岩垂向、侧向直接接触，表现出“源内成藏”的特点；并且由于埋深较大，储层基本上不发育原生粒间孔，物性较差，气藏规模普遍较小，分布局限；当砂体发育断裂或裂缝时，如未连通上部层段垂向叠加砂体，气藏往往因物性改善而相对富集，当连通上部物性良好砂体时，气藏往往因二次运移调整而相对贫化。由于盆地西缘上古生界生烃强度较大，盖层普遍发育，油气纵向输导主要受断裂及其相关裂缝控制，气藏形成既受河道砂岩、砂坝平面分布控制，又受断裂—裂缝分布控制或影响，因此针对不同的层系需要按照“源内成藏”“近源成藏”两套思路，细化砂体纵向叠置关系研究，重点关注与通源断层纵向连通的砂体，强化油气输导运移通道的系统描述，在相对构造高部位寻找相对富集的油气藏。

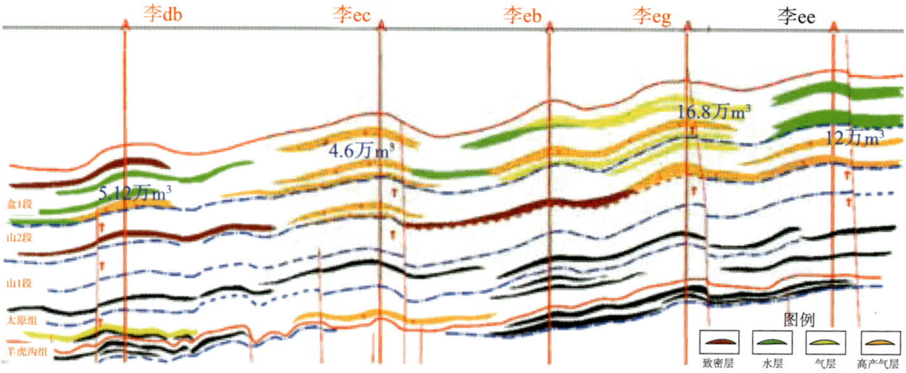

图7-2-4　李db—李ec—李eb—李eg—李ee井上古气藏对比剖面图

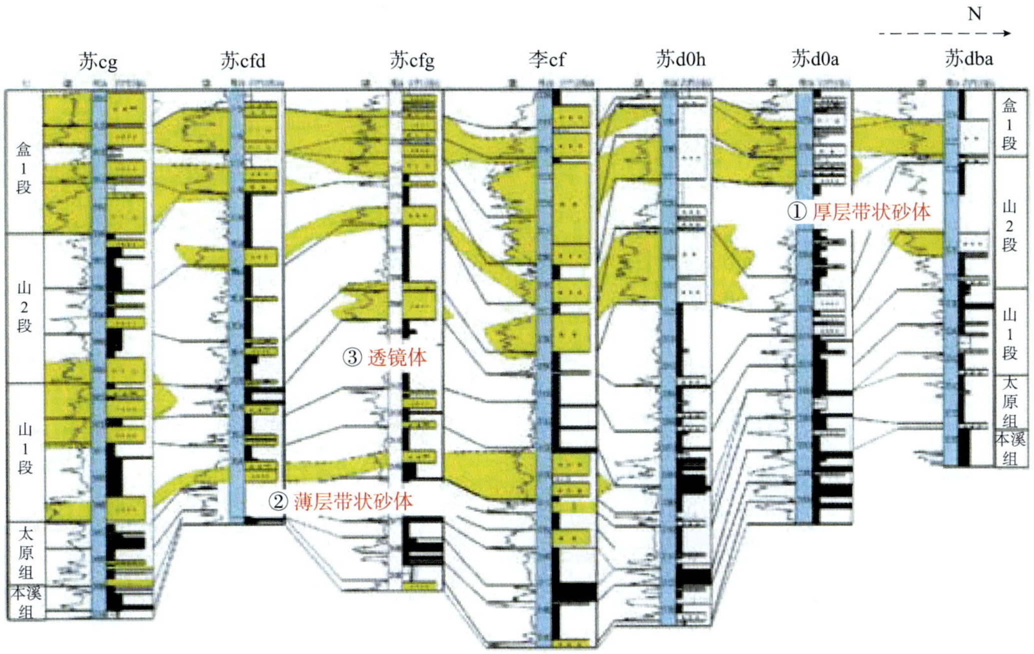

图7-2-5 盆地西缘青石峁地区上古生界不同类型砂体输导体典型的剖面图

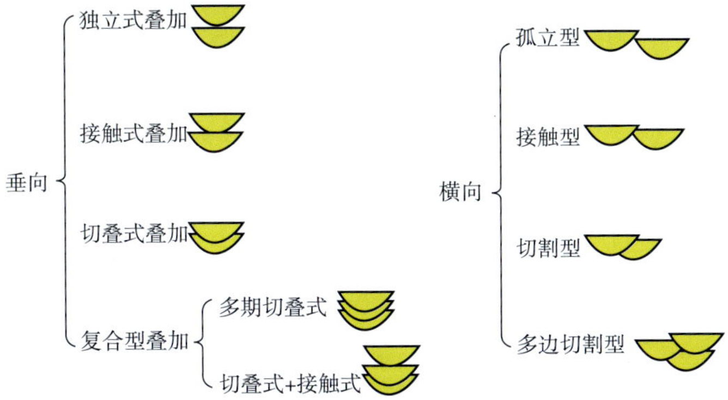

图7-2-6 盆地西缘青石峁地区上古生界砂体空间分布类型图

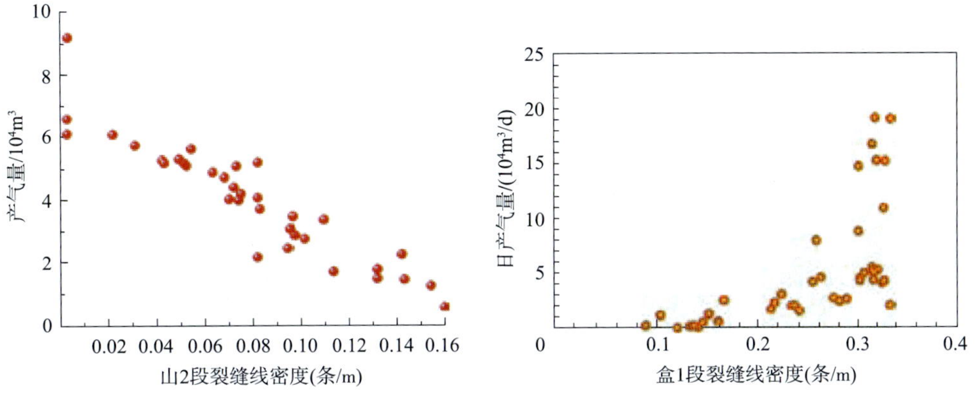

图7-2-7 盆地西缘青石峁地区上古山2、盒1段气藏产量与裂缝密度统计分析图

长庆油田在青石峁的勘探成果无疑带动了该区的勘探步伐，进一步向西南追踪上古生界碎屑岩地质规律与成藏规模，宁古a井揭示了麻黄山西地区天环坳陷靠近冲断带构造相对稳定区上下古生界叠合部位的油气藏叠合特征。麻黄山西上古生界油气显示层位多、有一定厚度，与垂直产状的断层、裂缝发育有关。但考虑成藏规模，以下石盒子组盒1段为例，由于靠近浅湖，三角洲前缘砂体不发育，单层厚度小，含气级别低（图7-2-8），山2段、山1段、太2段、太1段虽钻遇高含气石英砂岩或岩屑石英砂岩储层段，分布

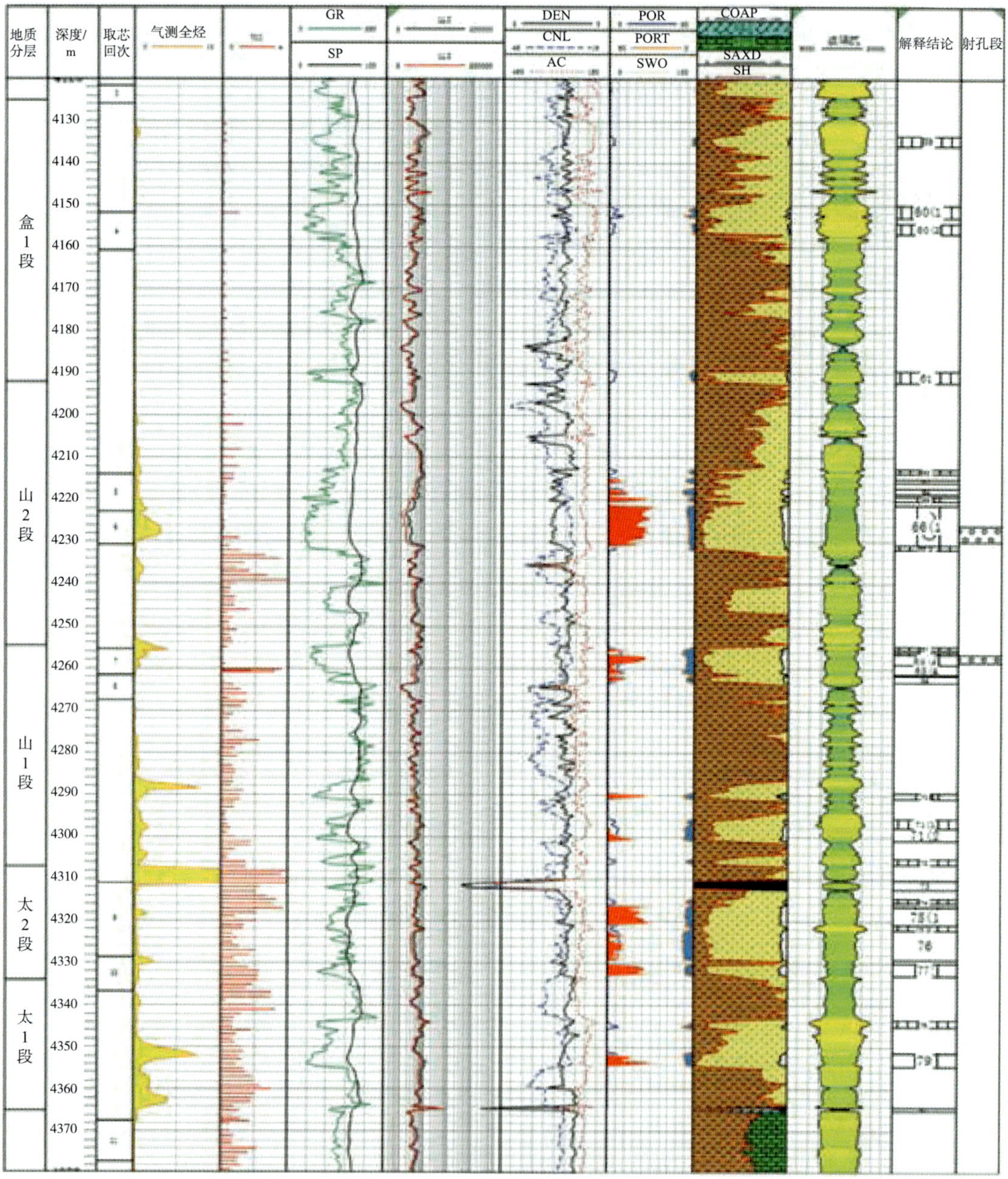

图7-2-8　宁古a井上古生界录井气测解释综合图

相对集中，从过宁古a井地震剖面与邻区对比分析，向东部地区穿相邻的青石峁地区再向东北到定北一带成藏条件、含气层段类似，可对比性强，有“源内—近源”充注式成藏的特点；但横向叠合面积变化大，上古各段气藏具有沉积相控特点，气层分布受南北向河道砂岩、砂坝分布控制，向东西两侧相变为分流间湾泥质岩沉积，形成侧向岩性遮挡。同一层段内部砂体叠置程度、横向连通性，砂体之间能否沟通及物性优劣是麻黄山西地区是否能规模成藏和富集高产的主控因素（图7-2-9、图7-2-10）。

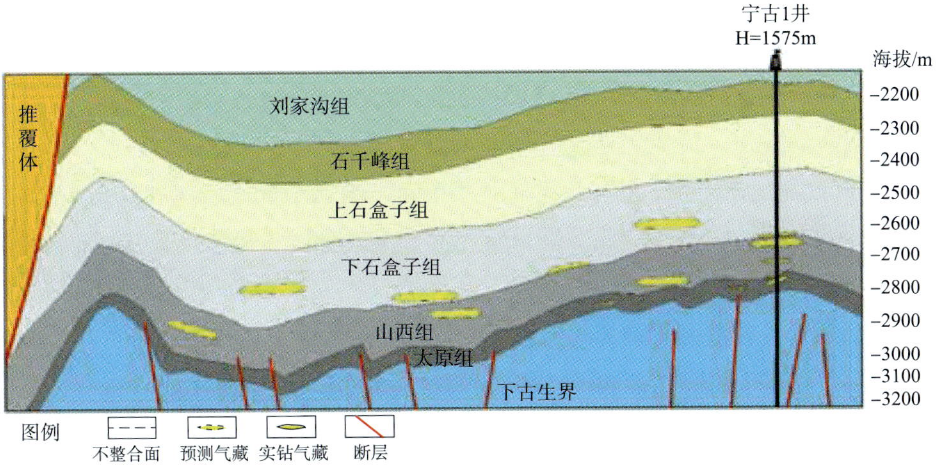

图7-2-9 过宁古a井上古生界东西向气藏剖面图

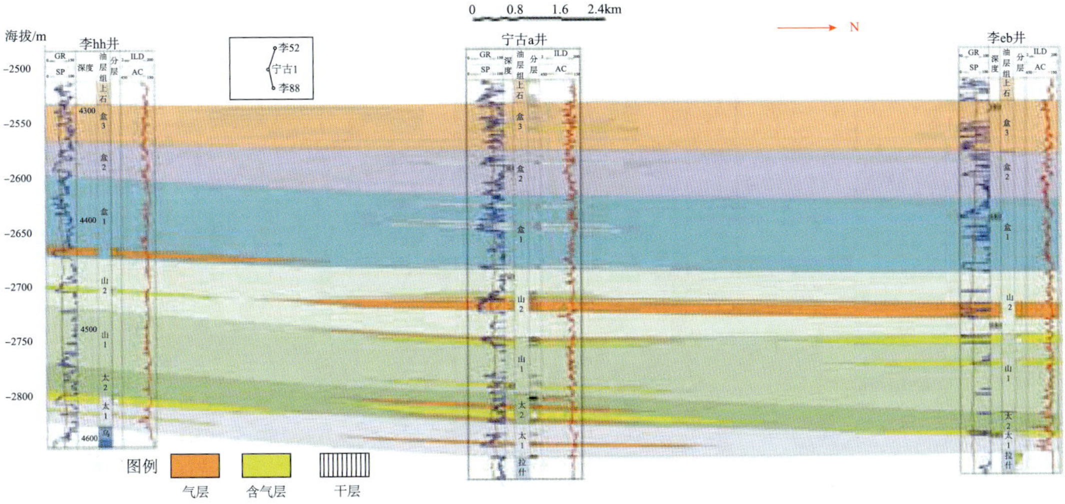

图7-2-10 李hh—宁古a—李eb井上古生界气藏对比剖面图

定北地区矿权区横跨天环坳陷与伊陕斜坡，“十三五”之前已发现石炭—二叠系盒3段、盒2段、盒1段、山2段、山1段和太2段等6套气层，并提交了太原组探明储量，气藏埋深在3650~4000m，储层主要为砂岩、岩屑石英砂岩。早期认为定北与伊陕斜坡构造稳定区的大牛地地区类似，成藏是以高压封闭为核心的“近源箱型”成藏模式，但开发评价只在一些单井获得工业产量，未能形成规模产能。“十三五”中后期精细编图发现，定北地区上古生界主体表现为一个西倾单斜，发育北西向哈巴湖断裂，作为主干构造控制因素，其两侧北西向、北东向次级断层普遍存在，具有高角度（75°~88°）、大断距（4~30m）特点，这些断裂海西期就存在，燕山—喜山期的活动，控制油气垂向运移成藏，如定北bd井盒2段、盒3段气藏，受柳杨堡南北向断层喜马拉雅期活动疏导，形成“断层+砂体”配置成藏模式。包裹体研究表明，定北地区太原组、山西组及盒1段储层在205~135Ma、135~100Ma有过两期烃类充注，总体反映垂向输导特点（图7-2-11）；定北西部天然气主要富集于盒1段内，刘记沟及北大池断裂带内高角度断裂向下延伸至太原组，燕山期活动性强，流体包体均一温度反映成藏期最高古地温太2段小于山1段，说明下部成藏的烃类气体成藏环境与上部有很大不同，是煤系烃源岩深埋过程中持续向山1段以浅储层持续充注的响应；定北东部近哈巴湖断裂（东段）上部由于燕山期断裂活动山2—盒1段富气，远离哈巴湖断裂（东段）下部天然气主要集中在山1段，太2段障壁滩坝砂岩气藏发育，但易受断层活动的改造破坏（图7-2-12）。本区山西组储层由于母岩是北部中新元古界长城系石英砂岩，成分成熟度高，尽管经历了致密化成岩作用，气藏仍然具有较好的自然投产能力，是本区效益开发的重要甜点类型。

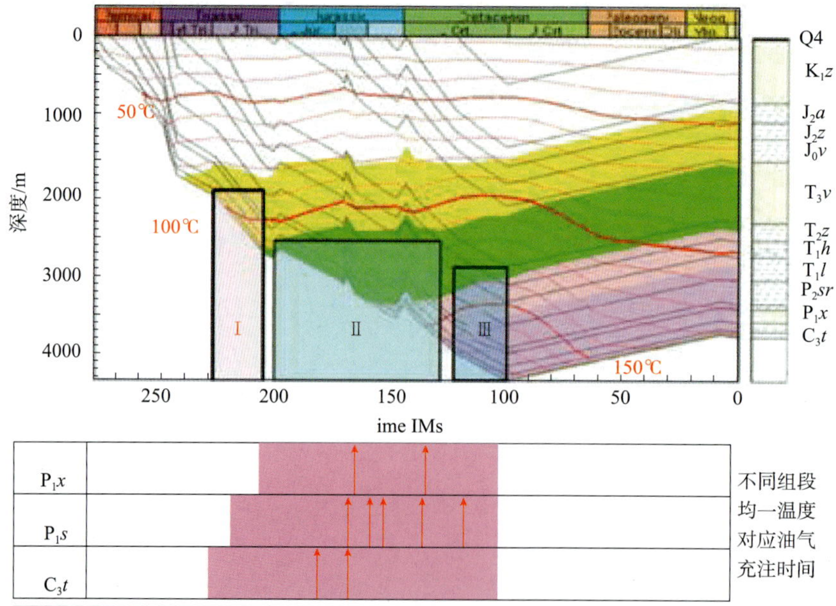

期次	气组成	充注时间/Ma	古地温/°C	*Ro*
I	CO_2(含N_2)	230~205	80~110	0.5%~0.7%
II	CO_2+CH_4	205~135	110~130	0.7%~1.3%
III	CO_2+CH_4	135~100	130~150	1.3%~2.2%

不同期次充注天然气组成及热成熟度

图7-2-11　定北地区上古生界不同组段天然气成藏期次划分图

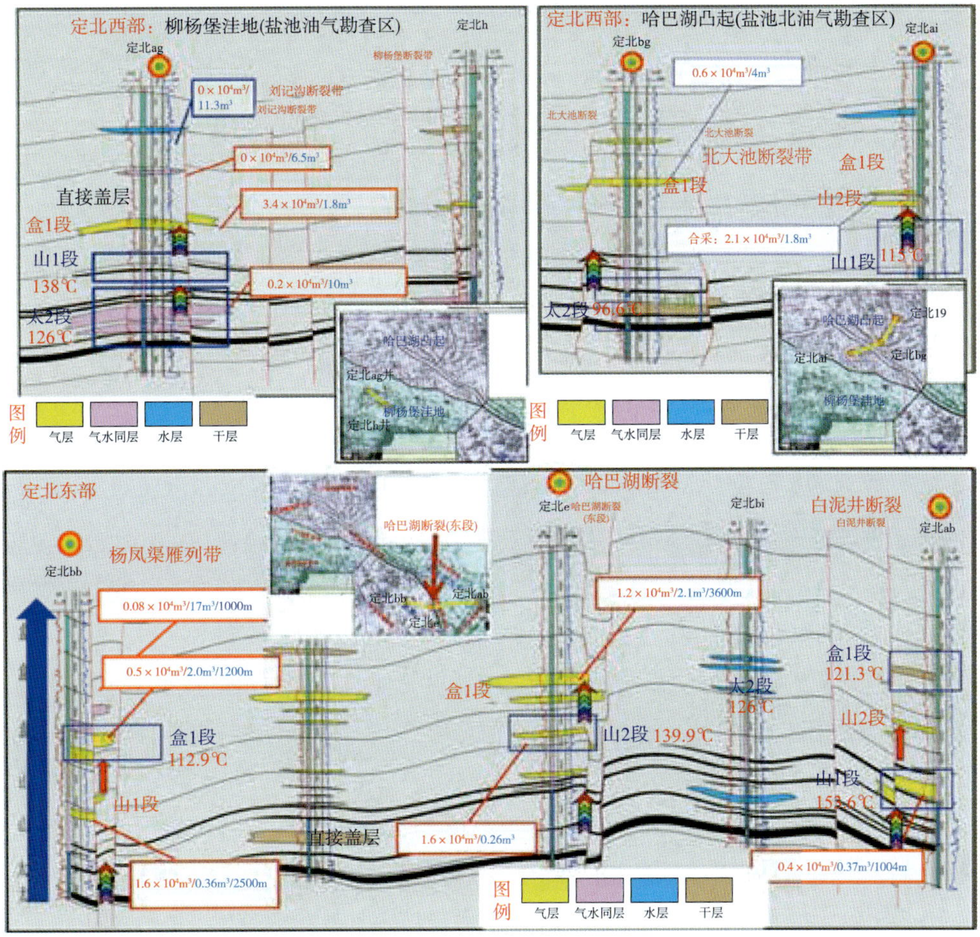

图7-2-12　定北地区上古生界不同区域、不同组段天然气差异成藏模式图

盆地西缘中段上古生界石炭—二叠纪广泛发育煤系烃源岩，与上覆不同类型的砂体在断层控制下的运聚相匹配，形成风格不同的气藏。太原组滩坝规模大，物性好，成藏过程中气水分异明显，在局部构造顶部富集；山西组、下石盒子组盒1段分流河道石英砂岩、岩屑石英砂岩单砂体规模小，在断层、裂缝控制下形成良好源—储配置，煤系烃源岩生成的天然气在断缝疏导下进入储层，择优充注成藏，上石盒子期是以湖相泥质岩沉积为主，为二叠系山西组、下石盒子组的储层提供了良好区域性封盖条件。中生界燕山期以来，受东西方向逆冲推覆影响，盆地西缘西部古生界快速抬升变浅，早期形成的原生油气藏破坏调整，油气发生二次运移，在冲断带内的中小型残留构造中运聚—调整—成藏并被保存，甚至进入上部中生界三叠系、侏罗系砂体成藏；盆地西缘东部受冲断影响发生掀斜，整体表现为西低东高，但河道砂体乃至障壁滩坝多以南北向、北西—南东向展布，天然气受构造面翘倾调整相对有限，成藏期形成的如麻黄山西东部、青石峁等地区的原生油气藏多数得到完整保存，少数处在古生界古凸起核部且断裂发育程度较高的区域如定北、苏里格西南区油气藏侧向及向上调整的幅度相对较大，构造低部位或下

部太原—山1段等层位气藏含水较为普遍。总体而言，盆地西缘中段及麻黄山西、定北地区上古生界气藏具有“源储交互叠置、强生烃长期充注、多层低丰度气层垂向叠置、后期构造调整气藏东西分异、局部构造调整富集”的整体特征。

二、盆地西缘下古生界气藏分布特征

盆地西缘下古生界发育多种类型气藏，大致可分为灰岩岩溶型如天a井、余探a井、余探b井等，礁滩—鲕粒滩云质灰岩—白云岩型如古探a井、棋探a井等，乌拉力克组非常规泥页岩—泥灰岩型如忠d井、宁古a井等。灰岩岩溶气藏主要赋存在奥陶系克里摩里组，按照类型又可以细分为顺层溶蚀岩溶型和断缝相关岩溶型，顺层溶蚀岩溶型气藏主要分布在加里东期岩溶高地—陡坡区，多分布在克里摩里组上部，具有面状分布的特点，上部上古生界底部铝土质泥岩或中奥陶统乌拉力克或拉什仲组暗色泥页岩、含灰泥岩作为盖层和封闭遮挡层，形成类似地层圈闭型顺层岩溶气藏；断缝相关岩溶型气藏多分布在克里摩里组中部，具有沿断层垂向发育的特点，储集空间主要为岩溶洞穴或缝洞，周围相对致密的致密灰岩遮挡层，如余探b井等（图7-2-13）；当这些岩溶洞穴或缝洞与局部构造高部位叠加复合时，往往试气高产或具有强烈的含气显示，如天a井、宁古a井等（图7-2-14）。礁—滩相云质灰岩—白云岩型气藏主要分布在克里摩里组中下部，个别探井如鄂bi井在桌子山组也有发现，相对高孔渗的礁—滩相云质灰岩—白云岩与致密围岩构成有效遮挡，形成岩性气藏如棋探a井；当这些礁—滩相碳酸盐岩储层与裂缝叠加复合时，往往也具有较高的试气产量和含气显示级别，如古探a井、宁古a井。鲕粒滩灰岩—白云岩型气藏主要分布在寒武系张夏组，含气圈闭与奥陶系礁滩相气藏类似，西缘仅个别井如磁a井有发现（图7-2-15）。

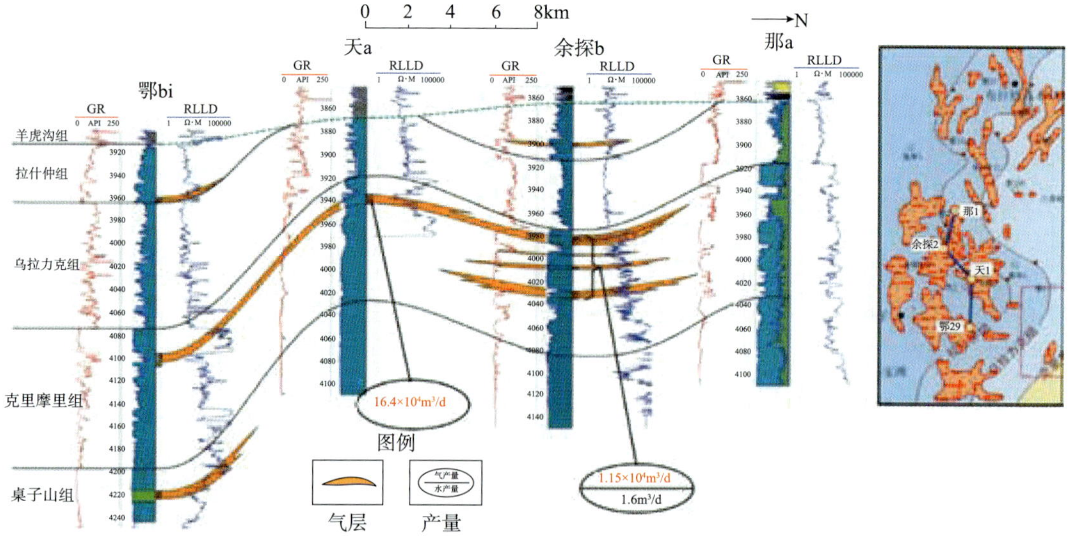

图7-2-13 鄂bi—天a—余探b—那a井奥陶系岩溶缝洞体气藏剖面图

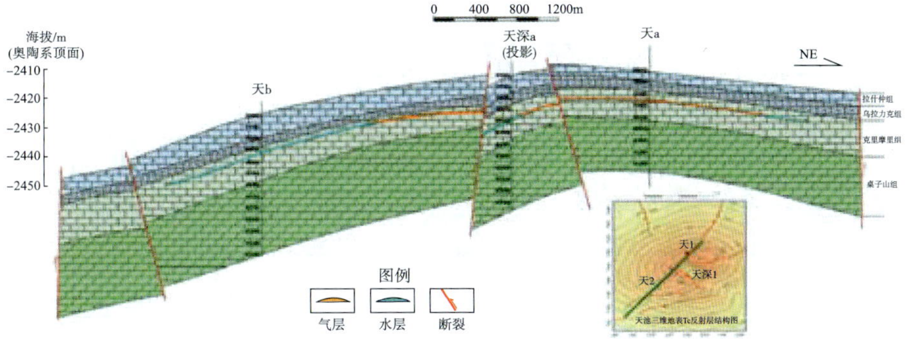

图7-2-14 天池构造奥陶系气藏剖面图

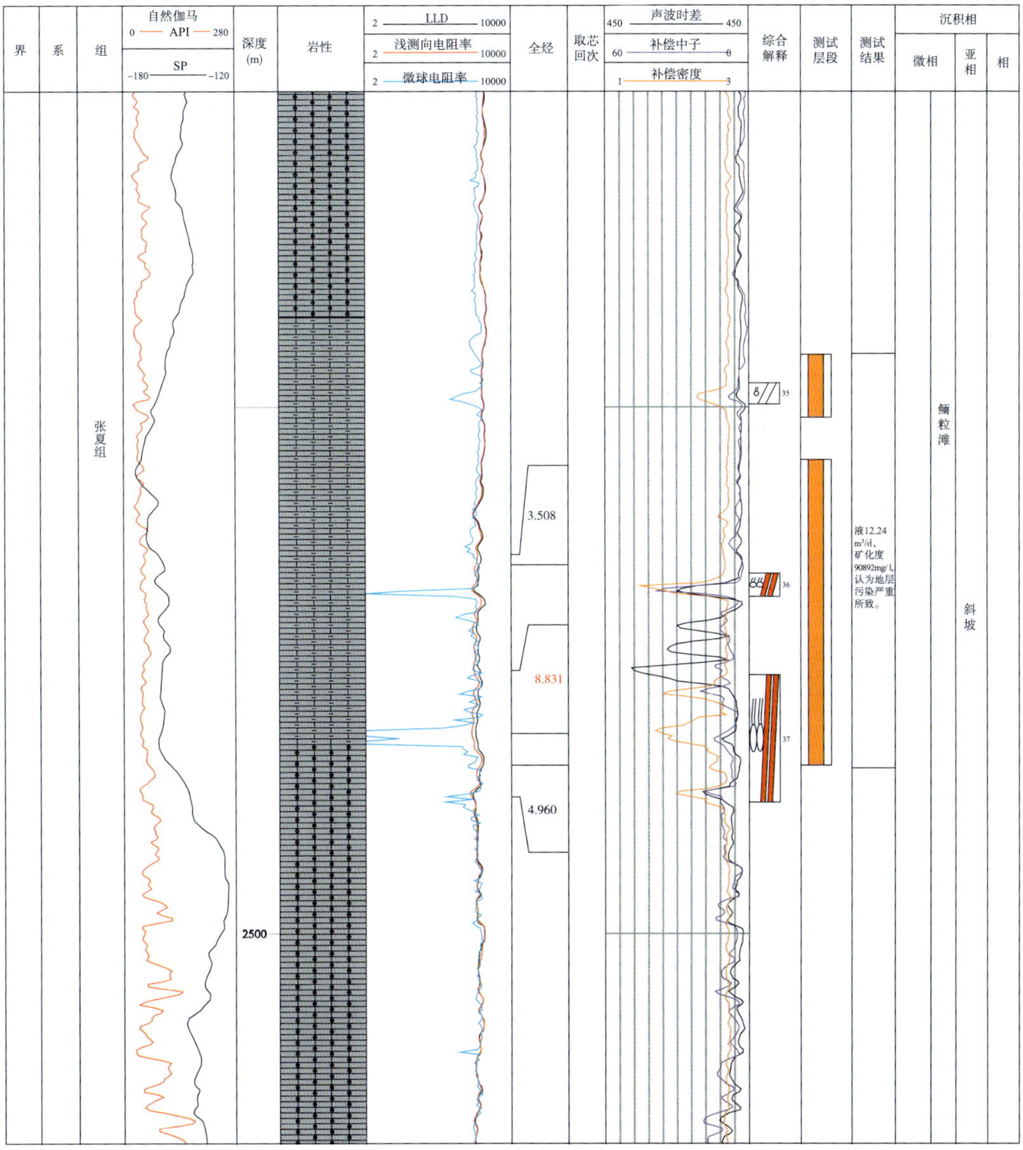

图7-2-15 磁a井张夏组录井测井综合图

盆地西缘下古生界奥陶系克里摩里组、乌拉力克组、拉什仲组天然气甲烷碳同位素普遍偏负，奥陶系井下岩芯中见到大量沥青，储层沥青主要赋存于缝、洞、晶间孔及缝合线中，表明奥陶系存在早期生油过程，现今奥陶系气源主要来自下古生界海相烃源岩，即奥陶系存在自生自储型或下生上储型气藏（表7-2-2、表7-2-3）。统计表明，目前西部地区克里摩里组产量500m³/d以上16口，多数探井的天然气同位素都显示出油型气特征；个别探井克里摩里组与上古生界接触，或上部乌拉力克+拉什仲组盖层较薄，或克里摩里组存在上古向下古侧向供烃窗口时，或处在逆冲复杂构造带被冲断抬升时，天然气成藏由于上生下储、旁生侧储、新生古储，表现出一定的上古煤系供气特征。

表7-2-2　盆地西部古生界天然气碳同位素统计表

井号	层位	$\delta^{13}C$（PDB）/‰						
		C_1	C_2	C_3	iC_4	nC_4	iC_5	nC_5
余探1	克里摩里组	−38.92	−27.17	−25.00				
忠探1	克里摩里组	−38.00	−34.00	−30.60				
李16	拉什仲组	−37.92	−35.85	−28.63				
余探2	克里摩里组	−35.06	−25.42	−22.31	−19.89	−21.04	−20.73	−20.74
天1	克里摩里组	−34.26	−25.71	−20.45				
苏360	克里摩里组	−33.29	−21.43	−24.51				
苏357	克里摩里组	−33.32	−24.53	−22.94				
桃38	马五7+9亚段	−35.75	−26.68					
陕255	马五1亚段	−33.73	−26.35	−25.81	−20.61	−22.07	−20.07	
陕277	马五1亚段	−32.74	−25.26	−24.52	−21.05	−21.84		
召94	马五1+2亚段	−34.84	−23.61					
苏203	马五5亚段	−33.56	−26.46					
苏377	盒8段	−31.85	−22.94	−24.66				
苏361	山1段	−33.71	−24.48	−24.26	−21.39	−21.61		
龙探1	马五7亚段	−39.26	−23.78	−19.72	−19.27	−20.45	−21.96	−22.48

表7-2-3　盆地西缘部分探井沥青含量及赋存形式

井位	位置/m	有机质含量/%	沥青有机质含量	沥青赋存状态
天2	6（40/44）	0.2	30	主要分布在晶、缝、溶孔矿物边缘和方解石脉中
定探1	12（45/67）	0.06	8	主要分布在矿物晶、缝间，呈细条带状。脉中极少见
鄂8	4（2/16）	0.15	28	主要赋存在晶间、缝处和溶孔边缘
鄂7	4128.7	0.6	80	主要赋存在孔隙和溶孔边缘
鄂9	4（7/51）	0.15	15	分布在孔隙边缘

总体来看，盆地西缘下古生界天然气具有多来源的特点，既有来自上古煤系烃源的煤系气，也有来自奥陶系乌拉力克—拉什仲组的海相烃源气或早期海相油藏原油裂解气，甚至可能还有来自深层寒武系或中元古长城系的烃源天然气。从成藏模式来说，盆地西

缘存在至少5种成藏模式。其一为克里摩里组风化壳溶蚀+断缝溶蚀模式，多发育在加里东—海西岩溶期中央古凸起—西部陡坡区域，上古煤系烃源与克里摩里组直接或侧向接触，上古煤系、奥陶系烃源岩生成的气体沿断裂向下或顺层侧向下，运移至风化壳岩溶储层或断缝相关缝洞储层中运聚成藏，气藏具有多源混合的特点，煤系烃源岩的贡献随远离上古生烃窗口逐渐减小（图7-2-16）。其二为克里摩里组礁滩体或寒武系鲕粒滩圈闭成藏模式，多发育在早古生代中央古凸起西部台缘斜坡构造位置，奥陶系乌拉力克—拉什仲烃源岩或寒武系烃源岩生成的气体侧向运移至克里摩里—桌子山礁滩相灰岩—白云岩或张夏组—三山子鲕粒—竹叶状灰岩—白云岩储层运聚成藏，天然气主体源于下古海相烃源岩，在下古伸展断裂发育时可能有深部寒武系—长城系烃源岩的贡献。其三为冲断层下盘台缘隆起成藏模式，多发育在奥陶系台缘隆起带与西缘逆冲带下盘的复合部位，处在冲断裂下盘相对构造低部位的奥陶系烃源岩或上古煤系烃源岩生成的气体侧向线上运移至相对构造高部位的礁滩相储层中聚集成藏。其四为逆冲推覆构造带残留或次生气藏成藏模式，多发育在西缘逆冲推覆改造带内，既有受逆冲推覆构造控制的背斜构造气藏，又有处在相对稳定区的向斜残留岩性气藏，气藏天然气与局部构造、断裂体系密切相关，来源相对较为复杂。其五为乌拉力克组自生自储的海相页岩气成藏模式，多发育在受中生代以来逆冲推覆构造改造较小的乌拉力克组沉积较厚的广海盆地或台缘斜坡区，乌拉力克组中下部泥页岩形成的气体自生自储或发生组段内向上运移聚集成藏。上述五种成藏模式中，第一、二、五种成藏模式在盆地西缘已有工业级发现，第三、四种成藏模式已有较好的油气显示或低产气流产出，目前尚处在积极探索阶段。

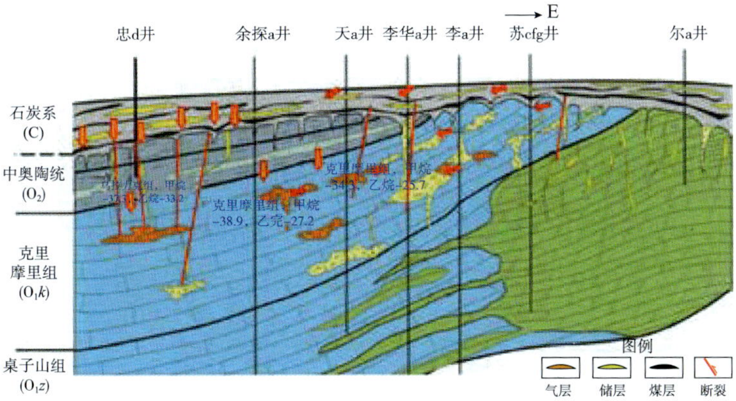

图7-2-16　盆地西缘中段克里摩里组灰岩岩溶气藏成藏模式图

麻黄山西地区芦参a井、宁古a井完钻井位为桌子山组。前者位于西部下古生界逆冲推覆前缘三角带下盘台缘隆起带范围内，在克里摩里组和乌拉力克组具有相对微弱的气侧显示，针对克里摩里组试气产水。分析认为，芦参a井下古高角度正断层相对发育，向上断穿至上古生界底，圈闭落实程度不高、封盖条件较差是该井含气性不好的主要原因。后者位于东北部，克里摩里沉积期位于中央古凸起西侧台内高能浅滩沉积区，乌拉力克沉积期位于台缘斜坡区，加里东—海西岩溶期位于中央古凸起岩溶高地—陡坡区域，该井在克里摩里组下部、中部分别钻遇断缝叠加高能浅滩云质灰岩、断裂相关缝洞高气测显示气层（图7-2-17）；在乌拉力克组顶部钻遇裂缝型泥灰岩型高含气气层；在乌拉力克组中下部钻遇12m左右中等气测强度泥页岩气藏。与北部处在同一成藏区带的古探a、天a、余探a、余探b、忠d等井对比后认为，宁古a井附近克里摩里组构造位置相对较高，中部断裂相关灰岩缝洞发育、下部高能浅滩云质灰岩相对高渗且叠加裂缝发育是天然气发生侧向+垂向运移、规模聚集且相对富集的主要原因。宁古a井乌拉力克组/拉什仲组层序顶界面附近“泥—灰—泥”的“三明治”结构是乌拉力克顶部灰岩普遍具有含气的充分条件，叠加裂缝发育和相对构造高部位是气测显示级别高的首要原因（图7-2-18）。宁古a井乌拉力克组烃源岩厚度相对较薄、有机丰度和含气性偏低是中下部泥页岩储层气测相对偏低的主要原因。

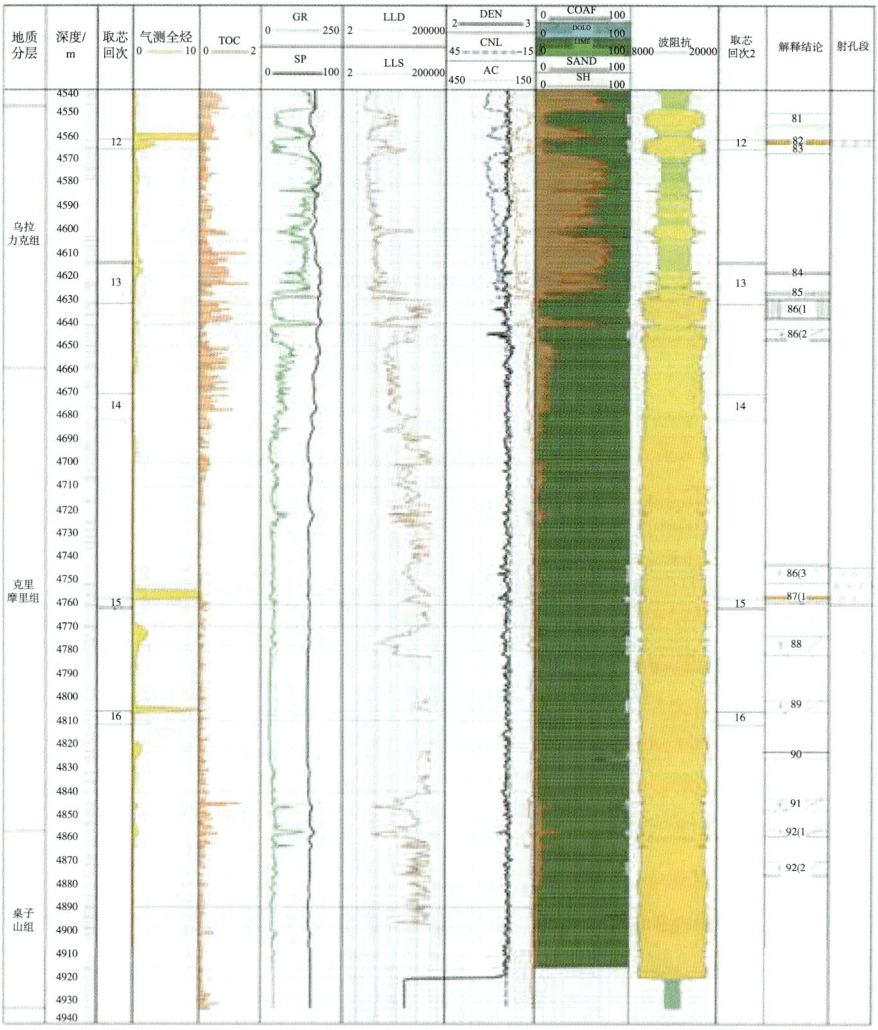

图7-2-17　宁古a井下古生界录井测井解释综合图

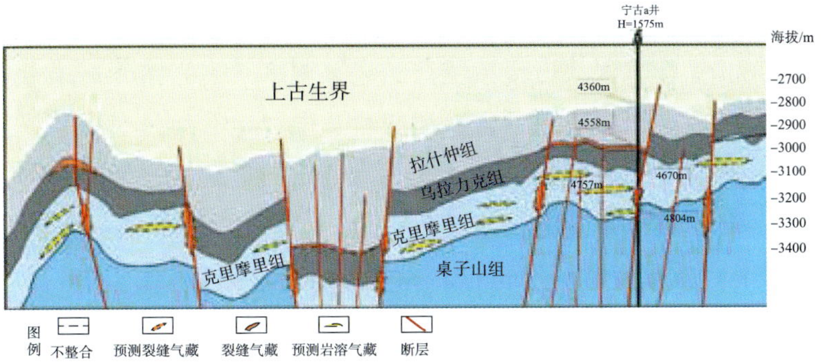

图7-2-18 宁古a井下古生界气藏剖面图(东西向)

总体认为，麻黄山西地区克里摩里组具“多源供烃”、多类型储层立体成藏的特点，上古煤系地层，乌拉力克—拉什仲组烃源岩，以及推测的寒武系徐庄组、苏峪口组暗色泥岩，长城系顶部暗色泥岩均可提供气源，高角度断裂—断裂系统、坡度较陡的克里摩里顶部顺层岩溶带以及前石炭系不整合面构成油气输导—运聚—调整网络，克里摩里组下部礁—滩相白云岩和中上部岩溶储层形成了储集空间，形成了多种类型的碳酸盐岩气藏(图7-2-20)；下部气藏分布受台缘礁滩相、高能浅滩相带储层分布和油气输导运移条件控制；中部气藏分布主要受下古高角度正断层控制；上部气藏分布受加里东—海西期岩溶古地貌、断裂平面展布和中上奥陶统盖层封盖条件控制。乌拉力克组发育自生自储海相页岩气藏，顶部泥灰岩气藏具有组段内下生上储和拉什仲组上生下储、旁生侧储特征。除此之外，推测还发育寒武系张夏—三山子组鲕粒滩—高能滩云质灰岩—白云岩气藏、蓟县系王全口组潮间—潮下带微生物丘滩白云岩气藏，气藏与断裂及局部构造关系密切(图7-2-19)。

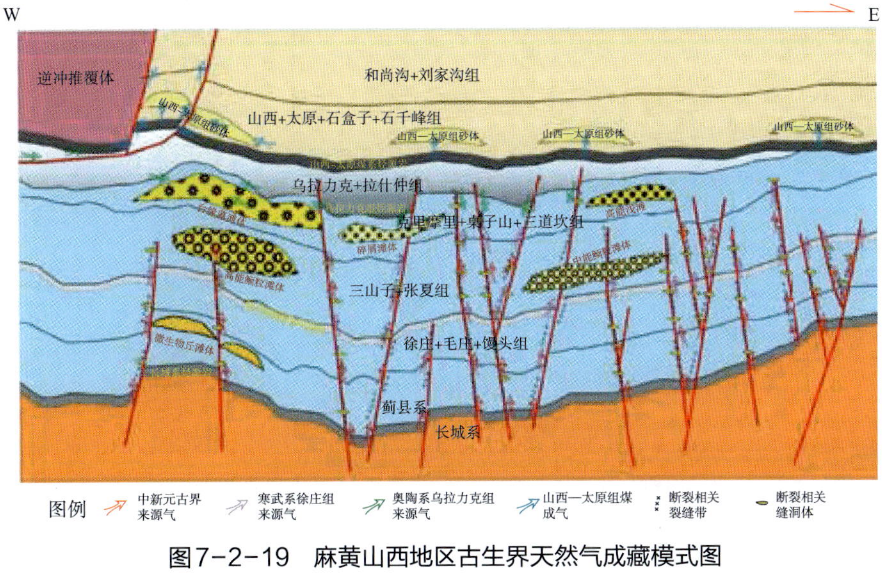

图7-2-19 麻黄山西地区古生界天然气成藏模式图

定北地区定北h等井在奥陶系顶部云质灰岩—白云岩岩溶缝洞中钻遇微弱气显示，在奥陶系中部桌子山组钻遇1m裂缝气藏，试气日产气586m³/d，无阻流量820m³/d(图7-2-20)。

初步分析发现，前石炭系岩溶含气储层发育在上古储层发育较差或不发育区域，且普遍靠近断裂与裂缝，试气普遍含水。区域统计结果表明，下古岩溶领域试获工业气流探井普遍发育乌拉力克组—拉什仲组泥页岩—泥灰岩盖层，定北地区奥陶系直接与上古煤系地层接触，缺乏区域盖层，成藏期—构造期一直处在斜坡区域，油气容易沿区域不整合面发生自西向东区域运移；并且定北地区位于岩溶高地区域，天环坳陷与伊陕斜坡交接区，高角度断裂发育，煤系烃源岩生成的天然气更容易向上运移在上古碎屑岩中聚集成藏。奥陶系中部桌子山组裂缝气藏天然气成因来源目前尚不清楚，气源到底是来自深层中元古/寒武系潜在烃源岩向上运移还是来自上古煤系烃源岩向下运移尚需进一步深入研究。

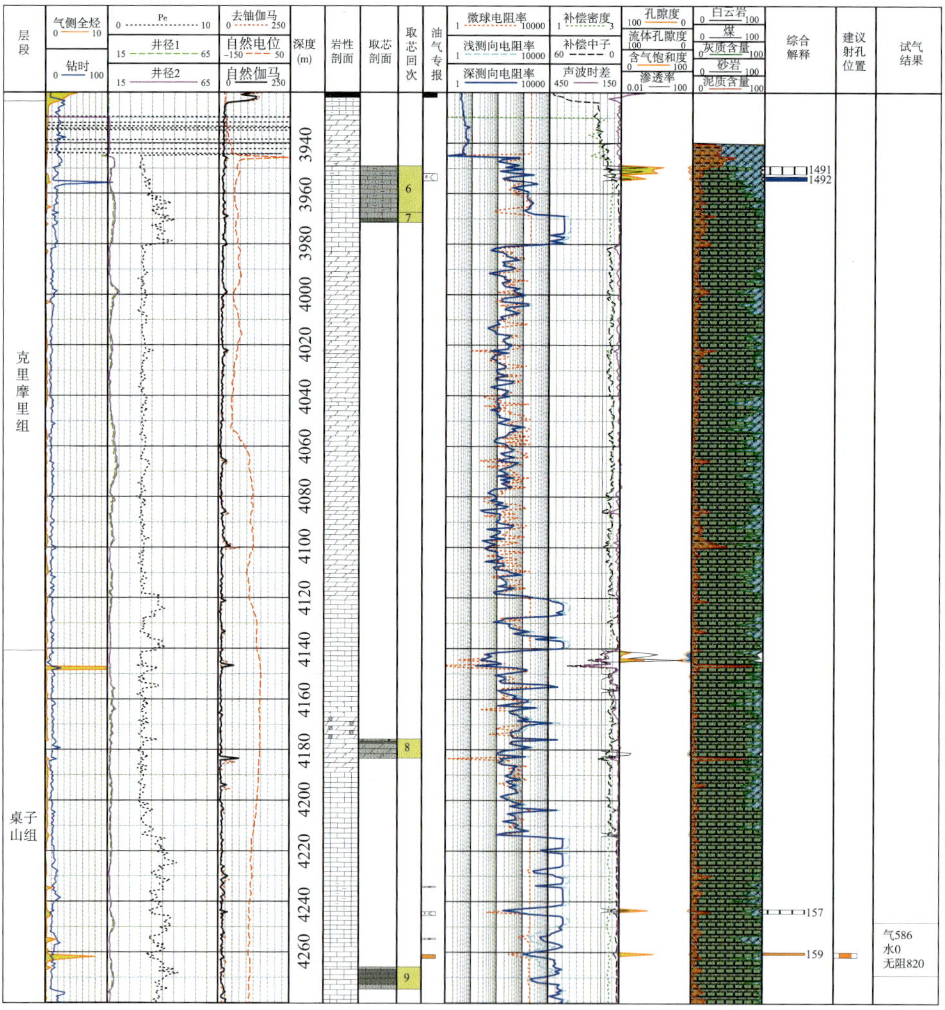

图7-2-20　定北h井下古生界测井综合图

总体而言，定北地区下古—中元古界天然气目前勘探程度低，发现较少，关于下古生界地层结构、沉积特征、基本成藏条件、成藏富集模式等基础认识相当模糊，且主要根据区域推测，认识深入尚待系统开展研究工作。

三、麻黄山西—定北地区古生界天然气勘探潜力评价

1. 研究区及其周缘勘探成果

西缘逆冲复杂构造带是鄂尔多斯盆地最早开始古生界油气勘探的地区，早在1965年5月就在刘家庄构造实施了刘庆a井，并在上古生界石盒子组砂岩中获得日产气57864m^3，这一发现拉开了西缘天然气勘探的序幕。1981年、1983年先后在胜利井构造上发现任d、任f两口天然气井，1984年在胜利井北断块上任aa井获得高产，下石盒子组试气27.4×$10^4m^3/d$，发现了胜利井气田，西部天然气勘探取得了重大突破。

1985年以后，上、下古生界勘探相结合，向西缘冲断带东侧发展，1986年在天池构造上钻遇奥陶系的天a井试获16.4×$10^4m^3/d$高产气流；1987年实施了中日合参井，在下石盒子组试获2.07×$10^4m^3/d$天然气流，凝析油0.397m^3/d，发现了白吐井气藏；自20世纪90年代后，以奥陶系风化壳为主要勘探目的层，区域甩开勘探，完钻了定探a井、定探b井、盟f井、鄂g井等一系列探井，多数探井在下古奥陶系失利，仅鄂f井在兼探层山1段试气0.1×$10^4m^3/d$，鄂g井在山1段、山2段合试气产量1.5×$10^4m^3/d$。

近年来，中石油在鄂尔多斯盆地西缘中段下古生界海相碳酸盐岩勘探取得重要进展。2015年，针对克里摩里组高能浅滩相带实施了古探a井，钻遇滩相灰岩气层6.0m，试气获1.62×$10^4m^3/a$，反映了台缘相带的成藏潜力。在天环地区针对奥陶系部署的余探a井、余探b井先后试获3.46×$10^4m^3/d$、1.16×$10^4m^3/d$的工业气流。乌拉力克泥质碳酸盐岩、页岩气勘探也获重要进展，多口探井在乌拉力克组泥质灰岩—灰质泥岩中钻遇高含气显示，针对乌拉力克泥页岩部署的忠d井试气获4.18×$10^4m^3/d$高产气流，随后部署的忠平a井获26.5×$10^4m^3/d$高产气流，试采日产气（1.5~6.4）×$10^4m^3/d$，获得深层页岩气勘探突破。与此同时，盆地西缘中段天环坳陷青石峁—高沙窝地区上古生界致密碎屑岩勘探也获得重大突破，2019年，青石峁地区发现宁夏首个千亿立方米大气区，落实含气面积2500km^2，其中李eg井获得日产16×$10^4m^3/d$的工业气流，11口井获工业气流多口井日产大于10×10^4m^3，成为鄂尔多斯盆地西缘近30年来的最重大油气勘探发现，成果被评为中石油2019年十大发现之一；2022年青石峁地区提交探明储量1840×10^8m^3，目前已进入3×10^8m^3产能建设阶段。西缘冲断带上古生界天然气勘探也有新进展，针对逆冲断裂下盘隐伏构造带部署的驿探a井在上古盒1段试获6268m^3/d的低产气流，忠e井在山西组试获1.11×$10^4m^3/d$的工业气流。

截至目前，在西缘冲断带上古生界发现了胜利井和刘家庄两个气田，含气面积12.8km^2，地质储量20.15×10^8m^3；探井发现了一系列中小型构造气藏。在西缘中段天环坳陷区域发现了探明储量超1840亿m^3的青石峁—高沙窝气田。西缘中段西缘冲断带—天环坳陷过渡区域下古生界发现了一系列如天池、李家场、李华台等含气构造，发现了一

系列岩溶缝洞有利区，针对这些含气构造部署的部分探井也获得了点上的突破。

麻黄山西地区古生界勘探程度很低，截至目前，仅有芦参a井、宁深a井、宁古a井3口完钻层位在奥陶系的探井。其中芦参a井、宁深a井位于研究区西部逆冲推覆前锋带范围，前者在上古生界山西组、下石盒子组钻遇4层高气显示层段合计14.1m，后者在太原组、石千峰组钻遇3层高气显示层段合计8m。由于套管强度不能满足施工要求，这两口探井均未进行试气作业。宁古a井位于研究区东北部，在上古、下古均钻遇良好天然气显示，在上古钻遇气显示20层合计64.72m，重点层位为山西—太原组，录井解释主要为气测异常层—含气层；在下古钻遇气显示12层合计33.14m，主要层位为乌拉力克—克里摩里组，录井解释为气测异常层、裂隙气—气层；目前该井正进行试气作业并初步在克里摩里组获得低产气流，在提高施工作业质量的基础上有望获得突破。

定北地区古生界勘探程度已较高，截至目前已有探井28口，气藏评价井18口。完钻28口探井中有27口针对古生界气层进行了测试作业，单层无阻流量大于2万m^3/d的井有4口，大于1万m^3/d的井有10口，试气获得稳定产量的钻井产层均为上古生界。当前生产井9口，探井5口，开发水平井4口，平均单井日产气2178m^3，相对较低。截至目前，定北地区保有天然气探明储量$549.65\times10^8m^3$、控制储量$614.59\times10^8m^3$、预测储量$332.49\times10^8m^3$（山1，山2），三级储量合计$1496.73\times10^8m^3$。

2. 麻黄山西地区古生界勘探潜力

麻黄山西地区已有探井证实发育上古山西—太原煤及暗色泥岩、奥陶系乌拉力克—拉什仲组暗色泥页岩—含灰泥岩烃源岩，盆地原型及地震预测发育中寒武统徐庄组、下寒武统苏峪口组、长城系顶部暗色泥岩烃源岩。其中上古煤系烃源岩通过TSM盆地模拟计算资源量$2183.15\times10^8m^3$；奥陶系乌拉力克—拉什仲组计算资源量$1678.62\times10^8m^3$；成因类比计算徐庄组、苏峪口组、长城系顶部资源量分别为$279.77\times10^8m^3$、$2182.21\times10^8m^3$、$1091.11\times10^8m^3$。上述5套烃源岩合计资源量$7414.86\times10^8m^3$，麻黄山西地区天然气资源丰度高达$8.74\times10^8m^3/km^2$，具有资源规模大、丰度高的整体特点（表7-2-4）。

表7-2-4　麻黄山西地区中新元古—古生界资源量计算表　　10^8m^3

上古暗色泥岩资源量	上古煤层资源量	上古煤系资源量	TSM盆地模拟法求取
72745	1455.7	2183.15	
奥陶系平凉组资源量	奥陶系拉什仲组资源量	奥陶系烃源资源量	平凉组TSM；拉什仲组类比，后者平均TOC与前者相当，厚度约是2倍
559.57	1119.08	1678.62	
寒武系苏峪口组资源量	寒武系徐庄组资源量	寒武系烃源资源量	类比平凉组均已达到干气阶段，前者厚度、TOC分别是平凉组的3倍、1.3倍，类比系数3.9；后者TOC与平凉组相当：厚度是平凉组的0.5倍，类比系数0.5
2182.21	297.77	2479.98	
长城系顶暗色泥岩资源量	—	长城系顶部资源量	类比平凉组，均已达到干气阶段，长城系暗色泥岩厚度、TOC分别是平凉组的1.3倍、1.5倍，类比系数1.95
1091.11	—	1091.11	
合计资源量			7414.86

与盆地西缘其他地区相比，麻黄山西地区地层齐全，厚度大，仅古生界地层就超过2000m，从上古生界石千峰组一直到中元古界长城系均为有效的勘探层系；麻黄山西地区古生界—中元古发育多套有效或潜在烃源岩、储层及生储盖组合，除了西部少部分地区上古生界受西部逆冲复杂构造带改造造成封盖条件稍差，其余区域和层系封盖条件良好。

麻黄山西地区西部宁深a井在受冲断改造的石千峰组钻遇高气测天然气显示；处在逆冲推覆前缘下盘的芦参a井在下石盒子组砂岩、山西组砂岩、乌拉力克组中下部泥页岩钻遇气测异常显示；处在东北部构造稳定区的宁古a井在山2段、山1段、太2段、太1段、加里东不整合面、乌拉力克组顶部泥灰岩、乌拉力克组中下部泥页岩、克里摩里组中部、克里摩里组中下部等9个层段均钻遇高气测显示；整个地区古生界天然气勘探表现出多层系、多类型、立体成藏的特点。

2019—2022年在对麻黄山西地区开展风险探井部署和实施时，针对三维地震覆盖区的重点勘探层系开展了系统的圈闭描述工作；以此为基础，针对研究区及周缘重点目标层系，采用圈闭法计算三维区盒1段、山2段、乌拉力克组顶部泥灰岩、乌拉力克组中下部泥页岩、克里摩里组顶部灰岩岩溶、克里摩里组中部岩溶缝洞、克里摩里组中下部礁滩相灰岩—白云岩资源量分别为$136.12\times10^8m^3$、$143.2\times10^8m^3$、$98.55\times10^8m^3$、$223.76\times10^8m^3$、$245.92\times10^8m^3$、$348.8\times10^8m^3$、$291.16\times10^8m^3$，合计$1487.51\times10^8m^3$；类比计算麻黄山西地区上述层段资源量分别为$439.11\times10^8m^3$、$429.6\times10^8m^3$、$295.65\times10^8m^3$、$745.76\times10^8m^3$、$759.38\times10^8m^3$、$1046.4\times10^8m^3$、$884.75\times10^8m^3$，合计$4600.65\times10^8m^3$（表7-2-5）。除此之外，上古生界山1段、太2段、太1段、加里东不整合面也展现出天然气发现的新苗头，深层的张夏—三山子组、蓟县系王全口组也值得进一步探索。整体而言，麻黄山西地区天然气勘探潜力巨大，近中期有望首先在上古生界、下古奥陶系实现新层系、新类型天然气勘探突破，中长期有望在下古深层的寒武系、蓟县系有新的天然气勘探发现。

表7-2-5 麻黄山西三维区勘探主要层段圈闭法（体积法）计算资源量统计表

天然气圈闭类型		麻黄山西三维区			麻黄山西地区		
		西部隆起带	东部凹略带	合计	西部隆起带	东部凹略带	合计（推测）
克里摩里组下部礁—滩碳酸盐岩岩性圈闭	面积/km^2	53.27	72.42		139.92	241.37	
	储层平均厚度/m	30	32		30	32	
	资源量/10^8m^3	121.25	169.91	291.16	318.47	566.28	884.75
克里摩里组中部落洞—缝洞性灰岩圈闭	面积/km^2	58	121		174	363	
	储层平均厚度/m	35	35		35	35	
	资源量/10^8m^3	110.8	238	348.8	332.4	714	1046.4
克里摩里组顶部灰岩顺层岩溶圈闭	有利区面积/km^2	55.64	103.06		146.14	343.48	
	平均储层厚度/m	25	28		25	28	
	资源量/10^8m^3	85.28	160.64	245.92	223.99	535.39	759.38

续表

天然气圈闭类型		麻黄山西三维区			麻黄山西地区		
		西部隆起带	东部凹略带	合计	西部隆起带	东部凹略带	合计（推测）
乌拉力克组泥岩岩型页岩气	面积/km^2	—	190.89		—	636.2	
	储层平均厚度/m	—	10		—	10	
	资源量/10^8m^3	—	223.76	223.76	—	745.76	745.76
乌拉力克组泥灰岩型页岩气	面积/km^2	—	84.3		—	2529	
	储层平均厚度/m	—	14		—	14	
	资源量/10^8m^3	—	98.55	98.55	—	295.65	295.65
太2段河道砂岩岩性圈闭	面积/km^2	23	118.3		69	3549	
	储层平均厚度/m	18	18		18	18	
	资源量/10^8m^3	23.31	119.89	143.2	69.93	359.67	4296
盒1段河道砂岩	有利区面积/km^2	19.38	113.96		50.9	379.81	
	平均储层厚度/m	19	18		19	18	
	资源量/10^8m^3	20.61	115.51	136.12	54.13	384.98	439.11
总计	资源量/10^8m^3			1487.51			4600.65

3. 定北地区古生界勘探潜力

定北地区证实发育二叠系山西—太原煤及暗色泥岩，不发育奥陶系平凉组，“十三五”油气资源评价仅针对煤系烃源岩用成因法计算天然气资源量为$1987.22\times10^8m^3$（表7-2-6），圈闭法计算资源量为$1826.59\times10^8m^3$（表7-2-7），特尔斐法计算资源量为$1906.91\times10^8m^3$。从资源量和已发现地质储量来看，定北探区资源探明程度中等，约在28.8%，资源发现程度相对较高，已达到67.9%~78.5%。

表7-2-6 定北区块资源量计算参数及结果

探区	面积/km^2	煤层厚度/m	*Ro*/%	q	生烃量/10^8m^3	生聚系数/%	资源量/10^8m^3
大牛地气田	2003.072	20	1.7	0.70	75840	9.6	7280.64
定北探区	888.426	13	1.9	0.95	29661.02	6.7	1987.22

表7-2-7 定北地区各评价单元古生界各主要勘探层体积法计算资源量

区带	层位	起算储层厚度/m	面积/km^2	含气饱和度/%	体积系数	孔隙度/%	有效储层厚度/m	资源量/10^8m^3
柳杨堡	盒3段	4	186.41	57.6	0.00432	6.8	4.8	81.13
	盒2段	4	138.23	55.2	0.00432	7.3	4.4	56.73
	盒1段	4	361.9	68	0.00432	6.9	11.2	440.23
	山2段	4	134.6	65.6	0.00432	6.9	5.9	83.21
	山1段	4	62.78	64.1	0.00395	6.5	5.8	38.41
	太2段	6	385.66	72.1	0.00395	6.4	12.2	549.65

续表

区带	层位	起算储层厚度/m	面积/km^2	含气饱和度/%	体积系数	孔隙度/%	有效储层厚度/m	资源量/10^8m^3
魏井	盒2段	4	59.9	58.5	0.00432	7.3	3.5	20.72
	盒1段	4	302.9	65	0.00432	6.8	10.8	334.70
	山2段	4	204.6	65.6	0.00432	6.9	6.8	145.78
	山1段	4	98.74	64.1	0.00395	6.5	7.3	76.03
合计								1826.59

在资源量计算基础上，根据钻井标定，定北地区上古生界各层细分，从下向上太2段储层最发育，最新计算圈闭资源量为565×10^8m^3，已探明储量549.65×10^8m^3，剩余资源量仅为15.35×10^8m^3；山1、山2段储层相对较发育，最新计算圈闭资源量分别为120×10^8m^3、200×10^8m^3，估算预测储量分别约为80×10^8m^3、50×10^8m^3，剩余资源量分别为40×10^8m^3、150×10^8m^3；盒1段储层发育，圈闭资源量为805×10^8m^3，提交控制储量后剩余190.41×10^8m^3；盒2、盒3段储层相对不发育，最新计算圈闭资源量分别为100×10^8m^3、95×10^8m^3，均为剩余资源量（表7-2-8）。除此之外，下古生界前石炭系岩溶领域尚有约（30~60）×10^8m^3未进行圈闭评价的剩余资源量。如此，剩余资源量中，盒1段、山2段、山1段规模相对较大，应是近期勘探的主力目的层，但按照已有的工程技术能力，目前存在直井产量偏低，水平井出水量大且气产量增加不明显，储量有效动用和勘探潜力释放依赖于含水气藏试油气及开采技术的进展与突破；盒2、盒3段剩余资源量中等，气藏与局部构造、断裂关系密切，目前钻井效果相对较差，需要针对性开展精细评价释放勘探潜力；太2段剩余资源量少，勘探潜力已较小；下古奥陶系岩溶缝洞领域从宁古a井以及邻区获得的成果看，剩余资源量为（30~60）×10^8m^3，过于保守，按照新区、新层系、新类型针对性开展系统工作，会展示出较大的勘探潜力；为了解决单层开发潜力不足、储量丰度低的缺陷，加强不同类型储层叠合关系研究，以组合井、丛式井开展“井工厂”部署，是高效勘探的出路。

表7-2-8 定北地区上古生界各层系圈闭资源量统计表（2022年）

主要含气层系	圈闭面积/km^2	圈闭资源量/10^8m^3	地质资源量/10^8m^3				
			探明	控制	预测		剩余圈闭
					提交储量	重新估算	
太2段	392	565	549.65				0
盒1段	635	805		614.59			0
山1段	225	120			244.76	80	40
山2段	390	200			87.73	50	150
盒2段	260	100					100
盒3段	255	95					95
合计	2157	1880	549.65	614.59	332.46	130	385

第八章

资源潜力与勘探方向

鄂尔多斯盆地是我国大型内陆含油气盆地和最大的含煤盆地，也是我国开展石油勘探开发最早的地区，至今已走过近一个世纪的勘探历程，并且取得了举世瞩目的成就。盆地碎屑岩层系作为大规模岩性油气藏勘探开发已获得巨大效益。鄂尔多斯盆地地处中国中西部接合部位，以结构简单、构造平缓、沉降稳定、地层整合而闻名，更以油气藏隐蔽、复杂和低品位、低渗透而著称。“九五”以来，鄂尔多斯盆地天然气储量快速增长，已成为全国天然气勘探的重点地区之一，盆地油气资源潜力巨大，是我国油气勘探的重要战场，具有良好的勘探开发前景。中国石化华北油气分公司在鄂尔多斯盆地共有8个主体勘察区块，面积约为2.5万km^2，北部勘探天然气，南部油气兼探。

第一节　资源潜力分析

通过生烃史模拟得到地史时期的生气强度及生烃总量，在排聚系数分析研究的基础上，确定盆地及中石化矿权区上古煤系烃源岩及下古奥陶系马家沟组、平凉组资源潜力。对于研究程度较低的寒武系潜在烃源岩系，主要通过类比法估算盆地及中石化矿权区的资源量。

一、上古生界煤系烃源岩资源潜力分析

下二叠统山西—太原组煤层是上古生界的主力烃源岩层，有机质类型以Ⅱ$_2$–Ⅲ型为主，干酪根碳同位素分布范围是-24.9‰~-22.5‰。从侏罗纪开始进入了生气高峰期，晚白垩世（82Ma）累计生气量达到峰值。鄂尔多斯盆地下二叠统山西—太原组煤系烃源岩大致有三个生烃中心，其中西南部环县—庆阳地区累计生气强度为（60~70）×$10^8m^3/km^2$左右，东部地区累计生气强度为（40~50）×$10^8m^3/km^2$，北部榆林西部地区累计生气强度为（30~50）×$10^8m^3/km^2$（图8-1-1）。山西—太原组暗色泥岩从晚侏罗世（155Ma）开始大量生气，在晚白垩世（82Ma）累计生气量达到峰值，其中盆地中南部庆深a—庆深b—环

ad井地区及附近为（10~20）$\times 10^8 m^3/km^2$，盆地西部麻黄山西地区为（10~18）$\times 10^8 m^3/km^2$，盆地南部富县、镇泾地区为（5~15）$\times 10^8 m^3/km^2$，大牛地气田为（4~10）$\times 10^8 m^3/km^2$，彬长地区累计生气强度为（1~5）$\times 10^8 m^3/km^2$（图8-1-2）。

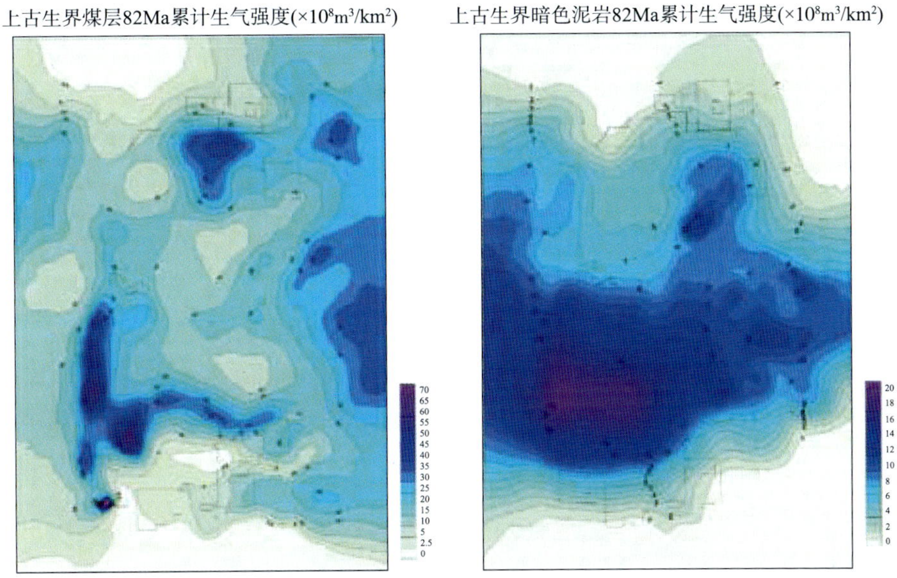

图8-1-1　鄂尔多斯盆地上古生界煤系烃源岩生气强度（左）和暗色泥岩生气强度（右）图

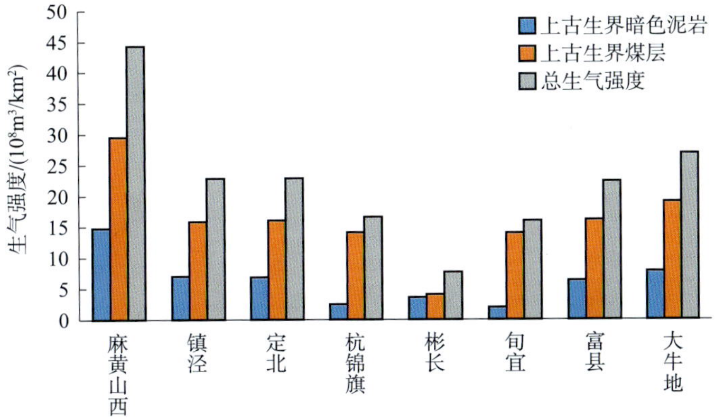

图8-1-2　鄂尔多斯盆地中石化矿权区上古生界暗色泥岩、煤层生气强度直方图

TSM盆地模拟计算结果表明，盆地山西—太原组煤层生气量为$543.02\times 10^{12}m^3$、暗色泥岩为$210.90\times 10^{12}m^3$，合计为$753.92\times 10^{12}m^3$；中石化矿权区山西—太原组煤层和暗色泥岩总生烃量为$50.30\times 10^{12}m^3$（表8-1-1）。

表8-1-1　鄂尔多斯盆地中石化矿权区上古煤系烃源岩生烃量、排聚系数与资源量统计表

地区	麻黄山西	镇泾	定北	杭锦旗	彬长	旬宜	富县	大牛地	合计
生烃量/10^8m^3	47876.1	53735.3	19494	159770.6	23217.1	31932.6	102826.1	64132.4	502984.2
排聚系数/%	4.56	3.2	9.44	10.2	7.19	7.09	4.17	11.54	
资源量/10^8m^3	2183.15	1719.53	1840.2	16296.6	1669.31	2264.02	4287.85	7400.88	37661.54

前中石油对古生界天然气排聚系数一般取3.2%左右（平均）；中石化矿权区排聚系数取值差异很大，在1.8%~9.6%，平均在4.9%左右。本次关于盆地排聚系数折中取4.05%左右，最终通过TSM盆地模拟计算得到盆地上古生界的远景资源量为$30.53\times10^{12}m^3$，中石化矿权区上古生界资源总量为$3.76\times10^{12}m^3$。杭锦旗、大牛地、定北区块上古生界资源量发现程度较高，是目前主要的勘探开发区；富县和彬长区块北部上古生界目的层埋藏较浅，构造稳定，是上古生界勘探的接替区，勘探潜力较大；麻黄山西、镇泾区块上古生界埋深较大，目前勘探程度很低，具有一定的资源潜力，是未来值得重点关注的地区。

二、下古生界奥陶系烃源岩资源潜力分析

盆地中东部下奥陶统马家沟组泥质碳酸盐岩、钙质泥岩有机类型为$Ⅱ_1$型，干酪根碳同位素平均值为-28.9‰，主要生气期在白垩纪，早白垩世（122Ma）时期生气强度相对较低，晚白垩世（82Ma）累计生烃达到峰值。其中泥质碳酸盐岩晚白垩世在盆地中东部（米脂凹陷及周边）的累计生烃强度达到$(2\sim9)\times10^8m^3/km^2$，局部达到$(6\sim9)\times10^8m^3/km^2$，南部和西缘的累计生气强度为$(2\sim4)\times10^8m^3/km^2$；钙质泥岩晚白垩世（82Ma）累计生烃强度为$(4\sim14)\times10^8m^3/km^2$（图8-1-3）。中石化富县区块泥质碳酸盐岩、钙质泥岩累计生气强度为$(2\sim6)\times10^8m^3/km^2$，大牛地气田为$(1\sim8)\times10^8m^3/km^2$，中石化其他探区可忽略不计（图8-1-4）。

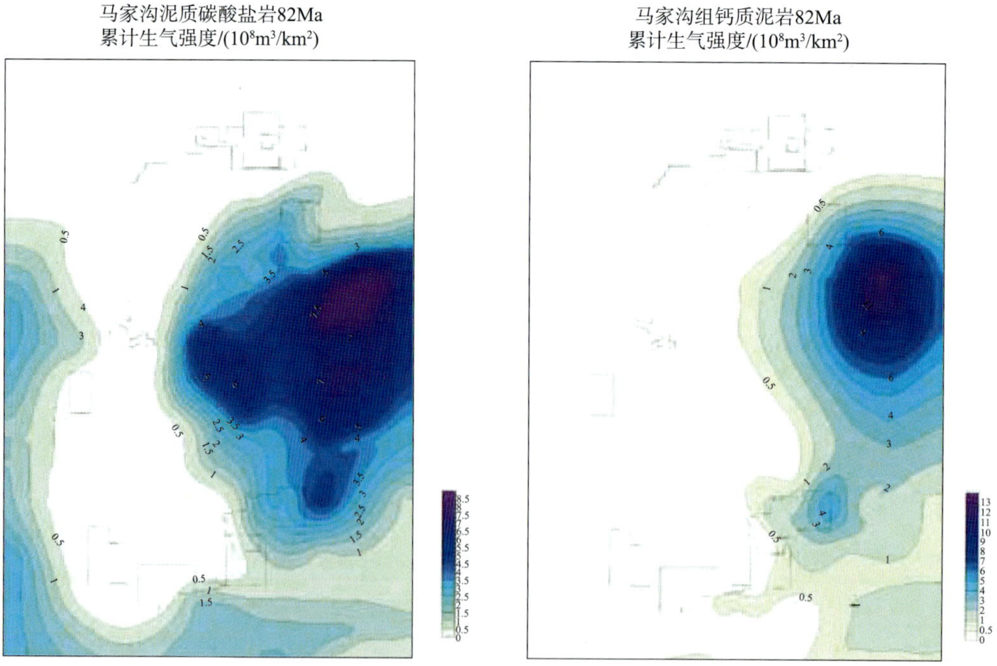

图8-1-3　鄂尔多斯盆地马家沟组泥质碳酸盐岩（左）和钙质泥岩（右）晚白垩世（82Ma）累计生烃强度图

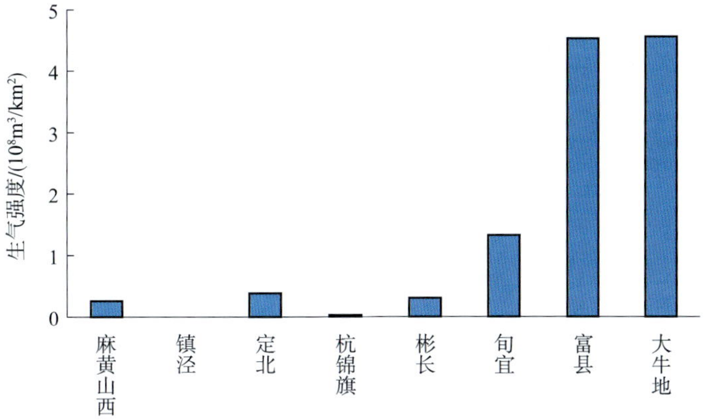

图8-1-4 鄂尔多斯盆地中石化矿权区马家沟组烃源岩生气强度直方图

中奥陶统平凉组下段暗色泥页岩分布在盆地的西缘和南缘，干酪根碳同位素分布范围为-32.3‰~-26.4‰，烃源岩整体为Ⅰ型干酪根，个别为$Ⅱ_1$~$Ⅱ_2$型。烃源岩从晚三叠世开始进入生烃门限，早侏罗世（182Ma）进入生气高峰期，晚白垩世（122Ma）累计生烃达到峰值，生气强度达到了（10~38）$\times 10^8m^3/km^2$，生气中心位于盆地西缘中北段（图8-1-5）。中石化矿权区中仅麻黄山西、磁窑堡地区发育该套烃源岩，生烃强度为（2~6）$\times 10^8m^3/km^2$。

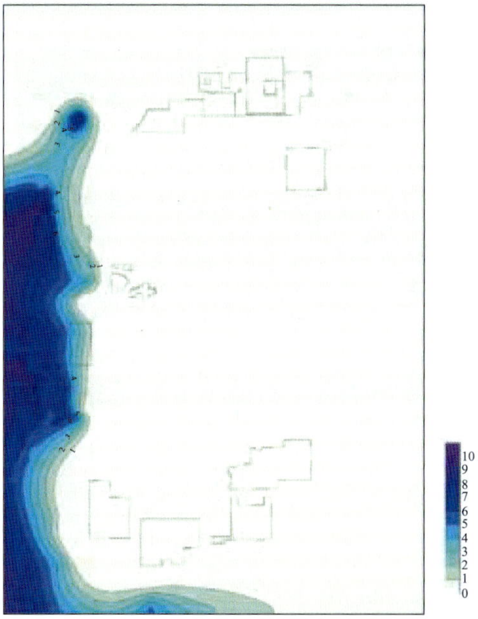

图8-1-5 鄂尔多斯盆地下古生界平凉组泥页岩晚白垩世（122Ma）生气强度图

TSM盆地模拟计算结果表明，鄂尔多斯盆地马家沟组泥质碳酸盐岩生气量为$52.62 \times 10^{12}m^3$，钙质泥岩生气量为$36.18 \times 10^{12}m^3$，合计为$88.8 \times 10^{12}m^3$；平凉组泥页岩生气量为$28.99 \times 10^{12}m^3$。按照5%~10%的排聚系数计算下古生界奥陶系天然气资源量为（4.44~8.88）$\times 10^{12}m^3$。中石化矿权区下古生界马家沟组+平凉组下段烃源岩生烃总量约为$3.58 \times 10^{12}m^3$，按照排聚系数9.6%~15%计算，资源总量为$0.49 \times 10^{12}m^3$（表8-1-2）。需要指出的是，麻黄山西区块生气量和资源量模拟计算时仅考虑了乌拉力克组（相当于平凉组下段）烃源岩，宁古a井实钻证实乌拉力克组顶部的拉什仲组（相当于平凉组下段）暗色泥岩也是有效烃源岩，其有机质丰度、有机质类型与乌拉力克组基本类似，分布面积较乌拉力克组相当，但厚度约为乌拉力克组有效烃源岩厚度的2倍，通过类比乌拉力克组，计算拉什仲组生气量和资源量分别为$1.166 \times 10^{12}m^3$、$0.112 \times 10^{12}m^3$，麻黄山西奥陶系烃源岩生气量和资源量分别为$1.71 \times 10^{12}m^3$、$0.16 \times 10^{12}m^3$。

表8-1-2　鄂尔多斯盆地中石化矿权区下古生界烃源岩生烃量、排聚系数与资源量统计表

地区	马家沟组烃源岩生气量/10^8m^3	平凉组烃源岩生气量/10^8m^3	排聚系数/%	马家沟组烃源岩资源量/10^8m^3	平凉组烃源岩资源量/10^8m^3	合计/10^8m^3
麻黄山西	1105.3	4349.6	9.6	106.11	417.56	523.67
镇泾	0.63	0	9.6	0.06	0	0.06
定北	322.5	0	9.6	30.96	0	30.96
杭锦旗	64	0	12	7.68	0	7.68
彬长	910.73	9.4	9.6	87.43	0.9	88.33
旬宜	2459.79	0.52	9.6	236.14	0.05	236.19
富县	17307.53	0	15	2596.13	0	2596.13
大牛地	9298.83	0	15	1394.78	0	1394.78
总计	31469.31	4359.52		4459.29	418.51	4877.8

目前下古生界奥陶系资源量发现程度较低，其中，大牛地、富县区块资源总量相对较大，已提交了部分三级地质储量，资源潜力仍然较大；TSM盆地模拟及最新的钻井揭示麻黄山西区块奥陶系资源总量较大，资源丰度较高，勘探前景看好。

三、中元古界—寒武系烃源岩资源潜力分析

除了上古生界煤系和下古生界奥陶系两大套明确的烃源岩，盆地还发育寒武系徐庄组暗色泥页岩、寒武系底部暗色泥岩、长城系顶部暗色泥岩三大套潜在烃源岩，其中寒武系徐庄组暗色泥页岩有效厚度大约是平凉组的1/3，TOC约为平凉组的2/3；寒武系底部暗色泥岩有效厚度与平凉组大致相当，TOC约为平凉组烃源岩的3.3倍；长城系顶部暗色泥岩有效厚度与平凉组相当，TOC与平凉组基本一致。在盆地有效勘探范围内，3套潜在烃源岩母质类型相似，均为Ⅰ~$Ⅱ_1$型，且均已达到生气高峰或干气阶段。通过将上述3套烃源岩的分布面积、平均厚度、平均TOC与平凉组类比估算其远景资源量分别可达到$3.69\times10^{12}m^3$、$4.32\times10^{12}m^3$和$7.04\times10^{12}m^3$。中石化矿权区可能普遍发育长城系顶部暗色泥岩、徐庄组暗色泥页岩，麻黄山西、定北区块以及彬长区块的南部可能发育寒武系底部暗色泥岩，简单估算中石化矿权区中元古界—寒武系烃源岩资源总量约为$2.09\times10^{12}m^3$（表8-1-3）。

鄂尔多斯盆地寒武系以下地层油气发现程度很低，目前尚处在风险勘探阶段，从烃源岩叠合、累积厚度、有机丰度来看，中石化矿权区的镇泾地区、麻黄山西地区资源潜力最大，定北和彬长地区次之，富县、旬宜地区资源总量较大，但丰度相对略低，也具有一定的资源潜力。

表8-1-3　鄂尔多斯盆地中元古界—寒武系烃源岩资源量统计表

类别		寒武系徐庄组烃源资源量/10^8m^3	寒武系底部烃源资源量/10^8m^3	长城系顶部烃源资源量/10^8m^3	深层资源量合计/10^8m^3
	盆地	36850	43200	70400	70400
中国石化矿权区总计	麻黄山西	297.77	2182.21	1091.11	3571.09
	镇泾	39.9	—	3650.41	3690.31
	定北	105.45	2285.14	1054.55	3445.14
	杭锦旗	—	—	—	—
	彬长	437.47	994.58	3579.29	5011.34
	旬宜	321.27	1003.48	2409.55	3734.3
	富县	531.19	—	4047.19	4578.38
	大牛地	185.01	—	369.46	554.47
		1918.06	6465.41	16201.56	24585.03

四、含油气系统分析

上古生界煤系烃源岩、下古生界奥陶系烃源岩以及中元古界—寒武系烃源岩为鄂尔多斯盆地古生界天然气成藏奠定了雄厚的物质基础，根据鄂尔多斯盆地区域地质背景以及油气地质特征，以含油气系统思想及方法为指导，可以将鄂尔多斯叠合盆地含气系统划分为五套，即元古界古老层系含气系统、下古生界内幕碳酸盐岩含气系统、上—下古生界不整合岩溶含气系统、上古生界致密碎屑岩含气系统以及中生界浅层含气系统，如图2-4-8、图2-4-9所示。

1. 元古界古老层系含气系统

中元古界是鄂尔多斯盆地基底固化后最早期的沉积层，2006年中石化华北油气分公司实施锦ac井，在中元古界长城系中部（3510~3515m）钻遇良好气测显示，显示段位于中元古界—上古生界不整合面之下730m，中途测试阶段产天然气8800~23970m³/d，距离上古生界煤系烃源岩较远，推测天然气来源于中元古界烃源岩。2019年实施的锦adb井在中元古界顶部自然求产试获7900m³/d气流，该井试气段紧邻中元古界—上古生界不整合面，与上古生界煤系烃源岩直接接触，天然气 $\delta^{13}C_1$ 和 $\delta^{13}C_2$ 值分别为-32.2%和-28.3%，气源分析显示上古生界煤系烃源岩为主要烃源岩，同时具有混源特征。

勘探实践证实了鄂尔多斯盆地元古界古老层系发育有效的含气系统，存在两大成藏组合类型，即“自生自储”成藏组合与“上生下储”成藏组合，前者烃源岩为长城系暗色泥页岩，储集层为元古界碎屑岩，为“自生自储”的源储配置；后者为上覆石炭—二叠系煤系烃源岩与元古界碎屑岩形成的“上生下储”的源储配置。两种成藏组合在北部杭锦旗地区均已取得油气发现（图8-1-6），鄂尔多斯盆地南部中元古界露头及少量探井也已经证实了发育有效的烃源岩和储集条件，能否形成有效的成藏组合有待进一步勘探证实。

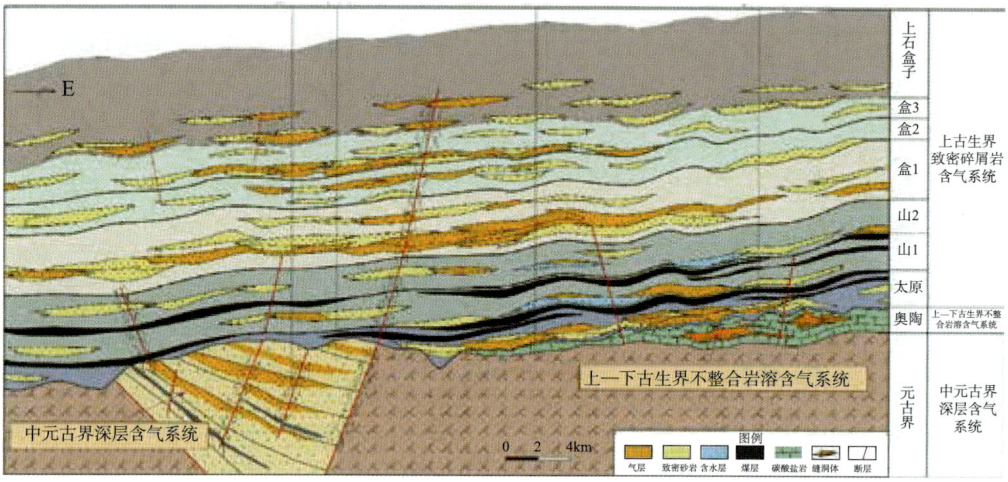

图8-1-6 杭锦旗探区十里加汗区带成藏组合剖面图

2. 下古生界内幕碳酸盐岩含气系统

下古生界内幕碳酸盐岩含气系统主要是指以奥陶系马家沟组、平凉组暗色泥灰岩、泥云岩为烃源岩形成的含气组合（图8-1-7）。气源分析证实，下古生界内幕碳酸盐岩含气系统具有典型的混源特征，大牛地气田下古生界天然气 $\delta^{13}C_2$ 值分布范围为-36.6%~-24.9%，主体小于-29%，为典型的混源气，富县下古生界天然气 $\delta^{13}C_2$ 值分布范围为-37%~-36.4%，属于典型的油型气，均证实下古生界内幕碳酸盐岩具备自生自储的烃源条件。

马家沟组泥质碳酸盐岩在盆地内广泛分布，盆地内部厚度较大，平凉组泥页岩主要分布在盆地西南缘。下古生界奥陶系储层主要发育在马家沟组，受沉积微相、断缝及多期岩溶作用控制，岩溶孔洞型储层、白云岩孔隙型储层、岩溶缝洞型储层等多类型储层在空间上叠置分布，形成有效的储集空间，多期发育的膏岩、岩盐、泥质碳酸盐岩形成良好的盖层。纵向上多套源岩、储层、盖层相互叠置，形成多套自生自储成藏组合，共同构成了下古生界内幕碳酸盐岩含气系统。盆地内部中石油米探a井在马四段试获超 $20\times10^4m^3$ 高产气流，明确了下古生界内幕碳酸盐岩含气系统的勘探潜力。该含气系统的分布主要受烃源岩分布范围的控制，中石化探区位于盆内的大牛地气田、富县区块，位于西南缘的麻黄山西区块下古生界暗色泥灰岩、泥云岩厚度较大，是下一步勘探的重点。

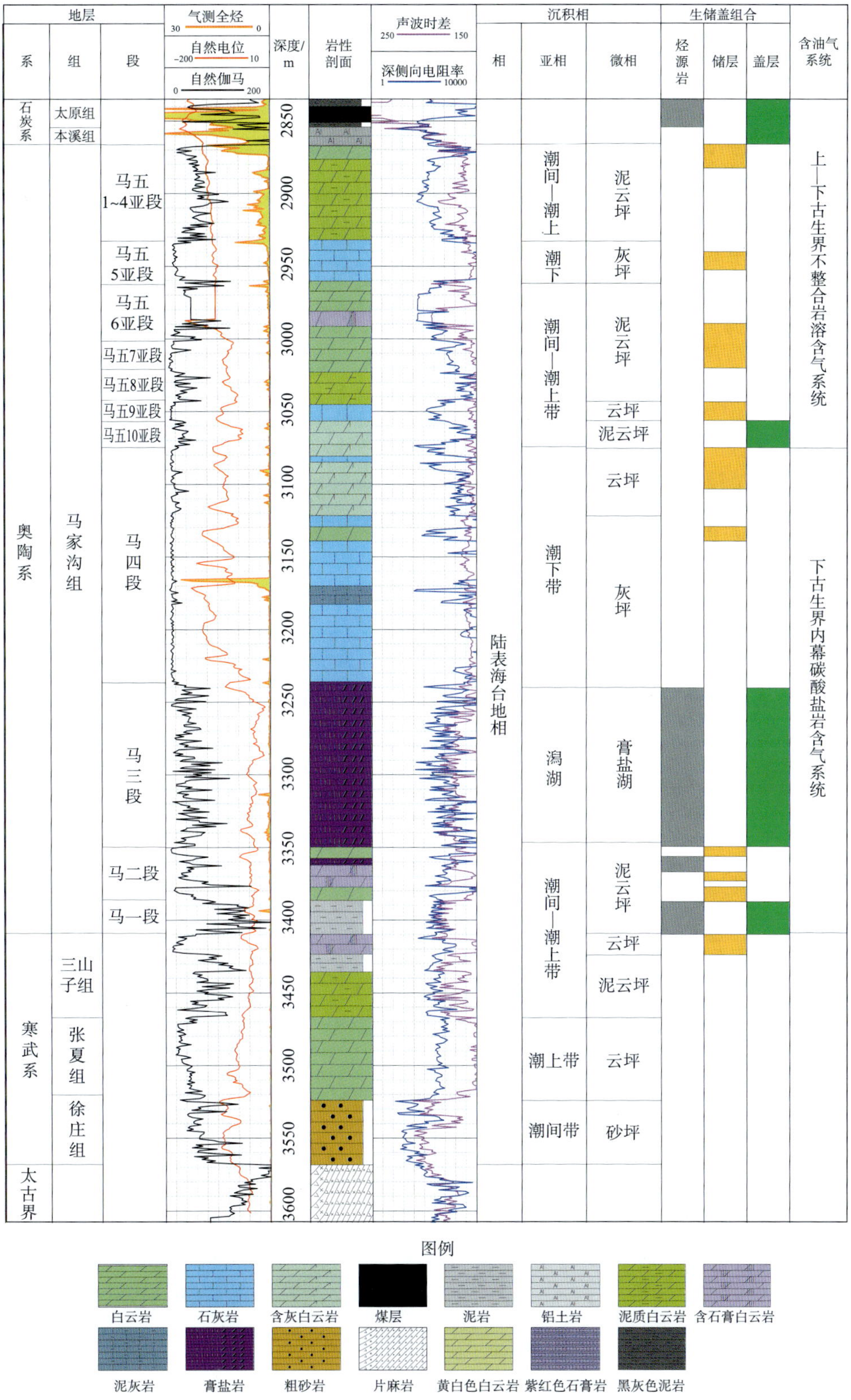

图8-1-7　大牛地气田下古生界成藏组合图

3. 上—下古生界不整合岩溶含气系统

上—下古生界不整合岩溶含气系统以中石油靖边气田和靖西中上含气组合为典型的代表，中石化探区大牛地气田、富县区块与靖西中上含气组合同位于古凸起东侧白云岩带，沉积、构造背景类似，具备基本一致的成藏条件。盆地北部不整合岩溶气藏 $\delta^{13}C_1$ 值重，$\delta^{13}C_2$ 和 $\delta^{13}C_3$ 值较轻，属于以煤成气为主、以油型气为辅的混合气，盆地南部富县地区岩溶气藏甲、乙烷碳同位素发生倒转，体现出了以油型气为主的混源气特征，以富探a井为例，$\delta^{13}C_1$ 值为-33.74%，$\delta^{13}C_2$ 值为-37.49%，$\delta^{13}C_3$ 值为-18.20%，在 $\delta^{13}C_2$—$\delta^{13}C_3$ 关系图版中位于混合气分布区，在 $\delta^{13}C_1$—$\delta^{13}C_{2-1}$ 关系图版中位于油型气分布区。

上古生界广覆式分布的煤系烃源岩，通过不整合面与下伏寒武—奥陶系海相碳酸盐岩储层直接接触，形成良好的“下生上储”型成藏组合，局部地区侧向接触，上古生界生成的天然气在剩余压力的作用下，沿古侵蚀沟槽和古潜沟侧向运移或向下穿层运移进入下古生界岩溶储集层；下古生界海相烃源岩与下古生界碳酸盐岩储集体形成“自生自储”的源储配置关系，近距离运移至储层物性较好的区域聚集成藏，形成了“两源三向供烃”的成藏模式（图8-1-6、图8-1-7）。“十三五”以来，大牛地气田、富县区块下古岩溶含气系统的相继突破，初步实现了大牛地之下找大牛地的目标。

4. 上古生界致密碎屑岩含气系统

目前上古生界致密碎屑岩含气系统仍然是鄂尔多斯盆地储量、产量的主阵地，研究发现上古生界天然气烷烃碳同位素值较重，具备典型的煤成气特征，以石炭—二叠系煤系烃源岩为主力烃源灶。储层主要为石炭系本溪—太原组潮下带障壁砂坝砂体、二叠系山西—石盒子组三角洲平原—前缘分流河道砂体，以岩性圈闭为主。煤系优质烃源岩与本溪—太原组储层形成“自生自储”型的源内成藏组合，与二叠系山西—石盒子组的储层形成“下生上储”型成藏组合，其中山西—下石盒子组储层与烃源岩直接接触，属于近源成藏体系，油气近距离运移、高效充注成藏，上石盒子—石千峰组储层离源较远，主要依靠断裂、裂缝运移疏导，属于远源成藏体系（图8-1-8）。

其中本溪—太原组源内成藏组合受障壁砂坝发育规模控制，分布较为局限，大牛地气田大ff井区D66-115井太1段试获天然气无阻流量为 $64.53\times10^4m^3/d$，已提交探明储量为 $700\times10^8m^3$。山西—下石盒子组近源成藏组合在盆地内广泛分布，鄂尔多斯盆地中石化探区以北缘大牛地气田和东胜气田为典型的代表，“十三五”期间，天然气勘探工作逐渐向盆地南缘延伸，勘探证实盆地南缘也具有形成大中型气田的成藏条件，富县区块部署的新富ab0a井在盒1段测试获得 $22470m^3/d$ 的工业气流。上石盒子—石千峰组远源成藏体系主要分布在盆地边缘过渡带，构造、沉积及油气成藏过渡部位，构造相对复杂，断裂、裂缝发育，利于油气长距离运移成藏，彬长区块部署的风险探井长探a井在上石盒子组盒7段压裂试获日产 $2.6\times10^4m^3$ 的高产气流，证实了鄂南盆缘上古生界天然气良好的勘探前景。

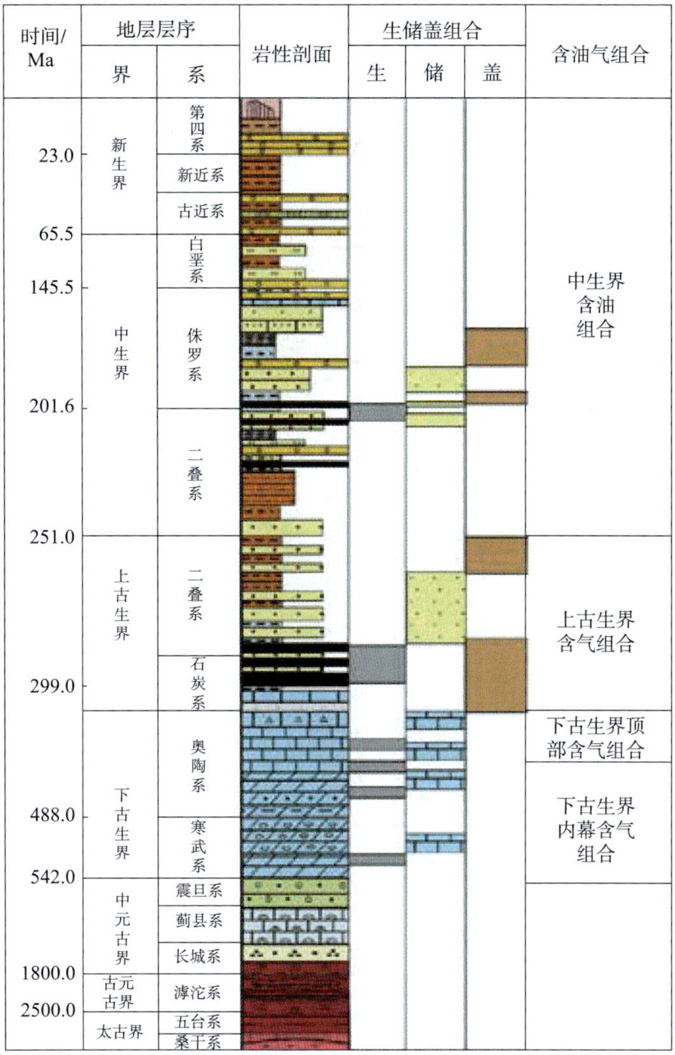

图8-1-8 鄂尔多斯盆地上古生界成藏组合图

5. 中生界浅层含气系统

上古煤系烃源岩品质好、生烃强度大，在有良好运移通道的情况下，具备远距离运移的条件。盆地西缘过渡带构造复杂，尤其是西缘冲断带受逆冲推覆构造改造强烈，易于形成牵引背斜，上古生界优质煤系烃源岩生成的天然气沿逆冲推覆断裂向上运移，在局部构造可聚集成藏。盆地西缘中生界勘探已发现存在纸坊组浅层气藏，三兰公司在环池油田部署的MCbaQ-a井于纸坊组试获$2\times10^4m^3/d$的高产气流，天然气$\delta^{13}C_1$值为-36.11%，$\delta^{13}C_2$值为-24.71%，$\delta^{13}C_3$值为-23.57%，在$\delta^{13}C_2$—$\delta^{13}C_3$和$\delta^{13}C_1$—$\delta^{13}C_{2-1}$关系图中均位于煤成气分布区，证实了纸坊组浅层气藏的气源为上古生界石炭—二叠系煤系烃源岩。

第二节 区带划分与评价

鄂尔多斯盆地经历了多期构造运动，属于典型的叠合盆地，多旋回构造是该盆地构造的基本特征。根据鄂尔多斯盆地构造沉积演化特征，将盆地划分为五个演化阶段，即中晚元古代大陆裂谷发育阶段、早古生代克拉通盆地与边缘坳陷发育阶段、晚古生代克拉通盆地与碰撞边缘发育阶段、中生代大型内陆坳陷盆地发育阶段、新生代断陷盆地发育阶段。根据不同原型盆地按照其不同的地质特征进行区带划分。

一、区带划分原则与流程

油气勘探区带的划分必须反映叠加改造型盆地演化与油气动态成藏的特点，而“原型控源、叠加控藏”的思路则提供了一种从盆地整体到局部、从原始成藏要素演变到系统整合的研究方法。强调从盆地整体研究出发，分析盆地建造—改造过程中原始成藏地质要素分布及其后续的油气生成、运移与聚集，明确盆地中不同成藏组合在叠加改造过程中的含油气系统类型及其分布，揭示每类含油气系统油气聚集成藏的主控因素，并由此确定区带的类型及其边界。

鄂尔多斯盆地区带划分原则：

①原型盆地恢复——根据鄂尔多斯盆地主要构造演化阶段，从下到上依次对中新元古界、下古生界、上古生界、中生界对应的原型盆地进行恢复，明确各个原型盆地构造单元划分和地层层序；

②原型控源——基于盆地原型恢复确定生、储、盖成藏要素在各原型盆地中的分布；

③叠加控藏——通过盆地原型叠加改造过程追踪分析，明确成藏要素的演化及其组合；

④油气分布——分析油气富集成藏规律及其差异，确定油气成藏体系；

⑤区带划分——综合“原型控源、叠加控藏”和油气成藏富集规律分析，根据油气发现情况和勘探程度，确定和划分区带。

二、区带划分方案

根据鄂尔多斯盆地原型盆地特征，结合烃源岩、储层、盖层等成藏要素特征及油气成藏组合，划分为中元古界深层含气体系、下古生界内幕碳酸盐岩含气体系、下古生界不整合岩溶碳酸盐岩含气体系、上古生界致密碎屑岩含气体系、中生界致密碎屑岩含油体系五套含油气体系。

在各个含油气体系内部根据油气基本地质特征分别进行平面单因素区带划分。例如，平面上以构造带、烃源岩、沉积（岩）相带、古地貌单元或油气运聚带的边界为区带边界。然后，通过油气富集规律分析，明确各个单因素对成藏影响的优先级别，按照顺序进行多因素叠加综合分类，确定区带划分方案。区带划分随着勘探程度的提高而逐步细化。

1. 中元古界深层含气体系区带划分

鄂尔多斯盆地中新元古发育的裂陷槽控制了不整合地层圈闭的形成，综合中元古界长城系构造、沉积、烃源岩条件，以构造单元边界为主，综合确定区带划分方案。将鄂尔多斯盆地中元古界长城系划分为四个区带：宁蒙裂陷槽、甘陕裂陷槽、晋陕裂陷槽、秦豫裂陷槽（图8-2-1）。以鄂尔多斯盆地北部杭锦旗地区中元古界深层含气体系为例，根据次级构造可进一步划分为七个二级区带：百眼井断陷、红井断陷、查汗断陷、蒋家梁断陷、独贵断陷、乌兰敖包断陷、掌岗图断陷（图8-2-2）。

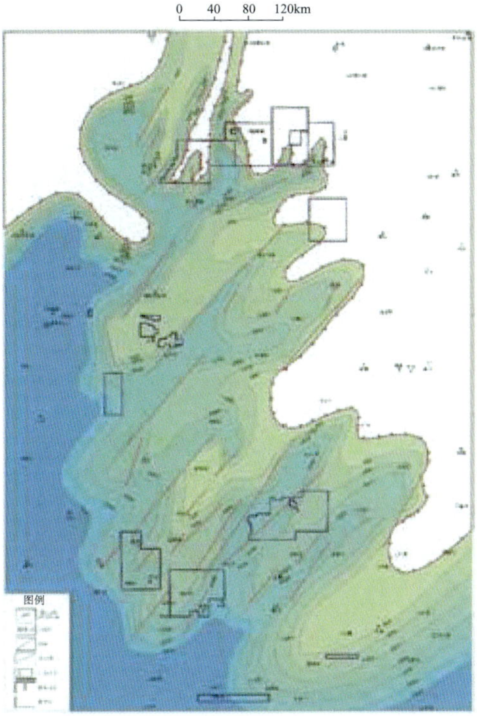

图8-2-1 鄂尔多斯盆地中元古界长城系地层厚度图

图8-2-2 鄂尔多斯盆地杭锦旗地区中元古界长城系分布图

2. 下古生界内幕碳酸盐岩含气体系区带划分

下古生界内幕碳酸盐岩含气体系成藏主要受沉积期沉积环境控制下的岩性变化及烃源岩分布控制。按照“原型控源”认识，根据沉积期盆地原型及古地貌特征对下部含气组合进行区带划分，可细分为西南边缘坳陷、中央古凸起、乌兰格尔古陆、北部斜坡带、靖西次洼、米脂洼陷、吕梁古凸起（图8-2-3、图4-1-1）。

图8-2-3 鄂尔多斯盆地奥陶系古构造图

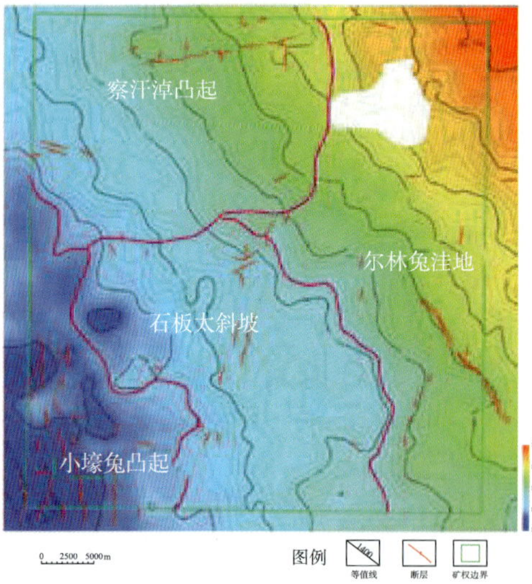

图8-2-4 大牛地气田下古生界内幕体系区带划分图

二级古地貌单元可根据次级地貌单元进一步细分。例如，大牛地下古生界内幕体系主要指寒武系、马家沟组马一至马四段。结合古构造和现今构造特征，划分为小壕兔凸起、石板太斜坡、尔林兔洼地、察汗淖凸起四个区带（图8-2-4）。

3. 下古生界不整合岩溶碳酸盐岩含气体系区带划分

风化期古地貌与岩溶储层及不整合地层圈闭之间具有密切联系，对奥陶系天然气成藏具有明显的控制作用，因此，根据鄂尔多斯盆地岩溶期古地貌特征对奥陶系顶部不整合岩溶气藏进行区带划分。

鄂尔多斯盆地不整合面岩溶古地貌可细分为西部岩溶斜坡、中部岩溶高地、东部岩溶斜坡、东部岩溶盆地四个古地貌单元（图8-2-5）。

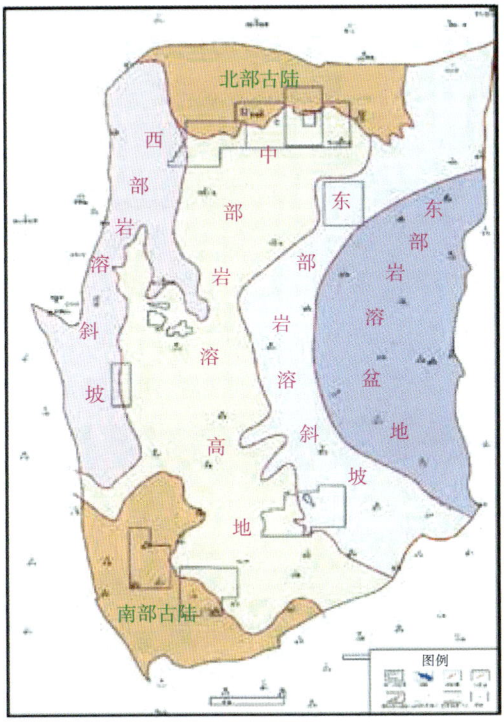

图8-2-5 鄂尔多斯盆地下古生界不整合岩溶气藏区带划分图

二级古地貌单元可根据次级地貌单元进一步细分，例如，按照下古生界碳酸盐岩岩溶成藏体系划分方案，富县探区位于东部岩溶斜坡带，通过前石炭纪古地貌精细刻画，又将富县探区划分为寺仙岩溶坡地、任家台岩溶阶地、牛武岩溶平台三个次级区带（图8-2-6）。

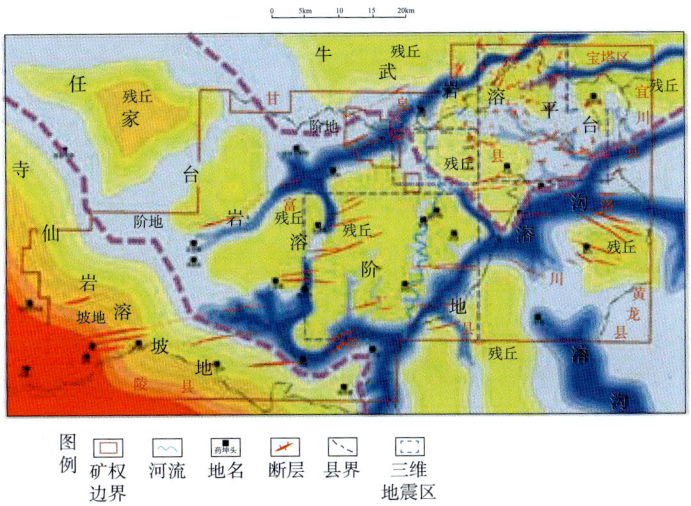

图8-2-6 富县区块下古生界不整合岩溶碳酸盐岩区带划分图

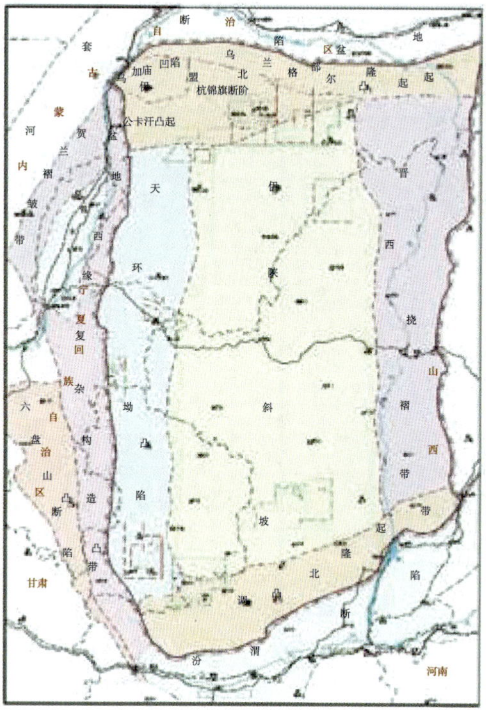

图8-2-7 鄂尔多斯盆地下古生界构造单元及区带划分图

4. 上古生界致密碎屑岩含气体系区带划分

烃源岩、储层和现今构造格局控制了上古生界气藏的宏观分布，煤层厚度大、储层物性好、构造条件稳定是上古生界成藏的有利条件。上古生界盆地内部—盆地边缘成藏条件呈连续成藏—非连续成藏过渡特征。盆内上古生界发育岩性气藏为主，盆地边缘发育构造—岩性复合气藏和构造气藏。

上古生界按照现今构造单元划分为六个区带：伊盟隆起、伊陕斜坡、天环坳陷、西缘复杂构造带、晋西挠褶带和渭北隆起带（图8-2-7）。

根据不同探区内构造沉积演化过程及成藏主控因素，可以进一步细分，例如，杭锦旗地区可进一步划分为七个区带：什股壕断阶带、独贵加汗陡坡带、十里加汗缓坡带、阿镇陡坡带、新召西凹陷带、新召东缓坡带、公卡汗凸起带（图8-2-8）。

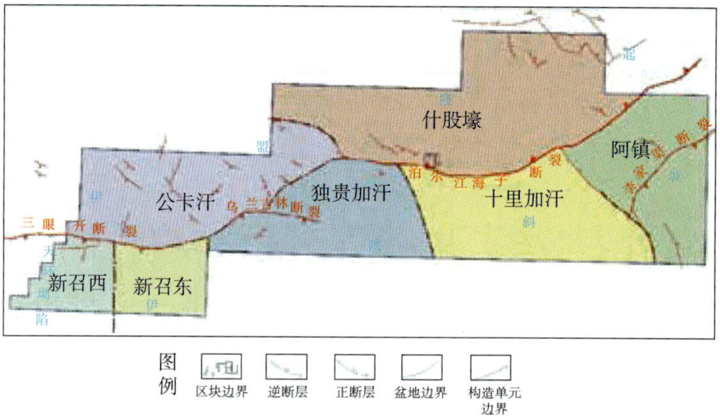

图8-2-8 杭锦旗地区下古生界区带划分图

三、区带分类与命名

1. 区带分类原则

按“勘探层系+储集岩性+资源类型+勘探阶段”原则进行区带分类，明确区带分类框架。

根据鄂尔多斯盆地油气勘探层系，将区带划分为：中元古界、下古生界、上古生界、中生界区带；

根据油气储集岩性类型，将区带划分为：碎屑岩区带、碳酸盐岩区带；

根据油气资源类型，将区带划分为：石油区带、天然气区带、油气区带；

根据目的层的勘探程度，将区带划分为：区探区带、预探区带、评价区带；

按勘探层系+储集岩性+资源类型+勘探阶段进行区带分类（表8-2-1），例如，上古生界碎屑岩天然气评价区带。

表8-2-1 鄂尔多斯盆地区带分类原则

勘探层系	储集岩性	资源类型	勘探阶段
中生界 上古生界 下古生界 中元古界	碎屑岩 碳酸盐岩	石油 天然气 油气	区探区带 预探区带 评价区带

2. 区带命名

1）区带命名原则

针对不同成藏体系，根据勘探程度逐步细化区带命名。评价区带阶段命名时，某一单因素（勘探层系除外）进一步细分过程中可以以能代表其地理位置的村镇、居民点、地区名胜、古迹、特殊地物等名称为前缀，名称不能超过四个字。例如，伊陕斜坡构造单元进一步细分过程中，按照《SY/T 5978—2016 含油气盆地构造单元划分》标准执行，命名时以地理位置为前缀，确定为十里加汗缓坡带，同一盆地命名不能重复，命名时可以选择以区块名称为后缀，确定归属区块（表8-2-2）。

表8-2-2 鄂尔多斯盆地区带划分及命名方案

含油气体系	盆地区带	勘探目标区	勘探区带
中元古界深层含气体系	宁蒙裂陷槽	杭锦旗中元古深层	宁蒙裂陷槽中元古百眼井断陷、宁蒙裂陷槽中元古红井断陷、宁蒙裂陷槽中元古查汗断陷、宁蒙裂陷槽中元古蒋家梁断陷、宁蒙裂陷槽中元古独贵断陷、宁蒙裂陷槽中元古乌兰敖包断陷、宁蒙裂陷槽中元古掌岗图断陷
	甘陕裂陷槽	大牛地中元古深层	甘陕裂陷槽中元古大牛地深层
		定北中元古深层	甘陕裂陷槽中元古定北深层
		麻黄山西中元古深层	甘陕裂陷槽中元古麻黄山西深层
	晋陕裂陷槽	镇泾中元古深层	晋陕裂陷槽中元古镇泾深层
		彬长中元古深层	晋陕裂陷槽中元古彬长深层
		旬宜中元古深层	晋陕裂陷槽中元古旬宜深层
		富县中元古深层	晋陕裂陷槽中元古富县深层
	秦豫裂陷槽		

续表

含油气体系	盆地区带	勘探目标区	勘探区带
下古生界内幕碳酸盐岩含气体系	乌兰格尔古陆		
	北部斜坡带	杭锦旗下古碳酸盐岩带	北部斜坡带下古杭锦旗缓坡
	米脂洼陷带	大牛地下古碳酸盐岩带	米脂洼陷下古内幕小壕兔凸起、米脂洼陷下古内幕石板太斜坡、米脂洼陷下古内幕尔林兔洼地、米脂洼陷下古内幕察汗淖凸起
		富县下古碳酸盐岩带	米脂洼陷下古内幕富县缓坡
	靖西次洼带	富县下古碳酸盐岩带	靖西次洼下古内幕富县缓坡
		定北下古碳酸盐岩带	靖西次洼下古内幕定北缓坡
	中央古凸起	定北下古碳酸盐岩带	中央古凸起下古内幕定北缓坡
		镇泾下古碳酸盐岩带	中央古凸起下古内幕镇泾缓坡
		彬长下古碳酸盐岩带	中央古凸起下古内幕彬长缓坡
		旬宜下古碳酸盐岩带	中央古凸起下古内幕旬宜缓坡
		富县下古碳酸盐岩带	中央古凸起下古内幕富县缓坡
	西南边缘坳陷	麻黄山西下古碳酸盐岩带	西南边缘坳陷下古内幕麻黄山西陡坡
		彬长下古碳酸盐岩带	西南边缘坳陷下古内幕彬长陡坡
		旬宜下古碳酸盐岩带	西南边缘坳陷下古内幕旬宜陡坡
下古生界不整合岩溶碳酸盐岩含气体系	东部岩溶斜坡	大牛地下古碳酸盐岩带	东部岩溶斜坡下古小壕兔凸起、东部岩溶斜坡下古石板太斜坡、东部岩溶斜坡下古尔林兔洼地、东部岩溶斜坡下古察汗淖凸起
		富县下古碳酸盐岩带	东部岩溶斜坡下古牛武岩溶平台、东部岩溶斜坡下古任家台岩溶阶地
	中部岩溶高地	杭锦旗下古碳酸盐岩带	中部岩溶高地下古杭锦旗台地
		定北下古碳酸盐岩带	中部岩溶高地下古定北残丘
		富县下古碳酸盐岩带	中部岩溶高地下古寺仙岩溶坡地
		彬长下古碳酸盐岩带	中部岩溶高地下古彬长台地
		旬宜下古碳酸盐岩带	中部岩溶高地下古旬宜坡地
	西部岩溶斜坡	麻黄山西下古碳酸盐岩带	西部岩溶斜坡下古麻黄山西坡地
		磁窑堡下古碳酸盐岩带	西部岩溶斜坡下古磁窑堡坡地
	南部古陆	彬长下古碳酸盐岩带	南部古陆下古彬长斜坡
上古生界致密碎屑岩含气体系	伊盟隆起	杭锦旗上古碎屑岩带	伊盟隆起上古什股壕断阶、伊盟隆起上古公卡汗凸起
	伊陕斜坡	杭锦旗上古碎屑岩带	伊陕斜坡上古新召东缓坡、伊陕斜坡上古独贵加汗陡坡、伊陕斜坡上古十里加汗缓坡、伊陕斜坡上古阿镇陡坡
		大牛地上古碎屑岩带	伊陕斜坡上古大牛地缓坡
		定北上古碎屑岩带	伊陕斜坡上古定北缓坡
		彬长上古碎屑岩带	伊陕斜坡上古彬长斜坡
		旬宜上古碎屑岩带	伊陕斜坡上古旬宜斜坡
		富县上古碎屑岩带	伊陕斜坡上古牛武区带、伊陕斜坡上古厢寺区带
	天环坳陷	杭锦旗上古碎屑岩带	天环坳陷上古新召西凹陷
		定北上古碎屑岩带	天环坳陷上古定北缓坡
		麻黄山西上古碎屑岩带	天环坳陷上古麻黄山西缓坡
		镇泾上古碎屑岩带	天环坳陷上古镇泾缓坡

续表

含油气体系	盆地区带	勘探目标区	勘探区带
上古生界致密碎屑岩含气体系	渭北隆起	彬长上古碎屑岩带	渭北隆起上古彬长斜坡
		旬宜上古碎屑岩带	渭北隆起上古旬宜斜坡
	晋西挠褶带		
	西缘冲断带	磁窑堡上古碎屑岩带	西缘逆冲带上古磁窑堡断块

2)区带命名方案

(1)下古生界碳酸盐岩内幕成藏体系命名方案：

区探区带：以沉积古地貌名称进行命名，如米脂洼陷带。

预探区带：以沉积古地貌名称+目的层+次级沉积古构造进行命名，如米脂洼陷下古内幕小壕兔凸起预探区带。

(2)下古生界碳酸盐岩岩溶成藏体系命名方案：

区探区带：以不整合面岩溶古地貌进行命名，如中部岩溶高地。

预探区带：以不整合面岩溶古地貌+目的层+次级岩溶古地貌进行命名，如中部岩溶高地下古寺仙岩溶坡地预探区带。

(3)上古生界碎屑岩成藏体系命名方案：

区探区带：以二级构造单元进行命名，如伊盟隆起区带。

预探区带：以二级构造单元+目的层进行命名，如伊陕斜坡上古区带。

评价区带：以二级构造单元+目的层+次级构造单元进行命名，如伊陕斜坡上古独贵加汗陡坡带。

四、区带评价及典型的案例

1. 概况

杭锦旗地区位于鄂尔多斯盆地北部，横跨伊盟隆起、伊陕斜坡和天环坳陷三个一级构造单元，行政区划上涵盖了鄂尔多斯市下辖的杭锦旗、达拉特旗、伊金霍洛旗和鄂托克旗以及东胜区。由2个探矿权和2个采矿权组成，勘探面积约为8900km^2。据“十三五”资源评价成果，古生界天然气资源量为$1.69\times10^{12}m^3$，其中上古生界$1.61\times10^{12}m^3$，占95%。

2. 区带划分

根据杭锦旗地区勘探程度的不同，将其细分为七个勘探区带，分别是泊尔江海子断裂以北的伊盟隆起上古什股壕断阶带，泊尔江海子与乌兰吉林庙断裂之间的伊陕斜坡上古独贵加汗陡坡带，泊尔江海子断裂以南的伊陕斜坡上古十里加汗缓坡带和伊陕斜坡上古阿镇陡坡带，三眼井断裂以南的天环坳陷上古新召西凹陷带和伊陕斜坡上古新召东缓坡带，三眼井断裂以北的伊盟隆起上古公卡汗凸起带。其中，伊盟隆起上古什股壕断阶带、伊陕斜坡上古独贵加汗陡坡带、伊陕斜坡上古十里加汗陡坡带、伊陕斜坡上古新召东缓坡带为高勘探程度区带，属于评价区带，伊陕斜坡上古阿镇陡坡带、天环坳陷上古新召西凹陷带、伊盟隆起上古公卡汗凸起带是勘探程度较低的区带，属于预探区带。

3. 油气地质评价

1）烃源岩评价

烃源岩展布特征表现为从盆内大型生烃中心到盆缘烃源岩减薄至缺失的过渡。石炭系太原组和二叠系山西组的煤层及暗色泥岩是杭锦旗地区的主要烃源岩，受前石炭纪古地貌影响，烃源岩主要分布在南部斜坡区，北部隆起区仅分布在局部洼地、沟谷中。从烃源岩厚度、热演化程度和生烃强度来看，优质烃源岩主要分布在西南部。

2）储层评价

沉积特征为北部近物源陡坡区冲积扇沉积向南部较远物源缓坡区辫状河沉积的过渡，总体表现为南北分带、东西分区的特点。受继承性古凸起持续活动影响，石炭—二叠系各层系呈现出南、北差异的沉积特征。以下石盒子组盒1段为例，北部隆起区发育冲积扇砂体，沉积水动力强，砂体粒度粗、厚度大；南部斜坡区逐渐过渡为辫状河沉积，沉积水动力减弱，砂体粒度和单层厚度减小。同时，受母源区岩石类型与古地貌影响，不同水系形成的河道砂体也呈现出东、西差异，这种差异造成了该区有效储层分布的横向差异（表8-2-3）。

表8-2-3　杭锦旗地区区带储集条件评价表

	新召东、新召西	独贵加汗	十里加汗	阿镇	什股壕
砂体连通性	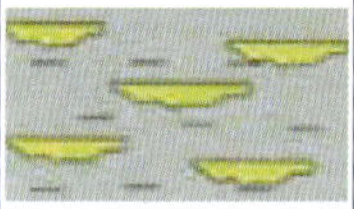		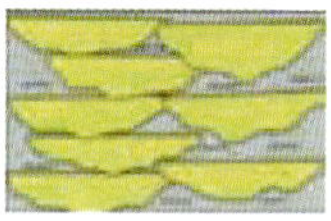		
孔隙度/%	7.8	8.7	11.9	12.5	12.3
渗透率/$10^{-3}\mu m^2$	0.5	0.8	1.2	1.5	1.6
砂层厚度/m	18.5	24.4	31	32.1	29.7
储层厚度/m	13.6	19.1	21	25.9	28.6
气层厚度/%	9.39	12.8	10.6	3.5	11.9
净毛比/%	0.46	0.53	0.36	0.08	0.36
储/砂	0.74	0.78	0.67	0.81	0.96
储/地	0.24	0.31	0.25~0.31	0.42	0.51
砂/地	0.30	0.39	0.46	0.52	0.53

3）圈闭评价

在常规砂岩发育区，储层厚度与砂岩基本相当，砂地比可以表征储层连通性。裘亦楠等对河道砂体实际统计研究，认为：当砂地比大于0.5时，砂体大面积连通；当砂地比小于0.3时，多属于孤立的河道砂体；当砂地比在0.3~0.5时，可能会有局部连通。而在杭锦旗地区盒1段砂岩厚度不等于储层厚度，非储层砂岩与泥岩作用类似，用有效储层厚度与地层厚度的比值即储地比值来表征储层连通性和平面差异，总的来说，储地比小于0.3有利于岩性圈闭形成，可作为岩性气藏发育区。所以，什股壕断阶带、阿镇陡坡带圈闭类型以构造圈闭为主，十里加汗缓坡带、独贵加汗陡坡带、公卡汗凸起带、新召东缓坡带、新召西凹陷带圈闭类型以岩性圈闭为主。

4）保存条件评价

杭锦旗地区烃源岩主要为太原组、山西组煤系地层，储集岩主要为山西组、下石盒子组碎屑岩。上石盒子组和石千峰组广泛分布的泥岩则构成了本区天然气藏的区域性盖层。

盆地北部泥质岩盖层中的黏土矿物以高岭石和伊利石为主，并含有较多的膨胀性矿物蒙脱石和伊利石—蒙脱石，当泥质岩石中膨胀性矿物越多，其封阻能力越强；上石盒子组和石千峰组单层大于2m的泥质岩叠置厚度分别大于30m和86m，而单层最厚的泥质岩厚度分别大于6.5m和9.5m，盆地西缘地区上古生界2m厚的泥质岩就封住了60m太原组气柱这一事实，说明研究区泥质岩无论是单层厚度还是叠置厚度，均足以起到良好的封盖作用。

泥质岩随着埋深的加大，其渗透率会发生很大的变化，尤其当埋深达到2000m以下时，以粉砂质泥岩、泥岩为主要岩性的盖层封闭性已属于好的范围。上石盒子组、石千峰组在中侏罗纪末期时埋深基本达到1700m或以上，盖层的封闭性应属一般或好的范畴。

5）成藏条件评价

杭锦旗地区成藏平面分区分带明显，从西向东依次为：新召东、新召西源内致密岩性成藏带、独贵加汗源内致密低渗岩性成藏带、十里加汗源内致密低渗过渡气藏带、什股壕—阿镇源侧低渗复合气藏带。天然气沿断层纵向调整，上古生界气藏具三层结构特征。上部盒2+3段：河道小，相变快，控制成藏与富集，以岩性气藏为主；中部盒1段：砂体大面积叠置含气，富集差异大，侧向封堵是关键；山西+太原组：储层物性好，含水，构造+岩性复合气藏，有效圈闭是关键。

4. 资源潜力评价

按照TSM盆模法、统计法、体积法及特尔斐法分别对杭锦旗地区各区带资源量进行资源量计算及评价，同时统计了近期圈闭资源量升级转化成预测储量、预测储量升级转化成控制储量、控制储量升级转化成探明储量的升级转化系数，明确区带资源富集区及下一步增储趋势，为区带优选提供资源依据。

根据评价结果，独贵加汗陡坡带、新召东缓坡带资源潜力评价为Ⅰ类，什股壕断阶带、十里加汗区带、新召西区带资源潜力评价为Ⅱ类，公卡汗凸起带、阿镇陡坡带资源潜力评价为Ⅲ类。

表8-2-4 杭锦旗地区区带资源潜力评价表

区带名称	探明地质储量/10^8m^3	控制地质储量/10^8m^3	预测地质储量/10^8m^3	潜在资源量/10^8m^3	推测资源量/10^8m^3	远景资源量/10^8m^3	油气探明率/%	油气发现率/%	潜在资源升级能力	未升级储量升级能力		资源潜力评价
									圈闭资源量转化率/%	预测储量转化率/%	控制储量转化率/%	
什股壕段地带	162.87	960.54		484	500	2108	7.7	53.3	0.2	1.0	0.1	Ⅱ
公卡汗凸起带				455	380	835	0	0	0	0	0	Ⅲ
新召东缓坡带		903.44	335.07	403	200	1842	0	67.2	0.4	0.5	0	Ⅰ
独贵加汗陡坡带	1076.45	1036.45	241.33	772	700	3827	28.1	61.5	0.5	0.7	0.5	Ⅰ
十里加汗缓坡带		3423.13	1020.96	497	800	5741	0	77.4	0.3	0.6	0	Ⅱ
阿镇陡坡带			429.07		708	1138	0	37.7	0.1	0	0	Ⅲ
新召西凹陷带			188.15	742	500	1431	0	13.1	0.2	0	0	Ⅱ

5. 区带经济评价

参照《DZ/T 0217—2020石油天然气储量估算规范》《SY/T 5520—2019圈闭评价技术规范》《SY/T 6894—2012岩性地层区带评价技术规范》《Q/SH 0638—1996微晶蜡含油量测定法（体积法）》的规定，综合判断在未来一个阶段获得的储量是否具有经济性，评价方法可采用实物量评价方法、现金流法、类比法等。

本次评价采用勘探开发全成本分析法：

$$P=\frac{P_e+P_d+P_r+P_o}{\alpha\times(1-\beta)}$$

式中 P——单位勘探开发全成本，油：\$/bbl，气：元/m^3；

P_e——单位探明成本，油：\$/bbl，气：元/m^3；

P_d——单位视开发成本，油：\$/bbl，气：元/m^3；

P_r——单位弃置费，油：\$/bbl，气：元/m^3；

P_o——单位视经营成本，油：\$/bbl，气：元/m^3；

α——产出油气的商品率，%；

β——综合税率，%。

根据经济评价单元的地理环境、埋深、油气品质、储量丰度等，分别确定了类比气田区块，采用勘探开发全成本类比法求取了各评价单元的单位勘探开发全成本，寿命期内全成本分布在0.95~1.21元/m^3，寿命期外全成本分布在1.26~1.84元/m^3。其中什股壕断阶带、独贵加汗陡坡带经济评价为Ⅰ类，公卡汗凸起带、十里加汗缓坡带、新召东缓坡带、阿镇陡坡带经济评价为Ⅱ类，新召西凹陷带经济评价为Ⅲ类（表8-2-5）。

表8-2-5 杭锦旗地区区带经济评价表

一级区带	二级区带	资源量		评价单元中深/m	单位探明成本/（元/m^3）	视经营成本		视开发成本及弃置费/（元/m^3）	单位税率/%	商品率/%	单位勘探开发全成本		分类评价
		深度分类/m	技术可采/$10m^3$			寿命期内/（元/m^3）	寿命期外/（元/m^3）				寿命期内/（元/m^3）	寿命期外/（元/m^3）	
伊盟隆起	什股壕断阶带	2000~3000	1003.13	2500	0.014	0.36	0.89	0.49	6	96	0.95	1.55	Ⅰ
	公卡汗凸起带	2000~3500	333.98	3000	0.014	0.3	0.89	0.59	6	96	1.06	1.66	Ⅱ
伊陕斜坡	独贵加汗陡坡带	2000~3500	1530.8	2900	0.014	0.36	0.89	0.50	6	96	0.98	1.64	Ⅰ
	十里加汗缓坡带	2000~3500	2296.4	2800	0.014	0.3	0.89	0.60	6	96	1.03	1.63	Ⅱ
	新召东缓坡带	3500~4500	843.2	3500	0.014	0.36	0.89	0.68	6	96	1.17	1.77	Ⅱ
	阿镇陡坡带	2000~3500	455.17	2500	0.014	0.36	0.89	0.56	6	96	1.09	1.69	Ⅱ
天环坳陷	新召西凹陷带	3500~4500	572.4	3800	0.014	0.36	0.89	0.70	6	96	1.21	1.81	Ⅲ

6. 地质及工程风险评价

1）地质风险评价

地质上，不同区带成藏条件差异大，勘探程度差异大，地质评价存在一定不确定性。区带地质风险是指区带内所有勘探目标不能成藏的可能性，采用区带油气发现概率（P）方法进行地质风险评价，包括烃源、圈闭、储层、保存和油气配套史，区带的含油气概率用成藏五种因素发生的各自概率的乘积表示：

$$P=\prod_{i=1}^{5} P_i$$

式中 P——单项成藏地质条件存在（发生）的概率（$0 \leqslant P \leqslant 1$）；

P_1——圈闭条件；

P_2——保存条件；

P_3——储层条件；

P_4——油气源条件；

P_5——配套条件。

根据地质风险评价结果，杭锦旗地区各区带风险评价整体为中、低风险勘探区带。其中，独贵加汗陡坡带、新召东缓坡带为低风险，其他区带均为中风险（表8-2-6）。

表8-2-6　杭锦旗地区不同区带地质风险评价表

盆地	一级区带	二级区带	经源岩概率/%	圈闭概率/%	储层概率/%	保存概率/%	配套史概率/%	含油气概率/%	风险类型
鄂尔多斯盆地	伊盟隆起	什股壕断阶带	65	65	80	70	70	0.166	中风险
		公卡汗凸起带	60	55	60	55	60	0.065	中风险
	伊陕斜坡	独贵加汗陡坡带	80	75	80	80	80	0.307	低风险
		十里加汗缓坡带	80	65	80	65	65	0.176	中风险
		新召东缓坡带	80	80	75	80	75	0.288	低风险
		阿镇陡坡带	80	55	80	55	60	0.116	中风险
	天环坳陷	新召西凹陷带	80	70	70	65	65	0.166	中风险

2）工程风险评价

区带工程风险指区带内地质、地面、安全、环保等条件对勘探工程造成负面影响的可能性，根据可能性大小可划分为低、中、高三级工程风险（表8-2-7、表8-2-8）。

$$E_{技术适应性}=E_1\times E_2$$

表8-2-7　工程风险评价赋值表

工程技术难度（E_1）	地理、交通环境（E_2）	评价值赋值区间	级别
目前技术、装备满足目标勘探开发	现有条件适应地面、气候和环保要求、交通良好	（0.7，1］	低风险
需要改进技术	需要改进地理环境、交通条件差	（0.4，0.7］	中风险
完全需要引进或开发新技术	现有条件不能适应地面、气候和环保要求、交通困难	（0，0.4］	高风险

表8-2-8　杭锦旗地区区带工程风险评价表

盆地	二级构造单元	区带	工程技术难度/%	地理交通环境/%	工程风险评价	分类评价
鄂尔多斯盆地	伊盟隆起	什股壕断阶带	70	70	0.490	Ⅱ
		公卡汗凸起带	60	65	0.390	Ⅲ
	伊陕斜坡	独贵加汗陡坡带	75	75	0.563	Ⅰ
		十里加汗缓坡带	75	70	0.525	Ⅰ
		新召东缓坡带	65	70	0.455	Ⅱ
		阿镇陡坡带	70	60	0.420	Ⅱ
	天环坳陷	新召西凹陷带	60	65	0.390	Ⅲ

7. 区带优选

综合评价构造、烃源岩、储层、输导、保存、配套史、圈闭等油气地质条件、资源潜力及其经济性与工程技术，优选出有利含油气区带，明确不同勘探阶段区带综合评价优选方法、指标体系及相应成果图表。

按照勘探部署层次分为增储、突破、准备区带三类，不同类型区带评价侧重点不同。根据综合评价结果，每类区带从好到差分为Ⅰ、Ⅱ、Ⅲ类。独贵加汗陡坡带、新召东缓坡带、什股壕断阶带为Ⅰ类增储区带；十里加汗缓坡带、新召西凹陷带为Ⅱ类增储区带，公卡汗凸起带、阿镇陡坡带为Ⅲ类突破区带（表8-2-9）。

表8-2-9 杭锦旗地区区带综合评价表

盆地	一级区带	二级区带	地质综合评价	资源潜力评价	地质风险评价	工程风险评价	经济评价	区带综合评价	区带类型
鄂尔多斯盆地	伊盟隆起	什股壕断阶带	Ⅰ	Ⅱ	0.121	Ⅱ	Ⅰ	Ⅰ	增储
		公卡汗凸起带	Ⅲ	Ⅲ	0.054	Ⅲ	Ⅱ	Ⅲ	突破
	伊陕斜坡	独贵加汗陡坡带	Ⅰ	Ⅰ	0.221	Ⅰ	Ⅰ	Ⅰ	增储
		十里加汗缓坡带	Ⅱ	Ⅱ	0.144	Ⅰ	Ⅱ	Ⅱ	增储
		新召东缓坡带	Ⅰ	Ⅰ	0.179	Ⅱ	Ⅱ	Ⅰ	增储
		阿镇陡坡带	Ⅲ	Ⅲ	0.102	Ⅱ	Ⅱ	Ⅲ	突破
	天环坳陷	新召西凹陷带	Ⅱ	Ⅱ	0.124	Ⅲ	Ⅲ	Ⅱ	增储

第三节 勘探方向

一、勘探领域分析

1. 上古生界碎屑岩领域

鄂尔多斯盆地是我国最早进行致密砂岩气成藏理论研究的盆地之一，致密砂岩气是鄂尔多斯盆地天然气勘探开发程度较为成熟的领域，成藏理论和相关工程工艺不断成熟和完善。上古生界煤系烃源岩广覆式生烃与天然气近距离充注，形成大面积致密砂岩气。大量钻井资料证实，上古生界致密砂岩含气区在盆地内部分布广泛，面积约 $18\times10^4km^2$，随着近几年华北石油局在鄂尔多斯盆地北缘杭锦旗地区及南缘彬长地区上古生界不断取得勘探突破，致密砂岩气勘探范围不断扩大。根据“十三五”资源评价结果，鄂尔多斯盆地天然气总资源量为 $16.31\times10^{12}m^3$，其中上古生界致密碎屑岩中资源量为 $13.32\times10^{12}m^3$，占盆地总资源量的81.7%。截至2022年，盆地上古生界已提交天然气探明储量 $4.87\times10^{12}m^3$，资源探明率为36.6%。其中中石化矿权区天然气资源量 $3.9\times10^{12}m^3$，占盆地总资源量的23%；上古生界致密砂岩气资源量为 $2.9\times10^{12}m^3$，其中探明储量 $0.68\times10^{12}m^3$，探明率仅为23.4%。所以，上古生界致密砂岩气仍然是鄂尔多斯盆地当前勘探开发工作的首要领域。

2. 下古生界碳酸盐岩领域

海相碳酸盐岩是世界油气勘探的重要领域，随着四川盆地、塔里木盆地和鄂尔多斯盆地海相碳酸盐岩油气勘探的突破，海相盆地成为中国油气资源战略的重要接替领域，国内掀起了海相碳酸盐岩油气勘探的热潮。鄂尔多斯盆地下古生界以海相碳酸盐岩为主，自从1989年陕参a井试获工业气流，经过多年持续不断地研究与勘探，盆地中部靖边奥陶系岩溶气田累计探明天然气地质储量达$0.919\times10^{12}m^3$。除了中部岩溶带，古凸起周边白云岩体（马家沟组中、下组合）、盆地周缘奥陶系台缘礁滩相带、盆地东部奥陶系盐下三大区带同样具有良好的天然气成藏地质条件，呈现良好的勘探潜力，是盆地海相碳酸盐岩勘探的新领域。

1）马家沟组顶面不整合岩溶气藏领域

盆地中东部地区马家沟组马五段上部发育大面积分布的不整合岩溶储层，与侵蚀沟槽及成岩致密带相配置，可以构成大型古地貌—地层复合圈闭。这种圈闭主要受控于盆地前石炭纪古地貌，在盆地中部地区近南北向大面积分布，含气层位分布稳定，连片性好，气藏规模大，是盆地不整合岩溶气藏的主要圈闭类型。

对溶蚀孔洞型储层发育的主控因素研究表明，前石炭纪岩溶古地貌与岩溶储层发育密切相关，古岩溶斜坡是溶蚀孔洞形成的有利部位；同时由于不同地区孔洞充填物类型的差异，不整合岩溶储层发育存在非常强的非均质性。对孔洞充填物的对比分析表明，充填程度较低或白云石充填最有利于储集空间的保存，目前盆地中部靖边气田探明区主体就处于白云石充填为主的区域。综合考虑有利沉积相带展布、古地貌位置、孔隙充填程度及类型，认为盆地中东部地区岩溶斜坡区整体为有利目标，有利勘探面积接近$5000km^2$，是盆地海相碳酸盐岩天然气勘探重要的现实目标，大牛地地区、富县地区均位于不整合岩溶气藏发育有利区。

2）古凸起周边白云岩体

古凸起周边白云岩体位于靖边气田西侧，主要目的层为奥陶系马家沟组马五段中下部及马四段白云岩。在马五5、马五7、马五9、马四段等沉积期，古凸起东侧地区近南北向分布台坪相带，水动力较强，有利于发育浅水颗粒滩相沉积；经历浅埋藏期的混合水云化作用及风化壳期的岩溶作用，可以形成晶间孔、晶间溶孔发育的白云岩储层；在后期埋藏抬升后，白云岩储层配合东侧上倾方向岩性相变遮挡，顶部为上古生界煤系泥岩，可以形成有效的地层—岩性圈闭气藏。目前该区带已经获得单井10^6m^3以上的高产工业气流，在该区地震地质一体化综合预测近南北向分布的滩相白云岩体面积近$1000km^2$，是盆地海相碳酸盐岩继不整合岩溶气藏之后另一新的勘探领域。

3）盆地东部奥陶系盐下

膏盐岩良好的封盖性能为盐下成藏提供了有利条件。首先，马五6亚段膏盐岩厚度大，分布面积广，封盖能力强，可作为盐下气藏的区域盖层，而马一、马三、马五10及马五8等层段的膏盐岩则可以作为盐下气藏的直接盖层；其次，由于膏盐岩层在区域应力变化下塑性形变，可以在盐下形成大量的鼻状隆起构造（已经得到地震及钻井的证实），与盐间白云岩储层相配合，可以形成有效的构造—岩性复合圈闭，有利于盐下烃源岩生成的天然气近距离运移形成自生自储型气藏。

目前盆地东部米探a井、大深a井等钻井已经在奥陶系盐下马家沟组获得气流，盐下圈闭的有效性得到证实。但由于奥陶系盐下在盆地是一个全新的勘探领域，整体勘探程度较低，制约了对盐下目标的综合研究及评价。下一步通过丰富地质、地震资料，深化天然气运聚研究，进一步明确气藏发育主控因素，优选可靠圈闭实施钻探，有望取得新发现，成为盆地海相碳酸盐岩勘探的后备领域。

4）奥陶系台缘相带

海槽边缘相带是油气勘探的重要领域。在奥陶纪，鄂尔多斯盆地西、南缘为贺兰海槽和秦岭海槽，在鄂尔多斯台地与海槽之间发育斜坡过渡带，可以形成灰岩溶孔型、白云岩晶间孔型及岩溶洞穴型三大类储集体。除了上古生界煤系烃源岩，该区带在盆地西南缘呈“L”形发育中、上奥陶统斜坡相、盆地相泥质海相烃源岩，厚度大，有机质丰度较高。近期已经在该区发现了奥陶系自生自储型气藏（储层为克里摩里组灰岩中的半充填的岩溶洞穴），天然气组分分析表明其源于该区的中、上奥陶统泥质碳酸盐岩烃源岩，证实该套烃源岩具有较好的生烃潜力。该区带发育岩溶洞穴圈闭和礁滩体岩性圈闭两大类有效圈闭，并已经获得钻井证实。此外，除台缘相带礁滩型及岩溶洞穴型储集体之外，在西侧贺兰海槽部位还可能发育重力流、等深流等储集体，具有与中、上奥陶统烃源岩形成有效配置的可能性，这也表明该区的天然气勘探仍然具有向贺兰海槽方向拓展的可能。

3. 中元古深层勘探领域

鄂尔多斯盆地中—新元古界勘探程度较低，石油地质基础条件认识仍然比较薄弱，但勘探潜力不容忽视。中—新元古代是鄂尔多斯盆地构造深化的第一阶段，经过裂—坳—隆—坳4个阶段，最终形成了鄂尔多斯盆地的第一套沉积层，主要分布在盆地西部和南部，东北部缺失，整体上自东北向西南逐渐加厚，受早期陆内裂谷的影响，沿东北方向呈明显的隆坳相间分布格局，为油气的形成赋存提供了基本的地质条件。中元古界长城系和蓟县系烃源岩是中国目前发现的最古老的烃源岩，主要见于华北克拉通，其烃源岩类型主要为泥质烃源岩。盆地内的局部元古界深坳槽可能具备一定的成藏潜力，自北向南，城川a井、合探b井长城系有泥质层段出现，旬探a井最为典型的，钻入长城系54m，均为泥岩，揭示了盆地长城系烃源岩发育的潜在可能。储集条件上，长城系经历了冲积扇体系、浅海体系、三角洲体系，主要为不同粒级、较纯的石英砂岩。蓟县系发育微生物礁滩、颗粒滩等有利相带，主要为粉晶白云岩。近年来，盆地北部宁蒙裂陷槽杭锦旗中元古深层勘探已取得重要进展，多口井在中元古界长城系钻遇油气显示并试获气流，证实了鄂北中元古界具备有利的天然气成藏条件，中元古界深层天然气可作为鄂尔多斯盆地的远景勘探领域，进一步深入开展研究工作。

二、勘探潜力评价及目标优选

1. 区带勘探潜力综合评价

按照《SY/T 6894—2012岩性地层区带评价技术规范》，分别从油气地质、资源潜力、经济评价、地质及工程风险四个方面对鄂尔多斯盆地内中石化华北矿权区44个勘探目标区进行评价（图8-3-1）。优选出东部岩溶斜坡大牛地下古碳酸盐岩带、伊陕斜坡杭锦旗上古碎屑岩带、天环坳陷杭锦旗上古碎屑岩带、东部岩溶斜坡富县下古碳酸盐岩带、伊陕斜坡富县上古碎屑岩带和伊陕斜坡彬长上古碎屑岩带6个增储区带，米脂洼陷大牛地下古碳酸盐岩带、西南边缘坳陷麻黄山西下古碳酸盐岩带、天环坳陷麻黄山西上古碎屑岩带、中部岩溶高地杭锦旗下古碳酸盐岩带、天环坳陷彬长上古碎屑岩带、西部岩溶斜坡麻黄山西下古碳酸盐岩带、中部岩溶高地富县下古碳酸盐岩带和宁蒙裂陷槽杭锦旗中元古深层碎屑岩带8个突破区带，晋陕裂陷槽镇泾中元古深层碎屑岩带1个风险区带。

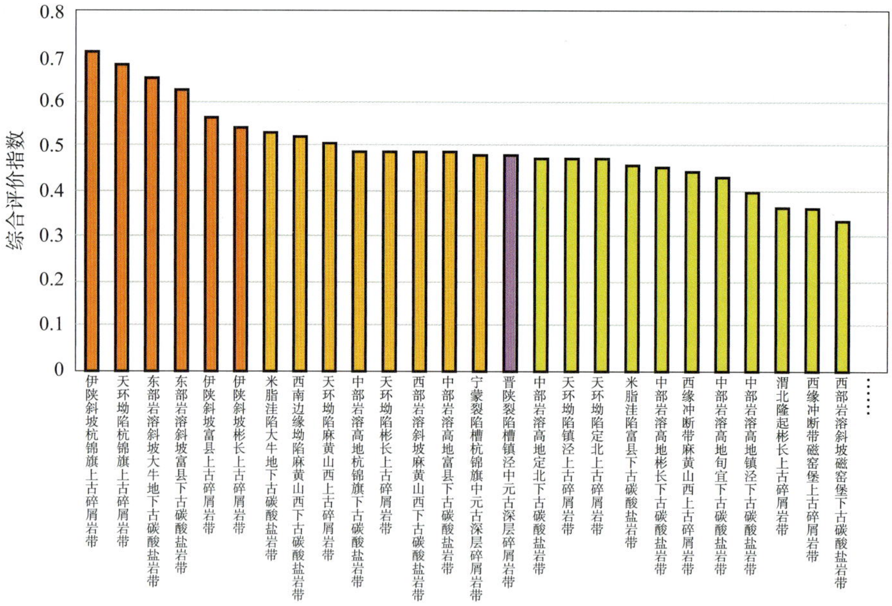

图8-3-1 鄂尔多斯盆地中石化华北矿权区勘探区带综合评价指数

2. 天然气勘探目标优选

从区带评价结果来看，继大牛地气田上古生界整体探明后，大牛地下古生界不整合岩溶碳酸盐岩带和杭锦旗上古生界碎屑岩带仍然是华北油气分公司增储上产的主力区带，随着富县、彬长古生界天然气的先后突破，富县下古生界不整合岩溶碳酸盐岩带、富县上古生界碎屑岩带和彬长上古生界碎屑岩带逐渐成为公司天然气增储上产的接替区带。

近年来，公司积极拓展天然气勘探新方向、新层系、新领域，分别在大牛地下古生界内幕碳酸盐岩带、麻黄山西下古生界内幕碳酸盐岩带、麻黄山西上古生界碎屑岩带、杭锦旗下古生界不整合岩溶碳酸盐岩带以及杭锦旗中元古深层碎屑岩带等区带钻遇良好含气显示或试获天然气流，证实具备良好的天然气成藏条件和勘探潜力，是华北油气分公司下一步重点突破区带。

镇泾中元古深层碎屑岩带作为风险勘探区带，是公司下一步重点关注的新方向。

三、勘探方向及建议

1. 杭锦旗上古生界

在鄂尔多斯原型盆地研究的基础上，杭锦旗地区根据二级构造单元、构造深度、成藏条件和勘探程度共划分为七个勘探区带，分别是伊盟隆起上古什股壕碎屑岩带、伊盟隆起上古公卡汗碎屑岩带、伊陕斜坡上古新召东碎屑岩带、伊陕斜坡上古独贵加汗碎屑岩带、伊陕斜坡上古十里加汗碎屑岩带、伊陕斜坡上古阿镇碎屑岩带、天环坳陷上古新召西碎屑岩带。

其中伊陕斜坡杭锦旗上古新召东碎屑岩带和天环坳陷杭锦旗上古新召西碎屑岩带两者相邻，位于杭锦旗地区三眼井断裂以南，南部与苏里格气田相接，具有相似的成藏特征。新召东缓坡带面积近640km^2，圈闭资源量约为1434.37 × 10^{8}m^3；新召西凹陷带面积近340km^2，圈闭资源量约为368.94 × 10^{8}m^3。两个区带天然气富集成藏受烃源岩、有利沉积相带和优质储层联合控制。上古生界盒3段、盒1段、山2段、山1段4个层系都已钻遇气层，气层分布特征与大牛地气田、苏里格气田类似，都具有大型岩性圈闭纵向上多层叠合、横向上复合连片的特征，仍是公司“十四五”天然气重点勘探目标。新召东缓坡和新召西凹陷带属于典型的源内致密气藏，具有储层薄、非均质性强的特点，下一步重点开展优质储层成因机理及分布规律研究，查明优质储层形成的沉积、成岩作用机理，建立发育模式，为薄储层地震预测提供地质依据。另外，该区还需要进一步加强煤系地层储层预测工作，建立地质模式指导下的煤系地层储层预测技术，为勘探目标评价及优选提供技术支持。

伊陕斜坡杭锦旗上古十里加汗碎屑岩带位于杭锦旗地区泊尔江海子断裂以南，处于伊陕斜坡北部，南部与苏里格气田相接，区带面积约1450km^2，资源量约为5858.5 × 10^{8}m^3。十里加汗碎屑岩带上古生界盒3段、盒2段、盒1段、山2段、山1段5个层系已钻遇气层，天然气富集成藏受有利沉积相带、优质储层以及侧向封堵条件的联合控制，是杭锦旗地区增储上产的接替阵地。下一步需要重点开展天然气充注—输导—保存条件综合研究，明确天然气运聚成藏过程，查明天然气源储演化、输导条件及成藏期匹配关系，明确天然气动态成藏过程及高产富集主控因素，进一步明确气水分布规律及高产富集目标区，为该区储量升级动用做好技术支持。

2. 大牛地下古生界

大牛地气田上古生界已基本探明，下古生界是最现实领域的增储上产阵地。古生界天然气资源量约为$9332.05\times10^8m^3$，其中下古生界资源量约为$3732.82\times10^8m^3$。根据下古生界两套含油气体系的源储配置关系，可以划分为不整合岩溶成藏组合和深部白云岩成藏组合，分别对应东部岩溶斜坡大牛地下古碳酸盐岩带和米脂洼陷带大牛地下古碳酸盐岩带。

大牛地下古生界目前存在的主要问题是岩溶储集体发育模式和分布规律及差异性有待进一步深化，同时多类型岩溶储层定性和定量预测技术需进一步攻关。下一步工作重点是在不整合碳酸盐岩岩溶储层模式指导下，以储量提交和新层系外扩勘探为主线，加强不同类型储层定性和定量预测技术攻关，查明岩溶储层结构及展布，查清高产富集因素，地质工程一体化，突破单井产能，实现大突破目标，提交规模探明储量，落实不整合岩溶成藏组合和深部白云岩成藏组合勘探目标。

3. 富县上、下古生界

富县探区位于鄂尔多斯盆地伊陕斜坡南部，面积约为$3500km^2$，古生界天然气资源量约为$7444.43\times10^8m^3$。已于下古生界马家沟组马四段、马五1+2段、马五8段、马五9段和上古生界太原组太1段、山西组山1段、山2段、下石盒子组盒1段、上石盒子组发现良好气层，其中盒1段和马五1+2段油气成果最好。

根据鄂尔多斯盆地下古生界岩溶地貌特征将富县探区下古生界由西向东划分为3个区带：中部岩溶高地下古寺仙岩溶坡地、东部岩溶斜坡下古任家台岩溶阶地、东部岩溶斜坡下古牛武岩溶平台。东部岩溶斜坡下古任家台岩溶阶地和东部岩溶斜坡下古牛武岩溶平台主要目的层均为马五段，区带面积合计约为$2850km^2$，资源量约为$3051.1\times10^8m^3$，天然气富集成藏受岩溶作用、有利相带和断裂发育联合控制，是华北油气分公司天然气增储上产的重点接替区。下一步重点以古生界马家沟组和下石盒子组为主要目的层，开展岩溶储层特征研究，明确有效储层的分布规律，开展岩溶储层预测攻关，力争取得技术突破。

上古生界根据所处的二级构造单元，划分为2个区带：伊陕斜坡上古牛武区带、伊陕斜坡上古厢寺区带。其中，伊陕斜坡上古牛武区带是目前主要勘探区带，与东部岩溶斜坡下古牛武岩溶平台纵向上叠合发育。下一步以下石盒子组为主要目的层，研究重点在于远源三角洲沉积控制下薄窄河道砂体储层预测技术。

4. 彬长上古生界

彬长区块位于鄂尔多斯盆地南部伊陕斜坡、渭北隆起与天环坳陷的接合部位，面积约为$3000km^2$，伊陕斜坡区古生界资源量为$1190.54\times10^8m^3$，渭北隆起区古生界资源量为

$486.86\times10^8m^3$，合计资源总量为$1677.4\times10^8m^3$。根据区块所处的二级构造单元，彬长区块上古生界划分为3个区带：伊陕斜坡彬长上古碎屑岩带、天环坳陷彬长上古碎屑岩带、渭北隆起彬长上古碎屑岩带。其中伊陕斜坡彬长上古碎屑岩带是目前主要勘探区带。

依据彬长区块古生界天然气勘探现状及勘探领域综合评价结果，“十四五”期间以整体控制彬长地区二叠系多层叠合气藏为目标，开展立体部署，分区推进，分层评价。坚持勘探开发一体化，地质工程一体化，在勘探落实储量规模的同时，开发提前介入，评价气藏产能特征和工程工艺适应性，适时开展先导试验，为产能建设做准备。

5. 麻黄山西古生界

麻黄山西地区位于鄂尔多斯盆地中西部，天然气远景资源量为$1330.62\times10^8m^3$。西南边缘坳陷下古内幕麻黄山西陡坡带、西部岩溶斜坡下古麻黄山西坡地和天环坳陷上古麻黄山西缓坡带三个区带纵向上叠置发育。

20世纪50—80年代，长庆油田在麻黄山西地区古生界逆冲推覆前缘下盘实施了芦参a井，未获油气发现。2009年，华北油气分公司在区块北部针对逆冲推覆体前缘下盘继承性古凸起部署了宁深a井，在上古生界获得良好天然气发育，并在石千峰组试获$228m^3/d$低产气流。近年来，由于钻井及压裂工程工艺的进步，麻黄山西探区以北的中石油区块多口探井如古探a、余探a、红c等井在下古生界多个勘探领域获得油气突破，使鄂尔多斯盆地西缘下古生界再次成为勘探有利区。2021年底区块内部署风险探井宁古a井，在山西组、乌拉力克组和克里摩里组等钻遇多层气测异常，预计将取得良好的测试效果。

依据麻黄山西区块古生界天然气勘探现状及勘探领域综合评价结果，下一步紧跟风险探井宁古a井古生界测试结果，加快古生界预探部署工作，争取早日实现勘探突破，提交规模储量。

6. 镇泾区块中元古

镇泾区块位于鄂尔多斯盆地西南部，构造位置上处于天环坳陷带内，面积约为$2500km^2$，天然气远景资源量为$1331.33\times10^8m^3$。晋陕裂陷槽镇泾中元古深层仍是空白区，盆地中部的T59井在长城系中部砂岩中钻遇气测显示，气测峰值最高达3.15%，证明长城系存在气源供给，从侧面印证了长城系烃源岩发育的可能。镇泾区块蓟县系巡检司组潮下高能礁滩带中西部礁滩体以及探区中北部冯家湾组含泥晶碎屑白云岩岩溶缝洞体都是有利的储集空间。

下一步应以蓟县系潮下微生物礁滩—颗粒滩储层和蓟县系冯家湾组岩溶储层为主要目的层、兼探上古生界，获取烃源、储层、盖层、气藏性质等关键地质参数，开拓镇泾区块中新元古界—下寒武统勘探新领域。

参考文献

[1] 包洪平，杨帆，白海峰，等. 细分小层岩相古地理编图的沉积学研究及油气勘探意义：以鄂尔多斯地区中东部奥陶系马家沟组马五段为例 [J]. 岩石学报，2017，33（4）：1094–1106.

[2] 包洪平，邵东波，郝松立，等. 鄂尔多斯盆地基底结构及早期盖层演化 [J]. 地学前缘，2019，26（1）：33–43.

[3] 曹红霞，吴海燕，任星民，等. 鄂尔多斯盆地东南部奥陶系岩溶古地貌与储层分布规律 [J]. 中国石油勘探，2020，25（3）：146–155.

[4] 长庆油田石油地质志编写组. 中国石油地质志（卷十二：长庆油田）[M]. 北京：石油工业出版社，1992.

[5] 陈建平，邓春萍，梁狄刚，等. 叠合盆地多烃源层混源油定量判析——以准噶尔盆地东部彩南油田为例 [J]. 地质学报，2004（2）：279–288.

[6] 陈建渝. 含油气系统与有机地球化学的关系 [J]. 石油与天然气地质，1999，20（3）：246–249.

[7] 陈敬轶，贾会冲，李永杰，等. 鄂尔多斯盆地伊盟隆起上古生界天然气成因及气源 [J]. 石油与天然气地质，2016，37（2）：205–209.

[8] 陈启林，白云来，廖建波，等. 鄂尔多斯盆地深层寒武系烃源岩展布特征及其勘探意义 [J]. 天然气地球科学，2015，26（3）：397–407.

[9] 陈全红，李文厚，胡孝林，等. 鄂尔多斯盆地晚古生代沉积岩源区构造背景及物源分析 [J]. 地质学报，2012，86（7）：1150–1162.

[10] 陈全红，李文厚，姜培海，等. 鄂尔多斯盆地西南部上古生界油气成藏条件分析 [J]. 石油实验地质，2007（6）：554–559.

[11] 陈友智，付金华，杨高印，等. 鄂尔多斯地块中元古代长城纪盆地属性研究 [J]. 岩石学报，2016，32（3）：856–864.

[12] 陈钟惠，张年茂，张守良，等. 鄂尔多斯盆地东缘晚古生代含煤岩系沉积体系和聚煤作用的时空演化 [J]. 地球科学，1989（4）：357–366.

[13] 程裕淇，沈永和，张良臣，等. 中国大陆的地质构造演化 [J]. 中国区域地质，1995（4）：289–294.

[14] 戴金星，倪云燕，刘全有，等. 四川超级气盆地 [J]. 石油勘探与开发，2021，48（6）：1081–1088.

[15] 党犇. 鄂尔多斯盆地构造沉积演化与下古生界天然气聚集关系研究 [D]. 西安：西北大学，2003.

[16] 邸领军. 鄂尔多斯盆地基底演化及沉积盖层相关问题的控究 [D]. 西安：西北大学，2003.

[17] 杜佳，朱光辉，李勇，等. 鄂尔多斯盆缘致密砂岩气藏勘探开发挑战与技术对策——以临兴—神府气田为例［J］. 天然气工业，2022，42（1）：114-124.

[18] 方成名，梁宇生，闫相宾. 叠加改造型盆地油气勘探区带划分思路与方法［J］. 石油实验地质，2021，43（6）：1078-1088.

[19] 丰勇，凡元芳，姚剑. 叠合盆地研究现状及研究方法——以礼乐盆地为例［J］. 内江科技，2005（2）：58-42.

[20] 冯娟萍，欧阳征健，周义军，等. 鄂尔多斯地区中元古界“坳拉槽”的重新厘定［J］. 西北大学学报（自然科学版），2018，48（4）：587-592.

[21] 付金华，范立勇，刘新社，等. 鄂尔多斯盆地天然气勘探新进展、前景展望和对策措施［J］. 中国石油勘探，2019，24（4）：418-430.

[22] 付玲，李建忠，徐旺林，等. 鄂尔多斯盆地中东部奥陶系盐下深层储层特征及主控因素［J］. 天然气地球科学，2020，31（11）：1548-1561.

[23] 付斯一，张成弓，陈洪德，等. 鄂尔多斯盆地中东部奥陶系马家沟组五段盐下白云岩储集层特征及其形成演化［J］. 石油勘探与开发，2019，46（6）：1087-1098.

[24] 高星，张道锋，史云鹤，等. 鄂尔多斯盆地奥陶系马五5亚段白云石结构特征及成因［J］. 成都理工大学学报（自然科学版），2018，45（5）：575-584.

[25] 耿元生，杨崇辉，万渝生. 吕梁地区古元古代花岗岩浆作用——来自同位素年代学的证据［J］. 岩石学报，2006，22（2）：305-314.

[26] 宫美林，丁文龙，皮冬冬，等. 鄂尔多斯盆地东南部下寺湾—云岩区二叠系山西组页岩气形成条件［J］. 东北石油大学学报，2013，37（3）：1-10，124.

[27] 管树巍，吴林，任荣，等. 中国主要克拉通前寒武纪裂谷分布与油气勘探前景［J］. 石油学报，2017，38（1）：9-22.

[28] 郭秋麟，米石云. 油气勘探目标评价与决策分析［M］. 北京：石油工业出版社，2004：21-22.

[29] 郭旭升. 南方海相页岩气“二元富集”规律——四川盆地及周缘龙马溪组页岩气勘探实践认识［J］. 地质学报，2014，88（7）：1209-1218.

[30] 郭彦如，赵振宇，张月巧，等. 鄂尔多斯盆地海相烃源岩系发育特征与勘探新领域［J］. 石油学报，2016，37（8）：939-951.

[31] 郭艳琴，李文厚，郭彬程，等. 鄂尔多斯盆地沉积体系与古地理演化［J］. 古地理学报，2019，21（2）：293-320.

[32] 韩保清，罗群，黄捍东，等. 叠合盆地及其基本地质特征［J］. 石油天然气学报（江汉石油学院学报），2006（4）：12-14，441.

[33] 郝蜀民，陈召佑，李良. 鄂尔多斯大牛地气田致密砂岩气成藏理论与勘探实践［M］. 北京：石油工业出版社，2011.

[34] 郝蜀民，李良，尤欢增. 大牛地气田石炭—二叠系海陆过渡沉积体系与近源成藏模式［J］. 中国

地质，2007（4）：606-611.
［35］郝蜀民，李良，张威，等. 鄂尔多斯盆地北缘石炭系-二叠系大型气田形成条件［J］. 石油与天然气地质，2016，37（2）：149-154.
［36］郝松立，孙六一，包洪平，等. 鄂尔多斯盆地中—新元古界勘探方向及潜力［J］. 天然气地球科学，2016，27（12）：2127-2135.
［37］何登发，包洪平，开百泽，等. 鄂尔多斯盆地及其邻区关键构造变革期次及其特征［J］. 石油学报，2021，42（10）：1255-1269.
［38］何登发，贾承造，德生，等. 塔里木多旋回叠合盆地的形成与演化［J］. 石油与天然气地质，2005（1）：64-77.
［39］何登发，贾承造，童晓光，等. 叠合盆地概念辨析［J］. 石油勘探与开发，2004（1）：1-8.
［40］何登发，贾承造，周新源，等. 多旋回叠合盆地构造控油原理［J］. 石油学报，2005（3）：1-9.
［41］何登发，李德生，童晓光. 中国多旋回叠合盆地立体勘探论［J］. 石油学报，2010，31（5）：695-709.
［42］何登发，赵文智，雷振宇，等. 中国叠合型盆地复合含油气系统的基本特征［J］. 地学前缘，2000（3）：23-37.
［43］何登发. 中国叠合型盆地复合含油气系统的基本特征［J］. 地学前缘，2000，7（3）：23-39.
［44］何发岐，梁承春，陆骋，等. 鄂尔多斯盆地南缘过渡带致密-低渗油藏断缝体的识别与描述［J］. 石油与天然气地质，2020，8（41）：710-717.
［45］何发岐，齐荣，袁春艳，等. 鄂尔多斯盆地南部地区断裂构造与油气成藏关系再认识——以彬长地区为例［J］. 地球科学，2022.
［46］何发岐，王付斌，郭利果，等. 鄂尔多斯盆地古生代原型盆地演化与构造沉积格局变迁［J］. 石油实验地质，2022，44（3）：374-384.
［47］何发岐，王付斌，张威，等. 鄂尔多斯盆地北缘勘探思路转变与天然气领域重大突破［J］. 中国石油勘探，2022，25（6）：31-41.
［48］何发岐，徐兵威，邵隆坎. 再论油气勘探开发哲学和创新性思维——纪念“中国陆上第一口油井”延1井［J］. 油气藏评价与开发，2022，12（2）：265-273.
［49］何江川，余浩杰，何光怀，等. 鄂尔多斯盆地长庆气区天然气开发前景［J］. 天然气工业，2021，41（8）：23-33.
［50］何文祥，吴胜和，唐义疆，等. 河口坝砂体构型精细解剖［J］. 石油勘探与开发，2005（5）：42-46.
［51］何治亮，高山林，郑孟林. 中国西北地区沉积盆地发育的区域构造格局与演化［J］. 地学前缘，2015，22（3）：227-240.
［52］洪大卫，王式，谢锡林，等. 兴蒙造山带正 ε（Nd，t）值花岗岩的成因和大陆地壳生长［J］. 地学前缘，2000，7（2）：441-456.
［53］洪峰，宋岩，赵林. 鄂尔多斯盆地北部天然气成藏控制因素［J］. 天然气工业，1998，18（5）：22-25.

[54] 侯林君，陈洪德，罗林军，等. 鄂尔多斯盆地前寒武纪末期古地貌恢复及其对烃源岩的控制作用［J］. 地球科学与环境学报，2019，41（4）：475-490.

[55] 胡朝元，廖曦. 成油系统概念在中国的提出及其应用［J］. 石油学报，1996，17（1）：10-24.

[56] 胡素云，李建忠，王铜山，等. 中国石油油气资源潜力分析与勘探选区思考［J］. 石油实验地质，2020，42（5）：813-823.

[57] 胡素云，石书缘，王铜山，等. 膏盐环境对碳酸盐岩层系成烃、成储和成藏的影响［J］. 中国石油勘探，2016，21（2）：20-27.

[58] 华北石油局，华北分公司志编纂委员会. 华北石油局华北分公司志第二篇［M］. 北京：中国石化出版社，1992.

[59] 贾承造. 中国叠合盆地形成演化与中下组合油气勘探潜力［J］. 中国石油勘探，2006（1）：1-4.

[60] 蒋有录，谭丽娟，荣启宏，等. 油气成藏系统的概念及其在东营凹陷博兴地区的应用［J］. 石油大学学报（自然科学版），2002，26（6）：12-16.

[61] 金之钧. 中国典型的叠合盆地及其油气成藏研究新进展（之一）——叠合盆地划分与研究方法［J］. 石油与天然气地质，2005（5）：553-562.

[62] 匡立春，支东明，王小军，等. 新疆地区含油气盆地深层—超深层成藏组合与勘探方向［J］. 中国石油勘探，2021，26（4）：1-16.

[63] 雷涛，邓虎成，吴冬，等. 鄂尔多斯盆地大牛地气田奥陶系马家沟组中下组合沉积模式［J］. 古地理学报，2020，22（3）：523-538.

[64] 李景明，魏国齐，李东旭. 中国西部叠合盆地天然气勘探前景［J］. 天然气地球科学，2004（1）：1-6.

[65] 李良，张威，齐荣，等. 连续成藏与非连续成藏过渡带上的气藏分布特征——以鄂尔多斯盆地北部东胜气田为例［M］. 北京：石油工业出版社，2021.

[66] 李良，袁志祥，惠宽洋，等. 鄂尔多斯盆地北部上古生界天然气聚集规律［J］. 石油与天然气地质，2000，21（3）：268-271，282.

[67] 李平平. 叠合型盆地断层封闭性评价的地质模型［J］. 新疆石油地质，2005（2）：164-166.

[68] 李相博，王宏波，黄军平，等. 鄂尔多斯盆地怀远运动不整合面特征及油气勘探意义［J］. 石油与天然气地质，2021，42（5）：1043-1055.

[69] 李志鹏，林承焰，董波，等. 河控三角洲水下分流河道砂体内部建筑结构模式［J］. 石油学报，2012，33（1）：101-105.

[70] 李仲东，周文，吴永平. 我国煤层气储层异常压力的成因分析［J］. 矿物岩石，2004（4）：87-92.

[71] 林进，李云，何剑. 鄂尔多斯延长探区本溪组物源及沉积体系分析［J］. 中国地质，2013，40（5）：1542-1551.

[72] 刘池洋. 国家重点基础研究发展规划（973）项目——多种能源矿产共存成藏（矿）机理与富集分布规律［J］. 石油与天然气地质，2006（2）：281-282.

[73] 刘池洋，王建强，赵红格，等. 沉积盆地类型划分及其相关问题讨论［J］. 地学前缘，2015，22

（3）：1-26.

［74］刘丹，冯子齐，刘洋，等. 鄂尔多斯盆地中东部下古生界奥陶系自生自储气地球化学特征［J］. 天然气地球科学，2016，27（10）：1892-1903.

［75］刘敦一，简平，张旗，等. 内蒙古图林凯蛇绿岩中埃达克岩SHRIMP测年：早古生代洋壳消减的证据［J］. 地质学报，2003，77（3）：317-327.

［76］刘全有，金之钧，刘文汇，等. 鄂尔多斯盆地海相层系中有机酸盐存在以及对低丰度高演化烃源岩生烃潜力评价的影响［J］. 中国科学：地球科学，2013，43（12）：1975-1983.

［77］刘文汇，赵恒，刘全有，等. 膏盐岩层系在海相油气成藏中的潜在作用［J］. 石油学报，2016，37（12）：1451-1462.

［78］刘正宏，刘雅琴，冯本智. 华北板块北缘中元古代造山带的确立及其构造演化［J］. 长春科技大学学报，2000（2）：110-114.

［79］罗开平. 复式含油气系统解析［D］. 成都：成都理工大学，2005.

［80］罗清清，刘波，姜伟民，等. 鄂尔多斯盆地中部奥陶系马家沟组五段白云岩储层成岩作用及孔隙演化［J］. 石油与天然气地质，2020，41（1）：102-115.

［81］吕红华，任明达，柳金诚，等. Q型主因子分析与聚类分析在柴达木盆地花土沟油田新近系砂岩储层评价中的应用［J］. 北京大学学报（自然科学版），2006（6）：740-745.

［82］马东烨，陈宇航，王应斌，等. 鄂尔多斯盆地东部上古生界盖层封闭性能评价［J］. 天然气地球科学，2021，32（11）：1673-1684.

［83］马志欣，吴正，张吉，等. 基于动静态信息融合的辫状河储层构型表征及地质建模技术［J］. 天然气工业，2022，42（1）：146-158.

［84］牟书令. 中国海相油气勘探理论、技术与实践［J］. 石油与天然气地质，2008，29（5）：543-547.

［85］庞雄奇，姜振学，左胜杰. 叠合盆地构造变动破坏烃量研究方法探讨［J］. 地质论评，2002（4）：384-390.

［86］庞雄奇，金之钧，姜振学，等. 叠合盆地油气资源评价问题及其研究意义［J］. 石油勘探与开发，2002（1）：9-13.

［87］庞雄奇，罗群，姜振学，等. 叠合盆地断裂上、下盘油气差异聚集效应及成因机理［J］. 地质科学，2003（3）：297-306.

［88］庞雄奇，周新源，姜振学，等. 叠合盆地油气藏形成、演化与预测评价［J］. 地质学报，2012，86（1）：1-103.

［89］庞雄奇，周新源，鄢盛华，等. 中国叠合盆地油气成藏研究进展与发展方向——以塔里木盆地为例［J］. 石油勘探与开发，2012，39（6）：649-656.

［90］彭海艳，刘家铎，陈洪德，等. 鄂尔多斯盆地东部山西组高分辨率层序地层与天然气聚集研究［J］. 石油物探，2008（5）：519-525，20.

［91］彭威龙，庞雄奇，范立勇，等. 鄂尔多斯盆地上古生界烃源岩排烃特征及资源潜力评价［J］. 石

油天然气学报，2014，36（7）：40-46.

［92］齐荣. 鄂尔多斯盆地伊盟隆起什股壕区带气藏类型［J］. 石油与天然气地质，2016，37（2）：218-223.

［93］齐荣，何发岐，王付斌，等. 鄂尔多斯盆地南部长探1井上古生界勘探突破及意义［J］. 中国石油勘探，2021，26（3）：68-78.

［94］邱中建，龚再升. 中国油气勘探第一卷：总论［M］. 北京：石油工业出版社，1999.

［95］任纪舜，牛宝贵，刘志刚. 软碰撞、叠覆造山和多旋回缝合作用［J］. 地学前缘，1999，6（3）：85-93.

［96］任战利，祁凯，刘润川，等. 鄂尔多斯盆地早白垩世构造热事件形成动力学背景及其对油气等多种矿产成藏（矿）期的控制作用［J］. 岩石学报，2020，36（4）：1213-1234.

［97］任战利，于强，崔军平，等. 鄂尔多斯盆地热演化史及其对油气的控制作用［J］. 地学前缘，2017，24（3）：137-148.

［98］任战利，张盛，高胜利，等. 鄂尔多斯盆地构造热演化史及其成藏成矿意义［J］. 中国科学（D辑：地球科学），2007（S1）：23-32.

［99］尚冠雄. 华北晚古生代聚煤盆地造盆构造述略［J］. 中国煤田地质，1995，7（2）：1-6.

［100］邵东波，包洪平，魏柳斌，等. 鄂尔多斯地区奥陶纪构造古地理演化与沉积充填特征［J］. 古地理学报，2019，21（4）：537-556.

［101］寿建峰，郑兴平，斯春松，等. 中国叠合盆地深层有利碎屑岩储层的基本类型［J］. 中国石油勘探，2006（1）：11-16，6.

［102］宋国奇. 含油气盆地成藏组合体理论初步探讨［J］. 油气地质与采收率，2002，9（5）：4-7.

［103］苏复义，周文，金文辉，等. 鄂尔多斯盆地中生界成藏组合划分与分布评价［J］. 石油与天然气地质，2012，33（4）：582-590.

［104］孙晓，李良，丁超. 鄂尔多斯盆地杭锦旗地区不整合结构类型及运移特征［J］. 石油与天然气地质，2016，37（2）：165-172.

［105］汤良杰，金之钧，贾承造，等. 叠合盆地构造解析几点思考［J］. 石油实验地质，2001（3）：251-255.

［106］汤良杰，金之钧，庞雄奇. 多期叠合盆地油气运聚模式［J］. 石油大学学报（自然科学版），2000（4）：67-70，128.

［107］田刚，宋立军. 鄂尔多斯盆地中元古界烃源岩热演化史模拟［J］. 石油实验地质，2017，39（4）：520-526.

［108］田景春，吴琦，王峰，等. 鄂尔多斯盆地下石盒子组盒8段储集砂体发育控制因素及沉积模式研究［J］. 岩石学报，2011，27（8）：2403-2412.

［109］王建麾. 鄂尔多斯盆地南缘下古生界成藏组合研究［D］. 成都：成都理工大学，2009.

［110］王凯. 鄂尔多斯盆寒武系烃源岩及生烃潜力评价［D］. 青岛：中国石油大学（华东），2014.

［111］王清晨，金之钧. 叠合盆地与油气形成富集［J］. 中国基础科学，2002（6）：6–9.

［112］王香增. 鄂尔多斯盆地延长探区低渗致密油气成藏理论进展及勘探实践［J］. 地学前缘，2023，30（1）：143–155.

［113］王香增，乔向阳，张磊，等. 鄂尔多斯盆地东南部致密砂岩气勘探开发关键技术创新及规模实践［J］. 天然气工业，2022，42（1）：102–113.

［114］王学军，杨志如，韩冰. 四川盆地叠合演化与油气聚集［J］. 地学前缘，2015（3）：161–173.

［115］王雪莲，王长陆，陈振林，等. 鄂尔多斯盆地奥陶系风化壳岩溶储层研究［J］. 特种油气藏，2005，12（3）：32–35.

［116］王宗起，闫全人，闫臻，等. 秦岭造山带主要大地构造单元的新划分［J］. 地质学报，2009，83（11）：1527–1546.

［117］蔚远江，杨涛，郭彬程，等. 前陆冲断带油气资源潜力、勘探领域分析与有利区带优选［J］. 中国石油勘探，2019，24（1）：46–59.

［118］魏丽. 靖边潜台西北侧马五段碳酸盐岩古岩溶储层的形成与天然气成藏规律［D］. 西安：西北大学，2016.

［119］肖建新，孙粉锦，何乃祥，等. 鄂尔多斯盆地二叠系山西组及下石盒子组盒8段南北物源沉积汇水区与古地理［J］. 古地理学报，2008（4）：341–354.

［120］辛仁臣. 油气成藏系统——概念、分类和应用［J］. 地球科学进展，1997，12（3）：265–269.

［121］熊鹰，谭秀成. 鄂尔多斯盆地东北部奥陶系马五1+2储层特征及成因［C］//第十四届全国古地理学及沉积学学术会议论文摘要集，2016：184–185.

［122］徐蒙，王家豪，徐东浩，等. 苏里格气田苏120区块盒8段浅水辫状河三角洲砂体演化规律［J］. 沉积学报，2013，31（2）：340–349.

［123］徐旭辉，方成名，陆建林，等. 原型控源、迭加控藏——油气盆地资源分级评价与有利勘探方向优选思维及技术［J］. 石油实验地质，2020，42（5）：824–836.

［124］徐忠美，龙胜祥. 叠合盆地油气成藏体系研究方法探讨［J］. 重庆科技学院学报（自然科学版），2010，12（6）：9–12，21.

［125］闫相宾，刘超英，蔡利学. 含油气区带评价方法探讨［J］. 石油与天然气地质，2010，31（6）：857–864.

［126］杨凤丽，周祖翼，张善文. 埕岛复式含油气系统研究及评价［J］. 高校地质学报，2002（2）：180–189.

［127］杨华，付金华，魏新善，等. 鄂尔多斯盆地奥陶系海相碳酸盐岩天然气勘探领域［J］. 石油学报，2011，32（5）：733–740.

［128］杨华，席胜利，魏新善，等. 鄂尔多斯多旋回叠合盆地演化与天然气富集［J］. 石油地质，2006，11（1）：17–24.

［129］杨华，张文正，李剑锋，等. 鄂尔多斯盆地北部上古生界天然气的地球化学研究［J］. 沉积学报，2004（S1）：39–44.

［130］杨瑞召，郑水吉. 国外含油气系统研究现状及研究方法综述［J］. 国外油气勘探，1992（6）：77–84.

［131］杨嵩，熊熊，郑勇，等. 华北地区上地幔温度及岩石圈厚度分布研究［J］. 地球物理学报，2013，56（11）：3855–3867.

［132］姚泾利，王程程，陈娟萍，等. 鄂尔多斯盆地马家沟组盐下碳酸盐岩烃源岩分布特征［J］. 天然气地球科学，2016，27（12）：2115–2126.

［133］于春勇，贾雨萌，任战利，等. 鄂尔多斯盆地大牛地地区奥陶系马家沟组马五_5亚段白云岩地球化学特征及成因［J/OL］. 海相油气地质，2021，26（4）：375–383.

［134］于春勇. 鄂尔多斯盆地伊陕斜坡吴起—甘泉奥陶系马家沟组中下组合白云岩成因及其主控因素［D］. 西安：西北大学，2019.

［135］于兴河，王香增，王念喜，等. 鄂尔多斯盆地东南部上古生界层序地层格架及含气砂体沉积演化特征［J］. 古地理学报，2017，19（6）：935–954.

［136］于洲，丁振纯，王利花，等. 鄂尔多斯盆地奥陶系马家沟组五段膏盐下白云岩储层形成的主控因素［J］. 石油与天然气地质，2018，39（6）：1213–1224.

［137］于洲，周进高，李程善，等. 鄂尔多斯盆地西缘奥陶纪克里摩里期—乌拉力克期构造—岩相古地理特征［J］. 天然气地球科学，2021，32（6）：816–825.

［138］翟明国，胡波，彭澎，等. 华北中—新元古代的岩浆作用与多期裂谷事件［J］. 地学前缘，2014，21（1）：100–119.

［139］张威，何发岐，闫相宾，等. 大型辫状河席状复合河道岩性圈闭识别描述方法及应用［J］. 石油实验地质，2021，43（3）：432–442.

［140］张春林，姚泾利，李程善，等. 鄂尔多斯盆地深层寒武系碳酸盐岩储层特征与主控因素［J］. 石油与天然气地质，2021，42（3）：604–614.

［141］张福礼. 鄂尔多斯盆地早古生代复合的古构造体系与天然气［J］. 地质力学学报，2002，8（3）：193–200.

［142］张福礼. 鄂尔多斯盆地早古生代复合的古构造体系与天然气［J］. 地质力学学报，2002（3）：193–200.

［143］张国伟，董云鹏，姚安平. 秦岭造山带基本组成与结构及其构造演化［J］. 陕西地质，1997，15（2）：1–14.

［144］张金亮，常象春，张金功. 鄂尔多斯盆地上古生界深盆气藏研究［J］. 石油勘探与开发，2000，27（4）：30–35.

［145］张威，何发岐，闫相宾，等. 鄂尔多斯盆地北部构造叠置与天然气聚集研究［J］. 中国矿业大学学报，2022，51（4）：689–704.

[146] 张威，李良，贾会冲. 鄂尔多斯盆地杭锦旗地区十里加汗区带下石盒子组1段岩性圈闭成藏动力及气水分布特征［J］. 石油与天然气地质，2016，37（2）：189–196.

[147] 张维，简平. 内蒙古达茂旗北部早古生代花岗岩类SHRIMPU–Pb年代学［J］. 地质学报，2008，82（6）：778–787.

[148] 张文浩，汤冬杰，杨烨，等. 华北地台中—新元古界烃源岩沉积特征及生烃潜力［J］. 中国地质，2021，48（5）：1510–1523.

[149] 张源智，陈焕杰，刘如奎，等. 苏里格气田苏14井区盒8段层序地层格架中的沉积微相与砂体分布规律研究［J］. 石油天然气学报，2012，34（3）：12–15，163.

[150] 赵桂萍. 鄂尔多斯杭锦旗地区上古生界储层流体包裹体特征与天然气成藏时期［J］. 石油与天然气地质，2017，38（5）：905–912.

[151] 赵恒，刘文汇，李艳杰，等. 海相膏盐岩层系烃源岩形成演化特征初探［J］. 海相油气地质，2019，24（3）：1–7.

[152] 赵文智，何登发，范土芝. 含油气系统术语、研究流程与核心内容之我见［J］. 石油勘探与开发，2002，29（2）：1–7.

[153] 赵文智，胡素云，汪泽成，等. 中国元古界—寒武系油气地质条件与勘探地位［J］. 石油勘探与开发，2018，45（1）：1–13.

[154] 赵文智，张光亚，王红军，等. 中国叠合含油气盆地石油地质基本特征与研究方法［J］. 石油勘探与开发，2003（2）：1–8.

[155] 赵文智. 中国含油气系统基本特征与评价方法［D］. 北京：中国石油勘探开发研究院，2002.

[156] 赵振宇，郭彦如，王艳，等. 鄂尔多斯盆地构造演化及古地理特征研究进展［J］. 特种油气藏，2012，19（5）：15–20，151.

[157] 赵重远. 华北克拉通盆地天然气赋存的地质背景［J］. 地球科学进展，1990（2）：40–42.

[158] 赵宗举，朱琰，王根海，等. 叠合盆地油气系统研究方法——以中国南方中、古生界为例［J］. 石油学报，2002（1）：11–18，6–7.

[159] 郑孟林，王毅，金之钧，等. 塔里木盆地叠合演化与油气聚集［J］. 石油与天然气地质，2014，35（6）：925–934.

[160] 周新桂，刘和甫，王宗秀，等. 我国叠合盆地油气调查战略思考［J］. 地质力学学报，2011，17（2）：111–120.

[161] 朱日祥，陈凌，吴福元，等. 华北克拉通破坏的时间、范围与机制［J］. 中国科学：地球科学，2011，41（5）：583–592.